圖解系列

圖解

五南圖書出版公司 印行

工程數學

黃勤業 / 著

閱讀文字

理解內容

觀看圖表

圖解讓
工程數學
更簡單

序

　　國內中文工程數學用書極多，但多數是以升學導向，換言之，這些書之例題或習題係以研究所入學考古題爲主，因此，內容、編寫都大同小異，且在難度上偏難，學者在學習上普遍感到挫折。本書是國內第一本以圖解方式將工程數學以深入淺出方式編寫而成，內容上更是精簡，將工程數學之核心題材與學習精髓盡濃縮，並輔以相當多之微積分尤其積分技巧的提示，咸信足以幫助讀者能在短期內掌握個中訣竅。

　　無疑地，欲成就工程數學學習成果，必須有相當的微積分學養，也需要一些線性代數之先備知識，我推薦下列二本：
· 黃學亮──基礎線性代數第五版（五南出版；2023年）
· 黃義雄──圖解微積分第三版（五南出版，2022年）

　　本書基本上可供教學、複習參考之用，因爲國內外絕少類似書籍可供作範本，因此作者嘗試以自己棉薄學力完成本書，想必有待改進之處，尚祈請讀者及海內外方家不吝賜正，不勝感荷。

黃勤業

第8章　複變數分析

解　答

第1章
一階常微分方程式

1.1 微分方程式簡介

微分方程式之階數與次數

　　微分方程式（differential equations）是含有導數、偏導數的方程式，只含 1 個自變數者稱為**常微分方程式**（ordinary differential equations，簡稱 ODE），有 2 個或 2 個以上自變數者稱為**偏微分方程式**（partial differential equations，簡稱 PDE）。

　　微分方程式最高階導數之**階數**（order）為微分方程式之**階數**，其對應之冪次即為該微分方程式之**次數**（degree）。

　　一般而言，一個 n 階 ODE 之通式為

$$F(x, y, y', y'' \cdots y^{(n)}) = 0$$

ODE	ODE之階數與次數
$y'' - 3y' + 2y = 7$	二階一次
$xy'' - 3y' + 2y = 7$	二階一次
$(y'')^2 - 3y' + 2xy = 7$	二階二次
$y'' - 3(y')^2 + x^2y = 7$	二階一次
$xy'' - 3(y')^3 + xy = 7$	二階一次

練習 1.1A

　　指出下列 ODE 之階數與次數

1. $y''' + 2y'' - 3y' + y^2 = \cos x$　　2. $x^2y''' + xy'' - y = e^x$　　3. $x^2(y''')^2 + y = 0$

微分方程式的解

　　凡是滿足 ODE 之自變數與因變數之關係式，而這關係式不含微分或導數者稱為微分方程式之解。解之形式可分為**顯函數**（explicit function）$y = \phi(x)$ 與**隱函數**（implicit function）$\phi(x, y) = 0$ 二種形式。

　　我們用一個引例說明 ODE 的解

　　引例　$y' = 2x$ 為一 ODE，那麼 $y = \int 2xdx = x^2 + c$，可驗證的是 $y' = 2x$。我們稱 $y = x^2 + c$ 為 ODE 之**通解**（general solution），若再給定一個條件：當 $x = 0$ 時 $y = 1$，我們通常用 $y(0) = 1$ 表之，則此時 $c = 1$，即 $y = x^2 + 1$，這個解稱為 ODE 之**特解**（particular solution）。

通解是微分方程式之**原函數**（primitive function），**通解所含之「任意常數」個數與方程式之階數相等**。通解中賦予任意常數以某些值者稱為特解。有些解不是由通解求出，但仍滿足 ODE，這種解稱為**奇異解**（singular solution）。

本書僅在 Clairaut 方程式（2.8 節）才用到奇異解，因此，我們主要討論通解與特解。

初始條件

	標準式	例
一階ODE	$\begin{cases} F(x,y,y')=0 \\ y(x_0)=y_0 \cdots 初始條件 \end{cases}$	$y'=2x$ $y(0)=1$
二階ODE	$\begin{cases} F(x,y,y',y'')=0 \\ y(x_0)=y_0 \\ y'(x_0)=y_1 \end{cases}$ 初始條件	$y''+y'+y=0$ $y(0)=\pi$ $y'(0)=0$

$$ODE之解 \begin{cases} 形式 \begin{cases} ODE之原函數 \to 通解 \downarrow 初始條件 \\ 顯函數 \\ 隱函數 \quad 特解 \end{cases} \\ 不來自通解之解 \to 奇異解 \end{cases}$$

例 1　$y''+e^x=1,\ y(0)=1,\ y'(0)=1$

解

$y''+e^x=1 \therefore y''=1-e^x \Rightarrow y'=\int(1-e^x)dx=x-e^x+c_1$

$y'(0)=0-1+c_1=1 \quad \therefore c_1=2$

$y'(x)=x-e^x+2$

$\therefore y(x)=\int(x-e^x+2)dx=\frac{1}{2}x^2-e^x+2x+c_2$

$y(0)=-1+c_2=1 \quad \therefore c_2=2$

即 $y=\frac{1}{2}x^2-e^x+2x+2$

例 2　若 $y=x^n$ 為 $x^2y''+4xy'+2y=0$ 之一個解，求 n

提示	解答
如同驗證 $x = 2$ 是 $x^2 = 4$ 之一個解，只需看 $x = 2$ 是否滿足 $x^2 = 4$	$y = x^n$ $\therefore y' = nx^{n-1}$, $y'' = n(n-1)x^{n-2}$，代入 $x^2 y'' + 4xy' + 2y = 0$，得 $x^2 \cdot n(n-1)x^{n-2} + 4x \cdot nx^{n-1} + 2x^n = 0$ $\therefore n(n-1) + 4n + 2 = n^2 + 3n + 2 = (n+1)(n+2) = 0$ 得 $n = -1$ 或 -2

練習 1.1B

1. 若某 ODE 之通解為 $y = (a + bx)e^{3x}$，且初始條件 $y(0) = 1$，$y'(0) = 2$，求此 ODE 之特解。
2. 解 $y''' = 0$，若初始條件為 $y(0) = y'(0) = y''(0) = a$。
★3. 試證：若 $(x, y) = c$ 為 ODE $M(x, y)dx + N(x, y)dy = 0$ 之解，則 $M(x, y)u_y = N(x, y)u_x$
4. 試說明 $\ln y = ax + b$ 或 $y = \alpha e^{\beta x}$（a, b, α, β 均為常數）均為 $yy'' - (y')^2 = 0$ 之解。
5. 若 $y_1(x)$，$y_2(x)$ 均為 $y' + p(x)y = q_i(x)$；$i = 1, 2$ 之解，試證 $c_1 y_1(x) + c_2 y_2(x)$ 為 $y' + p(x)y = c_1 q_1(x) + c_2 q_2(x)$ 之解。

微分方程式之由來

微分方程式可來自物理、幾何問題及消去方程式之任意常數而得到。本書在此只舉例說明後二者。

例 3 試消去下列方程式之任意常數以得到 ODE：
(1) $x^2 + y^2 = a^2$
(2) $y = a\sin(pt + b)$，其中 p 為定值
(3) $y = ae^x + bxe^x$

提示	解答
(2) 讀者或許會以 $y'' = -ap^2\sin(pt + b)$ 而得 $y'' + p^2 y = 0$，但習慣上，我們儘量取階數最小者	(1) 二邊同時對 x 微分：$2x + 2yy' = 0$ $\therefore y' = -\dfrac{x}{y}$ (2) $y = a\sin(pt + b)$, $y' = ap\cos(pt + b)$ $\therefore \dfrac{y'}{p} = a\cos(pt + b)$，得 $y^2 + \left(\dfrac{y'}{p}\right)^2 = a^2$ (3) $y = ae^x + bxe^x = (a + bx)e^x$ $y' = (a + b + bx)e^x$ $y'' = be^x + (a + b + bx)e^x = (a + 2b + bx)e^x$ $\therefore y'' - 2y' + y = 0$

例 4 求過曲線任一點 M 之切線與直線 $\overline{OM}$ 之交角均為 α 之微分方程式。

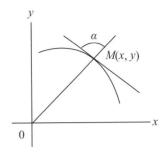

提示	解答
1. 直線 L 之斜率相當於直線 L 與 x 軸之交角 α 的正切值 $\tan\alpha$ 2. 直線 L_1，L_2 之斜率分別為 m_1, m_2 $\tan\alpha = \dfrac{m_1 - m_2}{1 + m_1 m_2}$	$\overline{OM}$ 之斜率為 $\dfrac{y}{x}$，$y = f(x)$ 在 M 切線斜率為 y' $\therefore \tan\alpha = \dfrac{y' - \dfrac{y}{x}}{1 + y' \cdot \dfrac{y}{x}}$ $\Rightarrow y' = \dfrac{x\tan\alpha + y}{x - y\tan\alpha}$

例 5 設一曲點之任一 P 點之法線 N 與 x 軸。y 軸之交點分別為 A, B，且線段 $\overline{PA}$ 之中點為 B，（如右圖）試求滿足此條件之曲線的微分方程式。

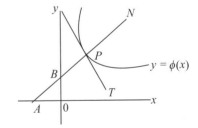

提示	解答
1. $A(a_1, a_2)$，$B(b_1, b_2)$ 若 $AP : BP = m : n$， $P \in \overline{AB}$ 則 P 之坐標 $\left(\dfrac{mb_1 + na_1}{m+n}, \dfrac{mb_2 + na_2}{m+n}\right)$ 當 P 為中點時，P 之坐標即為 $\left(\dfrac{b_1 + a_1}{2}, \dfrac{b_2 + a_2}{2}\right)$ 2. P 之坐標 (x, y)，B 之坐標 $(0, b)$，A 之坐標 $(a, 0)$，因 B 為 $\overline{AP}$ 中點 $\therefore 0 = \dfrac{x+a}{2} \Rightarrow a = -x$ 又 $b = \dfrac{0+y}{2} = \dfrac{y}{2}$，如此確立了 A，B，P 之坐標	設 P 之坐標 (x, y)，B 之坐標 $(0, \dfrac{y}{2})$，A 之坐標 $(-x, 0)$，則法線 N 之斜率 $= \dfrac{0 - \dfrac{y}{2}}{-x - 0} = \dfrac{y}{2x}$ 而切線 T 之斜率為 y' $\therefore y' \cdot \dfrac{y}{2x} = -1$，即 $yy' = -2x$

直交軌跡

若一曲 C 與**某曲線族**（family of curve）相交成直角時，則稱此曲線 C 為此曲線族之**直交軌跡**（orthogonal trajectories）或正交軌跡。

因此，若 $\dfrac{d}{dx}y = F(x, y)$ 為曲線族，則此曲線族之直交軌跡滿足 $\dfrac{dy}{dx} = \dfrac{-1}{F(x, y)}$。

例 6 判斷二個圓族 $x^2 + y^2 = ax$ 與 $x^2 + y^2 = by$ 是否**直交**（orthogonal）

解

$x^2 + y^2 = ax$，對 x 微分 $2x + 2yy' = a$ $\therefore y'_0 = \dfrac{a - 2x}{2y} = m_1$

$x^2 + y^2 = by$，對 x 微分 $2x + 2yy' = by'$ $\therefore y' = \dfrac{2x}{b - 2y} = m_2$

現判斷 $m_1 \cdot m_2 \overset{?}{=} -1$：

$m_1 \cdot m_2 = \dfrac{(a - 2x)}{2y} \cdot \dfrac{2x}{b - 2y} = \dfrac{2ax - 4x^2}{2by - 4y^2} = \dfrac{2(x^2 + y^2) - 4x^2}{2(x^2 + y^2) - 4y^2} = -1$

$\therefore x^2 + y^2 = ax$ 與 $x^2 + y^2 = by$ 為直交。

例 7 求拋物線族 $y = cx^2$ 之直交軌跡

步驟	解答
1. 建立對應之 ODE（消去不定常數 c） 2. 將 1 之 y' 用 $-\dfrac{1}{y'}$ 代之 3. 解 2 之 ODE	$y' = 2cx \Rightarrow xy' = 2cx^2 = 2y \therefore y = \dfrac{1}{2}xy'$ 直交軌跡之斜率函數滿足 $y = \dfrac{x}{2}\left(-\dfrac{1}{y'}\right)$， 即 $yy' = -\dfrac{1}{2}x$ $y\dfrac{dy}{dx} = -\dfrac{1}{2}x$ $ydy + \dfrac{x}{2}dx = d\left(\dfrac{y^2}{2}\right) + d\left(\dfrac{x^2}{4}\right) = 0$ $\therefore \dfrac{1}{2}x^2 + y^2 = c$

例 8 求橢圓族 $ax^2 + by^2 = c$，$c > 0$（其中 c 為任意常數，a, b 為定值 $a, b > 0$）之直交軌跡

解

二邊同時對 x 微分得：$2ax + 2byy' = 0$ $\therefore y' = \dfrac{-ax}{by}$， (1)

將 (1) 之 y' 用 $-\dfrac{1}{y'}$ 取代 $\Rightarrow -\dfrac{1}{y'} = \dfrac{-ax}{by}$, $\dfrac{dx}{dy} = \dfrac{ax}{by}$, $bydx = axdy$

$\therefore \dfrac{b}{x}dx = \dfrac{a}{y}dy \Rightarrow b\ln x = a\ln y + k'$ 即 $y^a = kx^b$

練習 1.1C

1. 試消去下列方程式之不定常數以求得對應之微分方程式：
   (1) $y + ax = 0$，(2) $y = ax + a^2$，(3) $(x-a)^2 + (y-a)^2 = a^2$
2. 求曲線族 $y^2 = 4(x-c)$ 之直交軌跡，c 為任意常數。
3. 若曲線 $y = f(x)$ 之任一點之法線與 x 軸之截距為 e^x，求滿足此條件之直交軌跡。

1.2　分離變數法

設一微分方程式 $M(x, y)\,dx + N(x, y)\,dy = 0$ 能寫成 $f_1(x)\,g_1(y)\,dx + f_2(x)\,g_2(y)\,dy = 0$ 之形式則我們可用 $g_1(y)\,f_2(x)$ 遍除上式之兩邊得：$\dfrac{f_1(x)}{f_2(x)}dx + \dfrac{g_2(y)}{g_1(y)}dy = 0$

然後逐項積分從而得到方程式之解答。這種解法稱之爲**分離變數法**（method of separating variables）。

例 1　求 $\sqrt{1-x^2}\,dy = \sqrt{1-y^2}\,dx$

提示	解答
$\displaystyle\int \frac{dx}{\sqrt{a^2-x^2}} = \frac{1}{a}\sin^{-1}\frac{x}{a} + c$	$\sqrt{1-x^2}\,dy = \sqrt{1-y^2}\,dx$ 即 $\dfrac{dy}{\sqrt{1-y^2}} = \dfrac{dx}{\sqrt{1-x^2}}$ 二邊同時積分得 $\sin^{-1}y = \sin^{-1}x + c$ 例 1 之解 $\sin^{-1}y = \sin^{-1}x + c$ 可進一步化成顯函數之形式： $y = \sin(\sin^{-1}x + c) = \cos(\sin^{-1}x)\sin c + \sin(\sin^{-1}x)\cos c$ $\quad = \sqrt{1-x^2}\,\sin c + x\sqrt{1-\sin^2 c}$ $\quad = \sqrt{1-x^2}\,b + x\sqrt{1-b^2}$，$b = \sin c$

例 2　解 $e^x \tan y\,dx + (1 + e^x)\sec^2 y\,dy = 0$，初始條件 $y(0) = \dfrac{\pi}{4}$

解

原方程式可寫成 $\dfrac{e^x}{1+e^x}dx + \dfrac{\sec^2 y}{\tan y}dy = 0$

即 $d(\ln(1 + e^x)) + d\ln \tan y = 0$

得 $\ln(1 + e^x) + \ln \tan y = \ln(1 + e^x)\tan y = c'$

或 $(1 + e^x)\tan y = c$，又 $y(0) = \dfrac{\pi}{4}$ 得 $c = 2$

即 $(1 + e^x)\tan y = 2$

例 3　解 $(1 + y^2)e^{x^2}dx + 4x(\tan^{-1}y)^3 dy = 0$

提示	解答
∵ 我們無法找到一個函數 $f(x)$ 使得 $f'(x) = \dfrac{1}{x}e^{x^2}$ ∴ 方程式解之 $\displaystyle\int \frac{1}{x}e^{x^2}dx$ 就直接寫 $\displaystyle\int \frac{1}{x}e^{x^2}dx$ 即可	原方程式可寫成 $\dfrac{1}{x}e^{x^2}dx + \dfrac{4(\tan^{-1}y)^3}{1+y^2}dy = 0$　∴ $\displaystyle\int \frac{1}{x}e^{x^2}dx + (\tan^{-1}y)^4 = c$

提示	解答
$\int \dfrac{4(\tan^{-1}y)^3}{1+y^2}dy$ $= \int 4(\tan^{-1}y)^3 d\tan^{-1}y$ $=(\tan^{-1}y)^4 + c$	

例 4 試證：取 $y = x^n v$ 可將 ODE $y' = x^{n-1}f\left(\dfrac{y}{x^n}\right)$ 轉換成可分離方程式。

解

$y = x^n v$ 則 $y' = nx^{n-1}v + x^n v'$，代入 $y' = x^{n-1}f\left(\dfrac{y}{x^n}\right)$

得 $nx^{n-1}v + x^n v' = x^{n-1}f(v)$，即 $nv + xv' = f(v)$ 或 $nv + x\dfrac{dv}{dx} = f(v)$

$nvdx + xdv = f(-v)dx$

$(nv - f(x))dx + xdv = 0$

$\therefore \dfrac{dv}{nv - f(v)} + \dfrac{dx}{x} = 0$

例 5 以 $y = xv$ 行變數變換以解 $xdy - ydx = x\sqrt{x^2+y^2}dx$

提示	解答
$\int \dfrac{du}{\sqrt{a^2+u^2}}$ $= \ln\left|u+\sqrt{a^2+u^2}\right| + c$	$y = xv$ 則 $y' = v + xv'$；代入原方程式 $xy' - y = x\sqrt{x^2+y^2}$， $x(v+xv') - xv = x\sqrt{x^2+v^2x^2}$ 代簡後，可得 $v' = \sqrt{1+v^2}$ $\dfrac{dv}{dx} = \sqrt{1+v^2} \therefore \dfrac{dv}{\sqrt{1+v^2}} = dx$ 解之 $\ln\left|v+\sqrt{1+v^2}\right| = \ln\left|\dfrac{y}{x} + \sqrt{1+\left(\dfrac{y}{x}\right)^2}\right| = \ln\left|y+\sqrt{x^2+y^2}\right| - \ln x = x + c'$ $\therefore y + \sqrt{x^2+y^2} = cxe^x$

練習 1.2

1. 解下列微分方程式
   (1) $xy' + ay = xyy'$ (2) $e^{x-y} + e^{x+y}y' = 0$ (3) $y' + a^2y^2 = b^2$
2. 解 $(1+y^2)dx + (1+x^2)dy = 0$，若某甲解得之答案為 $y = c(1 - xy) - x$，是否正確？
3. 解下列微分方程式
   (1) $(x^3 + 1)\cos y\, y' + x^2\sin y = 0, y(0) = \dfrac{\pi}{2}$
   (2) $xdy - (\ln x)ydx = 0, y(1) = 2$
4. 試證 $n \geq 2$ 時取 $y(x) = xv(x)$ 可將 $y^n f(x) + g\left(\dfrac{y}{x}\right)(y - xy') = 0$ 轉化成可分離方程式。

1.3 可化為能以分離變數法求解之微分方程式

有一些微分方程式乍看之下不易著手，但經變數變換後即迎刃而解，如上節之例 4、5，本節將介紹三個可化爲可用分離變數法求解的 ODE：

(1) 零階齊次 ODE：即 $\dfrac{dy}{dx}=f(x,y)$，$f(x,y)$ 爲零階齊次方程式

(2) $\dfrac{dy}{dx}=f(ax+by+c)$

(3) $yf(xy)dx+xg(xy)dy=0$

零階齊次ODE

【定義】 $f(\lambda x,\lambda y)=\lambda^{n}f(x,y)$，$\forall\lambda\in R$，則稱 $f(x,y)$ 爲 n 階齊次函數。

【定理 A】 若 $f(x,y)$ 滿足 n 階齊次函數則 $xf_x+yf_y=nf$

證明 $f(x,y)$ 爲 n 階齊次函數，則 $f(\lambda x,\lambda y)=\lambda^{n}f(x,y)$

上式二邊同時對 λ 微分，則有 $xf_x+yf_y=n\lambda^{n-1}f$，取 $\lambda=1$ 即得 ∎

【定理 B】 任一零階齊次函數 $f(x,y)$ 必可寫成 $g\left(\dfrac{y}{x}\right)$ 之型式

證明 取 $\lambda=\dfrac{1}{x}$ 代入上式，得

$$f(x,y)=f\left(\frac{1}{x}\cdot x,\ \frac{1}{x}\cdot y\right)=f\left(1,\frac{y}{x}\right)=g\left(\frac{y}{x}\right)$$ ∎

【定理 B】 若 $f(x,y)$ 滿足 $f(\lambda x,\lambda y)=f(x,y)$，$\forall\lambda\in R$ 則 ODE $y'=f(x,y)$ 可用 $u=\dfrac{y}{x}$ 即 $y=ux$ 行變數變換而得到可分離 ODE

證明 $\because f(\lambda x,\lambda y)=f(x,y)$，$\forall\lambda\in R$

$\therefore f(x,y)$ 爲零階齊次函數，令 $f(x,y)=g\left(\dfrac{y}{x}\right)$ (1)

取 $y=ux$ 則 $y'=u'x+u$，代入 $y'=f(x,y)=g\left(\dfrac{y}{x}\right)$ 得：

$$u'x + u = g(u) \text{，或 } x\frac{du}{dx} + u = g(u)$$

$$\therefore xdu + (u - g(u))dx = 0$$

即 $\dfrac{du}{u - g(u)} + \dfrac{dx}{x} = 0$ ■

例 1 解 $xy' - y(\ln y - \ln x) = 0$

提示	解答
$\displaystyle\int \frac{du}{u(\ln u - 1)}$ $= \displaystyle\int \frac{d(\ln u - 1)}{\ln u - 1}$ $= \ln(\ln u - 1) + c$	原方程式可寫成 $y' = \dfrac{y}{x}\ln\dfrac{y}{x}$ $\hspace{2em}$ (1) 令 $y = ux$，則 $y' = u'x + u$ 代入 (1) 得 $u'x + u = u\ln u \Rightarrow x\dfrac{du}{dx} = u(\ln u - 1)$ $\dfrac{dx}{x} = \dfrac{du}{u(\ln u - 1)}$ $\quad\therefore \ln x = \ln(\ln u - 1) + c$ $x = k\left(\ln\dfrac{y}{x} - 1\right), k = e^c$ 或 $y = xe^{1 + ax}, a = \dfrac{1}{k}$

例 2 解 $xy' - y = x\sin\left(\dfrac{y - x}{x}\right)$

提示	解答
$\displaystyle\int \csc u\, du$ $= \ln|\csc u - \cot u| + c$ $\sin x = \sin 2\cdot\left(\dfrac{x}{2}\right)$ $\quad = 2\sin\dfrac{x}{2}\cos\dfrac{x}{2}$ $\cos x = \cos 2\left(\dfrac{x}{2}\right)$ $\quad = 1 - 2\sin^2\dfrac{x}{2}$ $\quad = 2\cos^2\dfrac{x}{2} - 1$ $\quad = \cos^2\dfrac{x}{2} - \sin^2\dfrac{x}{2}$	原方程式可寫成 $y' - \dfrac{y}{x} = \sin\left(\dfrac{y}{x} - 1\right)$ 取 $y = ux, y' = u'x + u$ 代入上式得 $u'x + u - u = \sin(u - 1)$ $x\dfrac{du}{dx} = \sin(u - 1)$ $\dfrac{du}{\sin(u - 1)} = \dfrac{dx}{x}$ $\ln|\csc(u - 1) - \cot(u - 1)| = \ln x + c$ $\csc(u - 1) - \cot(u - 1) = kx$ $\dfrac{1}{\sin(u - 1)} - \dfrac{\cos(u - 1)}{\sin(u - 1)} = \dfrac{1 - \cos(u - 1)}{\sin(u - 1)}$ $= \dfrac{1 - \left(1 - 2\sin^2\dfrac{u - 1}{2}\right)}{2\sin\dfrac{u - 1}{2}\cos\dfrac{u - 1}{2}} = \tan\dfrac{u - 1}{2} = kx$ $\therefore \tan\dfrac{\dfrac{y}{x} - 1}{2} = \tan\dfrac{y - x}{2x} = kx$ 即 $\tan\dfrac{y - x}{2x} = kx$ 是為所求

例 3 解 $y' = \dfrac{-(2x+y)}{x+5y}$

解

$$y' = \frac{-(2x+y)}{x+5y} = -\frac{2+\dfrac{y}{x}}{1+5\left(\dfrac{y}{x}\right)} \text{，取 } y = ux \quad y' = u'x + u \text{ 則 } u'x + u = -\frac{2+u}{1+5u}$$

$$\therefore u'x = -\frac{5u^2+2u+2}{1+5u} \text{ ; } x\frac{du}{dx} + \frac{5u^2+2u+2}{1+5u} = 0$$

即 $\dfrac{dx}{x} + \dfrac{1+5u}{5u^2+2u+2}du = 0$

$d\ln x + \dfrac{1}{2}d\ln(5u^2+2u+2) = 0$

得 $\ln x + \dfrac{1}{2}\ln(5u^2+2u+2) = c''$ ；$2\ln x + \ln(5u^2+2u+2) = c'$

$$\therefore x^2\left(5\left(\frac{y}{x}\right)^2 + 2\left(\frac{y}{x}\right) + 2\right) = c \text{，}$$

即 $5y^2 + 2xy + 2x^2 = c$

$y' = F\left(\dfrac{ax+by+\alpha}{cx+dy+\beta}\right)$ 之解法

$y' = F\left(\dfrac{ax+by+\alpha}{cx+dy+\beta}\right)$ 因 $\begin{vmatrix} a & b \\ c & d \end{vmatrix}$ 是否為 0 而有不同之解法：

I	$\begin{vmatrix} a & b \\ c & d \end{vmatrix} = 0$	令 $u = ax + by$	分離變數
II	$\begin{vmatrix} a & b \\ c & d \end{vmatrix} \neq 0$	令 $\begin{cases} x = u+h \\ y = v+k \end{cases}$ 消去 h, k	分離變數

例 4 解 $\dfrac{dy}{dx} = \dfrac{x-y}{x-y-1}$

解

$$\therefore \begin{vmatrix} a & b \\ c & d \end{vmatrix} = \begin{vmatrix} 1 & -1 \\ 1 & -1 \end{vmatrix} = 0 \text{，令 } u = x - y \text{，則}$$

$$du = dx - dy \quad \therefore \frac{du}{dx} = 1 - \frac{dy}{dx} \text{，代入原方程式}$$

$$1 - \frac{du}{dx} = \frac{u}{u-1} \quad \therefore \frac{du}{dx} = \frac{-1}{u-1} \text{，} (u-1)du + dx = 0$$

從而 $\dfrac{u^2}{2} - u + x = c'$，$u = x - y$

$\therefore \dfrac{(x-y)^2}{2} - (x-y) + x = c'$ 或 $(x-y)^2 + 2y = c$

例 5 解 $(x + y + 1)dx - (x - y + 3)dy = 0$

解

提示	解答
	$\because \begin{vmatrix} a & b \\ c & d \end{vmatrix} = \begin{vmatrix} 1 & 1 \\ 1 & -1 \end{vmatrix} \ne 0$
	$\therefore$ 取 $x = u + h$，$y = v + k$，則
	$y' = \dfrac{x+y+1}{x-y+3} = \dfrac{(u+v)+(h+k+1)}{(u-v)+(h-k+3)}$ (1)
	若要消去上式之 h、k，就必須 $h + k + 1 = 0$ 且 $h - k + 3 = 0$
	$\begin{cases} h+k=-1 \\ h-k=-3 \end{cases}$ 得 $h = -2$，$k = 1$
	代 $x = u - 2$，$y = v + 1$ 入 (1) 得
	$\dfrac{dv}{du} = \dfrac{u+v}{u-v}$ (2)
	為一齊次方程式
	令 $v = \lambda u$，$dv = u\,d\lambda + \lambda\,du$；
	$\dfrac{dv}{du} = u\dfrac{d\lambda}{du} + \lambda$ (3)
$\displaystyle\int \dfrac{d\lambda}{a^2 + \lambda^2}$	代 (3) 入 (2) 得：$u\dfrac{d\lambda}{du} + \lambda = \dfrac{u + \lambda u}{u - \lambda u} = \dfrac{1+\lambda}{1-\lambda}$
$= \dfrac{1}{a}\tan^{-1}\dfrac{\lambda}{a} + c$	$\dfrac{du}{u} = \dfrac{1-\lambda}{1+\lambda^2}\,d\lambda$
$\displaystyle\int \dfrac{\lambda}{1+\lambda^2}\,d\lambda$	$\displaystyle\int \dfrac{du}{u} = \int \dfrac{1-\lambda}{1+\lambda^2}\,d\lambda = \int \dfrac{d\lambda}{1+\lambda^2} - \int \dfrac{\lambda}{1+\lambda^2}\,d\lambda$
$= \displaystyle\int \dfrac{\dfrac{1}{2}d(1+\lambda^2)}{1+\lambda^2}$	$\therefore \ln|u| = \tan^{-1}\lambda - \dfrac{1}{2}\ln(1+\lambda^2) + c$
$= \dfrac{1}{2}\ln(1+\lambda^2) + c$	但 $u = x + 2$，$v = y - 1$，$\lambda = \dfrac{v}{u} = \dfrac{y-1}{x+2}$
	$\therefore \ln|x+2| = \tan^{-1}\dfrac{y-1}{x+2} - \dfrac{1}{2}\ln\left[1 + \left(\dfrac{y-1}{x+2}\right)^2\right] + c$

練習 1.3A

1. 解下列微分方程式

  (1) $y' = \dfrac{x+2y}{2x-y}$ (2) $y' = \dfrac{x-y}{x+y}$ (3) $\left(x + y\cos\dfrac{y}{x}\right)dx = x\cos\dfrac{y}{x}dy$

  (4) $xy' - y = \sqrt{xy}$ (5) $(x^2 + y^2)dx - xy\,dy = 0$

2. 解下列微分方程式

  (1) $y' = \dfrac{2x+y+1}{4x+2y-3}$ (2) $y' = \dfrac{y-x+1}{y+x+5}$

$y' = f(ax + by + c)$

這類 ODE 可令 $u = ax + by + c$ 行變數變換：

取 $u = ax + by + c$ 則 $u' = \dfrac{du}{dx} = a + by' \Rightarrow y' = \dfrac{1}{b}(u' - a)$，代入 $y' = f(ax + by + c)$ 得

$\dfrac{1}{b}(u' - a) = f(u) \Rightarrow \dfrac{du}{dx} = bf(u) + a$；$\dfrac{du}{bf(u) + a} = dx$

$y' = f(ax \pm by)$ 是 $y' = f(ax + by + c)$ 之特例，只需令 $u = ax \pm by$ 即可。

例 6 試求 $y' = \cos(x + y)$

提示	解答
$1 + \cos x$ $= 2\cos^2 \dfrac{x}{2}$	令 $u = x + y$ 行變數變換：$u' = 1 + y'$，即 $y' = u' - 1$ $\therefore y' = \cos(x + y) \Rightarrow (u' - 1) = \cos u$，即 $u' = 1 + \cos u$ $\dfrac{du}{dx} = 1 + \cos u$，或 $\dfrac{du}{1 + \cos u} = dx \Rightarrow \int \dfrac{du}{1 + \cos u} = \int \dfrac{du}{2\cos^2 \dfrac{u}{2}} = \int dx$ 即 $\tan \dfrac{u}{2} = x + c$ $\therefore \tan \dfrac{x+y}{2} = x + c$ 是為所求

例 7 試用適當的變數變換求 $y' = \dfrac{1}{x - y} + 1$

解

取 $u = x - y$，$u' = 1 - y'$，代入 $y' = \dfrac{1}{x - y} + 1$

$1 - u' = \dfrac{1}{u} + 1$，$\dfrac{du}{dx} = -\dfrac{1}{u}$　$\therefore u\,du = -dx$

積分得：$\dfrac{u^2}{2} = -x + c'$，即 $u^2 = -2x + c$

$\therefore (x - y)^2 = -2x + c$ 是為所求。

$yf(xy)dx + xg(xy)dy = 0$

【定理 C】　O.D.E $yf(xy)dx + xg(xy)dy = 0$，$f(xy)$，$g(xy)$ 可為 1，取 $v = xy$ 行變數變換後可利用分離變數法解。

證明　取 $v = xy$，即 $y = \dfrac{v}{x}$，則 $dy = \dfrac{xdv - vdx}{x^2}$

代入 $yf(xy)dx + xg(xy)dy = 0$，得

$$\frac{v}{x}f(v)dx + xg(v) \cdot \frac{xdv - vdx}{x^2} = 0$$

$$v[f(v) - g(v)]dx + xg(v)dv = 0$$

$$\therefore \frac{dx}{x} + \frac{g(v)\,dv}{v[f(v) - g(v)]} = 0$$ ∎

例 8 解 $ydx + x(1 - 3x^2y^2)dy = 0$

提示	解答
本例之 $f(xy) = 1$	取 $u = xy$，則 $y = \dfrac{u}{x}$ 及 $dy = \dfrac{xdu - udx}{x^2}$ 代入
	$ydx + x(1 - 3x^2y^2)dy = 0$ 得
	$\dfrac{u}{x}dx + x(1 - 3u^2) \cdot \dfrac{xdu - udx}{x^2} = 0$
	化簡得：$\dfrac{3}{x}dx + \dfrac{1 - 3u^2}{u^3}du = 0$
	$\dfrac{3}{x}dx + \dfrac{1}{u^3}du - \dfrac{3}{u}du = 0$
	解之：$3\ln x - \dfrac{1}{2}u^{-2} - 3\ln u = c$
	代 $u = xy$ 入上式得
	$2\ln y^{-3} = \dfrac{1}{x^2y^2} + c'$ 或 $y^6 = ke^{\frac{1}{x^2y^2}}$

練習 1.3B

1. 解 (1) $y(1 + xy)dx + x(1 + xy + x^2y^2)dy = 0$

   (2) $(y - xy^2)dx - (x + x^2y)dy = 0$

   (3) $y(1 + xy + x^2y^2)dx + x(1 - xy + x^2y^2)dy = 0$

2. 解 (1) $y' = \dfrac{1}{(x+y)^2}$　(2) $xy' + x + \sin(x + y) = 0$

3. $f(x, y)$ 為 n 階齊次函數，試證 $xf_x + yf_y = nf$ (2) 由 (1) 證方程式 $M(x, y)dx + N(x, y)dy = 0$ 之 M, N 為同階之齊次函數，則 $\dfrac{xM_x + yM_y}{xN_x + yN_y} = \dfrac{M}{N}$。

4. 解 $(y - xy^2)dx - (x + x^2y)dy = 0$

5. 解 $\int_0^x (2y(w) + \sqrt{w^2 + y^2(w)})dw = xy(x)$，$y(1) = 0$

1.4 　正合方程式

【定義】　$M(x, y)\,dx + N(x, y)\,dy = 0$ 為一階 ODE，若存在一個函數 $u(x, y)$，使得 $M(x, y)\,dx + N(x, y)\,dy = du(x, y) = 0$，則稱 $M(x, y)\,dx + N(x, y)\,dy = 0$ 為**正合方程式**（exact equation）。

　　我們很難用上述定義看出 ODE $M(x, y)\,dx + N(x, y)\,dy = 0$ 是否為正合，定理 A 便提供一條判斷之途徑：

【定理 A】　ODE $M(x, y)dx + N(x, y)dy = 0$ 為正合之充要條件為 $\dfrac{\partial}{\partial y}M = \dfrac{\partial}{\partial x}N$（即 $M_y = N_x$）

標準解法	對 x 積分	1. 取 $u(x, y) = \int^x M(x, y)\,dx + \rho(y)$；$\int^x M(x, y)\,dx$ 是將 $M(x, y)$ 對 x 積分，但常數 c 略之。 2. 令 $u_y = N(x, y)$，解出 $\rho(y)$ 3. 由 1.，2. 得 $u(x, y) = c$
	對 y 積分	1. 取 $u(x, y) = \int^y N(x, y)\,dy + \rho(x)$；$\int^y N(x, y)dy$ 是將 $N(x, y)$ 對 y 積分，但常數 c 略之。 2. 令 $u_x = M(x, y)$，解出 $\rho(x)$ 3. 由 1.，2. 得 $u(x, y) = c$。
速解法（集項法）		若 $M(x, y)dx + N(x, y)dy = 0$ 為正合，且若 $M(x, y) = h(x) + f(x, y)$，$N(x, y) = g(y) + t(x, y)$ 則 $M(x, y)dx + N(x, y)dy = (h(x) + f(x, y))dx + (g(y) + t(x, y))dy = h(x)dx + [f(x, y)dx + t(x, y)] + g(y)dy = 0$，我們可找出 $u(x, y)$ 使得 $du(x, y) = [f(x, y)dx + t(x, t)dy]$ 如此我們可透過逐項積分而解出。

例 1　解先判斷 ODE $\dfrac{y}{x}\,dx + (y^3 + \ln x)dy = 0$ 為正合，然後解此 ODE

解

(1) $M(x, y) = \dfrac{y}{x}$，$N(x, y) = y^3 + \ln x$

$\dfrac{\partial M}{\partial y} = \dfrac{1}{x}$，$\dfrac{\partial N}{\partial x} = \dfrac{1}{x}$，$\dfrac{\partial M}{\partial y} = \dfrac{\partial N}{\partial x}$

$\therefore \dfrac{y}{x}\,dx + (y^3 + \ln x)dy = 0$

為正合

方法	解答	
方法一 先對 x 積分	取 $u(x,y) = \int^x \dfrac{y}{x}dx + \rho(y) = y\ln x + \rho(y)$ $\dfrac{\partial}{\partial y}u = \ln x + \rho'(y) = y^3 + \ln x$　$\therefore y' = y^3$ 得 $\rho(y) = \dfrac{1}{4}y^4 + c$，代入 (1) $\qquad = y\ln x + \dfrac{1}{4}y^4$ $\therefore y\ln x + \dfrac{1}{4}y^4 = c$	(1)
方法二 先對 y 積分	取 $u(x,y) = \int^y (y^3 + \ln x)dy + \rho(x) = \dfrac{1}{4}y^4 + y\ln x + \rho(x)$ $\dfrac{\partial}{\partial x}u = \dfrac{y}{x} + \rho'(x) = \dfrac{y}{x}$　$\therefore \rho'(x) = 0$ 得 $\rho(x) = c$ 代入 (2) $\dfrac{1}{4}y^4 + y\ln x = c$	(2)
方法三 集項法	$\dfrac{y}{x}dx + (y^3 + \ln x)dy = \left(\dfrac{y}{x}dx + \ln x\,dy\right) + y^3 dy$ $= d(y\ln x) + d\dfrac{1}{4}y^4 = 0$　$\therefore y\ln x + \dfrac{1}{4}y^4 = c$	

例 2 試定常數 a 以使得 $(x^3 + 4xy) + (ax^2 + 4y)y' = 0$ 為正合，並解此 ODE

原方程式可寫成

$(x^3 + 3xy)dx + (ax^2 + 4y)dy = 0$　　$M = x^3 + 4xy,\ N = ax^2 + 4y$

$\dfrac{\partial M}{\partial y} = 4x = \dfrac{\partial N}{\partial x} = 2ax$　　$\therefore a = 2$ 時原方程式為正合

解 $(x^3 + 4xy)dx + (2x^2 + 4y)dy = 0$

方法	解答	
方法一 先對 x 積分	取 $u(x,y) = \int^x (x^3 + 4xy)dx + \rho(y) = \dfrac{x^4}{4} + 2x^2 y + \rho(y)$ $\dfrac{\partial}{\partial y}u = 2x^2 + \rho'(y) = 2x^2 + 4y$ $\therefore \rho(y) = 2y^2$，代入 (1) 得 $u(x,y) = \dfrac{x^4}{4} + 2x^2 y + 2y^2 = c$	(1)
方法二 先對 y 積分	取 $u(x,y) = \int^y (2x^2 + 4y)dy + \rho(x) = 2x^2 y + 2y^2 + \rho(x)$ $\dfrac{\partial}{\partial x}u = 4xy + \rho'(x) = x^3 + 4xy,\ \rho(x) = x^3$ $\therefore \rho(x) = \dfrac{1}{4}x^4$，代之入 (2) 得 $u(x,y) = 2y^2 + 2x^2 y + \dfrac{1}{4}x^4 = c$	(2)

方法	解答
方法三 集項法	$(x^3 + 4xy)dx + (2x^2 + 4y)dy$ $= x^3dx + (4xydx + 2x^2dy) + 4ydy$ $= d\dfrac{x^4}{4} + d(2x^2y) + d2y^2 = 0$ $\therefore \dfrac{1}{4}x^4 + 2x^2y + 2y^2 = c$

【定理 B】　若 $M(x, y)dx + N(x, y)dy = 0$ 為正合，則
$\displaystyle\int_{x_0}^{x} M(x, y_0)dx + \int_{y_0}^{y} N(x, y)dy = c$ 或 $\displaystyle\int_{x_0}^{x} M(x, y)dy + \int_{y_0}^{y} N(x_0, y)dy = c$ 為其通解。

證明　令 $\displaystyle\int_{x_0}^{x} M(x, y)dx + \int_{y_0}^{y} N(x_0, y)dy = u(x, y)$

$\therefore \dfrac{\partial}{\partial x}u(x, y) = M(x, y)$

$\dfrac{\partial}{\partial y}u(x, y) = \dfrac{\partial}{\partial y}\displaystyle\int_{x_0}^{x} M(x, y)dx + N(x_0, y)$

$\qquad\qquad = \displaystyle\int_{x_0}^{x}\dfrac{\partial}{\partial y} M(x, y)dx + N(x_0, y)$

又已知 $M(x, y)dx + N(x, y)dy = 0$ 為正合，$\dfrac{\partial M}{\partial y} = \dfrac{\partial N}{\partial x}$，則

$\displaystyle\int_{x_0}^{x}\dfrac{\partial}{\partial y} M(x, y)dx + N(x_0, y) = \int_{x_0}^{x}\dfrac{\partial}{\partial x}N(x, y)dx + N(x_0, y)$

$= N(x, y) - N(x_0, y) + N(x_0, y) = N(x, y)$

又 $u(x, y) = c \therefore 0 = \dfrac{\partial u}{\partial x}dx + \dfrac{\partial u}{\partial y}dy = M(x, y)dx + N(x, y)dy$　∎

　　定理 B 之 x_0，y_0 可任取，通常取 $x_0 = y_0 = 0$，若 $(0, 0)$ 不在定義域內則需另外找出適當而方便的數字。

例 3　用定理 B 求 $2xydx + (x^2 - y^2)dy = 0$

（本例之 ODE 顯然為正合）

方法	解答
方法一 $\displaystyle\int_{x_0}^{x} M(x, y_0)dx + \int_{y_0}^{y} N(x, y)dy = c$	取 $x_0 = y_0 = 0$，則解 $u(x, y)$ 為 $u(x, y) = \displaystyle\int_{0}^{x} M(x, 0)dx + \int_{0}^{y}(x^2 - y^2)dy = x^2y - \dfrac{y^3}{3} + c$

方法	解答
方法二 $\int_{x_0}^x M(x,y)dx + \int_{y_0}^y N(x_0,y)dy = c$	取 $x_0 = y_0 = 0$ 則 $u(x,y) = \int_0^x M(x,y)dx + \int_0^y N(0,y)dy$ $= \int_0^x 2xy\,dx - \int_0^y y^2\,dy$ $= x^2y - \dfrac{y^3}{3} + c$

例 4 由例 2 已知 $(x^3 + 4xy)dx + (2x^2 + 4y)dy = 0$ 為正合，試應用定理 B 求方程式之解

方法	解答
方法一 $\int_{x_0}^x M(x,y_0)dx + \int_{y_0}^y N(x,y_0)dy = c$	取 $x_0 = y_0 = 0$ 則 $u(x,y) = \int_0^x M(x,0)dx + \int_0^y N(x,y)dy$ $= \int_0^x x^3\,dx + \int_0^y (2x^2 + 4y)dy$ $= \dfrac{x^4}{4} + 2x^2y + 2y^2 + c$
方法二 $\int_{x_0}^x M(x,y)dx + \int_{y_0}^y N(x_0,y)dy = c$	取 $x_0 = y_0 = 0$ 則 $u(x,y) = \int_0^x M(x,y)dx + \int_0^y N(0,y)dy$ $= \int_0^x (x^3 + 4xy)dx + \int_0^y 4y\,dy$ $= \dfrac{x^4}{4} + 2x^2y + 2y^2 + c$

練習 1.4

解下列方程式
(1) $2xy + (x^2 + y^2)y' = 0$
(2) $\dfrac{y}{x}dx + (y^3 + \ln x)dy = 0$
(3) $(x\sqrt{x^2+y^2} + y)dx + (y\sqrt{x^2+y^2} + x)dy = 0$
(4) $(4x^3y^3 + 2xy)dx + (3x^4y^2 + x^2)dy = 0$

1.5 積分因子

【定義】 $M(x, y)\ dx + N(x, y)\ dy = 0$ 不為正合時，如果我們可找到一個函數 $h(x, y)$ 使得 $h(x, y)\ M(x, y)\ dx + h(x, y)\ N(x, y)\ dy = 0$ 為正合，則稱 $h(x, y)$ 為**積分因子**（integrating factors; IF）。

例 **1** 找出 $xdy - ydx = 0$ 之積分因子，並解之

解

(1) 以 $\dfrac{1}{x^2}$ 為 IF，則 $\dfrac{xdy - ydx}{x^2} = d\left(\dfrac{y}{x}\right) = 0$

$\quad \therefore y = cx$

(2) 以 $\dfrac{1}{y^2}$ 為 IF，

則 $\dfrac{xdy - ydx}{y^2} = -\dfrac{ydx - xdy}{y^2} = -d\left(\dfrac{x}{y}\right) = 0$

$\quad \therefore x = -cy$ 或 $y = c'x$

(3) 以 $\dfrac{1}{x^2 + y^2}$ 為 IF，

則 $\dfrac{xdy - ydx}{x^2 + y^2} = \dfrac{\dfrac{xdy - ydx}{x^2}}{1 + \left(\dfrac{y}{x}\right)^2} = \dfrac{d\left(\dfrac{y}{x}\right)}{1 + \left(\dfrac{y}{x}\right)^2} = d\tan^{-1}\left(\dfrac{y}{x}\right) = 0$

$\quad \therefore \tan^{-1}\left(\dfrac{y}{x}\right) = c$

ODE 之積分因子（IF）找法通常無定則可循，**同一個 ODE 可用之積分因子未必唯一**。不同積分因子會影響到解題之難易度，因此，初學者在初學時往往需要試誤以找出一個便於求解之積分因子。

例 **2** 若 x^n 為 $(x + 3y^2)dx + 2xydy = 0$ 為積分因子，試求 n，並解之。

解

(1) $x^n((x + 3y^2)dx + 2xydy) = 0$

$$M(x, y) = x^{n+1} + 3x^n y^2, \quad \frac{\partial M}{\partial y} = 6x^n y$$

$$N(x, y) = 2x^{n+1} y, \quad \frac{\partial N}{\partial x} = 2(n+1)x^n y$$

令 $\dfrac{\partial M}{\partial y} = \dfrac{\partial N}{\partial x}$ 得：$2(n+1) = 6, \, n = 2$

(2) $x^2((x + 3y^2)dx + 2xydy) = 0$

$(x^3 + 3x^2 y^2)dx + 2x^3 ydy = 0$ 為正合，應用集項法：

$$x^3 dx + (3x^2 y^2 + 2x^3 y)dy = d\frac{1}{4}x^4 + dx^3 y^2 = 0$$

$$\therefore \frac{1}{4}x^4 + x^3 y^2 = c$$

練習 1.5A

1. 若 $e^{-ax}\cos y$，a 為待定值，為 $y' = \tan y - e^x \sec y$ 的積分因子，試求 a 並解此 ODE。

2. 若 ODE $M(x, y)dx + N(x, y)dy = 0$ 滿足 $\dfrac{\partial M}{\partial x} = \dfrac{\partial N}{\partial y}$ 及 $\dfrac{\partial M}{\partial y} = -\dfrac{\partial N}{\partial x}$ 試證 $\dfrac{1}{M^2 + N^2}$ 為此 ODE 之 IF。

3. 設 $M(x, y)dx + N(x, y)dy = 0$ 可寫成 $f_1(x)g_1(y)dx + f_2(x)g_2(y)dy = 0$，請問它的積分因子為何？

4. 試證 $\dfrac{1}{x^2}f\left(\dfrac{y}{x}\right)$ 是 $xdy - ydx = 0$ 之一個積分因子。

視察法

有些一階 ODE 因具有某些型式，常可用「視察」方式而輕易得解，首先我們將一些常用之視察法公式整理成表 1，這些公式都不難驗證。

表 1　常用之視察法公式

$\dfrac{xdy - ydx}{x^2} = d\left(\dfrac{y}{x}\right)$
$\dfrac{ydx - xdy}{y^2} = d\left(\dfrac{x}{y}\right)$
$xdx \pm ydy = \dfrac{1}{2}d(x^2 \pm y^2)$
$xdy + ydx = d(xy)$
$\dfrac{xdy - ydx}{x^2 + y^2} = d\left[\tan^{-1}\left(\dfrac{y}{x}\right)\right]$
$\dfrac{ydx - xdy}{x^2 + y^2} = d\tan^{-1}\dfrac{x}{y}$
$\dfrac{xdx + ydy}{x^2 + y^2} = \dfrac{1}{2}d[\ln(x^2 + y^2)]$

$$\frac{xdx + ydy}{\sqrt{x^2 + y^2}} = d\left(\sqrt{x^2 + y^2}\right)$$

$$\frac{xdx - ydy}{\sqrt{x^2 - y^2}} = d\left(\sqrt{x^2 - y^2}\right)$$

這些公式看起來都很簡單，但應用時往往需要試誤與變形過程。

例 3 解 $(x^2y^2 + x)dy - ydx = 0$

解

原式兩邊同除 x^2

$$\frac{(x^2y^2 + x)dy - ydx}{x^2} = y^2dy + \frac{xdy - ydx}{x^2} = y^2dy + d\left(\frac{y}{x}\right) = 0$$

$$\therefore \frac{1}{3}y^3 + \frac{y}{x} = c$$

例 4 解 $(x^2 + y^2 + y)dy + (x^2 + y^2 + x)dx = 0$

解

原式兩邊同除 $x^2 + y^2$

$$\frac{(x^2 + y^2 + y)dy + (x^2 + y^2 + x)dx}{x^2 + y^2} = dy + dx + \frac{ydy + xdx}{x^2 + y^2} = dy + dx + d\frac{1}{2}\ln(x^2 + y^2) = 0$$

$$\therefore y + x + \frac{1}{2}\ln(x^2 + y^2) = c$$

例 5 解 $(x - \sqrt{x^2 + y^2})dx + (y - \sqrt{x^2 + y^2})dy = 0$

解

二邊同除 $\sqrt{x^2 + y^2}$ ：

$$\frac{x - \sqrt{x^2 + y^2}}{\sqrt{x^2 + y^2}}dx + \frac{y - \sqrt{x^2 + y^2}}{\sqrt{x^2 + y^2}}dy = \frac{xdx + ydy}{\sqrt{x^2 + y^2}} - dx - dy = d\left(\sqrt{x^2 + y^2}\right) - dx - dy = 0$$

$$\therefore \sqrt{x^2 + y^2} - x - y = c$$

練習 1.5B

1. 解下列微分方程式

   (1) $x^2dx + y^2dy = (x^3 + y^3)dx$

   (2) $(y - x^2)dy + 2xydx = 0$

   (3) $(xdx + ydy) + (ydx - xdy) = 0$

   (4) $(2y - x)dx + xdy = 0$

2. 解下列微分方程式

   (1) $xdy - ydx = \ln xdx$

   (2) $(2y - 5x^3)dx + xdy = 0$

3. 解下列微分方程式

   (1) $xdy - (y + x^2e^x)dx = 0$

   (2) $ye^{xy}\dfrac{dx}{dy} + xe^{xy} = \sin y$

   (3) $x^3y' + y^3 = x^2y$

【定理 A】 ODE $M(x, y)dx + N(x, y)dy = 0$，$\dfrac{\partial M}{\partial y} \ne \dfrac{\partial N}{\partial x}$ 若

$$\begin{cases} \left(\dfrac{\partial M}{\partial y} - \dfrac{\partial N}{\partial x}\right) \Big/ N = \phi(x)，則取 \text{ IF} = e^{\int \phi(x)dx} \\ \left(\dfrac{\partial M}{\partial y} - \dfrac{\partial N}{\partial x}\right) \Big/ M = \phi(y)，則取 \text{ IF} = e^{-\int \phi(y)dy} \end{cases}$$

證明 (1) 設 $\text{IF} = \mu = \mu(x)$，則

$\mu(Mdx + Ndy) = \mu Mdx + \mu Ndy = 0$ 爲正合（注意 μ 爲 x 之函數）

$$\Rightarrow \frac{\partial}{\partial y}\mu M = \frac{\partial}{\partial x}\mu N \quad \therefore \mu\frac{\partial}{\partial y}M = \mu\frac{\partial}{\partial x}N + N\frac{d}{dx}\mu$$

移項

$$N\frac{d}{dx}\mu = \mu\left(\frac{\partial}{\partial y}M - \frac{\partial}{\partial x}N\right) \Rightarrow \frac{d\mu}{\mu} = \frac{1}{N}\left(\frac{\partial}{\partial y}M - \frac{\partial}{\partial x}N\right)dx$$

$$\ln\mu = \int \phi(x)\,dx \quad \therefore \mu = e^{\int \phi(x)dx}$$

(2) 同法可證。 ∎

定理 A 之 $\dfrac{\partial M}{\partial y} - \dfrac{\partial N}{\partial x} = 0$ 時，表示 $M(x, y)dx + N(x, y)dy = 0$ 即已爲正合。

例 6 解 $2xydx + (y^2 - 2x^2)dy = 0$

解

$$M = 2xy，N = y^2 - 2x^2$$

$$\frac{\partial M}{\partial y} - \frac{\partial N}{\partial x} = 2x - (-4x) = 6x$$

$$\frac{1}{M}\left(\frac{\partial M}{\partial y} - \frac{\partial N}{\partial x}\right) = \frac{6x}{2xy} = \frac{3}{y}$$

取 $\text{IF} = e^{-\int \frac{3}{y} dy} = \frac{1}{y^3}$

以 $\frac{1}{y^3}$ 乘原方程式二邊：

$$\frac{2xy\,dx}{y^3} + \frac{(y^2 - 2x^2)}{y^3}dy = \frac{2xy^2\,dx - 2x^2y\,dy}{y^4} + \frac{1}{y}dy$$

$$= d\left(\frac{x^2}{y^2}\right) + d\ln y = 0$$

$$\therefore \frac{x^2}{y^2} + \ln y = c$$

練習 1.5C

1. 解下列微分方程式

   (1) $(x^2 + y^2 + x)dx + xy\,dy = 0$
   (2) $(x^2 + y^2)dx + xy\,dy = 0$

   (3) $(x - y^2)dx + 2xy\,dy = 0$
   (4) $(2y + 3xy^2)dx + (x + 2x^2y)dy = 0$

2. 解 $(y^4 + 2y)dx + (xy^3 + 2y^4 - 4x)dy = 0$

有時方程式 $M(x, y)dx + N(x, y)dy = 0$ 乘上 $x^m y^n$ 後假設方程式爲正合，求出 m，n 值，如此便可應用正合方程式解法。

例 7 解 $(4xy + 3y^4)dx + (2x^2 + 5xy^3)dy = 0$

解

以 $x^m y^n$ 乘方程式兩邊：

$x^m y^n[(4xy + 3y^4)dx + (2x^2 + 5xy^3)dy] = 0$

$\Rightarrow \underbrace{(4x^{m+1}y^{n+1} + 3x^m y^{n+4})}_{M}dx + \underbrace{(2x^{m+2}y^n + 5x^{m+1}y^{n+3})}_{N}dy = 0$

令 $\dfrac{\partial M}{\partial y} = \dfrac{\partial N}{\partial x}$：

$(4(n+1)x^{m+1}y^n + 3(n+4)x^m y^{n+3}) = (2(m+2)x^{m+1}y^n + 5(m+1)x^m y^{n+3})$

$\therefore \begin{cases} 4(n+1) = 2(m+2) \\ 3(n+4) = 5(m+1) \end{cases}$ 解之 $m = 2, n = 1$

即 $x^2y(4xy + 3y^4)dx + x^2y(2x^2 + 5xy^3)dy$

$= (4x^3y^2 + 3x^2y^5)dx + (2x^4y + 5x^3y^4)dy = 0$ 為正合

由集項法

$(4x^3y^2dx + 2x^4ydy) + (3x^2y^5dx + 5x^3y^4dy)$

$= d(x^4y^2) + d(x^3y^5) = 0$

$\therefore x^4y^2 + x^3y^5 = c$

練習 1.5D

1. 解 $(3xy - x^2)dx + x^2dy = 0$

2. 解 $ydx + (x^3y - x)dy = 0$

1.6　一階線性微分方程式、Bernoulli方程式與Riccati方程式

本節先介紹一階線性微分方程式 $y' + p(x)y = q(x)$ 然後是 Bernoulli 方程式 $y' + p(x)y = q(x)y^n$，$n \neq 0, 1$（參考第 6 題）。顯然，一階線性微分方程式是 Bernoulli 方程式之特例。

名稱	標準式	解題重點
一階線性 ODE	$y' + p(x)y = q(x)$	$IF = e^{\int p(x)dx}$
Bernoulli ODE	$y' + p(x)y = q(x)y^n$ $n \neq 0, 1$	$y^{-n}y' + p(x)y^{1-n} = q(x)$ 取 $u = y^{1-n}$ 行變數變換→一階線性微分方程式

【定理 A】　一階線性微分方程式 $y' + p(x)y = q(x)$ 之積分因子 $IF = e^{\int p(x)dx}$

證明　讀者應可輕易地証出。

在解一階線性 ODE $y' + p(x)y = q(x)$ 時，首先求 $IF = e^{\int p(x)dx}$，然後用 IF 乘方程式兩邊，乘後的結果一定是 $(y \cdot IF)' = IF \cdot q(x)$，如此便好解多了。

例 1　解 $y' + y\tan x = \cos x$

解

提示	解答
$IF = e^{\int \tan x\, dx} = e^{-\ln\cos x}\sec x$ $\therefore (y \cdot IF)' = IF \cdot q(x)$ $\Rightarrow (y\sec x)' = 1$ 解之： $y\sec x = x + c$，即 $y = (x + c)\cos x$	取 $IF = e^{\int \tan x\, dx} = e^{-\ln\cos x} = \sec x$，方程二邊同乘 IF $\sec x(y' + y\tan x) = \sec x\cos x = 1$ $\Rightarrow (y\sec x)' = 1$ 解之：$y\sec x = x + c$，即 $y = (x + c)\cos x$

例 2　解 $xy' + (1 - x)y = e^{2x}$

提示	解答
$\int xe^x$ 之速解 $$\begin{array}{ccc} x & + & e^x \\ 1 & - & e^x \\ 0 & & e^x \end{array}$$ $\therefore \int xe^x dx = (x-1)e^x + c$	原方程式先化成一階線性微分方程式之標準式： $$y' + \frac{1-x}{x}y = \frac{1}{x}e^{2x}$$ 取 $\mathrm{IF} = \exp\left\{\int \frac{1-x}{x}dx\right\} = \exp\{\ln x - x\} = xe^{-x}$ $\therefore xe^{-x}\left\{y' + \frac{1-x}{x}y\right\} = xe^{-x} \cdot e^{2x} = xe^x$ $\Rightarrow (xe^{-x}y)' = xe^x$ 得 $xe^{-x}y = (x-1)e^x + c$ 或 $xy = e^x((x-1)e^x + c)$

例 3 解 $y\ln y\,dx + (x - \ln y)dy = 0$

提示	解答
本題若將原方程式寫成 $(x - \ln y)\dfrac{dy}{dx} + y\ln y = 0$ 將不易求解，但若將 y 作自變量 x 作因變量就可直接求解。 $$\int \frac{\ln y}{y}dy = \int \ln y\,d\ln y$$ $$= \frac{1}{2}(\ln y)^2 + c$$	原式寫成 $\dfrac{dx}{dy} + \dfrac{1}{y\ln y}x = \dfrac{1}{y}$ 或 $x' + \dfrac{1}{y\ln y}x = \dfrac{1}{y}$ $\mathrm{IF} = e^{\int \frac{dy}{y\ln y}} = e^{\ln\ln y} = \ln y \Rightarrow \ln y\left(\dfrac{dx}{dy} + \dfrac{x}{y\ln y}\right) = \dfrac{1}{y}\ln y$ 即 $d(x\ln y) = \dfrac{\ln y}{y}$　$\therefore 2x\ln y = (\ln y)^2 + c$

例 4 若函數 $f(x)$ 滿足 $f(x)\cos x + 2\int_0^x f(t)\sin t\,dt = x$，求 $f(x)$

提示	解答
1. 像 $f(x)\cos x + 2\int_0^x f(t)\sin t\,dt = x$ 這類積分方程式，若二邊同時對 x 微分便可得到微分方程式。 2. $\int \sec^2 x\,dx = \tan x + c$	$f'(x)\cos x - f(x)\sin x + 2f(x)\sin x = f'(x)\cos x + f(x)\sin x = 1$ 此相當於一階線性微分方程式，$y' + y\tan x = \sec x$ 取 $\mathrm{IF} = e^{\int \tan x\,dx} = e^{-\ln\cos x} = \sec x$ $\sec x(y' + y\tan x) = \sec^2 x \Rightarrow d(y\sec x) = \sec^2 x$ $\therefore y\sec x = \tan x + c$，即 $y = \sin x + c\cos x$

★ **例 5** 試證 $y' + p(x)y = q(x)$ 之通解為 $y = \exp\left\{-\int p(x)\right\}\left\{c + q(x)\exp\left(\int p(x)dx\right)\right\}$

解

取 $\mathrm{IF} = e^{\int p(x)dx}$ 則

$$e^{\int p(x)dx}(y' + p(x)y) = e^{\int p(x)dx}q(x)$$

$$\therefore \frac{d}{dx}\left(e^{\int p(x)dx}y\right) = e^{\int p(x)dx}q(x)$$

$$\Rightarrow e^{\int p(x)dx}y = \int e^{\int p(x)dx} \cdot q(x)dx + c$$

$$\therefore y = e^{-\int p(x)dx} \{c + e^{\int p(x)dx} \cdot q(x)\}$$

【定理 B】 Bernoulli 方程式 $y' + p(x)y = q(x)y^n$，$n \neq 0, 1$，取 $u = y^{1-n}$ 則

$$\frac{du}{dx} + (1-n)p(x)u = (1-n)q(x)$$

證明 證明見練習第 5 題。

例 6 解 $xy' + y = y^2$

解

原方程式相當於 $y^{-2}y' + \frac{1}{x}y^{-1} = \frac{1}{x}$ (1)

令 $u = y^{1-2} = \frac{1}{y}$，則 $u' = -y^{-2}y'$

$\therefore$ (1) 變爲 $-u' + \frac{u}{x} = \frac{1}{x}$ 或 $u' - \frac{u}{x} = -\frac{1}{x}$ (2)

取   IF $= e^{-\int \frac{1}{x}dx} = \frac{1}{x}$，以 $\frac{1}{x}$ 乘 (2) 之二邊，得 $\frac{1}{x}u' - \frac{u}{x^2} = -\frac{1}{x^2}$，

$$\left(\frac{u}{x}\right)' = -\frac{1}{x^2}$$

$\therefore \frac{u}{x} = \frac{1}{x} + c$，即 $u = 1 + cx$，但 $u = \frac{1}{y}$

$\therefore y = \frac{1}{1+cx}$ 是爲所求

例 7 解 $y' + y\cot x = \frac{1}{y}\csc^2 x$

解

原 ODE 相當於 $yy' + y^2\cot x = \csc^2 x$ (1)

取 $u = y^{1-(-1)} = y^2$，$u' = 2yy'$，令 $u = y^2$ 則方程式 (1) 可化爲

$$\frac{1}{2}u' + (\cot x)u = \csc^2 x \text{ 或 } u' + 2(\cot x)u = 2\csc^2 x \quad (2)$$

$\therefore$ IF $= e^{\int 2\cot x dx} = \sin^2 x$，以 $\sin^2 x$ 乘 (2) 式兩邊得：

$\sin^2 x \cdot u' + u \cdot 2\sin x \cos x = 2$

$\Rightarrow (u\sin^2 x)' = 2$

解之 $u\sin^2 x = 2x + c$

$\therefore u = (2x + c)\csc^2 x$ 即 $y^2 = (2x + c)\csc^2 x$

練習 1.6A

1. 解下列微分方程式

   (1) $y' + 2xy = e^{-x^2}\cos x$ (2) $y' + (\tan x)y = e^x \cos x$

   (3) $y' + \dfrac{2}{x+1}y = (x+1)^{-\frac{5}{2}}$ (4) $xy'\ln x + y = x(1 + \ln x)$

2. 解下列微分方程式

   (1) $y' - 3xy = xy^2$ (2) $x^2y' + xy = y^2$

   (3) $3xy' - y + x^2y^4 = 0$ (4) $y' + y = y^2(\cos x - \sin x)$

3. 解下列微分方程式

   (1) $1 + y^2 = (\tan^{-1}y - x)y'$ (2) $2(\ln y - x)y' = y$

4. 試證方程式 $\phi'(x)\dfrac{dy}{dx} + p(x)\phi(y) = q(x)$ 可透過 $u = \phi(y)$ 變數變換而得到線性微分方程式，

   並據此結果求 $e^y\left(\dfrac{dy}{dx} + 1\right) = x$。

5. 試證定理 B。

6. Bernoulli 方程式 $y' + p(x)y = q(x)y^n$ 為何有 $n \neq 0, 1$ 之規定？

Riccati方程式

【定義】 Riccati 方程式之標準式為

$$y' = p(x)y^2 + q(x)y + r(x), p(x) \neq 0, q(x) \neq 0$$

【定理 B】 ODE $y' = p(x)y^2 + q(x)y + r(x), p(x) \neq 0, q(x) \neq 0$，若 y_1 為其中一個解，

則由 $y = y_1 + \dfrac{1}{u}$ 行變數變換後為一階線性微分方程式。

證明 見練習第 2 題。

　　由定理 B 知，解 $y' = p(x)y^2 + q(x)y + r(x)$ 時首先要找到一個解 $y = y_1$，這需要試誤。有些書係以 $y = y_1 + u$ 來變數變換。

例 8 解 $y' = \dfrac{1}{x^2}y^2 - \dfrac{y}{x} + 1$。

提示	解答
1. 先找一個解 2. 代 $y = x + \dfrac{1}{u}$ 入 　$y' = \dfrac{1}{x^2}y^2 - \dfrac{y}{x} + 1$ 3. 化簡 ⇒ 一階線性 ODE 4. 代 u 之結果入 $y = y_1 + \dfrac{1}{u}$	$y_1 = x$ 為一個解，令 $y = x + \dfrac{1}{u}$ 代入原方程式： $\left(x + \dfrac{1}{u}\right)' = \dfrac{1}{x^2}\left(x + \dfrac{1}{u}\right)^2 - \dfrac{1}{x}\left(x + \dfrac{1}{u}\right) + 1$ $\therefore 1 - \dfrac{u'}{u^2} = \dfrac{1}{x^2}\left(x^2 + \dfrac{2x}{u} + \dfrac{1}{u^2}\right) - \dfrac{1}{x}\left(x + \dfrac{1}{u}\right) + 1 = \dfrac{1}{ux} + \dfrac{1}{u^2 x^2} + 1$ $u' = -\dfrac{u}{x} - \dfrac{1}{x^2}$，移項得 $u' + \dfrac{u}{x} = -\dfrac{1}{x^2}$，取 $IF = e^{\int \frac{1}{x}dx} = x$ $\therefore x\left(u' + \dfrac{u}{x}\right) = x\left(-\dfrac{1}{x^2}\right) \Rightarrow$ 即 $(xu)' = -\dfrac{1}{x} \Rightarrow xu = -\ln x + c$，得 $u = \dfrac{-\ln x + c}{x}$ $\therefore y = y_1 + \dfrac{1}{u} = x + \dfrac{x}{c - \ln x}$

例 8 亦可用零階齊次方程式解之，二者答案相同。

例 9　解 $y' = \cos x - y\sin x + y^2$

解

由視察 $y_1 = \sin x$ 為一個解，令 $y = \sin x + \dfrac{1}{u}$

$\therefore \left(\sin x + \dfrac{1}{u}\right)' = \cos x - \left(\sin x + \dfrac{1}{u}\right)\sin x + \left(\sin x + \dfrac{1}{u}\right)^2$

$\cos x - \dfrac{u'}{u^2} = \cos x - \sin^2 x - \dfrac{1}{u}\sin x + \sin^2 x + \dfrac{2}{u}\sin x + \dfrac{1}{u^2}$，化簡移項可得：

$u' + u\sin x = -1$；$IF = e^{\int \sin x\, dx} = e^{-\cos x}$

$\therefore (e^{-\cos x}u)' = -e^{-\cos x} \Rightarrow e^{-\cos x}u = -\int e^{-\cos x}dx + c$

$\therefore u = e^{\cos x}\left(-\int e^{-\cos x}dx + c\right)$ 即 $\dfrac{1}{y - \sin x} = e^{-\cos x}\left(-\int e^{-\cos x}dx + c\right)$

練習 1.6B

1. 解下列微分方程式
   (1) $y' = y^2 - xy + 1$　　　(2) $y' = 2 - 2xy + y^2$
   (3) $y' = y^2 - 4xy + 4x^2 + 2$　　(4) $y' = (y - x)^2 + 1$
2. 證明定理 B

第2章
線性微分方程式

2.1 線性常微分方程式導言

凡形如下列之微分方程式，我們稱之為**線性常微分方程式**（linear differential equations）：

$$a_0(x)\frac{d^n}{dx^n}y + a_1(x)\frac{d^{n-1}}{dx^{n-1}}y + a_2(x)\frac{d^{n-2}}{dx^{n-2}}y + \cdots + a_{n-1}(x)\frac{dy}{dx} + a_n(x)y = b(x) \quad (2.1)$$

當 $a_0(x)$，$a_1(x)$，$\cdots a_{n-1}(x)$，$a_n(x)$ 均為常數時，式 (2.1) 為常係數微分方程式。

$b(x) = 0$ 時稱 (2.1) 為**齊性方程式**（homogeneous equations）。

若我們用 D 來表示 $\frac{d}{dx}$，則 $\frac{d}{dx}y = D_y$，$\frac{d^2}{dx^2}y = D^2_y \cdots \frac{d^n}{dx^n}y = D^n_y$，同時規定 $D^0y = y$ 則 (2.1) 式可表為 $L(D)y = b(x)$；其中 $L(D) = a_0(x)D^n + a_1(x)D^{n-1} + \cdots + a_n(x)D^0$

例如：

ODE	D表示法
$y'' + 3y' + 2y = \cos 3x$	$(D^2 - 3D + 2)y = \cos 3x$
$y'' + xy' + x^2y = 0$	$(D^2 + xD + x^2)y = 0$

例 1 若 $L(D) = xD^2 + xD + 1$，求 $L(D)x^3$

解

$$L(D)x^3 = (xD^2 + xD + 1)x^3 = xD^2x^3 + xDx^3 + x^3 = xD3x^2 + x(3x^2) + x^3$$
$$= 6x^2 + 4x^3$$

若 $L_1(D)$、$L_2(D)$ 為二個 D 算子之常係數多項式則我們易知它有下列諸性質：

1. $L_1(D) + L_2(D) = L_2(D) + L_1(D)$
2. $L_1(D) + [L_2(D) + L_3(D)] = [L_1(D) + L_2(D)] + L_3(D)$
3. $L_1(D)L_2(D) = L_2(D)L_1(D)$
4. $L_1(D)[L_2(D)L_3(D)] = [L_1(D)L_2(D)]L_3(D)$
5. $L_1(D)[L_2(D) + L_3(D)] = L_1(D)L_2(D) + L_1(D)L_3(D)$

注意：若 $L(D)$ 不為常係數多項式時上述結果不恒成立。

若 $L(D)y = (D + 1)y = x^2$，$y = \dfrac{1}{D+1}x^2$，我們可用 Maclaurin 展開式

$\dfrac{1}{D+1} = 1 - D + D^2 \cdots$（若 y 為 n 次多項式，則對 D 之無窮級數取到 D^n 即可。）

例如：$\dfrac{1}{1+D^2}(x^2) = (1 - D^2)x^2 = x^2 - D(Dx^2) = x^2 - D(2x) = x^2 - 2$

練習 2.1A

1. $L(D) = xD^2 + x^2D - 1$，求 $L(D)(x\sin x)$
2. $(D + 2)(D + 1)y = (D + 1)(D + 2)y$ 是否成立？
3. 求 $\dfrac{1}{1+D}(x + 1)$

線性微分方程式解之基本性質

若 $y = y(x)$ 是 $L(D)y = a_0(x)y^{(n)} + a_1(x)y^{(n-1)} + \cdots + a_{n-1}(x)y' + a_n(x)y = 0$ 之解，則稱 $y = y(x)$ **齊性解**（homogeneous solution），以 y_h 表之。

【定理 A】　若 $y = y_1(x)$ 與 $y = y_2(x)$ 均為 $a_0(x)y^{(n)} + a_1(x)y^{(n-1)} + \cdots + a_{n-1}(x)y' + a_n(x)y = 0$ 之解，則 $y = c_1y_1(x) + c_2y_2(x)$（$c_1$，$c_2$ 為任意常數）亦為其解

證明　$L(D)[c_1y_1(x) + c_2y_2(x)]$
$= a_0(x)[c_1y_1(x) + c_2y_2(x)]^{(n)} + a_1(x)[c_1y_1(x) + c_2y_2(x)]^{(n-1)}$
　$+ a_2(x)[c_1y_1(x) + c_2y_2(x)]^{(n-2)} + \cdots + a_n(x)[c_1y_1(x) + c_2y_2(x)]$
$= c_1[a_0(x)y_1^{(n)}(x) + a_1(x)y_1^{(n-1)}(x) + \cdots + a_n(x)y_1(x)]$
　$+ c_2[a_0(x)y_2^{(n)}(x) + a_1(x)y_2^{(n-1)}(x) + \cdots + a_n(x)y_2(x)]$
$= c_1 \cdot 0 + c_2 \cdot 0 = 0$
$\therefore y = c_1y_1(x) + c_2y_2(x)$ 為（2.1）之一個解

由定理 A 可推知：
1. 若 $y = y(x)$ 為 $L(D)y = 0$ 之解則 $y = cy(x)$ 亦為 $L(D)y = 0$ 之一個解，在此 c 為任意常數。
2. 若 $y = y_i(x)$，$i = 1, 2, \cdots n$ 為 $L(D)y = 0$ 之解則 $y = \sum\limits_{i=1}^{n} y_i(x)$ 亦為 $L(D)y = 0$ 之解。

【定理 B】 若 $y = y_1(x)$ 為 $L(D)y = b(x)$ 之解且 $y = y_2(x)$ 為 $L(D)y = 0$ 之解則 $y = y_1(x) + y_2(x)$ 為 $L(D)y = b(x)$ 之解。

證明 $L(D)(y_1(x) + y_2(x)) = [a_0(x)y_1^{(n)}(x) + a_1(x)y_1^{(n-1)}(x) + \cdots +$
$a_n(x)y_1(x)] + [a_0(x)y_2^{(n)}(x) + a_1(x)y_2^{(n-1)}(x) + \cdots + a_n(x)y_2(x)]$
$= b(x) + 0 = b(x)$ ∎

根據上面之討論，我們可歸納出下列重要結果：若 y_p 為一線性常係數微分方程式之一個特解，y_h 為齊性解，則通解 y_g 為 $y_g = y_p + y_h$。因此 ODE $L(D)y = b(x)$ 是先求齊性解 y_h，然後求 y_p，如此便得通解 $y_g = y_h + y_p$。

例 2 方程式 $y'' + Py' + Qy = 0$，P，Q 均爲 x 之函數，試證：
(1) 若 $P + xQ = 0$ 則 $y = x$ 爲方程式之特解
(2) 若 $1 + P + Q = 0$ 則 $y = e^x$ 爲方程式之特解

解

(1) $y'' + Py' + Qy|_{y=x} = P + Qx = 0$ (1)
   ∴在 $P + xQ = 0$ 時 $y = x$ 爲 $y'' + Py' + Qy = 0$ 之一個特解
(2) 代 $y = e^x$ 入 $y'' + Py' + Qy = e^x + Pe^x + Qe^x = e^x(1 + P + Q)$ (2)
   ∵ $1 + P + Q = 0$
   ∴在 $1 + P + Q = 0$ 時 $y = e^x$ 爲 $y'' + Py' + Qy = 0$ 之一個特解。

例 3 若 r 爲 $a_0m^2 + a_1m + a_2 = 0$ 之一個根，試證 $y = e^{rx}$ 爲 $a_0y'' + a_1y' + a_2y = 0$ 之一個特解

解

   ∵ $y = e^{rx}$，則有 $y' = re^{rx}$，$y'' = r^2e^{rx}$，
   代入 $a_0y'' + a_1y' + a_2y = a_0(r^2e^{rx}) + a_1(re^{rx}) + a_2e^{rx} = e^{rx}(a_0r^2 + a_1r + a_2) = 0$
   （∵ r 爲 $a_0m^2 + a_1m + a_2 = 0$ 之根∴ $a_0r^2 + a_1r + a_2 = 0$）
   即 $y = e^{rx}$ 爲 $a_0y'' + a_1y' + a_2y = 0$ 之一個特解

練習 2.1B

1. 考慮 $y'' + Py' + Qy = 0$
  (1) $1 - P + Q = 0$ 則 $y = e^{-x}$ 爲方程式之特解
  (2) $a^2 + aP + Q = 0$ 則 $y = e^{ax}$ 爲方程式之特解

2. 若 y_1，y_2 為方程式 $y'' + P(x)y' + Q(x)y = R(x)$ 之二個相異解，α 為任意實數試證 $y = \alpha y_1 + (1 - \alpha)y_2$ 亦為方程式之解。

3. 若 $y(x)$ 為常係數微分方程式 $y'' + ay' + by = 0$ 之一個解，試證 $y'(x)$ 為方程式 $y''' + ay'' + by' = 0$ 之解。

2.2 線性獨立、線性相依與Wronskian

y_1，$y_2 \cdots y_n$ 為定義於區間 I 之 n 個函數，若存在不全為 0 之常數 c_1，$c_2 \cdots c_n$ 使得 $c_1 y_1 + c_2 y_2 + \cdots + c_n y_n = 0$ 恒成立，則我們稱 y_1，$y_2 \cdots y_n$ 為**線性相依**（linear dependent），否則為**線性獨立**（linear independent），換言之，若 $c_1 y_1 + c_2 y_2 + \cdots + c_n y_n = 0$ 僅在 $c_1 = c_2 = \cdots = c_n = 0$ 時方成立，則稱 y_1，$y_2 \cdots y_n$ 在區間 I 中為線性獨立。為了判斷 n 個函數是否線性獨立，我們將引入一個極為便利之方法 ── Wronskian（簡記 W），W 是行列式。

【定義】 $y_1(x)$，$y_2(x) \cdots y_n(x)$ 在區間 I 為 x 之可微分函數，$y_1(x)$，$y_2(x) \cdots y_n(x)$ 之 Wronskian 記做 $W(y_1(x), y_2(x) \cdots y_n(x))$，定義為

$$W(y_1(x), y_2(x) \cdots y_n(x)) = \begin{vmatrix} y_1 & y_2 & \cdots y_n \\ y_1{}' & y_2{}' & \cdots y_n{}' \\ y_1{}'' & y_2{}'' & \cdots y_n{}'' \\ \cdots\cdots\cdots\cdots\cdots\cdots \\ y_1^{(n-1)} & y_2^{(n-1)} \cdots y_n^{(n-1)} \end{vmatrix}$$

【定理 A】 $y_1(x)$，$y_2(x)$ 在區間 I 中為連續函數，若 $y_1(x)$，$y_2(x)$ 為線性相依則 $W(y_1, y_2) = 0$ 亦即**若存在一個 $x \in I$ 使得 $W(y_1, y_2) \neq 0$ 則 $y_1(x)$ 與 $y_2(x)$ 在 I 中為線性獨立。**

證明 考慮 $k_1 y_1(x) + k_2 y_2(x) = 0$：   (1)

$\because y_1(x)$ 與 $y_2(x)$ 在 I 中可微分，在 (1) 二邊同時對 x 微分得：

$k_1 y'_1(x) + k_2 y'_2(x) = 0$ (2)

由 (1)，(2) 可得線性聯立方程組

$$\begin{bmatrix} y_1(x) & y_2(x) \\ y'_1(x) & y'_2(x) \end{bmatrix} \begin{bmatrix} k_1 \\ k_2 \end{bmatrix} = \begin{bmatrix} 0 \\ 0 \end{bmatrix}$$

由線性代數，若 y_1, y_2 為線性相依則：$\begin{vmatrix} y_1(x) & y_2(x) \\ y'_1(x) & y'_2(x) \end{vmatrix} = 0$

$\therefore$ 若 $W(y_1(x), y_2(x)) \neq 0$ 則 $y_1(x)$，$y_2(x)$ 線性獨立 ∎

定理 A 之結果可推廣至 n 個可微分函數情形。本書若無特別指明，區間均指 $(-\infty, \infty)$。

讀者應注意的是像 x 與 x^2 的 $W(x, x^2) = \begin{vmatrix} x & x^2 \\ 1 & 2x \end{vmatrix} = x^2$，因至少存在一個 x 使得 $W \neq 0$ 所以是線性獨立。

例 1 (1) 問 $\{e^x, e^{2x}\}$ (2)$\{x, \sin x, \cos x\}$ 是否為線性相依？

解

    (1) $W(e^x, e^{2x}) = \begin{vmatrix} e^x & e^{2x} \\ e^x & 2e^{2x} \end{vmatrix} = e^x \cdot 2e^{2x} - e^{2x} \cdot e^x = e^{3x} \not\equiv 0$ ∴ $\{e^x, e^{2x}\}$ 為線性獨立

    (2) $W(x, \sin x, \cos x)$

$$= \begin{vmatrix} x & \sin x & \cos x \\ 1 & \cos x & -\sin x \\ 0 & -\sin x & -\cos x \end{vmatrix} = x\begin{vmatrix} \cos x & -\sin x \\ -\sin x & -\cos x \end{vmatrix} - \begin{vmatrix} \sin x & \cos x \\ -\sin x & -\cos x \end{vmatrix} = -x$$

    存在一個 x 使得 $W(x, \sin x, \cos x) \neq 0$ ∴ $\{x, \sin x, \cos x\}$ 為線性獨立。

在判斷可微分函數 $y_1(x), y_2(x) \cdots y_n(x)$ 是否為線性獨立時要注意：

1. $y_1, y_2 \cdots y_n$ 中有一個 $y_k = 0$ 則 $y_1, y_2 \cdots y_n$ 必為線性相依。

2. 若 y_1，y_2 滿足 $\dfrac{y_1}{y_2} = k$，k 為常數，那麼 y_1，y_2 為線性相依。

3. y_1, y_2 是否為線性獨立與所在區間有關。

例 2 試判斷 $y_1(x) = |x|$ 與 $y_2(x) = x$ 在下列區間為線性獨立抑為線性相依。

    (1)$(0, \infty)$ (2)$(-\infty, 0)$ (3)$(-\infty, \infty)$

解

    ∵ $y_1(x) = |x| = \begin{cases} x & , x \geq 0 \\ -x, & x < 0 \end{cases}$

    (1) $(0, \infty)$：

        $\dfrac{y_1}{y_2} = \dfrac{x}{x} = 1$ ∴ $y_1(x)$ 與 $y_2(x)$ 在 $(0, \infty)$ 為線性相依。

    (2) $(-\infty, 0)$：

        $\dfrac{y_1}{y_2} = \dfrac{-x}{x} = -1$ ∴ $y_1(x)$ 與 $y_2(x)$ 在 $(-\infty, 0)$ 為線性相依。

    (3) $(-\infty, \infty)$：$\dfrac{y_1}{y_2} = \begin{cases} 1 & , x > 0 \\ -1, & x < 0 \end{cases}$ 不為常數

$\therefore y_1(x)$ 與 $y_2(x)$ 在 $(-\infty, \infty)$ 爲線性獨立。

例 3 若 $f(x) = e^x$，$g(x) = xe^x$，$h(x) = x^2e^x$ 問此三個函數在 R 中是否線性獨立？

提示	解答
我們應用行列式法降階法 詳：黃學亮：基礎線性代數 第 5 版（五南出版）	$W = \begin{vmatrix} f(x) & g(x) & h(x) \\ f'(x) & g'(x) & h'(x) \\ f''(x) & g''(x) & h''(x) \end{vmatrix} = \begin{vmatrix} e^x & xe^x & x^2e^x \\ e^x & e^x+xe^x & 2xe^x+x^2e^x \\ e^x & 2e^x+xe^x & 2e^x+4xe^x+x^2e^x \end{vmatrix}$ $= e^{3x}\begin{vmatrix} 1 & x & x^2 \\ 1 & 1+x & 2x+x^2 \\ 1 & 2+x & 2+4x+x^2 \end{vmatrix} = e^{3x}\begin{vmatrix} 1 & 2x \\ 2 & 2+4x \end{vmatrix} = 2e^{3x} \not\equiv 0$ $\therefore$爲線性獨立。

練習 2.2A

1. 判斷 (1)$\{x, \tan x\}$　(2)$\{x^2+x+1, x+1\}$ 是否爲線性獨立。
2. $y_1(x) = x^3$，$y_2(x) = x^2|x|$ 在 $[-1, 1]$ 是否爲線性獨立？

已知一個解下求另一線性獨立解

【預備定理 B1】　〔Abel 等式（Abel's identity）〕設 $y_1(x)$，$y_2(x)$ 爲 $y'' + p(x)y' + q(x)y = 0$ 之兩個解，則 $W = ce^{-\int p dx}$。

證明　$\because y_1$，y_2 爲 $y'' + py' + qy = 0$ 之解

$\therefore \begin{cases} y_1'' + py_1' + qy_1 = 0 & (1) \\ y_2'' + py_2' + qy_2 = 0 & (2) \end{cases}$

$(2) \times y_1 - (1) \times y_2$ 得：

$y_1y_2'' - y_2y_1'' + p(y_1y_2' - y_2y_1') = 0$ 　(3)

但　$W = \begin{vmatrix} y_1 & y_2 \\ y_1' & y_2' \end{vmatrix} = y_1y_2' - y_2y_1'$ 　(4)

$W' = y_1'y_2' + y_1y_2'' - y_2'y_1' - y_2y_1'' = y_1y_2'' - y_2y_1''$ 　(5)

代 (4)，(5) 入 (3) 得 $W' + pW = 0$

$\dfrac{d}{dx}W + pW = 0 \Rightarrow \dfrac{dW}{W} = -pdx$ 　$\therefore \ln|W| = -\int p dx + c'$

解之 $W = ce^{-\int pdx}$　　　■

【定理 B】　已知 y_1 為 $y'' + p(x)y' + q(x)y = 0$ 之一個解，則 $y_2 = y_1 \int \dfrac{e^{-\int pdx}}{y_1^2} dx$ 為方程式之另一個線性獨立解。

證明　由預備定理 B1

$$W = y_1 y_2' - y_2 y_1' = e^{-\int pdx} \Rightarrow \frac{y_1 y_2' - y_2 y_1'}{y_1^2} = \frac{e^{-\int pdx}}{y_1^2}$$

$$\therefore \frac{d}{dx}\left(\frac{y_2}{y_1}\right) = \frac{e^{-\int pdx}}{y_1^2} \text{ 即 } y_2 = y_1 \int \frac{e^{-\int pdx}}{y_1^2} dx \text{（積分常數通常可略之）}　■$$

例 4　若 $y_1 = x^2$ 為 $x^2 y'' - 2xy' + 2y = 0$，$x \neq 0$ 之一個解，試求另一個線性獨立解 y_2。

提示	解答
將 $x^2 y'' - 2xy' + 2y = 0$ 化為 $y'' - \dfrac{2}{x}y' + \dfrac{2}{x^2}y = 0$	由定理 B $y_2 = y_1 \int \dfrac{e^{-\int pdx}}{y_1^2}dx = x^2 \int \dfrac{e^{-\int\left(-\frac{2}{x}\right)dx}}{x^4}dx = x^2 \int \dfrac{x^2}{x^4}dx = -x$ 為 $x^2 y'' - 2xy' + 2y = 0$ 之另一個線性獨立解。

例 5　求 $(1 + x^2)y'' - 2xy' + 2y = 0$ 之一個解，求此 ODE 之另一線性獨立解。

解

$\because y_1 = x$ 為 $y'' + \dfrac{-2x}{1+x^2}y' + \dfrac{2}{1+x^2}y = 0$ 之一個解

$\therefore$ 由定理 B 知另一線性獨立解為

$$y_2 = y_1 \int \frac{e^{-\int pdx}}{y_1^2} dx，p = \frac{-2x}{1+x^2} = x\int \frac{e^{\int \frac{2x}{1+x^2}dx}}{x^2} dx = x \int \frac{(x^2+1)dx}{x^2}$$

$$= x\int \left(1 + \frac{1}{x^2}\right)dx = x\left(x - \frac{1}{x}\right) = x^2 - 1$$

已知一個解 $y_1(x)$ 下求另一線性獨立解除應用定理 B 外，另一個常用的方法是令 $y_2 = u(x)y_1$，$u(x)$ 為待定函數。我們以一個例子說明：

例6 （承例5）已知 $y_1 = x$ 是 $(1 + x^2)y'' - 2xy' + 2y = 0$ 之一個解求此方程式之一線性獨立解。

解

令 $y_2 = u(x)y_1 = xu$，則 $y'_2 = u + xu'$，$y''_2 = 2u' + xu''$，代入原方程式：

$(1 + x^2)(2u' + xu'') - 2x(u + xu') + 2xu = 0$，化簡得：

$2u' + x(1 + x^2)u'' = 0$，取 $v = u'$，則

$2v + x(1 + x^2)v' = 0$ $\quad \therefore \dfrac{dv}{v} + \dfrac{2dx}{x(1 + x^2)} = 0$

$\therefore \ln v + 2\displaystyle\int\left(\dfrac{1}{x} - \dfrac{x}{1 + x^2}\right)dx = \ln v + \ln x^2 - \ln(1 + x^2) = 0$

$\therefore v = \dfrac{1 + x^2}{x^2}$，即 $u' = \dfrac{1 + x^2}{x^2}$

$\therefore u = \displaystyle\int \dfrac{1 + x^2}{x^2}dx = -\dfrac{1}{x} + x$

$\quad y_2 = uy_1 = \left(-\dfrac{1}{x} + x\right)x = x^2 - 1$

疊合原理

> **【定理C】** **疊合原理**（superposition principle）若 $y_1(x), y_2(x)\cdots y_n(x)$ 是線性微分方程式 $L(D)y = 0$ 之線性獨立解，則 $y = c_1y_1(x) + c_2y_2(x) + \cdots + c_ny_n(x)$，$c_1, c_2\cdots c_n$ 為任意常數，是 $L(D)y = 0$ 之通解。$y_1, y_2\cdots y_n$ 稱為通解之**基底**（base）。

例7 $y_1 = e^x$ 與 $y_2 = e^{-x}$ 均為 $y'' - y = 0$ 之解，$y_1 = e^x$ 與 $y_2 = e^{-x}$ 為線性獨立，$y = c_1e^x + c_2e^{-x}$ 是 $y'' - y = 0$ 之一個通解。

例8 $y_1(x) = x$，$y_2(x) = \sin x$，$y_3(x) = \cos x$ 是 $y''' + P(x)y'' + Q(x)y' + R(x)y = 0$ 之三個線性獨立解，則

$y = c_1x + c_2\sin x + c_3\cos x$ 為 $y''' + P(x)y'' + Q(x)y' + R(x)y = 0$ 之通解。

★ **例9** 若 $y_1 = \ln x$ 是 $(1 - \ln x)y'' + \dfrac{1}{x}y' - \dfrac{1}{x^2}y = 0$ 之一個解，試求通解

提示	解答
1. 若我們能找到一個線性獨立解 y_2，則由定理 C（疊合原理）可得通解 $y = c_1y_1 + c_2y_2$ 2. $\int \dfrac{\ln x - 1}{(\ln x)^2} dx = ?$ 這不易用一般積分方法求得，直覺告訴我們，$\dfrac{\ln x - 1}{(\ln x)^2}$ 可能是某個分式 $\dfrac{v}{u}$ 之導函數 $\left(\dfrac{v}{u}\right)' = \dfrac{uv' - u'v}{u^2} = \dfrac{\ln x - 1}{(\ln x)^2}$，如 $u = \ln x$，那 $v' = 1$，即 $v = x$ $\therefore \int \dfrac{\ln x - 1}{(\ln x)^2} dx = \dfrac{x}{\ln x} + c$	1. 先求一個線性獨立解 y_2： $\because y'' + \dfrac{1}{(1 - \ln x)x} y' - \dfrac{y}{(1 - \ln x)x^2} = 0$ 由定理 B，知另一線性獨立解 y_2： $y_2 = y_1 \int \dfrac{e^{-\int p dx}}{y_1^2} dx = \ln x \int \dfrac{e^{-\int \frac{dx}{(1 - \ln x)x}}}{(\ln x)^2} dx$ $= \ln x \int \dfrac{e^{\ln(\ln x - 1)}}{(\ln x)^2} dx = \ln x \int \dfrac{\ln x - 1}{(\ln x)^2} dx$ $= \ln x \cdot \dfrac{x}{\ln x} = x$ 2. 由疊合原理 $y = c_1 \ln x + c_2 x$

練習 2.2B

1. (1) 試由視察法找出 $x^2y'' - 2xy' + 2y = 0$ 之一個解，並由定理 B 找出另一個線性獨立解。

   (2) 由 (1) 之結果求 $x^2y'' - 2xy' + 2y = 0$ 之通解。

2. (1) 試由視察法找出 $(x - 1)y'' - xy' + y = 0$ 之一個解，並由定理 B 找出另一個線性獨立解。

   (2) 由 (1) 之結果，求 $(x - 1)y'' - xy' + y = 0$ 之通解。

3. 承第 1 題 (1) 試用 $y_2 = u(x)y_1$ 求另一線性獨立解。

2.3 高階常係數齊性微分方程式

為了簡單入門起見，我們可從二階常係數齊性線性微分方程式 $a_0y'' + a_1y' + a_2y = 0$ 著手：

令 $y = e^{mx}$ 為其中一個解，將 $y = e^{mx}$ 代入上式，

$$a_0y'' + a_1y' + a_2y = a_0m^2e^{mx} + a_1me^{mx} + a_2e^{mx} = e^{mx}(a_2 + a_1m + a_0m^2) = 0$$

$\because e^{mx} \neq 0$ $\therefore a_0m^2 + a_1m + a_2 = 0$，我們稱它是對應 $a_0y'' + a_1y' + a_2y = 0$ 之**特徵方程式**（characteristic equation），特徵方程式的根稱為**特徵根**（characteristic root）

【定理 A】 微分方程式 $a_0y'' + a_1y' + a_2y = 0$ 之特徵方程式為 $a_0m^2 + a_1m + a_2 = 0$，r_1，r_2 為二特徵根。

(i) $r_1 \neq r_2$，$r_1, r_2 \in R$ 則 $y_g = c_1e^{r_1x} + c_2e^{r_2x}$

(ii) $r_1 = r_2 = r$ 則 $y_g = (c_1 + c_2x)e^{rx}$

(iii) r_1，r_2 為二複根即 $r_1 = p + qi$，$r_2 = p - qi$，p，$q \in R$ 則 $y_g = e^{px}(c_1\cos qx + c_2\sin qx)$

證明

(i) 由 2.1 節例 3 已證若 r_1，r_2 為 $a_0m^2 + a_1m + a_2 = 0$ 之相異特徵根，則 $y_1(x) = e^{r_1x}$，$y_2 = e^{r_2x}$ 均為 $a_0y'' + a_1y' + a_2y = 0$ 之特解，又

$$W(y_1, y_2) = \begin{vmatrix} e^{r_1x} & e^{r_2x} \\ r_1e^{r_1x} & r_2e^{r_2x} \end{vmatrix} = (r_2 - r_1)e^{(r_1 + r_2)x} \neq 0$$

$y_1(x) = e^{r_1x}$，$y_2(x) = e^{r_2x}$ 為二個線性獨立特解

$\therefore y_g = c_1e^{r_1x} + c_2e^{r_2x}$

(ii) 為便於證明，我們將特徵方程式除 a_0 而得 $m^2 + pm + q = 0$，則 m 之根 $\dfrac{-p \pm \sqrt{p^2 - 4q}}{2}$，若二根相等則根 $r_1 = -\dfrac{p}{2} = r_2$

$\therefore y_1 = e^{r_1x}$ 是一個根，現在我們要求另一個線性獨立解 y_2：

令 $\dfrac{y_2}{y_1} = u(x)$，$u(x)$ 為待定函數。

則 $y_2 = y_1u = e^{r_1x}u$

$y'_2 = e^{r_1x}(u' + r_1u)$，$y''_2 = e^{r_1x}(u'' + 2r_1u' + r_1^2u)$，代入 $y'' + py' + qy = 0$ 得：

$e^{r_1x}[(u'' + 2r_1u' + r_1u^2) + p(u' + r_1u) + qu] = 0$

$\Rightarrow u'' + (2r_1 + p)u' + (r_1^2 + pr_1 + q)u = 0$ \hfill (1)

$\because r_1^2 + pr_1 + q = 0$

$\therefore 2r_1 + p = 0$ 代入式 (1) 得

　$u'' = 0$ 取 $u = x$

$$\therefore \ y_2 = uy_1 = xe^{r_1 x}$$

$$W(y_1, y_2) = \begin{vmatrix} e^{r_1 x} & xe^{r_1 x} \\ r_1 e^{r_1 x} & (1 + r_1 x)e^{r_1 x} \end{vmatrix} = e^{2r_1 x} \neq 0$$

知 $y_1 = e^{r_1 x}$ 與 $y_2 = xe^{r_1 x}$ 為線性獨立

$$\therefore y_g = c_1 e^{r_1 x} + c_2 x e^{r_1 x} = (c_1 + c_2 x)e^{r_1 x} \quad （定理 2.2C）$$

(iii) 應用 **Euler 公式** $e^{(p+iq)x} = e^{px}(\cos qx + i\sin qx)$

$$\therefore y_1 = e^{r_1 x} = e^{(p+qi)x} = e^{px}(\cos qx + i\sin qx) \tag{3}$$

$$y_2 = e^{r_2 x} = e^{(p-qi)x} = e^{px}(\cos(-qx) + i\sin(-qx))$$

$$= e^{px}(\cos qx - i\sin qx) \tag{4}$$

可驗證 y_1，y_2 為線性獨立 $\therefore y = c'_1 y_1 + c'_2 y_2 = e^{px}(c_1 \cos qx + c_2 \sin qx)$

我們可將上述定理及推廣列表如下：

	$y'' + ay' + by = 0$ 特徵方程式 $m^2 + am + b = 0$，二根 r_1，r_2		
定理 A	(1) $r_1 \neq r_2$，$r_1, r_2 \in R$，則 $y_h = c_1 e^{r_1 x} + c_2 e^{r_2 x}$ (2) $r_1 = r_2 = r$，$r_1, r_2 \in R$，則 $y_h = (c_1 + c_2 x)e^{rx}$ (3) $r_1 = p + qi$，$r_2 = p - qi$，$p, q \in R$，則 $y_h = e^{px}(c_1 \cos qx + c_2 \sin qx)$		
	$y^{(n)} + a_1 y^{(n-1)} + a_2 y^{(n-2)} + \cdots + a_{n-1} y' + a_n y = 0$ 特徵方程式 $m^n + p_1 m^{n-1} + \cdots + p_{n-1} m + p_n = 0$		
定理 A 推廣	**特徵方程式的根**		**微分方程式 y_h 之對應項**
	單根	$r \in R$	Ae^{rx}
		$r = p \pm qi$，$p, q \in R$	$e^{px}(c_1 \cos qx + c_2 \sin qx)$
	複根	k 重實根 r	$e^{rx}(c_1 + c_2 x + \cdots + c_k x^{k-1})$
		k 重複根 $r = p + qi$	$e^{px}(c_1 + c_2 x + \cdots + c_k x^{k-1})\cos qx + (d_1 + d_2 x + \cdots + d_k x^{k-1})\sin qx$

例 1 求下列齊次方程式之解

(1) $y'' - 2y' - 3y = 0$　　(2) $y'' - 4y' + 4y = 0$

(3) $y'' - 2y' + 5y = 0$　　(4) $y''' + y'' + y' + y = 0$

解

(1) 特徵方程式 $m^2 - 2m - 3 = (m - 3)(m + 1) = 0$，$m = 3, -1$

$\quad \therefore y_h = Ae^{3x} + Be^{-x}$

(2) 特徵方程式 $m^2 - 4m + 4 = (m - 2)^2 = 0$，$m = 2$（重根）

$\quad \therefore y_h = (A + Bx)e^{2x}$

(3) 特徵方程式 $m^2 - 2m + 5 = (m - (1 + 2i))(m - (1 - 2i)) = 0$

$m = 1 \pm 2i$

$\therefore y_h = e^x(A\cos 2x + B\sin 2x)$

(4) 特徵方程式 $m^3 + m^2 + m + 1 = (m^2 + 1)(m + 1) = 0$

$m = -1, \pm i$

$\therefore y_h = Ae^{-x} + e^{ox}(B\cos x + C\sin x)$

$\qquad = Ae^{-x} + B\cos x + C\sin x$

例 2 解 $(D^2 - 2D + 10)(D^3 + 4D)y = 0$

解

$(D^2 - 2D + 10)(D^3 + 4D)y = 0$ 對應之特徵方程式為

$(m^2 - 2m + 10)(m^3 + 4m) = 0$

$\therefore$ 特徵根為 $1 \pm 3i, 0, \pm 2i$

$y = c_1 + e^x(c_2\cos 3x + c_3\sin 3x) + c_4\cos 2x + c_5\sin 2x$

由例 1，2 可得一個重要規則：

線性常係數微分方程式齊性解之不定係數 c_i 之個數恰與方程式之階數相同。

例 3 解 $(D^2 - 2D + 10)^2 y = 0$

解

$(D^2 - 2D + 10)^2 y = 0$ 之特徵方程式 $(m^2 - 2m + 10)^2 = 0$ 則 $m = 1 + 3i$（重根），$1 - 3i$（重根）

$\therefore y = e^x((c_1 + c_2 x)\cos 3x + (c_3 + c_4 x)\sin 3x)$

例 4 解邊界值問題（boundary value problem）$y'' + y = 0$，$y(0) = 1$，$y(\frac{\pi}{2})$

$= 1$

解

原方程式之特徵方程式為 $m^2 + 1 = 0$ $\therefore m = \pm i$

得 $y_h = A\cos x + B\sin x$

又 $y(0) = 1$ 得 $A = 1$

$\quad y(\frac{\pi}{2}) = 1$ 得 $B = 1$

$\therefore y = \cos x + \sin x$，

高階線性微分方程式之附加條件均爲同點者爲初始條件，如 $y(0)$ = 1，$y'(0) = 1$ 均爲 $x = 0$，反之，若附加條件爲不同點，如 $y(0)$ = 1，$y(\pi) = -1$，分別在 $x = 0$ 與 $x = \pi$，爲**邊界值條件**（boundary condition）。

練習 2.3

1. 解

  (1) $y'' + 4y' + 4y = 0$ (2) $y'' + 4y' + 13y = 0$

  (3) $y'' + 4y = 0$ (4) $y'' + 2y' = 0$

2. 解

  (1) $y^{(4)} - 2y''' + 5y'' = 0$ (2) $y''' + 3y'' + 3y' + y = 0$

  (3) $y^{(6)} + 9y^{(4)} + 24y'' + 16y = 0$ (4) $(D^2 - 4D + 13)^2 y = 0$

3. 解

  (1) $(D - 2)(D - 3)^2 (D - 4)^3 y = 0$

  (2) $(D - 2)(D - 3)(D^2 + 4)^3 y = 0$

  (3) $y^{(4)} - 2y''' + 5y'' = 0$

2.4 未定係數法

本節與下面三節將著重一些特解之求法，包括**未定係數法**（method of undetermined coefficient），**參數變異法**（method of parameter variation）以及 **D算子法**（method of D operator）。

在求常係數線性微分方程式 $L(D)y = b(x)$ 特解 y_p，未定係數法是一個直覺的方法。

應用未定係數法時

1. 首先求出 $ay'' + by' + cy = b(x)$ 之齊性解。若求出之線性獨立的齊性解 y_1，y_2 均不含 $b(x)$ 之某個項時可依下表去假設特解之型態。

$b(x)$之形式	可設之特解
常數 c	A
x^p	$A_p x^p + A_{p-1} x^{p-1} + \cdots + Ax + A_0$
e^{px}	Ae^{px}
$\sin(px + q)$ 或 $\cos(px + q)$	$A\sin(px + q) + B\cos(px + q)$
函數和	對應函數之和
函數積	對應函數之積

2. 若 $b(x)$ 與 $y_h(x)$ 有某個項相同時，在求 y_p 時要將該相同項乘上 x^n，n 通常為 y_p 與 y_h 沒有相同項之最小正整數。
3. 對二階常係數微分方程式有二個有用的結果：
   I. $y'' + py' + qy = P_n(x)e^{\lambda x}$，$P_n(x)$ 為 n 次多項式，λ 為特徵多項式 $m^2 + pm + q = 0$ 之根：取 $y_p = x^k Q_n(x)e^{\lambda x}$，$Q_n(x)$ 為與 $P_n(x)$ 同次之多項式

   $k = \begin{cases} 1, \lambda 為單根 \\ 2, \lambda 為重根 \end{cases}$

   II. $y'' + py' + qy = e^{\lambda x}(P_s(x)\cos ax + P_t(x)\sin ax)$，$P_s(x)$，$P_t(x)$ 分別為 s，t 次多項式，λ 為特徵多項式 $m^2 + pm + q = 0$ 之根：

   可設 $y_p = x^n e^{\lambda x}(R_n(x)\cos at + T_n(x)\sin at)$

   $R_n(x)$, $T_n(x)$ 均為 n 次多項式，$n = \max(s, t)$

例 1 解 $(1)\,y'' - 2y' - 3y = \sin x$ $(2)\,y'' - 2y' - 3y = x$ $(3)\,y'' - 2y' - 3y = \sin x + x$

解

先求 $y'' - 2y' - 3y = 0$ 之齊性解：

$m^2 - 2m - 3 = (m - 3)(m + 1) = 0$ $\therefore m = 3, -1$

$y_h = Ae^{3x} + Be^{-x}$

(1) 求 $b(x) = \sin x$ 之特解：

設 $y_p = k\sin x + l\cos x$，代入 $y'' - 2y' - 3y = \sin x$ 得

$y''_p - 2y'_p - 3y_p$

$= (-4k + 2l)\sin x + (-2k - 4l)\cos x = \sin x$

比較二邊係數得

$$\begin{cases} -4k + 2l = 1 \\ -2k - 4l = 0 \end{cases} \quad 得\ k = -\frac{1}{5}\,,\ l = \frac{1}{10}\,,$$

$\therefore y_p = -\dfrac{1}{5}\sin x + \dfrac{1}{10}\cos x$

即 $y = y_h + y_p = Ae^{3x} + Be^{-x} - \dfrac{1}{5}\sin x + \dfrac{1}{10}\cos x$

(2) 求 $b(x) = x$ 之特解

設 $y_p = kx + l$，代入 $y'' - 2y' - 3y = x$ 得

$y''_p - 2y'_p - 3y_p = -3kx - (2k + 3l) = x$

$\therefore k = -\dfrac{1}{3}\,,\ l = \dfrac{2}{9}$

即 $y = y_h + y_p = Ae^{3x} + Be^{-x} - \dfrac{1}{3}x + \dfrac{2}{9}$

(3) $b(x) = \sin x + x$

設 $y_p = P\sin x + Q\cos x + Cx + D$

$y'_p = P\cos x - Q\sin x + C$

$y''_p = -P\sin x - Q\cos x$

$\therefore y''_p - 2y'_p - 3y_p$

$\quad = (-P\sin x - Q\cos x) - 2(P\cos x - Q\sin x + C)$

$\quad\quad - 3(P\sin x + Q\cos x + Cx + D)$

$\quad = (-4P + 2Q)\sin x - (4Q + 2P)\cos x - 3Cx + (-2C - 3D)$

$\quad = \sin x + x$

比較二邊係數

$$\begin{cases} -4P+2Q=1 \\ 4Q+2P=0 \\ -3C=1 \\ -2C-3D=0 \end{cases}$$

解之 $C=-\dfrac{1}{3}$，$D=\dfrac{2}{9}$，$P=-\dfrac{1}{5}$，$Q=\dfrac{1}{10}$

$$y_p=-\frac{1}{5}\sin x+\frac{1}{10}\cos x-\frac{x}{3}+\frac{2}{9}$$

$$\therefore y=Ae^{3x}+Be^{-x}-\frac{1}{5}\sin x+\frac{1}{10}\cos x-\frac{x}{3}+\frac{2}{9}$$

例 1(3) 亦可由 (1)，(2) 之結果直接寫出。

例 2 試解 $(1)y''-3y'+2y=xe^{3x}$　$(2)y''-3y'+2y=xe^{2x}$

提示	解答
	先求 $y''-3y'+2y=0$ 之齊性解 $m^2-3m+2=(m-2)(m-1)=0$ $\therefore m=1,2$ 得齊性解 $y_h=Ae^x+Be^{2x}$
$b(x)=xe^{3x}$ 不含 y_h 之 e^x 或 e^{2x}，又 $b(x)$ 含 x 故設 $y_p=(c_1x+c_2)e^{3x}$	(1) 求特解 y_p 　　設 $y_p=(c_1x+c_2)e^{3x}$ 　　　　$y'_p=(3c_1x+c_1+3c_2)e^{3x}$ 　　　　$y''_p=(9c_1xe^{3x}+6c_1+9c_2)$ 　　$\therefore y''_p-3y'_p+2y_p=2c_1x+3c_1+2c_2=x$ 　　$\therefore c_1=\dfrac{1}{2},c_2=-\dfrac{3}{4},y_p=\left(\dfrac{x}{2}-\dfrac{3}{4}\right)e^{3x}$ 　　$\therefore y=y_h+y_p=Ae^x+Be^{2x}+\left(\dfrac{x}{2}-\dfrac{3}{4}\right)e^{3x}$
$b(x)=xe^{2x}$ 與 y_h 有共同因子 e^{2x}，又 $b(x)$ 之 x 因子的次數為 1，故設 $y_p=x(c_1x+c_2)e^{2x}$	(2) 求特解 y_p： 　　設 $y_p=x(c_1x+c_2)e^{2x}$ 　　　　$y'_p=(2c_1x^2+2(c_1+c_2)x+c_2)e^{2x}$ 　　　　$y''_p=(4c_1x^2+(8c_1+c_2)x+2(c_1+2c_2))e^{2x}$ 　　　　$y''_p-3y'_p+2y_p=(2c_1x+(2c_1+c_2))e^{2x}=xe^{2x}$ 　　比較二邊係數得 $A=\dfrac{1}{2}$，$B=-1$，$y_p=\dfrac{x}{2}-1$ 　　$\therefore y_p=x\left(\dfrac{x}{2}-1\right)e^{2x}$ 　　$y=y_h+y_p=Ae^x+Be^{2x}+x\left(\dfrac{x}{2}-1\right)e^{2x}$

例 3 解 $y''+y=x\cos 2x$

提示	解答
$b(x) = x \cos 2x$ 不含 y_h 之 $\cos x$, $\sin x$ 項。因此設 $y_p = (c_1 x + c_2)\cos2x + (c_3 x + c_4)\sin2x$	先求 y_h：$m^2 + 1 = 0$；$m = \pm i$ $\therefore y_h = A\cos x + B\sin x$ 次求 y_p： 取 $y_p = (c_1 x + c_2)\cos2x + (c_3 x + c_4)\sin2x$ $y''_p + y_p$ $= (-3c_1 x - 3c_2 + 4c_3)\cos2x - (3c_3 x + 3c_4 + 4c_1)\sin2x = x\cos2x$ $\therefore \begin{cases} -3c_1 = 1 \\ -3c_2 + 4c_3 = 0 \\ -3c_3 = 0 \\ -3c_4 - 4c_1 = 0 \end{cases}$ 解之 $c_1 = -\dfrac{1}{3}$，$c_2 = c_3 = 0$，$c_4 = \dfrac{4}{9}$ $y = A\cos x + B\sin x - \dfrac{1}{3}x\cos2x + \dfrac{4}{9}\sin2x$

練習 2.4

試解下列微分方程式

(1) $y'' - 2y' - 3y = h(x)$ (i)$h(x) = 3x + 1$ (ii)$h(x) = 6e^{-3x}$

(2) $y'' - 2y' = e^x \sin x$

(3) $y'' + y = \sin ax$，依 $a = 1$，$a \neq 1$ 分別討論之

(4) $y'' + 2y = e^x + 2$

2.5　參數變動法

本節我們將介紹 $y'' + a_1y' + a_2y = b(x)$ 之另一種解法，稱為**參數變動法**（variation of parameters）。

設 y_1 及 y_2 為 $y'' + a_1y' + a_2y = 0$ 之兩個齊性解，參數變動法是「找出可微分函數 $A(x)$ 及 $B(x)$ 以使得 $y(x) = A(x)y_1 + B(x)y_2$ 為方程式 $y'' + a_1y' + a_2y = b(x)$ 的解」。定理 A 告訴我們如何找出 $A(x)$，$B(x)$？

【定理 A】　若 $y'' + a_1y' + a_2y = b(x)$ 之齊性解 $y_1 = y_1(x)$, $y_2 = y_2(x)$（不考慮常數），則方程式之解為 $y(x)$ 為 $y = A(x)y_1 + B(x)y_2$，其中 $A(x)$, $B(x)$ 滿足
$$\begin{cases} A'(x)y_1 + B'(x)y_2 = 0 \\ A'(x)y_1' + B'(x)y_2' = b(x) \end{cases}$$

定理 A 之結果可推廣到 n 階微分方程式。

例 1　解 $y'' + y = \sec x$

解

提示	解答
step 1. 求齊性解 　　$y_1 = k_1\cos x + k_2\sin x$ step 2. 設 $y = A(x)\cos x + B(x)\sin x$ step 3. 解 $\begin{cases} A'(x)\cos x + B'(x)\sin x = 0 \\ -A(x)\sin x + B'(x)\cos x = \sec x \end{cases}$ 應用 Cramer 法則： $\begin{cases} ax + by = c \\ a'x + b'y = c' \end{cases}$ 則 $x = \dfrac{\begin{vmatrix} c & b \\ c' & b' \end{vmatrix}}{\begin{vmatrix} a & b \\ a' & b' \end{vmatrix}}$　$y = \dfrac{\begin{vmatrix} a & c \\ a' & c' \end{vmatrix}}{\begin{vmatrix} a & b \\ a' & b' \end{vmatrix}}$	(1) 先求齊性解： 　$y'' + y = 0$ 之特徵方程式 $m^2 + 1 = 0$ 之二根為 $\pm i$ 　$\therefore y_1 = k_1\cos x$，$y_2 = k_2\sin x$ (2) 設 $y = A(x)\cos x + B(x)\sin x$ (3) 解 $\begin{cases} A'(x)\cos x + B'(x)\sin x = 0 \\ -A'(x)\sin x + B'(x)\cos x = \sec x \end{cases}$ 得 $A'(x) = \dfrac{\begin{vmatrix} 0 & \sin x \\ \sec x & \cos x \end{vmatrix}}{\begin{vmatrix} \cos x & \sin x \\ -\sin x & \cos x \end{vmatrix}} = -\tan x$ 　$\Rightarrow A(x) = \ln\lvert\cos x\rvert + c_1$ 　$B'(x) = \dfrac{\begin{vmatrix} \cos x & 0 \\ -\sin x & \sec x \end{vmatrix}}{\begin{vmatrix} \cos x & \sin x \\ -\sin x & \cos x \end{vmatrix}} = 1 \Rightarrow B(x) = x + c_2$ (4) $y = A(x)y_1 + B(x)y_2$ 　$= (\ln\lvert\cos x\rvert + c_1)\cos x + (x + c_2)\sin x$ 　$= \cos x \ln\lvert\cos x\rvert + x\sin x + c_1\cos x + c_2\sin x$

例 2 解 $y'' - y' = \dfrac{2e^x}{e^x - 1}$

解

先求齊性解：$y'' - y' = 0$ 之特徵方程式 $m^2 - 1 = 0$

$\therefore m = \pm 1$，得 $y_1 = k_1 e^{-x}$，$y_2 = k_2 e^x$

設 $y = A(x)e^{-x} + B(x)e^x$

解 $\begin{cases} A'(x)e^{-x} + B'(x)e^x = 0 & (1) \\ -A'(x)e^{-x} + B'(x)e^x = \dfrac{2e^x}{e^x - 1} & (2) \end{cases}$

$(1) + (2)$：$2B'(x)e^x = \dfrac{2e^x}{e^x - 1}$　$\therefore B'(x) = \dfrac{1}{e^x - 1}$，

$B(x) = \displaystyle\int \dfrac{dx}{e^x - 1} = \int \dfrac{e^{-x}dx}{1 - e^{-x}} = \int \dfrac{d(1 - e^{-x})}{1 - e^{-x}}$

$= \ln|1 - e^{-x}| + c_1 = \ln|e^x - 1| - x + c_1$

$(1) - (2)$：$2A'(x)e^{-x} = \dfrac{-2e^x}{e^x - 1}$

$\therefore A(x) = -\displaystyle\int \dfrac{e^{2x}}{e^x - 1}dx \xlongequal{u = e^x} -\int \dfrac{udu}{u - 1} = -\int \dfrac{u - 1 + 1}{u - 1}du = -u - \ln|u - 1| + c_2$

$= -e^x - \ln|e^x - 1| + c_2$

$y = A(x)e^{-x} + B(x)e^x = e^{-x}(-e^x - \ln|e^x - 1| + c_2) + e^x(\ln|e^x - 1| - x + c_1)$

$= -1 - xe^x + (e^x - e^{-x})\ln|e^x - 1| + c_1 e^x + c_2 e^{-x}$

例 3 請依下列步驟解 $(x - 1)y'' + (x + 1)y' + y = 2x$

(i) 以 $u = (x - 1)y$ 行變數變換

(ii) 以參數變動法解 (i)

解

(i) $u = (x - 1)y \Rightarrow \dfrac{du}{dx} = y + (x - 1)y'$

$\dfrac{d^2u}{dx^2} = y' + y' + (x - 1)y'' = 2y' + (x - 1)y''$

$\therefore (x - 1)y'' + (x + 1)y' + y$

$= (x - 1)y'' + [(x - 1)y' + 2y'] + y$

$= \dfrac{d^2u}{dx^2} - 2y' + \left[\dfrac{du}{dx} - y + 2y'\right] + y$

$= \dfrac{d^2u}{dx^2} + \dfrac{du}{dx} = 2x$

(ii) 由 (i)，特徵方程式 $m^2 + m = 0$

$\therefore m = -1, 0, y_1 = c_1 e^{-x}, y_2 = c_2$

令 $u = A(x)e^{-x} + B(x)$，則

$$\begin{cases} A'(x)e^{-x} + B'(x) = 0 & (1) \\ -A'(x)e^{-x} = 2x & (2) \end{cases}$$

$(1) + (2)\quad B'(x) = 2x, B(x) = x^2 + d_1 \quad (3)$

由 (2)，$A'(x) = -2xe^x$

$\therefore A(x) = -2\int xe^x dx = -2xe^x + 2e^x + d_2$

$\therefore u = (-2xe^x + 2e^x + d_2)e^{-x} + (x^2 + d_1)$

$\quad = (x^2 - 2x) + d_2 e^{-x} + d_1{}'$

$(x - 1)y = d_1{}' + x(x - 2) + d_2 e^{-x} + 1$

即 $y = \dfrac{d_1{}''}{x-1} + \dfrac{d_2 e^{-x}}{x-1} + \dfrac{x(x-2)}{x-1}$

例 4 若 $y''' + P(x)y'' + Q(x)y' + R(x)y = b(x)$ 之齊性解爲 $y_1(x), y_2(x)$ 與 $y_3(x)$，試用參數變動法解此 ODE。

解

由題意：

我們可建立下列之聯立方程組：

$$\begin{cases} A'(x)y_1(x) + B'(x)y_2(x) + C'(x)y_3(x) = 0 \\ A'(x)y_1{}'(x) + B'(x)y_2{}'(x) + C'(x)y_3{}'(x) = 0 \\ A'(x)y_1{}''(x) + B'(x)y_2{}''(x) + C'(x)y_3{}''(x) = b(x) \end{cases}$$

令 $W = \begin{vmatrix} y_1 & y_2 & y_3 \\ y_1{}' & y_2{}' & y_3{}' \\ y_1{}'' & y_2{}'' & y_3{}'' \end{vmatrix}$

則

$A'(x) = \dfrac{\begin{vmatrix} 0 & y_2 & y_3 \\ 0 & y_2{}' & y_3{}' \\ b & y_2{}'' & y_3{}'' \end{vmatrix}}{W}\qquad \therefore A(x) = \int \dfrac{\begin{vmatrix} 0 & y_2 & y_3 \\ 0 & y_2{}' & y_3{}' \\ b & y_2{}'' & y_3{}'' \end{vmatrix}}{W} dx + c_1$

同法 $B(x) = \int \dfrac{\begin{vmatrix} y_1 & 0 & y_3 \\ y_1{}' & 0 & y_3{}' \\ y_1{}'' & b & y_3{}'' \end{vmatrix}}{W} dx + c_2$

$$C(x) = \int \frac{\begin{vmatrix} y_1 & y_2 & 0 \\ y_1' & y_2' & 0 \\ y_1'' & y_2'' & b \end{vmatrix}}{W} dx + c_3$$

$$\therefore y(x) = A(x)y_1(x) + B(x)y_2(x) + C(x)y_3(x) \text{。}$$

練習 2.5

1. 解 (1) $y'' + 3y' + 2y = \dfrac{1}{1+e^x}$　　(2) $y'' - y' - 2y = e^x$

2. 求 (1) $y''' = 0$　　　　(2) $y''' + y' = \sec x$

2.6 D算子法

若 $L(D)y = T(x)$ ，則 $y = \dfrac{1}{L(D)}T(x)$ ， $\dfrac{1}{D}T(x) = \int T(x)dx$ ， $\dfrac{1}{D^m}T(x) = \underbrace{\int \cdots \int}_{m \text{次積分}} T(x)(dx)^m$ 在計算 $\dfrac{1}{L(D)}T(x)$ 時，積分數常略之。

例如： $T(x) = \sin x$ 則 $\dfrac{1}{D}T(x) = \int \sin x \, dx = -\cos x$

$\dfrac{1}{D^2}T(x) = \iint \sin x (dx)^2 = \int (\int \sin x \, dx) dx = \int -\cos x \, dx = -\sin x$

D 算子之性質及其在解常係數微分方程式之應用

【定理 A】 $\dfrac{1}{D-b}T(x) = e^{bx} \int e^{-bx} T(x) dx$

證明 令 $y = \dfrac{1}{D-b}T(x)$

$\therefore (D-b)y = T(x)$ ，（此相當於 $y' - by = T(x)$，此為一階線性微分方程式）；取 $\text{IF} = e^{\int (-b)dx} = e^{-bx}$

$e^{-bx}(y' - by) = e^{-bx}T(x)$ ； $(e^{-bx}y)' = e^{-bx}T(x)$

$\therefore y = e^{bx} \int e^{-bx} T(x) dx$ ∎

定理 A 等價於 $\dfrac{1}{D+b}T(x) = e^{-bx} \int e^{bx} T(x) dx$

【推論 A1】 $\dfrac{1}{(D-a)(D-b)}T(x) = e^{ax} \int e^{(b-a)x} \int e^{-bx} T(x)(dx)^2$

證明 $\dfrac{1}{(D-a)(D-b)}T(x) = \dfrac{1}{D-a}\left[\dfrac{1}{D-b}T(x)\right]$

$= \dfrac{1}{D-a}\left[e^{bx} \int e^{-bx} T(x)dx\right]$

$= e^{ax} \int e^{-ax} \cdot e^{bx} \int e^{-bx} T(x)(dx)^2 = e^{ax} \int e^{(b-a)x} \int e^{-bx} T(x)(dx)^2$ ∎

定理 B 可等價地表成 $\dfrac{1}{(D+a)(D+b)}T(x)$

$= e^{-ax} \int e^{(a-b)x} \int e^{bx} T(x)(dx)^2$

例 1 解 $y'' - 2y' + y = xe^x$

解

提示	解答
$y_p = \dfrac{1}{(D-1)^2} xe^x$ $= \dfrac{1}{(D-1)(D-1)} xe^x$	$y_h：m^2 - 2m + 1 = (m-1)^2 = 0，m = 1（重根）$ $\therefore y_h = (c_1 + c_2 x)e^x$ $y_p：原方程式可寫成$ $\quad (D^2 - 2D + 1)y = (D-1)^2 y = xe^x$ $\therefore y_p = \dfrac{1}{(D-1)^2} xe^x = e^x \int e^{-x} e^x \int e^{-x} \cdot xe^x (dx)^2$ $\quad = e^x \int e^{0x} \int e^{-x} \cdot xe^x (dx)^2 = e^x \int \dfrac{x^2}{2} dx = \dfrac{x^3}{6} e^x$ 即 $y = y_h + y_p = (c_1 + c_2 x)e^x + \dfrac{x^3}{6} e^x$

例 2 解 $y'' - y = xe^{3x}$

提示	解答
$\int xe^{4x} dx$ 之速解 $x \diagdown\, +\; e^{4x}$ $1 \diagdown\, \dfrac{1}{4}e^{4x}$ $0 \quad\; \dfrac{1}{16}e^{4x}$ $\therefore \int xe^{4x} dx = \left(\dfrac{x}{4} - \dfrac{1}{16}\right)e^{4x}$ 略去常數 c	$y_h：m^2 - 1 = (m+1)(m-1), m = \pm 1$ $\therefore y_h = c_1 e^x + c_2 e^{-x}$ $y_p：(D^2 - 1)y_p = xe^{3x}$ $y_p = \dfrac{1}{(D-1)(D+1)} xe^{3x} = e^x \int e^{(-1-1)x} \int e^x \cdot xe^{3x}(dx)^2$ $\quad = e^x \int e^{-2x}\left(\int xe^{4x} dx\right)dx = e^x \int e^{-2x}\left(\dfrac{1}{4}x - \dfrac{1}{16}\right)e^{4x} dx$ $\quad = e^x\left(\dfrac{1}{4}\left(\dfrac{x}{2} - \dfrac{1}{4}\right)e^{2x} - \dfrac{1}{16}\left(\dfrac{1}{2}e^{2x}\right)\right) = \dfrac{1}{32}(4x - 3)e^{3x}$ $\therefore y = y_h + y_p = c_1 e^x + c_2 e^{-x} + \dfrac{1}{32}(4x - 3)e^{3x}$

【定理 B】 $\dfrac{1}{L(D)} e^{px} = \dfrac{e^{px}}{L(p)}，L(p) \neq 0$

證明 設 $L(D) = a_0 D^n + a_1 D^{n-1} + \cdots + a_{n-1} D + a_n$

則 $L(D)e^{px} = (a_0 D^n + a_1 D^{n-1} + \cdots + a_{n-1} D + a_n)e^{px}$

$\qquad = a_0 D^n e^{px} + a_1 D^{n-1} e^{px} + \cdots + a_{n-1} D e^{px} + a_n e^{px}$

$\qquad = a_0 p^n e^{px} + a_1 p^{n-1} e^{px} + \cdots + a_{n-1} p e^{px} + a_n e^{px}$

$\qquad = (a_0 p^n + a_1 p^{n-1} + \cdots + a_{n-1} p + a_n)e^{px}$

$\qquad = L(p)e^{px}$

$\therefore \dfrac{e^{px}}{L(D)} = \dfrac{e^{px}}{L(p)}$ ∎

例 3 解 $(1)y'' - 4y' + 3y = e^{2x}$ $(2)y''' + y'' + y' + y = e^x$

解

(1) 先求 y_h：$m^2 - 4m + 3 = (m - 3)(m - 1) = 0$，$m = 1, 3$

$\therefore y_h = Ae^x + Be^{3x}$

次求 y_p：$y'' - 4y' + 3y = e^{2x}$ 相當於 $(D^2 - 4D + 3)y = e^{2x}$

$\therefore y_p = \dfrac{1}{D^2 - 4D + 3}e^{2x} = \dfrac{1}{2^2 - 4 \cdot 2 + 3}e^{2x} = -e^{2x}$

得 $y = y_h + y_p = Ae^x + Be^{3x} - e^{2x}$

(2) 先求 y_h：$m^3 + m^2 + m + 1 = (m + 1)(m^2 + 1) = 0$, $m = -1, \pm i$

$\therefore y_h = Ae^{-x} + B\cos x + C\sin x$

次求 y_p：$(D^3 + D^2 + D + 1)y_p = e^x$

$\therefore y_p = \dfrac{1}{D^3 + D^2 + D + 1}e^x = \dfrac{1}{4}e^x$

即 $y = y_h + y_p = Ae^{-x} + B\cos x + C\sin x + \dfrac{1}{4}e^x$

【定理 C】 $\dfrac{1}{(D - a)^m}e^{ax} = \dfrac{1}{m!}x^m e^{ax}$，$m \in N$

證明 應用數學歸納法：

$m = 1$ 時 $\dfrac{1}{D - a}e^{ax} = e^{ax}\displaystyle\int e^{-ax}e^{ax}dx = xe^{ax}$

$m = k$ 時設 $\dfrac{1}{(D - a)^k}e^{ax} = \dfrac{1}{k!}x^k e^{ax}$ 成立。

$m = k + 1$ 時 $\dfrac{1}{(D - a)^{k+1}} = \dfrac{1}{D - a}\dfrac{1}{(D - a)^k} = \dfrac{1}{D - a}\left[\displaystyle\int \dfrac{1}{k!}x^k e^{ax}dx\right]$

$\qquad\qquad = e^{ax}\displaystyle\int e^{-ax} \cdot \dfrac{1}{k!}x^k e^{ax}dx$

$\qquad\qquad = e^{ax} \cdot \dfrac{1}{(k+1)!}x^{k+1} = \dfrac{1}{(k+1)!}x^{k+1}e^{ax}$

由數學歸納法知當 m 為任意正整數時原式均成立。 ∎

由定理 C，我們可得到一個常用之結果：

$$\dfrac{1}{D - a}e^{ax} = xe^{ax}$$

例 4 解 $y'' - 4y' + 4y = h(x)$　(i)$h(x) = e^{3x}$　(ii)$h(x) = e^{2x}$

解

$\quad y_h：m^2 - 4m + 4 = (m - 2)^2 = 0$　$m = 2$（重根）

$\quad \therefore y_h = (c_1 + c_2 x)e^{2x}$

$\quad$(i) $y_p：y_p = \dfrac{1}{(D-2)^2}e^{3x} = \dfrac{1}{(3-2)^2}e^{3x} = e^{3x}$

$\qquad \therefore y = y_h + y_p = (c_1 + c_2 x)e^{2x} + e^{3x}$

$\quad$(ii) $y_p：y_p = \dfrac{1}{(D-2)^2}e^{2x} = \dfrac{1}{2!}x^2 e^{2x} = \dfrac{1}{2}x^2 e^{2x}$

$\qquad \therefore y = y_h + y_p = (c_1 + c_2 x)e^{2x} + \dfrac{x^2}{2}e^{2x}$

例 5 解 $y'' - y' - 12y = e^{4x}$

解

$\quad y_h：m^2 - m - 12 = (m - 4)(m + 3) = 0$　$\therefore m = -3, 4$

$\quad$得 $y_h = c_1 e^{-3x} + c_2 e^{4x}$

$\quad y_p = \dfrac{1}{D^2 - D - 12}e^{4x} = \dfrac{1}{(D-4)}\left[\dfrac{1}{(D+3)}e^{4x}\right] = \dfrac{1}{7}\dfrac{1}{D-4}e^{4x} = \dfrac{x}{7}e^{4x}$

$\quad \therefore y = y_h + y_p = c_1 e^{-3x} + c_2 e^{4x} + \dfrac{x}{7}e^{4x}$

【定理 D】　$\dfrac{1}{L(D)}[e^{px}T(x)] = e^{px}\dfrac{1}{L(D+p)}T(x)$

證明　（證明見練習第 3 題）

例 6 解 $y'' - 4y' + 4y = xe^{2x}$

解

$\quad y_h：$特徵方程式 $m^2 - 4m + 4 = (m - 2)^2 = 0$，$m = 2$（重根）

$\qquad \therefore y_h = (c_1 + c_2 x)e^{2x}$

$\quad y_p：(D^2 - 4D + 4)y_p = xe^{2x}$

$\qquad \therefore y_p = \dfrac{1}{(D-2)^2}xe^{2x} = e^{2x}\dfrac{1}{((D-2)+2)^2}x = e^{2x}\dfrac{1}{D^2}x = e^{2x}\iint x(dx)^2$

$\qquad = e^{2x}\int \dfrac{x^2}{2}dx = \dfrac{x^3}{6}e^{2x}$

$$y = y_h + y_p = (c_1 + c_2 x)e^{2x} + \frac{1}{6}x^3 e^{2x}$$

練習 2.6A

1. 解
   (1) $y'' - 4y' + 4y = \dfrac{e^{2x}}{x^2}$ (2) $y'' - 4y' + 4y = x(x^2 + 1)e^{2x}$

   (3) $(D - 1)(D - 2)^2 y = e^{2x}$ (4) $y'' - 3y' + 2y = e^x$

2. 解 (1)$(D^3 - D^2 - D + 1)y = (e^{2x} + 1)^2$ (2)$y'' - 2y' + y = e^x \ln x$

3. 請依下列步驟試證定理 D：

   (1)用數學歸納法證明：$D^n(e^{px}T(x)) = e^{px}(D + p)^n T(x)$ 從而導出 $L(D)(e^{px}T(x)) = e^{px}L(D + p)$
   $T(x)$

   (2)由 (1) 結果證：
   $$\frac{1}{L(D)}(e^{px}T(x)) = e^{px}\frac{1}{L(D+p)}T(x)$$

【定理 E】 $\dfrac{1}{\phi(D^2)}\cos(ax + b) = \dfrac{1}{\phi(-a^2)}\cos(ax + b)$，$\phi(-a^2) \neq 0$

$\dfrac{1}{\phi(D^2)}\sin(ax + b) = \dfrac{1}{\phi(-a^2)}\sin(ax + b)$，$\phi(-a^2) \neq 0$

$\phi(-a^2) = 0$ 時有二個特例很好用：

(1) $\dfrac{1}{D^2 + a^2}\sin ax = -\dfrac{1}{2a}x\cos ax$，(2) $\dfrac{1}{D^2 + a^2}\cos ax = \dfrac{1}{2a}x\sin ax$

證明   (1)$(D^2 + a^2)\left(-\dfrac{1}{2a}x\cos ax\right) = D^2\left(-\dfrac{1}{2a}x\cos ax\right) + a^2\left(-\dfrac{1}{2a}x\cos ax\right)$

$\because D^2(x\cos ax) = D(\cos ax - xa\sin ax)$

$= -a\sin ax - a\sin ax - a^2 x\cos ax$

$= -2a\sin ax - a^2 x\cos ax$

$\therefore (D^2 + a^2)\left(-\dfrac{1}{2a}x\cos ax\right) = -\dfrac{1}{2a}(-2a\sin ax - a^2 x\cos ax) - \dfrac{a}{2}x\cos ax$

$= \sin ax$

即 $\dfrac{1}{D^2 + a^2}(\sin ax) = \dfrac{-x}{2a}\cos ax$

(2) 同法可證（見練習第 3 題） ∎

若 $\phi(-a^2) = 0$ 時，我們可利用定理 D 或未定係數法解之。

例 7　解 (1) $\dfrac{1}{(D^2+1)^2}\cos 3x$　(2) $\dfrac{1}{D(D-1)}\cos x$　(3) $\dfrac{1}{D^4+10D^2+9}\cos(2x+1)$

解

(1) $\dfrac{1}{(D^2+1)^2}\cos 3x = \dfrac{1}{[-(3)^2+1]^2}\cos 3x = \dfrac{1}{64}\cos 3x$

(2) $\dfrac{1}{D(D-1)}\cos x = \dfrac{1}{D^2-D}\cos x = \dfrac{1}{(-(1)^2-D)}\cos x$

$\quad = -\dfrac{1}{1+D}\cos x = \dfrac{-(1-D)}{1-D^2}\cos x = \dfrac{-1+D}{1-(-(1)^2)}\cos x = \dfrac{1}{2}(-1+D)\cos x$

$\quad = -\dfrac{1}{2}\cos x - \dfrac{1}{2}\sin x$

(3) $\dfrac{1}{D^4+10D^2+9}\cos(2x+1) = \dfrac{1}{(-2^2)^2+10(-2^2)+9}\cos(2x+1)$

$\quad = -\dfrac{1}{15}\cos(2x+1)$

練習 2.6B

1. 求 (1) $\dfrac{1}{1+D}\cos x$　(2) $\dfrac{1}{1+D^3}\cos x$　(3) $\dfrac{1}{D^3+3D^2+3D+1}e^{-x}\sin x$　(4) $\dfrac{1}{D^2-4D+3}e^x\cos 2x$

2. 解 (1) $y''-2y'-y=e^x\cos x$　(2) $y''-2y=e^x\sin x$

3. 試證 $\dfrac{1}{D^2+a^2}\cos ax = \dfrac{1}{2a}x\sin ax$

2.7 Euler線性方程式與Legendre線性方程式

【定理 A】　$a_0 x^2 y'' + a_1 x y' + a_2 y = b(x)$，取 $x = e^t$，則有：$xD = D_t$ 與 $x^2 D^2 = D_t(D_t - 1)$

證明　1. $Dy = \dfrac{dy}{dx} = \dfrac{dy}{dt} \Big/ \dfrac{dx}{dt} = \dfrac{dy}{dt} \Big/ e^t = e^{-t} \dfrac{dy}{dt} = \dfrac{1}{x} D_t y$

∴ $D_t = xD$

2. $D^2 y = \dfrac{d^2 y}{dx^2} = \dfrac{d}{dx}\left(\dfrac{d}{dx} y\right) = \dfrac{d}{dx}\underbrace{\left(e^{-t} \dfrac{dy}{dt}\right)}_{\text{由 1}} = \dfrac{d}{dt}\left(e^{-t} \dfrac{dy}{dt}\right) \Big/ \underbrace{\dfrac{dx}{dt}}_{e^t}$

$= \left(-e^{-t} \dfrac{dy}{dt} + e^{-t} \dfrac{d^2 y}{dt^2}\right) / e^t = e^{-2t}(D_t^2 - D_t)$

即 $x^2 D^2 = D_t(D_t - 1)$　∎

定理 A 可引伸至 $x^3 D^3 = D_t(D_t - 1)(D_t - 2)$……等等。

【推論 A1】　$a_0(\alpha x + \beta)^2 y'' + a_1(\alpha x + \beta)y' + a_2 y = b(x)$，取 $\alpha x + \beta = e^z$ 則有：

$(\alpha x + \beta)D_x = \alpha D_z$

$(\alpha x + \beta)^2 D_x^2 = \alpha^2 D_z(D_z - 1)$

證明　見練習第 2 題

【定理 B】　$a_0 x^2 y'' + a_1 x y' + a_2 y = 0$ 令 $y = x^m$，則 $y' = m x^{m-1}$，$y'' = m(m-1)x^{m-2}$ 代入方程式後可得到一個以 m 為變數之一元二次方程式，設二個根為 m_1, m_2：

(1) m_1, m_2 為相異實根則 $y = c_1 x^{m_1} + c_2 x^{m_2}$

(2) m_1, m_2 為重根則 $y = (c_1 + c_2 \ln |x|)x^m$

(3) m_1, m_2 為共軛複根 $p \pm qi$，則

$y = c_1 x^p \cos(q \ln |x|) + c_2 x^p \sin(q \ln |x|)$

　　為了讓讀者較容易掌握這二個特殊類型的線性微分方程式之標準式與關鍵的轉換，我們將有關資訊扼要摘述如下表：

		Euler線性方程式	Legendre線性方程式
標準式	一般式	$a_0x^ny^{(n)} + a_1x^{n-1}y^{(n-1)} + \cdots + a_{n-1}xy' + a_ny$ $= b(x)$	$a_0(\alpha x + \beta)^ny^{(n)} + a_1(\alpha x + \beta)^{n-1}y^{(n-1)} + \cdots + a_{n-1}(\alpha x + \beta)y' + a_ny = b(x)$
	一階 ODE	$a_0x^2y'' + a_1xy' + a_2y = b(x)$	$a_0(\alpha x + \beta)^2y'' + a_1(\alpha x + \beta)y' + a_2y = b(x)$
轉換式	方法一	$x = e^t$ $\begin{cases} x^2y'' = D_t(D_t - 1) \\ xy' = D_t \end{cases}$	令 $\alpha + \beta = e^z$ $(\alpha x + \beta)y' = \alpha D_z$ $(\alpha x + \beta)^2y'' = \alpha^2 D_z(D_z - 1)$
	方法二	$y = x^m$ $\begin{cases} y'' = m(m-1)x^{m-2} \\ y' = mx^{m-1} \end{cases}$	

例 1 解 (1) $x^2y'' - 3xy' + 4y = 0$；(2) $x^3y''' + 3x^2y'' - 2xy' + 2y = 0$

解

(1)

提示	解答
方法一 $x = e^t$	令 $x = e^t$ 則原方程式變為 $(D_t(D_t - 1) - 3D_t + 4)y = 0$，即 $(D_t - 2)^2y = 0$， 特徵方程式 $(m - 2)^2 = 0$，$m = 2$（重根） $\therefore y = (c_1 + c_2t)e^{2t} = (c_1 + c_2\ln x)x^2$
方法二 $y = x^m$	令 $y = x^m$ 則原方程式變為 $x^2(m(m-1)x^{m-2}) - 3x(mx^{m-1}) + 4x^m = 0$，得 $m(m-1) - 3m + 4 = (m-2)^2 = 0$，$m = 2$（重根） $\therefore y = (c_1 + c_2\ln x)x^2$

(2)

提示	解答
方法一 $x = e^t$	令 $x = e^t$ 則原方程式變為 $(D_t(D_t - 1)(D_t - 2) + 3D_t(D_t - 1) - 2D_t + 2)y$ $= (D_t^3 - 3D_t + 2)y = 0$ 特徵方程式 $m^3 - 3m + 2 = (m-1)^2(m+2) = 0$ 得 $m = 1$（重根） -2 $\therefore y = (c_1 + c_2t)e^t + c_3e^{-2t} = (c_1 + c_2\ln x)x + \dfrac{c_3}{x^2}$

提示	解答
方法二 $y = x^m$	令 $y = x^m$ 則原方程式變為 $x^3(m(m-1)(m-2)x^{m-3}) + 3x^2(m(m-1)x^{m-2}) - 2x(mx^{m-1})$ $+ 2x^m = 0$ ∴特徵方程式為 $m(m-1)(m-2) + 3m(m-1) + 2m + 2 = (m-1)^2(m+2) = 0$, $m = 1$（重根），$m = -2$ ∴ $y = (c_1 + c_2\ln x)x + c_3/x^2$

例 2 解 $x^2y'' - xy' + 4y = \cos\ln x + x\sin\ln x$

提示	解答
定理 2-6D $\dfrac{1}{L(D)}e^{px}T(x)$ $= e^{px}\dfrac{1}{L(D+P)}T(x)$	令 $x = e^t$ 則原方程式變為 $(D_t(D_t-1) - D_t + 4)y = \cos t + e^t\sin t$ 即 $(D_t^2 - 2D_t + 4)y = \cos t + e^t\sin t$ 特徵方程式為 $m^2 - 2m + 4 = 0$　∴ $m = 1 \pm \sqrt{3}i$ $y_h = e^t(c_1\cos\sqrt{3}t + c_2\sin\sqrt{3}t) = x(c_1\cos\sqrt{3}\ln x + c_2\sin\sqrt{3}\ln x)$ 次求 y_p $y_p = \dfrac{1}{D^2-2D+4}\cos t + \dfrac{1}{D^2-2D+4}e^t\sin t$ (1) $\dfrac{1}{D^2-2D+4}\cos t = \dfrac{1}{-1^2-2D+4}\cos t = \dfrac{1}{3-2D}\cos t$ $= \dfrac{3+2D}{9-4D^2}\cos t = \dfrac{1}{9-4(-1^2)}(3+2D)\cos t$ $= \dfrac{1}{13}(3\cos t - 2\sin t) = \dfrac{1}{13}(3\cos\ln x - 2\sin\ln x)$ (2) $\dfrac{1}{D^2-2D+4}e^t\sin t = e^t\dfrac{1}{(D+1)^2-2(D+1)+4}\sin t$ $= e^t \cdot \dfrac{1}{D^2+3}\sin t = e^t\dfrac{1}{-1^2+3}\sin t = \dfrac{x}{2}\sin\ln x$ $= \dfrac{1}{13}(3\cos\ln x - 2\sin\ln x) + \dfrac{1}{2}x\sin\ln x$　（讀者自行驗證之） ∴ $y = y_h + y_p$ $= x(c_1\cos\sqrt{3}\ln x + c_2\sin\sqrt{3}\ln x)$ $+ \dfrac{1}{13}(3\cos\ln x - 2\sin\ln x) + \dfrac{1}{2}x\sin\ln x$ 本題若用 $y = x^m$ 變換可能較不易解。

例 3 解 $(2x-1)^2y'' - 14(2x-1)y' + 60y = 0$

解

令 $2x - 1 = e^z$ 則由推論 A1，我們有：

$(2x-1)^2y'' = 2^2D_z(D_z-1) = 4D_z(D_z-1)$ 及 $(2x-1)y' = 2D_z$

$$\therefore (4D_z(D_z - 1) - 28D_z + 60)y = (4D_z^2 - 32D_z + 60)y = 0$$
$$(D_z - 5)(D_z - 3)y = 0$$
$$\therefore 特徵方程式 (m - 5)(m - 3) = 0 \ 得 \ m = 3, 5$$
$$\therefore y = c_1 e^{3\ln(2x - 1)} + c_2 e^{5\ln(2x - 1)} = c_1(2x - 1)^3 + c_2(2x - 1)^5$$

例 4 解 $(x + 2)^2 y'' - (x + 2)y' + y = 3x + 4$

解

提示	解答
$(1) \dfrac{1}{(D-1)^2}e^z = \dfrac{z^2}{2!}e^z$ $(2) \dfrac{1}{(D+1)^2}2 = \dfrac{1}{(1+D)^2}2$ $= (1 - 2D)2$ $1 + 2D + D^2 \overline{\smash{\big)}\,1}$ $\dfrac{1 + 2D + D^2}{-2D - D^2}$ $\dfrac{-2D - 4D^2}{\cdots\cdots}$	令 $x + 2 = e^z$，由推論 A1： $(x + 2)^2 y'' = D_z(D_z - 1)$，$(x + 2)y' = D_z$，$x = e^z - 2$ 代入方程式： $(D_z(D_z - 1) - D_z + 1)y = 3e^z - 6 + 4 = 3e^z - 2$ $(D_z - 1)^2 y = 3e^z - 2 \therefore 特徵方程式 (m - 1)^2 = 0 \quad \therefore m = 1 (重根)$ $y_h = (c_1 + c_2 z)e^z = (c_1 + c_2 \ln(x + 2))(x + 2)$ 現求 y_p：$y_p = \dfrac{1}{(D-1)^2}(3e^z - 2) = 3\dfrac{1}{(D-1)^2}e^z - \dfrac{1}{(D+1)^2}2$ $\quad = \dfrac{3 \cdot z^2}{2}e^z + (-1 + 2D)2 = \dfrac{3}{2}(\ln(x + 2))^2(x + 2) - 2$ $\therefore y = y_h + y_p = (x + 2)\left[c_1 + c_2\ln(x + 2) + \dfrac{3}{2}(\ln(x + 2))^2\right] - 2$

練習 2.7

1. 試證推論 A1 之 $(\alpha x + \beta)D_x = \alpha D_z$
2. 解
   $(1) x^2 y'' - xy' - 3y = 0$　　　$(2) x^2 y'' - 5xy' + 13y = 0$
   $(3) y'' - \dfrac{4}{x}y' + \dfrac{4}{x^2}y = x$
   $(4) x^2 y'' - 2xy' + 2y = h(x)$：① $h(x) = x^3 e^x$　② $h(x) = x\ln x$
3. 解 $(x + 2)^2 y'' - (x + 2)y' + y = 2x + 3$

2.8　降階法與Clairaut方程式

有些高階微分方程式可藉由適當之變數變換而化成較低階微分方程式。

題型	解法	說明
$y'' = f(x)$	逐次積分	
$y'' = f(x, y')$	取 $y' = p \Rightarrow p' = f(x, p)$	
$y'' = f(y, y')$	取 $y' = p$ $y'' = f(y, y') \xrightarrow{y'=p} p\dfrac{dp}{dy} = f(y, p)$	$y' = p$ $\therefore y'' = \dfrac{d^2y}{dx^2} = \dfrac{d}{dx}\left(\dfrac{dy}{dx}\right) = \dfrac{dp}{dx} = \dfrac{dp}{dy} \cdot \dfrac{dy}{dx} = p\dfrac{dp}{dy}$

例 1 （$y^{(n)} = f(x)$ 型）求 $(1)\, y''' = 0$　$(2)\, y'' = xe^x$ 之通解

解

(1) $y''' = 0$　$\therefore y'' = c_1$, $y' = \int c_1 dx = c_1 x + c_2$

　得 $y = \int (c_1 x + c_2)dx = \dfrac{c_1}{2}x^2 + c_2 x + c_3$ 或 $bx^2 + c_2 x + c_3$

(2) $y'' = xe^x$

　$y' = \int xe^x dx = xe^x - e^x + c = (x - 1)e^x + c$

　$\therefore y = \int (x - 1)e^x + c\, dx$

　　$= (x - 1)e^x - e^x + cx + c_1$

　　$= (x - 2)e^x + cx + c_1$

$\int xe^x dx$	$\int (x-1)e^x dx$
$x\quad +\quad e^x$ $1\quad -\quad e^x$ $0\quad\quad e^x$	$x-1\quad +\quad e^x$ $1\quad -\quad e^x$ $0\quad\quad e^x$

例 2 （$y'' = f(x, y')$ 型）求 $(1 + x^2)y'' = 2xy'$，$y(0) = 0$，$y'(0) = b$ 之解

解

取 $y' = p$，則原方程式變為 $(1 + x^2)p' = 2xp$

$\therefore \dfrac{dp}{p} = \dfrac{2x}{1+x^2}dx$

$\ln p = \ln(1 + x^2) + c_1 \Rightarrow p = c_2(1 + x^2)$

即 $y' = c_2(1 + x^2)$　$\therefore y = \int c_2(1+x^2)dx = c_2\left(x + \dfrac{x^3}{3}\right) + c_3$

利用初始條件：

$y(0) = 0$　$\therefore c_3 = 0$ 及 $y'(0) = b$　$\therefore c_2 = b$

即 $y = \dfrac{x^3}{3} + bx$

例 3 （$y'' = f(y, y')$ 型）求 $yy'' = (y')^2$ 之通解，又若 $y(0) = y'(0) = 1$ 時之解又爲何？

解

(1) 取 $y' = p$，則 $y'' = p\dfrac{dp}{dy}$ $\therefore yy'' = (y')^2 \Rightarrow yp\dfrac{dp}{dy} = p^2$ 即 $\dfrac{dp}{p} = \dfrac{dy}{y}$

　　二邊同時積分：

　　$\ln p = \ln y + c$　　$\therefore p = c_1 y$，即 $\dfrac{dy}{dx} = c_1 y \Rightarrow \dfrac{dy}{y} = c_1 dx$，

　　$\therefore \ln y = c_1 x + c_2$ 或 $y = ae^{c_1 x}$

(2) $y(0) = 1 \Rightarrow a = 1$ 及 $y'(0) = 1 \Rightarrow ac_1 e^{c_1 x}\Big|_{x=0} \Rightarrow ac_1 = 1$ $\therefore c_1 = 1$，得 $y = e^x$

例 4 （$y'' = f(y, y')$ 型）解 $(1 - y)y'' + 2(y')^2 = 0$

解

令 $y' = p$ 則 $y'' = p\dfrac{dp}{dy}$，代入 $(1 - y)y'' + 2(y')^2 = 0$ 得：

$(1 - y)p\dfrac{dp}{dy} + 2p^2 = 0$，即 $(1 - y)dp + 2pdy = 0$

$\dfrac{dp}{p} + \dfrac{2}{1 - y}dy = 0$ $\therefore \ln p - 2\ln(1 - y) = c'$ 或 $\ln p = c' + 2\ln(1 - y)$

即 $p = k(1 - y)^2$，$k = e^{c'} \Rightarrow y' = k(1 - y)^2$ 即 $\dfrac{dy}{dx} = k(1 - y)^2$

$\therefore \dfrac{dy}{(1 - y)^2} = kdx$

解之 $\dfrac{1}{1 - y} = kx + c$，即 $y = 1 - \dfrac{1}{kx + c}$

一階n次ODE可因式分解

若 $y^{(n)} + P_1(x, y)y^{(n-1)} + P_2(x, y)y^{(n-2)} + \cdots + P_{n-1}(x, y)\,y' + y = 0$

$= (p - F_1(x, y))(p - F_2(x, y)) \cdots (p - F_n(x, y))$

若 $p - F_1(x, y) = 0, p - F_2(x, y) = 0 \cdots p - F_n(x, y) = 0$ 之解分別爲 $\phi_1(x, y) = 0$，

$\phi_2(x, y) = 0 \cdots \phi_n(x, y) = 0$ 則 $\phi_1(x, y)\phi_2(x, y) \cdots \phi_n(x, y) = 0$ 是

$y^{(n)} + P_1(x, y)y^{(n-1)} + \cdots + P_{n-1}(x, y)y' + y = 0$ 之解

例 5　解 $x^2p^2 + xyp - 6y^2 = 0$

解

$$x^2p^2 + xyp - 6y^2 = (xp + 3y)(xp - 2y) = 0$$

① $xp + 3y = 0$，$x\dfrac{dy}{dx} + 3y = 0$ $\therefore \dfrac{dy}{y} + \dfrac{3}{x}dx = 0$，$\ln y + 3\ln x = c' \Rightarrow yx^3 = c$

$\therefore y - \dfrac{c}{x^3} = 0$

② $xp - 2y = 0$：$x\dfrac{dy}{dx} - 2y = 0$，即 $\dfrac{dy}{y} - \dfrac{2dx}{x} = 0$

$y - cx^2 = 0$

得：$\left(y - \dfrac{c}{x^3}\right)(y - cx^2) = 0$

練習 2.8A

1. 解下列方程式
   (1) $y''' = \ln x$ 　　　　　　　　　　　(4) $xy''' - 2y'' = 0$
   (2) $(1 + x^2)y'' = 1$ 　　　　　　　　(5) $(1 + x^2)y'' + (y')^2 + 1 = 0, y'(0) = 1, y(0) = 0$
   (3) $(1 + x^2)y'' = 2xy', y(0) = 1, y'(0) = 3$
2. (1) 令 $y = e^z$ 行變數變換以解 $yy'' - (y')^2 - 6xy^2 = 0$
   (2) 令 $yy' = z$ 以解 $x(yy'' + y'^2) + 3yy' = 2x^3$
3. 解下列方程式
   (1) $y'' = 1 + (y')^2$ 　　　　　(2) $yy'' + (y')^2 + 1 = 0$
   (3) $yy'' - (y')^2 - 6xy^2 = 0$ 　(4) $y'' + (y')^2 = 2e^{-y}$
4. 解 $(y')^3 - (x + y)y' + xyy' = 0$

Clairaut方程式

Clairaut 方程式之標準型式為 $y = px + f(p)$，$p = \dfrac{dy}{dx}$。

【定理 A】　Clairaut 方程式 $y = px + f(p)$，$p = \dfrac{d}{dx}y$ 有二個解：
(1) 通解 $y = cx + f(c)$。
(2) 異解由 $\begin{cases} x + f'(c) = 0 \\ y = xp + f(p) \end{cases}$ 消去 p 得之。

證明　對 $y = xp + f(p)$ 二邊對 x 微分，得 $y' = p + xp' + f'(p)p'$ 　$\because p = y'$

$\therefore xp' + f'(p)p' = p'(x + f'(p)) = 0$，得 $p' = 0$ 或 $x + f'(p) = 0$

(1) $p' = 0$ 得 $p = c$

代 $p = c$ 入 $y = xp + f(p)$ 得通解 $y = cx + f(c)$

(2) 由 $\begin{cases} x + f'(p) = 0 \\ y = xp + f(p) \end{cases}$ 消去 p 可得奇解。 ■

因此，一個 Clairaut 方程式有二個解，一是通解，一是奇解。

例 6 解 $y = px - p^2$

解

提示	解答
通解 $y = px + f(p)$ $\qquad p \to c$ 奇解 step1 對通解之 c 行偏微分 step2 消去 step1 之 c	通解 $y = cx - c^2$ 奇解：在 $y = cx - c^2$ 對 c 行偏微分得 $0 = x - 2c$ $\therefore c = \dfrac{x}{2}$ 代入通解得奇解 $y = cx - c^2 = \dfrac{x^2}{2} - \dfrac{x^2}{4} = \dfrac{x^2}{4}$

★ **例 7** 解 $y = 3px + 6p^2y^2$

解

提示	解答
$y = 3px + 6p^2y^2$ 不是 Clairaut 方程式標準式，因此，需藉由變數變換把方程式中之 y 取代掉：若二邊同乘 y^2，取 $u = y^3$ 則可化成 Clairaut 方程式之標準式。	$y = 3px + 6p^2y^2$ $y^3 = 3py^2x + 6p^2y^4$，取 $u = y^3$，$(u' = 3y^2y' = 3y^2p)$ 則 $u = u'x + \dfrac{2}{3}(u')^2$ 此為 Clairaut 方程式，通解 $y = cx + \dfrac{2}{3}c^2$，現求 奇解：對 c 行偏微分 $0 = x + \dfrac{4}{3}c \therefore c = -\dfrac{3}{4}x$ 代入 $u = cx + \dfrac{2}{3}c^2$ 得 $u = -\dfrac{3}{8}x^2$，$\therefore$ 奇解為 $y^3 = -\dfrac{3}{8}x^2$

練習 2.8B

解下列微分方程式

(1) $y = px - \ln p$ (2) $e^{y + px} = p^2$

2.9　正合方程式

若微分方程式

$$f(y^{(n)}, y^{(n-1)}, \cdots, y', y, x) = Q(x) \tag{1}$$

能藉由 $g(y^{(n-1)}, y^{(n-2)}, \cdots, y', y, x) = Q_1(x) + c$

或更低階之方程式微分而得到解，我們稱方程式 (1) 爲正合方程式。變數係數齊性 ODE 可用定理 A 驗判二階變係數微分方程式是否爲正合：

> 【定理 A】　$a_0(x)y'' + a_1(x)y' + a_2(x)y = b(x)$ 爲正合之充要條件爲 $a_0'' - a_1' + a_2 = 0$，a_0，a_1，a_2 均爲 x 之可微分函數

證明　「$\Rightarrow$」若 $a_0(x)y'' + a_1(x)y' + a_2(x)y = 0$ 爲正合，則 $a_0'' - a_1' + a_2 = 0$：

設 $a_0(x)y'' + a_1(x)y' + a_2(x)y = 0$ 爲正合，依定義我們可找到一個一階 ODE $R_0(x)y' + R_1(x)y = c$ 使得在 $R_0(x)y' + R_1(x)y = c$ 兩邊對 x 微分後得

$$R'_0 y' + R_0 y'' + R'_1 y + R_1 y' = 0$$

或　　$R_0 y'' + (R'_0 + R_1)y' + R'_1 y = 0$ 　　　　　　　*

比較 * 與 $a_0 y'' + a_1 y' + a_2 y = 0$ 得

$a_0 = R_0$, $a_1 = R'_0 + R_1$, $a_2 = R'_1$

$\therefore a''_0 - a'_1 + a_2 = R''_0 - (R'_0 + R_1)' + R'_1 = R''_0 - R''_0 - R'_1 + R'_1 = 0$

「$\Leftarrow$」若 $a_0 y'' + a_1 y' + a_2 y = 0$ 之 a_0，a_1，a_2 滿足 $a''_0 - a'_1 + a_2 = 0$ 則方程式爲正合：

$$\frac{d}{dx}[a_0 y' + (a_1 - a_0')y]$$

$$= a_0' y' + a_0 y'' + \underbrace{(a_1' - a_0'')}_{a_2} y + (a_1 - a_0')y'$$

$$= a_0 y'' + a_1 y' + a_2 y$$

即 $a_0 y'' + a_1 y' + a_2 y = 0$ 爲正合

我們可證明：**方程式 $a_0(x)y''' + a_1(x)y'' + a_2(x)y' + a_3(x)y = b(x)$ 之正合條件爲：$a'''_0 - a''_1 + a'_2 - a_3 = 0$ 以此可推廣到更高階情況。**

我們可用定理 A 求出正合方程式之解。但更方便的是應用我稱的列表法。若超過二階之正合方程式，可能須反復應用列表法。

例 1　解 $xy'' + (x + 2)y' + y = 0$

解

$a_0(x) = x, a_1(x) = x + 2, a_2(x) = 1, a''_0 - a'_1 + a_2 = 0 - 1 + 1 = 0$

$\therefore xy'' + (x + 2)y' + y = 0$ 為正合

現在我們用表列法解此方程式：

$$
\begin{array}{llll}
& xy'' & + \quad (x+2)y' & + y \\
(xy')' = & xy'' & + \qquad y' & \\
\hline
& & (x+1)y' & + y \\
((x+1)y)' & & (x+1)y' & \quad y \\
\hline
\end{array}
$$

$\therefore xy'' + (x + 2)y' + y = \dfrac{d}{dx}(xy' + (x + 1)y) = 0$

得 $xy' + (x + 1)y = c_1$，即 $y' + \dfrac{x+1}{x}y = \dfrac{c_1}{x}$

$IF = e^{\int \frac{x+1}{x}dx} = xe^x$

$\therefore (xe^x y)' = xe^x \cdot \dfrac{c_1}{x} = c_1 e^x \Rightarrow xe^x y = \int c_1 e^x dx = c_1 e^x + c_2$

即 $y = (c_1 + c_2 e^{-x})/x$

例 2　解 $xy'' + xy' + y = 0$

解

$a_0(x) = x, a_1(x) = x, a_2(x) = 1, a''_0 - a'_1 + a_2 = 0 - 1 + 1 = 0$

$\therefore xy'' + xy' + y = 0$ 為正合

現在我們用表列法來解此方程式：

$$
\begin{array}{lll}
& xy'' & + xy' + y \\
(xy')' = & xy'' & \quad y' \\
\hline
& & (x-1)y' + y \\
((x-1)y)' = & & (x-1)y' + y \\
\hline
\end{array}
$$

$\therefore xy'' + xy' + y = \dfrac{d}{dx}(xy' + (x - 1)y) = 0$

即　$xy' + (x - 1)y = c$

$\qquad y' + \dfrac{x-1}{x}y = \dfrac{c}{x}$

取 $IF = e^{\int \frac{x-1}{x}dx} = \dfrac{1}{x}e^x$

$\left(\dfrac{1}{x}e^x y\right)' = \dfrac{ce^x}{x^2}$

$$\therefore \frac{1}{x}e^x y = \int \frac{c}{x^2}e^x dx + c_1 \ 得\ y = xe^{-x}\left(\int \frac{c}{x^2}e^x dx + c_1\right)$$

例 3 解 $3y^2 y'' + 6y(y')^2 - 3y^2 y' = 0$

解 本例題雖不是正合方程式之標準式，但亦可用表列法解出，類似問題如練習第 3 題。

$$3y^2 y'' + 6y(y')^2 - 3y^2 y'$$
$$(3y^2 y')' = 3y^2 y'' + 6y(y')^2$$
$$ - 3y^2 y'$$
$$(-y^3)' = - 3y^2 y'$$

$$\therefore 3y^2 y'' + 6y(y')^2 - 3y^2 y' = (3y^2 y' - y^3)' = 0$$
$$3y^2 y' - y^3 = c_1 \Rightarrow 3y^2 y' = c_1 + y^3$$
$$\frac{3y^2}{c_1 + y^3}dy = dx$$
$$\therefore \ln(y^3 + c_1) = x + c_2$$

練習 2.9

解下列微分方程式
1. $(x^2 + 1)y'' + 4xy' + 2y = \cos x$
2. $(x - 1)y'' + (x + 1)y' + y = 2x$
3. $x^2 yy'' + x^2(y')^2 + 4xyy' + y^2 = 6x$

第3章
級數法

3.1 級數之常點、奇點

本節討論用冪級數來解微分方程式 $y'' + P(x)y' + Q(x)y = R(x)$

常點與奇點

首先要對冪級數之常點與奇點作一介紹。

【定義】 若函數 $f(x)$ 在 x_0 之某個鄰域（some neighborhood of x_0）之 **Taylor 級數**（Taylor series）

$$\sum_{n=0}^{\infty} \frac{f^{(n)}(x_0)(x-x_0)^n}{n!}$$

收斂到 $f(x)$，則稱 $f(x)$ 在 x_0 處為**解析**（analytic）。

常見之多項式函數，正弦、餘弦函數、指數函數，若無分母為 0 之顧慮者多是解析。

【定義】 考慮二階齊次微分方程式

$$y'' + P(x)y' + Q(x)y = 0 \qquad (1)$$

(1) $P(x), Q(x)$ 在 $x = x_0$ 均解析時，稱 $x = x_0$ 是 (1) 之一個**常點**（ordinary point）。

(2) $P(x), Q(x)$ 在 $x = x_0$ 有一個不是解析時，稱 $x = x_0$ 是 (1) 之一個**奇點**（singular point），奇點又可分**正則奇點**（regular singular point）與**非正則奇點**（irregular singular point）二種：

① $x = x_0$ 為 (1) 之一奇點，但 $(x-x_0)P(x)$ 與 $(x-x_0)^2 Q(x)$ 在 $x = x_0$ 均為解析，則稱 $x = x_0$ 是 (1) 之正則奇點。

② $x = x_0$ 為 (1) 之奇點但 $(x-x_0)P(x)$ 或 $(x-x_0)^2 Q(x)$ 至少有一個不解析，則 $x = x_0$ 是 (1) 之非正則奇點。

綜上，常點與奇點可分類如下：

$$\text{點} \begin{cases} \text{常點} \\ \text{奇點} \begin{cases} \text{正則奇點} \\ \text{非正則奇點} \end{cases} \end{cases}$$

例 1 試判斷下列微分方程式在何處為常點？規則奇點與不規則奇點

(1) $xy'' - y' - \dfrac{e^x}{(x-1)^2}y = 0$

$(2)\, x^2 y'' + xy' + (x^2 - \mu^2) y = 0$

提示	解答
先將方程式化為 $y'' + P(x)y' + Q(x)$ $y = 0$ 之標準式	$(1)\; y'' - \dfrac{1}{x} y' - \dfrac{e^x}{x(x-1)^2} y = 0$ ① $x = 0$ ∵ $(x-0)\left(-\dfrac{1}{x}\right) = -1$ $(x-0)^2\left(-\dfrac{e^x}{x(x-1)^2}\right) = -\dfrac{xe^x}{(x-1)^2}$ 在 $x = 0$ 處解析 ∴ 在 $x = 0$ 處為正則奇點。 ② $x = 1$ $\qquad P(x) = \dfrac{1}{x}$, $Q(x) = \dfrac{e^x}{x(x-1)^2}$ ∵ $(x-1)P(x) = \dfrac{x-1}{x}$ 在 $x = 1$ 處解析 及 $(x-1)^2 Q(x) = (x-1)^2 \dfrac{e^x}{x(x-1)^2} = \dfrac{e^x}{x}$ 在 $x = 1$ 處解析 ∴ 在 $x = 1$ 處為正則奇點 ③ 除 $x = 0, 1$ 外各點均為常點。 $(2)\; y'' + \dfrac{1}{x} y' + \dfrac{(x^2 - \mu^2)}{x^2} y = 0 \quad \because (x-0) \cdot \dfrac{1}{x} = 1$ 且 $(x-0)^2 \cdot \dfrac{x^2 - \mu^2}{x^2} = x^2 - \mu^2$ 在 $x = 0$ 處均解析 而其餘各點均解析 ∴ $x = 0$ 處為正則奇點，其餘各點均為常點

練習 3.1

試判定下列二階常微分方程式在何處為常點？規則奇點？不規則奇點

$(1)\, 2y'' - 3y' + (\sin x) y = 0$　　　　$(2)\, x^2 y'' - \dfrac{1}{x} y' + y = 0$

$(3)\, (x^2 + 1) y'' + xy' + y = 0$　　　　$(4)\, (x^2 - 1) y'' + xy' + y = 0$

3.2 常點下級數解法

在應用**級數法**（series methods）時應注意到如何求出問題之**遞迴關係**（recurrence relation，簡稱 RR）以及 Σ 下限之變化。

若ODE $y'' + P(x)y' + Q(x)y = 0$在$x = x_0$處為常點時，我們可循下列步驟解題：	
第一步	設 $y = a_0 + a_1x + a_2x^2 + \cdots + a_nx^n + a_{n+1}x^{n+1} + \cdots$
第二步	用**遞迴關係**（recurrent relation; RR）表示 x^n 係數之通式。
第三步	解遞迴關係。

例 1 解 $y' - \dfrac{1}{1-x}y = 0$

提示	解答
第一步：判斷是否為常點 第二步：代$y = \sum\limits_{n=0}^{\infty} a_n x^n$入原方程式 第三步：建立遞迴關係式（RR）	令 $y = \sum\limits_{n=0}^{\infty} a_n x^n$，則 $(1-x)y' - y = (1-x)\sum\limits_{n=1}^{\infty} n a_n x^{n-1} - \sum\limits_{n=0}^{\infty} a_n x^n$ $= \sum\limits_{n=1}^{\infty} n a_n x^{n-1} - \sum\limits_{n=1}^{\infty} n a_n x^n - \left(a_0 + \sum\limits_{n=1}^{\infty} a_n x^n\right)$ $= \sum\limits_{n=0}^{\infty} (n+1)a_{n+1} x^n - \sum\limits_{n=1}^{\infty} n a_n x^n - \left(a_0 + \sum\limits_{n=1}^{\infty} a_n x^n\right)$ $= \left(a_1 + \sum\limits_{n=1}^{\infty} (n+1)a_{n+1} x^n\right) - \sum\limits_{n=1}^{\infty} n a_n x^n - \left(a_0 + \sum\limits_{n=1}^{\infty} a_n x^n\right)$ $= (a_1 - a_0) + \sum\limits_{n=1}^{\infty} [(n+1)a_{n+1} - (n+1)a_n]x^n = 0$ RR 為 $(n+1)a_{n+1} - (n+1)a_n = 0$，即 $a_{n+1} = a_n$ $\therefore a_1 = a_0 \cdots a_{n+1} = a_n$，$n = 1, 2 \cdots\cdots$即 $a_0 = a_1 = \cdots a_n = \cdots$ 得 $y = \sum\limits_{n=0}^{\infty} a_n x^n = \sum\limits_{n=0}^{\infty} a_0 x^n = a_0\left(\dfrac{1}{1-x}\right)$，$|x| < 1$

例 2 解 $y'' = xy$

解

令 $y = \sum\limits_{n=0}^{\infty} a_n x^n$ 則 $y' = \sum\limits_{n=1}^{\infty} n a_n x^{n-1}$，$y'' = \sum\limits_{n=2}^{\infty} n(n-1)a_n x^{n-2}$

$y'' - xy = \sum\limits_{n=2}^{\infty} n(n-1)a_n x^{n-2} - \sum\limits_{n=0}^{\infty} a_n x^{n+1}$

$\quad\quad = \sum\limits_{n=0}^{\infty} (n+2)(n+1)a_{n+2} x^n - \sum\limits_{n=1}^{\infty} a_{n-1} x^n$

$$= 2a_2 + \sum_{n=1}^{\infty} [(n+2)(n+1)a_{n+2} - a_{n-1}] x^n = 0 \qquad (1)$$

∴ $a_2 = 0$ 及 $(n+2)(n+1)a_{n+2} - a_{n-1} = 0$

得遞迴關係式 $a_{n+2} = \dfrac{1}{(n+2)(n+1)} a_{n-1}$，$n \geq 2$ $\qquad (2)$

在 (1) 中我們已得 $a_2 = 0$

$$a_3 = \frac{1}{(1+2)(1+1)}a_0 = \frac{1}{6}a_0 \qquad a_4 = \frac{1}{(2+2)(2+1)}a_1 = \frac{1}{12}a_1$$

$$a_5 = \frac{1}{(3+2)(3+1)}a_2 = 0 \qquad a_6 = \frac{1}{(4+2)(4+1)}a_3 = \frac{1}{30}a_3 = \frac{1}{30} \cdot \frac{1}{6}a_0 = \frac{1}{180}a_0$$

$$a_7 = \frac{1}{(5+2)(5+1)}a_4 = \frac{1}{42}a_4 = \frac{1}{42} \cdot \frac{1}{12}a_1 = \frac{1}{504}a_1$$

$$\therefore \ y = a_0 + a_1 x + 0x^2 + \frac{1}{6}a_0 x^3 + \frac{1}{12}a_1 x^4 + 0x^5 + \frac{1}{180}a_0 x^6 + \frac{1}{504}a_1 x^7 + \cdots$$

$$= a_0\left(1 + \frac{1}{6}x^3 + \frac{1}{180}x^6 + \cdots\right) + a_1\left(x + \frac{1}{12}x^4 + \frac{1}{504}x^7 + \cdots\right)$$

★ **例 3** 解 $(1 - xy)y' = y$

解

令 $y = a_0 + a_1 x + a_2 x^2 + \cdots + a_n x^n + \cdots$，則

$\qquad y' = a_1 + 2a_2 x + \cdots + na_n x^{n-1} + \cdots$

$\therefore (1 - xy)y' - y$

$= (1 - x(a_0 + a_1 x + a_2 x^2 + \cdots + a_n x^n + \cdots))(a_1 + 2a_2 x + 3a_3 x^2$

$\quad + 4a_4 x^3 + \cdots + na_n x^{x-1} + \cdots) - (a_0 + a_1 x + a_2 x^2 + \cdots)$

$= (1 - a_0 x - a_1 x^2 - a_2 x^3 - \cdots - a_n x^{n+1} - \cdots)(a_1 + 2a_2 x$

$\quad + \cdots + na_n x^{n-1} + \cdots) - (a_0 + a_1 x + a_2 x^2 + \cdots)$

$= (a_1 + (2a_2 - a_0 a_1)x + (3a_3 - a_1^2 - 2a_0 a_2)x^2 + (-3a_1 a_2$

$\quad - 3a_0 a_3 + 4a_4)x^3 + \cdots) - (a_0 + a_1 x + a_2 x^2 + \cdots)$ $\qquad$ ∗

$= (a_1 - a_0) + (2a_2 - a_0 a_1 - a_1)x + (3a_3 - a_1^2 - 2a_0 a_2 - a_2)x^2$

$\quad + (-3a_1 a_2 - 3a_0 a_3 + 4a_4 - a_3)x^3 + \cdots = 0$

因此

① $a_1 - a_0 = 0 \Rightarrow a_1 = a_0$

② $2a_2 - a_0 a_1 - a_1 = 0 \Rightarrow a_2 = \dfrac{1}{2}a_0(1 + a_0)$

③ $3a_3 - a_1^2 - 2a_0 a_2 - a_2 = 0 \Rightarrow a_3 = \dfrac{1}{3}(a_1^2 + 2a_0 a_2 + a_2)$

$\qquad = \dfrac{1}{3}\left(a_0^2 + 2a_0\left(\dfrac{a_0}{2}(1 + a_0)\right) + \left(\dfrac{1}{2}a_0(1 + a_0)\right)\right) = \dfrac{1}{6}a_0(1 + 5a_0 + 2a_0^2)$

......

$$\therefore\ y = a_0 + a_0 x + \frac{1}{2}a_0(1+a_0)x^2 + \frac{1}{6}a_0(1+5a_0+2a_0^2)x^3 + \cdots$$

$$= a_0\left(1 + x + \frac{1}{2}(1+a_0)x^2 + \frac{1}{6}(1+5a_0+2a_0^2)x^3 + \cdots\right)$$

＊計算如下：

$$
\begin{array}{l}
\quad\ \ 1\ -\ a_0 x\ -\ a_1 x^2\ -\ a_2 x^3 - \cdots \\
\underline{\times\ )\ a_1 + 2a_2 x\ +\ 3a_3 x^2\ +\ 4a_4 x^3 + \cdots} \\
\quad\ \ a_1 - a_0 a_1 x\ -\ a_1^2 x^2\ -\ a_1 a_2 x^3 + \cdots\cdots \\
\qquad\qquad 2a_2 x - 2a_0 a_2 x^2 - 2a_1 a_2 x^3 + \cdots \\
\qquad\qquad\qquad\qquad 3a_3 x^2 - 3a_0 a_3 x^3 + \cdots \\
\underline{\qquad\qquad\qquad\qquad\qquad\qquad 4a_4 x^3 + \cdots} \\
a_1 + (2a_2 - a_0 a_1)x + (3a_3 - a_1^2 - 2a_0 a_2)x^2 + (-3a_1 a_2 - 3a_0 a_3 + 4a_4)x^3 + \cdots
\end{array}
$$

★ 例 4　解 $y'' + (x-1)y' + y = 0$ 以 $(x-2)$ 展開。

解

令 $x = w + 2$ 則原方程式變為 $y'' + (w+1)y' + y = 0$，令

$$y = \sum_{n=0}^{\infty} a_n \omega^n\ \text{則}$$

$$y' = \sum_{n=1}^{\infty} n a_n \omega^{n-1}$$

$$y'' = \sum_{n=2}^{\infty} n(n-1) a_n \omega^{n-2}$$

代上述結果入 $y'' + (\omega+1)y' + y = 0$：

$$\sum_{n=2}^{\infty} n(n-1)a_n \omega^{n-2} + (\omega+1)\sum_{n=1}^{\infty} n a_n \omega^{n-1} + \sum_{n=0}^{\infty} a_n \omega^n$$

$$= \sum_{n=2}^{\infty} n(n-1)a_n \omega^{n-2} + \sum_{n=1}^{\infty} n a_n \omega^n + \sum_{n=1}^{\infty} n a_n \omega^{n-1} + \sum_{n=0}^{\infty} a_n \omega^n$$

$$= \sum_{n=0}^{\infty} (n+2)(n+1)a_{n+2}\omega^n + \sum_{n=1}^{\infty} n a_n \omega^n + \sum_{n=0}^{\infty} (n+1)a_{n+1}\omega^n + \sum_{n=0}^{\infty} a_n \omega^n$$

$$= \sum_{n=0}^{\infty} (n+2)(n+1)a_{n+2}w^n + \sum_{n=0}^{\infty} (na_n + (n+1)a_{n+1})w^n + \sum_{n=0}^{\infty} a_n w^n\ \left(\because \sum_{n=1}^{\infty} n a_n \omega^n = \sum_{n=0}^{\infty} n a_n \omega\right)$$

$$= \sum_{n=0}^{\infty} [(n+2)(n+1)a_{n+2} + na_n + (n+1)a_{n+1} + a_n]w^n = 0$$

$$\therefore\ a_{n+2} = -\frac{(n+1)a_n + (n+1)a_{n+1}}{(n+1)(n+2)} = -\frac{a_n + a_{n+1}}{n+2},$$

$n = 0, 1, 2\cdots$

$\therefore a_2 = -\dfrac{1}{2}(a_0 + a_1)$，

$a_3 = -\dfrac{1}{3}(a_1 + a_2) = -\dfrac{1}{3}\left(a_1 - \dfrac{1}{2}(a_0 + a_1)\right) = \dfrac{1}{6}(a_0 - a_1)$

$a_4 = -\dfrac{1}{4}(a_3 + a_2) = \dfrac{1}{12}(a_0 + a_1)\cdots\cdots$

$\therefore y = a_0 + a_1 w - \dfrac{1}{2}(a_0 + a_1)w^2 + \dfrac{1}{6}(a_0 - a_1)w^3 + \dfrac{1}{12}(a_0 + a_1)w^4 + \cdots$

$\qquad = a_0 + a_1(x - 2) - \dfrac{1}{2}(a_0 + a_1)(x - 2)^2 + \dfrac{1}{6}(a_0 - a_1)(x - 2)^3$

$\qquad \quad + \dfrac{1}{12}(a_0 + a_1)(x - 2)^4 + \cdots$

$\qquad = a_0\left[1 - \dfrac{1}{2}(x - 2)^2 + \dfrac{1}{6}(x - 2)^3 + \dfrac{1}{12}(x - 2)^4 + \cdots\right]$

$\qquad \quad + a_1\left[(x - 2) - \dfrac{1}{2}(x - 2)^2 - \dfrac{1}{6}(x - 2)^3 + \dfrac{1}{12}(x - 2)^4 + \cdots\right]$

練習 3.2

用級數法解下列微分方程式

1. $y' - y + x = 0$ 3. $y'' + y = 0$

2. $y' - y - 1 = 0$ 4. $y'' + xy' - 2y = 0$

3.3　Frobenius法

本節我們討論的是當 $x = a$ 是微分方程式 $P_0(x)y'' + P_1(x)y' + P_2(x)y = 0$ 之一個規則奇點時方程式之級數解法。定理 A 是 Frobenius 法最重要的第一步。

【定理 A】　若 ODE $y'' + \dfrac{b(x)}{x}y' + \dfrac{c(x)}{x^2}y = 0$ 處為解析，則此方程式至少有一解可寫成

$$y(x) = x^r \sum_{m=0}^{\infty} a_m x^m = x^r(a_0 + a_1 x + a_2 x_2^2 + \cdots)$$

在此 r 為使 $a_0 \neq 0$ 之任意實數或複數。

Frobenius法摘要

第一步：確認 $x = 0$ 為 $P_0(x)y'' + P_1(x)y' + P_2(x)y = 0$ 之一個規則奇點。

第二步：由定理A令 $y(x) = x^r \sum_{m=0}^{\infty} a_m x^m = a_0 x^r + a_1 x^{r+1} + \cdots\cdots$ 並代 $y(x) = x^r \sum_{m=0}^{\infty} a_m x^m$ 入原方程式。

$y(x) = x^r \sum_{m=0}^{\infty} a_m x^m = \sum_{m=0}^{\infty} a_m x^{m+r}$ ， $y'_1(x) = \sum_{m=0}^{\infty} (m+r)a_m x^{m+r-1}$ ，

$y''(x) = \sum_{m=0}^{\infty} (m+r)(m+r-1)a_m x^{m+r-2}$（即它的 Σ 下限不因微分而改變）請與前節做一比較。

第三步：**指標方程式**（indicial equation）：

代 $y = x^r \sum_{m=0}^{\infty} a_m x^m$ 入 $P_0(x)y'' + P_1(x)y' + P_2(x)y = 0$，令 $x^r, x^{r+1}, \ldots$ 之係數為 0，假設 $a_0 \neq 0$　則我們可由 x^r 之係數得到一個方程式，此方程式就是指標方程式。

第四步找出遞迴關係式

找出遞迴關係式並解此遞迴關係，一些方法與注意事項如前節所述。

【定理 B】 若 $x = 0$ 為 $P_0(x)y'' + P_1(x)y' + P_2(x)y = 0$ 之一個正則奇點，指標方程式之二個根為 r_1, r_2：

1. 若 $r_1 - r_2$ 不為整數時

$$y(x) = c_1 x^{r_1}(a_0 + a_1 x + a_2 x^2 + \cdots) + c_2 x^{r_2}(b_0 + b_1 x + b_2 x^2 + \cdots)$$

2. 若 $r_1 = r_2 = r$ 則 $y = c_1 y_1(x) + c_2 y_2(x)$，其中

$$y_1(x) = x^r(a_0 + a_1 x + a_2 x^2 + \cdots)$$

$$y_2(x) = y_1(x) \int \frac{e^{-\int P(x)\,dx}}{y_1^2(x)}\,dx \; ; \; P(x) = \frac{P_1(x)}{P_0(x)}$$

3. 若 $r_1 \neq r_2$ 且 $r_1 - r_2$ 為整數時，則 $y = c_1 y_1(x) + c_2 y_2(x)$

$$y_1(x) = x^{r_1}(a_0 + a_1 x + a_2 x^2 + \cdots) \;,\; y_2(x) = y_1(x) \int \frac{e^{\int p(x)dx}}{y_1^2(x)}\,dx \; ; \; P(x) = \frac{P_1(x)}{P_0(x)}$$

例 1 解 $2x^2 y'' - xy' + (x^2 + 1)y = 0$

解

提示	解答
1. 判斷 $x = 0$ 是正則奇點 2. 代 $y(x) = x^r \sum_{m=0}^{\infty} a_m x_m$ 入原方程式	1. 原方程式可寫成 $y'' - \dfrac{1}{2x}y' + \dfrac{x^2+1}{x^2}y = 0$ $P(x) = -\dfrac{1}{2x}$，$xP(x) = -\dfrac{1}{2}$，$Q(x) = \dfrac{x^2+1}{x^2}$，$x^2 Q(x) = x^2 + 1$ $x = 0$ 為原方程式之一個正則奇點 2. 令 $y = x^r \sum_{n=0}^{\infty} a_n x^n = \sum_{n=0}^{\infty} a_n x^{n+r}$ 則 $y' = \sum_{n=0}^{\infty} a_n(n+r)x^{n+r-1}$ $y'' = \sum_{n=0}^{\infty} a_n(n+r)(n+r-1)x^{n+r-2}$ $\therefore 2x^2 y'' - xy' + (x^2+1)y$ $= 2x^2 \sum_{n=0}^{\infty} a_n(n+r)(n+r-1)x^{n+r-2}$ $- x \sum_{n=0}^{\infty} a_n(n+r)x^{n+r-1} + (x^2+1)\sum_{n=0}^{\infty} a_n x^{n+r}$ $= 2\sum_{n=0}^{\infty} a_n(n+r)(n+r-1)x^{n+r} - \sum_{n=0}^{\infty} a_n(n+r)x^{n+r}$ $+ \sum_{n=0}^{\infty} a_n x^{n+r+2} + \sum_{n=0}^{\infty} a_n x^{n+r}$ $= \sum_{n=0}^{\infty} a_n[2(n+r)(n+r-1) - (n+r)+1]x^{n+r} + \sum_{n=0}^{\infty} a_n x^{n+r+2}$ $= \sum_{n=0}^{\infty} a_n[(n+r)(2n+2r-3)+1]x^{n+r} + \sum_{n=2}^{\infty} a_{n-2}x^{n+r}$ $= a_0(r(2r-3)+1)x^r + (1+r)(2r-1)x^{r+1}$
3. ①由 (1) 第一項即 x^r 係數找出指標方程式 ②則通項找出遞迴關係	

提示	解答
4. 利用遞迴關係逐步推出各項係數並利用定理 B (1) 推出之適當公式找出解	$+ \sum_{n=2}^{\infty} \{[(n+r)(2n+2r-3)+1]a_n + a_{n-2}\}x^{n+r}$ (1) $\therefore$ 指標方程式 $r(2r-3)+1=0$，得 $r=1, \dfrac{1}{2}$ 及遞迴關係 $a_n = \dfrac{-1}{(n+r)(2n+2r-3)+1}a_{n-2}$ $n=2, 3\cdots\cdots$ (1) $r=1$ 時 $a_n = \dfrac{-1}{(1+n)(2n-1)+1}a_{n-2}$ $\therefore a_2 = -\dfrac{1}{10}a_0 = -\dfrac{1}{10}$（取 $a_0 = 1$） $a_4 = \dfrac{-1}{5 \times 7 + 1} \cdot a_2 = \dfrac{-1}{36} \cdot \dfrac{-1}{10} = \dfrac{1}{360}\cdots\cdots$ $a_1 = 0$　$\therefore a_1 = a_3 = a_5 = \cdots\cdots = 0$ (2) $r=\dfrac{1}{2}$ 時 $a_n = \dfrac{-1}{(2n+1)(n-1)+1}a_{n-2}$， $a_1 = 0$　$\therefore a_1 = a_3 = a_5 = \cdots\cdots = 0$ $a_2 = \dfrac{-1}{5 \times 1 + 1}a_0 = -\dfrac{1}{6}a_0 = -\dfrac{1}{6}$（取 $a_0 = 1$） $a_4 = \dfrac{-1}{9 \times 3 + 1}\left(-\dfrac{1}{6}\right) = \dfrac{1}{168}$ $\therefore y(x) = c_1\sqrt{x}\left(1 - \dfrac{x^2}{6} + \dfrac{x^4}{168}\cdots\cdots\right) + c_2 x\left(1 - \dfrac{x^2}{10} + \dfrac{x^4}{360} - \cdots\cdots\right)$

例2 解 $xy'' + y' + xy = 0$

解

$x = 0$ 為正則奇點，因此可用 Frobenius 法：

令 $y = x^r \sum_{n=0}^{\infty} a_m x^n$

則 $y = \sum_{n=0}^{\infty} a_n x^{n+r}$，$y' = \sum_{n=0}^{\infty}(n+r)a_n x^{n+r-1}$，

$y'' = \sum_{n=0}^{\infty}(n+r)(n+r-1)a_n x^{n+r-2}$

$\therefore xy'' + y' + xy$

$= x\sum_{n=0}^{\infty}(n+r)(n+r-1)a_n x^{n+r-2} + \sum_{n=0}^{\infty}(n+r)a_n x^{n+r-1} + x\sum_{n=0}^{\infty} a_n x^{n+r}$

$= \sum_{n=0}^{\infty}(n+r)(n+r-1)a_n x^{n+r-1} + \sum_{n=0}^{\infty}(n+r)a_n x^{n+r-1} + \sum_{n=0}^{\infty} a_n x^{n+r+1}$

$= \sum_{n=0}^{\infty}(n+r)^2 a_n x^{n+r-1} + \sum_{n=2}^{\infty} a_{n-2} x^{n+r-1]}$

$= r^2 a_0 x^{r-1} + (1+r)^2 a_1 x^r + \sum_{n=0}^{\infty}((n+r)^2 a_n + a_{n-2})x^{n+r-1}$

$\therefore$ 指標方程式：$r^2 = 0$ 得 $r = 0$（重根）

又遞迴關係：$(n+r)^2 a_n + a_{n-2} = 0$

$\therefore a_n = -\dfrac{1}{(n+r)^2} a_{n-2}, \; n \geq 2$

$\therefore a_1 = 0 \quad a_2 = -\dfrac{1}{(2+r)^2} a_0$

$\quad a_3 = -\dfrac{1}{(3+r)^3} a_1 = 0, \cdots a_{2n+1} = 0$

$\quad a_4 = -\dfrac{1}{(4+r)^2} a_2 = \dfrac{1}{(4+r)^2(2+r)^2} a_0$

$\quad y_1(x) = x^r \left(1 - \dfrac{x^2}{(2+r)^2} + \dfrac{x^4}{(4+r)^2(2+r)^2} - \cdots \cdots \right) \Big]$

$\quad y_1 = 1 - \dfrac{x^2}{2^2} + \dfrac{1}{4^2 \cdot 2^2} x^4 + \cdots = 1 - \dfrac{x^2}{4} + \dfrac{x^4}{64} + \cdots$

$\therefore$ 我們可得另一解

$\quad y_2 = y_1 \displaystyle\int \dfrac{e^{-\int p(x)dx}}{y_1^2} dx = y_1 \int \dfrac{e^{-\int \frac{1}{x} dx}}{\left(1 - \dfrac{x^2}{4} + \dfrac{x^4}{64} + \cdots \right)^2} dx$

$\qquad = y_1 \displaystyle\int \dfrac{dx}{x \left(1 - \dfrac{x^2}{4} + \dfrac{x^4}{64} + \cdots \right)^2} = y_1 \int \dfrac{1}{x} \dfrac{1}{1 - \dfrac{x^2}{2} + \dfrac{3}{32} x^4 \cdots} dx$

$\qquad = y_1 \displaystyle\int \left(\dfrac{1}{x} + \dfrac{x}{2} + \dfrac{5}{32} x^3 + \cdots \right) dx = y_1 \ln x + y_1 \left(\dfrac{x^2}{4} + \dfrac{5}{128} x^4 + \cdots \right)$

$\therefore y = c y_1 + c y_2$

練習 3.3

用 Frobenius 法解下列微分方程式

1. $4x^2 y'' - 3y = 0$

2. $xy'' + y' - y = 0$

3. $xy'' + y' - xy = 0$

3.4　Bessel方程式與第一類Bessel函數之性質[註]

【定義】　線性微分方程式 $x^2y'' + xy' + (x^2 - v^2)y = 0$；$v \geq 0$ 稱為 Bessel 方程式，式中的 v 稱為 Bessel 方程式的**階**（order）。

【定理 A】　Bessel 方程式 $x^2y'' + xy' + (x^2 - v^2)y = 0$ 在 v 不為整數時之解為 $y = c_1 y_1 + c_2 y_2$，其中

$$y_1 = \sum_{n=0}^{\infty} \frac{(-1)^n}{n!\Gamma(n+v+1)}\left(\frac{x}{2}\right)^{2n+v}$$

$$y_2 = \sum_{n=0}^{\infty} \frac{(-1)^n}{n!\Gamma(n-v+1)}\left(\frac{x}{2}\right)^{2n-v}$$

證明　顯然 $x = 0$ 是 $x^2y'' + xy' + (x^2 - v^2)y = 0$ 之規則奇點，因此可應用 Frobenius 方法來求解。

令 $y = x^r \sum_{m=0}^{\infty} a_m x^m = \sum_{m=0}^{\infty} a_m x^{m+r} \Rightarrow y' = \sum_{m=0}^{\infty} (r+m)a_m x^{r+m-1}$，

$y'' = \sum_{m=0}^{\infty} (r+m)(r+m-1)a_m x^{r+m-2}$

$\therefore x^2y'' + xy' + (x^2 - v^2)y = 0$

$= \sum_{m=0}^{\infty} (r+m)(r+m-1)a_m x^{r+m} + \sum_{m=0}^{\infty} (r+m)a_m x^{r+m} + \sum_{m=0}^{\infty} (x^2 - v^2)a_m x^{m+r}$

$= \sum_{m=0}^{\infty} ((r+m)(r+m-1) + (r+m) - v^2)a_m x^{r+m} + \sum_{m=0}^{\infty} x^2 a_m x^{m+r}$

$= \sum_{m=0}^{\infty} ((r+m)^2 - v^2)a_m x^{r+m} + \sum_{m=0}^{\infty} a_m x^{m+r+2}$

$= \sum_{m=0}^{\infty} ((r+m)^2 - v^2)a_m x^{r+m} + \sum_{m=2}^{\infty} a_{m-2} x^{m+r}$

$= (r^2 - v^2)a_0 x^r + ((r+1)^2 - v^2)a_1 x^{r+1} + \sum_{m=2}^{\infty} ((r+m)^2 - v^2)a_m + a_{m-2})x^{m+r}$

$\therefore$ 遞迴公式 $a_m = -\dfrac{1}{(r+m)^2 - v^2}a_{m-2}$

指標方程式為 $r^2 = v^2$，得 $r = \pm v$

$r = 0$ 時：

考慮 * 第二項：

註：本節較難，初學者可略之。

$\because r = v \therefore ((r+1)^2 - v^2)a_1 = ((v+1)^2 - v^2)a_1 = (2v+1)a_1 = 0$

但 $v \geq 0 \therefore a_1 = 0$，由遞迴公式知 $a_1 = a_3 = a_5 = \cdots = a_{2k+1} = 0$

$a_2 = \dfrac{-1}{(2+v)^2 - v^2} a_0 = \dfrac{-1}{2^2(v+1)} a_0 = \dfrac{-1}{2^2 \cdot 1!(v+1)} a_0$

$a_4 = \dfrac{-1}{(4+v)^2 - v^2} a_2 = \dfrac{-1}{2^3(v+2)} \cdot \dfrac{-1}{2^2(v+1)} a_0$

$\quad\; = \dfrac{(-1)^2}{2^4 2!(v+1)(v+2)} a_0$

同法可得

$a_6 = \dfrac{(-1)^3}{2^6 \cdot 3!(v+1)(v+2)(v+3)} a_0$

取 $a_0 = \dfrac{1}{2^v v!}$ 則

$y_1 = \sum\limits_{n=0}^{\infty} \dfrac{(-1)^n}{n!(n+v)!}\left(\dfrac{x}{2}\right)^{2n+v} = \sum\limits_{n=0}^{\infty} \dfrac{(-1)^n}{n!\Gamma(n+v+1)}\left(\dfrac{x}{2}\right)^{2n+v}$

當 $r = -v$ 時，取 $a_0 = \dfrac{1}{2^v v!}$ 得

$y_2 = \sum\limits_{n=0}^{\infty} \dfrac{(-1)^n}{n!\Gamma(n-v+1)}\left(\dfrac{x}{2}\right)^{2n-v}$

由定理 3-3B 知 $x^2 y'' + xy' + (x^2 - v^2)y = 0$ 在 v 不爲整數之解爲
$y = c_1 y_1 + c_2 y_2$

【定義】　第一類 Bessel 函數（Bessel function of first kind）定義為

$$J_v(x) = \sum\limits_{n=0}^{\infty} \dfrac{(-1)^n}{n!\Gamma(n+v+1)}\left(\dfrac{x}{2}\right)^{2n+v}$$

$$J_{-v}(x) = \sum\limits_{n=0}^{\infty} \dfrac{(-1)^n}{n!\Gamma(n-v+1)}\left(\dfrac{x}{2}\right)^{2n-v}$$

【特例】　$J_0(x) = \sum\limits_{n=0}^{\infty} (-1)^n \dfrac{1}{(n!)^2}\left(\dfrac{x}{2}\right)^{2n}$

$\quad\quad\quad J_1(x) = \sum\limits_{n=0}^{\infty} (-1)^n \dfrac{1}{n!(n+1)!}\left(\dfrac{x}{2}\right)^{2n+1}$

定義中 $\Gamma(x)$ 的計算請參考 4-1 節。

【定理 B】 $x^2y'' + xy' + (x^2 - v^2)y = 0$ 之解為
$$\begin{cases} y(x) = c_1 J_v(x) + c_2 Y_v(x) : v \text{ 為整數} & (1) \\ y(x) = c_1 J_v(x) + c_2 J_{-v}(x) : v \text{ 不為整數} & (2) \end{cases}$$
其中 $Y_v(x) = \dfrac{J_v(x)\cos v\pi - J_{-v}(x)}{\sin v\pi}$

由定理 A 及第一類 Bessel 函數可得定理 B。

例 1 解以下微分方程式 $x^2y'' + xy' + (x^2 - v^2)y = 0$

(1) $v = 0$ (2) $v = 4$ (3) $v = \dfrac{1}{4}$

解

(1) $v = 0$ 時 $y = c_1 J_0(x) + c_2 Y_0(x)$
(2) $v = 4$ 時 $y = c_1 J_4(x) + c_2 Y_4(x)$
(3) $v = \dfrac{1}{4}$ 時 $y = c_1 J_{\frac{1}{4}}(x) + c_2 J_{-\frac{1}{4}}(x)$

例 2 $y'' + \dfrac{1}{x}y' + y = \dfrac{4y}{x^2}$

解

原方程式相當於 $x^2y'' + xy' + (x^2 - 4)y = 0$ $\therefore\ y = c_1 J_2(x) + c_2 Y_2(x)$

　　例 1，例 2 我們解的 Bessel 方程式都是標準型 $x^2y'' + xy' + (x^2 - v^2)y = 0$，現在介紹一些經變數變換後，可化成 Bessel 標準方程式的例子。如何進行變型並無一定規則可循，因此在例（習）後均附有變換的提示。

例 3 利用 $t = \lambda x$ 解 $x^2y'' + xy' + (\lambda^2 x^2 - v^2)y = 0$

解

令 $t = \lambda x$ 則 $y' = \dfrac{dy}{dt} \cdot \dfrac{dt}{dx} = \lambda \dfrac{dy}{dt}$ 且

$y'' = \dfrac{d}{dx}\left(\dfrac{dy}{dx}\right) = \dfrac{d}{dx}\left(\dfrac{dy}{dt} \cdot \dfrac{dt}{dx}\right) = \lambda \dfrac{d}{dt}\left(\dfrac{dy}{dx}\right) = \lambda \dfrac{d}{dt}\left(\dfrac{dy}{dt} \cdot \dfrac{dt}{dx}\right)$

$\qquad = \lambda^2 \dfrac{d}{dt}\left(\dfrac{dy}{dt}\right) = \lambda^2 \dfrac{d^2y}{dt^2}$

$\left(\dfrac{t}{\lambda}\right)^2 \cdot \lambda^2 \left(\dfrac{d^2y}{dt^2}\right) + \left(\dfrac{t}{\lambda}\right)\lambda\left(\dfrac{dy}{dt}\right) + \left(\lambda^2 \cdot \left(\dfrac{t}{\lambda}\right)^2 - v^2\right)y = 0$

$$\therefore\ t^2\left(\frac{d^2y}{dt^2}\right)+t\left(\frac{dy}{dt}\right)+(t^2-v^2)y=0\ \text{，即 }\ x^2y''+xy'+(\lambda^2x^2-v^2)y\ =t^2y''+ty'$$

$$+(t^2-v^2)y=0$$

得 $y=\begin{cases}c_1J_v(\lambda x)+c_2J_{-v}(\lambda x)\text{，}v\text{ 不為整數}\\c_1J_v(\lambda x)+c_2Y_v(\lambda x)\text{ ，}v\text{ 為整數}\end{cases}$

例 4 利用 $2x=z$ 解 $9x^2y''+9xy'+(36x^2-25)y=0$

提示	解答
請體會： $\dfrac{dy}{dx}\to\dfrac{dy}{dz}$ $\dfrac{d^2y}{dz^2}\to\dfrac{d^2y}{dx^2}$ 之技巧	令 $2x=z$ $y'=\dfrac{dy}{dx}=\dfrac{dy}{dz}\cdot\dfrac{dz}{dx}=\dfrac{dy}{dz}\cdot2=2\dfrac{dy}{dz}$ $y''=\dfrac{d^2y}{dx^2}=\dfrac{d}{dx}\left(\dfrac{dy}{dx}\right)=\dfrac{d}{dx}\left(\dfrac{dy}{dz}\cdot\dfrac{dz}{dx}\right)=2\dfrac{d}{dx}\left(\dfrac{dy}{dz}\right)=2\dfrac{d}{dz}\left(\dfrac{dy}{dz}\cdot\dfrac{dz}{dx}\right)$ $\qquad=4\dfrac{d}{dz}\left(\dfrac{dy}{dz}\right)=4\dfrac{d^2y}{dz^2}$ $\therefore\ 9x^2y''+9xy'+(36x^2-25)y=0$ 即 $x^2y''+xy'+\left(4x^2-\dfrac{25}{9}\right)y=0$ 可化為 $\left(\dfrac{z}{2}\right)^2\cdot4\dfrac{d^2y}{dz^2}+\left(\dfrac{z}{2}\right)\cdot2\dfrac{dy}{dz}+\left(4\cdot\left(\dfrac{z}{2}\right)^2-\dfrac{25}{9}\right)y=0$ 即 $z^2\dfrac{d^2z}{dy^2}+z\dfrac{dz}{dy}+\left(z^2-\dfrac{25}{9}\right)y=0$ $\therefore\ y=c_1J_{\frac{5}{3}}(z)+c_2J_{-\frac{5}{3}}(z)$ $\qquad=c_1J_{\frac{5}{3}}(2x)+c_2J_{-\frac{5}{3}}(2x)$

例 5 利用 $\sqrt{x}=z$ 解 $4x^2y''+4xy'+\left(x-\dfrac{1}{4}\right)y=0$

提示	解答
$y''=\dfrac{d}{dz}\left(\dfrac{dy}{dx}\right)\dfrac{1}{2z}+\dfrac{dy}{dx}\left(-\dfrac{1}{2z^2}\right)$ $\qquad\dfrac{d}{dx}y=\dfrac{dy}{dz}\dfrac{1}{2z}$ （由 y'）	依假設 $\sqrt{x}=z$ $y'=\dfrac{dy}{dx}=\dfrac{dy}{dz}\cdot\dfrac{dz}{dx}=\dfrac{dy}{dz}\cdot\dfrac{1}{2\sqrt{x}}=\dfrac{dy}{dz}\dfrac{1}{2z}$ $y''=\dfrac{d^2y}{dx^2}=\dfrac{d}{dx}\left(\dfrac{dy}{dx}\right)=\dfrac{d}{dx}\left(\dfrac{dy}{dz}\dfrac{dz}{dx}\right)=\dfrac{d}{dz}\left(\dfrac{dy}{dz}\dfrac{1}{2z}\right)$ $\qquad=\dfrac{d}{dz}\left(\dfrac{dy}{dx}\right)\dfrac{1}{2z}+\dfrac{d}{dx}y\left(-\dfrac{1}{2z^2}\right)$ $\qquad=\dfrac{1}{4z^2}\dfrac{d^2y}{dz^2}-\dfrac{1}{4z^3}\dfrac{dy}{dz}$

提示	解答
	代入 $4x^2y'' + 4xy' + \left(x - \dfrac{1}{4}\right)y = 0$ 得
	$4z^4\left(\dfrac{1}{4z^2}\dfrac{d^2y}{dz^2} - \dfrac{1}{4z^3}\dfrac{dy}{dz}\right) + 4z^2\left(\dfrac{dy}{dz}\dfrac{1}{2z}\right) + \left(z^2 - \dfrac{1}{4}\right)y$
	$= z^2\dfrac{d^2y}{dz^2} + z\dfrac{dy}{dz} + \left(z^2 - \dfrac{1}{4}\right)y = 0$
	$\therefore\ y = c_1 J_{\frac{1}{2}}(z) + c_2 J_{-\frac{1}{2}}(z)$ 即 $y(x) = c_1 J_{\frac{1}{2}}(\sqrt{x}) + c_2 J_{-\frac{1}{2}}(\sqrt{x})$

練習 3.4A

1. 解 $4x^2y'' + 4xy' + (4x^2 - 3) = 0$

2. 解 $x^2y'' + xy' + (\lambda^2x^2 - 16)y = 0$

3. 解 $y'' + \dfrac{1}{x}y' + k^2y = 0$

4. $x^2y'' + xy' + (\lambda^2x^2 - k^2)y = 0$

第一類Bessel函數之性質

Bessel 函數是很複雜的，有了定義，它們推導的方式都很類似，我們以第一類 Bessel 函數爲例說明之。

【定理 C】 第一類 Bessel 函數有以下性質：

1. $J_{-n}(x) = (-1)^n J_n(x)$，$n$ 爲正整數

2. $(x^v J_v(x))' = x^v J_{v-1}(x)$，即 $\displaystyle\int x^v J_{v-1}(x)dx = x^v J_v(x) + c$

   $(x^{-v} J_v(x))' = -x^{-v} J_{v+1}(x)$，即 $\displaystyle\int x^{-v} J_{v+1}(x)dx = -x^{-v} J_v(x) + c$

3. $J_{v-1}(x) + J_{v+1}(x) = \dfrac{2v}{x}J_v(x)$ $J_{v-1}(x) - J_{v+1}(x) = 2J_v'(x)$

證明

$(1)\ J_{-n}(x) = \sum_{m=n}^{\infty} \dfrac{(-1)^m\left(\dfrac{x}{2}\right)^{2m-n}}{m!\,\Gamma(m-n+1)} \xrightarrow{m=n+p} \sum_{p=0}^{\infty} \dfrac{(-1)^{n+p}\left(\dfrac{x}{2}\right)^{n+2p}}{\Gamma(n+p+1)p!}$

$\qquad = (-1)^n \sum_{p=0}^{\infty} \dfrac{(-1)^p\left(\dfrac{x}{2}\right)^{n+2p}}{\Gamma(n+p+1)p!} = (-1)^n J_n(x)$，$n$ 爲整數

(2) $(x^v J_v(x))' = \left(x^v \sum\limits_{m=0}^{\infty} \dfrac{(-1)^m \left(\dfrac{x}{2} \right)^{2m+v}}{m! \Gamma(v+m+1)} \right)' = \left(\sum\limits_{m=0}^{\infty} \dfrac{(-1)^m x^{2m+2v}}{m! \Gamma(v+m+1) 2^{2m+v}} \right)'$

$\qquad = \sum\limits_{m=0}^{\infty} \dfrac{(-1)^m 2(m+v) x^{2m+2v-1}}{m! \Gamma(v+m+1) 2^{2m+v}} = x^v \sum\limits_{m=0}^{\infty} \dfrac{(-1)^m x^{2m+v-1}}{m! \Gamma(v+m) 2^{2m+v-1}}$

$\qquad = x^v \sum\limits_{m=0}^{\infty} \dfrac{(-1)^m \left(\dfrac{x}{2} \right)^{2m+(v-1)}}{m! \Gamma((v-1)+m+1)} = x^v J_{v-1}(x)$

(3) 由 (2)

$\begin{cases} (x^v J_v)' = x^v J_{v-1} \\ (x^{-v} J_v)' = -x^{-v} J_{v+1} \end{cases}$

$\therefore \begin{cases} v x^{v-1} J_v + x^v J_v' = x^v J_{v-1} & \text{(a)} \\ -v x^{-v-1} J_v + x^{-v} J_v' = -x^{-v} J_{v+1} & \text{(b)} \end{cases}$

(a)，(b) 二式各除 x^v：$\dfrac{v}{x} J_v + J_v' = J_{v-1}$　　　　　　　　　(c)

(a)，(b) 二式各乘 x^v：$-\dfrac{v}{x} J_v + J_v' = -J_{v+1}$　　　　　　　(d)

(c) − (d) 得 $\dfrac{2v}{x} J_v = J_{v-1} + J_{v+1}$

(c) + (d) 得 $2 J_v' = (J_{v-1} - J_{v+1})$　　　　　　　　　　　　　　■

例 6 試證 $J_0'(x) = -J_1(x)$（本例之結果不妨記住）

提示	解答
方法一 由 $J_0(x)$ 之定義	$J_0'(x) = \dfrac{d}{dx} \sum\limits_{n=0}^{\infty} (-1)^n \dfrac{1}{(n!)^2} \left(\dfrac{x}{2} \right)^{2n} = \sum\limits_{n=0}^{\infty} \dfrac{(-1)^n 2n x^{2n-1}}{(n!)^2 2^{2n}}$ $= \sum\limits_{n=1}^{\infty} \dfrac{(-1)^n x^{2n-1}}{2^{2n-1} (n!)(n-1)!} \underset{m=n+1}{=\!=\!=} \sum\limits_{m=0}^{\infty} \dfrac{(-1)^{m+1} x^{2m+1}}{(m+1)! \, m! \, 2^{2m+1}}$ $= -\sum\limits_{m=0}^{\infty} \dfrac{(-1)^m \left(\dfrac{x}{2} \right)^{2m+1}}{(m+1)! \, m!} = -J_1(x)$
方法二 應用定理 C-2 $(x^{-v} J_v(x))' = -x^{-v} J_{v+1}(x)$	$\because (x^{-v} J_v)' = -x^{-v} J_{v+1}$ 取 $v=0$ 得 $J_0' = -J_1$

例 **7** 利用定理 C 試證 $J_2'(x) = \dfrac{1}{2}(J_1(x) - J_3(x))$

解

由定理 C(3)，$J_{\nu-1}(x) - J_{\nu+1}(x) = 2J_\nu'(x)$，取 $\nu = 2$，得 $J_2'(x) = \dfrac{J_1(x) - J_3(x)}{2}$

例 **8** 求 $\displaystyle\int_2^5 x^{-4} J_s(x)dx$

提示	解答
應用定理 C-2 $\displaystyle\int x^{-\nu} J_{\nu+1}(x)dx = -x^{\nu} J_\nu(x) + c$	$\displaystyle\int_2^5 x^{-4} J_5(x)dx = -x^{-4} J_4(x)\Big]_2^5 = \dfrac{1}{16}J_4(2) - \dfrac{1}{625}J_4(5)$

例 **9** 求 $\displaystyle\int J_5(x)dx$

提示	解答
利用定理 C-3 二邊同時積分得： $\displaystyle\int J_{\nu-1}(x)dx - \int J_{\nu+1}(x)dx = 2J_\nu(x)$ $\Rightarrow \displaystyle\int J_{\nu+1}(x)dx = \int J_{\nu-1}(x)dx - 2J_\nu(x)$	$\displaystyle\int J_5(x)dx = \int J_3(x)dx - 2J_4(x)$ $= \displaystyle\int J_1(x)dx - 2J_2(x) - 2J_4(x)$ $= -J_0(x) - 2J_2(x) - 2J_4(x) + c$

例 **10** 求證 $J_\nu''(x) = \dfrac{1}{4}(J_{\nu-2}(x) - 2J_\nu(x) + J_{\nu+2}(x))$

解

由定理 C(3) $J_{\nu-1} - J_{\nu+1} = 2J_\nu'$，即 $J_\nu' = \dfrac{1}{2}(J_{\nu-1} - J_{\nu+1})$

$\therefore J_\nu'' = \dfrac{1}{2}\left[\dfrac{1}{2}(J_{\nu-2} - J_\nu) - \dfrac{1}{2}(J_\nu - J_{\nu+2})\right] = \dfrac{1}{4}(J_{\nu-2} - 2J_\nu + J_{\nu+2})$

練習 3.4B

1. $J_0(2) = a$，$J_1(2) = b$，求證 $J_2(2) = b - a$
2. 計算 $\displaystyle\int J_3(x)dx$
3. 若 $J_3(3) = a, J_3(1) = b, J_2(3) = c, J_2(1) = d$。求 $\displaystyle\int_1^3 x^{-2} J_3(x)dx$

第4章
拉氏轉換

4.1　Gamma函數

常微分方程式常可透過**拉氏轉換**（Laplace transformation）化成代數方程式，再經由**反拉氏轉換**（inverse Laplace transformation）而得到解答，它在解帶初始有條件之常微分方程式極爲有用。

Gamma函數

在高等應用數學裡之 Gamma 函數與拉氏轉換有密切關係。Gamma 函數常以 $\Gamma(x)$ 表示。

【定義】　$\Gamma(x) = \int_0^\infty t^{x-1} e^{-t} \, dt$，$x > 0$

由 Gamma 函數之定義，我們不難得知下列結果

【定理 A】　$\Gamma(x+1) = x\,\Gamma(x)$，$x > 0$

利用分部積分即得，見練習題 1。
由定理 A，可得下列結果：

【推論 A1】　$\Gamma(x)$，$x > 0$ 有以下性質：
(1) n 為正整數時，$\Gamma(n) = (n-1)! = (n-1)(n-2)(n-3)\cdots 3 \cdot 2 \cdot 1$，即
$$\int_0^\infty x^n e^{-x} \, dx = n!$$
(2) $x = 0$ 時 $\Gamma(x)$ 不存在
(3) $\Gamma\left(\dfrac{1}{2}\right) = \sqrt{\pi}$

證明　(1) 由定理 A 之遞迴公式即得。

(2) 若 $\Gamma(0)$ 存在，則 $\Gamma(1) = 1 = 0\Gamma(0)$，$\therefore \Gamma(0)$ 不存在。

(3) $\Gamma\left(\dfrac{1}{2}\right) = \int_0^\infty x^{-\frac{1}{2}} e^{-x} \, dx$；取 $y = x^{\frac{1}{2}}$，$dx = 2y\,dy$

則 $\Gamma\left(\dfrac{1}{2}\right) = \int_0^\infty y^{-1} e^{-y^2} \cdot 2y\,dy = 2\int_0^\infty e^{-y^2} \, dy$ 　　　　(1)

$\Gamma^2\left(\dfrac{1}{2}\right) = 2\int_0^\infty e^{-s^2} \, ds \cdot 2\int_0^\infty e^{-t^2} \, dt$

$$= 4 \int_0^\infty \int_0^\infty e^{-(s^2+t^2)} \, ds \, dt \tag{2}$$

取 $s = r \cos \theta$，$t = r \sin \theta$，$0 \le r < \infty$，$0 \le \theta \le \pi/2$

$$|J| = \begin{vmatrix} \dfrac{\partial s}{\partial r} & \dfrac{\partial s}{\partial \theta} \\ \dfrac{\partial t}{\partial r} & \dfrac{\partial t}{\partial \theta} \end{vmatrix}_+ = \begin{vmatrix} \cos \theta & -r \sin \theta \\ \sin \theta & r \cos \theta \end{vmatrix}_+ = r \;,$$

$|\;\;|_+$ 表示行列式之絕對值。

$$\therefore (2) = 4 \int_0^\infty \int_0^{\frac{\pi}{2}} re^{-r^2} \, d\theta \, dr = 4 \int_0^\infty \frac{\pi}{2} re^{-r^2} \, dr = 2\pi \left[-\frac{1}{2} e^{-r^2} \right]_0^\infty = \pi \tag{3}$$

$$\therefore \Gamma^2 \left(\frac{1}{2} \right) = \pi \text{，即 } \Gamma \left(\frac{1}{2} \right) = \sqrt{\pi} \qquad\qquad \blacksquare$$

注意	若 $x > 0$，x 不為正整數時
	$\Gamma(x) = (x-1)(x-2)\cdots(x-p)\,\Gamma(x-p)$，$1 > x - p > 0$
	(i) $x - p = \dfrac{1}{2}$ 時 $\Gamma(x) = (x-1)(x-2)\cdots\dfrac{1}{2}\Gamma(\dfrac{1}{2})$
	$\qquad\qquad\qquad\qquad = (x-1)(x-2)\cdots\dfrac{1}{2}\sqrt{\pi}$
	(ii) $1 > x - p > 0$ 且 $x - p \ne \dfrac{1}{2}$ 時，如 $\Gamma(\dfrac{1}{3})$，$\Gamma(\dfrac{\pi}{4})\cdots$ 時直接寫
	$\qquad \Gamma(\dfrac{1}{3})$，$\Gamma(\dfrac{\pi}{4})$ 即可

例 1 將下列積分用 $\Gamma(x)$ 表示，並求出結果

(1) $\displaystyle\int_0^\infty x^3 e^{-x} \, dx$　(2) $\displaystyle\int_0^\infty x^{\frac{5}{2}} e^{-x} \, dx$　(3) $\displaystyle\int_0^\infty x^{\frac{7}{3}} e^{-x} \, dx$

解

(1) $\displaystyle\int_0^\infty x^3 e^{-x} \, dx = \Gamma(4) = 3 \cdot 2 \cdot 1 = 6$

(2) $\displaystyle\int_0^\infty x^{\frac{5}{2}} e^{-x} \, dx = \Gamma\left(\frac{7}{2}\right) = \frac{5}{2} \cdot \frac{3}{2} \cdot \frac{1}{2} \Gamma\left(\frac{1}{2}\right) = \frac{15}{8}\sqrt{\pi}$

(3) $\displaystyle\int_0^\infty x^{\frac{7}{3}} e^{-x} \, dx = \Gamma\left(\frac{10}{3}\right) = \frac{7}{3} \cdot \frac{4}{3} \cdot \frac{1}{3} \Gamma\left(\frac{1}{3}\right) = \frac{28}{27}\Gamma\left(\frac{1}{3}\right)$

【推論 A2】 $\displaystyle\int_0^\infty x^m e^{-nx} \, dx = \frac{\Gamma(m+1)}{n^{m+1}}$，$n > 0$，$m > -1$

證明 練習題第 2 題

例 2 求 (1) $\displaystyle\int_0^\infty t^3 e^{-st} \, dt$　(2) $\displaystyle\int_0^\infty t^{\frac{5}{2}} e^{-st} \, dt$　(3) $\displaystyle\int_0^\infty t^{\frac{2}{5}} e^{-st} \, dt$

解

(1) $\int_0^\infty t^3 e^{-st} dt = \dfrac{3!}{s^4} = \dfrac{6}{s^4}$

(2) $\int_0^\infty t^{\frac{5}{2}} e^{-st} dt = \dfrac{\dfrac{5}{2} \cdot \dfrac{3}{2} \cdot \dfrac{1}{2} \Gamma(\dfrac{1}{2})}{s^{\frac{7}{2}}} = \dfrac{15\sqrt{\pi}}{8\, s^{\frac{7}{2}}}$

(3) $\int_0^\infty t^{\frac{2}{5}} e^{-st} dt = \dfrac{\Gamma(\dfrac{7}{5})}{s^{\frac{7}{5}}} = \dfrac{2\Gamma(\dfrac{2}{5})}{5 s^{\frac{7}{5}}}$

練習 4.1A

1. 試證定理 A
2. 試證推論 A2
3. 計算

   (1) $\int_0^\infty x^2 e^{-x} dx$ (2) $\int_0^\infty x^{-1} e^{-x} dx$ (3) $\int_0^\infty (x\, e^{-x})^2\, dx$

   (4) $\int_0^\infty x^2 e^{-3x} dx$ (5) $\int_0^\infty x^3 e^{-2x} dx$

與Gamma函數有關之二個有用的結果

有二個與 Gamma 函數有關的定積分，它們在求某些三角函數的定積分很方便。

【定理 B】 $\int_0^{\frac{\pi}{2}} \sin^{2m-1}x \cos^{2n-1}x\, dx = \dfrac{\Gamma(m)\Gamma(n)}{2\Gamma(m+n)}$，$m > 0, n > 0$

定理 B 之一個比較方便的表達是

$$\int_0^{\frac{\pi}{2}} \sin^m x \cos^n x\, dx = \dfrac{\Gamma\left(\dfrac{m+1}{2}\right)\Gamma\left(\dfrac{n+1}{2}\right)}{2\Gamma\left(\dfrac{m+n+2}{2}\right)}$$

【定理C】 Wallis 公式 $\int_0^{\frac{\pi}{2}} \sin^n x\, dx = \int_0^{\frac{\pi}{2}} \cos^n x\, dx = \begin{cases} \dfrac{1 \cdot 3 \cdot 5 \cdots (n-1)}{2 \cdot 4 \cdot 6 \cdots n} \dfrac{\pi}{2} \text{，} n \text{ 為正偶數} \\[3mm] \dfrac{2 \cdot 4 \cdot 6 \cdots (n-1)}{1 \cdot 3 \cdot 5 \cdots n} \text{，} n \text{ 為正奇數} \end{cases}$

Wallis 公式為定理 B 之特例。

例 3　求 $\int_0^{\frac{\pi}{2}} \sin^5 x \cos^2 x\, dx$ 與 $\int_0^{\frac{\pi}{2}} \sin^4 x\, dx$

提示	解答
方法一 用定理C	(1) $\int_0^{\frac{\pi}{2}} \sin^5 x \cos^2 x\, dx = \dfrac{\Gamma\left(\frac{5+1}{2}\right)\Gamma\left(\frac{2+1}{2}\right)}{2\Gamma\left(\frac{5+2+2}{2}\right)} = \dfrac{\Gamma(3)\Gamma\left(\frac{3}{2}\right)}{2\Gamma\left(\frac{9}{2}\right)}$ $= \dfrac{(2 \cdot 1)\frac{1}{2}\sqrt{\pi}}{2 \cdot \frac{7}{2} \cdot \frac{5}{2} \cdot \frac{3}{2} \cdot \frac{1}{2}\sqrt{\pi}} = \dfrac{8}{105}$
方法一 用定理C 方法二 用定理B	(2) 方法一 $\int_0^{\frac{\pi}{2}} \sin^4 x\, dx = \dfrac{1 \cdot 3}{2 \cdot 4} \cdot \dfrac{\pi}{2} = \dfrac{3}{16}\pi$ 方法二 $\int_0^{\frac{\pi}{2}} \sin^4 x\, dx = \int_0^{\frac{\pi}{2}} \cos^0 x \sin^4 x\, dx$ $= \dfrac{\Gamma\left(\frac{0+1}{2}\right)\Gamma\left(\frac{4+1}{2}\right)}{2\Gamma\left(\frac{0+4+2}{2}\right)} = \dfrac{\Gamma\left(\frac{1}{2}\right)\Gamma\left(\frac{5}{2}\right)}{2\Gamma(3)}$ $= \dfrac{\sqrt{\pi} \cdot \frac{3}{2} \cdot \frac{1}{2}\sqrt{\pi}}{2 \cdot 2 \cdot 1} = \dfrac{3}{16}\pi$

練習 4.1B

1. 計算

(1) $\int_0^{\infty} e^{-x^3}\, dx$　(2) $\int_0^{\frac{\pi}{2}} \sin^2 x \cos^5 x\, dx$　(3) $\int_0^{\frac{\pi}{2}} \sin^6 x\, dx$　(4) $\int_0^{\frac{\pi}{2}} \sin^7 x\, dx$

2. 試證 $\int_0^{\frac{\pi}{2}} \sin^{2m-1} x \cos^{2n-1} x\, dx = \dfrac{1}{2}\int_0^1 x^m (1-x)^n\, dx$

4.2　拉氏轉換之定義與基本函數之拉氏轉換

【定義】　對任一個函數 $f(t)$ 而言，其拉氏轉換 $\mathcal{L}(f(t))$ 定義為

$$\mathcal{L}(f(t)) = \int_0^\infty f(t)e^{-st}\,dt = F(s)，s > 0$$

★拉氏轉換存在之充分條件

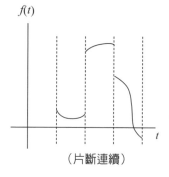

（片斷連續）

　　函數 $f(t)$ 之拉氏轉換 $\mathcal{L}\{f(t)\}$ 存在的充分條件為

(1) **片斷連續**（**piecewise continuity**）：$f(t)$ 在其所在之區間內只有有限個不連續點。

(2) **指數階**（**exponential order**）：在 $t > T$ 時，若我們可找到常數 M 與 α 滿足 $|f(t)| \le Me^{\alpha t}$，則稱 $f(t)$ 在 $t > T$ 時有指數階。

　　判斷函數 $f(t)$ 是否滿足指數階，對許多讀者而言，可能有些困難

例 1　判斷 (1) t^n　(2) $\sin e^{t^2}$　(3) e^{t^2} 是否滿足指數階？

解

提示	解答
善用微積分裡之不等式，如 $t > \ln t$，$|\sin t| \le 1$	(1) $|t^n| = |e^{n\ln t}| \le e^{nt}$（$\because t \ge \ln t，t > 0$），取 $M = 1，\alpha = n$ 　　$\therefore f(t) = t^n$ 為指數階 (2) $\|\sin e^{t^2}\| \le 1$，取 $M = 1，\alpha = 0$ 　　$\therefore f(t) = \sin e^{t^2}$ 為指數階 (3) $\because \lim\limits_{t \to \infty} \dfrac{|e^{t^2}|}{e^{\alpha t}} = \lim\limits_{t \to \infty} e^{t^2 - \alpha t} \to \infty$ 　　$\therefore f(t) = e^{t^2}$ 不為指數階

【定理 A】　若 $\mathcal{L}(f_1(t)) = F_1(s)$，$\mathcal{L}(f_2(t)) = F_2(s)$ 則

　　　　　$\mathcal{L}(c_1 f_1(t) + c_2 f_2(t)) = c_1 F_1(s) + c_2 F_2(s)$

證明　見練習題 1.
　　由拉氏轉換之定義可得到一些基本函數之拉氏轉換：

【定理 B】　一些基本函數之拉氏轉換如下：

基本函數之拉氏轉換

$f(t)$	$F(s)$
1	$\dfrac{1}{s}$, $s>0$
t^n , $n = 1, 2, 3\cdots$	$\dfrac{n!}{s^{n+1}}$, $s>0$
$t^p, p>-1$	$\dfrac{\Gamma(p+1)}{s^{p+1}}$, $s>0$
e^{at}	$\dfrac{1}{s-a}$, $s>a$
$\cos \omega t$	$\dfrac{s}{s^2+\omega^2}$, $s>0$
$\sin \omega t$	$\dfrac{\omega}{s^2+\omega^2}$, $s>0$
$\cos h \, \omega t$	$\dfrac{s}{s^2-\omega^2}$, $s>|\omega|$
$\sin h \, \omega t$	$\dfrac{\omega}{s^2-\omega^2}$, $s>|\omega|$
$u(t-a)$	$\dfrac{e^{-as}}{s}$
$\delta(t)$	1
$\delta(t-a)$	e^{-as}

證明　(1) $\mathcal{L}(t^p) = \displaystyle\int_0^\infty t^p e^{-st} dt = \frac{\Gamma(p+1)}{s^{p+1}}$, $s>0$, $p>-1$

(2) $\mathcal{L}(\cos\omega t)$ 與 $\mathcal{L}(\sin\omega t)$，見 8.1 節例 6

(3) $\sin h\omega t = \dfrac{1}{2}(e^{\omega t} - e^{-\omega t})$

$\therefore \mathcal{L}(\sinh\omega t) = \mathcal{L}\left(\dfrac{1}{2}(e^{\omega t} - e^{-\omega t})\right) = \dfrac{1}{2}\left(\mathcal{L}(e^{\omega t}) - \mathcal{L}(e^{-\omega t})\right)$

$\qquad\qquad\quad = \dfrac{1}{2}\left(\dfrac{1}{s-\omega} - \dfrac{1}{s+\omega}\right) = \dfrac{\omega}{s^2-\omega^2}$

$\mathcal{L}(u(t-a))$、$\mathcal{L}(\delta(t))$ 與 $\mathcal{L}(\delta(t-a))$ 見 4.3 節。
餘讀者可自行仿證。

例 2 求 (1) $\mathcal{L}(2\sin3t)$ (2) $\mathcal{L}\left(\sin\dfrac{t}{2}\right)$ (3) $\mathcal{L}(\cosh(bt))$

解

(1) $\mathcal{L}(2\sin3t) = 2\mathcal{L}(\sin3t) = 2 \cdot \dfrac{3}{s^2+9} = \dfrac{6}{s^2+9}$

(2) $\mathcal{L}\left(\sin\dfrac{t}{2}\right) = \dfrac{\dfrac{1}{2}}{s^2+\left(\dfrac{1}{2}\right)^2} = \dfrac{2}{4s^2+1}$

(3) $\mathcal{L}(\cosh(bt)) = \dfrac{s}{s^2-b^2}$

例 3 求 (1) $\mathcal{L}(\cos^2 t)$ (2) $\mathcal{L}(\sin^2 t)$ (3) $\mathcal{L}(3^t)$

解

(1) 利用 $\cos^2 t = \dfrac{1}{2}(1+\cos2t)$

$\therefore \mathcal{L}(\cos^2 t) = \mathcal{L}\left(\dfrac{1}{2}(1+\cos2t)\right) = \mathcal{L}\left(\dfrac{1}{2}\right) + \dfrac{1}{2}\mathcal{L}(\cos2t)$

$= \dfrac{1}{2s} + \dfrac{1}{2} \cdot \dfrac{s}{s^2+4} = \dfrac{s^2+2}{s(s^2+4)}$

(2) 利用 $\sin^2 t = \dfrac{1}{2}(1-\cos2t) = \mathcal{L}\left(\dfrac{1}{2}\right) - \mathcal{L}\left(\dfrac{1}{2}\cos2t\right)$

$= \dfrac{1}{2s} - \dfrac{s}{2(s^2+4)} = \dfrac{2}{s(s^2+4)}$

讀者可驗證 $\mathcal{L}(\cos^2 t + \sin^2 t) = \dfrac{1}{s}$

(3) $\mathcal{L}(3^t) = \mathcal{L}(e^{t\ln3}) = \dfrac{1}{s-\ln3}$

例 4 若 $f(t) = \begin{cases} 1 & 0 \le t < a \\ -1 & a \le t < b \\ 0 & t \ge b \end{cases}$ 求 $\mathcal{L}(f(t))$

提示	解答
應用 Gamma 函數	依定義 $\mathcal{L}(f(t)) = \int_0^a e^{-st}\,dt + \int_a^b (-1)e^{-st}\,dt + \int_b^\infty 0\,e^{-st}\,dt$ $= -\frac{1}{s}e^{-st}\Big]_0^a + \frac{1}{s}e^{-st}\Big]_a^b$ $= -\frac{1}{s}e^{-as} + \frac{1}{s} + \frac{1}{s}e^{-bs} - \frac{1}{s}e^{-as}$ $= \frac{1}{s}(1 - 2e^{-as} + e^{-bs})$

練習 4.2

1. 試證定理 A

2. 若 $\mathcal{L}(f(t)) = F(s)$，$a \neq 0$ 試證 $\mathcal{L}(f(at)) = \dfrac{1}{a}F\left(\dfrac{s}{a}\right)$

3. 計算

   (1) $\mathcal{L}\,(\cos 2t)$ (2) $\mathcal{L}\,(3t + 5)$ (3) $\mathcal{L}\,(t^2 - e^t)$

   (4) $\mathcal{L}((t^2 - 1)^2)$ (5) $\mathcal{L}(\sin t \cos t)$

4. 用定義求 $\mathcal{L}(t\,e^{at})$ $a > 0$

5. 求 $\int_0^\infty (\cos\sqrt{3}t)e^{-t}\,dt$

6. 判斷 (1) $f(t) = t^3 \sin t$ (2) $f(t) = e^{t^3}$ 何者滿足指數階？

4.3 拉氏轉換的性質

有了基本函數之拉氏轉換之基礎，接著本節之拉氏轉換的性質將使這些基本函數之混合型態在拉氏轉換上更具便利性。

【定理 A】 第一平移 (shifting) $\mathcal{L}(e^{at}f(t)) = F(s-a)$

證明

$$\mathcal{L}(e^{at}f(t)) = \int_0^\infty e^{at}f(t)e^{-st}\,dt = \int_0^\infty f(t)e^{-(s-a)t}\,dt$$
$$= F(s-a) \qquad \blacksquare$$

【定理 B】 （第二平移）若 $\mathcal{L}(f(t) = F(s))$，且 $t < \tau$ 時 $f(t) = 0$，則 $\mathcal{L}(f(t-\tau)) = e^{-s\tau}F(s)$

證明 $\mathcal{L}(f(t-\tau)) = \int_\tau^\infty f(t-\tau)e^{-st}\,dt \xlongequal{y=t-\tau} \int_0^\infty f(y)e^{-s(y+\tau)}\,dy$

$$= e^{-s\tau}\int_0^\infty f(y)e^{-sy}\,dy = e^{-s\tau}F(s) \qquad \blacksquare$$

應要定理 B 時要注意 $t < \tau$ 時 $f(t) = 0$ 這個條件，例如 $f(t) = (t+1)^2$

則 $\mathcal{L}(f(t)) = \mathcal{L}(t^2 + 2t + 1) = \dfrac{2}{s^3} + \dfrac{2}{s^2} + \dfrac{1}{s}$，絕不可寫做 $\mathcal{L}((t-1)^2) = e^{-s}\mathcal{L}(t^2) = 2e^{-s}/s^3$，因為 $t < 1$ 時 $f(t) \neq 0$

【定理 C】 尺度（scale）：$\mathcal{L}(f(at)) = \dfrac{1}{a}F\left(\dfrac{s}{a}\right)$，$a > 0$

證明 $\mathcal{L}(f(at)) = \int_0^\infty e^{-st}f(at)\,dt \xlongequal{y=at} \int_0^\infty e^{-s\left(\frac{1}{a}y\right)}f(y)\dfrac{1}{a}\,dy$

$$= \dfrac{1}{a}\int_0^\infty e^{-\left(\frac{s}{a}\right)y}f(y)\,dy = \dfrac{1}{a}F\left(\dfrac{s}{a}\right) \qquad \blacksquare$$

【定理 D】 $\mathcal{L}(t^n f(t)) = (-1)^n \dfrac{d^n}{ds^n}F(s)$

提示	證明
在證明過程，$\int_0^\infty e^{-st}f(t)dt$ 之結果是 s 之函數 $F(s)$ ∴我們用 $\dfrac{d}{ds}F(s)$，而 $e^{-st}f(t)$ 為二變數 s, t 之函數 ∴我們用 $\dfrac{\partial}{\partial s}(e^{-st})f(t)$。	（只證 $n=1$ 之情況） $n=1$：$F(s) = \int_0^\infty e^{-st}f(t)dt$ 則 $\dfrac{d}{ds}F(s) = \dfrac{d}{ds}\int_0^\infty e^{-st}f(t)dt = \int_0^\infty \dfrac{\partial}{\partial s}(e^{-st})f(t)dt$ $\qquad = \int_0^\infty (-t)e^{-st}f(t)dt = (-1)\int_0^\infty e^{-st}tf(t)dt$ $\qquad = (-1)\mathcal{L}\{tf(t)\}$

例 1 求 (1) $\mathcal{L}(t\,e^t)$　(2) $\mathcal{L}(t^2 e^{3t})$　(3) $\mathcal{L}(t\,2^t)$

解

(1) $\because \mathcal{L}(t)=\dfrac{1}{s^2}=F(s)$　$\therefore \mathcal{L}(t\,e^t)=F(s-1)=\dfrac{1}{(s-1)^2}$

(2) $\because \mathcal{L}(e^{3t})=\dfrac{1}{s-3}$　$\therefore \mathcal{L}(t^2 e^{3t})=(-1)^2\dfrac{d^2}{ds^2}\dfrac{1}{(s-3)}=\dfrac{2}{(s-3)^3}$

(3) $\because 2^t=e^{t\ln 2}$　$\therefore \mathcal{L}(2^t)=\mathcal{L}(e^{t\ln 2})=\dfrac{1}{s-\ln 2}$ ，

　　從而 $\mathcal{L}(t\,2^t)=(-1)\dfrac{d}{ds}\dfrac{1}{(s-\ln 2)}=\dfrac{1}{(s-\ln 2)^2}$

例 2 求 (1) $\mathcal{L}(t^2\cos t)$，(2) 由 (1) 求 $\int_0^\infty t^2\cos t\,e^{-t}\,dt$

解

(1) $\mathcal{L}(\cos t)=\dfrac{s}{s^2+1}$　$\therefore \mathcal{L}(t^2\cos t)=(-1)^2\dfrac{d^2}{ds^2}\dfrac{s}{s^2+1}=\dfrac{2s^3-6s}{(s^2+1)^3}$

(2) 由 (1) $\mathcal{L}(t^2\cos t)=\int_0^\infty t^2\cos t\,e^{-st}\,dt=\dfrac{2s^3-6s}{(s^2+1)^3}$　取 $s=1$ 得

　　$\int_0^\infty t^2\cos t\,e^{-t}\,dt=\dfrac{-4}{8}=-\dfrac{1}{2}$

【定理 E】　若 $\lim\limits_{t\to 0}\dfrac{f(t)}{t}$ 存在，且 $F(\lambda)=\int_0^\infty e^{-\lambda t}f(t)\,dt$

則 $\mathcal{L}\left(\dfrac{f(t)}{t}\right)=\int_s^\infty F(\lambda)d\lambda$

證明　$\int_s^\infty F(\lambda)d\lambda=\int_s^\infty\left[\int_0^\infty e^{-\lambda t}f(t)\,dt\right]d\lambda=\int_0^\infty f(t)\left[\int_s^\infty e^{-\lambda t}\,d\lambda\right]dt$

　　　　$=\int_0^\infty f(t)\cdot\dfrac{1}{t}\,e^{-st}dt=\mathcal{L}\left(\dfrac{f(t)}{t}\right)$　　　　∎

例 3 求 $\mathcal{L}\left(\dfrac{e^{-t}\sin t}{t}\right)$，並利用此結果求 $\int_0^\infty \dfrac{e^{-t}\sin t}{t}\,dt=?$

解

(1) $\mathcal{L}(\sin t)=\dfrac{1}{s^2+1}$，$\mathcal{L}(e^{-t}\sin t)=\dfrac{1}{(s+1)^2+1}$

$$\mathcal{L}\left(\frac{e^{-t}\sin t}{t}\right)=\int_s^\infty \frac{du}{(u+1)^2+1}=\tan^{-1}(u+1)\Big]_s^\infty=\frac{\pi}{2}-\tan^{-1}(1+s)$$

(2) 在 (1) 取 $s=0$

得 $\int_0^\infty \frac{e^{-t}\sin t}{t}e^{-st}dt\Big|_{s=0}=\frac{\pi}{2}-\tan^{-1}(1+s)\Big]_{s=0}=\frac{\pi}{2}-\frac{\pi}{4}=\frac{\pi}{4}$

【定理 F】 若 $\mathcal{L}\{f(t)\}=F(s)$ 則 $\mathcal{L}\{f'(t)\}=sF(s)-f(0)$
$\mathcal{L}\{f''(t)\}=s^2F(s)-sf(0)-f'(0)$

證明

1. $\mathcal{L}\{f'(t)\}=\int_0^\infty e^{-st}f'(t)dt=\int_0^\infty e^{-st}df(t)$

$=\lim_{M\to\infty}e^{-st}f(t)\Big]_0^M-\int_0^\infty f(t)\,de^{-st}$

$=\lim_{M\to\infty}(e^{-sM}f(M)-f(0))+s\int_0^\infty e^{-st}f(t)dt$ 　　(1)

但 $\lim_{M\to\infty}e^{-sM}f(M)=0$

$\therefore$ (1) $=s\int_0^\infty e^{-st}f(t)dt-f(0)=sF(s)-f(0)$

2. $\mathcal{L}\{f''(t)\}=s\mathcal{L}\{f'(t)\}-f'(0)$

$=s\,[s\mathcal{L}\{f(t)\}-f(0)]-f'(0)$

$=s^2\mathcal{L}\{f(t)\}-sf(0)-f'(0)$

$=s^2F(s)-sf(0)-f'(0)$ ∎

讀者可「導出」$\mathcal{L}\{f'''(t)\}=s^3F(s)-s^2f(0)-sf'(0)-f''(0)$ 了嗎?

例 4 0 階 Bessel 函數記做 $J_0(t)$,已知 $J_0(t)$ 滿足微分方程式 $tJ_0''(t)+J_0'(t)+tJ_0(t)=0$,$J_0(0)=1$,$J_0'(0)=0$,試求 $\mathcal{L}(J_0(t))$

提示	解答
在微分方程式二邊同取拉氏轉換,並應用定理 F,$J_0(0)=1$ 及 $J_0'(0)=0$ 之條件即得。	二邊同取拉氏轉換 $\mathcal{L}(tJ_0''(t)+J_0'(t)+tJ_0(t))=0$,$J_0(0)=1$,$J_0'(0)=0$ 令 $\mathcal{L}(J_0(t))=F(s)$ 則有 $\mathcal{L}(tJ_0(t))=-F'(s)$　　(1) $\mathcal{L}(J_0'(t))=sF(s)-J_0(0)=sF(s)-1$　　(2) $\mathcal{L}(J_0''(t))=s^2F(s)-sJ_0(0)-J_0'(0)=s^2F(s)-s$

提示	解答
	$\therefore \mathcal{L}(tJ_0''(t)) = -\dfrac{d}{ds}((s^2F(s) - sJ_0(0) - J_0'(0)) = \dfrac{-d}{ds}(s^2F(s) - s)$
	$\qquad\qquad = -2sF(s) - s^2F'(s) + 1 \qquad\qquad\qquad (3)$
	代 (1),(2),(3) 入原方程式：
	$(-2sF(s) - s^2F'(s) + 1) + (sF(s) - 1) - F'(s)$
	$= -(s^2+1)F'(s) - sF(s) = 0$
	令 $F(s) = y$ 則 $(s^2+1)\dfrac{dy}{ds} + sy = 0 \Rightarrow \dfrac{dy}{y} + \dfrac{s}{s^2+1}ds = 0$
	$\ln y + \dfrac{1}{2}\ln(1+s^2) = c \quad \therefore \ y = \dfrac{c'}{\sqrt{1+s^2}}$
	但 $y(0) = J_0(0) = 1 \quad \therefore c' = 1$
	故 $\mathcal{L}(J_0(t)) = \dfrac{1}{\sqrt{1+s^2}}$

例 5 根據例 4 之結果求 (1) $\mathcal{L}(tJ_0(at))$ (2) $\displaystyle\int_0^\infty J_0(t)\,dt$

提示	解答
$\mathcal{L}(f(at)) = \dfrac{1}{a}F\left(\dfrac{s}{a}\right)$	(1) $\mathcal{L}(J_0(t)) = \dfrac{1}{\sqrt{1+s^2}} \quad \therefore \ \mathcal{L}(J_0(at)) = \dfrac{1}{a\sqrt{1+\left(\dfrac{s}{a}\right)^2}} = \dfrac{1}{\sqrt{a^2+s^2}}$
	從而 $\mathcal{L}(tJ_0(at)) = -\dfrac{d}{ds}\dfrac{1}{\sqrt{a^2+s^2}} = \dfrac{s}{(a^2+s^2)^{3/2}}$
	(2) $\mathcal{L}(J_0(t)) = \displaystyle\int_0^\infty J_0(t)e^{-st}\,dt = \dfrac{1}{\sqrt{1+s^2}}$，取 $s = 0$ 得 $\displaystyle\int_0^\infty J_0(t)\,dt = 1$

【定理 G】 $\mathcal{L}\left\{\displaystyle\int_0^t f(u)du\right\} = \dfrac{F(s)}{s}$

證明   令 $G(t) = \displaystyle\int_0^t f(u)du$，則 $G'(t) = f(t)$，$G(0) = 0$，$\mathcal{L}\{G'(t)\} = \mathcal{L}\{f(t)\} = F(s)$

由定理 F，$\mathcal{L}(G'(t)) = s\mathcal{L}\{G(t)\} - G(0) = s\mathcal{L}\{G(t)\}$

又 $\mathcal{L}(G'(t)) = \mathcal{L}\{f(s)\} = F(s)$

$\Rightarrow \mathcal{L}\{G(t)\} = \dfrac{1}{s}F(s)$，即 $\mathcal{L}\left\{\displaystyle\int_0^t f(u)\,du\right\} = \dfrac{F(s)}{s}$ ∎

例 6 求 (1) $\mathcal{L}\left(\displaystyle\int_0^t e^{5u}\sin 3u\,du\right)$ (2) $\mathcal{L}\left(e^{at}\displaystyle\int_0^t f(u)du\right)$

解

(1)= $\mathcal{L}(\sin 3u) = \dfrac{3}{s^2+9} \Rightarrow \mathcal{L}(e^{5u}\sin 3u) = \dfrac{3}{(s-5)^2+9} = \dfrac{3}{s^2-10s+34}$

$$\therefore \mathcal{L}\left(\int_0^t e^{5u}\sin 3u\,du\right) = \frac{3}{s(s^2 - 10s + 34)}$$

(2) $\mathcal{L}\left(\int_0^t f(u)du\right) = \dfrac{F(s)}{s}$　　$\therefore \mathcal{L}\left(e^{at}\int_0^t f(u)du\right) = \dfrac{F(s-a)}{s-a}$

初值定理與終值定理

【定理 H】　$\mathcal{L}(f(t)) = F(s)$

(1) 初值定理 $\displaystyle\lim_{s\to\infty} sF(s) = \lim_{t\to 0} f(t)$，若所有極限均存在。

(2) 終值定理 $\displaystyle\lim_{s\to 0} sF(s) = \lim_{t\to\infty} f(t)$，若 $sF(s)$ 所有奇點均在 s 平面之左半部。

證明 （只證明 (1)）

$\because \mathcal{L}(f'(t)) = sF(s) - f(0)$

又 $\displaystyle\lim_{s\to\infty}\int_0^\infty f'(t)e^{-st}\,dt = 0$

若 $F(t)$ 在 $t=0$ 時為連續，則 $\displaystyle\lim_{s\to\infty} sF(s) = f(0) = \lim_{t\to 0} f(t)$ ∎

例 7 以 $\mathcal{L}(e^{-at})$，$a > 0$ 說明初值定理與終值定理

解

$f(t) = e^{-at}$，$a > 0$ 則 $\mathcal{L}(f(t)) = \dfrac{1}{s+a} = F(s)$

(i) 初值：$\displaystyle\lim_{s\to\infty} sF(s) = \lim_{s\to\infty}\frac{s}{s+a} = 1 = \lim_{t\to 0} e^{-at} = \lim_{t\to 0} f(t)$

(ii) 終值 $sF(s)$ 之奇點 $s = -a < 0$ 在 s 平面之左半部，則

$\displaystyle\lim_{s\to 0} sF(s) = \lim_{s\to 0}\frac{s}{s+a} = 0 = \lim_{t\to\infty} e^{-at} = \lim_{t\to\infty} f(t)$

練習 4.3A

1. 求下列函數之拉氏轉換

(1) $t^n e^{bt}$　(2) $\mathcal{L}(e^{at}\cos bt)$　(3) $\mathcal{L}(t\sin at)$

(4) $t\cos hat$　(5) $\mathcal{L}\left(\dfrac{e^{bt} - e^{at}}{b-a}\right)$，$a \neq b$　(6) $\mathcal{L}\left(\dfrac{e^{-bt} - e^{-at}}{t}\right)$

2. 已知 $\mathcal{L}(J_0(t)) = \dfrac{1}{\sqrt{1+s^2}}$，求

(1) $\mathcal{L}(e^{-at}J_0(bt))$　(2) $\mathcal{L}(tJ_0(t))$　(3) $\mathcal{L}(tJ_0(t)e^{-t})$　(4) $\displaystyle\int_0^\infty e^{-t}J_0(t)dt$

3. 若 $f(t) = e^{-at}\sin bt$，$a > 0$，$b > 0$，求 $\mathcal{L}(tf(t))$

4. 計算下列積分：

(1) $\int_0^\infty te^{-3t}\sin t\,dt$ (2) $\int_0^\infty \dfrac{e^{-at}-e^{-bt}}{t}dt$，$a > 0$，$b > 0$

(3) $\int_0^\infty \dfrac{e^{-at}\cos bt - e^{-mt}\cos nt}{t}dt$，$a > 0$，$b > 0$ (4) $\int_0^\infty \dfrac{\cos at - \cos bt}{t}dt$，$a > 0$，$b > 0$

5. 試用拉氏轉換證明 $\int_0^\infty \dfrac{\sin^2 t}{t^2}dt = \dfrac{\pi}{2}$

週期函數之拉氏轉換

【定理 I】　若 $f(t+p) = f(t)$，$p>0$，即 f 是週期為 p 之函數，則

$$\mathcal{L}\{f(t)\} = \frac{\int_0^p e^{-st}f(t)\,dt}{1-e^{-sp}}$$

性質	證明
若 $f(x)$ 是周期為 T 之連續函數則 $\int_a^{a+T} f(x)dx = \int_0^T f(x)dx$	$\mathcal{L}\{f(t)\} = \int_0^\infty e^{-st}f(t)\,dt$ $= \int_0^p e^{-st}f(t)\,dt + \int_p^{2p} e^{-st}f(t)\,dt + \int_{2p}^{3p} e^{-st}f(t)\,dt + \cdots$ (1) 但 $\int_p^{2p} e^{-st}f(t)\,dt \xupplus{y=t-p} \int_0^p e^{-s(y+p)}f(y+p)\,dy$ $= e^{-sp}\int_0^p e^{-sy}f(y)\,dy$ $(\because f(y+p)=f(y))$ $\int_{2p}^{3p} e^{-st}f(t)\,dt \xupplus{y=t-2p} \int_0^p e^{-s(y+2p)}f(y+2p)\,dy$ $= e^{-s(2p)}\int_0^p e^{-sy}f(y)dy$ $(\because f(y+2p)=f(y))$ $= e^{-2sp}\int_0^p e^{-sy}f(y)dy$ 同法可證 $\int_{3p}^{4p} e^{-st}f(t)\,dt = e^{-3sp}\int_0^p e^{-sy}f(y)dy \cdots$ 代以上結果入 (1) 得 $\mathcal{L}\{f(t)\} = \int_0^p e^{-sy}f(y)\,dy + e^{-sp}\int_0^p e^{-sy}f(y)\,dy + e^{-2sp}\int_0^p e^{-sy}f(y)\,dy$ $+\cdots = (1+e^{-sp}+e^{-2sp}+\cdots)\int_0^p e^{-sy}f(y)\,dy$ $= \dfrac{1}{1-e^{-sp}}\int_0^p e^{-sy}f(y)dy$，$p>0$ 即 $\dfrac{1}{1-e^{-sp}}\int_0^p e^{-st}f(t)dt$

例 8　設 $f(t)$ 為週期是 2π 之函數，在 $0 \le t < 2\pi$，$f(t)$ 之定義為

$f(t) = \begin{cases} \sin t，0 \le t < \pi \\ 0，\pi \le t < 2\pi \end{cases}$ 求 $\mathcal{L}\{f(t)\}$

提示	解答
$\int \sin t\, e^{-st}$ 之速解 $\cos t \overset{+}{\underset{-}{\diagdown}} -\dfrac{1}{s}e^{-st}$ $-\sin t \cdot x \cdot \dfrac{1}{s^2}e^{-st}$ ←積分式重現 　　　　　（把 s 視為常數） $\therefore \int \sin t e^{-st}dt$ $=-\dfrac{1}{s}\sin t\, e^{-st}-\dfrac{1}{s^2}\cos t e^{-st}-$ $\int \sin t e^{-st}dt=-\dfrac{1}{s}\sin t e^{-st}-$ $\dfrac{1}{s}\cos t e^{-st}-\dfrac{1}{s^2}$（$\sin t e^{-st}dt$，移項即得）	$p=2\pi$ $\therefore \mathcal{L}\{f(t)\}=\dfrac{1}{1-e^{-2\pi s}}\left[\int_0^\pi \sin t e^{-st}dt+\int_\pi^{2\pi}0\cdot e^{-st}dt\right]$ $=\dfrac{1}{1-e^{-2\pi s}}\int_0^\pi \sin t e^{-st}dt$ $=\dfrac{1}{1-e^{-2\pi s}}\left\{\dfrac{e^{-st}(-s\sin t-\cos t)}{s^2+1}\right\}\Big|_0^\pi$ $=\dfrac{1}{1-e^{-2\pi s}}\left\{\dfrac{1+e^{-\pi s}}{s^2+1}\right\}=\dfrac{1}{(1-e^{-\pi s})(s^2+1)}$

例 9 求右圖之拉氏轉換

解

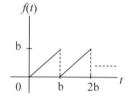

提示	解答
本例是週期為 b 之函數。	$f(t)=\begin{cases} t, & b>t\geq 0\,;\ T=b \\ 0 & t<0 \end{cases}$ $\therefore \mathcal{L}(f(t))=\dfrac{1}{1-e^{-bs}}\int_0^b t e^{-st}dt$ $=\dfrac{1}{1-e^{-bs}}\left(-\dfrac{t}{s}-\dfrac{1}{s^2}\right)e^{-st}\Big]_0^b$ $=\dfrac{1}{s^2}-\dfrac{be^{-bs}}{s(1-e^{-bs})}$

Heaviside單步函數與單位脈衝函數

Heaviside **單步函數**（Heaviside unit function）亦簡稱爲單步函數。

【定義】 （Heaviside unit function）定義爲

$$u(t-a)=\begin{cases} 0 & t<a \\ 1 & t>a \end{cases}$$

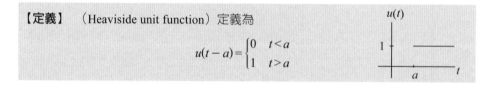

例10 試繪 $f(x)=u(x-1)-2u(x-2)$ 之圖形

解

提示	解答

提示欄：

	$x<1$	$1\le x<2$	$x\ge2$
$u(x-1)$	0	1	1
$2u(x-2)$	0	0	2
$u(x-1)-2u(x-2)$	0	1	-1

解答欄：

$$u(x-1)=\begin{cases}0 & x<1\\1 & x\ge1\end{cases},\ u(x-2)=\begin{cases}0 & x<2\\1 & x\ge2\end{cases}$$

$$\therefore\ u(x-1)-2u(x-2)=\begin{cases}0, & x<1\\1, & 1\le x<2\\-1, & x\ge2\end{cases}$$

例11 試繪 (1) $g(x)=xu(x-1)$　(2) $g(x)=(x-1)u(x-1)$ 之圖形

解

提示	解答

$g(x)=xu(x-1)$ 之圖形相當於 $y=x$ 在 $x\ge1$ 之部分

	$x<1$	$x\ge1$
$u(x-1)$	0	1
$xu(x-1)$	0	x

$g(x)=(x-1)u(x-1)$ 之圖形相當於 $y=x-1$ 在 $x\ge1$ 之部分

	$x<1$	$x\ge1$
$u(x-1)$	0	1
$(x-1)u(x-1)$	0	$x-1$

拉氏轉換所討論之 $f(t)$ 均為 $t > 0$ 之情況，在 $t < 0$ 時 $f(t) = 0$，因此像 $\mathcal{L}(\cos\omega t)$ 應理解為 $\mathcal{L}(u(t)\cos\omega t)$，即

$$u(t)\cos\omega t = \begin{cases} \cos\omega t & , t \geq 0 \\ 0 & , t < 0 \end{cases}$$

【定理 J】 (1) $\mathcal{L}(u(t-c)) = \dfrac{1}{s}e^{-cs}$；特例：$\mathcal{L}(u(t)) = \dfrac{1}{s}$

(2) $\mathcal{L}(u(t-c)f(t-c)) = e^{-cs}F(s)$

(3) $\mathcal{L}(u(t-c)f(t)) = e^{-cs}\mathcal{L}(f(t+c))$

證明 （只證 (2)，餘留做練習，見習題 9）

$$u(t-c) = \begin{cases} 1 & , t > c \\ 0 & , t < c \end{cases}$$

$$\mathcal{L}(u(t-c)f(t-c)) = \int_0^\infty e^{-st}u(t-c)f(t-c)dt$$

$$= \int_0^c e^{-st}0 \cdot f(t-c)dt + \int_c^\infty e^{-st} \cdot 1 \cdot f(t-c)\,dt$$

$$= \int_c^\infty e^{-st}f(t-c)\,dt$$

$$\xupdownarrow{y=t-c} \int_0^\infty e^{-s(y+c)}f(y)dy = e^{-cs}\int_0^\infty e^{-sy}f(y)dy$$

$$= e^{-cs}F(s) \qquad\blacksquare$$

例12 求 $\mathcal{L}(t^2(u(t-2)))$

解

提示	解答
方法一 應用定理 D	$\mathcal{L}(u(t-2)) = \dfrac{1}{s}e^{-2s}$ $\therefore \mathcal{L}(t^2 u(t-2)) = (-1)^2\dfrac{d^2}{ds^2}\left(\dfrac{1}{s}e^{-2s}\right)$ $\qquad\qquad = \dfrac{2}{s^3}(1+2s+2s^2)e^{-2s}$
方法二 應用定理 I-3	$\mathcal{L}(t^2(u(t-2))) = e^{-2s}\mathcal{L}(t+2)^2$ $\qquad = e^{-2s}\mathcal{L}(t^2+4t+4) = e^{-2s}\left(\dfrac{2}{s^3}+\dfrac{4}{s^2}+\dfrac{4}{s}\right)$ $\qquad = \dfrac{2}{s^3}(1+2s+2s^2)e^{-2s}$

例13 求 $\int_0^\infty e^{-t}u(t-3)dt$

解

$\mathcal{L}(u(t-3)) = \int_0^\infty e^{-st}u(t-3)dt = \dfrac{1}{s}e^{-3s}$ 取 $s=1$ 得 $\int_0^\infty e^{-t}u(t-3)dt = e^{-3}$

例14 求下圖之拉氏轉換

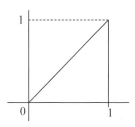

解

提示	解答
方法一 應用單步函數與拉氏轉換性質	$f(t) = t(u(t) - u(t-1))$ $\mathcal{L}(f(t)) = \mathcal{L}(t(u(t) - u(t-1)))$ $\quad = \mathcal{L}(tu(t)) - \mathcal{L}(tu(t-1))$ $\quad = \mathcal{L}(t) - e^{-s}\mathcal{L}(t+1)$ $\quad = \dfrac{1}{s^2} - e^{-s}\left(\dfrac{1}{s^2} + \dfrac{1}{s}\right)$
方法二 應用拉氏轉換定義	$\mathcal{L}(f(t)) = \int_0^1 te^{-st}dt = -\dfrac{t}{s}e^{-st} - \dfrac{1}{s^2}e^{-st}\Big]_0^1$ $\quad = \dfrac{1}{s^2}(1 - e^{-s}) - \dfrac{1}{s}e^{-s}$

單位脈衝函數

【定義】 （單位脈衝函數）考慮：

$$f_\varepsilon(t) = \begin{cases} \dfrac{1}{\varepsilon}, & 0 \le t \le \varepsilon \\ 0, & t > \varepsilon \end{cases}$$

當 $\varepsilon \to 0$ 時，$f_\varepsilon(t)$ 以 $\delta(t)$ 表示，$\delta(t)$ 稱為**單位脈衝函數**（unit impulse function）或 Dirac delta 函數。

$\delta(t)$ 有以下特性：

1. $\int_0^\infty \delta(t)dt = \int_{-\infty}^\infty \delta(t)dt = 1$

2. $\int_0^\infty \delta(t)f(t)dt = \int_{-\infty}^\infty \delta(t)f(t)dt = f(0)$ （$\because t < 0$ 時 $\delta(t) = 0$）

3. $\int_0^\infty \delta(t-a)f(t)dt = \int_{-\infty}^\infty \delta(t-a)f(t)dt = f(a)$

例 15 求 (1) $\int_{-\infty}^\infty \delta(t)\cos t\,dt$ (2) $\int_{-\infty}^\infty \delta(t-1)(t^2+t+1)\,dt$

(3) $\int_{-\infty}^\infty \delta\left(t-\dfrac{\pi}{2}\right)\cos t\,dt$

解

(1) $\int_{-\infty}^\infty \delta(t)\cos t\,dt = \cos 0 = 1$

(2) $\int_{-\infty}^\infty \delta(t-1)(t^2+t+1)\,dt = (t^2+t+1)|_{t=1} = 3$

(3) $\int_{-\infty}^\infty \delta\left(t-\dfrac{\pi}{2}\right)\cos t\,dt = \cos\left(\dfrac{\pi}{2}\right) = 0$

【定理 K】 $\mathcal{L}(\delta(t)) = 1$

證明 $\because \mathcal{L}(f_\varepsilon(t)) = \int_0^\infty e^{-st}f_\varepsilon(t)dt = \int_0^\varepsilon e^{-st}\left(\dfrac{1}{\varepsilon}\right)dt + \int_\varepsilon^\infty e^{-st}(0)dt$

$= \dfrac{1-e^{-s\varepsilon}}{\varepsilon s}$

$\therefore \mathcal{L}(\delta(t)) = \lim_{\varepsilon\to 0}\dfrac{1-e^{-s\varepsilon}}{\varepsilon s} \xrightarrow{\text{L'Hospital}} \lim_{\varepsilon\to 0}\dfrac{se^{-s\varepsilon}}{s} = 1$

或 $\mathcal{L}(\delta(t)) = \int_0^\infty \delta(t)e^{-st}\,dt = \int_{-\infty}^\infty \delta(t)e^{-st}\,dt = e^{-st}|_{t=0} = 1$ ∎

例16 求 $\mathcal{L}(\delta(t-a))$

解

$\mathcal{L}(\delta(t)) = 1 \therefore \mathcal{L}(\delta(t-a)) = e^{-as}$

練習 4.3B

1. $f(t) = \begin{cases} 1, & 0 < t < 1 \\ 0, & 1 < t < 3 \end{cases}$, $f(t+3) = f(t)$, $t > 0$, 求 $\mathcal{L}(f(t))$

2. (1) 試證圖 (a) 三角波 $f(t)$ 之拉氏轉換為 $\dfrac{1}{s^2}\tanh\dfrac{s}{2}$ (2) 求圖 (b) 之拉氏轉換

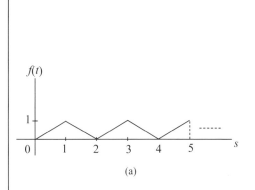

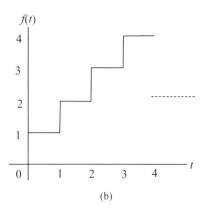

(a)   (b)

3. $f(t) = t$, $0 < t < 1$, $f(t+1) = f(t)$, 求 $\mathcal{L}(f(t))$

4. $f(t) = |\sin t|$, $t > 0$, 求 $\mathcal{L}(f(t))$

5. (1) 若 $f(t) = \begin{cases} g(t), & 0 < t < a \\ h(t), & t > a \end{cases}$ 試證 $f(t) = g(t) + (h(t) - g(t))u(t - a)$

   (2) 若 $f(t) = \begin{cases} f_1(t), & 0 < t < a_1 \\ f_2(t), & a_1 < t < a_2 \\ f_3(t), & t > a_2 \end{cases}$ ，試仿 (1) 書出類似結果。

6. $f(t) = \begin{cases} tg(t), & t > a \\ 0, & 0 < t < a \end{cases}$ 求證 $\mathcal{L}(f(t)) = -\dfrac{d}{ds}\{e^{-as}\mathcal{L}(g(t+a))\}$

7. 求 $\mathcal{L}(e^t u(t) - \sin t \cdot u(t))$

8. 試證 (1) $\mathcal{L}(u(t - c)) = \dfrac{1}{s}e^{-cs}$ (2) $\mathcal{L}(f(t)u(t - a)) = \mathcal{L}^{-as}\mathcal{L}(f(t+a))$

拉氏轉換之進一步技巧

求 $f(t)$ 之拉氏轉換除上述之直接運用定理求得外，還可透過 (1) 微分法、(2) 無窮級數與 (3) 微分方程式（如例 4）解出。

例17 求 $\mathcal{L}\left(\int_t^\infty \dfrac{e^{-u}}{u}\,du\right)$

解

$f(t) = \displaystyle\int_t^\infty \dfrac{e^{-u}}{u}\,du$ 則 $f'(t) = \dfrac{-e^{-t}}{t}$ $\therefore tf'(t) = -e^{-t}$，兩邊同取拉氏轉換：

$-\dfrac{d}{ds}\{sF(s) - f(0)\} = \dfrac{-1}{s+1} \Rightarrow \dfrac{d}{ds}(sF(s)) = \dfrac{1}{s+1}$ $\quad \therefore sF(s) = \ln|s+1| + c$

$F(s) = \dfrac{\ln(s+1)}{s} + \dfrac{c}{s}$

由終值定理 $\displaystyle\lim_{s \to 0} sF(s) = \lim_{s \to 0} \ln|s+1| + c = 0$ $\quad \therefore c = 0$

即 $\mathcal{L}\left(\displaystyle\int_t^\infty \dfrac{e^{-u}}{u}\,du\right) = \dfrac{\ln(s+1)}{s}$

例18 求 $\mathcal{L}(\sin\sqrt{t})$

解

提示	解答
$\sin x = x - \dfrac{x^3}{3!} + \dfrac{x^5}{5!} - \dfrac{x^7}{7!} + \cdots$	$\sin\sqrt{t} = \sqrt{t} - \dfrac{(\sqrt{t})^3}{3!} + \dfrac{(\sqrt{t})^5}{5!} - \dfrac{(\sqrt{t})^7}{7!} + \cdots$
	$\mathcal{L}(\sin\sqrt{t}) = \mathcal{L}\left(\sqrt{t} - \dfrac{(\sqrt{t})^3}{3!} + \dfrac{(\sqrt{t})^5}{5!} - \dfrac{(\sqrt{t})^7}{7!} + \cdots\right)$
$\mathcal{L}(t^n) = \dfrac{n!\ (\text{或}\ \Gamma(n+1))}{s^{n+1}}$	$= \dfrac{\Gamma\left(\frac{3}{2}\right)}{s^{\frac{3}{2}}} - \dfrac{\Gamma\left(\frac{5}{2}\right)}{3!\,s^{\frac{5}{2}}} + \dfrac{\Gamma\left(\frac{7}{2}\right)}{5!\,s^{\frac{7}{2}}} - \cdots$
	$= \dfrac{\Gamma\left(\frac{1}{2}\right)}{2s^{\frac{3}{2}}}\left[1 - \left(\dfrac{1}{2^2 s}\right) + \dfrac{1}{2!}\left(\dfrac{1}{2^2 s}\right)^2 - \dfrac{1}{3!}\left(\dfrac{1}{2^2 s}\right)^3 + \cdots\right]$
$\Gamma\left(\dfrac{1}{2}\right) = \sqrt{\pi}$	$= \dfrac{\sqrt{\pi}}{2\,s^{3/2}}\,e^{-\frac{1}{2^2 s}} = \dfrac{\sqrt{\pi}}{2s\sqrt{s}}\,e^{-\frac{1}{4s}}$

習題 4.3C

1. 試證 $\mathcal{L}\left(\int_t^\infty \frac{\cos u}{u}\,du\right) = \frac{\ln(s^2+1)}{2s}$

2. 若 $erf(t) = \frac{2}{\sqrt{\pi}}\int_0^t e^{-u^2}\,du$

   (1) 試證 $\mathcal{L}(erf\sqrt{t}) = \frac{1}{s\sqrt{s+1}}$

  並求 (2) $\mathcal{L}\left(\int_0^t erf\sqrt{u}\,du\right)$ 及 (3) $\mathcal{L}(e^{bt}\,erf\sqrt{t})$

4.4 反拉氏轉換

【定義】 若 $\mathcal{L}\{f(t)\} = F(s)$，則稱 $f(t) = \mathcal{L}^{-1}\{F(s)\}$ 為**反拉氏轉換**（inverse Laplace transformation）。

在高等微積分中可證明，若 $f(t)$，$g(t)$ 在 $(0, \infty)$ 中為連續函數，且若 $\mathcal{L}\{f(t)\} = \mathcal{L}\{g(t)\}$，則在 $(0, \infty)$ 中 $f(t) = g(t)$，換言之，反拉氏轉換是唯一的。

【定理 A】 （Lerch 定理）函數 $F(t)$ 在 $[0, N]$ 中為分段連續，且 $t > N$ 時為指數階，則 $\mathcal{L}^{-1}\{F(s)\} = f(s)$，$f(s)$ 為 $F(t)$ 之反拉氏轉換。

定理 B 說明了在分段連結與指數階之假設下，有下列關係（如下循環圖）：

【定理 B】 $\mathcal{L}^{-1}\{c_1F_1(s) + c_2F_2(s)\} = c_1\mathcal{L}^{-1}\{F_1(s)\} + c_2\mathcal{L}^{-1}\{F_2(s)\}$

證明
$$\mathcal{L}(c_1f_1(t) + c_2f_2(t)) = c_1\mathcal{L}\{f_1(t)\} + c_2\mathcal{L}\{f_2(t)\}$$
$$= c_1F_1(s) + c_2F_2(s)$$
$$\therefore \mathcal{L}^{-1}\{c_1F_1(s) + c_2F_2(s)\} = c_1\mathcal{L}^{-1}\{F_1(s)\} + c_2\mathcal{L}^{-1}\{F_2(s)\}$$

拉氏轉換與反拉氏轉換公式之比較

$\mathcal{L}(f(t)) = F(s)$	$f(t) = \mathcal{L}^{-1}\{F(s)\}$
$\mathcal{L}(1) = \dfrac{1}{s}$	$\mathcal{L}^{-1}\left(\dfrac{1}{s}\right) = 1$
$\mathcal{L}(e^{at}) = \dfrac{1}{s-a}$	$\mathcal{L}^{-1}\left(\dfrac{1}{s-a}\right) = e^{at}$
$\mathcal{L}(t^n) = \dfrac{n!}{s^{n+1}}$，$n = 0, 1, 2\cdots$	$\mathcal{L}^{-1}\left(\dfrac{1}{s^{n+1}}\right) = \dfrac{t^n}{n!}$
$\mathcal{L}(\sin at) = \dfrac{a}{s^2+a^2}$	$\mathcal{L}^{-1}\left(\dfrac{a}{s^2+a^2}\right) = \sin at$

$\mathcal{L}(f(t)) = F(s)$	$f(t) = \mathcal{L}^{-1}\{F(s)\}$
$\mathcal{L}(\cos at) = \dfrac{s}{s^2 + a^2}$	$\mathcal{L}^{-1}\left(\dfrac{s}{s^2 + a^2}\right) = \cos at$
$\mathcal{L}(\sinh at) = \dfrac{a}{s^2 - a^2}$	$\mathcal{L}^{-1}\left(\dfrac{a}{s^2 - a^2}\right) = \sinh at$
$\mathcal{L}(\cosh at) = \dfrac{s}{s^2 - a^2}$	$\mathcal{L}^{-1}\left(\dfrac{s}{s^2 - a^2}\right) = \cosh at$
$\mathcal{L}(u(t)) = \dfrac{1}{s}$	$\mathcal{L}^{-1}\left(\dfrac{1}{s}\right) = u(t)$
$\mathcal{L}(u(t-a)) = \dfrac{1}{s}e^{-as}$	$\mathcal{L}^{-1}\left(\dfrac{1}{s}e^{-as}\right) = u(t-a)$
$\mathcal{L}(\delta(t)) = 1$	$\mathcal{L}^{-1}(1) = \delta(t)$

拉氏轉換與反拉氏轉換之性質的比較

拉氏轉換 $\mathcal{L}(f(t))$	反拉氏轉換 $\mathcal{L}^{-1}(F(s))$
1. $\mathcal{L}(af_1(t) + bf_2(t)) = a\mathcal{L}(f_1(t)) + b\mathcal{L}(f_2(t))$	1. $\mathcal{L}^{-1}(aF_1(s) + bF_2(s)) = a\mathcal{L}^{-1}(F_1(s)) + b\mathcal{L}^{-1}(F_2(s))$
2. $\mathcal{L}(e^{at}f(t)) = F(s-a)$	2. $\mathcal{L}^{-1}(F(s-a)) = e^{at}f(t)$
3. $\mathcal{L}(f(t-a)) = e^{-as}F(s)$，$t > a$	3. $\mathcal{L}^{-1}(e^{-as}F(s)) = f(t-a)$，$t > a$
4. $\mathcal{L}(f'(t)) = sF(s) - f(0)$	4. $\mathcal{L}^{-1}(sF(s) - f(0)) = f'(t)$
5. $\mathcal{L}\left(\int_0^t f(t)dt\right) = \dfrac{1}{s}F(s)$	5. $\mathcal{L}^{-1}\left(\dfrac{F(s)}{s}\right) = \int_0^t f(u)du$
6. $\mathcal{L}(t^n f(t)) = (-1)^n F^{(n)}(s)$	6. $\mathcal{L}^{-1}(F^{(n)}(s)) = (-1)^n t^n f(t)$
7. $\mathcal{L}\left(\dfrac{f(t)}{t}\right) = \int_s^{\infty} f(u)du$	7. $\mathcal{L}^{-1}\left(\int_s^{\infty} f(u)du\right) = \dfrac{f(t)}{t}$
8. $\mathcal{L}(f(t-a)u(t-a)) = e^{-as}F(s)$	8. $\mathcal{L}^{-1}(e^{-as}F(s)) = f(t-a)u(t-a)$

例 1 求 (1) $\mathcal{L}^{-1}\left\{\dfrac{4}{s^2 + 4}\right\}$ (2) $\mathcal{L}^{-1}\left\{\dfrac{1}{s^2 + 2s + 5}\right\}$

       (3) $\mathcal{L}^{-1}\left\{\dfrac{2s + 1}{s^2 + 2s + 5}\right\}$ (4) $\mathcal{L}^{-1}\left\{\dfrac{s + 2}{s^2 + 4s + 5}\right\}$

解

(1) $\mathcal{L}^{-1}\left\{\dfrac{4}{s^2 + 4}\right\} = 2\sin 2t$

(2) $\mathcal{L}^{-1}\left\{\dfrac{1}{s^2 + 2s + 5}\right\} = \mathcal{L}^{-1}\left\{\dfrac{1}{(s + 1)^2 + 2^2}\right\} = \dfrac{1}{2}\mathcal{L}^{-1}\left\{\dfrac{2}{(s + 1)^2 + 2^2}\right\}$

$$= \frac{1}{2} e^{-t} \mathcal{L}^{-1} \left\{ \frac{2}{s^2 + 2^2} \right\} = \frac{1}{2} e^{-t} \sin 2t$$

(3) $\mathcal{L}^{-1} \left\{ \frac{2s+1}{s^2+2s+5} \right\} = \mathcal{L}^{-1} \left\{ \frac{2s+1}{(s+1)^2+4} \right\}$

$$= 2\mathcal{L}^{-1} \left\{ \frac{s+1}{(s+1)^2+4} \right\} - \frac{1}{2} \mathcal{L}^{-1} \left\{ \frac{2}{(s+1)^2+4} \right\}$$

$$= 2e^{-t} \mathcal{L}^{-1} \left\{ \frac{s}{s^2+4} \right\} - \frac{1}{2} e^{-t} \mathcal{L}^{-1} \left\{ \frac{2}{s^2+4} \right\}$$

$$= 2e^{-t} \cos 2t - \frac{1}{2} e^{-t} \sin 2t$$

(4) $\mathcal{L}^{-1} \left\{ \frac{s+2}{s^2+4s+5} \right\} = \mathcal{L}^{-1} \left\{ \frac{s+2}{(s+2)^2+1} \right\} = e^{-2t} \mathcal{L}^{-1} \left\{ \frac{s}{s^2+1} \right\} = e^{-2t} \cos t$

例 2 求 (1) $\mathcal{L}^{-1} \left\{ \frac{e^{-\frac{\pi}{3}s}}{s^2+2} \right\}$ (2) $\mathcal{L}^{-1} \left\{ \frac{e^{-2s}}{s^4} \right\}$ (3) $\mathcal{L}^{-1} \left\{ \frac{e^{-2s}}{(s+1)^4} \right\}$

解

(1) $\mathcal{L}^{-1} \left\{ \frac{1}{s^2+2} \right\} = \frac{1}{\sqrt{2}} \sin\sqrt{2}t \quad \therefore \mathcal{L}^{-1} \left\{ \frac{e^{-\frac{\pi}{3}s}}{s^2+2} \right\} = \begin{cases} \frac{1}{\sqrt{2}} \sin\sqrt{2}\left(t - \frac{\pi}{3}\right) \, , \, t > \frac{\pi}{3} \\ 0 \qquad\qquad\qquad , \, t < \frac{\pi}{3} \end{cases}$

(2) $\because \mathcal{L}^{-1} \left\{ \frac{1}{s^4} \right\} = \frac{t^3}{3!} = \frac{t^3}{6} = f(t) \quad \therefore \mathcal{L}^{-1} \left\{ \frac{e^{-2s}}{s^4} \right\} = \begin{cases} \frac{(t-2)^3}{6} \, , \, t > 2 \\ 0 \qquad\quad , \, t < 2 \end{cases}$

(3) $\mathcal{L}^{-1} \left\{ \frac{1}{s^4} \right\} = \frac{t^3}{6} \, , \quad \mathcal{L}^{-1} \left\{ \frac{1}{(s+1)^4} \right\} = \frac{e^{-t}t^3}{6}$

故 $\mathcal{L}^{-1} \left\{ \frac{e^{-2s}}{(s+1)^4} \right\} = \begin{cases} \frac{e^{-(t-2)}(t-2)^3}{6} \, , \, t > 2 \\ 0 \qquad\qquad\quad , \, t < 2 \end{cases}$

例 3 求 (1) $\mathcal{L}^{-1} \left(\frac{s^2}{(s^2+a^2)(s^2+b^2)} \right)$; (2) $\mathcal{L}^{-1} \left(\frac{s+1}{s^2+s-6} \right)$

(3) $\mathcal{L}^{-1} \left(\frac{s}{(s+1)(s+2)(s+3)} \right)^{註}$

註：本節應用部分分式所需之技巧，可參閱黃中彥：微積分第三版，五南出
版社，2020 年 6 月。

提示	解答
	(1) $\mathcal{L}^{-1}\left(\dfrac{s^2}{(s^2+a^2)(s^2+b^2)}\right)=\mathcal{L}^{-1}\left(\dfrac{1}{b^2-a^2}\left(\dfrac{b^2}{s^2+b^2}-\dfrac{a^2}{s^2+a^2}\right)\right)$
	$\quad=\dfrac{1}{b^2-a^2}\mathcal{L}^{-1}\left(\dfrac{b^2}{s^2+b^2}-\dfrac{a^2}{s^2+a^2}\right)$
	$\quad=\dfrac{1}{b^2-a^2}\left(\dfrac{1}{b}\mathcal{L}^{-1}\left(\dfrac{b}{s^2+b^2}\right)-\dfrac{1}{a}\mathcal{L}^{-1}\left(\dfrac{a}{s^2+a^2}\right)\right)$
	$\quad=\dfrac{1}{b^2-a^2}\left(\dfrac{1}{b}\sin^{-1}bt-\dfrac{1}{a}\sin at\right)$
(2) $\dfrac{s+1}{s^2+s-6}=\dfrac{s+1}{(s+3)(s-2)}$ $=\dfrac{A}{s+3}+\dfrac{B}{s-2}$ A：代 $s=-3$ 入 $\dfrac{s+1}{\square(s-2)}$，得 $A=\dfrac{2}{5}$ B：代 $s=2$ 入 $\dfrac{s+1}{(s+3)\square}$ 得 $B=\dfrac{3}{5}$	(2) 將 $\dfrac{s+1}{s^2+s-6}=\dfrac{s+1}{(s+3)(s-2)}$ 化成部分分式： $\dfrac{s+1}{(s+3)(s-2)}=\dfrac{\frac{2}{5}}{s+3}+\dfrac{\frac{3}{5}}{s-2}$ $\therefore \mathcal{L}^{-1}\left(\dfrac{s+1}{s^2+s-6}\right)=\dfrac{2}{5}\mathcal{L}^{-1}\left(\dfrac{1}{s+3}\right)+\dfrac{3}{5}\mathcal{L}^{-1}\left(\dfrac{1}{s-2}\right)$ $\qquad=\dfrac{2}{5}e^{-3t}+\dfrac{3}{5}e^{2t}$
(3) 同 (2) 做法。	(3) 將 $\dfrac{s}{(s+1)(s+2)(s+3)}$ 化成部分分式： $\dfrac{s}{(s+1)(s+2)(s+3)}=\dfrac{-\frac{1}{2}}{s+1}+\dfrac{2}{s+2}+\dfrac{\frac{3}{2}}{s+3}$ $\therefore \mathcal{L}^{-1}\left(\dfrac{s}{(s+1)(s+2)(s+3)}\right)$ $\quad=-\dfrac{1}{2}\mathcal{L}^{-1}\left(\dfrac{1}{s+1}\right)+2\mathcal{L}^{-1}\left(\dfrac{1}{s+2}\right)+\dfrac{3}{2}\mathcal{L}^{-1}\left(\dfrac{1}{s+3}\right)$ $\quad=-\dfrac{1}{2}e^{-t}+2e^{-2t}+\dfrac{3}{2}e^{-3t}$

例 4 求 (1) $\mathcal{L}^{-1}\left(\dfrac{s^2+2s-1}{s(s-1)^2}\right)$ (2) $\mathcal{L}^{-1}\left(\dfrac{2s^2+3s+3}{(s+1)(s+3)^3}\right)$

提示	解答
(1) $\dfrac{s^2+2s-1}{s(s-1)^2}=\dfrac{A}{s}+\dfrac{B}{s-1}+\dfrac{C}{(s-1)^2}$，由視 察法知 $A=-1$ $\therefore \dfrac{B}{s-1}+\dfrac{C}{(s-1)^2}=\dfrac{s^2+2s-1}{s(s-1)^2}+\dfrac{1}{s}$ $\quad=\dfrac{s^2+2s-1+(s-1)^2}{s(s-1)^2}=\dfrac{2s}{(s-1)^2}$ $\quad=2\left(\dfrac{1}{s-1}+\dfrac{1}{(s-1)^2}\right)$ 即 $\dfrac{s^2+2s-1}{s(s-1)^2}=\dfrac{-1}{s}+\dfrac{2}{s-1}+\dfrac{2}{(s-1)^2}$	(1) $\mathcal{L}^{-1}\left(\dfrac{s^2+2s-1}{s(s-1)^2}\right)=\mathcal{L}^{-1}\left(-\dfrac{1}{s}+\dfrac{2}{s-1}+\dfrac{2}{(s-1)^2}\right)$ $\qquad=-1+2e^t+2te^t$

提示	解答
(2) $\dfrac{2s^2+3s+3}{(s+1)(s+3)^3}=\dfrac{A}{s+1}+\dfrac{B}{s+3}+\dfrac{C}{(s+3)^2}+\dfrac{D}{(s+3)^3}$ 由視察法 $A=\dfrac{1}{4}$, $\dfrac{B}{s+3}+\dfrac{C}{(s+3)^2}+\dfrac{D}{(s+3)^3}$ $=\dfrac{2s^2+3s+3}{(s+1)(s+3)^3}-\dfrac{1}{4(s+1)}$ $=\dfrac{4(2s^2+3s+3)-(s+3)^3}{4(s+1)(s+3)^3}$ $=\dfrac{-(s^2+15)(s+1)}{4(s+1)(s+3)^3}=\dfrac{s^2+15}{-4(s+3)^3}$ $\therefore B(s+3)^2+C(s+3)+D=\dfrac{-s^2}{4}-\dfrac{15}{4}$ 令 $s=-3$ 得 $D=-6$,二邊同時微分： $2B(s+3)+C=\dfrac{-s}{2}$,令 $s=-3$ 得 $C=\dfrac{3}{2}$, 再微分一次：$2B=\dfrac{-1}{2}$, $B=\dfrac{-1}{4}$ 即 $\dfrac{2s^2+3s+3}{(s+1)(s+3)^3}=$ $\dfrac{1}{4}\dfrac{1}{s+1}-\dfrac{1}{4}\dfrac{1}{s+3}+\dfrac{3}{2}\dfrac{1}{(s+3)^2}-\dfrac{6}{(s+3)^3}$	(2) $\mathscr{L}^{-1}\left(\dfrac{1}{(s+1)(s+3)^3}\right)$ $=\mathscr{L}^{-1}\left(\dfrac{1}{4}\dfrac{1}{s+1}-\dfrac{1}{4}\dfrac{1}{s+3}+\dfrac{3}{2}\dfrac{1}{(s+3)^2}-\dfrac{6}{(s+3)^3}\right)$ $=\dfrac{1}{4}e^{-t}-\dfrac{1}{4}e^{-3t}+\dfrac{3}{2}te^{-3t}-3t^2e^{-3t}$

例 5 求 $\mathscr{L}^{-1}\left(\ln\dfrac{s+1}{s-1}\right)$

提示	解答
對數函數 $f(x)$ 之反拉氏轉換，通常先微分再取反拉氏轉換	$F'(s)=\dfrac{d}{ds}\ln\dfrac{s+1}{s-1}=-2\left(\dfrac{1}{s^2-1}\right)$ $\quad\therefore f(t)=-2\sinh t$, $\therefore \mathscr{L}^{-1}\left(\ln\dfrac{s+1}{s-1}\right)=\mathscr{L}^{-1}\left(\displaystyle\int_s^\infty\dfrac{-2du}{u^2-1}\right)=\dfrac{2\sinh t}{t}$

例 6 求 (1) $\mathscr{L}^{-1}\left(\dfrac{s+2}{(s^2+4s+5)^2}\right)$ (2) $\mathscr{L}^{-1}\left(\dfrac{s}{(s^2-1)^2}\right)$

解

提示	解答
(1) $\int \dfrac{s+2}{(s^2+4s+5)^2}ds = \dfrac{-1}{2}\dfrac{1}{s^2+4s+5}$ （略掉常數 c） 應用 $\mathcal{L}^{-1}(F'(s)) = -t\mathcal{L}^{-1}(F(s))$。	(1) $\mathcal{L}^{-1}\left(\dfrac{s+2}{(s^2+4s+5)^2}\right) = -\dfrac{1}{2}\mathcal{L}^{-1}\left(\left(\dfrac{1}{s^2+4s+5}\right)'\right)$ $= \dfrac{t}{2}\mathcal{L}^{-1}\left(\dfrac{1}{(s+2)^2+1}\right) = \dfrac{t}{2}e^{-2t}\sin t$
$\because \int_s^\infty F(s)ds = \int_s^\infty \dfrac{s}{(s^2-1)^2}ds = \dfrac{-2}{s^2-1}$, (2) 如 此 便 可 利 用 $\mathcal{L}^{-1}\left(\int_s^\infty f(u)du\right)$ $= \dfrac{1}{t}f(t)$ 得到所要結果，這是一個很有用的求反氏轉換之途徑	(2) $\because \int_s^\infty F(s)ds = \int_s^\infty \dfrac{s}{(s^2-1)^2}ds = \dfrac{-1}{2(s^2-1)}\Big]_s^\infty = \dfrac{1}{2(s^2-1)}$ $\therefore f(t) = t\mathcal{L}^{-1}\left[\int_s^\infty F(s)ds\right] = t\mathcal{L}^{-1}\left(\dfrac{1}{2(s^2-1)}\right)$ $= \dfrac{t}{2}\mathcal{L}^{-1}\left(\dfrac{1}{s^2-1}\right) = \dfrac{t}{2}\sinh t$

練習 4.4A

求：(1) $\mathcal{L}^{-1}\left(\dfrac{s}{s+2}\right)$　(2) $\mathcal{L}^{-1}\left(\dfrac{1-e^{-3s}}{s^2}\right)$　(3) $\mathcal{L}^{-1}\left(\dfrac{1-e^{-2s}}{s^2}\right)$　(4) $\mathcal{L}^{-1}\left(\dfrac{1}{s(s+a)(s+b)}\right)$

(5) $\mathcal{L}^{-1}\left(\dfrac{s+1}{s^2+2s+2}\right)$　(6) $\mathcal{L}^{-1}\left(\dfrac{1}{s(s^2+a^2)}\right)$　(7) $\mathcal{L}^{-1}\left(\dfrac{(s+b)\sin c + a\cos c}{(s+b)^2+a^2}\right)$　(8) $\mathcal{L}^{-1}\left(\dfrac{s^2}{s^2+1}\right)$

(9) $\mathcal{L}^{-1}\left(\dfrac{e^{-(s+1)}}{s+1}\right)$　(10) $\mathcal{L}^{-1}(e^{-2s})$

摺積及其應用

【定義】　二個函數 f, g 之**摺積**（convolution）記做 $f*g$，定義為
$f*g = \int_0^t f(\tau)g(t-\tau)d\tau$。

【定理 C】　$f*g = g*f$

證明　見練習第 2 題

例 7　(1) 求 $t*e^t$　(2) e^t*t　(3) $\sin t*\cos t$

提示	解答
$\sin x \cos y = \dfrac{1}{2}(\sin(x+y) + \sin(x-y))$	(1) $f(t) = t$，$g(t) = e^t$ 則 $f*g = \int_0^t \tau e^{t-\tau} d\tau = e^t \int_0^t \tau e^{-\tau} d\tau$ $\qquad = e^t(-\tau e^{-\tau} - e^{-\tau})\big]_0^t = e^t(1 - te^{-t} - e^{-t})$ $\qquad = e^t - t - 1$ (2) $f(t) = e^t$，$g(t) = t$ 則 $f*g = \int_0^t e^\tau (t-\tau) d\tau = (t-\tau+1)e^\tau\big]_0^t = e^t - t - 1$ (3) $\sin t * \cos t = \int_0^t \sin\tau \cos(t-\tau) d\tau$ $\qquad = \int_0^t \dfrac{1}{2}(\sin t + \sin(2\tau - t)) d\tau$ $\qquad = \dfrac{1}{2}\int_0^t (\sin t\, d\tau - \sin(2\tau - t)) d\tau$ $\qquad = \dfrac{1}{2}(t\sin t + 0) = \dfrac{t}{2}\sin t$

【定理 D】　迴旋定理（convolution theorem）：

若 $\mathcal{L}(f(t)) = F(s)$，$\mathcal{L}(g(t)) = G(s)$，則

(1) $\mathcal{L}(f(t) * g(t)) = \mathcal{L}\left[\int_0^t f(\tau)g(t-\tau)d\tau\right] = \mathcal{L}(f(t))\,\mathcal{L}(g(t)) = F(s)G(s)$

(2) $\mathcal{L}^{-1}[F(s)G(s)] = \int_0^t f(\tau)g(t-\tau)d\tau = \int_0^t f(t-\tau)\,g(\tau)\,d\tau = f(t) * g(t) = g(t) * f(t)$

證明　(1) $(f(t) * g(t)) = \mathcal{L}\left[\int_0^t f(\tau)g(t-\tau)d\tau\right]$

$\qquad = \int_0^\infty \left[\int_0^t f(\tau)g(t-\tau)d\tau\right]e^{-st}\,dt$

$\qquad = \int_0^\infty \left[\int_0^t f(\tau)g(t-\tau)e^{-st}d\tau\right]dt$

$\qquad = \int_0^\infty \int_\tau^\infty f(\tau)g(t-\tau)e^{-st}dt\,d\tau$ （改變積分順序）

令 $t-\tau = u$ 則上式變為

$\int_0^\infty \int_0^\infty f(\tau)g(u)e^{-s(u+\tau)}\,du\,d\tau = \int_0^\infty f(\tau)e^{-s\tau}d\tau \cdot \int_0^\infty g(u)e^{-su}\,du$

$\qquad = F(s) \cdot G(s)$

(2) $\mathcal{L}^{-1}(F(s)G(s)) = \int_0^t f(\tau)g\,(t-\tau)d\tau$，由 (1) 之結果即得。

$\int_0^t f(\tau)g\,(t-\tau)d\tau \xup` = \underset{u=t-\tau}{} -\int_t^0 f(t-u)g(u)du$

$\qquad = \int_0^t f(t-\tau)g(\tau)d\tau = f(t) * g(t) = g(t) * f(t)$ ∎

例 8　用迴旋定理求 $\mathcal{L}^{-1}\left(\dfrac{1}{s(s-1)^2}\right)$

解法	解答
解法一	$\mathcal{L}^{-1}\left(\dfrac{1}{s}\right)=1$ ， $\mathcal{L}^{-1}\left(\dfrac{1}{(s-1)^2}\right)=e^t\mathcal{L}^{-1}\left\{\dfrac{1}{s^2}\right\}=te^t$ $\therefore \mathcal{L}^{-1}\left(\dfrac{1}{s}\cdot\dfrac{1}{(s-1)^2}\right)=1*te^t=\int_0^t 1\cdot\tau e^\tau d\tau=\int_0^t\tau e^\tau d\tau=\tau e^\tau-e^\tau\Big|_0^t=te^t-e^t+1$
解法二	$\mathcal{L}^{-1}\left(\dfrac{1}{s}\cdot\dfrac{1}{(s-1)^2}\right)=\int_0^t 1\cdot(t-\tau)e^{t-\tau}d\tau=e^t\int_0^t(t-\tau)e^{-\tau}d\tau=e^t\left[-(t-\tau)e^{-\tau}+e^{-\tau}\right]_0^t$ $\qquad\qquad =te^t-e^t+1$

由例 8 可知在應用迴旋定理時，若 f、g 選得好，常可簡化計算。

例 9 求 $\mathcal{L}^{-1}\left(\dfrac{s}{(s^2+a^2)^2}\right)$

提示	解答
方法一	$\mathcal{L}^{-1}\left(\dfrac{1}{s^2+a^2}\cdot\dfrac{s}{s^2+a^2}\right)=\dfrac{1}{a}\sin at*\cos at=\dfrac{1}{a}\int_0^t\sin a\tau\cdot\cos a\,(t-\tau)d\tau$ $=\dfrac{1}{2a}\int_0^t(\sin(at)+\sin(2a\tau-at))d\tau-\dfrac{1}{2a}\left(\tau\sin(at)-\dfrac{1}{2a}\cos(2a\tau-at)\right)\Big]_0^t$ $=\dfrac{1}{2a}(t\sin at+0)=\dfrac{1}{2a}t\sin at$
方法二	$\int_s^\infty\dfrac{s}{(s^2+a^2)^2}ds=-\dfrac{1}{2}\dfrac{1}{(s^2+a^2)}\Big]_s^\infty=\dfrac{1}{2(s^2+a^2)}$ $f(t)=t\mathcal{L}^{-1}\left(\int_s^\infty\dfrac{s}{(s^2+a^2)^2}ds\right)=t\mathcal{L}^{-1}\left(\dfrac{1}{2(s^2+a^2)}\right)=\dfrac{t}{2a}\sin at$

練習 4.4B

1. 用迴旋定理求

   (1) $\mathcal{L}^{-1}\left(\dfrac{s^2}{(s^2+a^2)^2}\right)$ (2) $\mathcal{L}^{-1}\left(\dfrac{1}{\sqrt{s}(s-1)}\right)$ (3) $\mathcal{L}^{-1}\left(\dfrac{s}{(s^2-a^2)^2}\right)$ (4) $\mathcal{L}^{-1}\left(\dfrac{s}{(s^2+1)(s^2+4)}\right)$

2. 試證 $f*g=g*f$

3. 利用迴旋定理證明 $\mathcal{L}\left(\int_0^t f(t)dt\right)=\dfrac{F(s)}{s}$ ，其中 $F(s)=\mathcal{L}(f(t))$

4. 證明 $f*(g+h)=f*g+f*h$

5. 試證 $e^{at}(f*g)=(e^{at}f)*(e^{at}g)$ ，a 為常數

4.5 拉氏轉換在解常微分方程式與積分方程式上之應用

應用拉氏轉換來解常微（積）分方程式之步驟：先對微分方程式兩邊取拉氏轉換得 $\mathcal{L}(y) = F(s)$，然後以反拉氏轉換求出 $y = \mathcal{L}^{-1}\{F(s)\}$。

例 1 解 $y' + 3y = e^{-t}$，$t \geq 0$，$y(0) = 0$

解

提示	解答
第一步：兩邊取拉氏轉換	這是線性方程式，可用第一章之解法，現在我們用拉氏轉換來解。 $\mathcal{L}\{y' + 3y\} = \mathcal{L}\{e^{-t}\}$ $\therefore \mathcal{L}\{y'\} + 3\mathcal{L}\{y\} = \dfrac{1}{s+1}$ (1) 又 $\mathcal{L}\{y'\} + 3\mathcal{L}\{y\} = [s\mathcal{L}\{y\} - y(0)] + 3\mathcal{L}\{y\}$ $\qquad\qquad\qquad\quad = (s+3)\mathcal{L}(y)$ (2)
第二步：求 $\mathcal{L}\{y\}$ = ?	代 (2) 入 (1) 得 $\mathcal{L}\{y\} = \dfrac{1}{(s+3)(s+1)} = \dfrac{1}{2}\left(\dfrac{1}{s+1} - \dfrac{1}{s+3}\right)$
第三步：求反拉氏轉換	$y = \mathcal{L}^{-1}\left\{\dfrac{1}{2}\left(\dfrac{1}{s+1} - \dfrac{1}{s+3}\right)\right\}$ $\quad = \dfrac{1}{2}\left(\mathcal{L}^{-1}\left\{\dfrac{1}{s+1}\right\} - \mathcal{L}^{-1}\left\{\dfrac{1}{s+3}\right\}\right)$ $\quad = \dfrac{1}{2}[e^{-t} - e^{-3t}]$

例 2 解 $y'' + 3y' + 2y = 0$，$y(0) = 1$，$y'(0) = 0$

解

提示	解答
第一步：兩邊取拉氏轉換	$\mathcal{L}\{y'' + 3y' + 2y\}$ $= \mathcal{L}\{y''\} + 3\mathcal{L}\{y'\} + 2\mathcal{L}\{y\}$ $= [s^2\mathcal{L}\{y\} - sy(0) - y'(0)] + 3[s\mathcal{L}\{y\} - y(0)] + 2\mathcal{L}\{y\}$ $= [s^2\mathcal{L}\{y\} - s - 0] + 3[s\mathcal{L}\{y\} - 1] + 2\mathcal{L}\{y\}$ $= (s^2 + 3s + 2)\mathcal{L}\{y\} - s - 3 = 0$
第二步：求 $\mathcal{L}\{y\}$ = ?	$\mathcal{L}\{y\} = \dfrac{s+3}{s^2+3s+2} = \dfrac{-1}{s+2} + \dfrac{2}{s+1}$

提示	解答
第三步：求反拉氏轉換	$y = \mathscr{L}^{-1}\left\{\dfrac{-1}{s+2} + \dfrac{2}{s+1}\right\} = -1\mathscr{L}^{-1}\left\{\dfrac{1}{s+2}\right\} + 2\mathscr{L}^{-1}\left\{\dfrac{1}{s+1}\right\}$ $= -e^{-2t} + 2e^{-t}$

例 3　求 $y'' + 4y = t$，$y(0) = 0$，$y'(0) = 1$

解

提示	解答
第一步：兩邊取拉氏轉換：	$\mathscr{L}\{y'' + 4y\} = \mathscr{L}(t)$ $\mathscr{L}\{y''\} + 4\mathscr{L}\{y\} = \dfrac{1}{s^2}$ (1) 但 $\mathscr{L}\{y''\} + 4\mathscr{L}\{y\}$ $= [s^2\mathscr{L}\{y\} - sy(0) - y'(0)] + 4\mathscr{L}\{y\}$ $= [s^2\mathscr{L}\{y\} - s \cdot 0 - 1] + 4\mathscr{L}\{y\}$ $= (s^2 + 4)\mathscr{L}\{y\} - 1 = \dfrac{1}{s^2}$ (2)
第二步：求 $\mathscr{L}(y) = ?$	$\mathscr{L}\{y\} = \dfrac{1}{s^2(s^2+4)} + \dfrac{1}{s^2+4}$ $= \dfrac{1}{4}\left[\dfrac{1}{s^2} - \dfrac{1}{s^2+4}\right] + \dfrac{1}{s^2+4}$ $= \dfrac{1}{4}\dfrac{1}{s^2} + \dfrac{3}{4}\dfrac{1}{s^2+4}$
第三步：求反拉氏轉換．	$y = \mathscr{L}^{-1}\left\{\dfrac{1}{4}\dfrac{1}{s^2} + \dfrac{3}{4}\dfrac{1}{s^2+4}\right\}$ $= \dfrac{1}{4}\mathscr{L}^{-1}\left\{\dfrac{1}{s^2}\right\} + \dfrac{3}{4}\mathscr{L}^{-1}\left\{\dfrac{1}{s^2+4}\right\}$ $= \dfrac{1}{4} \cdot t + \dfrac{3}{4} \cdot \dfrac{1}{2}\mathscr{L}^{-1}\left\{\dfrac{2}{s^2+4}\right\} = \dfrac{t}{4} + \dfrac{3}{8}\sin 2t$

練習 4.5A

1. 解 $y'' + 2y' + y = e^{-2t}$，$y(0) = -1$，$y'(0) = 1$　　2. 解 $y'' + 4y' + 3y = e^t$，$y(0) = 0$，$y'(0) = 2$
3. 解 $y'' + y = t$，$y(0) = 0$，$y'(0) = 2$　　4. 解 $y'' - 2y' - 3y = 0$，$y(0) = 1$，$y'(0) = 6$

例 4　解 $y(t) = t + \displaystyle\int_0^t y(u)\sin(t - u)du$

解

提示	解答
積分方程式中有 $\int_0^t f(u)g(t-u)du$ 通常要考慮摺積	$y(t) = t + \displaystyle\int_0^t y(u)\sin(t-u)du = t + y(t) * \sin(t-u)$ $\therefore \mathscr{L}(y) = \mathscr{L}(t) + \mathscr{L}(y * \sin t) = \dfrac{1}{s^2} + \mathscr{L}(y)\dfrac{1}{s^2+1}$， $\mathscr{L}(y) = \dfrac{s^2+1}{s^2} \cdot \dfrac{1}{s^2} = \dfrac{1}{s^2} + \dfrac{1}{s^4}$ $\therefore y = \mathscr{L}^{-1}\left(\dfrac{1}{s^2} + \dfrac{1}{s^4}\right) = t + \dfrac{t^3}{6}$

例 **5**　解 $\int_0^t \dfrac{y(u)}{\sqrt{t-u}}du = 1$

解

$\because \int_0^t \dfrac{y(u)}{\sqrt{t-u}}du = y(t) * \dfrac{1}{\sqrt{t}} = 1$

兩邊取拉氏轉換　$\mathcal{L}(y(t)) \cdot \dfrac{\sqrt{\pi}}{\sqrt{s}} = \dfrac{1}{s}$

$\therefore \mathcal{L}(y(t)) = \dfrac{1}{\sqrt{\pi s}}$ 解之 $y(t) = \dfrac{1}{\sqrt{\pi}}\left(\dfrac{1}{\sqrt{\pi}\sqrt{t}}\right) = \dfrac{1}{\pi}\dfrac{1}{\sqrt{t}}$

練習 4.5B

1. 解 $\int_0^t y(u)\cos(t-u)du = y'(t)$，$y(0) = 1$

2. 解 $1 - 2\sin t = y(t) + \int_0^t e^{2(t-u)}y(u)du$

3. 若已知 $\mathcal{L}(J_0(t)) = \dfrac{1}{\sqrt{s^2+1}}$，試解 $\int_0^t J_0(t-u)y(u)du = \sin t$

第5章
傅立葉分析

5.1 傅立葉級數

自然界有很多現象具有週期性，例如心臟之脈動、家中之交流電等都有週期現象，因此，對一些週期性之自然現象用週期函數來做近似描述自在意料中，正弦、餘弦函數均為週期函數，因而傅立葉級數就以這二個函數表示，但要注意的是，並非所有週期函數都能用正弦函數表示，例如矩形波。

本章討論傅利葉分析，包括**傅立葉級數**（Forier series）與**傅立葉轉換**（Fourier transformation）二部分。

傅立葉級數和微積分之**馬克勞林級數**（Maclaurin series）不同處在於**馬克勞林級數是將 $f(x)$ 展開為多項式，而傅立葉級數是將 $f(x)$ 展成正弦函數和餘弦函數之無窮級數。**

傅立葉級數之定義

【定義】 設 $f(x)$ 定義於區間 $(-L, L)$，$(-L, L)$ 外之區間則由 $f(x + 2L) = f(x)$ 定義（即 $f(x)$ 之週期為 $2L$）則 $f(x)$ 之**傅立葉級數**定義為

$$f(x) = \frac{a_0}{2} + \sum_{n=1}^{\infty} \left(a_n \cos \frac{n\pi x}{L} + b_n \sin \frac{n\pi x}{L} \right)$$

Dirichlet條件

到此，我們定義了 $f(x)$ 之傅立葉級數，但我們不知道此級數是否收斂到 $f(x)$。**Dirichlet 條件給出了傅立葉級數收斂之充分條件。**

【定理 A】 Dirichlet 條件：

設

(1) $f(x)$ 定義於 $(-L, L)$ 且除了有限個點外，皆為**單值**（single-valued），即一對一之對應。

(2) $f(x)$ 之週期為 $2L$。

(3) $f(x)$ 及 $f'(x)$ 在 $(-L, L)$ 是分段連續。

則 $\dfrac{a_0}{2} + \displaystyle\sum_{n=1}^{\infty} \left(a_n \cos \dfrac{n\pi x}{L} + b_n \sin \dfrac{n\pi x}{L} \right)$ 收斂到 $\begin{cases} f(x)，若 x 是一連續點 \\ \dfrac{f(x+0) + f(x-0)}{2}，若 x 是一不連續點 \end{cases}$

注意：Dirichlet 條件是傅立葉級數收斂到 $f(x)$ 之充分而非必要條件，雖然大多數情況下這些條件都是被滿足的。

滿足 Dirichlet 條件之函數 $f(x)$，只需求出 a_0, a_n, b_n 即可求出對應之傅立葉級數，為導出 a_0, a_n, b_n，我們需用到下列三角積化和差公式：

$2 \sin\alpha \cos\beta = \sin(\alpha+\beta) + \sin(\alpha-\beta)$

$2 \cos\alpha \cos\beta = \cos(\alpha+\beta) + \cos(\alpha-\beta)$

$2 \sin\alpha \sin\beta = \cos(\alpha-\beta) - \cos(\alpha+\beta)$

【預備定理 A1】　1. $\int_{-L}^{L} \sin\frac{k\pi x}{L} dx = \int_{-L}^{L} \cos\frac{k\pi x}{L} dx = 0$；$k = 1, 2, 3, \cdots$

2. $\int_{-L}^{L} \cos\frac{m\pi x}{L} \cos\frac{n\pi x}{L} dx = \int_{-L}^{L} \sin\frac{m\pi x}{L} \sin\frac{n\pi x}{L} dx = \begin{cases} 0 & m\neq n \\ L & m=n \end{cases}$

3. $\int_{-L}^{L} \sin\frac{m\pi x}{L} \cos\frac{n\pi x}{L} dx = 0$

其中 m 與 n 為任意正整數。

預備定理 A1 屬基本微積分，讀者可自行證出。

【定理 A】　若 $f(x)$ 定義於 $(-L, L)$，且假定 $f(x)$ 之週期為 $2L$，$f(x)$ 之傅立葉級數為 $f(x) = \frac{a_0}{2} + \sum_{n=1}^{\infty}\left(a_n \cos\frac{n\pi x}{L} + b_n \sin\frac{n\pi x}{L}\right)$

則 a_0, a_n, b_n 為：

$a_0 = \frac{1}{L}\int_{-L}^{L} f(x) dx$

$a_n = \frac{1}{L}\int_{-L}^{L} f(x) \cos\frac{n\pi x}{L} dx$ 　　　　　　$n = 0, 1, 2, \cdots$

$b_n = \frac{1}{L}\int_{-L}^{L} f(x) \sin\frac{n\pi x}{L} dx$ 　　　　　　$n = 0, 1, 2, \cdots$

證明　若 $f(x) = \frac{a_0}{2} + \sum_{n=1}^{\infty}\left(a_n \cos\frac{n\pi x}{L} + b_n \sin\frac{n\pi x}{L}\right)$，$n = 1, 2, 3$ ………… 在 $(-L, L)$ 中均勻收斂到 $f(x)$ 　　　　　　　　(1)

1. 以 $\cos\frac{m\pi x}{L}$ 乘 (1) 之兩邊後，從 $-L$ 積分到 L 得：

$\int_{-L}^{L} f(x) \cos\frac{m\pi x}{L} dx$

$= \frac{a_0}{2}\int_{-L}^{L}\cos\frac{m\pi x}{L} dx + \sum_{n=1}^{\infty}\left\{a_n\int_{-L}^{L}\cos\frac{m\pi x}{L}\cos\frac{n\pi x}{L} dx\right.$

$$+ b_n \int_{-L}^{L} \cos \frac{m\pi x}{L} \sin \frac{n\pi x}{L} dx \Big\} = 0 + a_n L + 0 = a_n L$$

$$\therefore a_n = \frac{1}{L} \int_{-L}^{L} f(x) \cos \frac{n\pi x}{L} dx \quad n = 1, 2, 3, \cdots$$

2. 以 $\sin \frac{m\pi x}{L}$ 乘 (1) 之兩邊後，且從 $-L$ 積分到 L 得：

$$\int_{-L}^{L} f(x) \sin \frac{m\pi x}{L} dx = \frac{a_0}{2} \int_{-L}^{L} \sin \frac{m\pi x}{L} dx +$$

$$\sum_{n=1}^{\infty} \Big\{ a_n \int_{-L}^{L} \sin \frac{m\pi x}{L} \cos \frac{n\pi x}{L} dx + b_n \int_{-L}^{L} \sin \frac{m\pi x}{L} \sin \frac{n\pi x}{L} dx \Big\} = 0 + b_n L$$

$$= b_n L$$

$$\therefore b_n = \frac{1}{L} \int_{-L}^{L} f(x) \sin \frac{n\pi x}{L} dx \quad n = 1, 2, 3, \cdots$$

3. 將 (1) 從 $-L$ 積分到 L 得

$$\int_{-L}^{L} f(x) dx = a_0 L \quad \therefore a_0 = \frac{1}{L} \int_{-L}^{L} f(x) dx$$

若 $f(x)$ 在 $(-L, L)$ 為奇函數，即 $f(-x) = -f(x)$ 則 $h(x) = f(x)\cos\frac{n\pi x}{L}$ 滿足

$h(-x) = f(-x)\cos\frac{n\pi(-x)}{L} = -f(x)\cos\frac{n\pi x}{L} = -h(x)$ 即 $h(x)$ 亦為奇函數

$\therefore a_n = \frac{1}{L} \int_{-L}^{L} f(x)\cos\frac{n\pi x}{L} dx = 0$，同法，$f(x)$ 在 $(-L, L)$ 為偶函數時

$g(x) = f(x)\sin\frac{n\pi x}{L}$ 為奇函數 $\therefore b_n = \frac{1}{L} \int_{-L}^{L} f(x)\sin\frac{n\pi x}{L} dx = 0$，因此，有以下推論：

【推論A】 若 $f(x)$ 為偶函數則 $b_n = 0$，$n = 1, 2, 3\cdots$，若 $f(x)$ 為奇函數則 $a_n = 0$，
$n = 1, 2, 3\cdots$

例1 求 $f(x) = x$，$1 \geq x \geq -1$ 之傅立葉級數。

解

$L = 1$，$f(x) = x$ 在 $1 \geq x \geq -1$ 為奇函數

$\therefore a_n = 0, n = 1, 2, 3\cdots$

$$b_n = \frac{1}{1} \int_{-1}^{1} x \sin n\pi x \, dx = \int_{-1}^{1} x \sin n\pi x \, dx$$

$$= 2\int_{0}^{1} x \sin n\pi x \, dx = \Big[-\frac{2x}{n\pi}\cos n\pi x + \frac{2}{n^2\pi^2}\sin n\pi x \Big]\Big|_0^1$$

$$= \begin{cases} \dfrac{2}{n\pi}, & n \text{ 為奇數} \\[2mm] \dfrac{-2}{n\pi}, & n \text{ 為偶數} \end{cases}$$

$$\therefore f(x) = \frac{2}{\pi}\left[\sin \pi x - \frac{1}{2}\sin 2\pi x + \frac{1}{3}\sin 3\pi x - \frac{1}{4}\sin 4\pi x \cdots\right]$$

例 2 (1) 求 $f(x) = x^2$，$\pi \geq x \geq -\pi$，$L = 2\pi$ 之傅立葉級數，並試以此結果求

(2) $\displaystyle\sum_{n=1}^{\infty} \frac{1}{n^2} = ?$ 與 (3) $\dfrac{-1}{1} + \dfrac{1}{2^2} - \dfrac{1}{3^2} + \dfrac{1}{4^2} + \cdots$

提示	解答
(1) $\int x^2 \cos nx\,dx$ 之速解： $x^2 \quad + \quad \cos nx$ $2x \quad - \quad \dfrac{1}{n}\sin nx$ $2 \quad + \quad -\dfrac{1}{n^2}\cos nx$ $0 \quad \quad -\dfrac{1}{n^3}\sin nx$	(1) $\because f(x) = x^2$ 在 $\pi \geq x \geq -\pi$ 為偶函數　$\therefore b_n = 0$ $a_0 = \dfrac{1}{\pi}\int_{-\pi}^{\pi} x^2\,dx = \dfrac{2}{\pi}\int_0^{\pi} x^2\,dx = \dfrac{2}{3}\pi^2$ $a_n = \dfrac{1}{\pi}\int_{-\pi}^{\pi} x^2 \cos\dfrac{n\pi x}{\pi}\,dx = \dfrac{2}{\pi}\int_0^{\pi} x^2 \cos nx\,dx$ $\quad = \dfrac{2}{\pi}\left[\dfrac{x^2}{n}\sin nx + \dfrac{2x}{n^2}\cos nx - \dfrac{2}{n^3}\sin nx\right]\Big|_0^{\pi}$ $\quad = \dfrac{4}{n^2}\cos n\pi = \begin{cases} \dfrac{4}{n^2}, & n \text{ 為偶數} \\[2mm] -\dfrac{4}{n^2}, & n \text{ 為奇數} \end{cases}$ $\therefore f(x) = \dfrac{a_0}{2} + \displaystyle\sum_{n=1}^{\infty} a_n \cos\dfrac{n\pi x}{\pi}$ $\quad = \dfrac{\pi^2}{3} + \displaystyle\sum_{n=1}^{\infty} \dfrac{4}{n^2}\cos n\pi \cdot \cos nx$ $\quad = \dfrac{\pi^2}{3} + 4\left\{\dfrac{-\cos x}{1^2} + \dfrac{\cos 2x}{2^2} - \dfrac{\cos 3x}{3^2} + \dfrac{\cos 4x}{4^2} - \cdots\right\}$ $\quad = \dfrac{\pi^2}{3} - 4\left\{\dfrac{\cos x}{1^2} - \dfrac{1}{2^2}\cos 2x + \dfrac{1}{3^2}\cos 3x\right.$ $\qquad \left. - \dfrac{1}{4^2}\cos 4x + \cdots\right\}$　　　　　　　(1)
(2), (3) 因題目要求取適當值（把你試誤之值代入題目前三項看是否適合。）	(2) 在 (1) 取 $x = \pi$ 得： $f(\pi) = \pi^2 = \dfrac{\pi^2}{3} - 4\left\{\dfrac{\cos \pi}{1^2} - \dfrac{\cos 2\pi}{2^2} + \dfrac{\cos 3\pi}{3^2} - \dfrac{\cos 4\pi}{4^2} + \cdots\right\}$， $\therefore \dfrac{2\pi^2}{3} = -4\left\{\dfrac{-1}{1^2} - \dfrac{1}{2^2} - \dfrac{1}{3^2} - \dfrac{1}{4^2} + \cdots\right\}$ $\quad = 4\left\{\dfrac{1}{1^2} + \dfrac{1}{2^2} + \dfrac{1}{3^2} + \dfrac{1}{4^2} + \cdots\right\}$ 即 $\dfrac{1}{1^2} + \dfrac{1}{2^2} + \dfrac{1}{3^2} + \cdots = \dfrac{\pi^2}{6}$ (3) 在 $f(x) = x^2 = \dfrac{\pi^2}{3} - 4\left\{\dfrac{\cos x}{1^2} - \dfrac{\cos 2x}{2^2} + \dfrac{\cos 3x}{3^2} - \dfrac{\cos 4x}{4^2} + \cdots\right\}$ 取 $x = 0$ 得 $0 = \dfrac{\pi^2}{3} - 4\left\{\dfrac{1}{1^2} - \dfrac{1}{2^2} + \dfrac{1}{3^2} - \dfrac{1}{4^2} + \cdots\right\}$ $\therefore \dfrac{\pi^2}{3} = 4\left\{\dfrac{1}{1^2} - \dfrac{1}{2^2} + \dfrac{1}{3^2} - \dfrac{1}{4^2} + \cdots\right\}$ 得 $\dfrac{1}{1^2} - \dfrac{1}{2^2} + \dfrac{1}{3^2} - \dfrac{1}{4^2} + \cdots = \dfrac{\pi^2}{12}$

注意	或許有些讀者會問，如果例 2 取 $x = 2\pi$
	則 $f(x) = 4\pi^2 = \dfrac{\pi^2}{3} - 4\left\{\dfrac{1}{1^2} - \dfrac{1}{2^2} + \dfrac{1}{3^2} - \dfrac{1}{4^2} + \cdots\right\}$
	$\therefore \dfrac{1}{1^2} - \dfrac{1}{2^2} + \dfrac{1}{3^2} - \dfrac{1}{4^2} + \cdots = \dfrac{11}{3}\pi^2$ 與例 2 結果不同，這是因為 $f(2\pi)$ 對原函數無意義
	（$\because 2\pi$ 不在 $(-\pi, \pi)$ 中），因此這個結果是錯的。

例 3 求 $f(x) = \begin{cases} -1 & , -1 \le x \le 0 \\ 1 & , 0 \le x \le 1 \end{cases}$ 之傅立葉級數，並以此結果求

$$1 - \frac{1}{3} + \frac{1}{5} - \frac{1}{7} + \cdots = \frac{\pi}{4}$$

解

(1) $\because f(x)$ 在 $-1 \le x \le 1$ 為奇函數 $\quad \therefore a_n = 0$

$$b_n = \frac{1}{L} \int_{-1}^{1} f(x) \sin \frac{n\pi}{L} x \, dx = \int_{-1}^{1} f(x) \sin n\pi x \, dx$$

$$= \int_{-1}^{0} (-1) \sin n\pi x \, dx + \int_{0}^{1} (1) \sin n\pi x \, dx = \frac{\cos n\pi x}{n\pi}\Big|_{-1}^{0} + \frac{-\cos n\pi x}{n\pi}\Big|_{0}^{1}$$

$$= \frac{1 - \cos n\pi}{n\pi} + \frac{-\cos n\pi + 1}{n\pi} = \frac{2 - 2\cos n\pi}{n\pi}$$

$$= \begin{cases} \dfrac{4}{n\pi} & , n \text{ 為奇數} \\ 0 & , n \text{ 為偶數} \end{cases}$$

$$\therefore f(x) = \frac{4}{\pi}\left(\frac{\sin \pi x}{1} + \frac{\sin 3\pi x}{3} + \frac{\sin 5\pi x}{5} + \cdots\right)$$

(2) 取 $x = \dfrac{1}{2}$ 得 $\dfrac{4}{\pi}\left(1 - \dfrac{1}{3} + \dfrac{1}{5} - \dfrac{1}{7} + \cdots\right) = 1$

$$\therefore 1 - \frac{1}{3} + \frac{1}{5} - \frac{1}{7} + \cdots = \frac{\pi}{4}$$

例 4 求 $f(x) = \begin{cases} 0 & , -1 < x < 0 \\ x & , 0 < x < 1 \end{cases}$ 之傅立葉級數，並以此結果驗證

$$1 - \frac{1}{3} + \frac{1}{5} - \frac{1}{7} + \cdots = \frac{\pi}{4}$$

提示	解答
(1) $\int x\cos n\pi x\,dx$ 速解： $\begin{array}{ccc} x & + & \cos n\pi x \\ 1 & - & \dfrac{1}{n\pi}\sin n\pi x \\ 0 & & \dfrac{-1}{n^2\pi^2}\cos n\pi x \end{array}$	(1) $a_0 = \dfrac{1}{L}\int_{-1}^{1} f(x)\,dx = \int_{-1}^{0} 0\,dx + \int_{0}^{1} x\,dx = \dfrac{1}{2}$ $a_n = \dfrac{1}{L}\int_{-1}^{1} f(x)\cos\dfrac{2n\pi}{L}x\,dx$ $\quad = \int_{-1}^{0} 0 \cdot \cos(n\pi x)\,dx + \int_{0}^{1} x\cos n\pi x\,dx$ $\quad = \dfrac{\sin n\pi x}{n\pi} + \dfrac{\cos n\pi x}{n^2\pi^2}\Big|_{0}^{1} = \begin{cases} \dfrac{-2}{n^2\pi^2}, & n \text{ 為奇數} \\ 0, & n \text{ 為偶數} \end{cases}$ $b_n = \dfrac{1}{L}\int_{-1}^{1} f(x)\sin\dfrac{2n\pi}{L}\,dx = \int_{-1}^{1} f(x)\sin n\pi x\,dx$ $\quad = \int_{-1}^{0} 0\sin n\pi x\,dx + \int_{0}^{1} x\sin n\pi x\,dx$ $\quad = \dfrac{-x\cos n\pi x}{n\pi} + \dfrac{\sin n\pi x}{n^2\pi^2}\Big|_{0}^{1}$ $\quad = \dfrac{-\cos n\pi}{n\pi} = \begin{cases} \dfrac{-1}{n\pi}, & n \text{ 為偶數} \\ \dfrac{1}{n\pi}, & n \text{ 為奇數} \end{cases}$ $\therefore f(x) = \dfrac{1}{4} - \dfrac{2}{\pi^2}\Big(\cos\pi x + \dfrac{1}{9}\cos 3\pi x + \dfrac{1}{25}\cos 5\pi x$ $\qquad + \cdots\Big) + \dfrac{1}{\pi}\Big(\sin\pi x - \dfrac{1}{2}\sin 2\pi x + \dfrac{1}{3}\sin 3\pi x\cdots\Big)$ (1) (2) 在 (1) 取 $x = \dfrac{1}{2}$， $f\Big(\dfrac{1}{2}\Big) = \dfrac{1}{2} = \dfrac{1}{4} - \dfrac{2}{\pi^2}(0) + \dfrac{1}{\pi}\Big(1 - \dfrac{1}{3} + \dfrac{1}{5} - \dfrac{1}{7} + \cdots\Big)$ $\therefore 1 - \dfrac{1}{3} + \dfrac{1}{5} - \dfrac{1}{7} + \cdots = \dfrac{\pi}{4}$

練習 5.1A

1. 求 $f(x) = 1 - |x|$，$-3 \le x \le 3$ 之傅立葉級數

2. 求 $f(x) = 1 - x^2$，$1 > x > -1$ 之傅立葉級數

3. 求 $f(x) = \begin{cases} 0, & -\pi \le x < 0 \\ \pi, & 0 \le x < \pi \end{cases}$ 之傅立葉級數

4. 求 $f(x) = |\sin x|$，$\pi > x > -\pi$ 之傅立葉級數

5. 求 $f(x) = \begin{cases} 1 & -\dfrac{\pi}{2} < x < \dfrac{\pi}{2} \\ 0 & \dfrac{\pi}{2} < x < \dfrac{3}{2}\pi \end{cases}$ 之傅立葉級數

6. (1) 求 $f(x) = |x|$，$\pi \ge x \ge -\pi$ 之傅立葉級數並以此求　(2) $\dfrac{1}{1^2} + \dfrac{1}{3^2} + \dfrac{1}{5^2} + \dfrac{1}{7^2} + \cdots$

7. (1) 求 $f(x) = \begin{cases} x, & 1 > x \ge 0 \\ 0, & 2 \ge x > 1 \end{cases}$ 之傅立葉級數並以此求　(2) $\dfrac{1}{1^2} + \dfrac{1}{3^2} + \dfrac{1}{5^2} + \dfrac{1}{7^2} + \cdots$

8. (1) 求 $f(x) = \begin{cases} 0 & , -\pi < x < 0 \\ \sin x & , 0 \leq x < \pi \end{cases}$ 之傅立葉級數並以此結果求

(2) $\dfrac{1}{1 \cdot 3} + \dfrac{1}{3 \cdot 5} + \dfrac{1}{5 \cdot 7} + \dfrac{1}{7 \cdot 9} + \cdots = ?$ 及 (3) $\dfrac{1}{1 \cdot 3} - \dfrac{1}{3 \cdot 5} + \dfrac{1}{5 \cdot 7} - \dfrac{1}{7 \cdot 9} + \cdots = ?$

半幅展開式

半幅傅立葉級數（half range Fourier series）包括半幅正弦級數或半幅餘弦級數。它是指只有正弦項或餘弦項出現之級數。$f(x)$ 之半幅傅立葉級數，$f(x)$ 定義域通常限定在（$0, L$）。因（$0, L$）爲（$-L, L$）一半故稱爲**半幅**（half range）。

$f(x)$ 定義於（$0, L$）則其半幅傅立葉級數是：

(1) 半幅正弦級數：$a_n = 0$，$b_n = \dfrac{2}{L} \int_0^L f(x) \sin \dfrac{n\pi x}{L} \, dx$

(2) 半幅餘弦級數：$b_n = 0$，$a_n = \dfrac{2}{L} \int_0^L f(x) \cos \dfrac{n\pi x}{L} \, dx$

我們可將 $f(x)$ 擴展成（$-L, L$），以使得 $f(x)$ 在（$-L, L$）爲偶函數或奇函數，以 $f(x) = x$，$1 > x > 0$ 爲例，其圖形如圖 a，現我們要在（$-1, 0$）做一個「補充」定義：

(i) 如果要得到一半幅正弦函數，正弦函數爲奇函數，我們將拓展成 $f(x) = x$，$1 > x > -1$，如此就變成奇函數（如圖 b）

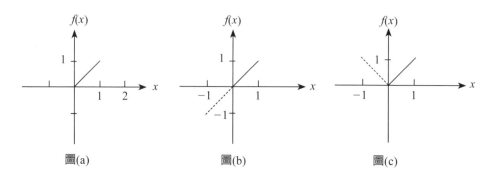

圖(a)　　　　　　　　圖(b)　　　　　　　　圖(c)

(ii) 如果要得到一半幅餘弦函數，餘弦函數爲偶函數，我們將拓展成 $f(x) = \begin{cases} x & , 1 > x > 0 \\ -x & , 0 > x > -1 \end{cases}$，如此就變成偶函數（如圖 c）。

例 5 求 $f(x) = 1$ 在 $2 > x > 0$ 之半幅正弦級數。

解

$\quad L = 2$

$$\therefore b_n = \frac{2}{L} \int_o^L f(x) \sin \frac{n\pi x}{L} \, dx = \int_o^2 1 \sin \frac{n\pi x}{2} \, dx$$

$$= -\frac{2}{n\pi} \cos \frac{n\pi x}{2} \bigg]_o^2 = -\frac{2}{n\pi} (\cos n\pi - 1)$$

$$= \begin{cases} 0 & , \ n \text{ 為偶數} \\ \dfrac{4}{n\pi} & , \ n \text{ 為奇數} \end{cases}$$

$$\therefore f(x) = 1 = \frac{4}{\pi} \left(\frac{1}{1} \sin \frac{\pi x}{2} + \frac{1}{3} \sin \frac{3\pi x}{2} + \frac{1}{5} \sin \frac{5\pi x}{2} + \cdots \right)$$

例 6 求 $f(x) = x$ 在 $2 > x > 0$ 之半幅餘弦級數。

提示	解答
$\int x\cos\frac{n\pi x}{L} dx$ 速解 x ⟍ $\cos\frac{n\pi}{2}x$ ＋ 1 ⟍ $\frac{2}{n\pi}\sin\frac{n\pi}{2}x$ － 0 ⟍ $\frac{-4}{n^2\pi^2}\cos\frac{n\pi x}{2}$	$L = 2$ $\therefore a_n = \frac{2}{L} \int_o^L f(x) \cos \frac{n\pi x}{L} dx = \int_o^2 x \cos \frac{n\pi x}{2} dx$ $= \frac{2x}{n\pi} \sin \frac{n\pi}{2} x + \frac{4}{n^2\pi^2} \cos \frac{n\pi}{2} x \Big]_o^2$ $= \frac{4}{n^2\pi^2} (\cos n\pi - 1)$ ，$n \neq 0$ $= \begin{cases} \dfrac{-8}{n^2\pi^2} & , \ n \text{ 為奇數} \\ 0 & , \ n \text{ 為偶數} \end{cases}$ 又 $n = 0$ 時，$a_o = \int_o^2 x \, dx = 2$ $\therefore f(x) = x = 1 - \frac{8}{\pi^2} \left(\frac{1}{1^2} \cos \frac{\pi x}{2} + \frac{1}{3^2} \cos \frac{3\pi x}{2} + \frac{1}{5^2} \cos \frac{5\pi x}{2} + \cdots \right)$

例 7 求 $f(x) = x^2$，在 $1 > x > 0$ 之半幅正弦級數。

提示	解答
$\int x^2 \sin n\pi x \, dx$ 速解： x^2 ＋ $\sin n\pi x$ $2x$ － $\frac{-1}{n\pi}\cos n\pi x$ 2 ＋ $\frac{-1}{n^2\pi^2}\sin n\pi x$ 0 $\frac{1}{n^3\pi^3}\cos n\pi x$	$L = 1$ $\therefore b_n = \frac{2}{L} \int_o^L f(x) \sin \frac{n\pi}{L} x \, dx = 2 \int_o^1 x^2 \sin n\pi x \, dx$ $= 2 \left[-\frac{x^2}{n\pi} \cos n\pi x + \frac{2x}{n^2\pi^2} \sin n\pi x + \frac{2}{n^3\pi^3} \cos n\pi x \right]_o^1$ $= 2 \left[-\frac{1}{n\pi} \cos n\pi + \frac{2}{n^3\pi^3} \cos n\pi - \frac{2}{n^3\pi^3} \right]$ $= \begin{cases} \dfrac{2}{n\pi} - \dfrac{8}{n^3\pi^3} & , \ n \text{ 為奇數} \\ -\dfrac{2}{n\pi} & , \ n \text{ 為偶數} \end{cases}$ $\therefore f(x) = x^2 = \left[\left(\frac{2}{\pi} - \frac{8}{\pi^3} \right) \sin \pi x - \frac{1}{\pi} \sin 2\pi x + \left(\frac{2}{3\pi} - \frac{8}{27\pi^3} \right) \sin 3\pi x \right.$ $\left. - \frac{1}{2\pi} \sin 4\pi x + \left(\frac{2}{5\pi} - \frac{8}{125\pi^3} \right) \sin 5\pi x - \frac{1}{3\pi} \sin 6\pi x + \cdots \right]$

★Parseval等式

【定理 A】　Parseval 等式（Parseval identity）：若 a_n，b_n 是與 $f(x)$ 相對應之傅立葉係數，則

$$\frac{1}{L}\int_{-L}^{L}\{f(x)\}^2dx=\frac{a_0^2}{2}+\sum_{n=1}^{\infty}(a_n^2+b_n^2)$$

證明　$f(x)=\dfrac{a_0}{2}+\sum\limits_{n=1}^{\infty}\left(a_n\cos\dfrac{n\pi x}{L}+b_n\sin\dfrac{n\pi x}{L}\right)$，兩邊同乘 $f(x)$ 得：

$$f^2(x)=\frac{a_0}{2}f(x)+\sum_{n=1}^{\infty}\left(a_n f(x)\cos\frac{n\pi x}{L}+b_n f(x)\sin\frac{n\pi x}{L}\right)$$

從而

$$\int_{-L}^{L}f^2(x)dx=\frac{a_0}{2}\int_{-L}^{L}f(x)dx+\sum_{n=1}^{\infty}\left\{a_n\int_{-L}^{L}f(x)\cos\frac{n\pi x}{L}dx\right.$$
$$\left.+b_n\int_{-L}^{L}f(x)\sin\frac{n\pi x}{L}dx\right\} \tag{1}$$

但 $a_n=\dfrac{1}{L}\int_{-L}^{L}f(x)\cos\dfrac{n\pi x}{L}dx$，即 $\int_{-L}^{L}f(x)\cos\dfrac{n\pi x}{L}dx=La_n$

同理　$\int_{-L}^{L}f(x)\sin\dfrac{n\pi x}{L}dx=Lb_n$，

又　$a_0=\dfrac{1}{L}\int_{-L}^{L}f(x)dx$，從而　$\int_{-L}^{L}f(x)dx=a_0L$

將上述結果代入 (1) 即得：

$$\int_{-L}^{L}f^2(x)dx=\frac{a_0}{2}\cdot a_0L+\sum_{n=1}^{\infty}(a_n\cdot La_n+b_n\cdot Lb_n)=\frac{a_0^2}{2}L+L\sum_{n=1}^{\infty}(a_n^2+b_n^2)$$

$$\therefore \frac{1}{L}\int_{-L}^{L}f^2(x)dx=\frac{a_0^2}{2}+\sum_{n=1}^{\infty}(a_n^2+b_n^2) \qquad ■$$

例 8　利用例 2 之結果及 Parseval 等式求

$$1+\frac{1}{2^4}+\frac{1}{3^4}+\frac{1}{4^4}+\cdots$$

解

在例 2，我們已求得：

$$a_0=\frac{2}{3}\pi^2,\ a_n=\begin{cases}\dfrac{4}{n^2}&,\ n\text{ 爲偶數}\\[2mm]-\dfrac{4}{n^2}&,\ n\text{ 爲奇數}\end{cases},\ b_n=0\text{。}$$

$$\therefore \frac{1}{L}\int_{-L}^{L}\{f(x)\}^2dx = \frac{1}{\pi}\int_{-\pi}^{\pi}x^4\,dx = \frac{2}{5}\pi^4 \tag{1}$$

$$\text{又}\quad \frac{a_0^2}{2} + \sum_{n=1}^{\infty}(a_n^2+b_n^2) = \frac{1}{2}\left(\frac{2}{3}\pi^2\right)^2 + \sum_{n=1}^{\infty}\left(\frac{4}{n^2}\right)^2 = \frac{2}{9}\pi^4 + \sum_{n=1}^{\infty}\left(\frac{4}{n^2}\right)^2 = \frac{2}{9}\pi^4 + 16\sum_{n=1}^{\infty}\frac{1}{n^4}$$

$$\tag{2}$$

$$\because (1) = (2)$$

$$\therefore \frac{2}{5}\pi^4 = \frac{2}{9}\pi^4 + 16\sum_{n=1}^{\infty}\frac{1}{n^4}$$

$$\text{得}\ \sum_{n=1}^{\infty}\frac{1}{n^4} = \frac{1}{16}\left(\frac{2}{5}\pi^4 - \frac{2}{9}\pi^4\right) = \frac{1}{90}\pi^4$$

練習 5.1B

1. 求 $f(x)=1$，$1 > x > 0$ 之半幅正弦展開式
2. 求 $f(x) = x(1-x)$，$0 < x < 1$ 之半幅正弦展開式
3. 求 $f(x) = x$，$0 < x < 2$ 之正弦展開式，並繪偶展延之圖（與例 6 做一比較）

5.2 傅立葉轉換

傅立葉積分式

由傅立葉級數利用 Euler 公式可不嚴謹地得到下列定理

【定理A】 （傅立葉積分定理）若函數 $f(t)$ 在 $(-\infty, \infty)$ 中滿足

(1) 在任意有限區間上滿足 Dirchlet 條件

(2) $\int_{-\infty}^{\infty} |f(t)| \, dt < \infty$

則 $f(t) = \dfrac{1}{2\pi} \int_{-\infty}^{\infty} \left(\int_{-\infty}^{\infty} f(\tau) e^{-i\omega\tau} d\tau \right) e^{i\omega t} d\omega$

若 $f(t)$ 在 $t = t_0$ 處為不連續，則 $f(t_0)$ 可用 $\dfrac{1}{2} (f(t_0^+) + f(t_0^-))$ 來代替。

我們可由傅立葉積分定理導出傅氏積分之三角形式：

$$f(t) = \frac{1}{2\pi} \int_{-\infty}^{\infty} \left(\int_{-\infty}^{\infty} f(\tau) e^{-i\omega\tau} d\tau \right) e^{i\omega t} d\omega = \frac{1}{2\pi} \int_{-\infty}^{\infty} \left(\int_{-\infty}^{\infty} f(\tau) e^{i\omega(t-\tau)} d\tau \right) d\omega$$

$$= \frac{1}{2\pi} \int_{-\infty}^{\infty} \left[\int_{-\infty}^{\infty} f(\tau)(\cos\omega(t-\tau) + i\sin\omega(t-\tau)) \, d\tau \right] d\omega$$

$$= \frac{1}{2\pi} \int_{-\infty}^{\infty} \int_{-\infty}^{\infty} f(\tau)\cos\omega(t-\tau) \, d\tau d\omega = \frac{1}{\pi} \int_{0}^{\infty} \int_{-\infty}^{\infty} f(\tau)\cos\omega(t-\tau) \, d\tau d\omega$$

（$\because g(\omega) = \sin\omega(t-\tau)$，$\infty > \omega > -\infty$ 是 ω 之奇函數，且 $h(\omega) = f(\tau)\cos\omega(t-\tau)$，$\infty > \omega > -\infty$ 是 ω 之偶函數）

由傅氏積分之三角形式可推出下列重要結果：

$$f(x) = \int_{0}^{\infty} \left(A(\omega) \cos \omega x + B(\omega) \sin \omega x \right) d\omega \tag{1}$$

其中

$$A(\omega) = \frac{1}{\pi} \int_{-\infty}^{\infty} f(x) \cos \omega x \, dx \; ; \; B(\omega) = \frac{1}{\pi} \int_{-\infty}^{\infty} f(x) \sin \omega x \, dx$$

若 $f(x)$ 在 $-\infty < x < \infty$ 為偶函數，則

$$A(\omega) = \frac{2}{\pi} \int_{0}^{\infty} f(x) \cos \omega x \, dx$$ 為 $f(x)$ 之**傅利葉餘弦積分**（Fourier-cosine integral），

同理，$f(x)$ 在 $-\infty < x < \infty$ 為奇函數時 $B(\omega) = \dfrac{2}{\pi} \int_{0}^{\infty} f(x) \sin \omega x \, dx$ 為 $f(x)$ 之

傅立葉正弦積分（Fourier-sine integral），而 (1) 稱為**傅立葉全三角積分**（Fourier complete trigonometric integral）。

例 1　求 $f(x) = \begin{cases} 1 , & |x| < 1 \\ 0 , & |x| > 1 \end{cases}$ 之傅氏積分式，並以此結果求 $\int_0^\infty \dfrac{\sin \omega}{\omega} d\omega$ 及

$\int_0^\infty \dfrac{\sin \omega \cos \omega x}{\omega} d\omega$。

解

∵ $f(x)$ 為偶函數　∴ $f(x)$ 以傅立葉餘弦積分式表示為

$$f(x) = \int_0^\infty A(\omega) \cos \omega x \, d\omega$$

$$A(\omega) = \frac{2}{\pi} \int_0^\infty f(x) \cos \omega x \, dx = \frac{2}{\pi} \int_0^1 \cos \omega x \, dx = \frac{2}{\pi} \frac{\sin \omega x}{\omega} \Big]_0^1 = \frac{2}{\pi \omega} \sin \omega$$

$$\therefore f(x) = \int_0^\infty A(\omega) \cos \omega x \, d\omega = \int_0^\infty \frac{2}{\pi \omega} \sin \omega \cos \omega x \, d\omega$$

$$= \frac{2}{\pi} \int_0^\infty \frac{\sin \omega}{\omega} \cos \omega x \, d\omega$$

(1) 取 $x = 0$，$f(x)$ 在 $x = 0$ 時為連續 $\therefore f(0) = 1 = \dfrac{2}{\pi} \int_0^\infty \dfrac{\sin \omega}{\omega} d\omega$

即 $\int_0^\infty \dfrac{\sin \omega}{\omega} d\omega = \dfrac{\pi}{2}$

(2) ① $|x| = 1$ 時：$f(x)$ 在 $|x| = 1$ 處為不連續

$$\therefore \frac{2}{\pi} \int_0^\infty \frac{\sin \omega}{\omega} \cos \omega x \, d\omega = \frac{f(1^+) + f(1^-)}{2} = \frac{0+1}{2} = \frac{1}{2}$$

即在 $|x| = 1$ 時 $\int_0^\infty \dfrac{\sin \omega \cos \omega x}{\omega} d\omega = \dfrac{\pi}{2} \cdot \dfrac{0+1}{2} = \dfrac{\pi}{4}$

② $|x| < 1$ 時：$\dfrac{2}{\pi} \int_0^\infty \dfrac{\sin \omega \cos \omega x}{\omega} d\omega = f(x) = 1$

$$\therefore \int_0^\infty \frac{\sin \omega \cos \omega x}{\omega} d\omega = \frac{\pi}{2}$$

③ $|x| > 1$ 時，$\dfrac{2}{\pi} \int_0^\infty \dfrac{\sin \omega \cos \omega x}{\omega} d\omega = f(x) = 0$

$$\therefore \int_0^\infty \frac{\sin \omega \cos \omega x}{\omega} dx = 0$$

綜上 $\int_0^\infty \dfrac{\sin \omega \cos \omega x}{\omega} d\omega = \begin{cases} \dfrac{\pi}{2}, & |x| < 1 \\[2mm] \dfrac{\pi}{4}, & |x| = 1 \\[2mm] 0, & |x| > 1 \end{cases}$

例 2 求 $f(x) = \begin{cases} e^{-x} , & x>0 \\ 0 , & x<0 \end{cases}$ 之傅立葉積分式，並以此結果證明

$$\int_0^\infty \frac{\cos x\omega + \omega \sin x\omega}{1+\omega^2} d\omega = \begin{cases} 0 , & x<0 \\ \dfrac{\pi}{2} , & x=0 \\ \pi e^{-x} , & x>0 \end{cases}$$

提示	解答
(1) $\int_0^\infty e^{-x}\cos\omega x\, dx$ $= \mathcal{L}(\cos\omega x)\vert_{s=1}$ $= \dfrac{1}{s^2+\omega^2}\Big\vert_{s=1} = \dfrac{1}{1+\omega^2}$ 同法 $\int_0^\infty e^{-x}\sin\omega x\, dx$ $= \mathcal{L}(\sin\omega x)\vert_{s=1}$ $= \dfrac{\omega}{1+\omega^2}$	(1) $f(x)$ 既非奇函數亦非偶函數故需以全三角積分式表示。 $A(\omega) = \dfrac{1}{\pi}\int_{-\infty}^\infty f(x)\cos\omega x\, dx = \dfrac{1}{\pi}\int_0^\infty e^{-x}\cos\omega x\, dx = \dfrac{1}{\pi}\dfrac{1}{1+\omega^2}$ $B(\omega) = \dfrac{1}{\pi}\int_{-\infty}^\infty e^{-x}\sin\omega x\, dx = \dfrac{1}{\pi}\int_0^\infty e^{-x}\sin\omega x\, dx = \dfrac{1}{\pi}\dfrac{\omega}{1+\omega^2}$ $\therefore f(x) = \int_0^\infty (A(\omega)\cos\omega x + B(\omega)\sin\omega x)\, d\omega$ $\qquad = \int_0^\infty \left(\dfrac{1}{\pi}\dfrac{\cos\omega x}{1+\omega^2} + \dfrac{1}{\pi}\dfrac{\omega\sin\omega x}{1+\omega^2}\right) d\omega$ $\qquad = \dfrac{1}{\pi}\int_0^\infty \dfrac{\cos\omega x + \omega\sin\omega x}{1+\omega^2}\, d\omega$ (2) $x<0$ 時，$f(x)=0$ $\quad x=0$ 時 $\because f(x)$ 在 $x=0$ 時不連續 $\therefore \dfrac{1}{\pi}\int_0^\infty \dfrac{\cos\omega x + \omega\sin\omega x}{1+\omega^2}\, d\omega = \dfrac{f(0^+)+f(0^-)}{2} = \dfrac{e^{-0}+0}{2} = \dfrac{1}{2}$ (1) 即 $\int_0^\infty \dfrac{\cos x\omega + \omega\sin x\omega}{1+\omega^2}\, d\omega = \dfrac{\pi}{2}$ (2) $x>0$ 時，$f(x)=e^{-x}$ $\therefore \dfrac{1}{\pi}\int_0^\infty \dfrac{\cos\omega x + \omega\sin\omega x}{1+\omega^2}\, d\omega = e^{-x}$ 即 $\int_0^\infty \dfrac{\cos\omega x + \omega\sin\omega x}{1+\omega^2}\, d\omega = \pi e^{-x}$ (3) 在計算 $\int_0^\infty e^{-x}\cos\omega x\, dx$ 與 $\int_0^\infty e^{-x}\sin\omega x\, dx$ 時，可由 $\mathcal{L}(\cos\omega x)$ 與 $\mathcal{L}(\sin\omega x)$ 令 $s=1$ 即可。

練習 5.2A

1. 求 $f(t) = \begin{cases} e^{-t}\sin 2t , & t>0 \\ 0 , & t<0 \end{cases}$ 之傅立葉積分式

2. 求 $f(t) = \begin{cases} \sin t , & |t| \le \pi \\ 0 , & |t| > \pi \end{cases}$ 之傅立葉積分式，並由此求 $\int_0^\infty \dfrac{\sin\omega\pi\sin\omega t}{1-\omega^2} d\omega$

3. 應用傅立葉積分之三角形式求 $f(t) = \begin{cases} 0 , & t<0 \\ e^{-\beta t} , & t \ge 0 \end{cases}$ 之 (1) 傅立葉積分式及

(2) $\int_0^\infty \dfrac{\beta\cos\omega t + \omega\sin\omega t}{\beta^2 + \omega^2} d\omega$

傅立葉轉換之反演公式[註]

由傅立葉積分定理（定理 A）可導出

$$\mathcal{F}(f(t)) = F(\omega) = \int_{-\infty}^{\infty} f(t)e^{-i\omega t}\, dt \tag{1}$$

$$\mathcal{F}^{-1}(F(\omega)) = f(t) = \frac{1}{2\pi} \int_{-\infty}^{\infty} F(\omega)e^{i\omega t}\, dt \tag{2}$$

提示	圖示
比較二個積分式之差異。	$\int_{-\infty}^{\infty} f(t)e^{-i\omega t}\, dt$ $f(t) \rightleftarrows F(\omega)$ $\frac{1}{2\pi} \int_{-\infty}^{\infty} F(\omega)e^{i\omega t}\, dt$

(2) 稱為 (1) 之**反演公式**（inversion formula）

因此：

(1)傅立葉餘弦轉換：若 $f(t)$ 為偶函數，則它有一個傅立葉餘弦轉換 $F_c(\omega)$，它們間的關係是：

$$\begin{cases} F_c(\omega) = \displaystyle\int_0^{\infty} f(t)\cos\omega t\, dt \\[2mm] f(t) = \dfrac{2}{\pi} \displaystyle\int_0^{\infty} F_c(\omega)\cos\omega t\, d\omega \end{cases}$$

(2)傅立葉正弦轉換：若 $f(t)$ 為奇函數，則它有一個傅立葉正弦轉換 $F_s(\omega)$ 表示，它們之間的關係是：

$$\begin{cases} F_s(\omega) = \displaystyle\int_0^{\infty} f(t)\sin\omega t\, dt \\[2mm] f(t) = \dfrac{2}{\pi} \displaystyle\int_0^{\infty} F_s(\omega)\sin\omega t\, d\omega \end{cases}$$

例 3 求 $f(t) = \begin{cases} 1 \,,\, 1 > t \geq 0 \\ 0 \,,\, t \geq 1 \end{cases}$ 之 $F_s(\omega)$ 及 $F_c(\omega)$

解

$$(1)\ F_s(\omega) = \int_0^{\infty} f(t)\sin\alpha t\, dt = \left[\int_0^1 1\sin\omega t\, dt + \int_1^{\infty} 0\sin\omega t\, dt \right]$$

註：本章以下部分需應用複變數。

$$= \left(\frac{-\cos\omega t}{\omega}\right)\Big]_0^1 = \left(\frac{1-\cos\omega}{\omega}\right)$$

$$(2)\ F_c(\omega) = \int_0^\infty f(u)\cos\omega t\,dt = \left[\int_0^1 1\cos\omega t\,dt + \int_1^\infty 0\cdot\cos\omega t\,dt\right]$$

$$= \frac{\sin\omega t}{\omega}\Big]_0^1 = \frac{\sin\omega}{\omega}$$

例 4 $\int_0^\infty f(t)\cos\omega t\,dt = \begin{cases} 1-\omega\,, & 1>\omega\ge 0 \\ 0\,, & \omega>1 \end{cases}$，求 $f(t)$

提示	解答
$\int(1-\omega)\cos\omega t\,d\omega$ 之速解： $\begin{array}{cc} 1-\omega & \searrow^+ & \cos\omega t \\ -1 & \searrow^- & \dfrac{\sin\omega t}{t} \\ 0 & & \dfrac{-\cos\omega t}{t^2} \end{array}$	$\because f(t)$ 之傅氏餘弦轉換為 $F_c(\omega)=\int_0^\infty f(t)\cos\omega t\,dt$ $\therefore f(t)=\dfrac{2}{\pi}\int_0^\infty F_c(\omega)\cos\omega t\,d\omega = \dfrac{2}{\pi}\int_0^1 (1-\omega)\cos\omega t\,d\omega$ $=\dfrac{(1-\omega)\sin\omega t}{t} - \dfrac{\cos\omega t}{t^2}\Big]_0^1 = \dfrac{2}{\pi}\left(\dfrac{1-\cos t}{t^2}\right)$

練習 5.2B

1. $f(x) = \begin{cases} -1, & 0<x<1 \\ 1, & 1<x<2 \end{cases}$ 求 $F_c(\omega)$

2. $f(x) = e^{-ax}$，$a>0$，求 $F_c(\omega)$

3. 求 $f(x) = \begin{cases} A\,, & 0\le t<b \\ 0\,, & 其它 \end{cases}$ 之傅立葉轉換。

4. 若 $\mathcal{F}(f(t)) = F(\omega)$，$\mathcal{F}(g(t)) = G(\omega)$

   試證 (1) $\mathcal{F}(\alpha f(t)\pm\beta g(t)) = \alpha F(\omega)\pm\beta G(\omega)$

   (2) $\mathcal{F}^{-1}(\alpha F(\omega)\pm\beta G(\omega)) = \alpha f(t)\pm\beta g(t)$

5. $\int_0^\infty f(t)\sin\omega t\,dt = \begin{cases} 1\,, & 1\ge\omega\ge 0 \\ 0\,, & \omega>1 \end{cases}$，求 $f(t)$

6. 由 $f(t)=e^{-t}$，$t\ge 0$ 之傅氏正弦轉換，求證 $\int_0^\infty \dfrac{t\sin\omega t}{t^2+1}\,dt = \dfrac{\pi}{2}e^{-\omega}$，$\omega>0$

傅立葉積分之Parseval恆等式

【定理 B】 （傅立葉積分之 Parseval 恆等式（Parseval's identity））：
若 $\mathcal{F}(f(t))=F(\omega)$ 則

$$\int_{-\infty}^\infty |f(t)|^2\,dt = \frac{1}{2\pi}\int_{-\infty}^\infty |F(\omega)|^2\,d\omega$$

上式之 $|F(\omega)|^2$ 稱為**能量密度函數**（energy density function）。定理 B 也可寫成 $\int_{-\infty}^{\infty} |F(\omega)|^2\,d\omega = 2\pi \int_{-\infty}^{\infty} |f(t)|^2\,dt$

【定理 C】　若 $f(t)$ 經傅立葉正弦轉換／餘弦轉換而得 $F_s(\omega)$、$F_c(\omega)$，此時之 Parseval 恆等式

$$\int_0^{\infty} f^2(t)\,dt = \frac{2}{\pi} \int_0^{\infty} F_s^2(\omega)\,d\omega$$

$$\int_0^{\infty} f^2(t)\,dt = \frac{2}{\pi} \int_0^{\infty} F_c^2(\omega)\,d\omega$$

證明　（只證餘弦轉換部分）

$$\because F_c(\omega) = \int_0^{\infty} f(t)\cos\omega t\,dt \quad \therefore f(t) = \frac{2}{\pi} \int_0^{\infty} F_c(\omega)\cos\omega t\,d\omega$$

$$\Rightarrow \int_0^{\infty} f^2(t)dt = \frac{2}{\pi} \int_0^{\infty} F_c(\omega) \left(\int_0^{\infty} f(t)\cos\omega t\,dt \right) d\omega$$

$$\therefore \int_0^{\infty} f^2(t)dt = \frac{2}{\pi} \int_0^{\infty} F_c^2(\omega)\,d\omega \qquad \blacksquare$$

正弦轉換部分同法可證。定理 C 亦可寫成：

$$\int_0^{\infty} F_c^2(\omega)\,d\omega = \frac{\pi}{2} \int_0^{\infty} f^2(t)dt \text{ 及 } \int_0^{\infty} F_s^2(\omega)\,d\omega = \frac{\pi}{2} \int_0^{\infty} f^2(t)dt$$

例 5　$f(t) = \begin{cases} a, & |x| < a \\ 0, & |x| > a \end{cases}$ ，$a > 0$，先求 (1) $f(t)$ 之傅立葉轉換 $F(\omega)$

並以此求 (2) $\int_{-\infty}^{\infty} \left(\dfrac{\sin\omega a}{\omega a} \right)^2 d\omega$

提示	解答
1. 用傅立葉轉換定義 2. Euler 公式 　$e^{i\omega t} = \cos\omega t + i\sin\omega t$	(1) $F(\omega) = \int_{-\infty}^{\infty} \cos\omega t\, f(t)\,dt = a \int_{-a}^{a} \cos\omega t$ 　　$= 2a \int_0^{a} \cos\omega t = \dfrac{2a}{\omega} \sin\omega t \Big]_0^a = \dfrac{2a}{\omega} \sin\omega a$
應用定理 C	(2) $\because F_c(\omega) = 2\int_0^a a\cos\omega t\,dt = \dfrac{2a}{\omega}\sin\omega a$，由 Parseval 恆等式， 　$2\pi \int_{-a}^{a} |f(t)|^2 dt = \int_{-\infty}^{\infty} \left(\dfrac{2a}{\omega}\sin\omega a \right)^2 d\omega$ 　$\therefore 2\pi \int_{-a}^{a} a^2 dt = \int_{-\infty}^{\infty} \left(\dfrac{\sin\omega a}{\omega} \right)^2 d\omega \Rightarrow 4a^3\pi = 4a^4 \int_{-\infty}^{\infty} \left(\dfrac{\sin\omega a}{\omega a} \right)^2 d\omega$ 　得 $\int_{-\infty}^{\infty} \left(\dfrac{\sin\omega a}{\omega a} \right)^2 d\omega = \dfrac{\pi}{a}$

例 6　求 $f(t) = 1$，$1 \geq x \geq 0$ 之 (1) 傅立葉餘弦轉換並以此結果求
(2) $\int_0^\infty \frac{\sin x}{x}\,dx$ 與 (3) $\int_0^\infty \frac{\sin^2 x}{x^2}\,dx$ (4) 由 (1) 再求 $\int_{-\infty}^\infty \frac{\sin^4 x}{x^2}\,dx$

解

(1) $F_c(\omega) = \int_0^\infty f(t)\cos\omega t\,dt = \int_0^1 \cos\omega t\,dt = \frac{\sin\omega}{\omega}$

(2) $f(t) = \frac{2}{\pi}\int_0^\infty F_c(\omega)\cos\omega t\,d\omega = \frac{2}{\pi}\int_0^\infty \frac{\sin\omega}{\omega}\cos\omega t\,d\omega$

　　取 $t = 0$，$f(0) = 1$

　　$\therefore \frac{2}{\pi}\int_0^\infty \frac{\sin\omega}{\omega}\,d\omega = 1$，$\int_0^\infty \frac{\sin\omega}{\omega}\,d\omega = \frac{\pi}{2}$ 即 $\int_0^\infty \frac{\sin x}{x}\,dx = \frac{\pi}{2}$

(3) 利用 Parseval 恆等式

　　由 (1) $F_c(\omega) = \frac{\sin\omega}{\omega}$

　　$\therefore \int_0^\infty F_c^2(\omega)d\omega = \frac{\pi}{2}\int_0^1 1\,dt$

　　$\therefore \Rightarrow \int_0^\infty \left(\frac{\sin\omega}{\omega}\right)^2 d\omega = \frac{\pi}{2}$ 即 $\int_0^\infty \left(\frac{\sin x}{x}\right)^2 dx = \frac{\pi}{2}$

(4) $\sin^4 x = \sin^2 x(1 - \cos^2 x) = \sin^2 x - \frac{1}{4}\sin^2 2x$

　　$\int_0^\infty \frac{\sin^4 x}{x^2}\,dx = \int_0^\infty \frac{\sin^2 x - \frac{1}{4}\sin^2 2x}{x^2}\,dx = \int_0^\infty \frac{\sin^2 x}{x^2}\,dx - \frac{1}{4}\int_0^\infty \frac{\sin^2 2x}{x^2}\,dx$

　　又 $\frac{1}{4}\int_0^\infty \frac{\sin^2 2x}{x^2}\,dx \xlongequal{y=2x} \frac{1}{4}\int_0^\infty \frac{\sin^2 y}{\frac{y^2}{4}} \cdot \frac{1}{2}\,dy = \frac{1}{2}\int_0^\infty \frac{\sin^2 y}{y^2}\,dy$

　　$\therefore \int_0^\infty \frac{\sin^4 x}{x^2}\,dx = \int_0^\infty \frac{\sin^2 x}{x^2}\,dx - \frac{1}{2}\int_0^\infty \frac{\sin^2 x}{x^2}\,dx$

　　　　　　　　　　$= \frac{1}{2}\int_0^\infty \frac{\sin^2 x}{x^2}\,dx = \frac{1}{2} \cdot \frac{\pi}{2} = \frac{\pi}{4}$

　　$\therefore \int_{-\infty}^\infty \frac{\sin^4 x}{x^2}\,dx = 2\int_0^\infty \frac{\sin^4 x}{x^2}\,dx = \frac{\pi}{2}$

練習 5.2C

1. 求 $f(t) = \begin{cases} 1，1 \geq t \geq 0 \\ 0，\quad t > 1 \end{cases}$ 之傅立葉正弦變換並用此結果求 $\int_0^\infty \left(\frac{1-\cos x}{x}\right)^2 dx$

2. 求 $f(t) = e^{-t}$，$t > 0$ 之傅立葉餘弦轉換，並利用此結果應用 Parseval 定理求 $\int_0^\infty \frac{dx}{(x^2+1)^2}$

5.3　傅立葉轉換之性質

單位脈衝函數之傅立葉轉換

我們先談單位脈衝函數之傅氏轉換的理由是因為三角函數之傅氏轉換都與它有關。

我們在拉氏轉換已提到單位脈衝函數 $\delta(t)$ 之定義

$$\delta(t) = \begin{cases} 0 \text{ , } t \neq \infty \\ 1 \text{ , } t = \infty \end{cases} \text{ 且 } \int_{-\infty}^{\infty} \delta(t)\,dt = 1$$

由定義可推出 $\delta(t)$ 二個很重要的結果：

(1) $\int_{-\infty}^{\infty} \delta(t - t_0)\, f(t)\, dt = f(t_0)$　　(2) $\delta(t) = \delta(-t)$

【定理 A】

$$\mathcal{F}[\delta(t - t_0)] = e^{-it_0\omega}$$

$$\mathcal{F}[\delta(t + t_0)] = e^{it_0\omega}$$

證明　$\mathcal{F}[\delta(t - t_0)] = \int_{-\infty}^{\infty} \delta(t - t_0)e^{-i\omega t}\,dt = e^{-it_0\omega}$

$\mathcal{F}[\delta(t + t_0)] = \int_{-\infty}^{\infty} \delta(t + t_0)e^{-i\omega t}\,dt = e^{-(-i\omega t_0)} = e^{it_0\omega}$ ∎

【推論 A1】　$\mathcal{F}(\delta(t)) = 1$

證明　在定理 A 中取 $t_0 = 0$ 即得 $\mathcal{F}(\delta(t)) = 1$ ∎

例 1　若 $f(t) = \dfrac{1}{2}[\delta(t + a) + \delta(t - a)]$ 求 $\mathcal{F}(f(t))$

解

$$\mathcal{F}(f(t)) = \int_{-\infty}^{\infty} \frac{1}{2}[\delta(t + a) + \delta(t - a)]\, e^{-i\omega t}\,dt = \frac{1}{2}(e^{ia\omega} + e^{-ia\omega}) = \cos a\omega$$

【推論 A2】　$\mathcal{F}(1) = 2\pi\delta(\omega)$ 及 $\int_{-\infty}^{\infty} e^{-i(\omega - \omega_0)}\,dt = 2\pi\delta(\omega - \omega_0)$

證明　$\because \mathcal{F}^{-1}(2\pi\delta(\omega)) = \dfrac{1}{2\pi} \int_{-\infty}^{\infty} 2\pi\delta(\omega)e^{i\omega t}\,dt = \int_{-\infty}^{\infty} \delta(\omega - 0)e^{i\omega t}\,dt = e^{i\omega t}\big|_{\omega = 0} = 1$

$\therefore \mathcal{F}(1)=2\pi\delta(\omega)$。 ∎

同法可證 $\int_{-\infty}^{\infty} e^{-i(\omega-\omega_0)t}\,dt=2\pi\delta(\omega-\omega_0)$

有趣的是在正常之數學分析中這二種積分均不存在的。

【定理 B】 $\mathcal{F}(\sin at)=\pi i(\delta(\omega+a)-\delta(\omega-a))$
$\mathcal{F}(\cos at)=\pi(\delta(\omega+a)+\delta(\omega-a))$

證明 $\mathcal{F}(\sin at)=\int_{-\infty}^{\infty} e^{-i\omega t}\sin at\,dt=\int_{-\infty}^{\infty} e^{-i\omega t}\cdot\dfrac{e^{iat}-e^{-iat}}{2i}\,dt$

$=\dfrac{1}{2i}\int_{-\infty}^{\infty}(e^{-i(\omega-a)t}-e^{-i(\omega+a)t})\,dt=\dfrac{1}{2i}[2\pi\delta(\omega-a)-2\pi\delta(\omega+a)]$

$=\pi i[\delta(\omega+a)-\delta(\omega-a)]$ ∎

同法可證 $\mathcal{F}(\cos at)=\pi[\delta(\omega+a)+\delta(\omega-a)]$

例 2 求 (1) $\mathcal{F}(\sin 3t)$ (2) $\mathcal{F}(\cos 5t)$

解

(1) $\mathcal{F}(\sin 3t)=\pi i[\delta(\omega+3)-\delta(\omega-3)]$
(2) $\mathcal{F}(\cos 5t)=\pi[\delta(\omega+5)+\delta(\omega-5)]$

【定理 C】 若 $\mathcal{F}(f(t))=F(\omega)$，$a\neq 0$，則 $\mathcal{F}(f(at))=\dfrac{1}{|a|}F\left(\dfrac{\omega}{a}\right)$

證明 見練習第 8 題。

定理 C 中取 $a=-1$，即可得另一個重要結果：

$$\mathcal{F}(f(-t))=F(-\omega)$$

【定理 D】 若 $\mathcal{F}(f(t))=F(\omega)$，則 $\mathcal{F}(e^{i\omega_0 t}f(t))=F(\omega-\omega_0)$

證明 $\mathcal{F}(e^{i\omega_0 t}f(t))=\int_{-\infty}^{\infty} e^{i\omega_0 t}f(t)e^{-i\omega t}\,dt$

$$= \int_{-\infty}^{\infty} f(t)e^{-i(\omega - \omega_0)t}\, dt = F(\omega - \omega_0) \qquad \blacksquare$$

$$\text{且} \mathcal{F}^{-1}(F(\omega - \omega_0)) = e^{i\omega_0 t}f(t)$$

【推論 D1】　若 $\mathcal{F}(f(t)) = F(\omega)$ 則

$$\mathcal{F}(f(t)\cos\omega_0 t) = \frac{1}{2}(F(\omega - \omega_0) + F(\omega + \omega_0))$$

$$\mathcal{F}(f(t)\sin\omega_0 t) = \frac{1}{2i}(F(\omega - \omega_0) - F(\omega + \omega_0))$$

證明　見練習第 2 題。　　　　　　　　　　　　　　　　　　　　　　　■

例 3　求 $\mathcal{F}(e^{iat}\cos bt)$

解

$$\mathcal{F}(\cos bt) = \pi(\delta(\omega + b) + \delta(\omega - b))$$
$$\therefore\ \mathcal{F}(e^{iat}\cos bt) = \pi(\delta(\omega + b - a) + \delta(\omega - b - a))$$

【定理 E】　若 $\mathcal{F}(f(t)) = F(\omega)$ 則
(1) $\mathcal{F}(f'(t)) = i\omega F(\omega)$
(2) 又若 $\lim\limits_{t \to \infty} \int_{-\infty}^{t} f(t)dt = 0$ 則 $\mathcal{F}\left(\int_{-\infty}^{t} f(t)dt\right) = \dfrac{1}{i\omega}\, F(\omega)$

證明　(1) $\mathcal{F}(f'(t)) = \int_{-\infty}^{\infty} f'(t)e^{-i\omega t}dt = \int_{-\infty}^{\infty} e^{-i\omega t}\, df(t) = e^{-i\omega t}f(t)\Big]_{-\infty}^{\infty} - \int_{-\infty}^{\infty} f(t)\, de^{-i\omega t}$

$$= i\omega \int_{-\infty}^{\infty} f(t)e^{-i\omega t}\, dt = i\omega \mathcal{F}(f(t))$$

(2) $\because \dfrac{d}{dt}\int_{-\infty}^{t} f(t)dt = f(t)$，$\mathcal{F}\left(\dfrac{d}{dt}\int_{-\infty}^{t} f(t)dt\right) = \mathcal{F}(f(t)) = F(\omega)$

$$\therefore \mathcal{F}\left(\int_{-\infty}^{t} f(t)dt\right) = \frac{1}{i\omega}\, \mathcal{F}(f(t)) = \frac{1}{i\omega}\, F(\omega) \qquad \blacksquare$$

若 $\lim\limits_{t \to \pm\infty} f(t) = \lim\limits_{t \to \pm\infty} f'(t) = 0$ 則 $\mathcal{F}(f''(t)) = (i\omega)^2 \mathcal{F}(f(t)) = (i\omega)^2 F(\omega)$

若 $\lim\limits_{t \to \pm\infty} f(t) = \lim\limits_{t \to \pm\infty} f'(t) = \lim\limits_{t \to \pm\infty} f''(t) = 0$ 則

$\mathcal{F}(f'''(t)) = (i\omega)^3\, F(\omega)\cdots$，可推廣到 n 階導函數之情況。

【定理 F】　若 $\mathcal{F}(f(t)) = F(\omega)$ 則 $\dfrac{d}{d\omega}F(\omega) = \mathcal{F}(-itf(t))$

證明　$\dfrac{d}{d\omega}F(\omega)=\dfrac{d}{d\omega}\displaystyle\int_{-\infty}^{\infty}f(t)e^{-i\omega t}dt=\int_{-\infty}^{\infty}\dfrac{\partial}{\partial\omega}(f(t)e^{-i\omega t})dt$

$$=\int_{-\infty}^{\infty}(-it)f(t)e^{-i\omega t}dt=\mathcal{F}(-itf(t))\qquad\blacksquare$$

練習 5.3A

1. 求 (1) $\mathcal{F}(\sin t\cos t)$　(2) $\mathcal{F}(3\cos 2t)$

2. 證明：$\mathcal{F}(f(t)\cos\omega_0 t)=\dfrac{1}{2}(F(\omega+\omega_0)+F(\omega-\omega_0))$，$\mathcal{F}(f(t))=F(\omega)$

3. 若 $\mathcal{F}(f(t))=F(\omega)$，求 $\mathcal{F}(f(t)\cos^2\omega_0 t)$

4. 求 (1) $\mathcal{F}\left(\sin\left(5t+\dfrac{\pi}{3}\right)\right)$　(2) $\mathcal{F}(\sin^3 t)$　(3) $f(t)=\begin{cases}e^{-at}\sin bt,\ t\geq 0\\ 0\qquad,\ t<0\end{cases}$ 求 $\mathcal{F}(f(t))$

5. 若 $F(f(t))=F(\omega)$，試用 $F'(\omega)$ 與 $F(\omega)$ 表示 $\mathcal{F}((t-1)f(t))$

6. 求 (1) $\mathcal{F}(e^{bt^2})$，$b>0$，$t>0$　(2) 利用 (1) 之結果求 $\mathcal{F}(te^{bt^2})$

7. 求 $\mathcal{F}\left(\sin\left(2t+\dfrac{\pi}{3}\right)\right)$

8. 試證定理 C

傅立葉轉換在解微積分方程上之應用

【定理 G】　若 $\mathcal{F}(f(t))=F(\omega)$，$\mathcal{F}(g(t))=G(\omega)$ 則

$$\mathcal{F}(f(t)*g(t))=F(\omega)G(\omega)$$

$f(t),g(t)$ 之傅立葉轉換之摺積 $f(t)*g(t)$ 定義為

$\displaystyle\int_{-\infty}^{\infty}f(\tau)g(t-\tau)>d\tau$，$\mathcal{F}(f(t)*g(t))=\displaystyle\int_{-\infty}^{\infty}\int_{-\infty}^{\infty}f(\tau)g(t-\tau)e^{-i\omega t}dt$

定理 G 之證明見練習第 6 題。　■

由定理 G 可得

【推論 G1】　若 $\mathcal{F}(f(t))=F(\omega)$ 則

(1) $\mathcal{F}(f(t)*f(t))=(F(\omega))^2$

(2) $\mathcal{F}(f(t)^2)=\dfrac{1}{2\pi}F(\omega)*F(\omega)$

應用傅立葉轉換解微積分方程時，有二個常用式子：

1. $\mathcal{F}(f^{(n)}(t)) = (i\omega)^n \mathcal{F}(f(t))$ 及 2. $\mathcal{F}\left(\int_{-\infty}^{t} f(\tau)d\tau\right) = \frac{1}{i\omega}\mathcal{F}(f(t))$

例 4 $f(t) = g(t) + \int_{-\infty}^{\infty} h(t-y)f(y)dy$ 求 $f(t)$

解

對 $f(t) = g(t) + \int_{-\infty}^{\infty} h(t-y)f(y)dy$ 二邊同取傅氏轉換

$F(\omega) = G(\omega) + H(\omega)F(\omega)$ $\therefore F(\omega) = \dfrac{G(\omega)}{1 - H(\omega)}$ 再由反演公式

得 $f(t) = \dfrac{1}{2\pi}\int_{-\infty}^{\infty} \dfrac{G(\omega)}{1 - H(\omega)} e^{i\omega t}d\omega$

例 5 解 $Ay'(t) + by(t) + c\int_{-\infty}^{t} y(\tau)d\tau = f(t)$，$\infty > t > -\infty$，求 $y(t)$

解

令 $\mathcal{F}(y(t)) = Y(\omega)$ 及 $\mathcal{F}(f(t)) = F(\omega)$ 則原式可表為：

$Ai\omega Y(\omega) + bY(\omega) + \dfrac{c}{i\omega}Y(\omega) = F(\omega)$，移項可得

$$Y(\omega) = \frac{F(\omega)}{b + \left(a\omega - \dfrac{c}{\omega}\right)i}$$

$$\therefore y(t) = \mathcal{F}^{-1}(Y(\omega)) = \frac{1}{2\pi}\int_{-\infty}^{\infty} \frac{F(\omega)}{b + \left(a\omega - \dfrac{c}{\omega}\right)i} e^{i\omega t}d\omega$$

練習 5.3B

若 $\mathcal{F}(f(t)) = F(\omega)$，$\mathcal{F}(g(t)) = G(\omega)$，由摺積定義，試證 1～2

1. $\mathcal{F}(f(t)*f(t)) = (F(\omega))^2$

2. $\mathcal{F}(f(t)g(t)) = \dfrac{1}{2\pi}F(\omega)*G(\omega)$ 及 $\mathcal{F}(f^2(t)) = \dfrac{1}{2\pi}F(\omega)*F(\omega)$

3. 試證 $\dfrac{d}{dt}(f(t)*g(t)) = \dfrac{d}{dt}f(t)*g(t) = f(t)*\dfrac{d}{dt}g(t)$

4. 解 $y''(t) - y(t) = -f(t)$（提示：已知 $\mathcal{F}(e^{-|t|}) = \dfrac{1}{1+\omega^2}$，$t \in R$）

5. 解 $\int_{0}^{\infty} f(t)\sin\omega t\,dt = \begin{cases} \dfrac{\pi}{2}\sin\omega, & 0 < t \le \pi \\ \\ 0, & t > \pi \end{cases}$

6. 試證定理 G

第6章
矩陣

6.1 矩陣與行列式（複習）

矩陣意義

> **【定義】** $m \times n$ **矩陣**（$m \times n$ matrix）A 是一個有 m 個**列**（row），n 個**行**（column）之**陣列**（array），陣列之 a_{ij} 為第 i 列第 j 行元素。
>
> $$A = \begin{bmatrix} a_{11} & a_{12} & \cdots & a_{1n} \\ a_{21} & a_{22} & \cdots & a_{2n} \\ \cdots & \cdots & \cdots & \cdots \\ a_{m1} & a_{m2} & \cdots & a_{mn} \end{bmatrix}, \text{以 } A = [a_{ij}]_{m \times n} \text{ 表之}$$

　　若矩陣之列數與行數均為 n 時，我們稱此種矩陣為 n 階**方陣**（square matrix）。方陣 A 之 $a_{11}, a_{22} \cdots a_{nn}$ 稱為**主對角線**（main diagonal）。

二個特殊方陣

1. **單位陣**（identity matrix）：若方陣之所有元素 a_{ij} 滿足 $a_{ij} = \begin{cases} 1, & i=j \\ 0, & i \neq j \end{cases}$ 時稱此方陣為單位陣以 I 表之。

2. **對角陣**（diagonal matrix）：除主對角線之元素外其餘元素均為 0 之方陣。

二矩陣相等之條件

　　$A = [a_{ij}]$，$B = [b_{ij}]$，若兩個矩陣有相同之階數，則稱此二矩陣為同階矩陣。若 A，B 同階且 $a_{ij} = b_{ij}$ $\forall$ i，j 則 $A = B$。

矩陣之加減法

　　若 $A = [a_{ij}]_{m \times n}$，$B = [b_{ij}]_{m \times n}$（即 A, B 均為同階矩陣），則定義 $C = A \pm B$ 為 $C = [c_{ij}]_{m \times n}$ 其中 $c_{ij} = a_{ij} \pm b_{ij}$，$1 \leq i \leq m$，$1 \leq j \leq n$。

> **【定理 A】** A，B，C 為同階矩陣，則
> (1) $A + B = B + A$（滿足交換律）。
> (2) $(A + B) + C = A + (B + C)$（滿足結合律）。

證明 (1) $A + B = [a_{ij} + b_{ij}] = [b_{ij} + a_{ij}] = B + A$

純量與矩陣之乘法

若 λ 為一**純量**（scalar）即 λ 為一數，且 $A = [a_{ij}]_{m \times n}$ 則定義 $C = \lambda A$ 為 $C = [c_{ij}]_{m \times n}$，其中 $c_{ij} = \lambda a_{ij}$，$1 \leq i \leq m$，$1 \leq j \leq n$。

矩陣與矩陣之乘法

矩陣之乘法有兩種，一是剛剛我們討論過的純量與矩陣之乘積，一是二個矩陣之乘積。

若 A 為一 $m \times n$ 階矩陣，B 為一 $n \times p$ 階矩陣，則 $C = A \cdot B$ 為一 $m \times p$ 階矩陣。上述 **AB 可乘之條件為 A 之行數必須等於 B 之列數**。若 $C = A \cdot B$（A，B 為可乘），則 $c_{ij} = \sum\limits_{k=1}^{n} a_{ik} b_{kj}$

例 1 $A = \begin{bmatrix} a_{11} & a_{12} & a_{13} \\ a_{21} & a_{22} & a_{23} \end{bmatrix}$，$B = \begin{bmatrix} b_{11} & b_{12} \\ b_{21} & b_{22} \end{bmatrix}$，$C = \begin{bmatrix} c_{11} & c_{12} \\ c_{21} & c_{22} \\ c_{31} & c_{32} \end{bmatrix}$

則

(a) $D = AC$，則

$d_{12} = a_{11}c_{12} + a_{12}c_{22} + a_{13}c_{32}$；$d_{21} = a_{21}c_{11} + a_{22}c_{21} + a_{23}c_{31}$

(b) $A \cdot B$，因 A 為 2×3 矩陣，B 為 2×2 階矩陣，$A \cdot B$ 不可乘，但 $B \cdot A = 2 \times 3$ 階矩陣：

$= \begin{bmatrix} b_{11}a_{11} + b_{12}a_{21} & b_{11}a_{12} + b_{12}a_{22} & b_{11}a_{13} + b_{12}a_{23} \\ b_{21}a_{11} + b_{22}a_{21} & b_{21}a_{12} + b_{22}a_{22} & b_{21}a_{13} + b_{22}a_{23} \end{bmatrix}$

例 2 A，B 為可乘，若 A 有一列為零列，試證 AB 至少有一零列。

解

設 $A = [a_{ij}]_{m \times n}$，$B = [b_{ij}]_{n \times p}$，設 A 之第 i 列為零列，即 $a_{i1} = a_{i2} \cdots = a_{in} = 0$，$C = AB$

則 $c_{ij} = \sum\limits_{k=1}^{n} a_{ik} b_{kj} = \sum\limits_{k=1}^{n} 0 \, b_{kj} = 0$，$j = 1, 2 \ldots p$

$\therefore$ AB 至少有一個零列。

若二矩陣 A，B 滿足 $AB = BA$ 則稱 A，B 為**交換陣**（commute matrix）。**所謂交換陣概指乘法而言**（因同階矩陣之加法恆具交換性）。

【定理 B】 A 為任一 n 階方陣則 $AI_n = I_nA = A$，顯然 A 與 I_n 是可交換。

代數式	方陣等式不恆成立	方陣等式成立
$x^2 - y^2 = (x+y)(x-y)$	$A^2 - B^2 = (A+B)(A-B)$	$I - A^2 = (I-A)(I+A)$
$x^3 - y^3 = (x-y)(x^2+xy+y^2)$	$A^3 - B^3 = (A-B)(A^2+AB+B^2)$	$I - A^3 = (I-A)(I+A+A^2)$
$x^2 - xy - 2y^2 = (x+y)(x-2y)$	$A^2 - AB - 2B^2 = (A+B)(A-2B)$	$I - A - 2A^2 = (I-2A)(I+A)$

矩陣 A，B 若為可交換則二項式定理成立：

1. $(A+B)^n = A^n + \binom{n}{1}A^{n-1}B + \binom{n}{2}A^{n-2}B^2 + \cdots + \binom{n}{n}B^n$

2. $(AB)^n = A^nB^n$，特別地

$(A+I)^n = A^n + \binom{n}{1}A^{n-1} + \binom{n}{2}A^{n-2} + \cdots + \binom{n}{n}I$

例 3 $A = \begin{bmatrix} a & b & 0 \\ 0 & a & b \\ 0 & 0 & a \end{bmatrix}$ 求 A^n

解

提示	解答
例 3 是一個上三角陣，且主對角元素均相同，求這類方陣之 n 次方可令 $A = aI + B$，B 之左下方與主對角元素均為 0，經有限次乘法後，比方說 n 次，可得 $B^n = \mathbf{0}$ 如此便可求出 $A^n = (I+B)^n$	$A = aI + B$ ， $B = \begin{bmatrix} 0 & b & 0 \\ 0 & 0 & b \\ 0 & 0 & 0 \end{bmatrix}$ ， $B^2 = \begin{bmatrix} 0 & 0 & b^2 \\ 0 & 0 & 0 \\ 0 & 0 & 0 \end{bmatrix}$ ， $B^3 = \mathbf{0}$ $\therefore A^n = (aI+B)^n = (aI)^n + n(aI)^{n-1}B + \dfrac{n(n-1)}{2}(aI)^{n-2}B^2$ $= a^nI + na^{n-1}B + \dfrac{n(n-1)}{2}a^{n-2}B^2$ $= a^n\begin{bmatrix} 1 & 0 & 0 \\ 0 & 1 & 0 \\ 0 & 0 & 1 \end{bmatrix} + na^{n-1}\begin{bmatrix} 0 & b & 0 \\ 0 & 0 & b \\ 0 & 0 & 0 \end{bmatrix} + \dfrac{n(n-1)}{2}a^{n-2}\begin{bmatrix} 0 & 0 & b^2 \\ 0 & 0 & 0 \\ 0 & 0 & 0 \end{bmatrix}$ $= \begin{bmatrix} a^n & na^{n-1}b & \dfrac{n(n-1)}{2}a^{n-2}b^2 \\ 0 & a^n & na^{n-1}b \\ 0 & 0 & a^n \end{bmatrix}$

例 4 　求與 $A = \begin{bmatrix} 1 & 1 \\ 0 & 1 \end{bmatrix}$ 可交換之方陣 B

解

設 $B = \begin{bmatrix} x & y \\ z & w \end{bmatrix}$ 則 $AB = \begin{bmatrix} 1 & 1 \\ 0 & 1 \end{bmatrix} \begin{bmatrix} x & y \\ z & w \end{bmatrix} = \begin{bmatrix} x+z & y+w \\ z & w \end{bmatrix}$

$BA = \begin{bmatrix} x & y \\ z & w \end{bmatrix} \begin{bmatrix} 1 & 1 \\ 0 & 1 \end{bmatrix} = \begin{bmatrix} x & x+y \\ z & z+w \end{bmatrix}$

$\because AB = BA$

$\begin{cases} x+z = x \\ x+y = y+w \\ z+w = w \end{cases}$ 解之 $z = 0, w = x = c$

$\therefore$ 凡形如 $B = \begin{bmatrix} c & y \\ 0 & c \end{bmatrix}$，$c, y \in R$，均可與 A 交換。

矩陣之轉置

　　任意二矩陣 $A = [\, a_{ij} \,]_{m \times n}$，$B = [\, b_{ij} \,]_{m \times n}$ 若 $a_{ij} = b_{ji}$，$\forall i$，j，則 B 為 A 之**轉置矩陣**（transpose matrix），A 之轉置矩陣常用 A^T 表之。

　　簡單地說，A 之第一列為 A^T 之第一行，A 之第二列為 A^T 之第二行，…。

轉置矩陣之性質

【定理 B】　1. $(A^T)^T = A$
　　　　　　2. $(AB)^T = B^T A^T$（設 A，B 為可乘）
　　　　　　3. $(A + B)^T = A^T + B^T$（設 A，B 為同階）

【定義】　A 為 n 階方陣，若 (1) $A^T = A$ 則稱 A 為 n 階**對稱陣**（symmetric matrix）
　　　　　　(2) $A^T = -A$ 則稱 A 為**斜對稱陣**（skew symmetric matrix）

例 5 　$A = \begin{bmatrix} 1 & 0 & 3 \\ -2 & 1 & -1 \end{bmatrix}$ 則 A 之轉置矩陣 A^T 為 $\begin{bmatrix} 1 & -2 \\ 0 & 1 \\ 3 & -1 \end{bmatrix}$

例 6 　若一 n 階陣 A 滿足 $A = -A^T$ 稱為斜對稱陣，試證

(1) A 之主對角線元素均為 0

(2) $A - A^T$ 必為斜對稱陣

解

(1) A 為一斜對稱陣則它的任一元素 $a_{ij} = -a_{ji}$，因此 A 主對角線元素 a_{ii} 均有 $a_{ii} = -a_{ii} \Rightarrow a_{ii} = 0$

(2) 考驗 $(A - A^T)^T \overset{?}{=} -(A - A^T)$：

$(A - A^T)^T = A^T - (A^T)^T = A^T - A = -(A - A^T)$

矩陣之逆

A 為一 n 階方陣，若存在一方陣 B 使得 $AB = I$ 則稱 B 為 A 之**反矩陣**（inverse matrix）。記作 $B = B^{-1}$。

【定理 C】 $A，B$ 為同階方陣，若 B 為 A 之反矩陣則 $AB = BA = I$，且 B 為唯一。

注意：下列幾個術語均為同義（A 為 n 階方陣）
(1) A^{-1} 存在。
(2) $|A| \neq 0$（A 之行列式不為 0）。
(3) A 為**非奇異矩陣**（non-singular matrix）。
(4) A 為**全秩**（full rank）。

【定理 D】 若方陣 A 為可逆則 A^T 與 A^{-1} 均為可逆。

定理 D 可由行列式性質得之。

求反矩陣之計算方法將在下節說明。

例 7 A 為可逆方陣，試證 $(A^T)^{-1} = (A^{-1})^T$

解

$\because AA^{-1} = I \quad \therefore (AA^{-1})^T = (A^{-1})^T A^T = I \Rightarrow (A^{-1})^T = I \cdot (A^T)^{-1} = (A^T)^{-1}$

例 8 若方陣 A 滿足 $A^2 + A - I = \mathbf{0}$，求 $(A - I)^{-1}$

解

$A^2 + A - I = (A - I)(A + 2I) + I = \mathbf{0}$

$\therefore (A - I)(A + 2I) = -I \Rightarrow (A - I)^{-1} = -A - 2I$

矩陣之微分

設向量 $Y = [y_1(t), y_2(t), \cdots y_n(t)]^T$ 之每一分量 $y_i(t)$ 均爲 t 之可微分函數，則 $\frac{d}{dt}Y$（或用 $\dot{Y}$ 表示），定義 $\frac{d}{dt}Y$ 爲：

$$\frac{d}{dt}Y = [y'_1(t), y'_2(t), \cdots y'_n(t)]^T$$

矩陣 $A = [a_{ij}(t)]_{m\times n}$，$a_{ij}(t)$ 爲 t 之可微分函數則 $\frac{d}{dt}A$（或用 $\dot{A}$ 表示）定義爲

$$\frac{d}{dt}A = \left[\frac{d}{dt}a_{ij}(t)\right]_{m\times n}$$

例 9 (a) $Y = [1 + t, t^2, 3 - \sin t]^T$，則 $\frac{d}{dt}Y = [1, 2t, -\cos t]^T$

(b) $A = \begin{bmatrix} t & t^2 & 1-t \\ e^t & 3\sin t & e^{2t} \end{bmatrix}$ 則

$$\frac{d}{dt}A = \begin{bmatrix} 1 & 2t & -1 \\ e^t & 3\cos t & 2e^{2t} \end{bmatrix}$$

練習 6.1A

1. 試找出一個方陣 A，$A \neq I$ 但 $A^2 = A$
2. A 爲 n 階方陣，試證 $(A^T)^T = A$
3. A，B 爲同階方陣，問下列敘述何者成立？
   (1) $A = 0$ 或 $B = 0$ 則 $AB = 0$
   (2) 若 $AB \neq 0$ 則 $A \neq 0$ 且 $B \neq 0$
   (3) 若 $AB = 0$ 則 $A = 0$ 或 $B = 0$
4. 我們定義方陣 A 之**跡**（trace），跡爲主對角線之和，以 tr(A) 表之，即 $tr(A) = \sum_{i=1}^{n} a_{ii}$，試證 (1) $tr(A + B) = tr(A) + tr(B)$　(2) $tr(A) = tr(A^T)$　(3) A，B 爲同階方陣則 $tr(AB) = tr(BA)$　(4) A，B 爲同階方陣，且 A 爲對稱陣 $tr(AB) = tr(AB^T)$　(5) A，B 爲同階方陣且 A 爲對稱陣，B 爲斜對稱陣則 $tr(AB) = 0$

行列式

n 階**行列式**（determinant of order n）是一個含 n 個列 n 個行之方形陣列：

$$\Delta = \begin{vmatrix} a_{11} & a_{12} & \cdots & a_{1n} \\ a_{21} & a_{22} & \cdots & a_{2n} \\ \cdots\cdots\cdots\cdots\cdots\cdots\cdots \\ a_{n1} & a_{n2} & \cdots & a_{nn} \end{vmatrix}$$

本子節先「定義」二階行列式，然後利用**餘因式**（cofactor）來定義任一 n 階行列式 det (A) 或 |A|。

二階行列式

二階行列式定義爲 $\begin{vmatrix} a & b \\ c & d \end{vmatrix} = ad - bc$

餘因式

【定義】 給定一 n 階行列式 Δ，對 Δ 之任一元素 a_{jk}，定義 a_{jk} 之**子式**（minor）M_{jk} 爲去掉第 j 列與第 k 行後剩餘之 $(n-1)$ 階行列式。

例10 $\Delta = \begin{vmatrix} a_{11} & a_{12} & a_{13} & a_{14} \\ a_{21} & a_{22} & a_{23} & a_{24} \\ a_{31} & a_{32} & a_{33} & a_{34} \\ a_{41} & a_{42} & a_{43} & a_{44} \end{vmatrix}$ 則 a_{32} 之子式爲 $\begin{vmatrix} a_{11} & a_{13} & a_{14} \\ a_{21} & a_{23} & a_{24} \\ a_{41} & a_{43} & a_{44} \end{vmatrix}$

【定義】 行列式 Δ 之 a_{jk} 餘因式，記做 A_{jk}，定義

$$A_{jk} = (-1)^{j+k} \cdot M_{jk}$$

例 10 之 $A_{23} = (-1)^{2+3} \begin{vmatrix} a_{11} & a_{12} & a_{14} \\ a_{31} & a_{32} & a_{34} \\ a_{41} & a_{42} & a_{44} \end{vmatrix}$

有了餘因式後我們可對 n 階行列式定義如下：

【定義】 $\det(A)$ 為 n 階行列式，A_{jk} 為行列式 a_{jk} 之餘因式，定義

$$\det(A) = \begin{cases} a_{11} , n = 1 \\ a_{11}A_{11} + a_{12}A_{12} + \cdots + a_{1n}A_{1n} , n > 1 , j = 1, 2 \cdots n \end{cases}$$

由餘因式展開可得三階行列式 $\begin{vmatrix} a & b & c \\ d & e & f \\ g & h & i \end{vmatrix} = \begin{matrix} a & b & c & a & b \\ d & e & f & d & e \\ g & h & i & g & h \end{matrix}$

$$= aei + bfg + cdh - gec - hfa - idb$$

例11 求 $\begin{vmatrix} 2 & 3 & -1 \\ 0 & 4 & 2 \\ -5 & 1 & -3 \end{vmatrix}$

解

提示	解答
$\begin{matrix} 2 & 3 & -1 & 2 & 3 \\ 0 & 4 & 2 & 0 & 4 \\ -5 & 1 & -3 & -5 & 1 \end{matrix}$	$\begin{vmatrix} 2 & 3 & -1 \\ 0 & 4 & 2 \\ -5 & 1 & -3 \end{vmatrix}$ $= 2 \cdot 4(-3) + 3 \cdot 2 \cdot (-5) + (-1) \cdot 0 \cdot (1) - (-5) \cdot 4 \cdot (-1)$ $-1 \cdot 2 \cdot 2 - (-3) \cdot 0 \cdot 3$ $= -24 - 30 + 0 - 20 - 4 - 0 = -78$

【定理 D】 若 A 為 n 階方陣，$n \geq 2$ 則 $\det(A)$ 可由任一行（列）之餘因式展開，其結果均應相等。即 $\det(A) = a_{i1}A_{i1} + a_{i2}A_{i2} + \cdots + a_{in}A_{in} = a_{1j}A_{1j} + a_{2j}A_{2j} + \cdots + a_{nj}A_{nj}$，$i = 1, 2, \cdots n$；$j = 1, 2, \cdots n$。

例12 求 $\begin{vmatrix} 3 & 0 & -1 & 2 \\ 0 & 1 & 1 & -1 \\ 1 & -3 & 2 & 0 \\ 0 & 0 & 4 & 0 \end{vmatrix}$

解

提示	解答
用餘因式法求行列式之一個重點是由含 0 最多之行或列展開。	$\begin{vmatrix} 3 & 0 & -1 & 2 \\ 0 & 1 & 1 & -1 \\ 1 & -3 & 2 & 0 \\ 0 & 0 & 4 & 0 \end{vmatrix} \xlongequal[\text{餘因式展開}]{\text{由第 4 列作}} (-1)^{4+3} 4 \begin{vmatrix} 3 & 0 & 2 \\ 0 & 1 & -1 \\ 1 & -3 & 0 \end{vmatrix}$ $\xlongequal[\text{餘因式展開}]{\text{由第一列作}} -4\left((-1)^{1+1} 3 \begin{vmatrix} 1 & -1 \\ -3 & 0 \end{vmatrix} + (-1)^{1+2} 2 \begin{vmatrix} 0 & 1 \\ 1 & -3 \end{vmatrix} \right)$ $= -4(3 \times (-3) + 2(-1)) = 44$

應用餘因式展開法，我們可立刻得到下列結果

$$\begin{vmatrix} a_{11} & a_{12} & \cdots\cdots & a_{1n} \\ & a_{22} & \ddots & \vdots \\ & & \ddots & \vdots \\ 0 & & & a_{nn} \end{vmatrix} = a_{11} a_{22} \cdots\cdots a_{nn}$$

例13 求 $\begin{vmatrix} 0 & 0 & 0 & a_{14} \\ 0 & 0 & a_{23} & b_4 \\ 0 & a_{32} & b_2 & b_5 \\ a_{41} & b_1 & b_3 & b_6 \end{vmatrix}$

提示	解答
用餘因式展開法時可由有 0 最多的行或列展開。	我們先從第 1 行作餘因式展開： $\begin{vmatrix} 0 & 0 & 0 & a_{14} \\ 0 & 0 & a_{23} & b_4 \\ 0 & a_{32} & b_2 & b_5 \\ a_{41} & b_1 & b_3 & b_6 \end{vmatrix} = (-1)^{4+1} a_{41} \begin{vmatrix} 0 & 0 & a_{14} \\ 0 & a_{23} & b_4 \\ a_{32} & b_2 & b_5 \end{vmatrix} = (-a_{41})(-1)^{3+1} a_{32} \begin{vmatrix} 0 & a_{14} \\ a_{23} & b_4 \end{vmatrix}$ $= -a_{41} a_{32}(-a_{23} a_{14}) = a_{41} a_{32} a_{23} a_{14}$

行列式之性質

【定理 E】
1. 下列情況之行列式均為 0：
   (1) 行列式之某列（行）之元素均為 0；
   (2) 任意二相異列（行）對應之元素均成比例。
2. 行列式之某一列（行）之元素均乘 k（$k \neq 0$）則新行列式為原行列式之 k 倍。
   即
   $$k\begin{vmatrix} a & b & c \\ d & e & f \\ g & h & i \end{vmatrix} = \begin{vmatrix} ka & kb & kc \\ d & e & f \\ g & h & i \end{vmatrix}$$
3. 行列式之任二列（行）互換後之行列式不變
4. 行列式中之某一列（行）乘上 k 倍加上另一列（行）則行列式不變。

例14 證：$\begin{vmatrix} 1 & \alpha & \beta\gamma \\ 1 & \beta & \gamma\alpha \\ 1 & \gamma & \alpha\beta \end{vmatrix} = \begin{vmatrix} 1 & \alpha & \alpha^2 \\ 1 & \beta & \beta^2 \\ 1 & \gamma & \gamma^2 \end{vmatrix}$，$\alpha\beta\gamma \neq 0$

解

$$\begin{vmatrix} 1 & \alpha & \beta\gamma \\ 1 & \beta & \gamma\alpha \\ 1 & \gamma & \alpha\beta \end{vmatrix} = \frac{1}{\alpha\beta\gamma}\begin{vmatrix} \alpha & \alpha^2 & \alpha\beta\gamma \\ \beta & \beta^2 & \alpha\beta\gamma \\ \gamma & \gamma^2 & \alpha\beta\gamma \end{vmatrix} = \frac{1}{\alpha\beta\gamma}\begin{vmatrix} \alpha\beta\gamma & \alpha & \alpha^2 \\ \alpha\beta\gamma & \beta & \beta^2 \\ \alpha\beta\gamma & \gamma & \gamma^2 \end{vmatrix} = \begin{vmatrix} 1 & \alpha & \alpha^2 \\ 1 & \beta & \beta^2 \\ 1 & \gamma & \gamma^2 \end{vmatrix}$$

【定理 I】 若 A，B 為同階方陣，則 $|AB| = |A||B|$

范德蒙行列式

范德蒙（Vandermonde）行列式是一特殊行列式，它的一般形式和結果如定理 F

【定理 F】 $\begin{vmatrix} 1 & a_1 & a_1^2 & \cdots & a_1^{n-1} \\ 1 & a_2 & a_2^2 & & a_2^{n-1} \\ \vdots & \vdots & \vdots & & \vdots \\ 1 & a_n^2 & d^3 & \cdots & a_n^{n-1} \end{vmatrix} = \prod_{1 \leq j \leq i \leq n} (a_i - a_j)$，$a_1 \cdot a_2 \cdots a_n$

我們不打算證明它，有興趣的讀者可反復利用列減法然後提項而得到結果

$n = 3$	$n = 4$
$\begin{vmatrix} 1 & a & a^2 \\ 1 & b & b^2 \\ 1 & c & c^2 \end{vmatrix}$ （只看第 2 行） $= (c-b)(c-a)(b-a)$	$\begin{vmatrix} 1 & a & a^2 & a^3 \\ 1 & b & b^2 & b^3 \\ 1 & c & c^2 & c^3 \\ 1 & d & d^2 & d^3 \end{vmatrix}$ （只看第 2 行） $= (d-c)(d-b)(d-a)(c-b)(c-a)(b-a)$

例 **15** 求 $\begin{vmatrix} 1 & 1 & 1 & 1 \\ 1 & 2 & 4 & 8 \\ 1 & 3 & 9 & 27 \\ 1 & x & x^2 & x^3 \end{vmatrix}$

解

$$\begin{vmatrix} 1 & 1 & 1 & 1 \\ 1 & 2 & 4 & 8 \\ 1 & 3 & 9 & 27 \\ 1 & x & x^2 & x^3 \end{vmatrix} = (x-3)(x-2)(x-1)(3-2)(3-1)(2-1)$$
$$= 2(x-3)(x-2)(x-1)$$

練習 6.1B

1. 計算下列行列式

(1) $\begin{vmatrix} 1 & 1 & 1 & 1 \\ 1 & x & 0 & 0 \\ 1 & 0 & y & 0 \\ 1 & 0 & 0 & z \end{vmatrix}$　(2) $\begin{vmatrix} x & 0 & 0 & y \\ 0 & a & b & 0 \\ 0 & c & d & 0 \\ z & 0 & 0 & w \end{vmatrix}$　(3) $\begin{vmatrix} 0 & 0 & 0 & 1 \\ 1 & 0 & 0 & 0 \\ 0 & 1 & 0 & 0 \\ 0 & 0 & 1 & 0 \end{vmatrix}$　(4) $\begin{vmatrix} 1+x & 1 & 1 & 1 \\ 1 & 1-x & 1 & 1 \\ 1 & 1 & 1+y & 1 \\ 1 & 1 & 1 & 1-y \end{vmatrix}$

2. 解 $\begin{vmatrix} x-1 & 3 & -3 \\ -3 & x+5 & -3 \\ -6 & 6 & x+4 \end{vmatrix} = 0$

3. 試用行列式性質證明

(a) $\begin{vmatrix} ax+by & ay+bz & az+bx \\ ay+bz & az+bx & ax+by \\ az+bx & ax+by & ay+bz \end{vmatrix} = (a^3+b^3)\begin{vmatrix} x & y & z \\ y & z & x \\ z & x & y \end{vmatrix}$　(b) $\begin{vmatrix} bcd & a & a^2 & a^3 \\ acd & b & b^2 & b^3 \\ abd & c & c^2 & c^3 \\ abc & d & d^2 & d^3 \end{vmatrix} = \begin{vmatrix} 1 & a^2 & a^3 & a^4 \\ 1 & b^2 & b^3 & b^4 \\ 1 & c^2 & c^3 & c^4 \\ 1 & d^2 & d^3 & d^4 \end{vmatrix}$

4. 方陣 A 滿足 $AA^T = I$ 則稱 A 為直交陣。(1) 試證 A 為可逆，$|A| = ?$ (2) 若 $|A| < 0$，由 (1) 之結果求 $|I + A|$

5. A 為二階方陣，若 $\text{tr}(A) = 1$，$|A| = 0$，試證 $A^2 = A$（$\text{tr}(A)$ 為主對角和）

6. 問是否存在一個二階方陣滿足 $A^4 = \begin{bmatrix} 0 & 1 \\ 1 & 0 \end{bmatrix}$?

★7. 試證 $\begin{vmatrix} 0 & c & b & l \\ -c & 0 & a & m \\ -b & -a & 0 & n \\ -l & -m & -n & 0 \end{vmatrix} = (al - bm + cn)^2$，$abc \neq 0$

6.2 線性聯立方程組與聯立線性微分方程組

名詞

下列線性聯立方程組中

$$\begin{cases} a_{11}x_1 + a_{12}x_2 + \cdots + a_{1n}x_n = b_1 \\ a_{21}x_1 + a_{22}x_2 + \cdots + a_{2n}x_n = b_2 \\ \quad\vdots \qquad\qquad\qquad\qquad\quad \vdots \\ a_{m1}x_1 + a_{m2}x_2 + \cdots + a_{mn}x_n = b_m \end{cases}$$

若 $b_1 = b_2 = \cdots b_m = 0$ 時稱為**齊次線性方程組**（homogeneous system of linear equations），則：

(1) 恰有一組解 $\mathbf{0} = (0, 0, \cdots, 0)$ 時稱此種解為**零解**（zero solution）或 trivial 解。

(2) 若存在其他異於零之解時稱這種解為**非零解**（nonzero solution）或 non-trivial 解。

線性聯立方程組	解的個數	幾何意義
$\begin{cases} x + y = 4 \\ 2x + 3y = 10 \end{cases}$	恰有一組解 $(2, 2)$	二相異直線交於一點 $(2, 2)$。
$\begin{cases} x + y = 4 \\ 2x + 2y = 8 \end{cases}$	有無窮多組解	為同一直線。
$\begin{cases} x + y = 4 \\ 2x + 2y = 5 \end{cases}$	無解	二平行線。

n元線性聯立方程組之解法──Gauss-Jordan法

Gauss-Jordan 解法之步驟

1. 將本節所述之聯立方程組寫成如下之**增廣矩陣**（augmented matrix）：

$$\underbrace{\begin{bmatrix} a_{11} & a_{12} & \cdots & a_{1n} \\ a_{21} & a_{22} & \cdots & a_{2n} \\ \vdots & \vdots & \vdots & \\ a_{m1} & a_{m2} & \cdots & a_{mn} \end{bmatrix}}_{\text{係數矩陣}} \left.\underbrace{\begin{matrix} b_1 \\ b_2 \\ \vdots \\ b_m \end{matrix}}_{\text{右手係數}}\right] \tag{1}$$

2. 透過基本列運算將 (1) 化成之列梯形式：

基本列運算（elementary row operation）有三種：①任意二列對調；②任一列乘上異於零之數；③任一列乘上一個異於零之數再加到另一列。**基本列運算只是便於我們求得解集合，並不會改變聯立方程組之解。**

簡化之**列梯形式**（row echelon form）是指一個矩陣經基本列運算後，呈現一個由左上方向右下方延伸的梯狀。**梯下方之元素均為 0，梯上各列之左邊第一個非零元素為 1**，則稱為**簡化之列梯形式**（row reduced echelon form）。

例如 $\begin{bmatrix} 1 & 0 & 0 \\ 0 & 2 & 4 \\ 0 & 0 & 1 \end{bmatrix}$ 為列梯形式而 $\begin{bmatrix} 1 & 2 & 0 \\ 0 & 0 & 1 \\ 0 & 0 & 0 \end{bmatrix}$ 與 $\begin{bmatrix} 1 & 3 & 0 & 6 \\ 0 & 0 & 1 & 3 \\ 0 & 0 & 0 & 0 \end{bmatrix}$ 則為簡化之列梯形式。

線性聯立方程組不因基本列運算而改變其解	
基本列運算	例
①任意二列對調：	$\begin{cases} x+y=3 \\ 2x+y=4 \end{cases} \Rightarrow \begin{cases} 2x+y=4 \\ x+y=3 \end{cases}$ 解 $x=1, y=2$ 解 $x=1$，$y=2$
②任一列乘上異於零之數：	$\begin{cases} x+y=3 \\ 2x+y=4 \end{cases} \Rightarrow \begin{cases} x+2y=6 \\ 2x+y=4 \end{cases}$ 解 $x=1, y=2$ 解 $x=1, y=2$
③任一列乘上一個異於零之數再加到另一列	$\begin{cases} x+y=3 \\ 2x+y=4 \end{cases} \Rightarrow \begin{cases} x+y=3 \\ 4x+3y=10 \end{cases}$ 解 $x=1, y=2$ 解 $x=1, y=2$

3. 有關列梯形式之正式定義可參考黃學亮之《基礎線性代數》第五版（五南出版）。

4. 由後列向前列逐一代入求解。

例 1 求 $\begin{cases} x_1 + 4x_2 + 3x_3 = 12 \\ -x_1 - 2x_2 \quad = -12 \\ 2x_1 + 2x_2 + 3x_3 = 8 \end{cases}$

解

$$\begin{bmatrix} 1 & 4 & 3 & | & 12 \\ -1 & -2 & 0 & | & -12 \\ 2 & 2 & 3 & | & 8 \end{bmatrix} \rightarrow \begin{bmatrix} 1 & 4 & 3 & | & 12 \\ 0 & 2 & 3 & | & 0 \\ 0 & 6 & 3 & | & 16 \end{bmatrix}$$

$$\rightarrow \begin{bmatrix} 1 & 4 & 3 & | & 12 \\ 0 & 1 & \frac{3}{2} & | & 0 \\ 0 & 6 & 3 & | & 16 \end{bmatrix} \rightarrow \begin{bmatrix} 1 & 0 & -3 & | & 12 \\ 0 & 1 & \frac{3}{2} & | & 0 \\ 0 & 0 & -6 & | & 16 \end{bmatrix} \rightarrow \begin{bmatrix} 1 & 0 & -3 & | & 12 \\ 0 & 1 & \frac{3}{2} & | & 0 \\ 0 & 0 & 1 & | & -\frac{8}{3} \end{bmatrix} \rightarrow \begin{bmatrix} 1 & 0 & 0 & | & 4 \\ 0 & 1 & 0 & | & 4 \\ 0 & 0 & 1 & | & -\frac{8}{3} \end{bmatrix}$$

$$\therefore x_1 = 4 \text{,} \ x_2 = 4 \text{,} \ x_3 = \frac{-8}{3}$$

讀者需了解線性聯立方程組 $Ax = b$ 的解及其擴張矩陣 $[A \mid b]$ 各列之意義。例如：

$$\begin{bmatrix} 1 & 4 & 3 & | & 12 \\ -1 & -2 & 0 & | & -12 \\ 2 & 2 & 3 & | & 8 \end{bmatrix} \begin{array}{l} (\ x_1 + 4x_2 + 3x_3 = 12) \\ (-x_1 - 2x_2 \qquad = -12) \\ (\ 2x_1 + 2x_2 + 3x_3 = 8) \end{array} \rightarrow \begin{bmatrix} 1 & 4 & 3 & | & 12 \\ 0 & 2 & 3 & | & 0 \\ 0 & 6 & 3 & | & 16 \end{bmatrix} \begin{array}{l} (x_1 + 4x_2 + 3x_3 = 12) \\ (\qquad 2x_2 + 3x_3 = 0) \\ (\qquad 6x_2 + 3x_3 = 16) \end{array}$$

……

讀者可看出 $x_1 = 4$，$x_2 = 4$，$x_3 = -\dfrac{8}{3}$ 均滿足各列所代表之方程式。

此外，讀者應理解每個步驟所應用之列運算。

例 2　解 $\begin{cases} x + 2y + 4z = 3 \\ 2x - y + z = 1 \\ -4x + 7y + 5z = 4 \end{cases}$

解

$$\begin{bmatrix} 1 & 2 & 4 & | & 3 \\ 2 & -1 & 1 & | & 1 \\ -4 & 7 & 5 & | & 4 \end{bmatrix} \rightarrow \begin{bmatrix} 1 & 2 & 4 & | & 3 \\ 0 & 5 & 7 & | & 5 \\ 0 & 15 & 21 & | & 16 \end{bmatrix} \rightarrow \begin{bmatrix} 1 & 2 & 4 & | & 3 \\ 0 & 5 & 7 & | & 5 \\ 0 & 0 & 0 & | & 1 \end{bmatrix}$$

（$\because$ 第三列表示 $0x + 0y + 0z = 1$）$\therefore$ 無解。

例 3　解 $\begin{cases} 3x + y + z + 3w = 0 \\ x \qquad\quad + w = 0 \\ 2x + 2y + z + w = 0 \end{cases}$

解

$$\begin{bmatrix} 3 & 1 & 1 & 3 & | & 0 \\ 1 & 0 & 0 & 1 & | & 0 \\ 2 & 2 & 1 & 1 & | & 0 \end{bmatrix} \to \begin{bmatrix} 1 & 0 & 0 & 1 & | & 0 \\ 3 & 1 & 1 & 3 & | & 0 \\ 2 & 2 & 1 & 1 & | & 0 \end{bmatrix}$$

$$\to \begin{bmatrix} 1 & 0 & 0 & 1 & | & 0 \\ 0 & 1 & 1 & 0 & | & 0 \\ 0 & 2 & 1 & -1 & | & 0 \end{bmatrix} \to \begin{bmatrix} 1 & 0 & 0 & 1 & | & 0 \\ 0 & 1 & 1 & 0 & | & 0 \\ 0 & 0 & 1 & 1 & | & 0 \end{bmatrix}$$

取 $w = t$，則 $z = -t$，$y = t$，$x = -t$，$t \in R$

t 稱為 **自由變數**（free variable）。

例 4 求過 (x_1, y_1) 及 (x_2, y_2) 之直線方程式

解

$$\begin{cases} ax + by + c = 0 \\ ax_1 + by_1 + c = 0 \\ ax_2 + by_2 + c = 0 \end{cases} \text{即} \begin{bmatrix} x & y & 1 \\ x_1 & y_1 & 1 \\ x_2 & y_2 & 1 \end{bmatrix} \begin{bmatrix} a \\ b \\ c \end{bmatrix} = 0$$

上述齊次方程組有異於 **0** 之解的條件是係數矩陣之行列式為 0

$$\therefore \begin{vmatrix} x & y & 1 \\ x_1 & y_1 & 1 \\ x_2 & y_2 & 1 \end{vmatrix} = 0 \text{是為所求}$$

練習 6.2A

1. $\begin{cases} 3x + 2y - z = 1 \\ 2x + 3y + z = 9 \\ 5x + 4y - z = 5 \end{cases}$　2. $\begin{cases} x + 3y + 2z = 10 \\ x - 2y - z = -6 \end{cases}$　3. $\begin{cases} 3x_1 + 4x_2 + 2x_3 = 4 \\ x_1 + x_2 + x_3 = 3 \\ 4x_1 + 5x_2 + 3x_3 = 7 \end{cases}$

4. 若 $\begin{cases} x + 2y + z = 1 \\ x + 8y + 5z = 4 \\ x + 2y + (3 + a)z = 3 \end{cases}$　有解，求 α　5. 若 $\begin{cases} x + 2y + z = 0 \\ x + 5y + 4z = 0 \\ x + 5y + (\beta + 2)z = 0 \end{cases}$　有無限多組解求 β

6. 若 y_1，y_2 均為 Ax = b 之解，其中 A 為 $m \times n$ 階知陣，b 為 $n \times 1$ 向量，若 $1 > \lambda > 0$，試證 $y = \lambda y_1 + (1 - \lambda) y_2$ 亦為其解，此說明了該方程式不可能恰存二個相異解。

列運算在求反矩陣之應用

如果給定一個方陣 A，我們在第一章介紹用解聯立方程組方式求反矩陣 A^{-1}，在本子節我們用列運算求 A^{-1}：$[A \mid I] \xrightarrow{\text{列運算}} [I \mid A^{-1}]$，其中 I 為單位陣。

例 5 求 $A = \begin{bmatrix} 1 & 0 & -3 \\ 2 & 1 & 1 \\ -1 & 2 & 1 \end{bmatrix}$ 之反矩陣 A^{-1}，並用此結果求 $\begin{cases} x - 3z = 4 \\ 2x + y + z = 3 \\ -x + 2y + z = 2 \end{cases}$

解

$$\begin{bmatrix} 1 & 0 & -3 & | & 1 & 0 & 0 \\ 2 & 1 & 1 & | & 0 & 1 & 0 \\ -1 & 2 & 1 & | & 0 & 0 & 1 \end{bmatrix} \rightarrow \begin{bmatrix} 1 & 0 & -3 & | & 1 & 0 & 0 \\ 0 & 1 & 7 & | & -2 & 1 & 0 \\ 0 & 2 & -2 & | & 1 & 0 & 1 \end{bmatrix}$$

$$\rightarrow \begin{bmatrix} 1 & 0 & -3 & | & 1 & 0 & 0 \\ 0 & 1 & 7 & | & -2 & 1 & 0 \\ 0 & 0 & 16 & | & -5 & 2 & -1 \end{bmatrix} \rightarrow \begin{bmatrix} 1 & 0 & -3 & | & 1 & 0 & 0 \\ 0 & 1 & 7 & | & -2 & 1 & 0 \\ 0 & 0 & 1 & | & \frac{-5}{16} & \frac{2}{16} & \frac{-1}{16} \end{bmatrix}$$

$$\rightarrow \begin{bmatrix} 1 & 0 & 0 & | & \frac{1}{16} & \frac{6}{16} & \frac{-3}{16} \\ 0 & 1 & 0 & | & \frac{3}{16} & \frac{2}{16} & \frac{7}{16} \\ 0 & 0 & 1 & | & \frac{-5}{16} & \frac{2}{16} & \frac{-1}{16} \end{bmatrix}$$

$$\therefore A^{-1} = \frac{1}{16} \begin{bmatrix} 1 & 6 & -3 \\ 3 & 2 & 7 \\ -5 & 2 & -1 \end{bmatrix}$$

若令 $A = \begin{bmatrix} 1 & 0 & -3 \\ 2 & 1 & 1 \\ -1 & 2 & 1 \end{bmatrix}$，$b = \begin{bmatrix} 4 \\ 3 \\ 2 \end{bmatrix}$

則原方程式相當於 $Ax = b$

$$\therefore Ax = b \quad \therefore X = A^{-1}b = \frac{1}{16} \begin{bmatrix} 1 & 6 & -3 \\ 3 & 2 & 7 \\ -5 & 2 & -1 \end{bmatrix} \begin{bmatrix} 4 \\ 3 \\ 2 \end{bmatrix} = \frac{1}{16} \begin{bmatrix} 16 \\ 32 \\ -16 \end{bmatrix} = \begin{bmatrix} 1 \\ 2 \\ -1 \end{bmatrix}$$

即 $x = 1, y = 2, z = -1$

練習 6.2B

求下列方陣之反矩陣，並利用此結果解方程組。

1. $\begin{bmatrix} 1 & 1 & 1 \\ 0 & 1 & 1 \\ 0 & 0 & 1 \end{bmatrix}$ 並求 $\begin{cases} x + y + z = a \\ y + z = b \\ z = c \end{cases}$

2. $\begin{bmatrix} 1 & 0 & -3 \\ 2 & 1 & 1 \\ -1 & 2 & 1 \end{bmatrix}$，並求 $\begin{cases} x - 3z = 6 \\ 2x + y + z = 5 \\ -x + 2y + z = -4 \end{cases}$

Cramer法則

Cramer 法則是用行列式來解 $Ax = b$，為了導出 Cramer 法則，我們先定義方陣之**伴隨矩陣**（adjoint matrix）

【定義】 方陣 A 之伴隨矩陣記做 $\mathrm{adj}(A)$，定義為

$$\mathrm{adj}(A) = \begin{bmatrix} A_{11} & A_{21} & \cdots & A_{n1} \\ A_{12} & A_{22} & \cdots & A_{n2} \\ \vdots & & & \\ A_{1n} & A_{2n} & \cdots & A_{nn} \end{bmatrix}, \ A_{ij} \ 為 \ a_{ij} \ 之餘因式$$

為了便於記憶，$\mathrm{adj}(A)$ 也可寫成

$$\mathrm{adj}(A) = \begin{bmatrix} A_{11} & A_{12} & \cdots & A_{1n} \\ A_{21} & A_{22} & \cdots & A_{2n} \\ & & & \\ A_{n1} & A_{n2} & \cdots & A_{nn} \end{bmatrix}^T$$

例 6 求 $A = \begin{bmatrix} 1 & 0 & 1 \\ 2 & -1 & 1 \\ 3 & 2 & -1 \end{bmatrix}$ 之 $\mathrm{adj}(A)$。

解

我們只求 A_{12}，A_{23}，餘請讀者自行演練。

$A_{12} = (-1)^{1+2} \begin{vmatrix} 2 & 1 \\ 3 & -1 \end{vmatrix} = 5$；$A_{23} = (-1)^{2+3} \begin{vmatrix} 1 & 0 \\ 3 & 2 \end{vmatrix} = -2$

......

$\therefore \mathrm{adj}(A) = \begin{bmatrix} -1 & 5 & 7 \\ 2 & -4 & -2 \\ 1 & 1 & -1 \end{bmatrix}^T = \begin{bmatrix} -1 & 2 & 1 \\ 5 & -4 & 1 \\ 7 & -2 & -1 \end{bmatrix}$

伴隨矩陣可用來求反矩陣、導出 Cramer 法則與 Cayley-Hamilton 定理（定理 6.4D）

【定理 A】　若 A 為可逆，則$A^{-1}=\dfrac{1}{|A|}\text{adj}(A)$

證明　$A(\text{adj }A)=\begin{vmatrix} a_{11} & a_{12} & \cdots & a_{1n} \\ a_{21} & a_{22} & \cdots & a_{2n} \\ & \cdots\cdots\cdots & \\ a_{n1} & a_{n2} & \cdots & a_{nn} \end{vmatrix}\begin{bmatrix} A_{11} & A_{21} & \cdots & A_{n1} \\ A_{12} & A_{22} & \cdots & A_{n2} \\ \vdots & \vdots & & \vdots \\ A_{1n} & A_{2n} & \cdots & A_{nn} \end{bmatrix}$

$$=\begin{bmatrix} |A| & & & \mathbf{0} \\ & |A| & \ddots & \\ \mathbf{0} & & & |A| \end{bmatrix}=|A|I$$

$$\therefore A^{-1}=\frac{1}{|A|}\text{adj}(A)$$ ∎

Cramer法則

Cramer 法則是用行列式來解線性聯立方程組：

【定理 B】　A 為 n 階非奇異陣，線性聯立方程組 $Ax=b$ 之解為

$x_i=\dfrac{\det(A_i)}{\det(A)}$，$\det(A)\neq 0$

$\det(A_i)=$ 將 A 之第 i 行以右手係數向量 b 取代後之行列式，如

$$\det(A_1)=\begin{vmatrix} b_1 & a_{12} & \cdots & a_{1n} \\ b_2 & a_{22} & \cdots & a_{2n} \\ \vdots & \vdots & & \vdots \\ b_n & a_{n2} & \cdots & a_{nn} \end{vmatrix}$$

$$\det(A_3)=\begin{vmatrix} a_{11} & a_{12} & b_1 & a_{14} & \cdots & a_{1n} \\ a_{21} & a_{22} & b_2 & a_{24} & \cdots & a_{2n} \\ \vdots & \vdots & \vdots & \vdots & & \vdots \\ a_{n1} & a_{n2} & b_n & a_{n4} & \cdots & a_{nn} \end{vmatrix}\cdots$$

證明　$\because Ax=b$ 我們有$x=A^{-1}b$，由定理 A：$x=\dfrac{1}{\det(A)}(\text{adj}(A))b$

$$\Rightarrow\begin{bmatrix} x_1 \\ x_2 \\ \vdots \\ x_i \\ \vdots \\ x_n \end{bmatrix}=\frac{1}{\det(A)}\begin{bmatrix} A_{11} & A_{i1} & \cdots & A_{n1} \\ A_{12} & A_{i2} & \cdots & A_{n2} \\ \vdots & \vdots & & \vdots \\ A_{1i} & A_{ii} & \cdots & A_{ni} \\ \vdots & \vdots & & \vdots \\ A_{1n} & A_{in} & \cdots & A_{nn} \end{bmatrix}\begin{bmatrix} b_1 \\ b_2 \\ \vdots \\ b_i \\ \vdots \\ b_n \end{bmatrix}$$

$$\therefore x_i = \frac{b_1 A_{1i} + b_2 A_{2i} + \cdots + b_n A_{ni}}{\det(A)} = \frac{\det(A_i)}{\det(A)}$$ ∎

$\begin{cases} ax+by=c \\ a'x+b'y=c' \end{cases}$	$x = \dfrac{\begin{vmatrix} c & b \\ c' & b' \end{vmatrix}}{\begin{vmatrix} a & b \\ a' & b' \end{vmatrix}}$, $y = \dfrac{\begin{vmatrix} a & c \\ a' & c' \end{vmatrix}}{\begin{vmatrix} a & b \\ a' & b' \end{vmatrix}}$		$\begin{vmatrix} a & b \\ a' & b' \end{vmatrix} \neq 0$
$\begin{cases} ax+by+cz=d \\ a'x+b'y+c'z=d' \\ a''x+b''y+c''z=d'' \end{cases}$	$x = \dfrac{\begin{vmatrix} d & b & c \\ d' & b' & c' \\ d'' & b'' & c'' \end{vmatrix}}{\begin{vmatrix} a & b & c \\ a' & b' & c' \\ a'' & b'' & c'' \end{vmatrix}}$, $y = \dfrac{\begin{vmatrix} a & d & c \\ a' & d' & c' \\ a'' & d'' & c'' \end{vmatrix}}{\begin{vmatrix} a & b & c \\ a' & b' & c' \\ a'' & b'' & c'' \end{vmatrix}}$	$z = \dfrac{\begin{vmatrix} a & b & d \\ a' & b' & d' \\ a'' & b'' & d'' \end{vmatrix}}{\begin{vmatrix} a & b & c \\ a' & b' & c' \\ a'' & b'' & c'' \end{vmatrix}}$,	$\begin{vmatrix} a & b & c \\ a' & b' & c' \\ a'' & b'' & c'' \end{vmatrix} \neq 0$

讀者可將上述規則擴充到四個及其以上未知數之情形。

例 7 用 Cramer 法則解 $\begin{cases} 3x + 2y + 4z = 1 \\ 2x - y + z = 0 \\ x + 2y + 3z = 1 \end{cases}$

解

$$\Delta = \begin{vmatrix} 3 & 2 & 4 \\ 2 & -1 & 1 \\ 1 & 2 & 3 \end{vmatrix} = -5 \quad \therefore x = \frac{\begin{vmatrix} 1 & 2 & 4 \\ 0 & -1 & 1 \\ 1 & 2 & 3 \end{vmatrix}}{\Delta} = -\frac{1}{5} \quad y = \frac{\begin{vmatrix} 3 & 1 & 4 \\ 2 & 0 & 1 \\ 1 & 1 & 3 \end{vmatrix}}{\Delta} = 0$$

$$z = \frac{\begin{vmatrix} 3 & 2 & 1 \\ 2 & -1 & 0 \\ 1 & 2 & 1 \end{vmatrix}}{\Delta} = \frac{2}{5} \quad (讀者自行驗證之)$$

練習 6.2C

1. 用 Cramer 法則解

(1) $\begin{cases} x - 2y + z = 2 \\ 2x + 3y - 4z = -2 \\ y + z = 1 \end{cases}$ (2) $\begin{cases} x + ay + a^2z = a^3 \\ x + by + b^2z = b^3 \\ x + cy + c^2z = c^3 \end{cases}$, a, b, c 互異

試證 2 - 3

2. A 為非奇異陣則 $(\text{adj}A)^{-1} = \text{adj}A^{-1}$

3. $|\text{adj}A| = |A|^{n-1}$

矩陣之秩

【定義】 A 為一 $m \times n$ 矩陣，若存在一個（至少有一個）r 階行列式不為 0，而所有之 $r+1$ 階行列式均為 0，則稱 A 之**秩**（rank）為 r，以 $\text{rank}(A) = r$ 表之。

定理 C 是判斷矩陣之秩的最簡易有效方法：

【定理 C】 $m \times n$ 階矩陣之列梯形式中有 $(1)k$ 個零列（$k \geq 0$）則此矩陣之秩為 $m-k$。或 $(2)p$ 個零行，則此矩陣之秩為 $n-p$

由定理 C，在求矩陣之秩時，只需數一數其列梯形式之非零列或非零行之個數即可。

例 8 求 $A = \begin{bmatrix} 1 & 2 & 3 \\ 0 & 1 & 1 \\ 3 & 4 & 7 \\ 1 & 0 & 1 \end{bmatrix}$ 之秩。

解

$$\begin{bmatrix} 1 & 2 & 3 \\ 0 & 1 & 1 \\ 3 & 4 & 7 \\ 1 & 0 & 1 \end{bmatrix} \rightarrow \begin{bmatrix} 1 & 2 & 3 \\ 0 & 1 & 1 \\ 0 & -2 & -2 \\ 0 & -2 & -2 \end{bmatrix} \rightarrow \begin{bmatrix} 1 & 2 & 3 \\ 0 & 1 & 1 \\ 0 & 0 & 0 \\ 0 & 0 & 0 \end{bmatrix}$$

$\therefore \text{rank}(A) = 2$

秩有很多重要性質，請參考黃學亮：基礎線性代數（第五版）（台北五南）

rank(*A*)與det(*A*)之關係

【定理 D】 A 為 n 階方陣

(1)$\det(A) \neq 0 \Leftrightarrow \text{rank}(A) = n \Leftrightarrow A^{-1}$ 存在 $\Leftrightarrow A$ 之各行（列）為 LIN。

(2)$\det(A) = 0 \Leftrightarrow \text{rank}(A) < n \Leftrightarrow A^{-1}$ 不存在 $\Leftrightarrow A$ 之各行（列）為 LD。

由定理 C 易知，A 為 n 階方陣，若 $\text{rank}(A) = n$ 時 A^{-1} 存在，$\text{rank}(A) < n$ 時 A^{-1} 不存在。A 為 n 階方陣，$\text{rank}(A) = n$ 時稱 A 為**全秩**（full rank）或**滿秩**。

定理 D 把方陣之行列式、秩、反矩陣、各行（列）之 *LIN* 之關係貫連起來，因此是一個很漂亮的定理。

例 9 若 A, B 均為 n 階方陣，若 A, B 均有 n 個 *LIN* 之行，試證 AB 之各行為 *LIN*？是否可推論出 AB 之各列亦為 *LIN*？

解

A, B 為 n 階方陣，且 A, B 均有 n 個 *LIN* 的行，由定理 D 知，$|A| \neq 0$ 且 $|B| \neq 0$，從而 $|AB| = |A||B| \neq 0$ ∴ AB 之各行為 *LIN*，AB 之各列亦為 *LIN*。

聯立方程組之解與秩之關係

【定理 E】 線性聯方程組 $AX = b$ 有解之充要條件為 $\text{rank}(A) = \text{rank}(A|b)$。

提示	證明
$[0, 0 \cdots 0 \mid 1]$ 表示 $0x_1 + 0x_2 + \cdots + 0x_n = 1 \to$ 無解	∵ $[A|b]$ 比 A 多了一行 ∴ $\text{rank}[A|b] = \text{rank}(A)$ 或 $\text{rank}(A) + 1$ 若 $\text{rank}[A|b] = \text{rank}(A) + 1$，則 $[A|b]$ 的列梯形式之最後一個非零列為 $[0, 0, \cdots 0|1]$，從而線性聯立方程組無解。 ∴ 方程式 $AX = b$ 有解之充要條件為 $\text{rank}(A|b) = \text{rank}(A)$

練習 6.2D

1. 求下列矩陣之秩

(1) $\begin{bmatrix} 1 & 2 & -1 & 3 \\ 3 & 4 & 0 & -1 \\ 5 & 8 & -2 & 5 \end{bmatrix}$ (2) $\begin{bmatrix} 1 & -1 & 3 & -3 \\ -5 & 2 & -5 & 4 \\ -3 & -4 & 7 & -2 \\ 3 & -7 & 15 & -9 \end{bmatrix}$

(3) $\begin{bmatrix} 3 & 6 & -2 & 6 \\ 2 & 4 & -3 & 0 \\ 3 & 6 & -2 & 5 \end{bmatrix}$ (4) $\begin{bmatrix} 1 & -1 & 0 & 0 \\ 0 & 1 & 0 & 0 \\ 0 & 0 & 1 & 0 \\ 0 & 0 & -1 & 1 \end{bmatrix}$

2. $A = \begin{bmatrix} 1-k & 1 & 0 \\ 1 & 1-k & 0 \\ 0 & 0 & 1 \end{bmatrix}$ 試討論 k 值與 $\text{rank}(A)$ 之關係

3. 以例 2 說明定理 D

聯立線性微分方程組

本子節我們討論之課題與前述解線立聯之方程組在技巧上大致相同。

若聯立線性微分方程組可寫成

$$\begin{cases} F_1(D)x + F_2(D)y = f(t) \\ F_3(D)x + F_4(D)y = g(t) \end{cases}$$

之形式，則解之「**任意常數** c_i」的個數恰與

$$H(D) = \begin{vmatrix} F_1(D) & F_2(D) \\ F_3(D) & F_4(D) \end{vmatrix} \text{ 之最高次數相同。}$$

我們可先用 Cramer 法則求出 x（或 y），然後將所求之 x（或 y）代入方程組中之某一方程式解出 y（或 x），它的好處是便於計算，同時可避免過多的「任意常數」，如果 x, y 都用 Cramer 法則解出，可能含有 4 個「任意常數」，而事實上只能有 2 個。

例10 解 $\begin{cases} (D+2)x + 3y = 0 \\ 3x + (D+2)y = 2e^{2t} \end{cases}$

提示	解答
$p \neq a, b$ 時 $\dfrac{1}{(D-a)(D-b)}e^{px}$ $= \dfrac{1}{(p-a)(p-b)}e^{px}$	應用 Cramer 法則， $x = \dfrac{\begin{vmatrix} 0 & 3 \\ 2e^{2t} & D+2 \end{vmatrix}}{\begin{vmatrix} D+2 & 3 \\ 3 & D+2 \end{vmatrix}} = \dfrac{-6e^{2t}}{D^2+4D-5} = \dfrac{-6e^{2t}}{(D+5)(D-1)}$ (1) $\therefore (D+5)(D-1)x = -6e^{2t}$ $x_h = c_1 e^{-5t} + c_2 e^t$，$x_p = \dfrac{1}{(D+5)(D-1)}(-6e^{2t}) = \dfrac{-6}{7}e^{2t}$ 得 $x = c_1 e^{-5t} + c_2 e^t - \dfrac{6}{7}e^{2t}$ (2) 代 (2) 入 $(D+2)x + 3y = 0$，或 $y = -\dfrac{1}{3}(D+2)x$： $y = -\dfrac{1}{3}(D+2)x = -\dfrac{1}{3}(D+2)\left(c_1 e^{-5t} + c_2 e^t - \dfrac{6}{7}e^{2t}\right)$ $\qquad = c_1 e^{-5t} - c_2 e^t + \dfrac{8}{7}e^{2t}$

例11 解 $\begin{cases} \dfrac{dx}{dt} = x + y \\ \dfrac{dy}{dt} = x - y \end{cases}$

解

原方程組可寫成

$$\begin{cases} \dfrac{dx}{dt} - x - y = 0 \\ -x + \dfrac{dy}{dt} + y = 0 \end{cases} \quad \text{即} \quad \begin{cases} (D-1)x - y = 0 \quad &(1) \\ -x + (D+1)y = 0 \quad &(2) \end{cases}$$

$$\therefore x = \dfrac{\begin{vmatrix} 0 & -1 \\ 0 & D+1 \end{vmatrix}}{\begin{vmatrix} D-1 & -1 \\ -1 & D+1 \end{vmatrix}} = \dfrac{0}{D^2 - 2} \ ,$$

$$(D^2 - 2)x = (D + \sqrt{2})(D - \sqrt{2})x = 0$$

$$\therefore x = c_1 e^{-\sqrt{2}t} + c_2 e^{\sqrt{2}t} \qquad (3)$$

代 (3) 入 (1)：
$$y = (D-1)x = (D-1)(c_1 e^{-\sqrt{2}t} + c_2 e^{\sqrt{2}t})$$
$$= c_1(\sqrt{2} - 1)e^{\sqrt{2}t} - c_2(\sqrt{2} + 1)e^{-\sqrt{2}t}$$

習題 6.2E

解下列線性聯立微分方程組：

1. $\begin{cases} \dfrac{dx}{dt} = 3x - 2y \\ \dfrac{dy}{dt} = 2x - 2y \end{cases}$
2. $\begin{cases} \dfrac{dx}{dt} = -x + 3y \\ \dfrac{dy}{dt} = 2x - 2y \end{cases}$
3. $\begin{cases} \dfrac{dx}{dt} = -2x - 2y \\ \dfrac{dy}{dt} = x - 5y \end{cases}$
4. $\begin{cases} \dfrac{d}{dt}x = -y \\ \dfrac{d}{dt}y = x \end{cases}$，$x(0) = 1, y(0) = 0$

6.3 特徵值與Cayley-Hamilton定理

【定義】 A 為一 n 階方陣，若存在一非零向量 X 及純量 λ 使得 $AX = \lambda X$，則 λ 為 A 之一**特徵值**（characteristic value，eigen value），X 為對應 λ 之**特徵向量**（characteristic vector，eigen vector）。

定義中之方程式 $AX = \lambda X$ 亦可寫成

$$(A - \lambda I)X = \mathbf{0} \tag{1}$$

因 X 不為零向量故 λ 為 A 之特徵值的充要條件為

$$|A - \lambda I| = 0 \text{ 或 } |\lambda I - A| = 0 \tag{2}$$

【定義】 A 之**特徵方程式**（characteristic equation）為 $P(\lambda) = |\lambda I - A| = 0$。

【定理 A】
設 A 為一方陣，λ 為一純量，則下列各敘述為等價：
(1) λ 為 A 之一特徵值。
(2) $(A - \lambda I)X = \mathbf{0}$ 有非零解。
(3) $A - \lambda I$ 為奇異方陣，即 $A - \lambda I$ 為不可逆。
(4) $|A - \lambda I| = 0$。

【定理 B】 A 為 n 階方陣，$P(\lambda)$ 為 A 之特徵多項式，則

$$P(\lambda) = \lambda^n + s_1 \lambda^{n-1} + s_2 \lambda^{n-2} + \cdots + s_n$$

其中 $s_m = (-1)^m$（A 之所有沿主對角線之 m 階行列式之和），其中 $s_1 = -(a_{11} + a_{22} + \cdots + a_{nn})$
$s_n = (-1)^n \lambda_1 \cdot \lambda_2 \cdots \lambda_n = (-1)^n |A|$。

證明　令 $P(\lambda) = |\lambda I - A| = \begin{vmatrix} \lambda - a_{11} & -a_{12} & \cdots & -a_{1n} \\ -a_{21} & \lambda - a_{22} & \cdots & -a_{2n} \\ \cdots & \cdots & \cdots & \cdots \\ -a_{n1} & -a_{n2} & \cdots & \lambda - a_{nn} \end{vmatrix}$ ①

$$= (\lambda - \lambda_1)(\lambda - \lambda_2)\cdots(\lambda - \lambda_n)$$ ②

$$= \lambda^n + s_1\lambda^{n-1} + s_2\lambda^{n-2} + \cdots + s_{n-1}\lambda + s_n$$ ③

在②、③ 中令 $\lambda = 0$ 則 $s_n = (-1)^n\lambda_1\lambda_2\cdots\lambda_n = (-1)^n \cdot |A|$

又 $(\lambda - a_{11})(\lambda - a_{22})\cdots(\lambda - a_{nn}) = \lambda^n - (a_{11} + \cdots + a_{nn})\lambda^{n-1} + \cdots$

$$= \lambda_1^n + s_1\lambda^{n-1} + s_2\lambda^{n-2} + \cdots s_n$$

$$\therefore s_1 = -(a_{11} + a_{22} + \cdots + a_{nn})$$ ■

由定理 B 立得：若 A 之特徵值均異於 0，則 $|A| \neq 0$，從而 A 為可逆。

現在我們就拿 2, 3 階方陣的特徵方程式之求法圖解如下：

		特徵方程式
$\begin{bmatrix} a & b \\ c & d \end{bmatrix}$	$\lambda^2 + s_1\lambda + s_2 = 0$	$\begin{bmatrix} \textcircled{a} & b \\ c & \textcircled{d} \end{bmatrix}$ $\quad\begin{vmatrix} a & b \\ c & d \end{vmatrix}$ $s_1 = -(a+d)$ $\qquad s_2 = ad - bc$
$\begin{bmatrix} a & b & c \\ d & e & f \\ g & h & i \end{bmatrix}$	$\lambda^3 + s_1\lambda^2 + s_2\lambda + s_3 = 0$	$s_1 = -(a + e + i)$ $\begin{bmatrix} a & b & c \\ d & e & f \\ g & h & i \end{bmatrix}$ $s_2 : \begin{bmatrix} \textcircled{a} & \textcircled{b} & c \\ \textcircled{d} & \textcircled{e} & f \\ g & h & i \end{bmatrix}$ $\begin{bmatrix} \textcircled{a} & b & \textcircled{c} \\ d & e & f \\ \textcircled{g} & h & \textcircled{i} \end{bmatrix}$ $\begin{bmatrix} a & b & c \\ d & \textcircled{e} & \textcircled{f} \\ g & \textcircled{h} & \textcircled{i} \end{bmatrix}$ $s_2 = \left(\begin{vmatrix} a & b \\ d & e \end{vmatrix} + \begin{vmatrix} a & c \\ g & i \end{vmatrix} + \begin{vmatrix} e & f \\ h & i \end{vmatrix} \right)$ $\quad s_3 = -\begin{vmatrix} a & b & c \\ d & e & f \\ f & h & i \end{vmatrix}$

【推論 B1】　A 為 n 階方陣，若且唯若 A 為奇異陣則 A 至少有一特徵值為 0。

由定理 B，$s_n = (-1)^n|A| = (-1)^n\lambda_1\lambda_2\cdots\lambda_n$ 中至少有一 $\lambda = 0 \Leftrightarrow |A| = 0$（即 A 為奇異陣）　■

【定理 C】　A 為任一方陣，λ 為 A 之一特徵值，X 為對應之特徵向量，則 λ^k 為 A^k 之一特徵值，其對應之特徵向量仍為 X。

證明 $\because AX = \lambda X$，$A^2X = A(AX) = A(\lambda X) = \lambda AX = \lambda(\lambda X) = \lambda^2 X$；

$A^3X = A(A^2X) = A(\lambda^2 X) = \lambda^2 AX = \lambda^2(\lambda X) = \lambda^3 X$

......

$\therefore \lambda^k$ 為 A^k 之一特徵值，而對應之特徵向量仍為 X ∎

【定理 D】 （Cayley-Hamilton 定理）方陣 A 之特徵多項式為 $f(\lambda)$，則 $f(A) = \mathbf{0}$。

證明 根據定理 6.2A：

$(\lambda I - A)adj(\lambda I - A) = |\lambda I - A|I = f(\lambda)I$ (1)

$adj(\lambda I - A)$ 為 λ 之多項式，其次數 $\leq n - 1$，令：

$adj(\lambda I - A) = \lambda^{n-1}B_0 + \lambda^{n-2}B_1 + \cdots + \lambda B_{n-2} + B_{n-1}$

$(\lambda I - A)[adj(\lambda I - A)] = (\lambda I - A)(\lambda^{n-1}B_0 + \lambda^{n-2}B_1 + \cdots + \lambda B_{n-2} + B_{n-1})$

$= \lambda^n B_0 + \lambda^{n-1}(B_1 - AB_0) + \lambda^{n-2}(B_2 - AB_1) + \cdots + \lambda(B_{n-1} - AB_{n-2}) - AB_{n-1}$

(2)

由 (1)

$f(\lambda)I = \lambda^n I + C_{n-1}\lambda^{n-1}I + C_{n-2}\lambda^{n-2}I + \cdots C_1\lambda I + C_0 I$ (3)

比較 (2)，(3) 得

$\begin{cases} B_0 = I \\ B_1 - AB_0 = C_{n-1}I \\ B_2 - AB_1 = C_{n-2}I \\ \cdots\cdots \\ B_{n-1} - AB_{n-2} = C_1 I \\ -AB_{n-1} = C_0 I \end{cases}$ (4)

依次用 $A^n, A^{n-1}, \cdots, A, I$ 左乘 (4) 之兩邊

$\begin{cases} A^n B_0 = A^n \\ A^{n-1}B_1 - A^n B_0 = C_{n-1}A^{n-1} \\ A^{n-2}B_2 - A^{n-1}B_1 = C_{n-2}A^{n-2} \\ \cdots\cdots \\ AB_{n-1} - A^2 B_{n-2} = C_1 A \\ -AB_{n-1} = C_0 I \end{cases}$ (5)

(5) 之各式相加得：

$A^n + C_{n-1}A^{n-1} + C_{n-2}A^{n-2} + \cdots + C_1 A + C_0 I = \mathbf{0}$

即 $f(A) = \mathbf{0}$ ∎

Cayley-Hamilton 定理之另一個說法是方陣 A 是其特徵方程式的根，這個性質在方陣多項式之計算上是很有用的。

例 1　求 $A = \begin{bmatrix} 1 & 2 \\ 3 & 2 \end{bmatrix}$ 之 (1) 特徵值、(2) 對應之特徵向量、(3) $A^3 - 4A^2 + I$ 及 (4) A^{-1}

解

(1) $A = \begin{bmatrix} 1 & 2 \\ 3 & 2 \end{bmatrix}$ 之特徵方程式為 $\lambda^2 - 3\lambda - 4 = 0$

$\therefore \lambda^2 - 3\lambda - 4 = (\lambda - 4)(\lambda + 1) = 0$，$\lambda = 4, -1$

$\therefore A$ 之特徵值為 $4, -1$

(2) ① $\lambda = 4$ 時

$$(A - \lambda I)x = \left(\begin{bmatrix} 1 & 2 \\ 3 & 2 \end{bmatrix} - 4 \begin{bmatrix} 1 & 0 \\ 0 & 1 \end{bmatrix} \right) \begin{bmatrix} x_1 \\ x_2 \end{bmatrix} = \begin{bmatrix} -3 & 2 \\ 3 & -2 \end{bmatrix} \begin{bmatrix} x_1 \\ x_2 \end{bmatrix} = \begin{bmatrix} 0 \\ 0 \end{bmatrix}$$

$\begin{bmatrix} -3 & 2 & | & 0 \\ 3 & -2 & | & 0 \end{bmatrix} \rightarrow \begin{bmatrix} -3 & 2 & | & 0 \\ 0 & 0 & | & 0 \end{bmatrix}$　$\therefore$ 可令 $x_1 = 2t$，$x_2 = 3t$，取 $x_1 = c_1 \begin{pmatrix} 2 \\ 3 \end{pmatrix}$

② $\lambda = -1$ 時

$$(A - \lambda I)x = \left(\begin{bmatrix} 1 & 2 \\ 3 & 2 \end{bmatrix} - (-1) \begin{bmatrix} 1 & 0 \\ 0 & 1 \end{bmatrix} \right) \begin{bmatrix} x_1 \\ x_2 \end{bmatrix} = \begin{bmatrix} 2 & 2 \\ 3 & 3 \end{bmatrix} \begin{bmatrix} x_1 \\ x_2 \end{bmatrix} = \begin{bmatrix} 0 \\ 0 \end{bmatrix}$$

$\begin{bmatrix} 2 & 2 & | & 0 \\ 3 & 3 & | & 0 \end{bmatrix} \rightarrow \begin{bmatrix} 1 & 1 & | & 0 \\ 1 & 1 & | & 0 \end{bmatrix} \rightarrow \begin{bmatrix} 1 & 1 & | & 0 \\ 0 & 0 & | & 0 \end{bmatrix}$

$\therefore x_2 = t$，$x_1 = -t$，取 $x_2 = c_2 \begin{pmatrix} -1 \\ 1 \end{pmatrix}$

(3)

提示	解答
由長除法得： $\dfrac{\lambda - 1}{\lambda^2 - 3\lambda - 4 \,\overline{)\, \lambda^3 - 4\lambda^2 \quad + 1}}$ $\quad\quad \dfrac{\lambda^3 - 3\lambda^2 - 4\lambda}{-\lambda^2 + 4\lambda + 1}$ $\quad\quad\quad \dfrac{-\lambda^2 + 3\lambda + 4}{\lambda - 3 \;\to A - 3I}$	A 之特徵方程為 $\lambda^2 - 3\lambda - 4 = 0$，由定理 D，$A^2 - 3A - 4I = \mathbf{0}$， $A^3 - 4A^2 + I$ $= (A^2 - 3A - 4I) \cdot (A - 2) + (A - 3I) = A - 3I$ $\therefore A^3 - 4A^2 + I = \begin{bmatrix} 1 & 2 \\ 3 & 2 \end{bmatrix} - 3 \begin{bmatrix} 1 & 0 \\ 0 & 1 \end{bmatrix} = \begin{bmatrix} -2 & 2 \\ 3 & -1 \end{bmatrix}$

(4) $\because A^2 - 3A - 4I = \mathbf{0}$，$4I = A^2 - 3A$

$\therefore A^{-1} = \dfrac{1}{4}(A - 3I) = \dfrac{1}{4}\left(\begin{bmatrix} 1 & 2 \\ 3 & 2 \end{bmatrix} - 3 \begin{bmatrix} 1 & 0 \\ 0 & 1 \end{bmatrix} \right) = \dfrac{1}{4} \begin{bmatrix} -2 & 2 \\ 3 & -1 \end{bmatrix}$

例 **2** 求 $A = \begin{bmatrix} 1 & -1 & 0 \\ -1 & 2 & -1 \\ 0 & -1 & 1 \end{bmatrix}$ 之 (1) 特徵值及對應之特徵向量及

(2) $A^5 - 3A^4 - A^2$ (3) $A^{-1} = ?$

解

(1) $A = \begin{bmatrix} 1 & -1 & 0 \\ -1 & 2 & -1 \\ 0 & -1 & 1 \end{bmatrix}$ 之特徵方程式為

$\lambda^3 - 4\lambda^2 + (1 + 1 + 1)\lambda = 0 \Rightarrow \lambda(\lambda^2 - 4\lambda + 3) = \lambda(\lambda - 3)(\lambda - 1) = 0$

$\therefore \lambda = 0, 1, 3$

① $\lambda = 0$ 時

$(A - \lambda I)x = \left(\begin{bmatrix} 1 & -1 & 0 \\ -1 & 2 & -1 \\ 0 & -1 & 1 \end{bmatrix} - 0 \begin{bmatrix} 1 & 0 & 0 \\ 0 & 1 & 0 \\ 0 & 0 & 1 \end{bmatrix} \right) \begin{bmatrix} x_1 \\ x_2 \\ x_3 \end{bmatrix} = \begin{bmatrix} 1 & -1 & 0 \\ -1 & 2 & -1 \\ 0 & -1 & 1 \end{bmatrix} \begin{bmatrix} x_1 \\ x_2 \\ x_3 \end{bmatrix} = \begin{bmatrix} 0 \\ 0 \\ 0 \end{bmatrix}$

$\begin{bmatrix} 1 & -1 & 0 & | & 0 \\ -1 & 2 & -1 & | & 0 \\ 0 & -1 & 1 & | & 0 \end{bmatrix} \rightarrow \begin{bmatrix} 1 & -1 & 0 & | & 0 \\ 0 & 1 & -1 & | & 0 \\ 0 & -1 & 1 & | & 0 \end{bmatrix} \rightarrow \begin{bmatrix} 1 & 0 & -1 & | & 0 \\ 0 & 1 & -1 & | & 0 \\ 0 & 0 & 0 & | & 0 \end{bmatrix}$

$\therefore x_3 = t,\ x_2 = t,\ x_1 = t,\ 取\ x = c_1 \begin{pmatrix} 1 \\ 1 \\ 1 \end{pmatrix}$

② $\lambda = 1$ 時

$(A - \lambda I)x = \left(\begin{bmatrix} 1 & -1 & 0 \\ -1 & 2 & -1 \\ 0 & -1 & 1 \end{bmatrix} - \begin{bmatrix} 1 & 0 & 0 \\ 0 & 1 & 0 \\ 0 & 0 & 1 \end{bmatrix} \right) \begin{bmatrix} x_1 \\ x_2 \\ x_3 \end{bmatrix} = \begin{bmatrix} 0 & -1 & 0 \\ -1 & 1 & -1 \\ 0 & -1 & 0 \end{bmatrix} \begin{bmatrix} x_1 \\ x_2 \\ x_3 \end{bmatrix} = \begin{bmatrix} 0 \\ 0 \\ 0 \end{bmatrix}$

$\begin{bmatrix} 0 & -1 & 0 & | & 0 \\ -1 & 1 & -1 & | & 0 \\ 0 & -1 & 0 & | & 0 \end{bmatrix} \rightarrow \begin{bmatrix} 0 & -1 & 0 & | & 0 \\ -1 & 0 & -1 & | & 0 \\ 0 & 0 & 0 & | & 0 \end{bmatrix}$

$\therefore x_2 = 0,\ x_3 = t,\ x_1 = -t,\ 取\ x = c_2 \begin{pmatrix} -1 \\ 0 \\ 1 \end{pmatrix}$

③ $\lambda = 3$ 時：

$(A - \lambda I)x = \left(\begin{bmatrix} 1 & -1 & 0 \\ -1 & 2 & -1 \\ 0 & -1 & 1 \end{bmatrix} - 3 \begin{bmatrix} 1 & 0 & 0 \\ 0 & 1 & 0 \\ 0 & 0 & 1 \end{bmatrix} \right) \begin{bmatrix} x_1 \\ x_2 \\ x_3 \end{bmatrix} = \begin{bmatrix} -2 & -1 & 0 \\ -1 & -1 & -1 \\ 0 & -1 & -2 \end{bmatrix} \begin{bmatrix} x_1 \\ x_2 \\ x_3 \end{bmatrix} = \begin{bmatrix} 0 \\ 0 \\ 0 \end{bmatrix}$

$$\begin{bmatrix} -2 & -1 & 0 & | & 0 \\ -1 & -1 & -1 & | & 0 \\ 0 & -1 & -2 & | & 0 \end{bmatrix} \rightarrow \begin{bmatrix} 2 & 1 & 0 & | & 0 \\ 1 & 1 & 1 & | & 0 \\ 0 & 1 & 2 & | & 0 \end{bmatrix} \rightarrow \begin{bmatrix} 1 & 1 & 1 & | & 0 \\ 2 & 1 & 0 & | & 0 \\ 0 & 1 & 2 & | & 0 \end{bmatrix} \rightarrow \begin{bmatrix} 1 & 1 & 1 & | & 0 \\ 0 & 1 & 2 & | & 0 \\ 0 & 1 & 2 & | & 0 \end{bmatrix}$$

$$\rightarrow \begin{bmatrix} 1 & 0 & -1 & | & 0 \\ 0 & 1 & 2 & | & 0 \\ 0 & 0 & 0 & | & 0 \end{bmatrix}$$

$$\therefore t_3 = t,\ x_2 = -2t,\ x_1 = t,\ 取\ x = c_3 \begin{pmatrix} 1 \\ -2 \\ 1 \end{pmatrix}$$

(2) 由長除法，易得
$$A^5 - 3A^4 - A^2 = (A^2 + A + I)(A^3 - 4A^2 + 3I) - 3A = -3A$$
$$= \begin{bmatrix} -3 & 3 & 0 \\ 3 & -6 & 3 \\ 0 & 3 & -3 \end{bmatrix}$$

(3) $\because A$ 有一特徵值 0 $\therefore A^{-1}$ 不存在。

下例是一個特徵方程式有重根的情況。

例 3 求 $A = \begin{bmatrix} 0 & 1 & 1 \\ 1 & 0 & 1 \\ 1 & 1 & 0 \end{bmatrix}$ 之特徵值與對應之特徵向量。

解

$A = \begin{bmatrix} 0 & 1 & 1 \\ 1 & 0 & 1 \\ 1 & 1 & 0 \end{bmatrix}$ 之特徵值方程式為 $\lambda^3 - 0\lambda^2 + (-1-1-1)\lambda - 2 = \lambda^3 - 3\lambda - 2$

$= (\lambda + 1)^2 (\lambda - 2) = 0$ $\therefore \lambda = -1$（重根），2
(1) $\lambda = -1$
$$(A - \lambda I)x = \left(\begin{bmatrix} 0 & 1 & 1 \\ 1 & 0 & 1 \\ 1 & 1 & 0 \end{bmatrix} - (-1)\begin{bmatrix} 1 & 0 & 0 \\ 0 & 1 & 0 \\ 0 & 0 & 1 \end{bmatrix} \right)\begin{bmatrix} x_1 \\ x_2 \\ x_3 \end{bmatrix} = \begin{bmatrix} 1 & 1 & 1 \\ 1 & 1 & 1 \\ 1 & 1 & 1 \end{bmatrix}\begin{bmatrix} x_1 \\ x_2 \\ x_3 \end{bmatrix} = \begin{bmatrix} 0 \\ 0 \\ 0 \end{bmatrix}$$
$$\begin{bmatrix} 1 & 1 & 1 & | & 0 \\ 1 & 1 & 1 & | & 0 \\ 1 & 1 & 1 & | & 0 \end{bmatrix} = \begin{bmatrix} 1 & 1 & 1 & | & 0 \\ 0 & 0 & 0 & | & 0 \\ 0 & 0 & 0 & | & 0 \end{bmatrix}$$

$$\therefore x_3 = t \text{,} \ x_2 = s \text{,} \ x_1 = -t-s$$

$$x_1 = \begin{bmatrix} -t-s \\ t \\ s \end{bmatrix} = t \begin{bmatrix} -1 \\ 1 \\ 0 \end{bmatrix} + s \begin{bmatrix} -1 \\ 0 \\ 1 \end{bmatrix} \quad 取 \quad x = c_1 \begin{bmatrix} -1 \\ 1 \\ 0 \end{bmatrix} + c_2 \begin{bmatrix} -1 \\ 0 \\ 1 \end{bmatrix}$$

(2) $\lambda = 2$ 時

$$(A - \lambda I)x = \left(\begin{bmatrix} 0 & 1 & 1 \\ 1 & 0 & 1 \\ 1 & 1 & 0 \end{bmatrix} - 2 \begin{bmatrix} 1 & 0 & 0 \\ 0 & 1 & 0 \\ 0 & 0 & 1 \end{bmatrix} \right) \begin{bmatrix} x_1 \\ x_2 \\ x_3 \end{bmatrix} = \begin{bmatrix} -2 & 1 & 1 \\ 1 & -2 & 1 \\ 1 & 1 & -2 \end{bmatrix} \begin{bmatrix} x_1 \\ x_2 \\ x_3 \end{bmatrix} = \begin{bmatrix} 0 \\ 0 \\ 0 \end{bmatrix}$$

$$\begin{bmatrix} -2 & 1 & 1 & | & 0 \\ 1 & -2 & 1 & | & 0 \\ 1 & 1 & -2 & | & 0 \end{bmatrix} \rightarrow \begin{bmatrix} 1 & -2 & 1 & | & 0 \\ -2 & 1 & 1 & | & 0 \\ 1 & 1 & -2 & | & 0 \end{bmatrix} \rightarrow \begin{bmatrix} 1 & -2 & 1 & | & 0 \\ 0 & -3 & 3 & | & 0 \\ 0 & 3 & -3 & | & 0 \end{bmatrix} \rightarrow \begin{bmatrix} 1 & -2 & 1 & | & 0 \\ 0 & 1 & -1 & | & 0 \\ 0 & 3 & -3 & | & 0 \end{bmatrix}$$

$$\rightarrow \begin{bmatrix} 1 & 0 & -1 & | & 0 \\ 0 & 1 & -1 & | & 0 \\ 0 & 0 & 0 & | & 0 \end{bmatrix}$$

$$\therefore x_3 = t \text{,} \ x_2 = t \text{,} \ x_1 = t \quad 取 \quad x = c_3 \begin{bmatrix} 1 \\ 1 \\ 1 \end{bmatrix}$$

例 4 設 A 為一方陣，若 $A^2 = A$，試證 A 之特徵值為 0 或 1。並由此結果求：若 $x = [a_1, a_2 \cdots a_n]$，$xx^T = 1$，求 $x^T x$ 之特徵值。

解

(1) $\because Ax = \lambda x$，（λ 為特徵值，v 為對應之特徵向量）

$\therefore A(Ax) = A(\lambda x)$ 即 $A^2 x = A\lambda x = \lambda Ax = \lambda(\lambda x) = \lambda^2 x$

又 $A = A^2$，$Ax = A^2 x$，則 $\lambda x = \lambda^2 x \Rightarrow \lambda(\lambda - 1)x = \mathbf{0}$，但 $x \neq \mathbf{0}$

$\therefore \lambda = 0$ 或 1

(2) 取 $A = x^T x$ 則 $A^2 = (x^T x)(x^T x) = x^T(xx^T)x = x^T x = A$，由 (1) 知 $A = x^T x$ 之特值為 0 或 1。

例 5 A，B 均為 n 階方陣，若存在一個非奇異陣 P，使得 $B = P^{-1}AP$，則稱 A，B 為相似方陣，若 A，B 為相似方陣，試證 A，B 有相同之特徵方程式

解

∵ A，B 為相似方陣：$B = P^{-1}AP$ ∴ $|\lambda I - B| = |\lambda I - P^{-1}AP| = |P^{-1}\lambda IP - P^{-1}AP| = |P^{-1}(\lambda I - A)P| = |P^{-1}||\lambda I - A||P| = |\lambda I - A|$，即 A，B 有相同的特徵方程式。

例 6 　A 為 n 階對稱陣，證明：A 之任意二個相異特徵值對應之特徵向量必直交

解

設 λ，μ 為 A 之二個相異特徵值，x, y 為對應之特徵向量，則 $Ax = \lambda x$，$Ay = \mu y \Rightarrow y^T Ax = y^T \lambda x = \lambda y^T x$

又 $y^T Ax = (A^T y)^T x = (Ay)^T x = (\mu y)^T x = \mu y^T x$

∵ $\lambda y^T x = \mu y^T x \Rightarrow (\lambda - \mu)y^T x = 0$，但 $\lambda \neq \mu$

∴ $y^T x = 0$，即 x, y 為直交

練習 6.3

1. 求下列各方陣之特徵值及對應之特徵向量：

(1) $\begin{bmatrix} 4 & 2 \\ 3 & -1 \end{bmatrix}$ 　(2) $\begin{bmatrix} 6 & 8 \\ 8 & -6 \end{bmatrix}$

2. 求下列各方陣之特徵值及對應之特徵向量，並求指定多項式之結果

(1) $A = \begin{bmatrix} 1 & 1 & -2 \\ -1 & 2 & 1 \\ 0 & 1 & -1 \end{bmatrix}$ ；$A^3 - 2A^2$ 　(2) $A = \begin{bmatrix} 1 & 0 & 0 \\ 0 & 0 & 1 \\ 0 & 1 & 0 \end{bmatrix}$ ；$A^3 - A^2 - A + 2I$

(3) $A = \begin{bmatrix} 3 & 0 & 1 \\ 0 & 2 & 0 \\ 1 & 0 & 3 \end{bmatrix}$ ；$A^3 - 8A^2 + 21A - 16I$

3. 若 A 為一非奇異陣，λ 為一特徵值，試證 $\dfrac{1}{\lambda}$ 為 A^{-1} 之一特徵值，又 λ 與 $\dfrac{1}{\lambda}$ 對應之特徵向量有何關係？又 A^T 之特徵值是否與 A 相同？定義一方陣 A 之 $A^T A = I$ 稱 A 為直交陣，應用上述結果，證明直交陣必為非奇異陣。從而證直交陣之特徵值為 ± 1。

4. 求 $A = \begin{bmatrix} 1 & 1 & \cdots & 1 \\ 1 & 1 & \cdots & 1 \\ \cdots\cdots\cdots\cdots \\ 1 & 1 & \cdots & 1 \end{bmatrix}$ 之特徵值及其特徵向量。

5. A，B 為二同階方陣，試證 AB 與 BA 有相同之特徵值。

6.4 對角化及其應用

對角化問題是給定方陣 A，A 之特徵值為 $\lambda_1, \lambda_2 \cdots \lambda_n$，我們要找一個方陣 S，使得 $S^{-1}AS = \Lambda$，$\Lambda = \text{diag} [\lambda_1, \lambda_2 \cdots \lambda_n]$，即主對角元素為 $\lambda_1, \lambda_2 \cdots \lambda_n$ 之對角陣，現在我們面臨的 2 個問題是：

1. A 是否可對角化？
2. 若 A 可對角化，那麼如何找到 S？

問題一　方陣 A 是否可對角化

我們在前說過 A 對角化問題是在求一個可逆方陣 S 使得

$$S^{-1}AS = \begin{bmatrix} \lambda_1 & & & 0 \\ & \lambda_2 & & \\ & & \ddots & \\ 0 & & & \lambda_n \end{bmatrix}$$

由 A 之特徵根之狀態（如是否重根⋯）可判斷方陣 A 是否可對化。

【定理 A】　若方陣 A 之 n 個特徵值均互異，則對應之特徵向量必為線性獨立。

證明　（只證 $n = 2$ 之情況）

設 λ_1，λ_2，$\lambda_1 \neq \lambda_2$，對應之特徵向量為 x_1，x_2，且設 $k_1 x_1 + k_2 x_2 = \mathbf{0}$

現在我們要證明 $k_1 = k_2 = 0$：

$\because k_1 x_1 + k_2 x_2 = 0 \tag{1}$

$A(k_1 x_1 + k_2 x_2) = k_1 \lambda_1 x_1 + k_2 \lambda_2 x_2 = \mathbf{0} \tag{2}$

$\lambda_2 ① - ②$ 得 $\quad k_1(\lambda_2 - \lambda_1)x_2 = 0 \quad \because \lambda_1 \neq \lambda_2 \quad \therefore k_1 = 0$

代 $k_1 = 0$ 入①得 $k_2 = 0$

即 x_1，x_2 為線性獨立。∎

例 1　若 λ，μ 為 A 之二相異特徵值，對應之特徵向量為 x，y，試證 $x + y$ 不可能為 A 之特徵向量。

解

提示	解答
1.「……不可能……」之類證明題常需考慮反證法 2. 本題由設 $x + y$ 為 A 之特徵向量開始，進行反證。	應用反證法： 設 $x + y$ 為 A 之特徵向量則 $A(x + y) = c(x + y) = cx + cy$ (1) 又由題給條件： $Ax = \lambda x$ $Ay = \mu y$ $\therefore A(x + y) = Ax + Ay = \lambda x + \mu y$ (2) (1) − (2)： $(c - \lambda)x + (c - \mu)y = \mathbf{0}$ 由定理 A，x, y 為線性獨立 $\therefore c - \lambda = c - \mu = 0$，得 $\lambda = \mu$，但此結果與 $\lambda \neq \mu$ 之條件不合 $\therefore x + y$ 不可能為 A 之特徵向量。

【定理 B】　設 $x_1, x_2, \cdots, x_n$ 為 n 階方陣之 n 個特徵向量。若且惟若 $x_1, x_2, \cdots, x_n$ 為 LIN 則 A 必可對角化。

證明　令 $Ax_i = \lambda_i x_i$，$i = 1, 2, \cdots, n$
$S = [x_1, x_2, \cdots, x_n]$
$\because x_1, x_2, \cdots, x_n$ 為 LIN　$\therefore S$ 為可逆。
$\Rightarrow AS = A[x_1, x_2, \cdots, x_n] = [Ax_1, Ax_2, \cdots, Ax_n] = [\lambda_1 x_1, \lambda_2 x_2, \cdots, \lambda_n x_n]$

$$= (x_1, x_2 \cdots x_n) \cdot \begin{bmatrix} \lambda_1 & & & & 0 \\ & \lambda_2 & & & \\ & & \ddots & & \\ & & & \ddots & \\ 0 & & & & \ddots \\ & & & & & \lambda_n \end{bmatrix} = S\Lambda$$

$\underbrace{}_{\Lambda}$

$\therefore A = S\Lambda S^{-1}$ 從而 $S^{-1}AS = \Lambda$ 亦即 A 可對角化

【定理 C】　若 $\lambda_1, \lambda_2, \cdots, \lambda_k$ 為 n 階方陣 A 之 k 個相異特異值，設 $\lambda_1, \lambda_2, \cdots, \lambda_k$ 各有 c_i 個重根，$c_1 + c_2 + \cdots + c_k = n$，則 A 可被對角化之充分必要條件為 rank $(A - \lambda_i I) = n - c_i$，$i = 1, 2, \cdots, k$

　　因此，n 階方陣有 n 個相異特徵值，則 A 必可對角化，若 A 之特徵值有重根時再據定理 C 判斷。

例 2 (1) $A = \begin{bmatrix} 5 & 1 \\ 2 & 4 \end{bmatrix}$ 是否可對角化？(2) $A = \begin{bmatrix} 1 & 1 & 1 \\ 0 & 2 & 0 \\ -1 & 1 & 3 \end{bmatrix}$ 是否可被對角化？

解

(1) A 之特徵程式 $\lambda^2 - 9\lambda + 18 = (\lambda - 6)(\lambda - 3) = 0$ $\therefore \lambda = 6, 3$，由定理 A，A 可對角化

(2) A 之特徵方程式爲 $\lambda^3 - 6\lambda^2 + 12\lambda - 8 = (\lambda - 2)^3$ $\therefore \lambda = 2$（三重根），$c = 3$

$$\text{rank}(A - 2I) = \text{rank}\left(\begin{bmatrix} -1 & 1 & 1 \\ 0 & 0 & 0 \\ -1 & 1 & 1 \end{bmatrix}\right) = \text{rank}\left(\begin{bmatrix} -1 & 1 & 1 \\ 0 & 0 & 0 \\ 0 & 0 & 0 \end{bmatrix}\right) = 1 \neq 3 - 3$$

$= 0$ $\therefore A$ 不可對角化

問題二 當我們判斷 A 可被對角化，接著我們要想知道的是如求出 S 以使得 $S^{-1}AS = \Lambda$，這個問題的解答是取 $S = [v_1, v_2, \cdots, v_n]$，$v_k$ 爲第 k 個特徵值對應之特徵向量。

例 3 若 $A = \begin{bmatrix} 1 & 0 & 2 \\ 0 & 2 & 3 \\ 0 & 0 & 3 \end{bmatrix}$

(1) A 是否可對角化？

(2) 求 S，以使得 $S^{-1}AS = \Lambda$

解

(1) $|\lambda I - A| = \begin{vmatrix} \lambda - 1 & 0 & -2 \\ 0 & \lambda - 2 & -3 \\ 0 & 0 & \lambda - 3 \end{vmatrix} = (\lambda - 1)(\lambda - 2)(\lambda - 3) = 0$

$\therefore A$ 之三個特徵根 $\lambda = 1, 2, 3$ 互異故可對角化

(2) $\lambda = 1$：

$(A - I)x = \mathbf{0}$: $\begin{bmatrix} 0 & 0 & 2 & | & 0 \\ 0 & 1 & 3 & | & 0 \\ 0 & 0 & 2 & | & 0 \end{bmatrix} \rightarrow \begin{bmatrix} 0 & 0 & 2 & | & 0 \\ 0 & 1 & 3 & | & 0 \\ 0 & 0 & 1 & | & 0 \end{bmatrix} \rightarrow \begin{bmatrix} 0 & 0 & 0 & | & 0 \\ 0 & 1 & 0 & | & 0 \\ 0 & 0 & 1 & | & 0 \end{bmatrix}$ 取 $x_1 = \begin{bmatrix} 1 \\ 0 \\ 0 \end{bmatrix}$

$\lambda = 2$：

$$(A-2I)x=\mathbf{0}:\begin{bmatrix}-1 & 0 & 2 & \vline & 0\\0 & 0 & 3 & \vline & 0\\0 & 0 & 1 & \vline & 0\end{bmatrix}\rightarrow\begin{bmatrix}1 & 0 & -2 & \vline & 0\\0 & 0 & 3 & \vline & 0\\0 & 0 & 1 & \vline & 0\end{bmatrix}\rightarrow\begin{bmatrix}1 & 0 & 0 & \vline & 0\\0 & 0 & 0 & \vline & 0\\0 & 0 & 1 & \vline & 0\end{bmatrix},$$

取 $x_2=\begin{bmatrix}0\\1\\0\end{bmatrix}$

$\lambda=3$：

$$(A-3I)x=\mathbf{0}:\begin{bmatrix}-2 & 0 & 2 & \vline & 0\\0 & -1 & 3 & \vline & 0\\0 & 0 & 0 & \vline & 0\end{bmatrix}，取\ x_3=\begin{bmatrix}1\\3\\1\end{bmatrix}$$

$$\therefore S=\begin{bmatrix}1 & 0 & 1\\0 & 1 & 3\\0 & 0 & 1\end{bmatrix}$$

$$S^{-1}AS=\begin{bmatrix}1 & 0 & 1\\0 & 1 & 3\\0 & 0 & 1\end{bmatrix}^{-1}\begin{bmatrix}1 & 0 & 2\\0 & 2 & 3\\0 & 0 & 3\end{bmatrix}\begin{bmatrix}1 & 0 & 1\\0 & 1 & 3\\0 & 0 & 1\end{bmatrix}=\begin{bmatrix}1 & 0 & 0\\0 & 2 & 0\\0 & 0 & 3\end{bmatrix}$$

讀者可自行驗證上述結果之正確性。

【定理 D】　A 為 n 階可對角化方陣，若 $S^{-1}AS=\Lambda$，即 $A=S\Lambda S^{-1}$，則 $A^k=S\Lambda^k S^{-1}$。

證明　利用數學歸納法：
$n=1$ 時顯然成立
$n=k$ 時，設 $A^k=S\Lambda^k S^{-1}$
$n=k+1$ 時 $A^{k+1}=S\Lambda S^{-1}\cdot S\Lambda^k S^{-1}$
$\qquad\qquad\qquad =S\Lambda^{k+1}S^{-1}$
$\therefore$ 對所有正整數 k 而言，$A^k=S\Lambda^k S^{-1}$ 均成立。　■

若對角陣 $\Lambda=\begin{bmatrix}\lambda_1 & & 0\\ & \lambda_2 & \\0 & & \ddots & \lambda_n\end{bmatrix}$，則 $\Lambda^k=\begin{bmatrix}\lambda_1^k & & 0\\ & \lambda_2^k & \\0 & & \ddots & \lambda_n^k\end{bmatrix}$

我們可利用定理 D 求 A^k、$e^A\cdots$

例 4　承例 3 求 A^k。

解

$A^k = S \Lambda^k S^{-1}$

$$= \begin{bmatrix} 1 & 0 & 1 \\ 0 & 1 & 3 \\ 0 & 0 & 1 \end{bmatrix} \begin{bmatrix} 1 & 0 & 0 \\ 0 & 2^k & 0 \\ 0 & 0 & 3^k \end{bmatrix} \begin{bmatrix} 1 & 0 & 1 \\ 0 & 1 & 3 \\ 0 & 0 & 1 \end{bmatrix}^{-1} = \begin{bmatrix} 1 & 0 & 1 \\ 0 & 1 & 3 \\ 0 & 0 & 1 \end{bmatrix} \begin{bmatrix} 1 & 0 & 0 \\ 0 & 2^k & 0 \\ 0 & 0 & 3^k \end{bmatrix} \begin{bmatrix} 1 & 0 & -1 \\ 0 & 1 & -3 \\ 0 & 0 & 1 \end{bmatrix}$$

$$= \begin{bmatrix} 1 & 0 & 3^k - 1 \\ 0 & 2^k & 3(3^k - 2^k) \\ 0 & 0 & 3^k \end{bmatrix}$$

例 5　A 為 n 階方陣，$A \neq \mathbf{0}$，若存在一個正整數 k，使得 $A^k = \mathbf{0}$，試證 A 不可對角化。

解

應用反證法，設 A 可對角化，即存在一個非奇異陣 S，使得 $S^{-1}AS = \Lambda$，由定理 D，知 $S^{-1}A^kS = \Lambda^k$，但 $A^k = \mathbf{0}$　$\therefore \Lambda^k = \mathbf{0} \Rightarrow \Lambda = \mathbf{0}$
$A = S\Lambda S^{-1} \Rightarrow S\mathbf{0}S^{-1} = \mathbf{0}$ 與 $A \neq \mathbf{0}$ 矛盾，故 A 不可對角化。

例 6　$A = \begin{bmatrix} 1 & 0 \\ 2 & \dfrac{1}{2} \end{bmatrix}$ 求 $\displaystyle\lim_{n \to \infty} A^n$

解

先求 A^n

A 之特徵方程式為 $\lambda^2 - \dfrac{3}{2}\lambda + \dfrac{1}{2} = 0$　$\therefore \lambda = 1, \dfrac{1}{2}$

$\lambda = 1$ 時對應之一個特徵向量 X_1 為

$(A - I)X_1 = 0 \Rightarrow \left[\begin{array}{cc|c} 0 & 0 & 0 \\ 2 & -\dfrac{1}{2} & 0 \end{array}\right]$；取 $X_1 = \begin{bmatrix} 1 \\ 4 \end{bmatrix}$

$\lambda = \dfrac{1}{2}$ 時對應之特徵向量為

$\left(A - \dfrac{1}{2}I\right)X_2 = \left[\begin{array}{cc|c} \dfrac{1}{2} & 0 & 0 \\ 2 & 0 & 0 \end{array}\right]$；取 $X_2 = \begin{bmatrix} 0 \\ 1 \end{bmatrix}$

$\therefore S = \begin{bmatrix} 1 & 0 \\ 4 & 1 \end{bmatrix}$，則 $A^n = \begin{bmatrix} 1 & 0 \\ 4 & 1 \end{bmatrix} \begin{bmatrix} 1 & 0 \\ 0 & \dfrac{1}{2^n} \end{bmatrix} \begin{bmatrix} 1 & 0 \\ 4 & 1 \end{bmatrix}^{-1} = \begin{bmatrix} 1 & 0 \\ 4\left(1 - \dfrac{1}{2^n}\right) & \dfrac{1}{2^n} \end{bmatrix}$

$$\therefore \lim_{n \to \infty} A^n = \begin{bmatrix} 1 & 0 \\ 4 & 0 \end{bmatrix}$$

練習 6.4A

1. 以下方陣何者可對角化:

(1) $\begin{bmatrix} 1 & -1 \\ 1 & -1 \end{bmatrix}$ (2) $\begin{bmatrix} 1 & 2 \\ 0 & 1 \end{bmatrix}$ (3) $\begin{bmatrix} 1 & 1 & 1 \\ 1 & 1 & 1 \\ 1 & 1 & 1 \end{bmatrix}$

2. $A = \begin{bmatrix} 2 & 1 & 1 \\ 1 & 2 & 1 \\ 1 & 1 & 2 \end{bmatrix}$ 是否可對角化,若是,求一方陣 S 使得 $S^{-1}AS = \Lambda$

3. $A = \begin{bmatrix} 1 & 0 & -1 \\ 0 & 1 & 0 \\ -1 & 0 & 1 \end{bmatrix}$ 是否可對角化,若是,求一方陣 S 使得 $S^{-1}AS = \Lambda$

4. 若 A 可對角化,試證 A^2 亦可被對角化。

5. $A = \begin{bmatrix} a & b \\ c & d \end{bmatrix}$ 在何種情況下可被對角化。

6. A 為一 n 階方陣,若 $\text{rank}(A) = 0$,試證 $A = \mathbf{0}$,以此結果證明若 A 之特徵方程式 $(\lambda - a)^n = 0$ 且 A 可被對角化,則 $A = aI$。

7. A 為二階方陣,若特徵值 $\lambda_1 = 1$,$\lambda_2 = 2$ 對應之特向量分別為 $\begin{pmatrix} 1 \\ 2 \end{pmatrix}$ 與 $\begin{pmatrix} 2 \\ -1 \end{pmatrix}$,求一個 S 使得 $S^{-1}AS = \Lambda$,又 $A^k = ?$

$e^A = ?$

微積分有 $e^x = 1 + x + \dfrac{1}{2!}x^2 + \dfrac{1}{3!}x^3 + \cdots + \dfrac{1}{n!}x^n + \cdots$,此可定義 n 階方陣 A 之 e^A:

【定義】 A 為 n 階方陣,則

$$e^A = I + A + \frac{1}{2!}A^2 + \frac{1}{3!}A^3 + \cdots + \frac{1}{n!}A^n + \cdots$$

利用下列二個事實:

(1) 若 A 可對角化,則存在一個非奇異陣,使得 $S^{-1}AS = \begin{bmatrix} \lambda_1 & & \mathbf{0} \\ & \ddots & \\ \mathbf{0} & & \lambda_n \end{bmatrix}$

(2) 若 λ 為 A 之一特徵值,則 λ^k 為 A^k 之一特徵值。則

$$e^\Lambda = I + \Lambda + \frac{1}{2!}\Lambda^2 + \cdots + \frac{1}{n!}\Lambda^n + \cdots$$

$$= \begin{bmatrix} \sum\limits_{k=0}^{\infty} \frac{1}{k!}\lambda_1^k & & & \\ & \sum\limits_{k=0}^{\infty} \frac{1}{k!}\lambda_2^k & & 0 \\ & & \ddots & \\ \mathbf{0} & & & \sum\limits_{k=0}^{\infty} \frac{1}{k!}\lambda_n^k \end{bmatrix} = \begin{bmatrix} e^{\lambda_1} & & & \\ & e^{\lambda_2} & & \mathbf{0} \\ \mathbf{0} & & \ddots & \\ & & & e^{\lambda_n} \end{bmatrix} = e^\Lambda$$

應用 $A^k = S\Lambda^k S^{-1}$，$k = 1, 2\cdots\therefore$我們有

$$e^A = S\left(I + \Lambda + \frac{1}{2!}\Lambda^2 + \cdots + \frac{1}{k!}\Lambda^k + \cdots\right)S^{-1} = Se^\Lambda S^{-1}$$

例 7 A 為 n 階方陣，若 $A^2 = A$，求 e^A

解

$$\because A^2 = A \therefore A^3 = A \cdot A^2 = A \cdot A = A\cdots, A^n = A$$

$$e^A = I + A + \frac{1}{2!}A^2 + \frac{1}{3!}A^3 + \cdots = I + A + \frac{1}{2!}A + \frac{1}{3!}A + \cdots$$

$$= I + \left(1 + \frac{1}{2!} + \frac{1}{3!} + \cdots\right)A = I + (e-1)A$$

例 8 若 $A = \begin{bmatrix} 0 & 0 \\ 1 & 0 \end{bmatrix}$，$B = \begin{bmatrix} 0 & 0 \\ 0 & 1 \end{bmatrix}$，求 e^A，e^B，e^{A+B}，又 $e^{A+B} = e^A \cdot e^B$ 是否成立？

解

(1) $A = \begin{bmatrix} 0 & 0 \\ 1 & 0 \end{bmatrix}$，$A$ 有一重根 0，$\text{rank}(A - 0I) = 1 \neq 2 - 2 = 0 \therefore$不可對

角化。$A^2 = \begin{bmatrix} 0 & 0 \\ 0 & 0 \end{bmatrix} \therefore e^A = I + A = \begin{bmatrix} 1 & 0 \\ 1 & 1 \end{bmatrix}$

(2) $B = \begin{bmatrix} 0 & 0 \\ 0 & 1 \end{bmatrix}$，則 B 之特徵方程式 $\lambda^2 - \lambda = 0$；

$\lambda = 0, 1 \quad \therefore B$ 可對角化。

$\lambda = 0$ 時 $(B - 0I)X_1 = 0 \therefore X_1 = \begin{bmatrix} 1 \\ 0 \end{bmatrix}$

$\lambda = 1$ 時 $(B - I)X_2 = 0 \quad \therefore X_2 = \begin{bmatrix} 0 \\ 1 \end{bmatrix}$ 取 $S = \begin{bmatrix} 1 & 0 \\ 0 & 1 \end{bmatrix} = I$

$$\therefore e^B = Se^\Lambda S^{-1} = I \begin{bmatrix} e^0 & 0 \\ 0 & e \end{bmatrix} I^{-1} = \begin{bmatrix} 1 & 0 \\ 0 & e \end{bmatrix}$$

(3) $A+B = \begin{bmatrix} 0 & 0 \\ 1 & 1 \end{bmatrix}$，特徵方程式 $\lambda^2 - \lambda = 0$，$\lambda = 0, 1$，$A + B$ 亦可對角化

$\lambda = 0$ 時 $((A+B) - 0I)X_1 = \begin{bmatrix} 0 & 0 \\ 1 & 1 \end{bmatrix} X_1 = 0$

$\therefore X_1 = \begin{pmatrix} 1 \\ -1 \end{pmatrix}$

$\lambda = 1$ 時 $((A+B) - 1I)X_2 = \begin{bmatrix} -1 & 0 \\ 1 & 0 \end{bmatrix} X_2 = \mathbf{0}$

$\therefore X_2 = \begin{pmatrix} 0 \\ 1 \end{pmatrix}$ 取 $S = \begin{bmatrix} 1 & 0 \\ -1 & 1 \end{bmatrix}$ 又 $e^\Lambda = \begin{bmatrix} e^0 & 0 \\ 0 & e^1 \end{bmatrix} = \begin{bmatrix} 1 & 0 \\ 0 & e \end{bmatrix}$

$e^{A+B} = Se^\Lambda S^{-1} = \begin{bmatrix} 1 & 0 \\ -1 & 1 \end{bmatrix}\begin{bmatrix} 1 & 0 \\ 0 & e \end{bmatrix}\begin{bmatrix} 1 & 0 \\ -1 & 1 \end{bmatrix}^{-1} = \begin{bmatrix} 1 & 0 \\ -1 & 1 \end{bmatrix}\begin{bmatrix} 1 & 0 \\ 0 & e \end{bmatrix}\begin{bmatrix} 1 & 0 \\ 1 & 1 \end{bmatrix}$

$= \begin{bmatrix} 1 & 0 \\ e-1 & e \end{bmatrix}$，又 $e^A \cdot e^B = \begin{bmatrix} 1 & 0 \\ 1 & 1 \end{bmatrix} \cdot \begin{bmatrix} 1 & 0 \\ 0 & e \end{bmatrix} = \begin{bmatrix} 1 & 0 \\ 1 & e \end{bmatrix}$

$\therefore e^{A+B} \neq e^A \cdot e^B$ 即 $e^{A+B} = e^A \cdot e^B$ 不恆成立。

例 9 若 A 為可對角化之 n 階方陣，試證 e^A 為非奇異陣。

解

證明 e^A 為非奇異陣相當是證明 $det(e^A) \neq 0$：

$\because A$ 為可對角化 $\therefore$ 存在二個非奇異陣 S，使得

$A = S\Lambda S^{-1} \Rightarrow e^A = Se^\Lambda S^{-1}$ 從而

$|e^A| = |Se^\Lambda S^{-1}| = |S||e^\Lambda||S^{-1}| = |e^\Lambda| = \begin{vmatrix} e^{\lambda_1} & & & 0 \\ & e^{\lambda_2} & & \\ & & \ddots & \\ 0 & & & e^{\lambda_n} \end{vmatrix} = e^{\lambda_1 + \lambda_2 + \cdots + \lambda_n} \neq 0$

$\therefore e^A$ 為非奇異陣

例 10 若 λ 為方陣 A 之一特徵值，試證 e^λ 亦為 e^A 之一特徵值。

解

$$\because e^A x = \left(I + A + \frac{1}{2!}A^2 + \frac{1}{3!}A^3 + \cdots\right)x = 1 \cdot x + Ax + \frac{1}{2!}A^2 x + \frac{1}{3!}A^3 x + \cdots$$

$$= 1x + \lambda x + \frac{1}{2!}A^2 x + \frac{1}{3!}A^3 x + \cdots = \left(1 + \lambda + \frac{1}{2!}\lambda^2 + \frac{1}{3!}\lambda^3 + \cdots\right)x = e^\lambda x$$

$\therefore e^\lambda$ 爲 e^A 之一特徵值。

★ 例11 若 $A = \begin{bmatrix} -2 & -6 \\ 1 & 3 \end{bmatrix}$，求 $\cos A$

解

$A = \begin{bmatrix} -2 & -6 \\ 1 & 3 \end{bmatrix}$ 則 A 之特徵方程式 $\lambda^2 - \lambda = 0$　　$\therefore \lambda = 0, 1$

$\lambda = 0$ 時，$(A - 0I)X = \begin{bmatrix} -2 & -6 & | & 0 \\ 1 & 3 & | & 0 \end{bmatrix} \rightarrow \begin{bmatrix} 1 & 3 & | & 0 \\ 0 & 0 & | & 0 \end{bmatrix}$

$\therefore X_1 = \begin{bmatrix} 3 \\ -1 \end{bmatrix}$

$\lambda = 1$ 時，$(A - I)X = \begin{bmatrix} -3 & -6 & | & 0 \\ 1 & 2 & | & 0 \end{bmatrix} \rightarrow \begin{bmatrix} 1 & 2 & | & 0 \\ 0 & 0 & | & 0 \end{bmatrix}$

$\therefore X_2 = \begin{bmatrix} -2 \\ 1 \end{bmatrix}$，$S = \begin{bmatrix} 3 & -2 \\ -1 & 1 \end{bmatrix}$

$\cos A = \begin{bmatrix} 3 & -2 \\ -1 & 1 \end{bmatrix} \begin{bmatrix} \cos 0 & 0 \\ 0 & \cos 1 \end{bmatrix} \begin{bmatrix} 3 & -2 \\ -1 & 1 \end{bmatrix}^{-1}$

$\qquad = \begin{bmatrix} 3 - 2\cos 1 & 6 - 6\cos 1 \\ -1 + \cos 1 & -2 + 3\cos 1 \end{bmatrix}$

$Y' = AY$，$Y(0) = Y_0$

回想第一章之一階線性微分方程式，$y' = ay$，$y(0) = y_0$ 它的解爲 $y = e^{ax}y_0$，應用此結果到方陣 A 之情況，在此假設 A 爲給定之數值方陣，因此，不難推知 $Y' = AY$，$Y(0) = Y_0$ 之解爲 $Y(t) = e^{At}Y_0$

【定理 E】 A 爲 n 階方陣，則 $e^{At} = \mathcal{L}^{-1}((sI - A)^{-1})$，$\mathcal{L}^{-1}$ 爲反拉氏轉換。

證明 取 $\phi(t) = e^{At}$ 則 $\phi'(t) = Ae^{At} = A\phi(t)$；二邊同取拉氏轉換

$\mathcal{L}\{\phi'(t)\} = s\mathcal{L}\{\phi(t)\} - \phi(0) = s\mathcal{L}\{\phi(t)\} - I$

而 $\mathcal{L}\{\phi'(t)\} = \mathcal{L}\{A\phi(t)\} = A\mathcal{L}\{\phi(t)\}$

$\therefore s\mathcal{L}\{\phi(t)\} - I = A\mathcal{L}\{\phi(t)\} \Rightarrow (sI - A)\mathcal{L}\{\phi(t)\} = I \Rightarrow \mathcal{L}\{\phi(t)\} = (sI - A)^{-1}$

二邊同取反拉氏轉換，得

$\phi(t) = \mathcal{L}^{-1}\{(sI - A)^{-1}\}$　　即 $e^{At} = \mathcal{L}^{-1}\{(sI - A)^{-1}\}$　　∎

例12 $A = \begin{bmatrix} 0 & -1 \\ 1 & 0 \end{bmatrix}$ 求 e^{At}

解

	解答
方法一 應用定理 E	$A = \begin{bmatrix} 0 & -1 \\ 1 & 0 \end{bmatrix}$, $(sI - A)^{-1} = \left(s\begin{bmatrix} 1 & 0 \\ 0 & 1 \end{bmatrix} - \begin{bmatrix} 0 & -1 \\ 1 & 0 \end{bmatrix} \right)^{-1} = \begin{bmatrix} s & 1 \\ -1 & s \end{bmatrix}^{-1} = \frac{1}{s^2+1}\begin{bmatrix} s & -1 \\ 1 & s \end{bmatrix}$ $\therefore e^{At} = \mathcal{L}^{-1}((sI - A)^{-1})$ $= \begin{bmatrix} \mathcal{L}^{-1}\left(\dfrac{s}{s^2+1}\right) & \mathcal{L}^{-1}\left(\dfrac{-1}{s^2+1}\right) \\ \mathcal{L}^{-1}\left(\dfrac{1}{s^2+1}\right) & \mathcal{L}^{-1}\left(\dfrac{s}{s^2+1}\right) \end{bmatrix} = \begin{bmatrix} \cos t & -\sin t \\ \sin t & \cos t \end{bmatrix}$
方法二 對角化方法 （需應用 Euler 公式）	A 之特徵值為 $\lambda = \pm i$ (1) $\lambda = i$ 時，$(A - iI)X = 0$，$\begin{bmatrix} -i & -1 \\ 1 & -i \end{bmatrix}X_1 = \begin{bmatrix} 0 \\ 0 \end{bmatrix}$　$\therefore X_1 = \begin{bmatrix} i \\ 1 \end{bmatrix}$ (2) $\lambda = -i$ 時，$(A + iI)X = 0$，$\begin{bmatrix} i & -1 \\ 1 & i \end{bmatrix}X_2 = \begin{bmatrix} 0 \\ 0 \end{bmatrix}$　$\therefore X_2 = \begin{bmatrix} 1 \\ i \end{bmatrix}$ 得 $S = \begin{bmatrix} i & 1 \\ 1 & i \end{bmatrix}$ $\therefore e^{At} = Se^{At}S^{-1} = \begin{bmatrix} i & 1 \\ 1 & i \end{bmatrix}\begin{bmatrix} e^{it} & 0 \\ 0 & e^{-it} \end{bmatrix}\begin{bmatrix} i & 1 \\ 1 & i \end{bmatrix}^{-1} = \begin{bmatrix} i & 1 \\ 1 & i \end{bmatrix}\begin{bmatrix} e^{it} & 0 \\ 0 & e^{-it} \end{bmatrix}\frac{1}{-2}\begin{bmatrix} i & -1 \\ -1 & i \end{bmatrix}$ $= -\frac{1}{2}\begin{bmatrix} -e^{it} - e^{-it} & -ie^{it} + ie^{-it} \\ ie^{it} - ie^{-it} & -e^{it} - e^{-it} \end{bmatrix} = \begin{bmatrix} \dfrac{e^{it}+e^{-it}}{2} & \dfrac{e^{it}-e^{-it}}{2} \\ \dfrac{e^{it}-e^{-it}}{2i} & \dfrac{e^{it}+e^{-it}}{2} \end{bmatrix} = \begin{bmatrix} \cos t & -\sin t \\ \sin t & \cos t \end{bmatrix}$

例13 試解 $Y' = AY$，$Y(0) = Y_0$，其中，$A = \begin{bmatrix} -2 & -6 \\ 1 & 3 \end{bmatrix}$ 及 $Y_0 = \begin{bmatrix} 1 \\ 1 \end{bmatrix}$

解

$Y(t) = e^{At}Y_0$，為解此方程式我們先求 $e^{At} = ?$

$A = \begin{bmatrix} -2 & -6 \\ 1 & 3 \end{bmatrix}$，$A$ 之特徵方程式為 $\lambda^2 - \lambda = 0$，

即 $\lambda = 0$，1

① $\lambda = 0$ 時 $(A - 0I)X = \begin{bmatrix} -2 & -6 & | & 0 \\ 1 & 3 & | & 0 \end{bmatrix} \rightarrow \begin{bmatrix} 1 & 3 & | & 0 \\ 1 & 3 & | & 0 \end{bmatrix} \rightarrow \begin{bmatrix} 1 & 3 & | & 0 \\ 0 & 0 & | & 0 \end{bmatrix}$

$\therefore$ 取 $X_1 = \begin{bmatrix} 3 \\ -1 \end{bmatrix}$

② $\lambda = 1$ 時 $(A-1I)X = \begin{bmatrix} -3 & -6 & | & 0 \\ 1 & 2 & | & 0 \end{bmatrix} \rightarrow \begin{bmatrix} 1 & 2 & | & 0 \\ 1 & 2 & | & 0 \end{bmatrix} \rightarrow \begin{bmatrix} 1 & 2 & | & 0 \\ 0 & 0 & | & 0 \end{bmatrix}$

$\therefore$ 取 $X_2 = \begin{bmatrix} -2 \\ 1 \end{bmatrix}$

$S = \begin{bmatrix} 3 & -2 \\ -1 & 1 \end{bmatrix}$

$\therefore Y(t) = e^{At}Y_0 = Se^{\Lambda t}S^{-1}Y_0$

$= \begin{bmatrix} 3 & -2 \\ -1 & 1 \end{bmatrix} \begin{bmatrix} 1 & 0 \\ 0 & e^t \end{bmatrix} \begin{bmatrix} 3 & -2 \\ -1 & 1 \end{bmatrix}^{-1} \begin{bmatrix} 1 \\ 1 \end{bmatrix}$

$= \begin{bmatrix} 3 & -2 \\ -1 & 1 \end{bmatrix} \begin{bmatrix} 1 & 0 \\ 0 & e^t \end{bmatrix} \begin{bmatrix} 1 & 2 \\ 1 & 3 \end{bmatrix} \begin{bmatrix} 1 \\ 1 \end{bmatrix} = \begin{bmatrix} 9 - 8e^t \\ -3 + 4e^t \end{bmatrix}$

我們可對例 13 之結果做一驗算：

$Y' = \begin{bmatrix} -8e^t \\ 4e^t \end{bmatrix}$; $AY = \begin{bmatrix} -2 & -6 \\ 1 & 3 \end{bmatrix} \begin{bmatrix} 9 - 8e^t \\ -3 + 4e^t \end{bmatrix} = \begin{bmatrix} -8e^t \\ 4e^t \end{bmatrix}$, $Y(0) = \begin{bmatrix} 1 \\ 1 \end{bmatrix}$

所以我們的結果為無誤。

例14 解 $Y' = AY$，$Y(0) = Y_0$，其中 $A = \begin{bmatrix} 0 & 1 & 0 \\ 0 & 0 & 1 \\ 0 & 0 & 0 \end{bmatrix}$，$Y_0 = \begin{bmatrix} 1 \\ -1 \\ 0 \end{bmatrix}$

解

A 不可對角化 $A^2 = \begin{bmatrix} 0 & 0 & 1 \\ 0 & 0 & 0 \\ 0 & 0 & 0 \end{bmatrix}$，$A^3 = \mathbf{0}$

得 $e^{At} = I + tA + \dfrac{1}{2!} t^2 A^2 = \begin{bmatrix} 1 & t & \dfrac{t^2}{2} \\ 0 & 1 & t \\ 0 & 0 & 1 \end{bmatrix}$

$$\therefore Y(t) = e^{At} Y_0 = \begin{bmatrix} 1 & t & \frac{1}{2}t^2 \\ 0 & 1 & t \\ 0 & 0 & 1 \end{bmatrix} \begin{bmatrix} 1 \\ -1 \\ 0 \end{bmatrix} = \begin{bmatrix} 1-t \\ -1 \\ 0 \end{bmatrix}$$

練習 6.4B

1. $A = \begin{bmatrix} 0 & 1 \\ 0 & 0 \end{bmatrix}$，求 (1) e^A　(2) $(e^A)^{-1}$

2. $A = \begin{bmatrix} 0 & -2 \\ 1 & 3 \end{bmatrix}$，求 (1) A^n　(2) e^A

3. $A = \begin{bmatrix} a & b \\ -b & a \end{bmatrix}$求 (1) e^{At}　(2) 並用此結果解 $Y(t) = AY$，$Y_0 = \begin{pmatrix} 1 \\ -1 \end{pmatrix}$

4. 解 $\begin{cases} \dfrac{d}{dt} y_1 = -2y_2 \\ \dfrac{d}{dt} y_2 = y_1 + 3y_2 \end{cases}$，$Y_0 = \begin{pmatrix} 1 \\ -3 \end{pmatrix}$

5. $A = \begin{bmatrix} 1 & 0 \\ 0 & 2 \end{bmatrix}$，求 e^{At}

6.5　二次形式

x_1, x_2, x_n 之**二次多項式**（quadratic polynomials），$q = a_{11}x_1^2 + a_{22}x_2^2 + \cdots$
$+ a_{nn}x_n^2 + 2\sum_{i<j} a_{ij}x_ix_j$ 均可用下列之矩陣形式來表示：

$$q = a_{11}x_2^2 + a_{22}x_2^2 + \cdots + a_{nn}x_n^2 + 2\sum_{i<j} a_{ij}x_ix_j = X^T AX \text{，其中}$$

$$X^T = (x_1, x_2, \cdots, x_n)$$

$$A = \begin{bmatrix} a_{11} & a_{12} & \cdots & a_{1n} \\ a_{21} & a_{22} & \cdots & a_{2n} \\ & & \cdots\cdots & \\ a_{n1} & a_{n2} & \cdots & a_{nn} \end{bmatrix}\text{，} A \text{爲對稱陣}$$

故 x_1^2, x_2^2, $\cdots$, x_n^2 之係數 a_{11}, a_{22}, $\cdots$, a_{nn} 均置於主對角線上，而 x_ix_j 之係數 $2a_{ij}$ 則平均分置 在 a_{ij} 與 a_{ji} 上。

例 1　若 x、y、z 之二次形式 Q 定義爲：$q = 2x^2 + 3y^2 + 2yz - z^2$，試將 q 寫成 $X^T AX$ 之形式，$X^T = (x, y, z)$。

解

$$q = X^T \begin{bmatrix} 2 & 0 & 0 \\ 0 & 3 & 1 \\ 0 & 1 & -1 \end{bmatrix} X$$

例 2　若 $q = x_1^2 + 4x_1x_2 + 2x_2^2 + 4x_2x_3 + x_3^2$，求滿足 $q = X^T$ 之實對稱陣 C，其中 $X^T = (x_1, x_2, x_3)$。

解

$$q = X^T \begin{bmatrix} 1 & 2 & 0 \\ 2 & 2 & 2 \\ 0 & 2 & 1 \end{bmatrix} X$$

正交、半正定、負定、半負定

【定義】 設 $q = X^T A X$ 表一二次式，$X^T = (x_1, x_2, \cdots, x_n)$ 為一非零向量，A 為一實對稱陣，規定：

(1) 對每一個非零向量 X 而言，恆有 $X^T A X > 0$ 稱為**正定**（positive definite），若恆有 $X^T A X < 0$ 則稱 q 為**負定**（negative definite）。

(2) 若對某些非零向量 X 而言，$X^T A X > 0$，但存在另外某些非零向量可使得 $X^T A X = 0$，則稱 q 為**半正定**（positive semidefinite），同理可定義出**半負定**。

(3) 若對某些非零向量 X 而言 $X^T A X$ 為正，對另外某些非零向量 X，$X^T A X$ 為負，則稱 q 為**不定式**（indefinite）。

【定理 A】 若 A 為 n 階實對稱方陣則其特徵值均為實數且存在一個直交陣 P 使 $P^{-1} A P = \Lambda$，Λ 為主對角線元素為 A 之特徵值。

證明 略

下列定理對判斷一二次式是否為正定時極為有用。

【定理 B】 $q = X^T A X$ 為一二次式，$X^T = (x_1, x_2, \cdots, x_n)$ 為一非零向量，A 為對稱陣，我們有：

(1) 若且唯若 A 之特徵值均 $> 0 \, (\geq 0)$ 則 q 為正定（半正定）。

(2) 若且唯若 A 有系統地沿至對角線（不作列互換）化為列梯形式時，所有 *pivot*（即非零列之每列最左算來第一個非零元素）均為正時，則 q 為正定。

(3) 若且唯若 A 沿左上角起的所有主子行列式均大於 0，也就是

即 $a_{11} > 0$，$\begin{vmatrix} a_{11} & a_{12} \\ a_{21} & a_{22} \end{vmatrix} > 0$，$\begin{vmatrix} a_{11} & a_{12} & a_{13} \\ a_{21} & a_{22} & a_{23} \\ a_{31} & a_{32} & a_{33} \end{vmatrix} > 0 \cdots\cdots$

則 q 為正定。

證明 （只證 (1) 餘從略）

$\Rightarrow$ 令 λ_i 為 A 之第 i 個特徵值，其對應之特徵向量為 V_i，取 $X_i = \dfrac{V_i}{\|V_i\|}$

$\because X_1$ 為單位向量 $\therefore X_i^T A X_i = X_i^T \lambda X_i = \lambda X_i^T X_i = \lambda_i > 0$

$\lambda_i > 0 \Rightarrow A$ 為正定：

$\because A$ 為實對稱陣 $\therefore$ 存在一個直交陣 P 使 $P^{-1} A P = \Lambda \Rightarrow \Lambda = P A P^{-1}$

取 $X = PY$

則 $q = X^TAX = Y^T(P^{-1}AP)Y = Y^T\Lambda Y$

$$= [y_1, y_2, \cdots, y_n] \begin{bmatrix} \lambda_1 & & & 0 \\ & \lambda_2 & & \\ & & \ddots & \\ 0 & & & \lambda_n \end{bmatrix} \begin{bmatrix} y_1 \\ y_2 \\ \vdots \\ y_n \end{bmatrix}$$

$$= \lambda_1 y_1^2 + \lambda_2 y_2^2 + \cdots + \lambda_n y_n^2 > 0 \qquad\blacksquare$$

應用定理 $A(3)$ 判斷 $q = X^TAX$ 爲正定時，以 $\begin{bmatrix} a_{11} & a_{12} & a_{13} \\ a_{21} & a_{22} & a_{23} \\ a_{31} & a_{32} & a_{33} \end{bmatrix}$ 爲例，需所有

各階主子行列式均爲非負，即

1 階：$a_{11} > 0$

2 階：$\begin{vmatrix} a_{11} & a_{12} \\ a_{21} & a_{22} \end{vmatrix} > 0$

3 階：$\begin{vmatrix} a_{11} & a_{12} & a_{13} \\ a_{21} & a_{22} & a_{23} \\ a_{31} & a_{32} & a_{33} \end{vmatrix} > 0$

要意的是，上述結果必須在 A 爲對稱陣時才成立，例如：

$$A = \begin{bmatrix} 1 & -3 \\ 0 & 1 \end{bmatrix}$$

因爲 $x^T = (1, 1)^T$ 時 $x^TAx < 0$，即使 $a_{11} > 0$，$|A| = 1 > 0$ A 仍不是正定。

例 3　判斷下列二次式之正定性

$z = 2x_1^2 + 2x_2^2 + 5x_3^2 + 6x_1x_2 - 4x_1x_3 + 4x_2x_3$

解

$$q = X^T \begin{bmatrix} 2 & 3 & -2 \\ 3 & 2 & 2 \\ -2 & 2 & 5 \end{bmatrix} X$$

利用定理 $A(3)$

$a_{11} = 2 > 0$，

$\begin{vmatrix} a_{11} & a_{12} \\ a_{21} & a_{22} \end{vmatrix} = \begin{vmatrix} 2 & 3 \\ 3 & 2 \end{vmatrix} = -5 < 0$

$\therefore q$ 不為正定亦非負定

例 4 若 $q = x_1^2 + 4ax_1x_2 + 2ax_2x_3 + x_2^2 + x_3^2$ 為正定，求 $a = ?$

解

$q = X^T \begin{bmatrix} 1 & 2a & 0 \\ 2a & 1 & a \\ 0 & a & 1 \end{bmatrix} X$ ：$a_{11} > 0$

$\begin{vmatrix} a_{11} & a_{12} \\ a_{21} & a_{22} \end{vmatrix} = \begin{vmatrix} 1 & 2a \\ 2a & 1 \end{vmatrix} = 1 - 4a^2 > 0 \cdots\cdots ①$

$\begin{vmatrix} 1 & 2a & 0 \\ 2a & 1 & a \\ 0 & a & 1 \end{vmatrix} = \begin{vmatrix} 1 & a \\ a & 1 \end{vmatrix} - 2a \begin{vmatrix} 2a & 0 \\ 0 & 1 \end{vmatrix} = 1 - a^2 - 2a(2a) = 1 - 5a^2 > 0 \cdots\cdots ②$

由①、② $\begin{cases} 1 > 4a^2 \\ 1 > 5a^2 \end{cases}$

$\therefore \dfrac{1}{\sqrt{5}} > a > \dfrac{-1}{\sqrt{5}}$ 時 q 為正定

例 5 若 A 為正定，試證 A^{-1} 亦為正定。

解

$\because A$ 為正定 $\therefore A$ 之所有特徵值 $\lambda_i > 0$，從而 A^{-1} 之特徵值 $\dfrac{1}{\lambda_i} > 0$，即 A^{-1} 亦為正定（定理 $A(1)$）

我們剛才討論的都聚集在正定，現我們看負定之判定，A 為對稱陣
1. A 為負定之充要條件為 A 之特徵值均小於 0；
2. A 為負定之充要條件為 $a_{11} < 0$，$\begin{vmatrix} a_{11} & a_{12} \\ a_{21} & a_{22} \end{vmatrix} > 0$，$\begin{vmatrix} a_{11} & a_{12} & a_{13} \\ a_{21} & a_{22} & a_{23} \\ a_{31} & a_{32} & a_{33} \end{vmatrix} < 0$ 即奇數

階之主子行列式為負，而偶數階之主子行列式為正。

例 6 試驗證 $q = -x^2 - 2xy - 2y^2 - z^2$ 為負定。

解

$$A = \begin{bmatrix} -1 & -1 & 0 \\ -1 & -2 & 0 \\ 0 & 0 & -1 \end{bmatrix}, \quad a_{11} = -1 < 0, \quad \begin{vmatrix} a_{11} & a_{12} \\ a_{21} & a_{22} \end{vmatrix} = \begin{vmatrix} -1 & -1 \\ -1 & -2 \end{vmatrix} > 0$$

$$\begin{vmatrix} a_{11} & a_{12} & a_{13} \\ a_{21} & a_{22} & a_{23} \\ a_{31} & a_{32} & a_{33} \end{vmatrix} = \begin{vmatrix} -1 & -1 & 0 \\ -1 & -2 & 0 \\ 0 & 0 & -1 \end{vmatrix} = -1 < 0$$

$$\therefore q = -x^2 - 2xy - 2y^2 - z^2 \text{為負定。}$$

練習 6.5

1. 試判斷下列二次式是（半）正定抑為（半）正定，還是皆非

   (1) $q_1 = 2x^2 + 5y^2 + 5z^2 + 4xy - 4xz - 8yz$

   (2) $q_3 = x^2 + y^2 + z^2 + 2yz$

   (3) $q_2 = \sqrt{2}x^2 + xy + \sqrt{3}y^2 + yz$

   (4) $q_4 = x^2 + y^2 + z^2 + xy + xz - yz$

   (5) $q_5 = (x + y)^2 + (x + z)^2 + (y + z)^2$

2. $\begin{bmatrix} a & 1 & 1 \\ 1 & a & 1 \\ 1 & 1 & a \end{bmatrix}$ 為正定，求 a 之範圍。

3. 求 $q = ax^2 + 2bxy + cy^2$ 為正定之條件。又為負定之條件？

4. 若 A 為半正定試證 A^2 亦為半正定

第7章
向量

7.1 向量之基本概念

向量

向量（vector）是一個具有**大小**（magnitude）與**方向**（direction）之量。與向量相對的是**純量**（scalar）。

平面上，以 $P(a, b)$ 為始點，$Q(c, d)$ 為終點之向量以 $\overrightarrow{PQ}$ 表示，並定義 $\overrightarrow{PQ}$ = $[c - a, d - b]$，$c - a$、$d - b$ 稱為**分量**（component）。$\overrightarrow{PQ}$ 之長度記做 $\| \overrightarrow{PQ} \|$，定義 $\| \overrightarrow{PQ} \| = \sqrt{(c-a)^2 + (d-b)^2}$，若 $\| \overrightarrow{PQ} \| = 1$ 則稱 $\overrightarrow{PQ}$ 為**單位向量**（unit vector）。顯然 $\| \overrightarrow{QP} \| = \| \overrightarrow{PQ} \|$，$\overrightarrow{QP} = - \overrightarrow{PQ}$，故 $\overrightarrow{PQ}$ 與 $\overrightarrow{QP}$ 長度相等但方向相反。

從原點 O 到點 (x, y, z) 之向量稱為**位置向量**（position vector），以 r 表之，$r = xi + yj + zk$，其中 $i = [1, 0, 0]$，$j = [0, 1, 0]$，$k = [0, 0, 1]$ $\therefore \| r \| = \sqrt{x^2 + y^2 + z^2}$。若二個向量之大小、方向均相同時，稱此二向量相等。

向量基本運算

設二向量 V_1，V_2，若 $V_1 = [a_1, a_2 \dots a_n]$，$V_2 = [b_1, b_2 \dots a_n]$，則

1. $V_1 + V_2 = [a_1 + b_1, a_2 + b_2, \dots a_n + b_n]$，顯然 $V_1 + V_2 = V_2 + V_1$。
2. $\lambda V_1 = [\lambda a_1, \lambda a_2, \dots \lambda a_n]$，$\lambda \in R$。

所有分量均為 0 之向量稱為**零向量**（zero vector），以 0 表之。若 U 為非零向量則 $U/\|U\|$ 為單位向量。以上結果在 n 維向量均成立。

【定理 A】 向量 V 是一 n 個維向量則
(1) $V + \mathbf{0} = \mathbf{0} + V = V$
(2) $(-1)V = -V$
(3) $V + (-V) = \mathbf{0}$
(4) $0V = \mathbf{0}$

向量加法之平行四邊形法則（paralleogram law for vector addition）。

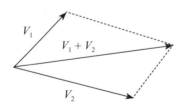

例 1 $\overline{PQ}$ 為空間中之一線段，R 為 $\overline{PQ}$ 中之一點，已知 $PR : RQ = m : n$，若 O 為 $\overline{PQ}$ 外之任一點，試證：

$$\overrightarrow{OR} = \frac{n}{m+n} \overrightarrow{OP} + \frac{m}{m+n} \overrightarrow{OQ}$$

解

圖示	解答
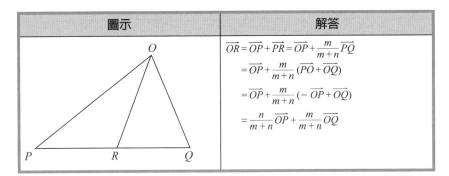	$\overrightarrow{OR} = \overrightarrow{OP} + \overrightarrow{PR} = \overrightarrow{OP} + \frac{m}{m+n}\overrightarrow{PQ}$ $\quad = \overrightarrow{OP} + \frac{m}{m+n}(\overrightarrow{PO} + \overrightarrow{OQ})$ $\quad = \overrightarrow{OP} + \frac{m}{m+n}(-\overrightarrow{OP} + \overrightarrow{OQ})$ $\quad = \frac{n}{m+n}\overrightarrow{OP} + \frac{m}{m+n}\overrightarrow{OQ}$

例 2 若 M 為 $\overline{BC}$ 之中點，A 為 $\overline{BC}$ 外之任一點，試證 $\overrightarrow{AB} + \overrightarrow{AC} = 2\overrightarrow{AM}$

解

圖示	解答
	$\overrightarrow{AM} = \overrightarrow{AB} + \overrightarrow{BM} = \overrightarrow{AB} + \frac{1}{2}\overrightarrow{BC}$ (1) $\overrightarrow{AM} = \overrightarrow{AC} + \overrightarrow{CM} = \overrightarrow{AC} - \frac{1}{2}\overrightarrow{BC}$ (2) (1) + (2) 得 $\overrightarrow{AB} + \overrightarrow{AC} = 2\overrightarrow{AM}$

練習 7.1A

1. 設 A, B, C 為三角形 ABC 之頂點，a, b, c 為對邊之中點，試應用例 1 之結果證明：
   $$\overrightarrow{Aa} + \overrightarrow{Bb} + \overrightarrow{Cc} = \mathbf{0}$$

2. 根據右圖，若 $\overrightarrow{AC} = \beta\overrightarrow{CB}$，試證 $\overrightarrow{OC} = \dfrac{\overrightarrow{OA} + \beta\overrightarrow{OB}}{1+\beta}$

3. 應用例 2 之結果，證明：若 M，N 為 AC，BD 之中點則 $\overrightarrow{AB} + \overrightarrow{CD} = 2\overrightarrow{MN}$

4. 若 $A = [1, -2, 3]$，$B = [0, 1, 5]$，$C = 2[1, 0, 2]$，計算：

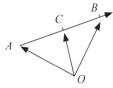

（第2題之圖）

(1)$\|A\|$　(2)$\|A-B\|$　(3)$\|A-C\|$

5. $\overrightarrow{AB}+\overrightarrow{BC}+\overrightarrow{CD}+\overrightarrow{DE}+\overrightarrow{EF}+\overrightarrow{FA}$

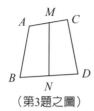

（第3題之圖）

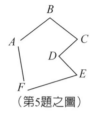

（第5題之圖）

向量點積與叉積

點積

本節我們要介紹二個向量積，一是**點積**（dot product），另一是**叉積**（cross product）。

力學告訴我們，如果位於 M_0 之物體受力 f 而沿直線運動到 M 處，位移 $\overrightarrow{M_0M}$，令 $s=\overrightarrow{M_0M}$，假設 f 與 s 之夾角為 θ，則物體所做的**功**（work）為

$$W = \| f \| \| s \| \cos\theta$$

因此，我們據此定義二個向量 A，B 之**點積**（dot product）：

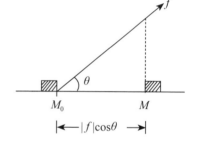

【定義】　A，B 為二向量，則 A，B 之點積為
　　　　$A \cdot B = |A||B|\cos\theta$，$\theta$ 為 A，B 之夾角，$0 \leq \theta \leq \pi$

【定理 B】　若 $A = [a_1, a_2, a_3]$，$B = [b_1, b_2, b_3]$ 則
　　　　　　$A \cdot B = a_1b_1 + a_2b_2 + a_3b_3$

證明　應用餘弦定律 $c^2 = a^2 + b^2 - 2ab\cos\theta$：

$\| A \| \| B \|\cos\theta$

$= \dfrac{1}{2}(\|A\|^2 + \|B\|^2 - \|A-B\|^2)$

$= \dfrac{1}{2}((a_1^2 + a_2^2 + a_3^2) + (b_1^2 + b_2^2 + b_3^2) - (a_1 - b_1)^2 - (a_2 - b_2)^2 - (a_3 - b_3)^2)$

$= a_1b_1 + a_2b_2 + a_3b_3$

由定理 A，顯然 $A \cdot B = B \cdot A$。同時有：(1) 若 $A = [a_1, a_2 \cdots a_n]$，$B = [b_1, b_2 \cdots b_n]$ 則 $A \cdot B = a_1b_1 + a_2b_2 + \cdots + a_nb_n$ 及 (2)$\|A\|^2 = A \cdot A$。

例 3 求 $A = [-1, 0, 2]$，$B = [0, 1, 1]$ 之夾角

解

$$A \cdot B = [-1, 0, 2] \cdot [0, 1, 1] = (-1)0 + 0(1) + 2(1) = 2$$

$$\|A\| = \sqrt{(-1)^2 + 0^2 + 2^2} = \sqrt{5} \quad \|B\| = \sqrt{0^2 + 1^2 + 1^2} = \sqrt{2}$$

$$\therefore \cos\theta = \frac{A \cdot B}{\|A\|\|B\|} = \frac{2}{\sqrt{5} \cdot \sqrt{2}} = \frac{2}{\sqrt{10}} = \frac{\sqrt{10}}{5}$$

即　$\theta = \cos^{-1}\frac{\sqrt{10}}{5}$

例 4 A, B, C 為同維向量，試證 $\|A\|^2 + \|B\|^2 + \|C\|^2 + \|A + B + C\|^2 = \|B + C\|^2 + \|C + A\|^2 + \|A + B\|^2$

解

$\|A\|^2 + \|B\|^2 + \|C\|^2 + \|A + B + C\|^2$

$= A \cdot A + B \cdot B + C \cdot C + (A + B + C) \cdot (A + B + C)$

$= A \cdot A + B \cdot B + C \cdot C + A \cdot A + B \cdot B + C \cdot C + A \cdot B + A \cdot C + B \cdot A + B \cdot C + C \cdot A + C \cdot B$

$= (B \cdot B + 2B \cdot C + C \cdot C) + (C \cdot C + 2C \cdot A + A \cdot A) + (A \cdot A + 2A \cdot B + B \cdot B)$

$= \|B + C\|^2 + \|C + A\|^2 + \|A + B\|^2$

由向量內積性質易得下列重要結果：

A，B 均非零向量，若 $A \cdot B = 0$，則 A，B 為**直交**（orthogonal，又譯作正交）。

叉積

考慮一個**力矩**（torque）問題，我們知道力矩 = 作用力 × 力臂。假設 O 是槓桿之支點，現在我們在槓桿之 P 點處施力，並設 f 與 $\overrightarrow{OP}$ 之夾角為 θ，設向量 M 表示力距則

$$\|M\| = \|f\|\|\overrightarrow{OQ}\| = \|f\|\|\overrightarrow{OP}\|\sin\theta$$

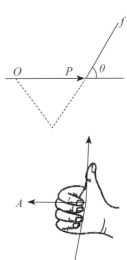

$\overrightarrow{OP}$，f，M 須符合右手法則。因此，任二個三維向量 A, B 之**叉積**（cross product）記做 $A \times B$，並定義：

【定義】　A，B 為二向量，定義

$$A \times B = |A| |B| \sin\theta u，\theta 為 A，B 之夾角，0 \le \theta \le \pi$$

u 為沿 $A \times B$ 之單位向量。

【定理 C】　若 $A = [a_1, a_2, a_3]$，$B = [b_1, b_2, b_3]$

則 $A \times B = \begin{vmatrix} i & j & k \\ a_1 & a_2 & a_3 \\ b_1 & b_2 & b_3 \end{vmatrix}$，其中 $i = [1, 0, 0]$，$j = [0, 1, 0]$，$k = [0, 0, 1]$

由定理 C 易知若 $A = B$ 或 $A \,/\!/\, B$ 則 $A \times B = 0$。

A, B 之叉積僅在 A, B 均為 3 維向量時方成立，換言之，**向量之叉積為 3 維向量特有之產物**。由行列式之餘因式，定理 C 亦可寫成：

$$A \times B = \begin{vmatrix} a_2 & a_3 \\ b_2 & b_3 \end{vmatrix} i - \begin{vmatrix} a_1 & a_3 \\ b_1 & b_3 \end{vmatrix} j + \begin{vmatrix} a_1 & a_2 \\ b_1 & b_2 \end{vmatrix} k$$

由叉積之定義以及行列式性質，我們可立即得到定理 D：

【定理 D】　$A, B, 0$ 均為 3 維向量，則

1. $A \times A = 0$
2. $A \times B = -B \times A$
3. $A \times 0 = 0 \times A = 0$
4. $A \times (B + C) = A \times B + A \times C$

證明　設 $A = a_1 i + a_2 j + a_3 k$，$B = b_1 i + b_2 j + b_3 k$，$C = c_1 i + c_2 j + c_3 k$，由定理 C 及行列式性質，我們有：

$$(1)\ A \times A = \begin{vmatrix} i & j & k \\ a_1 & a_2 & a_3 \\ a_1 & a_2 & a_3 \end{vmatrix} = 0$$

$$(2)\ A \times B = \begin{vmatrix} i & j & k \\ a_1 & a_2 & a_3 \\ b_1 & b_2 & b_3 \end{vmatrix} = -\begin{vmatrix} i & j & k \\ b_1 & b_2 & b_3 \\ a_1 & a_2 & a_3 \end{vmatrix} = -B \times A$$

(3) $A \times 0 = \begin{vmatrix} i & j & k \\ a_1 & a_2 & a_3 \\ 0 & 0 & 0 \end{vmatrix} = 0 = 0 \times A$

(4) $A \times (B + C)$

$= \begin{vmatrix} i & j & k \\ a_1 & a_2 & a_3 \\ b_1+c_1 & b_2+c_2 & b_3+c_3 \end{vmatrix} = \begin{vmatrix} i & j & k \\ a_1 & a_2 & a_3 \\ b_1 & b_2 & b_3 \end{vmatrix} + \begin{vmatrix} i & j & k \\ a_1 & a_2 & a_3 \\ c_1 & c_2 & c_3 \end{vmatrix}$

$= A \times B + A \times C$ ∎

例 5 若 $A = -i + 2k$，$B = j + k$，求 $A \times B$

解

$A \times B = \begin{vmatrix} i & j & k \\ -1 & 0 & 2 \\ 0 & 1 & 1 \end{vmatrix} = \begin{vmatrix} 0 & 2 \\ 1 & 1 \end{vmatrix} i - \begin{vmatrix} -1 & 2 \\ 0 & 1 \end{vmatrix} j + \begin{vmatrix} -1 & 0 \\ 0 & 1 \end{vmatrix} k = -2i + j - k$

例 6 若三維向量 A, B, C 滿足 $A + B + C = 0$，試證 $A \times B = B \times C = C \times A$

解

$A \times B = A \times (-A - C) = -A \times A - A \times C = 0 - A \times C = -(A \times C) = C \times A$

同法可證 $C \times A = B \times C$

【定理 E】 A、B 為二個三維向量，則 $A \times B$ 與 A 垂直，亦與 B 垂直。

證明 只證 $A \times B$ 與 A 垂直部分（即 $(A \times B) \cdot A = 0$，這裡的 0 是純量。）

$(A \times B) \cdot A$

$= \left(\begin{vmatrix} a_2 & a_3 \\ b_2 & b_3 \end{vmatrix} i - \begin{vmatrix} a_1 & a_3 \\ b_1 & b_3 \end{vmatrix} j + \begin{vmatrix} a_1 & a_2 \\ b_1 & b_2 \end{vmatrix} k \right) \cdot (a_1 i + a_2 j + a_3 k)$

$= \begin{vmatrix} a_2 & a_3 \\ b_2 & b_3 \end{vmatrix} a_1 - \begin{vmatrix} a_1 & a_3 \\ b_1 & b_3 \end{vmatrix} a_2 + \begin{vmatrix} a_1 & a_2 \\ b_1 & b_2 \end{vmatrix} a_3$

$= a_2 b_3 a_1 - a_3 b_2 a_1 - a_1 b_3 a_2 + a_3 b_1 a_2 + a_1 b_2 a_3 - a_2 b_1 a_3 = 0$ ∎

平行四邊形面積

如下圖，平行四邊形之面積爲底 × 高

$$= h \cdot \|\boldsymbol{B}\| = \|\boldsymbol{A}\|\sin\theta \cdot \|\boldsymbol{B}\| = \|\boldsymbol{A}\| \|\boldsymbol{B}\|\sin\theta = \|\boldsymbol{A} \times \boldsymbol{B}\|$$

由此可推知，在 R^2 空間，以 A，B 爲邊之三角形面積爲 $\frac{1}{2}\|\boldsymbol{A} \times \boldsymbol{B}\|$。

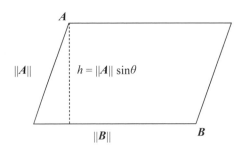

例 7 求以 $M(1, -1, 0)$，$N(2, 1, -1)$，$Q(-1, 1, 2)$ 爲頂點之三角形面積

解

提示	解答
以知空間三點爲頂點之三角形面積，只要任一點爲起點之二個向量的叉積的向量長度—即爲三角形面積。 方法一 以 M 爲共點	取 $\overrightarrow{MN} = [1, 2, -1]$，$\overrightarrow{MQ} = [-2, 2, 2]$ 面積爲 $\frac{1}{2}\|\overrightarrow{MN} \times \overrightarrow{MQ}\|$， $\overrightarrow{MN} \times \overrightarrow{MQ} = \begin{vmatrix} \boldsymbol{i} & \boldsymbol{j} & \boldsymbol{k} \\ 1 & 2 & -1 \\ -2 & 2 & 2 \end{vmatrix}$ $= \begin{vmatrix} 2 & -1 \\ 2 & 2 \end{vmatrix}\boldsymbol{i} - \begin{vmatrix} 1 & -1 \\ -2 & 2 \end{vmatrix}\boldsymbol{j} + \begin{vmatrix} 1 & 2 \\ -2 & 2 \end{vmatrix}\boldsymbol{k}$ $= 6\boldsymbol{i} + 6\boldsymbol{k}$ $\therefore$面積 $= \frac{1}{2}\sqrt{(6)^2 + 0^2 + (6)^2} = 3\sqrt{2}$
方法二 以 Q 爲共點。	取 $\overrightarrow{QN} = [-3, 0, 3]$，$\overrightarrow{QM} = [-2, 2, 2]$ 則 $\overrightarrow{QN} \times \overrightarrow{QM} = \begin{vmatrix} \boldsymbol{i} & \boldsymbol{j} & \boldsymbol{k} \\ -3 & 0 & 3 \\ -2 & 2 & 2 \end{vmatrix} = -6\boldsymbol{i} - 6\boldsymbol{k}$ $\therefore$面積 $= \frac{1}{2}\sqrt{(-6)^2 + 0^2 + (6)^2} = 3\sqrt{2}$

讀者亦可試試 $\frac{1}{2}(\overrightarrow{NQ} \times \overrightarrow{NM})$ 其結果仍爲 $3\sqrt{2}$。

純量三重積

本子節中我們將討論三維向量之**純量三重積**（scalar triple product）$A \cdot (B \times C)$，通常以 $[ABC]$ 表之。

【定理 F】　$[ABC] = \begin{vmatrix} a_1 & a_2 & a_3 \\ b_1 & b_2 & b_3 \\ c_1 & c_2 & c_3 \end{vmatrix}$

證明　$A \cdot (B \times C) = (a_1 \boldsymbol{i} + a_2 \boldsymbol{j} + a_3 \boldsymbol{k}) \cdot \begin{vmatrix} \boldsymbol{i} & \boldsymbol{j} & \boldsymbol{k} \\ b_1 & b_2 & b_3 \\ c_1 & c_2 & c_3 \end{vmatrix}$

$= a_1 \begin{vmatrix} b_2 & b_3 \\ c_2 & c_3 \end{vmatrix} - a_2 \begin{vmatrix} b_1 & b_3 \\ c_1 & c_3 \end{vmatrix} + a_3 \begin{vmatrix} b_1 & b_2 \\ c_1 & c_2 \end{vmatrix} = \begin{vmatrix} a_1 & a_2 & a_3 \\ b_1 & b_2 & b_3 \\ c_1 & c_2 & c_3 \end{vmatrix}$

$|A \cdot (B \times C)|$ 是有其幾何意義的，如定理 G 所示：

【定理 G】　A，B，C 為 R^3 中三向量，則由 A，B，C 所成之平面六面體之體積為 $|A \cdot (B \times C)|$

證明　$\because \|B \times C\|$ 為平行六面體之底面積
若 θ 為 A 與 $B \times C$ 之夾角，則
(1) $h = \|A\| \, |\cos\theta|$ 及
(2) $|\cos\theta| = \dfrac{|A \cdot (B \times C)|}{\|A\| \|B \times C\|}$

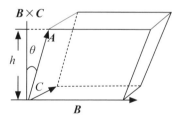

$\therefore$ 六面體之體積 $V = h\|B \times C\| = \|A\| \, |\cos\theta| \cdot \|B \times C\| = |A \cdot (B \times C)|$
因 $A(B \times C)$ 為純量，定理 G 之 $|A \cdot (B \times C)|$ 是 $A \cdot (B \times C)$ 之絕對值

例 8　求以 $A = \boldsymbol{i} + \boldsymbol{k}$，$B = \boldsymbol{j} - 2\boldsymbol{k}$，$C = \boldsymbol{i} + \boldsymbol{j} + \boldsymbol{k}$ 為邊之平行六面體之體積。

解

$V = |A \cdot (B \times C)| = \begin{Vmatrix} 1 & 0 & 1 \\ 0 & 1 & -2 \\ 1 & 1 & 1 \end{Vmatrix} = 2$

由定理 G 不難推知：

【推論 G1】 A，B，C 為 R^3 之三向量若 $|A \cdot (B \times C)| = 0$ 則 A，B，C 共面。

例 9 若 r_1, r_2, r_3 為平面 π 上之三點 P_1, P_2, P_3 之位置向量，試導出包括此三點之平面方程式

解

設 r 為平面 π 上之任一點 Q 對應之位置向量，則 $r - r_1$, $r - r_2$, $r - r_3$ 為 $\overrightarrow{QP_1}$，$\overrightarrow{QP_2}$ 和 $\overrightarrow{QP_3}$ 之向量，則由推論 G1：$|(r - r_1) \cdot ((r - r_2) \times (r - r_3))| = 0$

純量三重積之性質

【定理 H】 1. $(A \times B) \cdot C = A \cdot (B \times C)$
2. $(A \times B) \cdot A = (A \times B) \cdot B = 0$
3. $(A \times B) \cdot (C + D) = (A \times B) \cdot C + (A \times B) \cdot D$

證明
$$(A \times B) \cdot C = \begin{vmatrix} i & j & k \\ a_1 & a_2 & a_3 \\ b_1 & b_2 & b_3 \end{vmatrix} \cdot (c_1 i + c_2 j + c_3 k)$$

$$= \begin{vmatrix} a_2 & a_3 \\ b_2 & b_3 \end{vmatrix} c_1 - \begin{vmatrix} a_1 & a_3 \\ b_1 & b_3 \end{vmatrix} c_2 + \begin{vmatrix} a_1 & a_2 \\ b_1 & b_2 \end{vmatrix} c_3$$

$$= \begin{vmatrix} c_1 & c_2 & c_3 \\ a_1 & a_2 & a_3 \\ b_1 & b_2 & b_3 \end{vmatrix} = \begin{vmatrix} a_1 & a_2 & a_3 \\ b_1 & b_2 & b_3 \\ c_1 & c_2 & c_3 \end{vmatrix} = A \cdot (B \times C)$$

2、3. 由行列式性質可得。 ∎

向量三重積

除了純量三重積外還有向量三重積，它的定義是：

【定義】 A, B, C 為三個向量則 A, B, C 之向量三重積（vector triple scalsr）定義為 $A \times (B \times C)$。

【定理 I】　A, B, C 均為三維向量，則 $A \times (B \times C) = (A \cdot C)B - (A \cdot B)C$

證明　定理 I 可用叉積定義逐步展開，但因較繁瑣故證明略之。　　　■

另外，$(A \times B) \times C = -C \times (A \times B) = -[(B \cdot C)A - (A \cdot C)B] = -(B \cdot C)A + (A \cdot C)B$。

例10　試證 $(A \times B) \times (C \times D) = [(A \times B) \cdot D]C - [(A \times B) \cdot C]D$

解

令 $G = A \times B$ 則
$(A \times B) \times (C \times D) = G \times (C \times D) = (G \cdot D)C - (G \cdot C)B$
$= [(A \times B) \cdot D]C - [(A \times B) \cdot C]D$

練習 7.1B

1. 三角形頂點座標為 $P(1, -1, 1)$，$Q(1, 0, 2)$，$R(-1, -2, 0)$ 求三角形 PQR 面積。
2. 計算 $u \times v$：
   (1) $u = i - 2j$，$v = 3i - k$
   (2) $u = i - 3j + k$，$v = 2i + j - 3k$
3. 若 $A + B + C = 0$，$\|A\| = 3$，$\|B\| = 5$，$\|C\| = 7$，求 A, B 之夾角
4. 化簡 $(A - B) \times (A + B)$，A, B 為三維向量
5. $A = i + j - k$，$B = 3j - k$，$C = i + 2k$，求 $(A \times B) \times C$
   (i) 用定理 C　(ii) 用定理 I
6. A, B, C 為三維向量，若 $A \cdot B = A \cdot C$，$A \times B = A \times C$，$A \neq 0$，試證 $B = C$
7. 用向量方法證明內接於半圓之角為直角。
8. A, B, C 為三維向量，求 $A \times (B \times C) + B \times (C \times A) + C \times (A \times B)$

7.2 向量函數之微分與積分

向量函數之極限，微分與積分之定義都是源自實函數，在運算上也是針對各分量實施，以 $A(t) = A_1(t)i + A_2(t)j + A_3(t)k$ 為例：

$$\lim_{t \to t_0} A(t) = \lim_{t \to t_0} A_1(t)i + \lim_{t \to t_0} A_2(t)j + \lim_{t \to t_0} A_3(t)k$$

$$\frac{d}{dt} A(t) = A_1'(t)i + A_2'(t)j + A_3'(t)k$$

$$\int_a^b A(t)dt = \int_a^b A_1(t)dt\, i + \int_a^b A_2(t)dt\, j + \int_a^b A_3(t)dt\, k$$

例 1 令 $A(t) = (t^2 + 1)i - e^t j + tk$，求 $\lim\limits_{t \to 0} A(t)$，$\dfrac{d}{dt}A(t)$ 與 $\int_0^1 A(t)dt$

解

(1) $\lim\limits_{t \to 0} A(t) = i - j$

(2) $\dfrac{d}{dt}A(t) = 2ti - e^t j + k$

(3) $\int_0^1 A(t)dt = \left(\dfrac{t^3}{3} + t\right)i - e^t j + \dfrac{t^2}{2}k \Big|_0^1 = \dfrac{4}{3}i - (e-1)j + \dfrac{1}{2}k$

例 2 若 $F(t) = (t^2 - t)i + e^{2t}j + 3k$ 求 (a)$F'(t)$，(b)$F''(t)$ 及 (c)$F'(0)$ 與 $F''(0)$ 之夾角 θ

解

(a) $F(t) = [t^2 - t, e^{2t}, 3]$ $\therefore F'(t) = [2t - 1, 2e^{2t}, 0]$

(b) $F''(t) = [2, 4e^{2t}, 0]$

(c) $F'(0) = [2t - 1, 2e^{2t}, 0]|_{t=0} = [-1, 2, 0]$ $F''(0) = [2, 4e^{2t}, 0]|_{t=0} = [2, 4, 0]$

$\therefore \theta = \cos^{-1} \dfrac{F'(0) \cdot F''(0)}{\|F'(0)\| \cdot \|F''(0)\|} = \cos^{-1} \dfrac{(-1)2 + 2 \cdot 4 + 0 \cdot 0}{\sqrt{(-1)^2 + 2^2 + 0^2}\sqrt{2^2 + 4^2 + 0^2}}$

$= \cos^{-1} \dfrac{6}{\sqrt{5}\sqrt{20}} = \cos^{-1} \dfrac{3}{5}$

向量函數之微分公式

【定理 A】　若 $A(t) = A_1(t)\boldsymbol{i} + A_2(t)\boldsymbol{j} + A_3(t)\boldsymbol{k}$，$B(t) = B_1(t)\boldsymbol{i} + B_2(t)\boldsymbol{j} + B_3(t)\boldsymbol{k}$，均為 t 之可微分之向量函數，則

(1) $\dfrac{d}{dt}[A(t) + B(t)] = A'(t) + B'(t)$

(2) $\dfrac{d}{dt}[cA(t)] = c\dfrac{d}{dt}[A(t)] = cA'(t)$

(3) $\dfrac{d}{dt}[A(t) \cdot B(t)] = A'(t) \cdot B(t) + A(t) \cdot B'(t)$（「 $\cdot$ 」為點積）

(4) $\dfrac{d}{dt}[A(h(t))] = A'(h(t))h'(t)$（鏈鎖律）

(5) $\dfrac{d}{dt}[A(t) \times B(t)] = A'(t) \times B(t) + A(t) \times B'(t)$（「$\times$」為叉積）

證明　（我們只證 (5)）

$$\frac{d}{dt}[A(t) \times B(t)] = \frac{d}{dt}\begin{vmatrix} \boldsymbol{i} & \boldsymbol{j} & \boldsymbol{k} \\ A_1(t) & A_2(t) & A_3(t) \\ B_1(t) & B_2(t) & B_3(t) \end{vmatrix}$$

$$= \begin{vmatrix} \boldsymbol{i} & \boldsymbol{j} & \boldsymbol{k} \\ A'_1(t) & A'_2(t) & A'_3(t) \\ B_1(t) & B_2(t) & B_3(t) \end{vmatrix} + \begin{vmatrix} \boldsymbol{i} & \boldsymbol{j} & \boldsymbol{k} \\ A_1(t) & A_2(t) & A_3(t) \\ B'_1(t) & B'_2(t) & B'_3(t) \end{vmatrix}$$

$$= A'(t) \times B(t) + A(t) \times B'(t) \qquad \blacksquare$$

例 3　若 ϕ 為純量函數，$A = A_1\boldsymbol{i} + A_2\boldsymbol{j} + A_3\boldsymbol{k}$，其中 ϕ，A_1，A_2，A_3 均為 t 之可微分函數，求證 $\dfrac{d}{dt}(\phi A) = \phi\dfrac{d}{dt}A + \dfrac{d\phi}{dt}A$，並以 $\phi(t) = t^2 + 1$，$A(t) = t^2\boldsymbol{i} + (\sin t)\boldsymbol{j} + e^t\boldsymbol{k}$ 驗證此結果。

解

(1) $\dfrac{d}{dt}(\phi A) = \dfrac{d}{dt}(\phi(t)A_1(t)\boldsymbol{i} + \phi(t)A_2(t)\boldsymbol{j} + \phi(t)A_3(t)\boldsymbol{k})$

$= (\phi'(t)A_1(t)\boldsymbol{i} + \phi(t)A'_1(t))\boldsymbol{i} + (\phi'(t)A_2(t)\boldsymbol{j} + \phi(t)A'_2(t)\boldsymbol{j} + (\phi'(t)A_3(t)\boldsymbol{k} + \phi(t)A'_3(t))\boldsymbol{k}$

$= \phi(t)(A'_1(t)\boldsymbol{i} + A'_2(t)\boldsymbol{j} + A'_3(t)\boldsymbol{k}) + \phi'(t)(A_1(t)\boldsymbol{i} + A_2(t)\boldsymbol{j} + A_3(t)\boldsymbol{k})$

$= \phi(t)A'(t) + \phi'(t)A(t)$

(2) $\phi A = (t^2 + 1)(t^2\boldsymbol{i} + (\sin t)\boldsymbol{j} + e^t\boldsymbol{k})$

$\qquad = t^2(t^2 + 1)\boldsymbol{i} + (t^2 + 1)\sin t\boldsymbol{j} + (t^2 + 1)e^t\boldsymbol{k}$

$\dfrac{d}{dt}(\phi A) = (4t^3 + 2t)\boldsymbol{i} + (2t\sin t + (t^2 + 1)\cos t)\boldsymbol{j} + (2te^t + (t^2 + 1)e^t)\boldsymbol{k}$　(1)

$$\phi\frac{d}{dt}A + \phi'\frac{d}{dt}A' = (t^2+1)(2t\boldsymbol{i} + \cos t\boldsymbol{j} + e^t\boldsymbol{k}) + 2t(t^2\boldsymbol{i} + (\sin t)\boldsymbol{j} + e^t\boldsymbol{k})$$

$$= (4t^3 + 2t)\boldsymbol{i} + ((t^2+1)\cos t + 2t\sin t)\boldsymbol{j} + e^t(t^2 + 2t + 1)\boldsymbol{k} \tag{2}$$

比較 (1)，(2) 即得證。

例 4 A, Y, c 均為三維向量，其中 Y 為未知向量，c 為已知之常數向量，b 為純量，若 $A \cdot Y = b$，$A \times Y = c$，求 Y

解

$$A \times c = A \times (A \times Y) = (A \cdot Y)A - (A \cdot A)Y = bA - (A \cdot A)Y$$

解之 $Y = \dfrac{bA - A \times C}{A \cdot A}$

一個有用的定理

【定理 B】 $u(t)$ 為 t 之可微分向量函數，且 $\|u(t)\|$ 為常數。則 $u(t) \cdot u'(t) = 0$（即 $u(t)$ 與 $u'(t)$ 為直交）

證明 $u(t) \cdot u(t) = \|u(t)\|^2 = c$

$\therefore \dfrac{d}{dt}u(t) \cdot u(t) = \dfrac{d}{dt}c = 0$，即 $u'(t) \cdot u(t) + u(t) \cdot u'(t)$

$= 2u'(t)u(t) = 0$ 亦即 $u'(t) \cdot u(t) = u(t) \cdot u'(t) = 0$ ∎

定理 B 在 7.3 節中會被用到

例 5 若 $F(t) = x(t)\boldsymbol{i} + y(t)\boldsymbol{j} + z(t)\boldsymbol{k}$，$\|F(t)\| = a$，$a$ 為正的常數，求 $F'(t)$ 與 $F(t)$ 之夾角

解

$$F(t) \cdot F'(t) = x(t)x'(t) + y(t)y'(t) + z(t)z'(t) = \frac{1}{2}\frac{d}{dt}(x^2(t) + y^2(t) + z^2(t))$$

$= \dfrac{1}{2}\dfrac{d}{dt}a^2 = 0$，$F'(t) = x'(t)\boldsymbol{i} + y'(t)\boldsymbol{j} + z'(t)\boldsymbol{k}$ 則 $F'(t)$ 與 $F(t)$ 之夾角：

$$\cos\theta = \frac{F(t) \cdot F'(t)}{|F(t)||F'(t)|} = \frac{0}{a|F'(t)|} = 0$$

$\therefore \theta = 0$，即 $F(t)$ 與 $F'(t)$ 垂直。

練習 7.2

1. 設 $\boldsymbol{r}(t) = [\sin t,\ \cos t,\ t^2]$，求 (1) $\|\boldsymbol{r}(0)\|$ (2) $\dfrac{d}{dt}\boldsymbol{r}(t)$ (3) $\left\|\dfrac{d}{dt}\boldsymbol{r}(t)\right\|$ (4) $\left\|\dfrac{d^2}{dt^2}\boldsymbol{r}(t)\right\|$
   (5) $\boldsymbol{r}'(t) \times \boldsymbol{r}''(t)\big|_{t=0}$

2. $\boldsymbol{A} = x^2yz\boldsymbol{i} - 2xz^3\boldsymbol{j} + xz^2\boldsymbol{k},\ \boldsymbol{B} = 2z\boldsymbol{i} + y\boldsymbol{j} - x^2\boldsymbol{k}$ 求 $\dfrac{\partial^2}{\partial x \partial y}(\boldsymbol{A} \times \boldsymbol{B})\Big|_{(1,\,0,\,-2)}$

3. 若 $\phi(x, y, z) = xy^2z,\ \boldsymbol{A} = xz\boldsymbol{i} - xy^2\boldsymbol{j} + yz^2\boldsymbol{k}$ 求 $\dfrac{\partial^3}{\partial x^2 \partial z}(\phi\boldsymbol{A})\Big|_{(2,\,-1,\,1)}$

4. 承第 1 題求 (1) $\displaystyle\int_0^1 \boldsymbol{r}(t)dt$ (2) $\displaystyle\int_0^1 \boldsymbol{r}'(t) \times \boldsymbol{r}''(t)dt$

5. $\boldsymbol{A}, \boldsymbol{B}$ 均為 t 之三維可微分向量函數，求證 $\dfrac{d}{dt}(\boldsymbol{A} \times \boldsymbol{B}) = \left(\dfrac{d}{dt}\boldsymbol{A}\right) \times \boldsymbol{B} + \boldsymbol{A} \times \left(\dfrac{d}{dt}\boldsymbol{B}\right)$

6. $r(t)$ 為 t 之三維可微分向量函數，若 $r(t)$ 之二、三階導函數均存在，試證 $\dfrac{d}{dt}(\boldsymbol{r}'(t) \times \boldsymbol{r}''(t))$
   $= \boldsymbol{r}'(t) \times \boldsymbol{r}'''(t)$

7.3 微分幾何淺介 —— 空間曲線

P 為空間中之任一點 0 為原點，則$\boldsymbol{r}=\overrightarrow{OP}$ 為其對應之**位置向量**（position vector），設點 $P(x, y, z)$ 之 x, y, z 均為 t 之函數，即 $x = x(t)$，$y = y(t)$，$z = z(t)$，則 $\boldsymbol{r} = \boldsymbol{r}(t) = [x(t), y(t), z(t)]$，$\boldsymbol{r}(t)$ 隨 t 之變動產生之軌跡，即形成一曲線，故 $\boldsymbol{r}(t)$ 也稱為曲線向量方程式。$\boldsymbol{r}'(t)$ 為曲線之切向量代表 t 增加時之方向，因此，曲線 Γ 在 t 之**單位切向量**（Unit tangent vector）$\boldsymbol{T}$ 定義為 $T = \dfrac{\boldsymbol{r}'(t)}{\|\boldsymbol{r}'(t)\|}$。

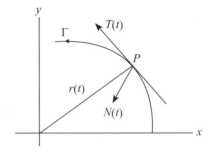

因 T 為單位向量，由定理 7.2B，$T(t) \cdot T'(t) = 0$，即 $T(t)$ 與 $T'(t)$ 垂直，所以**單位法向量**（Unit normal vector）$N(t)$ 為 $N(t) = \dfrac{\boldsymbol{T}'(t)}{\|\boldsymbol{T}'(t)\|}$。

例 1 若 $\boldsymbol{r}(t) = [a\cos t，a\sin t，t]$，$a > 0$ 求 $T(t)$ 與 $N(t)$。

解

$\boldsymbol{r}(t) = [a\cos t, a\sin t, t]$，$\boldsymbol{r}'(t) = [-a\sin t, a\cos t, 1]$

$\therefore$ (1) $T(t) = \dfrac{\boldsymbol{r}'(t)}{\|\boldsymbol{r}'(t)\|} = \dfrac{1}{\sqrt{(-a\sin t)^2 + (a\cos t)^2 + 1}} [-a\sin t, a\cos t, 1]$

$\qquad = \dfrac{1}{\sqrt{a^2 + 1}} [-a\sin t, a\cos t, 1]$

(2) 由 (1)

$T'(t) = \dfrac{1}{\sqrt{a^2 + 1}} [-a\cos t, -a\sin t, 0]$，$T'(t) = \sqrt{(-a\cos t)^2 + (-a\sin t)^2 + 0^2} = a$

$\therefore N(t) = \dfrac{\boldsymbol{T}'(t)}{\|\boldsymbol{T}'(t)\|} = \dfrac{1}{a} [-a\cos t, -a\sin t, 0] = [-\cos t, -\sin t, 0]$

由曲線弧長公式，我們有下列關係式：

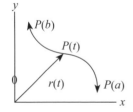

【定理A】 令曲線 Γ 在 $P = P(x)$ 處之位置向量 $\boldsymbol{r}(t) = [x(t), y(t)，z(t)]$，$a \leq t \leq b$，假定 $\boldsymbol{r}'(t)$ 存在連續且 $\boldsymbol{r}'(t) \neq 0$，則 $\dfrac{ds}{dt} = \left| \dfrac{d\boldsymbol{r}}{dt} \right|$，$s$ 為曲線 c 自 $P(a)$ 到 $P(t)$ 之弧長。

提示	證明
$\dfrac{d\boldsymbol{r}}{dt} \cdot \dfrac{d\boldsymbol{r}}{dt} = [x'(t), y'(t), z'(t)]$ $\cdot [x'(t), y'(t), z'(t)]$ $= \dfrac{d\boldsymbol{r}}{dt} \cdot \dfrac{d\boldsymbol{r}}{dt} = \left(\dfrac{d\boldsymbol{r}}{dt} \right)^2$	$s = \displaystyle\int_a^t \sqrt{\left(\dfrac{dx}{dt}\right)^2 + \left(\dfrac{dy}{dt}\right)^2 + \left(\dfrac{dz}{dt}\right)^2}\, dt = \int_a^t \sqrt{\dfrac{d\boldsymbol{r}}{dt} \cdot \dfrac{d\boldsymbol{r}}{dt}}\, dt$ $\therefore \dfrac{ds}{dt} = \sqrt{\dfrac{d\boldsymbol{r}}{dt} \cdot \dfrac{d\boldsymbol{r}}{dt}} = \left| \dfrac{d\boldsymbol{r}}{dt} \right|$

【定理B】 $T = \dfrac{d\boldsymbol{r}}{ds}$

證明 假想一個質子沿曲線 Γ 經 t 時所做的位移 s，s 為 t 的函數，故曲線 Γ 之方程式亦可用 $\boldsymbol{r} = \boldsymbol{r}(s)$ 表示，$\because \dfrac{d\boldsymbol{r}}{ds} = \dfrac{d\boldsymbol{r}}{dt} \cdot \dfrac{dt}{ds} = \dfrac{d\boldsymbol{r}}{dt} \Big/ \left\| \dfrac{d\boldsymbol{r}}{dt} \right\|$ $\therefore$ 單位切向量 $T = \dfrac{d\boldsymbol{r}}{ds}$。 ∎

單位副法向量

若 Γ 為三維空間之圖形，$\boldsymbol{r}(t)$ 為 C 上之向量函數，若 C 之 $N(t)$，$T(t)$ 均存在，則定義**單位副法向量**（unit binormal vector）$B(t)$ 為 $B(t) = T(t) \times N(t)$，則 $B(t)$, $N(t)$, $T(t)$ 在曲線上任一點之關係如右圖：

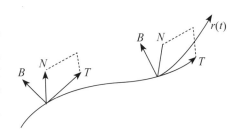

【定理C】 $B(t) = \dfrac{\boldsymbol{r}'(t) \times \boldsymbol{r}''(t)}{\| \boldsymbol{r}'(t) \times \boldsymbol{r}''(t) \|}$

證明 （見練習題第 4 題）

例2 試證 $N = B \times T$

解

$$B \times T = (T \times N) \times T = -T \times (T \times N) = -((T \cdot N)T - (T \cdot T)N)$$
$$= (T \cdot T)N - (T \cdot N)T = 1(N) - 0(T) = N$$

例 **3** 若 $r(t) = [a\cos t, a\sin t, t]$，$a > 0$，求單位副法向量 B

解

方法一 應用副單位 法向量定義	$T(t) = \dfrac{1}{\sqrt{a^2+1}}[-a\sin t, a\cos t, 1]$，則 $T'(t) = \dfrac{1}{\sqrt{a^2+1}}[-a\cos t, -a\sin t, 0]$
	$T'(t) = \dfrac{a}{\sqrt{a^2+1}}$
	$\therefore N(T) = \dfrac{T'(t)}{\|T'(t)\|} = [-\cos t, -\sin t, 0]$
	$\Rightarrow B = T \times N = \begin{vmatrix} i & j & k \\ \dfrac{-a\sin t}{\sqrt{a^2+1}} & \dfrac{a\cos t}{\sqrt{a^2+1}} & \dfrac{1}{\sqrt{a^2+1}} \\ -\cos t & -\sin t & 0 \end{vmatrix} = \dfrac{1}{\sqrt{a^2+1}}[\sin t, -\cos t, a]$
方法二 應用定理C。 本例在求 B 時，方法二 比較方便。	$r(t) = [a\cos t, a\sin t, t]$，$r'(t) = [-a\sin t, a\cos t, 1]$，$r''(t) = [-a\cos t, -a\sin t, 0]$
	$\therefore r'(t) \times r''(t) = \begin{vmatrix} i & j & k \\ -a\sin t & a\cos t & 1 \\ -a\cos t & -a\sin t & 0 \end{vmatrix} = a\sin t\, i - a\cos t\, j + a^2 k$
	$\|r'(t) \times r''(t)\| = a\sqrt{a^2+1}$
	$\therefore B = \dfrac{r' \times r''}{\|r'(t) \times r''(t)\|} = \dfrac{1}{a\sqrt{a^2+1}}(a\sin t\, i - a\cos t\, j + a^2 k)$
	$= \dfrac{1}{\sqrt{a^2+1}}(\sin t\, i - \cos t\, j + ak)$

練習 7.3A

1. 問 (1) $T(t) \cdot N(t) = 0$　(2) $r'(t) \cdot N(t) = 0$　(3) $N(t) \cdot r''(t) = 0$　何者成立？
2. 求 $r(t) = [a\cos t, a\sin t, bt]$ 之單位切向量，單位法向量與副法向量
3. 試證：$T = N \times B$
4. 試證定理 C

曲率

　　曲率（curvature）是用來測度曲線彎曲程度，**它是一個純量**。考慮右圖，曲線 Γ 在 $[0, c]$ 彎曲之情形，我們將 $[0, c]$ 劃分三個等區間。直覺上，曲線在 $[0, a]$ 間為直線，它是最不彎曲，$[a, b]$ 彎曲程度次之，而 $[b, c]$ 是最彎，同時，曲線 Γ 在 $[0, a]$ 間長度最短，$[a, b]$ 次之，而在 $[b, c]$ 最長。因此，直覺上曲率與曲線長度 s 有關。

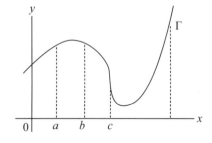

從曲線弧長看曲率 k

【定義】 曲線之曲率 $k(t)$ 為 $k(t) = \left\| \dfrac{dT}{ds} \right\|$，$T$ 為單位切向量。

為了方便起見，我們常將 $k(t)$ 逕寫成 k。

【定理 D】 $k(t) = \left\| \dfrac{T'(t)}{r'(t)} \right\|$

提示	證明
$\left\| \dfrac{ds}{dt} \right\| = \| r'(t) \|$	由微積分之鏈鎖律： $$T'(t) = \frac{dT}{dt} = \frac{dT}{ds} \cdot \frac{ds}{dt}$$ $$\therefore \frac{dT}{ds} = \frac{dT}{dt} \Big/ \frac{ds}{dt} \Rightarrow \left\| \frac{dT}{ds} \right\| = \left\| \frac{dT/dt}{ds/dt} \right\|$$ 即 $k(t) = \left\| \dfrac{T'(t)}{r'(t)} \right\|$

定理 D 證明中應用我們剛才已導出之

【定理 E】 ϕ 為從 i 到 T 之逆時鐘之夾角，則 $k = \left| \dfrac{d\phi}{ds} \right|$

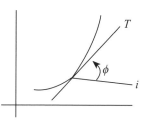

證明 T 為單位向量 $\therefore$ 令 $T = [\cos\phi, \sin\phi]$ $\qquad$ (1)

$T \cdot \dfrac{dT}{d\phi} = 0$（定理 7.2B） $\qquad$ (2)

由定義 $k = \left\| \dfrac{dT}{ds} \right\| = \left\| \dfrac{dT}{d\phi} \cdot \dfrac{d\phi}{ds} \right\| = \left\| \dfrac{dT}{d\phi} \right\| \left\| \dfrac{d\phi}{ds} \right\|$ (3)

由 (1) $\dfrac{dT}{d\phi} = [-\sin\phi, \cos\phi]$ $\quad \therefore \left\| \dfrac{dT}{d\phi} \right\| = 1$

從而 $k = \left\| \dfrac{d\phi}{ds} \right\|$ ∎

例 4 求半徑為 a 之圓上任一點的曲率

圖示	解答
第一步求 $T(t)$ $T(t) = \dfrac{r'(t)}{\|r'(t)\|}$ 第二步 $k(t) = \dfrac{\|T'(t)\|}{\|r'(t)\|}$	$r(\theta) = [a\cos\theta, a\sin\theta]$ $r'(\theta) = [-a\sin\theta, a\cos\theta]$ $T(\theta) = \dfrac{r'(\theta)}{\|r'(\theta)\|} = [-\sin\theta, \cos\theta]$ $\therefore k(\theta) = \dfrac{\|T'(\theta)\|}{\|r'(\theta)\|} = \dfrac{\|[-\cos\theta, -\sin\theta]\|}{\|[-a\sin\theta, a\cos\theta]\|} = \dfrac{1}{a}$

例 5 若曲線 Γ 之 $r(t) = \cos t\, i + \sin t\, j + t k$ 求曲率 k

提示	解答
第一步求 $T(t)$ $T(t) = \dfrac{r'(t)}{\|r'(t)\|}$ 第二步 $k(t) = \dfrac{\|T'(t)\|}{\|r'(t)\|}$	$r'(t) = -\sin t\, i + \cos t\, j + k$，$\|r'(t)\| = \sqrt{2}$ $\therefore T(t) = \dfrac{r'(t)}{\|r'(t)\|} = \dfrac{-1}{\sqrt{2}}\sin t\, i + \dfrac{1}{\sqrt{2}}\cos t\, j + \dfrac{1}{\sqrt{2}}k$； $T'(t) = \dfrac{-1}{\sqrt{2}}\cos t\, i - \dfrac{1}{\sqrt{2}}\sin t\, j + 0k$ $\therefore k = \dfrac{\|T'(t)\|}{\|r'(t)\|} = \dfrac{\left\|-\dfrac{1}{\sqrt{2}}\cos t\, i - \dfrac{1}{\sqrt{2}}\sin t\, j + 0k\right\|}{\sqrt{2}} = \dfrac{1}{2}$

例 6 若曲線 Γ 之 $r(t) = e^t\cos t\, i + e^t\sin t\, j$，求曲率

解

$r'(t) = (e^t\cos t - e^t\sin t)i + (e^t\sin t + e^t\cos t)j$，

$\|r'(t)\| = \sqrt{(e^t\cos t - e^t\sin t)^2 + (e^t\sin t + e^t\cos t)^2} = e^t\sqrt{2}$，由此可得：

① $T(t) = \dfrac{r'(t)}{\|r'(t)\|} = \dfrac{(e^t\cos t - e^t\sin t)i + (e^t\sin t + e^t\cos t)j}{e^t\sqrt{2}}$

$= \dfrac{1}{\sqrt{2}}[(\cos t - \sin t)i + (\sin t + \cos t)j]$

② $T'(t) = \dfrac{1}{\sqrt{2}}[(-\sin t - \cos t)i + (\cos t - \sin t)j]$

$\therefore k = \dfrac{\|T'(t)\|}{\|r'(t)\|} = \dfrac{\left\|\dfrac{1}{\sqrt{2}}[(-\sin t - \cos t)i + (\cos t - \sin t)j]\right\|}{e^t \cdot \sqrt{2}} = \dfrac{\dfrac{1}{\sqrt{2}} \cdot \sqrt{2}}{e^t \cdot \sqrt{2}} = \dfrac{1}{\sqrt{2}}e^{-t}$

【定理 F】 $k = \dfrac{\|r' \times r''\|}{\|r'\|^3}$

【定義】 若曲線 c 之曲率為 k，則定義其**曲率中心**（center of curvature）ρ 為
$\rho = \dfrac{1}{k}$

以例 6 而言，$k = \dfrac{1}{\sqrt{2}}e^{-t}$ $\quad \therefore \rho = \dfrac{1}{k} = \sqrt{2}e^t$

【定理 G】 平面上曲線 Γ 之 $r(t) = x(t)\boldsymbol{i} + y(t)\boldsymbol{j}$ 則
$$k(t) = \frac{|x'y'' - x''y'|}{(1 + (y')^2)^{3/2}}$$

證明　$\tan\alpha = \dfrac{dy}{dx} = \dfrac{dy/dt}{dx/dt} = \dfrac{y'}{x'}$

對上式二邊同時微分：$\sec^2\alpha\dfrac{d\alpha}{dt} = \dfrac{x'y'' - y'x''}{(x')^2}$

$\therefore \dfrac{d\alpha}{dt} = \dfrac{x'y'' - y'x''}{(x')^2\sec^2\alpha} = \dfrac{x'y'' - y'x''}{(x')^2(1+\tan^2\alpha)} = \dfrac{x'y'' - y'x''}{(x')^2\left(1+\left(\frac{y'}{x'}\right)^2\right)} = \dfrac{x'y'' - y'x''}{(x')^2 + (y')^2}$ (1)

又 $k = \left|\dfrac{d\alpha}{ds}\right| = \left|\dfrac{d\alpha}{dt}\middle/\dfrac{ds}{dt}\right| = \left|\dfrac{d\alpha}{dt}\middle/\dfrac{ds}{dt}\right|$ (2)

及 $\dfrac{ds}{dt} = \sqrt{(x')^2 + (y')^2}$（弧長公式） (3)

代 (1)，(3) 入 (2) 得 $k = \dfrac{|x'y'' - x''y'|}{((x')^2 + (y')^2)^{3/2}}$ ∎

由定理 G 亦可知平面曲線 $y = f(x)$ 之曲率為 $k = \dfrac{|y''|}{(1+(y')^2)^{3/2}}$（定理 G 中取 $x = t$ 即得）

例 7 求 $y = \ln|\cos x|$ 在 $x = \dfrac{\pi}{4}$ 之曲率 k，曲率半徑 ρ

解

$y = \ln|\cos x|$，$y' = \tan x$，$y'' = \sec^2 x$

$\therefore k = \dfrac{(y'')}{(1+(y')^2)^{3/2}} = \dfrac{|\sec^2 x|}{(1+(\tan x)^2)^{3/2}}\bigg|_{x=\frac{\pi}{4}} = \dfrac{|\sec^2 x|}{|\sec^3 x|}\bigg|_{x=\frac{\pi}{4}} = |\cos x|_{x=\frac{\pi}{4}} = \dfrac{\sqrt{2}}{2}$

$\rho = \dfrac{1}{k} = \dfrac{2}{\sqrt{2}} = \sqrt{2}$

練習 7.3B

1. 求下列各題之曲率與曲率中心：

(1) $r(t) = 3\cos ti + 3\sin tj + 4tk$

(2) $r(t)：ti + t^2j + t^3k$　在 $t = 0$ 時

(3) $r(t)：e^ti + e^{-t}j + \sqrt{2}tk$

2. 說明何以 B 是單位向量？

撓率

撓率（torsion）又稱做扭率，粗略地說，它代表三維空間之一條曲線之扭曲程度。撓率度量曲線鄰近二點之副法向量間夾角對弧長的變化率。曲線之撓率通常用 τ 表示，其數學定義為

【定義】　曲線 Γ 之撓率 τ 定義為 $\tau = \left|\dfrac{dB}{ds}\right|$，$B$ 為單位副法向量，s 為弧長。

例 8　求證 $\left\|\dfrac{dB}{ds}\right\| = \left\|\dfrac{dB}{dt}\right\| \Big/ \left\|\dfrac{dr}{dt}\right\|$

解

$$\because \frac{dB}{ds} = \frac{dB}{dt}\frac{dt}{ds} = \frac{dB}{dt}\Big/\frac{ds}{dt} = \frac{dB}{dt}\Big/\left\|\frac{dr}{dt}\right\|\ （由定理\ A：\frac{ds}{dt} = \left\|\frac{dr}{dt}\right\|）$$

$$\therefore \left\|\frac{dB}{ds}\right\| = \left\|\frac{dB}{dt}\right\|\Big/\left\|\frac{dr}{dt}\right\|$$

【定理 H】　$\tau = \dfrac{(r' \times r'') \cdot r'''}{\|r' \times r''\|^2}$

證明　（略）

注意：定理 H 之分子部分是三重積。

例 9　求 $r(t) = ti + t^2j + \dfrac{2}{3}t^3k$ 在 $t = 1$ 之撓率 τ

解

$$r'(t) = [1, 2t, 2t^2]\quad r''(t) = [0, 2, 4t]\quad r'''(t) = [0, 0, 4]$$

$$\therefore (r' \times r'') \cdot r''' = \begin{vmatrix} 1 & 2t & 2t^2 \\ 0 & 2 & 4t \\ 0 & 0 & 4 \end{vmatrix} = 8\ 及\ r' \times r'' = \begin{vmatrix} i & j & k \\ 1 & 2t & 2t^2 \\ 0 & 2 & 4t \end{vmatrix} = 4t^2i - 4tj + 2k$$

$$|r' \times r''| = \sqrt{16t^4 + 16t^2 + 4} = 2(1 + 2t^2)$$

$$\therefore \tau = \frac{(r' \times r'') \cdot r'''}{|r' \times r''|^2}\bigg]_{t=1} = \frac{8}{[2(1+2t^2)]^2}\bigg]_{t=1} = \frac{2}{(1+2t^2)^2}\bigg]_{t=1} = \frac{2}{9}$$

練習 7.3C

求下列空間曲線之撓率 τ：

1. $r(t) = a\cos ti + a\sin tj + btk$
2. $r(t) = ti + t^2j + t^3k$，求 $t = 0$ 時之撓率

Frenet公式

Frenet 公式也稱為 Frenet-Serret 公式，它將 $\dfrac{dT}{ds}$，$\dfrac{dN}{ds}$ 與 $\dfrac{dB}{ds}$ 和曲率 k，撓率 τ 及 T, N, B 串在一起，是微分幾何之重要定理。

【定理 I】 （Frenent 公式）

$$\begin{cases} \dfrac{dT}{ds} = kN \\[2mm] \dfrac{dN}{ds} = -kT + \tau B \\[2mm] \dfrac{dB}{ds} = -\tau N \end{cases} \quad 或 \quad \begin{bmatrix} \dfrac{dT}{ds} \\[2mm] \dfrac{dN}{ds} \\[2mm] \dfrac{dB}{ds} \end{bmatrix} = \begin{bmatrix} 0 & k & 0 \\ -k & 0 & \tau \\ 0 & -\tau & 0 \end{bmatrix}\begin{bmatrix} T \\ N \\ B \end{bmatrix}$$

證明 （略）

例10 若 $\delta = \tau T + kB$，求證 $\dfrac{dT}{ds} = \delta \times T$

解

$$\delta \times T = (\tau T + kB) \times T = \tau T \times T + kB \times T = \tau O + kN = \frac{dT}{ds}$$

由上，Frenet-Serret 公式可用來描述歐幾里得 R^3 空間中之粒子在連續可微分曲線之運動，它結合了切向量，法向量與副法向量之關係。

在結束本節前，我們將本節之幾個名詞及其間之關係匯總：

$$r(t) \longrightarrow T(t) = \begin{cases} \dfrac{r'(t)}{\|r'(t)\|} \\[2mm] \dfrac{ds}{dt} \end{cases} \longrightarrow N(t) = \dfrac{T'(t)}{\|T'(t)\|}$$

$$T(t) \times N(t) \triangleq B(t)$$
$$T(t) \cdot N(t) = 0$$

$$k \triangleq \left\| \dfrac{dT}{ds} \right\| = \dfrac{T'(t)}{\|r'(t)\|} = \dfrac{dr}{dt} = \dfrac{\|r' \times r''\|}{\|r'\|^3}$$

$$\tau \triangleq \left\| \dfrac{dB}{ds} \right\| = \dfrac{\|(r' \times r'') \cdot r'''\|}{\|r' \times r''\|^2}$$

練習 7.3D

1. (1) 先證 $B \times N = -T$ 並用此結果證明若 $\delta = \tau T + kB$，則 $\dfrac{dN}{ds} = \delta \times N$

2. 若 $\delta = \tau T + kB$，試證 $\delta \times B = -\tau N$

3. 先證 $\dfrac{dr}{dt} = \dfrac{ds}{dt}(T)$ 並以此結果求 $\dfrac{d^2r}{dt^2} = ?$

曲線運動（Option）

考慮一個曲線 c，c 之參數方程式 $x = f(t)$，$y = g(t)$。若一質點 P 在 c 上游走，則 $r(t) = f(t)i + g(t)j$，我們定義動點 P 之速度（velocity）$v(t)$ 與**加速度**（accelecation）$a(t)$ 為

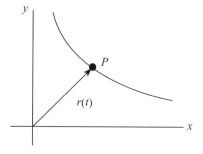

$$v(t) = r'(t) = f'(t)i + g'(t)j$$
$$a(t) = r''(t) = f''(t)i + g''(t)j$$

質點在作曲線運動時，其速度與加速度之方向有二，一是切線方向，一是法線方向。設曲線的向量方程式 $r = r(s)$，則

$$\dfrac{v}{\|v\|} = T \quad \therefore v = \|v\| T = \dfrac{ds}{dt} T$$

由加速度 $\boldsymbol{a}$ 定義：

$$\boldsymbol{a} = \frac{d\boldsymbol{v}}{dt} = \frac{d}{dt}\left(\frac{ds}{dt}\boldsymbol{T}\right) = \frac{d^2s}{dt^2}\boldsymbol{T} + \frac{ds}{dt}\frac{d}{dt}\boldsymbol{T}$$

$$= \frac{d^2s}{dt^2}\boldsymbol{T} + \frac{ds}{dt}\frac{d\boldsymbol{T}}{ds}\frac{ds}{dt} = \frac{d^2s}{dt^2}\boldsymbol{T} + \left(\frac{ds}{dt}\right)^2\frac{d\boldsymbol{T}}{ds}$$

$$= \frac{d^2s}{dt^2}\boldsymbol{T} + \left(\frac{ds}{dt}\right)^2 \cdot k\boldsymbol{N} \quad (\text{由 Frenet 公式})$$

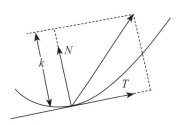

$\therefore$ 加速度向量 $\boldsymbol{a}$ 可分解成

$$\boldsymbol{a} = \boldsymbol{a}_T\boldsymbol{T} + \boldsymbol{a}_N\boldsymbol{N} \ , \ a_T = \frac{d^2s}{dt^2} \ , \ a_N = \left(\frac{ds}{dt}\right)^2 k$$

a_T 稱為加速度 a 之**切元素**（tangential component），a_N 稱為 $\boldsymbol{a}$ 之**法元素**（normal component）

7.4 梯度、散度與旋度

梯度

本節討論向量分析中三個最重要的運算子—梯度、散度與旋度。它們都有物理與數學（包括幾何）意義，我們先從梯度著手。

首先定義一個向量運算子∇（∇讀作「del」）為 $\nabla \equiv i\dfrac{\partial}{\partial x} + j\dfrac{\partial}{\partial y} + k\dfrac{\partial}{\partial z}$

【定義】 若$f(x, y, z)$為一佈於純量體之可微分函數，f之**梯度**（gradient）記做 $\mathrm{grad}\,f$或∇f定義為

$$\mathrm{grad}\,f = \nabla f = \left(i\dfrac{\partial}{\partial x} + j\dfrac{\partial}{\partial y} + k\dfrac{\partial}{\partial z}\right)f = \dfrac{\partial f}{\partial x}i + \dfrac{\partial f}{\partial y}j + \dfrac{\partial f}{\partial z}k$$

【定理 A】 f, g 為二可微分函數，則

(1) $\nabla(f \pm g) = \nabla f \pm \nabla g$

(2) $\nabla(fg) = (\nabla f)g + f(\nabla g)$

(3) $\nabla\left(\dfrac{f}{g}\right) = \dfrac{g\nabla f - f\nabla g}{g^2}$

證明 （只證 (2)；(3) 見練習第 2 題）

$$\nabla(fg) = \left(\dfrac{\partial}{\partial x}fg\right)i + \left(\dfrac{\partial}{\partial y}fg\right)j = \left(g\dfrac{\partial f}{\partial x} + f\dfrac{\partial g}{\partial x}\right)i + \left(g\dfrac{\partial f}{\partial y} + f\dfrac{\partial}{\partial y}g\right)j$$

$$= f\left(\dfrac{\partial g}{\partial x}i + \dfrac{\partial g}{\partial y}j\right) + g\left(\dfrac{\partial f}{\partial x}i + \dfrac{\partial f}{\partial y}j\right)$$

$$= f\nabla g + g\nabla f \qquad \blacksquare$$

例 1 (1) $f(x, y, z) = xyz$，求 ∇f

(2) 若 $\nabla f = yzi + xzj + xyk$，求 f

解

(1) $\nabla f = \dfrac{\partial f}{\partial x}i + \dfrac{\partial f}{\partial y}j + \dfrac{\partial f}{\partial z}k = yzi + xzj + xyk$

(2) $\because \nabla f = yzi + xzj + xyk \quad \therefore f = xyz$

Laplace算子

【定義】 f為定義於 R^n 之二階可微分實函數，則 Laplace 算子，記做 $\nabla^2 f$，定義為

$$\nabla^2 f = \sum_{i=1}^{n} \frac{\partial^2 f}{\partial x_i^2}$$

【定理 B】 f為 x, y, z 之二階可微分實函數，則 $\nabla \cdot (\nabla f) = \nabla^2 f$

證明

$$\nabla f = \left[\frac{\partial}{\partial x} f, \frac{\partial}{\partial y} f, \frac{\partial f}{\partial z} \right]$$

$$\nabla \cdot \nabla f = \left[\frac{\partial}{\partial x}, \frac{\partial}{\partial y}, \frac{\partial}{\partial z} \right] \cdot \left[\frac{\partial}{\partial x} f, \frac{\partial}{\partial y} f, \frac{\partial}{\partial z} f \right]$$

$$= \frac{\partial^2}{\partial x^2} f + \frac{\partial^2}{\partial y^2} f + \frac{\partial^2}{\partial z^2} f = \nabla^2 f \qquad \blacksquare$$

例 2 若 $\phi = e^{(x+2y+2z)}$，$A = xz\boldsymbol{i} - y^2\boldsymbol{j} + 2xz\boldsymbol{k}$，求 (1) $\nabla \phi$ (2) $\nabla \cdot A$ (3) $\nabla^2 \phi$

解

(1) $\nabla \phi = e^{x+2y+3z}\boldsymbol{i} + 2e^{x+2y+3z}\boldsymbol{j} + 3e^{x+2y+3z}\boldsymbol{k}$

(2) $\nabla \cdot A = \left[\frac{\partial}{\partial x}, \frac{\partial}{\partial y}, \frac{\partial}{\partial z} \right] \cdot [xz, -y^2, 2xz]$

$\qquad = z - 2y + 2x$

(3) $\nabla^2 \phi = \frac{\partial^2}{\partial x^2} e^{x+2y+3z} + \frac{\partial^2}{\partial y^2} e^{x+2y+3z} + \frac{\partial^2}{\partial z^2} e^{x+2y+3z}$

$\qquad = 14\exp\{x + 2y + 3z\}$

例 3 $\boldsymbol{R}$ 為位置向量，$f(r) = \dfrac{1}{r}$，若 $r = \|\boldsymbol{R}\|$，試證 $\nabla^2 f(\boldsymbol{R}) = 0$

解

$$\nabla^2 f(\boldsymbol{R}) = \frac{\partial^2}{\partial x^2} f + \frac{\partial^2}{\partial y^2} f + \frac{\partial^2}{\partial z^2} f$$

$$\frac{\partial}{\partial x} f = \frac{\partial}{\partial x} \frac{1}{\sqrt{x^2+y^2+z^2}} = -\frac{1}{2}(2x)(x^2+y^2+z^2)^{-\frac{3}{2}}$$

$$\frac{\partial^2}{\partial x^2} f = \frac{\partial}{\partial x} \left(\frac{-x}{(\sqrt{x^2+y^2+z^2})^3} \right)$$

$$= -(x^2+y^2+z^2)^{-\frac{3}{2}} + (-x)\left(\frac{-3}{2}\right) \cdot 2x\,(x^2+y^2+z^2)^{\frac{5}{2}} \tag{1}$$

$$= \frac{-1}{r^3} + \frac{3x^2}{r^5}$$

在 (1) 之 x 分別用 y, z 取代即得：$\dfrac{\partial^2}{\partial y^2}f = \dfrac{-1}{r^3} + \dfrac{3y^2}{r^5}$ ，$\dfrac{\partial^2}{\partial z^2}f = -\dfrac{1}{r^3} + \dfrac{3z^2}{r^5}$

$$\therefore \nabla^2 f(\boldsymbol{R}) = \frac{\partial^2}{\partial x^2}f + \frac{\partial^2}{\partial y^2}f + \frac{\partial^2}{\partial z^2}f = \left(-\frac{1}{r^3}+\frac{3x^2}{r^5}\right) + \left(-\frac{1}{r^3}+\frac{3y^2}{r^5}\right) + \left(-\frac{1}{r^3}+\frac{3z^2}{r^5}\right)$$

$$= -\frac{3}{r^3} + \frac{3(x^2+y^2+z^2)}{r^5} = -\frac{3}{r^3} + \frac{3r^2}{r^5} = 0$$

例 4 位置向量 $\boldsymbol{R}$ 之長度 $\|\boldsymbol{R}\| = r$，若已知 $\nabla^2 f(r) = f''(t) + \dfrac{2f'(r)}{r}$（練習第 5 題）求 $\nabla^2 f(r) = 0$ 時 $f(r) = ?$

解

在 $\nabla^2 f(r) = f''(r) + \dfrac{2f'(r)}{r} = 0$ 令 $f'(r) = y$ 則

$y' + \dfrac{2y}{r} = 0$，$\Rightarrow \dfrac{dy}{dr} + \dfrac{2y}{r} = 0$，我們應用第一章之分離變數法解此微分方程式：

$\dfrac{dy}{y} + \dfrac{2dr}{r} = 0$ 解之 $yr^2 = c$，或 $y = \dfrac{c}{r^2} \therefore f' = \dfrac{c}{r^2}$ 解之 $f(r) = \dfrac{-c}{r} + k$

練習 7.4A

1. 求 (1) $f(x, y, z) = 2x^2 y + 3xz + yz^2$ 求 $\nabla f|_{(-1, 2, 3)}$ (2) $f(x, y, z) = x + xy - y + z^2$，求 ∇f

2. 試導出之 $\nabla\left(\dfrac{f}{g}\right)$ 公式

3. 位置向量 $\boldsymbol{R}$，若 $|\boldsymbol{R}| = r$ 求 (1) ∇r　(2) $\nabla f(r)$　(3) $\nabla \ln r$　(4) $\nabla \dfrac{1}{r}$　(5) $\nabla^2 r^n$

4. $\boldsymbol{R}$ 為位置向量，$\boldsymbol{A}$ 為常數向量，求 $\nabla(\boldsymbol{A} \cdot \boldsymbol{R})$

5. 承第 3 題，試證 $\nabla^2 f(r) = f''(r) + \dfrac{2f'(r)}{r}$

方向導數

給定一曲面 E，設方程式爲 $z = f(x, y)$，若我們在 xy 平面上有一點 (x_0, y_0)，(x_0, y_0) 在 E 上之對應點 A，現要求過 A 與單位向量 $\boldsymbol{u}$ = $[u_1, u_2]$ 同向之切線之斜率，這就是方向導數。方向導數定義如下：

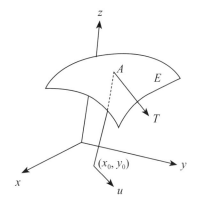

【定義】 $\boldsymbol{u}$ 爲一單位向量，函數 f 在點 P 於 $\boldsymbol{u}$ 方向之**方向導數** (directional derivative) 記做 $D_{\boldsymbol{u}}f(P)$，定義爲

$$D_{\boldsymbol{u}}f(P) = \lim_{h \to 0} = \frac{f(P + h\boldsymbol{u}) - f(P)}{h}$$

若 $\boldsymbol{u}$ = $[a, b]$ 爲一單位向量，P 之坐標爲 (x_0, y_0) 則

$$D_{\boldsymbol{u}}f(x_0, y_0) = \lim_{h \to 0} \frac{f(x_0 + ha, y_0 + hb) - f(x_0, y_0)}{h} ,$$

取 $\boldsymbol{u}$ = $[1, 0]$ 則

$$D_{\boldsymbol{u}}f(x_0, y_0) = \lim_{h \to 0} \frac{f(x_0 + h, y_0) - f(x_0, y_0)}{h} = f_x(x_0, y_0) ，同理，\boldsymbol{u} = [0, 1] 時$$

$$D_{\boldsymbol{u}}f(x_0, y_0) = f_y(x_0, y_0)$$

由上可知，方向導數其實就是偏導函數之推廣。

【定理 C】 $\boldsymbol{u}$ 爲一單位向量，則函數 f 在點 P 於 $\boldsymbol{u}$ 方向之方向導數

$$D_{\boldsymbol{u}}f(P) = \boldsymbol{u} \cdot \nabla f|_P = [u_1, u_2] \cdot [f_x, f_y]|_P = u_1 f_x + u_2 f_y|_P$$

由定理 C，$D_U f(P) = \boldsymbol{u} \cdot \nabla f|_P$，此相當於 $\boldsymbol{u}$ 與 $\nabla f(x_0, y_0)$ 之內積，又 $\boldsymbol{u} \cdot \nabla f(x_0, y_0) = \|\boldsymbol{u}\| \|\nabla f(x_0, y_0)\| \cos\theta$，因此不難得到下列結果：

> **【推論 C1】** 函數 $z = f(x, y)$ 在 $P(x_0, y_0)$ 可微，則
> (1) $f(x, y)$ 在 $P(x_0, y_0)$ 處沿 $\nabla f(x_0, y_0)$ 方向有極大方向導數 $\| \nabla f(x_0, y_0) \|$，且 $f(x, y)$ 在 $P(x_0, y_0)$ 處沿 $\nabla f(x_0, y_0)$ 反方向有極小方向導數 $-\| \nabla f(x_0, y_0) \|$。
> (2) $f(x, y)$ 在 $P(x_0, y_0)$ 處沿與 $\nabla f(x_0, y_0)$ 垂直方向之方向導數為 0。

　　推論 C1 之一種解釋是 $z = f(x, y)$ 在 $P(x_0, y_0)$ 沿梯度方向 $\nabla f(x_0, y_0)$ 有最大之增加率，而最大的增加率為梯度的長度 $\| \nabla f(x_0, y_0) \|$

例 5 若 $f(x, y, z) = x + y \sin z$，求 f 沿 $a = i + 2j + 2k$ 之方向在 $P\left(1, \dfrac{\pi}{2}, \dfrac{\pi}{2}\right)$ 之方向導數及最大增加率。

解

(1) $a = i + 2j + 2k$ ∴ $u = \dfrac{1}{\|a\|} a = \dfrac{1}{3}[1, 2, 2] = \left[\dfrac{1}{3}, \dfrac{2}{3}, \dfrac{2}{3}\right]$，

$\nabla f = \left[\dfrac{\partial}{\partial x} f, \dfrac{\partial}{\partial y} f, \dfrac{\partial}{\partial z} f\right] = [1, \sin z, y \cos z]$

$D_u(P) = U \cdot \nabla f|_P = \left[\dfrac{1}{3}, \dfrac{2}{3}, \dfrac{2}{3}\right] \cdot [1, \sin z, y \cos z]\Big|_{\left(1, \frac{\pi}{2}, \frac{\pi}{2}\right)}$

$= \dfrac{1}{3} + \dfrac{2}{3} \sin z + \dfrac{2}{3} y \cos z\Big|_{\left(1, \frac{\pi}{2}, \frac{\pi}{2}\right)} = \dfrac{1}{3} + \dfrac{2}{3} + 0 = 1$

(2) 由 $\nabla f(x, y, z) = [1, \sin z, y \cos z]$

∴ 最大增加率為 $\left\| \nabla f\left(1, \dfrac{\pi}{2}, \dfrac{\pi}{2}\right) \right\| = \|[1, 1, 0]\| = \sqrt{2}$

例 6 若 $f(x, y) = xy^2$，求 f 沿 $a = 3i + 4j$ 之方向在 $(1, 1)$ 之方向導數以及最大與最小之方向導數。

解

(1) $a = [3, 4]$，$U = \dfrac{1}{|a|} a = \left[\dfrac{3}{5}, \dfrac{4}{5}\right]$

$\nabla f = \left[\dfrac{\partial}{\partial x} f, \dfrac{\partial}{\partial y} f\right] = [y^2, 2xy]$

∴ $Du(P) = U \cdot \nabla f|_P = \left[\dfrac{3}{5}, \dfrac{4}{5}\right] \cdot [y^2, 2xy]\Big|_{(1, 1)} = \dfrac{3}{5} y^2 + \dfrac{8}{5} xy\Big|_{(1, 1)} = \dfrac{11}{5}$

$(2) \|\nabla f(P)\|_{(1,\,1)} = \sqrt{(y^2)^2 + (2xy)^2}\Big|_{(1,\,1)} = \sqrt{5}$

$\therefore$ 最大方向導數 $\sqrt{5}$，最小方向導數 $-\sqrt{5}$

曲面之切平面方程式

給定曲面方程式 $f(x, y, z)$ 及其上一點 P，P 之座標爲 (x_0, y_0, z_0)，若在 (x_0, y_0, z_0) 處 $\dfrac{\partial f}{\partial x}$，$\dfrac{\partial f}{\partial y}$，$\dfrac{\partial f}{\partial z}$ 均存在，則過 (x_0, y_0, z_0) 之 (1) 切面方程式之法向量 $\boldsymbol{n}$ 爲 $\boldsymbol{n} = [f_x(x_0, y_0, z_0)，f_y(x_0, y_0, z_0)，f_z(x_0, y_0, z_0)]$ $\therefore$ 切面方程式爲

$$\boldsymbol{n} \cdot [x - x_0, y - y_0, z - z_0] = 0$$

其點積式爲

$$\nabla f|_{(x_0, y_0, z_0)} \cdot [x - x_0, y - y_0, z - z_0] = 0$$

(2) 法線方程式爲

$$\frac{x - x_0}{F_x(x_0, y_0, z_0)} = \frac{y - y_0}{F_y(x_0, y_0, z_0)} = \frac{z - z_0}{F_z(x_0, y_0, z_0)}$$

例 7 試求曲面 $z^3 + 3xz - 2y = 0$ 在 $(1, 7, 2)$ 處之 (1) 切平面方程式 (2) 法線方程式

解

令 $f(x, y, z) = z^3 + 3xz - 2y$ 則 $\nabla f|_{(1,7,2)} = [3z, -2, 3(z^2 + x)]|_{(1,7,2)} = [6, -2, 15]$

(1) 切面方程式爲

$\nabla f|_{(1,7,2)} \cdot [x - 1, y - 7, z - 2] = [6, -2, 15] \cdot [x - 1, y - 7, z - 2]$

$= 6(x - 1) - 2(y - 7) + 15(z - 2) = 0$

即 $6x - 2y + 15z = 22$

(2) 法線方程式：$\dfrac{x - 1}{6} = \dfrac{y - 7}{-2} = \dfrac{z - 2}{15}$

我們再看二個較複雜的例子

例 8 求螺旋面 $\begin{cases} x = u\cos v \\ y = u\sin v \\ z = v \end{cases}$，$u \geq 0$，$v \in R$

在 $M_0(1, 0, 0)$ 處之切面方程式及法線方程式

提示	解答
在參數方程式之法向量 n，是用叉積求出。	由觀察法：$M_0(1, 0, 0)$ 對應之 $(u, v) = (1, 0)$ 現求法向量 n $$n = \begin{vmatrix} i & j & k \\ x_u & y_u & z_u \\ x_v & y_v & z_v \end{vmatrix}_{(1,0)} = \begin{vmatrix} i & j & k \\ \cos v & \sin v & 0 \\ -u\sin v & u\cos v & 1 \end{vmatrix}_{(1,0)}$$ $$= \begin{vmatrix} i & j & k \\ 1 & 0 & 0 \\ 0 & 1 & 1 \end{vmatrix} = -j + k = [0, -1, 1]$$ $\therefore$ (1) 切面方程式 $n \cdot [x-1, y-0, z-0] = [0, -1, 1] \cdot [x-1, y, z] = -y + z = 0$ 即 $y = z$ (2) 法線方程式： $$\frac{x-1}{0} = \frac{y-0}{-1} = \frac{z-0}{1}$$ 即 $\dfrac{x-1}{0} = \dfrac{y}{-1} = \dfrac{z}{1}$

例 9 求曲線 $\begin{cases} x^2 + y^2 + z^2 = 6 \\ x + y + z = 0 \end{cases}$ 在 $(1, -2, 1)$ 處 (1) 切線方程式與 (2) 法平面方程式。

提示	解答
(1) 本例和例 9 不同處在於例 9 是求切面方程式與法線方程式 　　例 10 是求切線方程式與法平面方程式 (2) 在例 9 之法向量 n，在例 10 用 τ，二者精神一致。 (3) 法平面方程式之樣式為 $A(x-a) + B(y-b) + C(z-c) = 0$ 切直線就為 $$\frac{x-a}{A} = \frac{y-b}{B} = \frac{z-c}{C}$$	令 $F(x, y, z) = x^2 + y^2 + z^2 - 6$ 　$G(x, y, z) = x + y + z$ 則 $$\tau = \begin{vmatrix} i & j & k \\ F_x & F_y & F_z \\ G_y & G_y & G_z \end{vmatrix}_{(1,-2,1)} = \begin{vmatrix} i & j & k \\ 2x & 2y & 2z \\ 1 & 1 & 1 \end{vmatrix}_{(1,-2,1)}$$ $$= \begin{vmatrix} i & j & k \\ 2 & -4 & 2 \\ 1 & 1 & 1 \end{vmatrix} = -6i + 6k = [-6, 0, 6]$$ $\therefore$ 過 $(1, -2, 1)$ 之切線方程式 $$\frac{x-1}{-6} = \frac{y+2}{0} = \frac{z-1}{6}$$ 法平面方程式為 $-6(x-1) + 0(y+2) + 6(z-1) = 0$ 即 $x = z$

練習 7.4B

1. 若 $f(x, y, z) = x^2 + y^2 + yz$，求 f 在點 $(1, 0, -1)$ 沿 $\boldsymbol{a} = 2\boldsymbol{i} + \boldsymbol{j} - 2\boldsymbol{k}$ 之 (1) 方向導數及其意義，(2) 最大與最小方向導數

2. 求等量線 $f(x, y) = c$ 上任一點 (x_0, y_0) 之法線斜率，從而說明 $\nabla f(x_0, y_0)$ 與 $f(x, y) = c$ 在 (x_0, y_0) 法向量之關係

3. 求 $\dfrac{z}{c} = \dfrac{x^2}{a^2} + \dfrac{y^2}{b^2}$ 在 (x_0, y_0, z_0) 處之切平面方程式與法線方程式

4. 試證 $\sqrt{x} + \sqrt{y} + \sqrt{z} = \sqrt{a}$，$a > 0$ 上任一點處之切平面與各坐標軸上之截距爲一常數

5. 求 $x^2 + y^2 - 4z^2 = 4$ 在 $(2, -2, 1)$ 處切面方程式與法線方程式

散度與旋度

【定義】 $\boldsymbol{A}$ 之散度（divergence）定義為 $\nabla \cdot \boldsymbol{A}$，記做 div $\boldsymbol{A}$ 則

$$\text{div}\,\boldsymbol{A} = \nabla \cdot \boldsymbol{A} = \left(\boldsymbol{i}\frac{\partial}{\partial x} + \boldsymbol{j}\frac{\partial}{\partial y} + \boldsymbol{k}\frac{\partial}{\partial z}\right) \cdot (\boldsymbol{i}A_1 + \boldsymbol{j}A_2 + \boldsymbol{k}A_3)$$

$$= \frac{\partial}{\partial x}A_1 + \frac{\partial}{\partial y}A_2 + \frac{\partial}{\partial z}A_3$$

【定義】 旋度（curl 或 rotation）定義為 $\nabla \times \boldsymbol{A}$，記做 curl $\boldsymbol{A}$ 或 rot $\boldsymbol{A}$，則

$$\text{curl}\,\boldsymbol{A} = \nabla \times \boldsymbol{A} = \begin{vmatrix} \boldsymbol{i} & \boldsymbol{j} & \boldsymbol{k} \\ \dfrac{\partial}{\partial x} & \dfrac{\partial}{\partial y} & \dfrac{\partial}{\partial z} \\ A_1 & A_2 & A_3 \end{vmatrix}$$

散度與旋度之物理意義請參考普通物理。

例10 若 $\boldsymbol{V} = xy\boldsymbol{i} + x^2\boldsymbol{j} + (x + 2y - z)\boldsymbol{k}$，求 div $\boldsymbol{V}$（即 $\nabla \cdot \boldsymbol{V}$）及 curl $\boldsymbol{V}$（即 $\nabla \times \boldsymbol{V}$）。

解

(1) div $\boldsymbol{V}$：$\nabla \cdot \boldsymbol{V} = \left(\dfrac{\partial}{\partial x}, \dfrac{\partial}{\partial y}, \dfrac{\partial}{\partial z}\right) \cdot [xy, x^2, (x + 2y - z)]$

$\qquad = \dfrac{\partial}{\partial x}xy + \dfrac{\partial}{\partial y}x^2 + \dfrac{\partial}{\partial z}(x + 2y - z) = y - 1$

$$(2)\text{curl } V : \nabla \times V = \begin{vmatrix} i & j & k \\ \dfrac{\partial}{\partial x} & \dfrac{\partial}{\partial y} & \dfrac{\partial}{\partial z} \\ xy & x^2 & x+2y-z \end{vmatrix}$$

$$= \begin{vmatrix} \dfrac{\partial}{\partial y} & \dfrac{\partial}{\partial z} \\ x^2 & x+2y-z \end{vmatrix} i - \begin{vmatrix} \dfrac{\partial}{\partial x} & \dfrac{\partial}{\partial z} \\ xy & x+2y-z \end{vmatrix} j + \begin{vmatrix} \dfrac{\partial}{\partial x} & \dfrac{\partial}{\partial y} \\ xy & x^2 \end{vmatrix} k$$

$$= 2i - j + xk$$

三個運算子之混合運算的例子

我們前定義運算子 $\nabla = i\dfrac{\partial}{\partial x} + j\dfrac{\partial}{\partial y} + k\dfrac{\partial}{\partial z}$，若 $V = f_1 i + f_2 j + f_3 k$ 則

梯度 $\text{grad}(\phi) = \nabla\phi = i\dfrac{\partial\phi}{\partial x} + j\dfrac{\partial\phi}{\partial y} + k\dfrac{\partial\phi}{\partial z}$

散度 $\text{div}(V) = \nabla \cdot V = \left[\dfrac{\partial}{\partial x},\ \dfrac{\partial}{\partial y},\ \dfrac{\partial}{\partial z}\right] \cdot [f_1,\ f_2,\ f_3]$

$$= \dfrac{\partial}{\partial x}f_1 + \dfrac{\partial}{\partial y}f_2 + \dfrac{\partial}{\partial z}f_3$$

旋度 $\begin{cases} \text{curl}(V) \\ \text{rot}(V) \end{cases} = \nabla \times V = \begin{vmatrix} i & j & k \\ \dfrac{\partial}{\partial x} & \dfrac{\partial}{\partial y} & \dfrac{\partial}{\partial z} \\ f_1 & f_2 & f_3 \end{vmatrix}$

例11 求 $\nabla \times (\nabla\phi)$，$\phi$ 為純量函數且 $\phi \in c^2$。

提示	解答
	$\nabla\phi = i\dfrac{\partial}{\partial x}\phi + j\dfrac{\partial}{\partial y}\phi + k\dfrac{\partial}{\partial z}\phi = \left[\dfrac{\partial}{\partial x}\phi,\ \dfrac{\partial}{\partial y}\phi,\ \dfrac{\partial}{\partial z}\phi\right]$
	$\therefore \nabla \times (\nabla\phi) = \begin{vmatrix} i & j & k \\ \dfrac{\partial}{\partial x} & \dfrac{\partial}{\partial y} & \dfrac{\partial}{\partial z} \\ \dfrac{\partial}{\partial x}\phi & \dfrac{\partial}{\partial y}\phi & \dfrac{\partial}{\partial z}\phi \end{vmatrix}$
看到 $\phi \in c^2$，就想到 ϕ 之所有二階偏導函數均為連續，更重要的是 $\dfrac{\partial^2\phi}{\partial x\partial y} = \dfrac{\partial^2\phi}{\partial y\partial x}$	$= \left(\dfrac{\partial^2}{\partial y\partial z}\phi - \dfrac{\partial^2}{\partial z\partial y}\phi\right)i - \left(\dfrac{\partial^2}{\partial x\partial z}\phi - \dfrac{\partial^2}{\partial z\partial x}\phi\right)j + \left(\dfrac{\partial^2}{\partial x\partial y}\phi - \dfrac{\partial^2}{\partial y\partial x}\phi\right)k$ $= 0$

例12 V, W, R 為三個三維向量，若 $V = W \times R$ 試證 $W = \dfrac{1}{2} curl(V) = \dfrac{1}{2} \nabla \times V$，

其中 W 為常數向量，R 為位置向量。

提示	解答
在 3 維空間之任一點 (x, y, z)，它的位置向量就是 (x, y, z)，R 為位置向量便可設 $R = xi + yj + zk$	$curl(V) = \nabla \times V = \nabla \times (W \times R)$ $= \nabla \times \begin{vmatrix} i & j & k \\ \omega_1 & \omega_2 & \omega_3 \\ x & y & z \end{vmatrix}$ $= \begin{vmatrix} i & j & k \\ \dfrac{\partial}{\partial x} & \dfrac{\partial}{\partial y} & \dfrac{\partial}{\partial z} \\ \omega_2 z - \omega_3 y & \omega_3 x - \omega_1 z & \omega_1 y - \omega_2 x \end{vmatrix}$ $= 2(\omega_1 i + \omega_2 j + \omega_3 k) = 2W$

練習 7.4C

1. A 為常數向量 R 為位置向量，求 (1) $\nabla \cdot (R - A)$ (2) $\nabla \times (R - A)$ (3) $\nabla (A \cdot R)$

2. $F = x^2 i + xy j + yz k$ 在 $(1, -1, -1)$ 上之散度與旋度

3. f, g 均為純量函數且 $f, g \in c^2$，求 $\nabla \cdot (\nabla f \times \nabla g)$

4. R 為位置向量，$r = |R|$，求 $\nabla \times (r^2 R)$

5. e 為單位向量，R 為位置向量，求 (1) $\mathrm{div}(e \cdot R)e$ (2) $\mathrm{rot}((e \cdot R)e)$ (3) $\mathrm{div}((e \times R) \times e)$ (4) $\mathrm{rot}((e \times R) \times e)$

6. 試證 $\nabla \times (\nabla \times A) = \nabla (\nabla \cdot A) - (\nabla \cdot \nabla)A$（提示：$A \times (B \times C) = ?$）

7. 試證 $\nabla \cdot (\nabla \times F) = 0$，$F = F_1 i + F_2 j + F_3 k$，$F_1, F_2, F_3$ 之一二階偏導函數均為連續，即 $F_1, F_2, F_3 \in C^2$。

7.5 線積分

線積分（line integral）是單變數函數定積分之一般化。它有幾種不同之定義方式：

線積分第一種定義

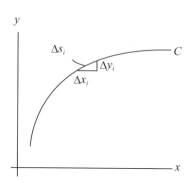

C 為一定義於二維空間之**正方向**（positively oriented）（即逆時針方向）之平滑曲線，曲線之參數方程式為 $x = x(t)$，$y = y(t)$，$a \leq t \leq b$。如同單變數定積分，我們先將 C 切割許多小的弧形，設第 i 個弧長為 Δs_i，因 Δx_i，Δy_i 很小時，$\Delta s_i \approx \sqrt{\Delta x_i^2 + \Delta y_i^2}$，則 $\lim\limits_{|P| \to 0} \sum\limits_{i=1}^{n} f(\bar{x}_i, \bar{y}_i) \Delta s_i \triangleq \int_c f(x, y) \, ds$，$|P_i|$ 是曲線 C 上之第 i 個分割之長度，而 $|P|$ 為 $\max\{|P_1|, |P_2|, \cdots |P_n|\}$。透過中值定理可得 $\int_c f(x, y) \, ds = \int_a^b f(x(t), y(t)) \sqrt{[x'(t)]^2 + [y'(t)]^2} dt$。

上述結果可擴充至 3 維空間。

我們用 $\oint_c$ 表示 **C** 為封閉曲線下之線、面積分。

【定理 A】 若曲線 c 為分段平滑曲線，則

(1) $\int_c f(x, y, z) ds = \int_{c_1} f(x, y, z) ds + \int_{c_2} f(x, y, z) ds + \int_{c_3} f(x, y, z) ds$

(2) $\int_c k f(x, y, z) ds = k \int_c f(x, y, z) ds$

(3) $\int_c (f(x, y, z) + g(x, y, z)) ds = \int_c f(x, y, z) ds + \int_c g(x, y, z) ds$

(4) $-\int_c f(x, y, z) ds = \int_{-c} f(x, y, z) ds$，其中 $-c$ 表示與路徑 c 之反方向的路徑。

例 1 求 $\int_c \sqrt{y} \, ds$；$c : y = x^2$ 在 $(0, 0)$ 至 $(1, 1)$ 之弧

提示	解答
$\int_c f(x, y) ds$ 中之 s 是弧長，因此要把 $ds \to dx$，方法是 $ds = \sqrt{1 + (y')^2} dx$ 這是微積分之弧長公式	$\because y = x^2 \quad \therefore ds = \sqrt{1 + (y')^2} dx = \sqrt{1 + 4x^2}$ $\int_c \sqrt{y} \, ds = \int_0^1 |x| \sqrt{(2x)^2 + 1} \, dx = \int_0^1 x \sqrt{4x^2 + 1} \, dx$ $= \int_0^1 (4x^2 + 1)^{\frac{1}{2}} d \frac{1}{8}(4x^2 + 1) = \frac{2}{3} \cdot \frac{1}{8} (4x^2 + 1)^{\frac{3}{2}} \Big|_0^1 = \dfrac{5\sqrt{5} - 1}{12}$

例 2 求 $\int_c \dfrac{\sqrt{x^2+y^2}}{(x-1)^2+y^2}\,ds$，$c : x^2+y^2 = 2x$，$y \geq 0$

提示	解答
善用 $x^2+y^2=2x$ 之關係。	$\because y = \sqrt{2x-x^2}$，$y' = \dfrac{1-x}{\sqrt{2x-x^2}}$， $\therefore ds = \sqrt{1+(y')^2}\,dx = \dfrac{dx}{\sqrt{2x-x^2}}$ $\int_c \dfrac{\sqrt{x^2+y^2}}{(x-1)^2+y^2}\,ds = \int_0^2 \dfrac{\sqrt{2x}}{\sqrt{2x-x^2}}\,dx = \sqrt{2}\int_0^2 \dfrac{dx}{\sqrt{2-x}}$ $= \sqrt{2}(-2\sqrt{2-x})\big]_0^2 = 4$

例 3 求 $\int_c (x^2+y^2)\,ds$，$c : x^2+y^2+z^2 = a^2$ 與 $x+y+z = 0$ 相交之圓

提示	解答
本題我們用到輪換對稱性，其中輪換性是指，例如，$f(x,y) = g(x^2+y^2)$ 則 x 與 y 互換其結果不變，但 $f(x,y) = g(3x^2+2y^2)$ 不具輪換性。	$x^2+y^2+z^2 = a^2$ 與 $x+y+z = 0$ 之交集為半徑是 a 之圓，故 $ds = 2a\pi$ 又由 x, y, z 之輪換對稱性，知 $\int_c x^2\,ds = \int_c y^2\,ds = \int_c z^2\,ds$ 我們有 $\int_c (x^2+y^2)\,ds = \dfrac{2}{3}\int_c (x^2+y^2+z^2)\,ds = \dfrac{2a^2}{3}\int_c ds = \dfrac{2}{3}a^2 \cdot (2\pi a)$ $= \dfrac{4}{3}a^3\pi$

奇偶性在線積分之應用

當我們計算 $\int_{-a}^a f(x)dx$ 時第一個想到的就是判斷 $f(x)$ 在 $[-a, a]$ 是奇函數還是偶函數：

$$\int_{-a}^a f(x)dx = \begin{cases} 0 & ; f(x) \text{為奇函數} \\ 2\int_0^a f(x)dx & ; f(x) \text{為偶函數} \end{cases}$$

此可大大簡化某些線積分之求解過程。

例 4 求 $\oint_c (x^2+2y^3)ds$　$c : x^2+y^2 = b^2, b > 0$

提示	解答
利用 $x^2 + y^2 = b^2$ 之關係。	$c : x^2 + y^2 = b^2$ 具有對稱性 $\oint_c (x^2 + 2y^3)ds = \oint_c x^2 ds + \oint_c 2y^3 ds$ (1) $f(x, y) = 2y^3$ 在 c 是 y 之奇函數 $\therefore \oint_c 2y^3 ds = 0$ (2) $\oint_c x^2 ds = \oint_c y^2 ds$ $\therefore \oint_c x^2 ds = \frac{1}{2}\oint_c (x^2 + y^2)ds$ $= \frac{1}{2}\oint_c b^2 ds = \frac{b^2}{2}\oint_c ds = \frac{b^2}{2} 2b\pi = b^3\pi$ 由 (1)，(2) $\oint_c (x^2 + 2y^3)ds = b^3\pi$

例 4 說明了在求線積分時常可用對稱性來簡化計算，因此在應用對稱性時自然要注意到函數之奇偶性和 x, y 之輪換性。

例 5 求 $\oint_c (x^2 + y^4 \sin x)ds$，$c : x^2 + y^2 = 9$

提示	解答
$c : x^2 + y^2 = 9$ 對稱 y 軸 而 $f(x, y) = y^4 \sin x$ 為 x 之奇 函數 $\Rightarrow \oint_c y^4 \sin x dx = 0$	$\oint_c (x^2 + y^4 \sin x)ds = \oint_c x^2 ds + \oint_c y^2 \sin x ds = \oint_c x^2 ds$， 但 $\oint_c x^2 ds = \oint_c y^2 ds$ $\therefore \oint_c x^2 ds = \frac{1}{2}\oint_c (x^2 + y^2)ds = \frac{9}{2}\oint_c ds = \frac{9}{2} \cdot 2\pi r = 9\pi r$

線積分第二種定義

設 C 為 xy 平面內連接點 $A(a_1, b_1)$ 與 $B(a_2, b_2)$ 點的曲線。$(x_1, y_1), (x_2, y_2), \cdots, (x_{n-1}, y_{n-1})$ 將 C 分成 n 部分，令 $\Delta x_k = x_k - x_{k-1}$，$\Delta y_k = y_k - y_{k-1}$，$k = 1, 2 \cdots, n$，且 $(a_1, b_1) = (x_0, y_0)$，$(a_2, b_2) = (x_n, y_n)$，若點 (ξ_k, η_k) 是 C 上介於 (x_{k-1}, y_{k-1}) 與 (x_k, y_k) 之點，則

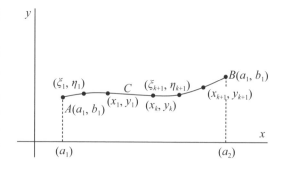

$$\sum_{k=1}^{n} \{P(\xi_k, \eta_k)\Delta x_k + Q(\xi_k, \eta_k)\Delta y_k\}$$

當 $n \to \infty$ 時，Δx_k，$\Delta y_k \to 0$，若此極限存在，便稱為沿 C 的線積分，以

$$\int_C P(x, y)dx + Q(x, y)dy \quad \text{或} \quad \int_{(a_1, b_1)}^{(a_2, b_2)} Pdx + Qdy$$

表之。P 與 Q 在 C 上所有點是連續或分段連續，極限便存在。

同樣地，可把三維空間內沿曲線 C 的線積分定義爲

$$\lim_{n \to \infty} \sum_{k=1}^{n} \{A_1(\xi_k, \eta_k, \zeta_k)\Delta x_k + A_2(\xi_k, \eta_k, \zeta_k)\Delta y_k + A_3(\xi_k, \eta_k, \zeta_k)\Delta z_k\}$$

$$= \int_C A_1 dx + A_2 dy + A_3 dz$$

A_1，A_2，A_3 是 x，y，z 的函數。

例 6 求下列條件之 $\int_c y dx - x dy$

(1) $x = t$，$y = 2t$，$0 \le t \le 1$
(2) C：$(0, 0)$ 至 $(1, 2)$，沿 $y^2 = 4x$
(3) C：$x^2 + y^2 = 4$ 上，$(0, 2)$ 至 $(2, 0)$ 之圓弧

解

提示	解答
例 6，7 都要用到直線參數方程式，在此作扼要的復習：	(1) $\int_c y dx - x dy = \int_c y dx - \int_c x dy = \int_0^1 (2t) dt - \int_0^1 t d(2t)$
(1) 平面直線參數方程式：自 (a_0, b_0) 至 (a_1, b_1) 之直線參數方程式為	$= 2\int_0^1 t dt - 2\int_0^1 t dt = 0$
$\dfrac{x - a_0}{a_1 - a_0} = \dfrac{y - b_0}{b_1 - b_0} = t$，$t \in R$	(2) 設 $x = t$ 則 $y = 2\sqrt{t}$，
即 $\begin{cases} x = a_0 + (a_1 - a_0)t \\ y = b_0 + (b_1 - b_0)t \end{cases}$，$t \in R$	$\int_c y dx - x dy = \int_0^1 2\sqrt{t} dt - \int_0^1 t d(2\sqrt{t})$
若 $b_1 = b_0$ 則 $\dfrac{x - a_0}{a_1 - a_0} = \dfrac{y - b_0}{0} = t$	$= \dfrac{4}{3} - \dfrac{2}{3} t^{\frac{3}{2}} \Big]_0^1 = \dfrac{2}{3}$
即 $\begin{cases} x = a_0 + (a_1 - a_0)t \\ y = b_0 \end{cases}$，$t \in R$	(3) 取 $x = 2\cos t$，$y = 2\sin t$，$0 \le t \le \dfrac{\pi}{2}$，$t : 0 \to \dfrac{\pi}{2}$
(2) 空間直線參數方程式：自 (a_0, b_0, c_0) 至 (a_1, b_1, c_1) 之直線參數方程式為：	$\int_c y dx - x dy = \int_c y dx - \int_c x dy$
$\dfrac{x - a_0}{a_1 - a_0} = \dfrac{y - b_0}{b_1 - b_0} = \dfrac{z - c_0}{c_1 - c_0} = t$	$= \int_0^{\frac{\pi}{2}} (2\sin t) d(2\cos t) - \int_0^{\frac{\pi}{2}} (2\cos t) d(2\sin t)$
即 $\begin{cases} x = a_0 + (a_1 - a_0)t \\ y = b_0 + (b_1 - b_0)t \\ z = c_0 + (c_1 - c_0)t \end{cases}$，$t \in R$	$= -\int_0^{\frac{\pi}{2}} 4\sin^2 t dt - \int_0^{\frac{\pi}{2}} 4\cos^2 t dt$
若分母為 0 時：如 (1) $b_1 = b_0$，	$= -\int_0^{\frac{\pi}{2}} (4\sin^2 t + 4\cos^2 t) dt$
$\dfrac{x - a_0}{a_1 - a_0} = \dfrac{y - b_0}{0} = \dfrac{z - c_0}{c_1 - c_0} = t$	$= -\int_0^{\frac{\pi}{2}} 4 dt = -2\pi$
$\begin{cases} x = a_0 + (a_1 - a_0)t \\ y = b_0 \\ z = c_0 + (c_1 - c_0)t \end{cases}$，$t \in R$	

例 7 求 $\oint_c ydx - xdy$，c 之路徑如下：

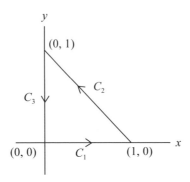

解

(1) $C_1：x = t，y = 0，0 \leq t \leq 1$

$\therefore \int_{C_1} ydx - xdy = \int_{C_1} ydx - \int_{C_1} xdy = 0$

(2) $C_2：x = 1 - t，y = t，0 \leq t \leq 1$

$\therefore \int_{C_2} ydx - xdy = \int_{C_2} ydx - \int_{C_2} xdy = \int_0^1 td(1-t) - \int_0^1 (1-t)dt = -1$

(3) $C_3：x = 0，y = t，0 \leq t \leq 1$

$\int_{C_3} ydx - xdy = 0$

$\therefore \oint_C ydx - xdy = \int_{C_1} ydx - xdy + \int_{C_2} ydx - xdy + \int_{C_3} ydx - xdy$

$= 0 + (-1) + 0 = -1$

例 8 若 $C：(0, 0, 0) \rightarrow (1, 1, 0) \rightarrow (1, 1, 1) \rightarrow (0, 0, 0)$ 之路徑（為一三維空間上之三角形）求 $\oint_c xydx + yzdy + xzdz$

解

$C_1：(0, 0, 0) \rightarrow (1, 1, 0)：x = t，y = t，z = 0，0 \leq t \leq 1$

$\therefore \int_{C_1} xy\,dx + yz\,dy + xz\,dz = \int_0^1 t \cdot t\,dt = \frac{1}{3}$

$C_2：(1, 1, 0) \rightarrow (1, 1, 1)：x = 1，y = 1，z = t，0 \leq t \leq 1$

$\therefore \int_{C_2} xy\underset{=0}{\underbrace{dx}} + yz\underset{=0}{\underbrace{dy}} + xzdz = \int_0^1 1t\,dt = \frac{1}{2}$

$C_3：(1, 1, 1) \rightarrow (0, 0, 0)$，則 $-C_3：(0, 0, 0) \rightarrow (1, 1, 1)$

$\int_{C_3} xydx + yzdy + xzdz = -\left(\int_{-C_3} xydy + yzdy + xzdz\right)$，取 $x = y = z = t，1 \geq t \geq 0$

$$\therefore \int_{C_3} xydx + yzdy + xzdz = -\int_0^1 3t^2\, dt = -1$$

$$\int_C xydx + yzdy + xzdz = \int_{C_1} + \int_{C_2} + \int_{C_3} = \frac{1}{3} + \frac{1}{2} - 1 = -\frac{1}{6}$$

線積分之向量形式

設路徑 C 之參數方程式為 $x = x(t)$，$y = y(t)$，$z = z(t)$，$a \le t \le b$，$r(t) = x(t)\,\boldsymbol{i} + y(t)\,\boldsymbol{j} + z(t)\boldsymbol{k}$，則

$dr = dx\boldsymbol{i} + dy\boldsymbol{j} + dz\boldsymbol{k}$，若 $\boldsymbol{F} = P(x, y, z)\,\boldsymbol{i} + Q(x, y, z)\,\boldsymbol{j} + R(x, y, z)\,\boldsymbol{k}$，則

$\boldsymbol{F} \cdot dr = (P\boldsymbol{i} + Q\boldsymbol{j} + R\boldsymbol{k}) \cdot (dx\boldsymbol{i} + dy\boldsymbol{j} + dz\boldsymbol{k}) = Pdx + Qdy + Rdz$

$\therefore \int_c \boldsymbol{F} \cdot dr = \int_c Pdx + Qdy + Rdz$

例 9　若 $\boldsymbol{F}(x, y) = (x^2 - y^2)\boldsymbol{i} + xy\boldsymbol{j}$，$C : y = x^2$，從 $(0, 0) \rightarrow (1, 1)$，求 $\int_c \boldsymbol{F} \cdot dr$。

解

$$\int_c F \cdot dr = \int_c ((x^2 - y^2)\boldsymbol{i} + xy\boldsymbol{j}) \cdot (dx\boldsymbol{i} + dy\boldsymbol{j}) = \int_c (x^2 - y^2)dx + xydy$$

$$\frac{\begin{array}{c} x = t \\ y = t^2 \end{array}}{1 > t > 0} \int_0^1 ((t^2 - t^4) + t \cdot t^2 \cdot 2t)dt = \int_0^i (t^2 + t^4)dt = \frac{8}{15}$$

例10　$\boldsymbol{F} = (x^2 + y^2)y\boldsymbol{i} - (x^2 + y^2)x\boldsymbol{j} + (a^3 + z^3)\boldsymbol{k}$，$c : x^2 + y^2 = a^2$，$z = 0$，求 $\oint_c \boldsymbol{F} \cdot dr$

解

$$\oint_c F \cdot dr = \oint_c ((x^2 + y^2)y\boldsymbol{i} - (x^2 + y^2)x\boldsymbol{j} + (a^3 + z^3)\boldsymbol{k}) \cdot (dx\boldsymbol{i} + dy\boldsymbol{j} + dz\boldsymbol{k})$$

$$= \oint_c (x^2 + y^2)ydx - (x^2 + y^2)xdy + (a^3 + z^3)dz$$

$$= \oint_c a^2 ydx - a^2 xdy = a^2 \int_{x^2 + y^2 \le a^2} (ydx - xdy) = -a^2 \left(\int_{x^2 + y^2 \le a^2} xdy - ydx \right)$$

$$= -a^2 \left(\frac{1}{2} \pi a^2 \right) = -\frac{\pi}{a} a^4$$

線積分在求面積上之應用

【定理 B】　c 為簡單封閉曲線，R 為 c 所圍成之區域，則區域 R 之面積 $A(R)$ 為

$$A(s) = \frac{1}{2} \oint_c xdy - ydx$$

證明 $\begin{vmatrix} \dfrac{\partial}{\partial x} & \dfrac{\partial}{\partial y} \\ -y & x \end{vmatrix} = 2 \Rightarrow \oint_c xdy - ydx = \iint\limits_R dxdy = 2A$

$$\therefore \frac{1}{2}\oint_c xdy - ydx = A \qquad \blacksquare$$

例11 求 $x^2 + y^2 = b^2$，$b > 0$ 之面積

解

取 $x = b\cos\theta$，$y = b\sin\theta$，$2\pi \geq \theta \geq 0$

則 $A(s) = \dfrac{1}{2}\int_c xdy - ydx = \dfrac{1}{2}\int_0^{2\pi} b\cos\theta\,(b\cos\theta)d\theta - (b\sin\theta)(-b\sin\theta)d\theta$

$\qquad = \dfrac{1}{2}\int_0^{2\pi} b^2(\cos^2\theta + \sin^2\theta)d\theta = \dfrac{1}{2}2\pi \cdot b^2 = \pi b^2$

線積分之物理意義

我們也可從「功」（Work）的角度來看：假定粒子從某一點沿曲線 c 途徑很短距離 Δs 所做的功 W 為 $\boldsymbol{F} \cdot \boldsymbol{T} \Delta s$，因此，我們可定義

$$W = \int_c \boldsymbol{F} \cdot \boldsymbol{T}ds = \int_c \boldsymbol{F} \cdot \frac{d\boldsymbol{r}}{dt} \cdot \frac{dt}{ds}ds = \int_c \boldsymbol{F} \cdot \frac{d\boldsymbol{r}}{dt}dt = \int_c \boldsymbol{F} \cdot d\boldsymbol{r}$$

練習 7.5A

1. $C : x^2 + y^2 = 1$，從 $(1, 0)$ 至 $(0, 1)$，求 $\int_c xydx + (x^2+y^2)dy$

2. $\int_c 2xy\,dx + (x^2+y^2)\,dy$，$c : x = \cos t$，$y = \sin t$，$0 \leq t \leq \dfrac{\pi}{2}$

3. $\boldsymbol{F} = (3x^2 + 6y)\boldsymbol{i} - 14yz\boldsymbol{j} + 20xz^2\boldsymbol{k}$，$\boldsymbol{r} = x\boldsymbol{i} + y\boldsymbol{j} + z\boldsymbol{k}$ 求 $\int_c \boldsymbol{F} \cdot d\boldsymbol{r}$，起點 $(0, 0, 0)$，終點 $(1, 1, 1)$，$c : x = t$，$y = t^2$，$z = t^3$

4. 若 $\begin{cases} x = t \\ y = t^2 + 1 \end{cases}$，$c$ 為由 $(0, 1)$ 到 $(1, 2)$ 之有向曲線，求 $\int_c (x^2 - y)dx + (y^2 + x)dy$

5. 求 $\int_{(1,1)}^{(2,2)} \left(e^x \ln y - \dfrac{e^y}{x}\right)dx + \left(\dfrac{e^x}{y} - e^y \ln x\right)dy$

6. 求 $\int_c (x^2 + y^2 + z^2)ds$，$c : x = \cos t$，$y = \sin t$，$z = t$，$c$：從 0 到 2π 之弧

7. 求 $\int_c \boldsymbol{F} \cdot d\boldsymbol{r}$，$\boldsymbol{F} = 2xy\boldsymbol{i} + zy\boldsymbol{j} - e^z\boldsymbol{k}$，$c$：拋物面 $y = x^2$，$z = 0$ 在 xy 平面由 $(0, 0, 0)$ 到 $(2, 4, 0)$ 之弧線。

8. 求證 $\dfrac{x^2}{a^2} + \dfrac{y^2}{b^2} = 1$，$a, b > 0$ 圍成區域之面積為 πab

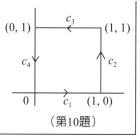

（第10題）

9. 若 c 為點 (x_1, y_1) 到點 (x_2, y_2) 之線段，試證

$$\int_c xdy - ydx = \begin{vmatrix} x_1 & x_2 \\ y_1 & y_2 \end{vmatrix}$$

10. 根據右圖求 $\oint_c ydx - xdy$

11. 求 $\int_c ydx + zdy + xdy$ c：$A(1, 0, 0)$ 到 $B(2, 2, 3)$ 再到 $(1, 2, 0)$

7.6 平面上的格林定理

平面上的格林定理

格林定理（Green theorem）主要是將具有某種性質之封閉曲線 c 之線積分轉換成重積分，它是 Stokes 定理之二維特例。

【定義】 D 為一平面區域，若 D 中任一封閉曲線圍成之有界區域都屬於 D，則稱 D 為**簡單連通區域**（simply-connected regions）。

例如：

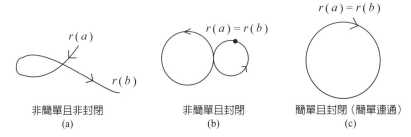

非簡單且非封閉	非簡單且封閉	簡單且封閉（簡單連通）
(a)	(b)	(c)

簡單地說單連通區域就是沒有洞的區域。

【定理 A】 Green 定理：
R 為簡單連通區域，其邊界 c 為以逆時針方向通過之簡單封閉分段之平滑曲線，函數 P,Q 在包含 R 之某開區間內之一階偏導函數均為連續，則

$$\oint_c (Pdx + Qdy) = \iint_R \left(\frac{\partial Q}{\partial x} - \frac{\partial P}{\partial y}\right) dx \, dy$$

證明 根據左下圖，設曲線 ACB 與 ADB 之方程式分別為 $y = g(x)$，$y = h(x)$，則

$$\iint_R \frac{\partial P}{\partial y} \, dx \, dy = \int_a^b \int_{h(x)}^{g(x)} \frac{\partial P}{\partial y} \, dy \, dx$$

$$= \int_a^b (P(x, g(x)) - P(x, h(x))) dx$$

$$= -\int_a^b P(x, h(x)) dx - \int_b^a P(x, g(x)) \, dx$$

$$= -\oint_c P dx$$

即 $\oint_c P dx = -\iint\limits_R \dfrac{\partial P}{\partial y}\, dx\, dy$　(1)

(2) 設曲線 DAC 與 DBC 之方程式分別為 $x = f(y)$，$x = k(y)$，則

$$\iint\limits_R \dfrac{\partial Q}{\partial x}\, dx\, dy = \int_c^d \left(\int_{f(y)}^{k(y)} \dfrac{\partial Q}{\partial x}\, dx \right) dy = \int_c^d \left(Q(f(x),y) - Q(k(x),y) \right) dy$$

$$= \int_c^d Q(f(x),y)\, dy + \int_d^c Q(k(x),y)\, dy$$

$$= \oint_c Q\, dy$$

即 $\oint_c Q\, dy = \iint\limits_R \dfrac{\partial Q}{\partial x}\, dx\, dy$　(2)

(1) + (2) 得 $\oint_c P dx + Q dy = \iint\limits_R \left(\dfrac{\partial Q}{\partial x} - \dfrac{\partial P}{\partial y} \right) dx\, dy$ ∎

定理 A（格林定理）可用

$$\int_c (P dx + Q dy) = \iint\limits_R \left(\dfrac{\partial Q}{\partial x} - \dfrac{\partial P}{\partial y} \right) dx dy = \iint\limits_R \begin{vmatrix} \dfrac{\partial}{\partial x} & \dfrac{\partial}{\partial y} \\ P & Q \end{vmatrix} dx dy$$

以便記憶

例 1　求 $\oint_c (2y - e^{\cos x}) dx + (3x + e^{\sin y}) dy$，$c : x^2 + y^2 = 4$

解

∵ $\begin{vmatrix} \dfrac{\partial}{\partial x} & \dfrac{\partial}{\partial y} \\ 2y - e^{\cos x} & 3x + e^{\sin y} \end{vmatrix} = 3 - 2 = 1$

∴ $\oint_c (2y - e^{\cos x}) dx + (3x + e^{\sin y}) dy = \iint\limits_{x^2 + y^2 \le 4} dx\, dy$

$= (x^2 + y^2 = 4 \text{圍成之面積}) = 4\pi$

例 2　求 $\oint_c x^2 dx + xy dy$，c：由 $(1, 0)$，$(0, 0)$，$(0, 1)$ 所圍成之三角形區域

解

提示	解答
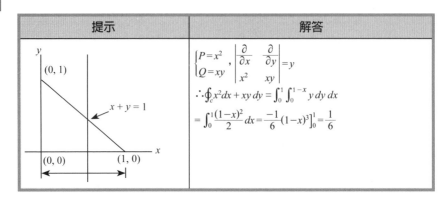	$\begin{cases} P=x^2 \\ Q=xy \end{cases} \begin{vmatrix} \dfrac{\partial}{\partial x} & \dfrac{\partial}{\partial y} \\ x^2 & xy \end{vmatrix} = y$ $\therefore \oint_c x^2 dx + xy\, dy = \int_0^1 \int_0^{1-x} y\, dy\, dx$ $= \int_0^1 \dfrac{(1-x)^2}{2} dx = \dfrac{-1}{6}(1-x)^3 \Big]_0^1 = \dfrac{1}{6}$

例 3 求 $\oint_c \dfrac{-y dx + x dy}{|x| + |x+y|}$，$c : |x| + |x+y| = 1$ 逆時針方向

提示	解答
所圍成之區域如下之陰影部份，此為底 = 1，高 = 2 之平行四邊形區域： 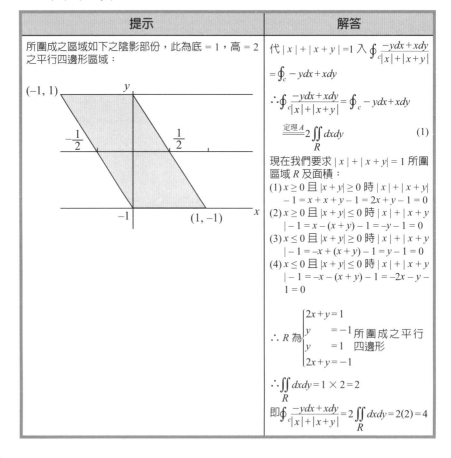	代 $|x| + |x+y| = 1$ 入 $\oint_c \dfrac{-y dx + x dy}{|x| + |x+y|}$ $= \oint_c -y dx + x dy$ $\therefore \oint_c \dfrac{-y dx + x dy}{|x| + |x+y|} = \oint_c -y dx + x dy$ $\xlongequal{\text{定理} A} 2 \iint\limits_R dx dy$ (1) 現在我們要求 $\|x\| + \|x+y\| = 1$ 所圍區域 R 及面積： (1) $x \geq 0$ 且 $\|x+y\| \geq 0$ 時 $\|x\| + \|x+y\| - 1 = x + x + y - 1 = 2x + y - 1 = 0$ (2) $x \geq 0$ 且 $\|x+y\| \leq 0$ 時 $\|x\| + \|x+y\| - 1 = x - (x+y) - 1 = -y - 1 = 0$ (3) $x \leq 0$ 且 $\|x+y\| \geq 0$ 時 $\|x\| + \|x+y\| - 1 = -x + (x+y) - 1 = y - 1 = 0$ (4) $x \leq 0$ 且 $\|x+y\| \leq 0$ 時 $\|x\| + \|x+y\| - 1 = -x - (x+y) - 1 = -2x - y - 1 = 0$ $\therefore R$ 為 $\begin{cases} 2x+y=1 \\ y=-1 \\ y=1 \\ 2x+y=-1 \end{cases}$ 所圍成之平行四邊形 $\therefore \iint\limits_R dx dy = 1 \times 2 = 2$ 即 $\oint_c \dfrac{-y dx + x dy}{|x| + |x+y|} = 2 \iint\limits_R dx dy = 2(2) = 4$

例 **4** 求 $\oint_c (2xy + x^2)dx + (x^2 + x + y)dy$，$c$ 為 $y = x^2$ 與 $y = x$ 所圍成之區域。

解

提示	解答
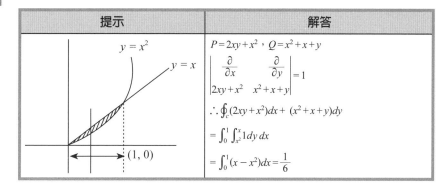	$P = 2xy + x^2$，$Q = x^2 + x + y$ $\begin{vmatrix} \dfrac{\partial}{\partial x} & \dfrac{\partial}{\partial y} \\ 2xy + x^2 & x^2 + x + y \end{vmatrix} = 1$ $\therefore \oint_c (2xy + x^2)dx + (x^2 + x + y)dy$ $= \int_0^1 \int_{x^2}^x 1\,dy\,dx$ $= \int_0^1 (x - x^2)dx = \dfrac{1}{6}$

例 **5** 求 $\oint_c \dfrac{-ydx + xdy}{x^2 + y^2}$，$C$ 為封閉平滑曲線，如下圖：

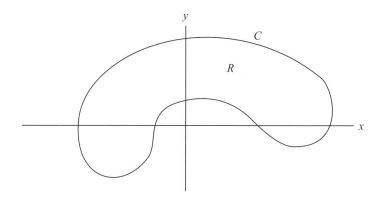

解

因 $(0, 0)$ 不在 C 圍成之封閉區域 R 內，故：

$$\begin{vmatrix} \dfrac{\partial}{\partial x} & \dfrac{\partial}{\partial y} \\ \dfrac{-y}{x^2 + y^2} & \dfrac{x}{x^2 + y^2} \end{vmatrix} = \dfrac{y^2 - x^2}{x^2 + y^2} + \dfrac{x^2 - y^2}{x^2 + y^2} = 0$$

$$\therefore \oint_c \dfrac{-ydx + xdy}{x^2 + y^2} = \iint_R 0\,dA = 0$$

例 5 之封閉曲線 C 圍成之區域若包含 $(0, 0)$，造成 $f(x, y)$ 在 $(0, 0)$ 處不連續，那麼就不可用 Green 定理。

$\oint_c Pdx + Qdy$ 之 $\dfrac{\partial P}{\partial y}$ 與 $\dfrac{\partial Q}{\partial x}$ 含不連續點

【定理 B】 若 $f(z)$ 在兩個簡單封閉區域 C 與 C_1（C_1 在 C 區域內）所夾之區域內為解析則 $\oint_c f(z)dz = \oint_{c_1} f(z)dz$

　　因為 **Green** 定理之先提條件為 $\dfrac{\partial P}{\partial y}$，$\dfrac{\partial Q}{\partial x}$ 在封閉曲線 c 內為連續，若 $\dfrac{\partial P}{\partial y}$，$\dfrac{\partial Q}{\partial x}$ 在 c 內有不連續點時，我們便不能應用 **Green** 定理。但可以根據定理 **B** 在 c 內建立一個適當的封閉區域 c_1 以使 $\dfrac{\partial P}{\partial y}$，$\dfrac{\partial Q}{\partial x}$ 為連續。如此，我們只需對封閉曲域 c_1 行線積分即可得到我們要的結果。

例 6 求 $\oint_c \dfrac{xdy - ydx}{x^2 + y^2}$，$c : x^2 + 2y^2 \leq 1$

解

提示	解答
$\therefore \dfrac{\partial P}{\partial y} = \dfrac{\partial Q}{\partial x} = \dfrac{y^2 - x^2}{(x^2 + y^2)^2}$ 在 $(0, 0)$ 為不連續，所以不能直接引用 Green 定理。	我們在 $x^2 + 2y^2 \leq 1$ 內建立一個很小的圓形區域 $c_1 : x^2 + y^2 = \varepsilon^2$，$c_1$ 為逆時針方向，則可以將 $x^2 + y^2$ 用 ε^2 代換以消去此不連續點：$$\oint_{c_1} \dfrac{xdy}{x^2+y^2} - \dfrac{ydx}{x^2+y^2} = \oint_{c_1} \dfrac{xdy}{\varepsilon^2} - \dfrac{ydx}{\varepsilon^2}$$ $$= \dfrac{1}{\varepsilon^2} \underbrace{\oint_{c_1} xdy - ydx}_{2 \text{ 倍 } c_1 \text{之面積}}$$ $$= \dfrac{2}{\varepsilon^2}(\pi\varepsilon^2) = 2\pi$$

例 7 求 $\oint_\Gamma \dfrac{ydx - (x-1)dy}{(x-1)^2 + y^2}$，試依下列路徑分別求解：(1)$\Gamma_1 : x^2 + y^2 - 2y = 0$ 之逆時針方向；(2) $\Gamma_2 : (x-1)^2 + \dfrac{y^2}{4} = 1$ 之逆時針方向。

解

提示	解答
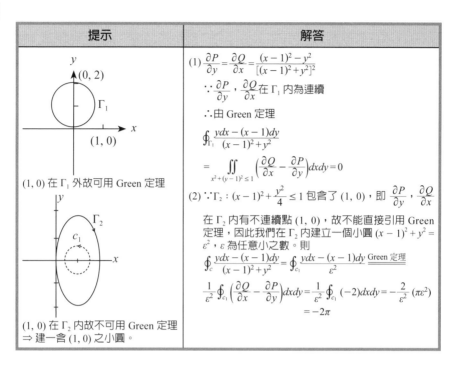 (1, 0) 在 Γ_1 外故可用 Green 定理 (1, 0) 在 Γ_2 內故不可用 Green 定理 $\Rightarrow$ 建一含 (1, 0) 之小圓。	(1) $\dfrac{\partial P}{\partial y} = \dfrac{\partial Q}{\partial x} = \dfrac{(x-1)^2 - y^2}{[(x-1)^2 + y^2]^2}$ $\because \dfrac{\partial P}{\partial y}$, $\dfrac{\partial Q}{\partial x}$ 在 Γ_1 內為連續 $\therefore$ 由 Green 定理 $\displaystyle\oint_{\Gamma_1} \dfrac{ydx - (x-1)dy}{(x-1)^2 + y^2}$ $= \displaystyle\iint_{x^2 + (y-1)^2 \leq 1} \left(\dfrac{\partial Q}{\partial x} - \dfrac{\partial P}{\partial y} \right) dxdy = 0$ (2) $\because \Gamma_2 : (x-1)^2 + \dfrac{y^2}{4} \leq 1$ 包含了 (1, 0)，即 $\dfrac{\partial P}{\partial y}$, $\dfrac{\partial Q}{\partial x}$ 在 Γ_2 內有不連續點 (1, 0)，故不能直接引用 Green 定理，因此我們在 Γ_2 內建立一個小圓 $(x-1)^2 + y^2 = \varepsilon^2$，$\varepsilon$ 為任意小之數。則 $\displaystyle\oint_{c} \dfrac{ydx - (x-1)dy}{(x-1)^2 + y^2} = \oint_{c_1} \dfrac{ydx - (x-1)dy}{\varepsilon^2} \xrightarrow{\text{Green 定理}}$ $\dfrac{1}{\varepsilon^2} \displaystyle\oint_{c_1} \left(\dfrac{\partial Q}{\partial x} - \dfrac{\partial P}{\partial y} \right) dxdy = \dfrac{1}{\varepsilon^2} \oint_{c_1} (-2) dxdy = -\dfrac{2}{\varepsilon^2} (\pi\varepsilon^2)$ $\qquad\qquad\qquad\qquad\qquad\qquad\qquad = -2\pi$

例 8 設 $R = \{(x, y), y > 0\}$，即上半平面，$f(x, y)$ 有連續之偏導函數，且 $f(tx, ty) = t^{-2}f(x, y)$，$\forall t > 0$。若 c 為 R 中之任意分段光滑之有向簡單封閉曲線，試證 $\displaystyle\oint_{c} yf(x,y)dx - xf(x,y)dy = 0$

解

$\because f(tx, ty) = t^{-2}f(x, y)$，$\forall t > 0$。

$\therefore x\dfrac{\partial}{\partial x}f(x,y) + y\dfrac{\partial}{\partial y}f(x,y) = -2f(x,y)$

若令 $P = yf(x, y)$，$Q = -xf(x, y)$，則

$\dfrac{\partial P}{\partial y} = f(x,y) + yf_y(x,y)$；$\dfrac{\partial Q}{\partial x} = -f(x,y) - xf_x(x,y)$

又 $\displaystyle\oint_{c} yf(x,y)dx - xf(x,y)dy = \oint_{c} Pdx + Qdy$

$= \displaystyle\iint_{R} \left(\dfrac{\partial Q}{\partial x} - \dfrac{\partial P}{\partial y} \right) dxdy$

$= \displaystyle\iint_{R} [(-f(x,y) - xf_x(x,y)) - (f(x,y) + yf_y(x,y))]dxdy = 0$

路徑無關

c 為連結兩端點 (x_0, y_0)、(x_1, y_1) 之分段平滑曲線，若 $\int_c P(x, y)dx + Q(x, y)dy$ 不會因路徑 c 不同而有不同之結果，則稱此線積分為**路徑無關**（independent of path）。

【定理 C】 c 為區域 R 中之路徑，則線積分 $\int_c P(x, y)dx + Q(x, y)dy$

路徑 c 獨立（即無關）之充要條件為 $\dfrac{\partial P}{\partial y} = \dfrac{\partial Q}{\partial x}$（= 假定 $\dfrac{\partial P}{\partial y}$，$\dfrac{\partial Q}{\partial x}$ 為連續）

即 $\begin{vmatrix} \dfrac{\partial}{\partial x} & \dfrac{\partial}{\partial y} \\ P & Q \end{vmatrix} = 0$

證明 (1) 充分性，即 $\dfrac{\partial P}{\partial y} = \dfrac{\partial Q}{\partial x} \Rightarrow \int_{c_1} = \int_{c_2}$：

$\because \dfrac{\partial P}{\partial y} = \dfrac{\partial Q}{\partial x}$，由 Green 定理

$\int_{AaBbA} dx + Qdy = 0$

$\Rightarrow \int_{AaB} Pdx + Qdy + \int_{BbA} Pdx + Qdy = 0$

$\Rightarrow \int_{AaB} Pdx + Qdy - \int_{AbB} Pdx + Qdy = 0$

即 $\int_{AaB} Pdx + Qdy = \int_{AcB} Pdx + Qdy$，亦即 $\int_{c_1} Pdx + Qdy = \int_{c_2} Pdx + Qdy$

(2) 必要性：若路徑無關，則 $\int_{AaBbA} Pdx + Qdy = 0$：

$\because \oint_c Pdx + Qdy$ 為路徑無關

$\therefore \int_{c_1} Pdx + Qdy = \int_{c_2} Pdx + Qdy$

$\Rightarrow \int_{AaB} Pdx + Qdy = \int_{AbB} Pdx + Qdy = -\int_{BbA} Pdx + Qdy$

$\therefore \int_{AaBbA} Pdx + Qdy = 0$ ∎

一階微分方程式 $Pdx + Qdy = 0$ 為正合之充要條件為 $\dfrac{\partial P}{\partial y} = \dfrac{\partial Q}{\partial x}$，若滿足此條件，我們便可用例如正合方程式之集項法，找到一個函數 ϕ，使得 $Pdx + Qdy = d\phi$，如此

$$\int_{(x_0, y_0)}^{(x_1, y_1)} Pdx + Qdy = \int_{(x_0, y_0)}^{(x_1, y_1)} d\phi = \phi\Big|_{(x_0, y_0)}^{(x_1, y_1)} = \phi(x_1, y_1) - \phi(x_0, y_0)$$

若 c 為封閉曲線，上式之 $x_0 = x_1$、$y_0 = y_1$ 則 $\oint_c Pdx + Qdy = 0$，如推論 A1。

【推論 C1】 c 為封閉曲線且 $\int_c Pdx + Qdy$ 為路徑無關，則 $\oint_c Pdx + Qdy = 0$

【推論 C2】 c 為封閉曲線則 $\int_c Pdx + Qdy + Rdz$ 為路徑無關之充要條件為：

$$\frac{\partial P}{\partial y} = \frac{\partial Q}{\partial x} , \frac{\partial P}{\partial z} = \frac{\partial R}{\partial x} \text{ 與 } \frac{\partial Q}{\partial z} = \frac{\partial R}{\partial y}$$

且 $\int_c Pdx + Qdy + Rdz$ 為路徑無關，則 $\oint_c Pdx + Qdy + Rdz = 0$

推論 C2 是將定理 C 之稍作推廣。

路徑無關之記憶

	圖示	路徑無關之條件
$\int_c Pdx + Qdy$	$\frac{\partial}{\partial x} \times \frac{\partial}{\partial y}$ $P \quad Q$	$\frac{\partial}{\partial x} Q = \frac{\partial}{\partial y} P$
$\int_c Pdx + Qdy + Rdz$	$\frac{\partial}{\partial x} \times \frac{\partial}{\partial y} \quad \frac{\partial}{\partial z}$ $P \quad Q \quad R$	$\frac{\partial}{\partial x} Q = \frac{\partial}{\partial y} P$
	$\frac{\partial}{\partial x} \quad \frac{\partial}{\partial y} \quad \frac{\partial}{\partial z}$ $P \quad Q \quad R$	$\frac{\partial}{\partial x} R = \frac{\partial}{\partial z} P$
	$\frac{\partial}{\partial x} \quad \frac{\partial}{\partial y} \times \frac{\partial}{\partial z}$ $P \quad Q \quad R$	$\frac{\partial R}{\partial y} = \frac{\partial}{\partial z} Q$

例 9 求 $\int_c 2xydx + x^2dy$，(1) c 為連結 $(-1, 1)$，$(0, 2)$ 之曲線。(2) $c : x^2 + y^2 = 4$。

解

(1) $\int_c 2xydx + x^2dy$ 中 $\begin{vmatrix} \frac{\partial}{\partial x} & \frac{\partial}{\partial y} \\ 2xy & x^2 \end{vmatrix} = 0$

∴ 我們可找到一個函數 ϕ，$\phi = x^2y$，使得 $\int_c 2xydx + x^2dy = x^2y \Big|_{(-1, 1)}^{(0, 2)} = -1$

(2) $\because \oint_c 2xy\,dx + x^2 dy$ 爲路徑無關又 c 爲一封閉曲線

$\therefore$ 由推論 C1 得 $\oint_c 2xy\,dx + x^2 dy = 0$

例10 求 $\int_c 2xy^2z\,dx + 2x^2yx\,dy + x^2y^2\,dz$ $c:(0,0,0) \rightarrow (a,b,c)$

解

$\because P = 2xy^2z$，$Q = 2x^2yz$，$R = x^2y^2$ 滿足

$$\frac{\partial P}{\partial y} = \frac{\partial Q}{\partial x} = 4xyz \text{，} \frac{\partial P}{\partial z} = \frac{\partial R}{\partial x} = 2xy^2 \text{，} \frac{\partial Q}{\partial z} = \frac{\partial R}{\partial y} = 2x^2y$$

$\int_c 2xy^2z\,dx + 2x^2yz\,dy + x^2y^2\,dz$ 爲路徑無關

$\therefore \int_c 2xy^2z\,dx + 2x^2yz\,dy + x^2y^2\,dz = x^2y^2z \Big]_{0,0,0}^{(a,b,c)} = a^2b^2c$

例11 求 $\int_c \frac{(x-y)dx+(x+y)dy}{x^2+y^2}$：$(1)c_1$：沿 $y = 1-x^2$，從 $(-1,0)$ 到 $(1,0)$

$(2)\ c_2: x^{\frac{2}{3}} + y^{\frac{2}{3}} = 1$，$c$：從 $(-1,0)$ 到 $(1,0)$

解

$(1)\because \frac{\partial}{\partial y}\left(\frac{x-y}{x^2+y^2}\right) = \frac{\partial}{\partial x}\left(\frac{x+y}{x^2+y^2}\right) = \frac{y^2-2xy-x^2}{(x^2+y^2)^2}$，$(x,y) \neq (0,0)$ $\therefore$此線積

分爲路徑無關。

我們可取 $c'_1: x^2+y^2 = 1$，$y \geq 0$ 從 $(-1,0)$ 到 $(1,0)$ 之弧，取參數方

程式 $\begin{cases} x = \cos t \\ y = \sin t \end{cases}$，$t: \pi \rightarrow 0$

$\therefore \int_c \frac{(x-y)dx+(x+y)dy}{x^2+y^2} = \int_{c'_1} \frac{(x-y)dx+(x+y)dy}{x^2+y^2}$

$= \int_\pi^0 [(\cos t - \sin t)(-\sin t) + (\cos t + \sin t)\cos t]dt$

$= \int_\pi^0 dt = -\pi$

(2)既然 $\int_c \frac{(x-y)dx+(x+y)dy}{x^2+y^2}$ 爲路徑無關

$\therefore \int_{c_2} \frac{(x-y)dx+(x+y)dy}{x^2+y^2} = -\pi$

【定理 D】

若 $\int_c P(x,y)dx + Q(x,y)dy$ 為路徑無點，則存在一個 $u(x,y)$ 滿足

$$du(x,y) = P(x,y)dx + Q(x,y)dy$$

證明

$\because \int_c P(x,y)dx + Q(x,y)dy$ 為路徑無關 $\Leftrightarrow \dfrac{\partial P}{\partial y} = \dfrac{\partial Q}{\partial x}$

$\therefore$ 由第一章之正合方程式，可知存在一個 $u(x,y)$ 使得

$$du(x,y) = P(x,y)dx + Q(x,y)dy$$

例12　求 $\int_{(0,0)}^{(a,b)} \dfrac{dx+dy}{1+(x+y)^2}$

提示	解答
1. $f(x,y) = \dfrac{dx+dy}{1+(x+y)^2}$ $= \dfrac{dx}{1+(x+y)^2} + \dfrac{dy}{1+(x+y)^2}$ $P(x,y) = \dfrac{1}{1+(x+y)^2} = Q(x,y)$ 顯然 $\dfrac{\partial}{\partial y}P(x,y) = \dfrac{\partial}{\partial x}Q(x,y)$ →路徑無關 2. 由視察法 $\dfrac{dx+dy}{1+(x+y)^2} = \dfrac{d(x+y)}{1+(x+y)^2}$ $u(x,y) = \tan^{-1}(x+y)$	$\int_{(0,0)}^{(a,b)} \dfrac{dx+dy}{1+(x+y)^2}$ $= \int_{(0,0)}^{(a,b)} \dfrac{d(x+y)}{1+(x+y)^2}$ $= \tan^{-1}(x+y)\big]_{(0,0)}^{(a,b)}$ $= \tan^{-1}(a+b) - \tan^{-1}0 = \tan^{-1}(a+b)$

例13　求 $\int_{(0,1)}^{(2,2)} (x+y)dx + (x-y)dy$

提示	解答
1. $P(x,y)=x+y$，$Q(x,y)=x-y$， $\dfrac{\partial}{\partial y}P(x,y) = \dfrac{\partial}{\partial x}Q(x,y)$ $\therefore$原式為路徑無關 2. 現要找 $u(x,y)=?$ $\because (x+y)dx + Q(x-y)dy$ 為正合 $\therefore$用第一章正合函數之集項法即可 求出 $u(x,y)=?$	$\because \int_{(0,1)}^{(2,2)}(x+y)dx+(x-y)dy$ 之 $P(x,y)=x+y$，$Q(x,y)=x-y$ 滿足 $\dfrac{\partial}{\partial y}P(x,y)=\dfrac{\partial}{\partial x}Q(x,y)$ $\therefore$路徑無關 又 $(x+y)dx+(x-y)dy = xdx-ydy+(ydx+xdy)$ $= d\left(\dfrac{x^2}{2}-\dfrac{y^2}{2}+xy\right)$

提示	解答
	$\therefore \int_{(0,1)}^{(2,2)}(x+y)dx + (x-y)dy$ $= \int_{(0,1)}^{(2,2)} d\left(\dfrac{x^2}{2} - \dfrac{y^2}{2} + xy\right) = \dfrac{x^2}{2} - \dfrac{y^2}{2} + xy\Big]_{(0,1)}^{(2,2)}$ $= \dfrac{9}{2}$

例14 (1) 求 $\oint_c \dfrac{xdy - ydx}{4x^2 + y^2}$，$c : (x-1)^2 + y^2 = 1$，(2) $\oint_{c_1} \dfrac{xdy - ydx}{4x^2 + y^2}$；$c_1 : x^{\frac{2}{3}} + y^{\frac{2}{3}} = 1$

提示	解答
如同前幾例，我們仍先判斷是否為路徑無關，然後找一個 $u(x, y)$ 滿足 $du(x, y) = P(x, y)dx + Q(x, y)dy$	(1) ① $P(x,y) = \dfrac{x-y}{4x^2+y^2}$，$Q(x,y) = \dfrac{x}{4x^2+y^2}$ $\because \dfrac{\partial}{\partial y}P(x,y) = \dfrac{\partial}{\partial x}Q(x,y) = \dfrac{y^2 - 4x^2}{4x^2 + y^2}$ $\therefore \oint_c \dfrac{xdy - ydx}{4x^2+y^2}$ 為路徑獨立。 ② $(0, 0)$ 在 c 內部， $\therefore$ 我們要做一個很小之橢圓 c' $c' : \begin{cases} x = \dfrac{\varepsilon}{2}\cos\theta \\ y = \varepsilon\sin\theta \end{cases}$，$\theta \in \left[-\dfrac{\pi}{2}, \dfrac{\pi}{2}\right]$ 由格林公式 $\oint_{c'} \dfrac{xdy - ydx}{4x^2+y^2}$ $= \int_{-\frac{\pi}{2}}^{\frac{\pi}{2}} \dfrac{\left(\dfrac{\varepsilon}{2}\cos\theta\right)(\varepsilon\cos\theta) - \varepsilon\sin\theta\left(-\dfrac{\varepsilon}{2}\sin\theta\right)}{4\left(\dfrac{\varepsilon}{2}\cos\theta\right)^2 + (\varepsilon\sin\theta)^2} d\theta$ $= \dfrac{1}{2}\int_{-\frac{\pi}{2}}^{\frac{\pi}{2}} = \dfrac{\pi}{2}$ (2) 由 (1) $\oint_c \dfrac{xdy - ydx}{4x^2 + y^2} = \dfrac{\pi}{2}$

保守與勢能函數

勢能（potential energy）也稱位能，它是物體在保守力場中作「功」能力的物理量。保守力作功與路徑無關，故可定義一個只與位置有關的函數，這個函數就是**勢能函數**（potential function）。

因 $\int_c P(x, y)dx + Q(x, y)dy + R(x, y)\,dz = \int (P(x,y)\boldsymbol{i} + Q(x,y)\boldsymbol{j} + R(x,y)\boldsymbol{k}) \cdot (dx\boldsymbol{i} + dy\boldsymbol{j} + dz\boldsymbol{k})$ 所以 $\int_c P(x, y)dx + Q(x, y)dy + R(x, y)\,dz$ 常以向量表示為 $\int_c \boldsymbol{F} \cdot$

dr，在物理上此線積分表示物體沿曲線上作功之總和，若 $\nabla \times \boldsymbol{F} = \boldsymbol{0}$（三維）或 $\dfrac{\partial P}{\partial y} = \dfrac{\partial Q}{\partial x}$（二維），則稱 $\boldsymbol{F}$ 在該區域為**保守**（conservative），$\boldsymbol{F}$ 為保守時，有勢能函數 ϕ，滿足 $Pdx + Qdy = d\phi$，$\boldsymbol{F}$ 不為保守便無勢能函數。

例15 若 $\boldsymbol{F}(x, y) = 2xy\boldsymbol{i} + x^2\boldsymbol{j}$ 是否為保守？若是，求其勢能函數。

解

$$P = 2xy \,,\, \frac{\partial P}{\partial y} = 2x \quad Q = x^2 \,,\, \frac{\partial Q}{\partial x} = 2x$$

(1) $\because \dfrac{\partial P}{\partial y} = \dfrac{\partial Q}{\partial x} \therefore \boldsymbol{F}$ 為保守

(2) 由觀察法可知勢能函數 $\phi = x^2y + c$

練習 7.6A

1. 求 $\oint_c (6xy^2 - y^3)dx + (6x^2y - 3xy^2)dy$，$c : x^{\frac{2}{3}} + y^{\frac{2}{3}} = a^{\frac{2}{3}}$

2. 求 $\oint_c y\tan^2 x\, dx + \tan x\, dy$，$c : (x + 2)^2 + (y - 1)^2 = 4$

3. 求 $\oint_c \dfrac{-y\,dx + x\,dy}{x^2 + y^2}$，$c : (0, 1)$、$(0, 2)$、$(1, 1)$、$(1, 2)$ 圍成之正方形。

4. 求 $\oint_c (xy - x^2)\,dx + x^2y\,dy$，$c :$ 由 $y = 0$，$x = 1$，$y = x$ 所圍成之三角形。

5. 求 $\oint_c (x^3 - x^2y)dx + xy^2dy$，$c : x^2 + y^2 = 1$ 與 $x^2 + y^2 = 9$ 所圍區域之邊界。

6. $\oint_c (x^2y\cos x + 2xy\sin x - y^2e^x)dx + (x^2\sin x - 2ye^x)dy$，$c : x^{\frac{2}{3}} + y^{\frac{2}{3}} = a^{\frac{2}{3}}$

7. 求 (1) $\oint_c xe^{x^2+y^2}dx + ye^{x^2+y^2}dy$，$c : x^2 + y^2 = 4$

   (2) $\oint_c e^x\sin y\,dx + e^x\cos y\,dy$，$c : x^2 + y^2 = 4$

8. 求 $\int_{(0, 0)}^{(0, 1)} \dfrac{dx + dy}{1 + (x + y)^2}$

9. 試依下列路線分別求 $\oint_c \dfrac{xdy - ydx}{x^2 + y^2}$

   (1) $c : \dfrac{(x - 2)^2}{2} + \dfrac{y^2}{3} = 1$，逆時針方向

   (2) $c : \dfrac{x^2}{2} + \dfrac{y^2}{3} = 1$，逆時針方向

10. 求 $\int_{(1, 0)}^{(2, \pi)} (y - e^x\cos y)dx + (x + e^x\sin y)dy$

7.7 面積分

面積分（surface integrals）與線積分類似，只不過面積分是在曲面而非曲線上積分。

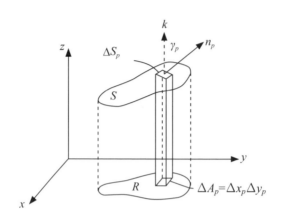

曲線 S 之方程式為 $z = f(x, y)$，設 $f(x, y)$ 在 R 內之投影為連續，將 R 分成 n 個子區域，令第 p 個子區域之面積為 ΔA_p，$p = 1, 2 \cdots n$，想像在第 p 個子區域作一垂直柱與曲面 S 相交，令相交曲區域之面積為 ΔS_p。

設 ΔS_p 之一點 (a_p, b_p, c_p) 均為單值且連續，當 $n \to \infty$ 時 $\Delta S_p \to 0$，可定義 $\phi(x, y, z)$ 在 S 內之面積分為

$$\iint_S \phi\,(x, y, z)ds \approx \lim_{n \to \infty} \sum_{p=1}^{n} \phi\,(a_p, b_p, c_p)\Delta S_p$$

（這個是不是和單變數定積分定義很像？）

我們很難應用定義去解面積分問題，因此必須再引介下列結果：

(1) S 曲面投影到 xy 平面：

若 S 之法線與 xy 平面之夾角為 γ_p，則 $\Delta S_p = |\sec \gamma_p|\,\Delta A_p$

而這個 $|\sec \gamma_p|$ 相當於重積分裡的 Jacobian，

而 $|\sec \gamma_p| = \sqrt{F_x^2 + F_y^2 + F_z^2}\,/\,|F_z| = \sqrt{\left(\dfrac{\partial z}{\partial x}\right)^2 + \left(\dfrac{\partial z}{\partial y}\right)^2 + 1}$

從而 $\Delta S_p = |\sec \gamma_p|\Delta A_p = \sqrt{\left(\dfrac{\partial z}{\partial x}\right)^2 + \left(\dfrac{\partial z}{\partial y}\right)^2 + 1}\;\Delta A_p$

同樣地：

(2) S 平面投影到 xz 平面：

$$\Delta S_p = \sqrt{\left(\frac{\partial y}{\partial x}\right)^2 + \left(\frac{\partial y}{\partial z}\right)^2 + 1}\,\Delta A_p$$

(3) S 平面投影到 yz 平面：

$$\Delta S_p = \sqrt{\left(\frac{\partial x}{\partial y}\right)^2 + \left(\frac{\partial x}{\partial z}\right)^2 + 1}\,\Delta A_p$$

我們便可用上面結果計算面積分。

例 1 求 $\iint\limits_{\Sigma} xyz\,ds$，$\Sigma$ 為 $2x + 3y + z = 6$ 在第一象限之部分，我們將依 Σ 在 (a) xy 平面 (b) xz 平面 之投影用二重積分表示面積分，不必計算出結果。

解

圖示	解答
	(a) Σ 在 xy 平面之投影： $\because z = 6 - 2x - 3y$ $\therefore R$ 為（取 $z = 0$）$2x + 3y = 6$，$x = 0$，$y = 0$ 圍成之區域 $\iint\limits_{\Sigma} xyz\,ds$ $= \iint\limits_{R} xy(6 - 2x - 3y)\sqrt{1 + \left(\frac{\partial z}{\partial x}\right)^2 + \left(\frac{\partial z}{\partial y}\right)^2}\,dx\,dy$ $= \iint\limits_{R} xy(6 - 2x - 3y)\sqrt{1 + (-2)^2 + (-3)^2}\,dx\,dy$ $= \sqrt{14}\int_0^3 \int_0^{2 - \frac{2}{3}x} xy(6 - 2x - 3y)\,dx\,dy$
	(b) Σ 在 xz 平面之投影： $\because y = \frac{1}{3}(6 - 2x - z)$ $\therefore R$ 為（取 $y = 0$）$2x + z = 6$，$x = 0$，$z = 0$ 圍成 $\iint\limits_{\Sigma} xyz\,ds$ $= \iint\limits_{R} xz\left(\frac{6 - 2x - z}{3}\right)\sqrt{1 + \left(\frac{\partial y}{\partial x}\right)^2 + \left(\frac{\partial y}{\partial z}\right)^2}\,dx\,dz$ $= \iint\limits_{R} xz\left(\frac{6 - 2x - z}{3}\right)\sqrt{1 + \left(-\frac{2}{3}\right)^2 + \left(-\frac{1}{3}\right)^2}$ $= \frac{\sqrt{14}}{9}\iint\limits_{R} xz(6 - 2x - z)\,dx\,dz$ $= \frac{\sqrt{14}}{9}\int_0^3 \int_0^{6 - 2x} xz(6 - 2x - z)\,dz\,dx$

例2 求 $\iint_\Sigma z\,ds$，Σ 為 $x+y+z=1$ 在第一象限之部分。

解

提示	解答
	Σ 方程式為 $z=1-x-y$，其在 xy 平面區域 R 作投影，令 $z=0$ 得 $x+y=1$。$\therefore R$ 為 $x+y=1$，$x=0$，$y=0$ 所圍成區域 $$\iint_\Sigma z\,ds = \iint_R (1-x-y)\sqrt{\left(\frac{\partial z}{\partial x}\right)^2+\left(\frac{\partial z}{\partial y}\right)^2+1}\,dx\,dy$$ $$=\sqrt{3}\iint_R (1-x-y)\,dx\,dy$$ $$=\sqrt{3}\int_0^1\int_0^{1-x}(1-x-y)\,dy\,dx$$ $$=\frac{-\sqrt{3}}{6}$$

例3 求 $\iint_\Sigma z^2\,ds$，Σ 為錐體 $z=\sqrt{x^2+y^2}$ 在 $z=1$，$z=2$ 所夾之部分。

解

$$z=\sqrt{x^2+y^2}$$

$$\therefore \frac{\partial z}{\partial x}=\frac{x}{\sqrt{x^2+y^2}}\,,\ \frac{\partial z}{\partial y}=\frac{y}{\sqrt{x^2+y^2}}$$

$$\iint_\Sigma z^2\,ds = \iint_R (\sqrt{x^2+y^2})^2\sqrt{\left(\frac{\partial z}{\partial x}\right)^2+\left(\frac{\partial z}{\partial y}\right)^2+1}\,dx\,dy$$

$$=\iint_R \sqrt{2}(\sqrt{x^2+y^2})^2\,dx\,dy = \sqrt{2}\iint_R (x^2+y^2)\,dx\,dy \tag{1}$$

取 $x=r\cos\theta$，$y=r\sin\theta$，$0\le\theta\le 2\pi$，$1\le r\le 2$

$$|J|=\begin{vmatrix}\dfrac{\partial x}{\partial r} & \dfrac{\partial x}{\partial\theta}\\[2mm] \dfrac{\partial y}{\partial r} & \dfrac{\partial y}{\partial\theta}\end{vmatrix}_+ = \begin{vmatrix}\cos\theta & -r\sin\theta\\ \sin\theta & r\cos\theta\end{vmatrix}_+ = r$$

$$\therefore (1)=\sqrt{2}\int_0^{2\pi}\int_1^2 r\cdot r^2\,dr\,d\theta = \sqrt{2}\int_0^{2\pi}\frac{r^4}{4}\Big|_1^2\,d\theta = \sqrt{2}\cdot\frac{15}{4}\cdot 2\pi = \frac{15}{\sqrt{2}}\pi$$

例 4 說明了對稱性在面積分中亦可大幅簡化計算。

例4 $\Sigma: x^2+y^2+z^2=a^2$，求 (1) $\iint_\Sigma z\,ds$　(2) $\iint_\Sigma \dfrac{x+y^3+\sin z}{1+z^4}\,ds$

(3) $\iint\limits_{\Sigma}(x^2+y^2+z^2)\,ds$ (4) $\iint\limits_{\Sigma}x^2\,ds$

解

(1) $\iint\limits_{\Sigma}z\,ds=0$（對 $x^2+y^2+z^2=a^2$ 而言 $f(z)=z$ 為奇函數）

(2) $\iint\limits_{\Sigma}\dfrac{x+y^3+\sin z}{1+z^4}=0$（對 $x^2+y^2+z^2=a^2$ 而言，$f(x,y,z)=\dfrac{x+y^3+\sin z}{1+z^4}$ 為奇函數）

(3) $\iint\limits_{\Sigma}(x^2+y^2+z^2)\,ds=\iint\limits_{\Sigma}a^2ds=a^2\iint\limits_{\Sigma}ds=a^2(4\pi a^2)=4\pi a^4$（半徑 a 之球表面積為 $4\pi a^2$）

(4) $\iint\limits_{\Sigma}x^2\,ds=\iint\limits_{\Sigma}y^2\,ds=\iint\limits_{\Sigma}z^2\,ds=\dfrac{1}{3}\iint\limits_{\Sigma}(x^2+y^2+z^2)\,ds=\dfrac{4}{3}\pi a^4$（由 (3)）

例 5 求 $\iint\limits_{\Sigma}xydxdy+xzdzdx+yzdydz$，$\Sigma$ 為任一封閉曲面。

提示	解答
$\iint\limits_{\Sigma}Pdydz+Qdzdx+Rdxdy$ $=\iiint\limits_{V}\left(\dfrac{\partial P}{\partial x}+\dfrac{\partial Q}{\partial y}+\dfrac{\partial R}{\partial z}\right)dv$ 記憶要訣： $P\,dydz\xrightarrow[缺\,dx]{}\dfrac{\partial}{\partial x}P$ $Q\,dzdx\xrightarrow[缺\,dy]{}\dfrac{\partial}{\partial y}Q$ $R\,dxdy\xrightarrow[缺\,dz]{}\dfrac{\partial}{\partial z}R$	$\iint\limits_{\Sigma}xydxdy+xzdzdx+yzdydz$ $=\iiint\limits_{V}\left(\dfrac{\partial}{\partial z}xy+\dfrac{\partial}{\partial y}xz+\dfrac{\partial}{\partial x}yz\right)dv$ $=\iiint\limits_{V}0\,dv=0$

向量函數之面積分

首先我們先定義向量函數之面積分。

【定義】 $F(x,y,z)=f(x,y,z)\boldsymbol{i}+g(x,y,z)\boldsymbol{j}+h(x,y,z)\boldsymbol{k}$，若 f,g,h 在有向曲面均為連續，且 $n=n(x,y,z)$ 為在 (x,y,z) 處之有向單位法向量則 $\iint\limits_{\Sigma}\boldsymbol{F}\cdot\boldsymbol{n}ds$ 為在 Σ 之面積分。

若 Σ 為封閉曲面，則以 $\displaystyle\oiint_{\Sigma} \boldsymbol{F} \cdot \boldsymbol{n} ds$ 表之。

因此，我們先談曲面之單位法向量。

曲面之單位法向量

曲面 σ 在 $P(x, y, z)$ 上有一非零之法向量，則它在點 $P(x, y, z)$ 上恰有 2 個方向相反之單位法向量（如右圖）$\boldsymbol{n}$ 與 $-\boldsymbol{n}$，往上之單位法向量稱為**向上單位法向量**（upward unit normal），往下之單位法向量則稱**向下單位法向量**（downward unit normal）。

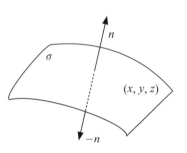

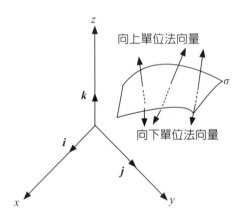

例 **6** （論例）曲面方程式 $z = z(x, y)$ 之單位法向量

解

$z = z(x, y)$，取 $G(x, y, z) = z - z(x, y)$

則 $\displaystyle\frac{\nabla G}{|\nabla G|} = \frac{-\dfrac{\partial z}{\partial x}\boldsymbol{i} - \dfrac{\partial z}{\partial y}\boldsymbol{j} + \boldsymbol{k}}{\left| -\dfrac{\partial z}{\partial x}\boldsymbol{i} - \dfrac{\partial z}{\partial y}\boldsymbol{j} + \boldsymbol{k} \right|}$

$\displaystyle = \frac{-\dfrac{\partial z}{\partial x}\boldsymbol{i} - \dfrac{\partial z}{\partial y}\boldsymbol{j} + \boldsymbol{k}}{\sqrt{\left(\dfrac{\partial z}{\partial x}\right)^2 + \left(\dfrac{\partial z}{\partial y}\right)^2 + 1}}$

因 k 分量為正，故為向上單位法向量，

又 $-\dfrac{\nabla G}{|\nabla G|} = \dfrac{\dfrac{\partial z}{\partial x}\boldsymbol{i} + \dfrac{\partial z}{\partial y}\boldsymbol{j} - \boldsymbol{k}}{\sqrt{\left(\dfrac{\partial z}{\partial x}\right)^2 + \left(\dfrac{\partial z}{\partial y}\right)^2 + 1}}$ 之 k 分量為負

$\therefore -\dfrac{\nabla G}{|\nabla G|}$ 為向下單位法向量。

我們將不同曲面方程式 $\sum$ 之正單位法向量與負單位法向量列表如下：

$\sum$ 方程式	正單位法向量	負單位法向量
$z = z(x, y)$	向上單位法向量 $$\dfrac{-\dfrac{\partial z}{\partial x}\boldsymbol{i} - \dfrac{\partial z}{\partial y}\boldsymbol{j} + \boldsymbol{k}}{\sqrt{\left(\dfrac{\partial z}{\partial x}\right)^2 + \left(\dfrac{\partial z}{\partial y}\right)^2 + 1}}$$ （k 分量為正）	向下單位法向量 $$\dfrac{\dfrac{\partial z}{\partial x}\boldsymbol{i} + \dfrac{\partial z}{\partial y}\boldsymbol{j} - \boldsymbol{k}}{\sqrt{\left(\dfrac{\partial z}{\partial x}\right)^2 + \left(\dfrac{\partial z}{\partial y}\right)^2 + 1}}$$ （k 分量為負）
$y = y(x, z)$	向右單位法向量 $$\dfrac{-\dfrac{\partial y}{\partial x}\boldsymbol{i} + \boldsymbol{j} - \dfrac{\partial y}{\partial z}\boldsymbol{k}}{\sqrt{\left(\dfrac{\partial y}{\partial x}\right)^2 + \left(\dfrac{\partial y}{\partial z}\right)^2 + 1}}$$ （j 分量為正）	向左單位法向量 $$\dfrac{\dfrac{\partial y}{\partial x}\boldsymbol{i} - \boldsymbol{j} + \dfrac{\partial y}{\partial z}\boldsymbol{k}}{\sqrt{\left(\dfrac{\partial y}{\partial x}\right)^2 + \left(\dfrac{\partial y}{\partial z}\right)^2 + 1}}$$ （j 分量為負）
$x = x(y, z)$	向前單位法向量 $$\dfrac{\boldsymbol{i} - \dfrac{\partial x}{\partial y}\boldsymbol{j} - \dfrac{\partial x}{\partial z}\boldsymbol{k}}{\sqrt{\left(\dfrac{\partial x}{\partial y}\right)^2 + \left(\dfrac{\partial x}{\partial z}\right)^2 + 1}}$$ （i 分量為正）	向後單位法向量 $$\dfrac{-\boldsymbol{i} + \dfrac{\partial x}{\partial y}\boldsymbol{j} + \dfrac{\partial x}{\partial z}\boldsymbol{k}}{\sqrt{\left(\dfrac{\partial x}{\partial y}\right)^2 + \left(\dfrac{\partial x}{\partial z}\right)^2 + 1}}$$ （i 分量為負）

（表7.7-1）

例 7 求 $x + 2y + z = 4$ 上在點 $(1, 1, 1)$ 之正單位法向量。

解

正單位法向量有三：
(a) 向上單位法向量：$z = z(x, y) = 4 - x - 2y$，取 $G(x, y, z) = z - z(x, y)$
$= z + x + 2y - 4$

$$\therefore \boldsymbol{n} = \frac{\nabla G}{|\nabla G|}\Big|_{(1,1,1)} = \frac{\boldsymbol{i}+2\boldsymbol{j}+\boldsymbol{k}}{\sqrt{1+4+1}} = \frac{1}{\sqrt{6}}\,(\boldsymbol{i}+2\boldsymbol{j}+\boldsymbol{k})$$

(b) 向右單位法向量：$y = y(x, z) = \frac{1}{2}(4 - x - z)$，取 $G(x, y, z) = y - y(x,$

$z) = y - 2 + \frac{x}{2} + \frac{z}{2}$

$$\therefore \boldsymbol{n} = \frac{\nabla G}{|\nabla G|}\Big|_{(1,1,1)} = \frac{\frac{\boldsymbol{i}}{2}+\boldsymbol{j}+\frac{1}{2}\boldsymbol{k}}{\sqrt{\frac{1}{4}+\frac{1}{4}+1}} = \frac{1}{\sqrt{6}}\,(\boldsymbol{i}+2\boldsymbol{j}+\boldsymbol{k})$$

(c) 向前單位法向量：$x = x(y, z) = 4 - 2y - z$，取 $G(x, y, z) = x - x(y, z)$
$= x + 2y + z - 4$

$$\therefore \boldsymbol{n} = \frac{\nabla G}{|\nabla G|}\Big|_{(1,1,1)} = \frac{\boldsymbol{i}+2\boldsymbol{j}+\boldsymbol{k}}{\sqrt{1+4+1}} = \frac{1}{\sqrt{6}}\,(\boldsymbol{i}+2\boldsymbol{j}+\boldsymbol{k})$$

讀者亦可直接應用表 7.7-1 之結果：以例 6(a) 向上單位法向量為
例：$z = z(x, y) = 4 - x - 2y$

$$\frac{\nabla G}{|\nabla G|}\Big|_{(1,1,1)} = \frac{-\frac{\partial z}{\partial x}\boldsymbol{i} - \frac{\partial z}{\partial y}\boldsymbol{j} + \boldsymbol{k}}{\sqrt{\left(\frac{\partial z}{\partial x}\right)^2 + \left(\frac{\partial z}{\partial y}\right)^2 + 1}}\Bigg|_{(1,1,1)}$$

$$= \frac{\boldsymbol{i}+2\boldsymbol{j}+\boldsymbol{k}}{\sqrt{1+4+1}} = \frac{1}{\sqrt{6}}\,(\boldsymbol{i}+2\boldsymbol{j}+\boldsymbol{k})$$

例 8 若 $\boldsymbol{F}(x, y, z) = x\boldsymbol{i} + y\boldsymbol{j} + 2z\boldsymbol{k}$，$\Sigma : z = 1 - x^2 - y^2$ 在 xy 平面，$\boldsymbol{n}$ 為 Σ 平面之向上單位法向量，求 $\displaystyle\oiint_{\Sigma} \boldsymbol{F} \cdot \boldsymbol{n}\, ds$。

解

先求向上單位法向量 $\boldsymbol{n}$：由表 7.7.1

$$\boldsymbol{n} = \frac{-\frac{\partial z}{\partial x}\boldsymbol{i} - \frac{\partial z}{\partial y}\boldsymbol{j} + \boldsymbol{k}}{\sqrt{1 + \left(\frac{\partial z}{\partial x}\right)^2 + \left(\frac{\partial z}{\partial y}\right)^2}} = \frac{2x\boldsymbol{i} + 2y\boldsymbol{j} + \boldsymbol{k}}{\sqrt{1 + 4x^2 + 4y^2}}$$

$$\therefore \boldsymbol{F} \cdot \boldsymbol{n} = (x\boldsymbol{i} + y\boldsymbol{j} + 2z\boldsymbol{k}) \cdot \frac{2x\boldsymbol{i} + 2y\boldsymbol{j} + \boldsymbol{k}}{\sqrt{1 + 4x^2 + 4y^2}}$$

$$= \frac{2x^2 + 2y^2 + 2z}{\sqrt{1 + 4x^2 + 4y^2}}$$

$$\oiint_{\Sigma} \boldsymbol{F} \cdot \boldsymbol{n} \, ds = \iint_{R} \frac{2x^2 + 2y^2 + 2z}{\sqrt{1 + 4x^2 + 4y^2}} \cdot \sqrt{1 + 4x^2 + 4y^2} \, dx \, dy$$

$$= \iint_{R} 2x^2 + 2y^2 + 2(1 - x^2 - y^2) \, dx \, dy$$

$$= 2 \iint_{R} dx \, dy = 2\pi \quad (R \text{ 為 } x^2 + y^2 = 1 \text{ 圍成之區域：面積為 } \pi)$$

例 7 之 Σ 平面之向上單位法向量 $\boldsymbol{n}$ 亦可用下法得之：

$$G(x, y, z) = z - z(x, y) = z - (1 - x^2 - y^2) = x^2 + y^2 + z - 1$$

$$\therefore \boldsymbol{n} = \frac{\nabla G}{|\nabla G|} = \frac{2x\boldsymbol{i} + 2y\boldsymbol{j} + \boldsymbol{k}}{\sqrt{4x^2 + 4y^2 + 1}}$$

例 9 若 $\boldsymbol{F}(x, y, z) = (x + y)\boldsymbol{i} + (y + z)\boldsymbol{j} + (x + z)\boldsymbol{k}$，$\Sigma : x + y + z = 2$，$\boldsymbol{n}$ 為 Σ 平面之向上單位法向量，求 $\oiint_{\Sigma} \boldsymbol{F} \cdot \boldsymbol{n} \, ds$。

解

先求向上單位法向量 $\boldsymbol{n}$：$z = 2 - x - y$

$$\boldsymbol{n} = \frac{-\left(\dfrac{\partial z}{\partial x}\right)\boldsymbol{i} - \left(\dfrac{\partial z}{\partial y}\right)\boldsymbol{j} + \boldsymbol{k}}{\sqrt{1 + \left(\dfrac{\partial z}{\partial x}\right)^2 + \left(\dfrac{\partial z}{\partial y}\right)^2}} = \frac{\boldsymbol{i} + \boldsymbol{j} + \boldsymbol{k}}{\sqrt{3}}$$

$$\therefore \boldsymbol{F} \cdot \boldsymbol{n} = ((x+y)\boldsymbol{i} + (y+z)\boldsymbol{j} + (x+z)\boldsymbol{k}) \cdot \left(\frac{\boldsymbol{i} + \boldsymbol{j} + \boldsymbol{k}}{\sqrt{3}}\right)$$

$$= \frac{2}{\sqrt{3}}(x + y + z)$$

$$\oiint_{\Sigma} \boldsymbol{F} \cdot \boldsymbol{n} \, ds = \iint_{R} \frac{2(x+y+z)}{\sqrt{3}} \cdot \sqrt{3} \, dx \, dy = 2 \iint_{R} (x + y + (2 - x - y)) \, dx \, dy$$

$$= 4 \iint_{R} dx \, dy，\quad (R \text{ 為 } x + y = 2，x = 0，y = 0 \text{ 所圍成之三角形}$$

$$區域) = 4 (R \text{ 之面積}) = 4 \cdot \left(\frac{2 \cdot 2}{2}\right) = 8$$

如同重積分，面積分有時亦須考慮到對稱性，以簡化計算。

例 10 求 $\oiint_{\Sigma} \boldsymbol{F} \cdot \boldsymbol{n} \, ds$，其中 $\boldsymbol{F}(x, y, z) = x\boldsymbol{i} + y\boldsymbol{j} + z\boldsymbol{k}$，$\Sigma : x^2 + y^2 + z^2 = a^2$，$a > 0$，而 $\boldsymbol{n}$ 為向上單位法向量。

解

提示	解答
$\Sigma : x^2 + y^2 + z^2 = a^2$ 是一個球，它具有對稱性，因此，我們將 Σ 分成 Σ_1 與 Σ_2 二個部分： $\Sigma_1 : z = \sqrt{a^2 - x^2 - y^2}$ ； $\Sigma_2 : -\sqrt{a^2 - x^2 - y^2}$ 我們先求 $\oiint\limits_{\Sigma_1} F \cdot n ds$，然後利用對稱關係 $\oiint\limits_{\Sigma} F \cdot n ds = 2\oiint\limits_{\Sigma_1} F \cdot n ds$	設 n_1 為 Σ_1 之向上單位法向量，則 $z = \sqrt{a^2 - x^2 - y^2}$ $n_1 = \dfrac{-\left(\dfrac{\partial z}{\partial x}\right)i - \left(\dfrac{\partial z}{\partial y}\right)j + k}{\sqrt{1 + \left(\dfrac{\partial z}{\partial x}\right)^2 + \left(\dfrac{\partial z}{\partial y}\right)^2}}$ $= \dfrac{-\dfrac{-x}{\sqrt{a^2-x^2-y^2}}i - \dfrac{-y}{\sqrt{a^2-x^2-y^2}}j + k}{\sqrt{1 + \left(\dfrac{-x}{\sqrt{a^2-x^2-y^2}}\right)^2 + \left(\dfrac{-y}{\sqrt{a^2-x^2-y^2}}\right)^2}}$ $= \dfrac{xi + yj + \sqrt{a^2-x^2-y^2}\,k}{a} = \dfrac{1}{a}(xi + yj + zk)$ $F \cdot n_1 = (xi + yj + zk) \cdot \dfrac{1}{a}(xi + yj + zk) = a$ $\therefore \oiint\limits_{\Sigma} F \cdot n_1 ds = \iint\limits_{R} a\sqrt{1 + \left(\dfrac{\partial z}{\partial x}\right)^2 + \left(\dfrac{\partial z}{\partial y}\right)^2}\,dxdy$ $= a^2 \iint\limits_{R}\left(\dfrac{1}{\sqrt{a^2-x^2-y^2}}\right)dxdy$ 取 $x = r\cos\theta$，$y = r\sin\theta$，$\pi \geq \theta \geq 0$，$a \geq r \geq 0$，$|J| = r$ 則上式 $= a^2 \int_0^\pi \int_0^a r/\sqrt{a^2 - r^2}\,dr\,d\theta$ $= a^2 \cdot \int_0^\pi -2(a^2-r^2)^{\frac{1}{2}}\Big]_0^a d\theta = 2\pi a^3$ 同法 $\iint\limits_{\Sigma_2} F \cdot n_2 ds = 2\pi a^3$ $\therefore \oiint\limits_{\Sigma} F \cdot n ds = \oiint\limits_{\Sigma_1} F \cdot n_1 ds + \oiint\limits_{\Sigma_2} F \cdot n_2 ds = 4\pi a^3$

例 11 設 Σ 為曲面 $z = 1 - x^2 - y^2$ 在 xy 上部之部分。n 為向上之法線，$F(x, y, z) = xi + yj + zk$，求 $\iint\limits_{\Sigma} F \cdot n ds$

提示	解答
  (1) 法線向上 $\therefore n = \dfrac{-\dfrac{\partial z}{\partial x}i - \dfrac{\partial z}{\partial y}j + k}{\sqrt{\left(\dfrac{\partial z}{\partial x}\right)^2 + \left(\dfrac{\partial z}{\partial y}\right)^2 + 1}}$	因法線向上，曲面 $z = 1 - x^2 - y^2$ 之 $n = \dfrac{-\dfrac{\partial z}{\partial x}i - \dfrac{\partial z}{\partial y}j + k}{\sqrt{\left(\dfrac{\partial z}{\partial x}\right)^2 + \left(\dfrac{\partial z}{\partial y}\right)^2 + 1}} = \dfrac{2xi + 2yj + k}{\sqrt{(2x)^2 + (2y)^2 + 1}} = \dfrac{2xi + 2yj + k}{\sqrt{4x^2 + 4y^2 + 1}}$ $\therefore \iint\limits_{\Sigma} F \cdot n ds$ $= \iint\limits_{R} F \cdot \left[\dfrac{-\dfrac{\partial z}{\partial x}i - \dfrac{\partial z}{\partial y}j + k}{\sqrt{\left(\dfrac{\partial z}{\partial x}\right)^2 + \left(\dfrac{\partial z}{\partial y}\right)^2 + 1}}\right]\sqrt{\left(\dfrac{\partial z}{\partial x}\right)^2 + \left(\dfrac{\partial z}{\partial y}\right)^2 + 1}\,dR$ $= \iint\limits_{R} F \cdot \left(\dfrac{\partial z}{\partial x}i + \dfrac{\partial z}{\partial y}j + k\right)dR$

提示	解答
代 $z = 1 - x^2 - y^2$	$= \displaystyle\iint_R (x\boldsymbol{i} + y\boldsymbol{j} + z\boldsymbol{k}) \cdot (2x\boldsymbol{i} + 2y\boldsymbol{j} + \boldsymbol{k}) \, dR$
	$= \displaystyle\iint_R (2x^2 + 2y^3 + z) \, dR$
	$= \displaystyle\iint_R (2x^2 + 2y^2 + (1 - x^2 - y^2)) \, dR$
	$= \displaystyle\iint_R (x^2 + y^2 + 1) \, dR$ ‥‥‥‥‥‥‥‥‥‥(1)
極坐標轉換	取 $x = r\cos\theta$，$y = r\sin\theta$，$r > 0$，$2\pi > \theta > 0$
	$J = \begin{vmatrix} \dfrac{\partial x}{\partial r} & \dfrac{\partial x}{\partial \theta} \\ \dfrac{\partial y}{\partial r} & \dfrac{\partial y}{\partial \theta} \end{vmatrix} = \begin{vmatrix} \cos\theta & -r\sin\theta \\ \sin\theta & r\cos\theta \end{vmatrix} = r$
	$\therefore (1) = \displaystyle\int_0^{2\pi} \int_0^1 r(r^2 + 1) \, dr \, d\theta$
	$= \displaystyle\int_0^{2\pi} \left. \frac{1}{4}r^4 + \frac{1}{2}r^2 \right]_0^1 d\theta$
	$= \displaystyle\int_0^{2\pi} \frac{3}{4} \, d\theta = \frac{3}{4} \cdot 2\pi = \frac{3}{2}\pi$

練習 7.7

1. $\displaystyle\iint_\Sigma xyz \, ds$，$\Sigma$ 為錐體 $z^2 = x^2 + y^2$ 在 $z = 1$ 至 $z = 4$ 間之部分

2. $\displaystyle\iint_\Sigma y^2 \, ds$，$s : z = x$ 平面，$0 \leq y \leq 4$，$0 \leq x \leq 2$。

3. $\displaystyle\iint_\Sigma ds$，$\Sigma : x^2 + y^2 + z^2 = 9$，在 xy 平面。

4. $\displaystyle\iint_\Sigma (x^2 + y^2)z \, ds$，$\Sigma : x^2 + y^2 + z^2 = 4$，在平面 $z = 1$ 上方部分。

5. $\displaystyle\iint_\Sigma xz \, ds$，$\Sigma : x + y + z = 1$，在第一象限部分

6. $\displaystyle\iint_\Sigma x^2 z^2 \, ds$：錐體 $z = \sqrt{x^2 + y^2}$ 在 $z = 1$ 與 $z = 2$ 之部分

7. $\displaystyle\iint_\Sigma ds$，$\Sigma$ 為 $x^2 + y^2 + z^2 = a^2$ 之上半球

7.8 散度定理與Stokes定理

Gauss散度定理

Gauss 散度定理（Divergence theorem）與 Stokes 定理是向量分析中之二大定理，它們在流體力學、電磁學等方面都有重要地位。

散度定理通常用在三維空間，在一維等價於維積分基本定理，在二維它等價於 Green 公式。

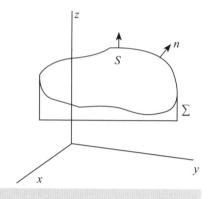

【定理 A】　散度定理（divergence theorem）：
設 Σ 是封閉之有界曲面，其包覆之立體區域為 V，且 n 是 Σ 向外之單位法線向量。若 $F = F_1 i + F_2 j + F_3 k$（$F_1$，$F_2$，$F_3$ 在曲線區域內有連續之一階偏導函數），則

$$\iiint_V \nabla \cdot F dV = \oiint_\Sigma F \cdot n ds$$

散度定理之物理意義是向量場 F 穿過曲面邊界 ∂S 之流通量（Flux）等於 F 之散度 $\mathrm{div}F$ 在曲面之重積分，另一種說法是它表示所有源點的和減去所有匯點的和就是流出這個區域之淨流量。它們都是證明散度定理之方向。

定理 A 可寫成 $\displaystyle\iiint_V \left(\frac{\partial F_1}{\partial x} + \frac{\partial F_2}{\partial y} + \frac{\partial F_3}{\partial z} \right) dx dy dz = \oiint_\Sigma F_1 dy dz + F_2 dx dz + F_3 dx dy$。

我們不打算證明散度定理，舉一些例子說明它的計算。

例 1 　求 $\displaystyle\oiint_\Sigma F \cdot n ds$，其中 $\Sigma : x^2 + y^2 + z^2 = 1$，$z \geq 0$，$F = xi + yj + zk$

解

$$\oiint_\Sigma F \cdot n ds = \iiint_V \left(\frac{\partial F_1}{\partial x} + \frac{\partial F_2}{\partial y} + \frac{\partial F_3}{\partial z} \right) dx dy dz$$

$$= \iiint_V (1 + 1 + 1) dx dy dz = 3 \iiint_V dx dy dz = 3 \left(\frac{4}{3} \pi \right) = 4\pi$$

例 2 求 $\oiint\limits_{\Sigma} \boldsymbol{F} \cdot \boldsymbol{n}\,ds$，其中 $\Sigma : x^2 + y^2 + z^2 = 1$，$z \geq 0$，$F = x\boldsymbol{i} + y\boldsymbol{j} + z\boldsymbol{k}$。

解

提示	解答
方法一 應用散度定理之 $\oiint\limits_{\Sigma} \boldsymbol{F} \cdot \boldsymbol{n}\,ds = \iiint\limits_{V} \nabla \cdot F\,dV$	G 為 s 所圍成之球體 $\nabla \cdot \boldsymbol{F} = \dfrac{\partial}{\partial x}x + \dfrac{\partial}{\partial y}y + \dfrac{\partial}{\partial z}z = 3$ 則 $\oiint\limits_{\Sigma} \boldsymbol{F} \cdot \boldsymbol{n}\,ds = \iiint\limits_{V} \nabla \cdot F\,dV$ $= \iiint\limits_{V} 3\,dV = 3$ 倍 V 之體積 $= 3\left(\dfrac{4}{3}\pi(1)^3\right) = 4\pi$
方法二 應用面積分	先求 $\boldsymbol{n}$：$z = \sqrt{1 - x^2 - y^2}$ $\therefore \boldsymbol{n} = \dfrac{-\dfrac{\partial z}{\partial x}\boldsymbol{i} - \dfrac{\partial z}{\partial y}\boldsymbol{j} + \boldsymbol{k}}{\sqrt{1 + \left(\dfrac{\partial z}{\partial x}\right)^2 + \left(\dfrac{\partial z}{\partial y}\right)^2}}$ $= \dfrac{-\dfrac{-x}{\sqrt{1-x^2-y^2}}\boldsymbol{i} - \dfrac{-y}{\sqrt{1-x^2-y^2}}\boldsymbol{j} + \boldsymbol{k}}{\sqrt{1 + \left(\dfrac{-x}{\sqrt{1-x^2-y^2}}\right)^2 + \left(\dfrac{-y}{\sqrt{1-x^2-y^2}}\right)^2}}$ $= x\boldsymbol{i} + y\boldsymbol{j} + \sqrt{1 - x^2 - y^2}\,\boldsymbol{k}$ $= x\boldsymbol{i} + y\boldsymbol{j} + z\boldsymbol{k}$ $\therefore \boldsymbol{F} \cdot \boldsymbol{n} = (x\boldsymbol{i} + y\boldsymbol{j} + z\boldsymbol{k}) \cdot (x\boldsymbol{i} + y\boldsymbol{j} + z\boldsymbol{k})$ $\qquad = x^2 + y^2 + z^2 = 1$ $\oiint\limits_{\Sigma} \boldsymbol{F} \cdot \boldsymbol{n}\,ds = \oiint\limits_{\Sigma} ds =$ 球之表面積 $= 4\pi$

例 3 用散度定理及上節方法分別求 $\oiint\limits_{\Sigma} \boldsymbol{F} \cdot \boldsymbol{n}\,ds$，$\boldsymbol{F} = xy\boldsymbol{i} + x^2 z\boldsymbol{j} + 3yz^2\boldsymbol{k}$，$\Sigma$ 為由 $0 \leq x \leq 1$，$0 \leq y \leq 2$，$0 \leq z \leq 1$ 所圍成之長方體

解

提示	解答
方法一 應用散度定理	$\oiint\limits_{\Sigma} \boldsymbol{F} \cdot \boldsymbol{n}\,ds = \iiint\limits_{V} \nabla \cdot F\,dv$ $= \int_0^1 \int_0^2 \int_0^1 (y + 0 + 6yz)\,dx\,dy\,dz$ $= \int_0^1 \int_0^2 xy + 6xyz\big|_0^1\,dy\,dz$ $= \int_0^1 \int_0^2 (y + 6yz)\,dy\,dz = \int_0^1 \dfrac{y^2}{2} + 3y^2 z\Big|_0^2\,dz$ $= \int_0^1 2 + 12z\,dz = 2z + 6z^2\big|_0^1 = 8$

提示	解答
方法二 應用面積分	① $x = 1$ 時：$F = yi + zj + 3yz^2k$，$n = i$ $\therefore F \cdot n = y$ $\oiint_{\Sigma} F \cdot nds = \int_0^1 \int_0^2 ydydz = \int_0^1 \frac{y^2}{2}\bigg|_0^2 dz = \int_0^1 2dz = 2$ ② $x = 0$ 時：$F = 3yz^2k$，$n = -i$ $\therefore F \cdot n = x^2y$ ③ $y = 2$ 時：$F = 2xi + x^2zj + 6z^2k$，$n = j$ $\therefore F \cdot n = x^2z$ $\oiint_{\Sigma} F \cdot nds = \int_0^1 \int_0^2 x^2zdxdz = \int_0^1 \frac{1}{3}x^2z\bigg|_0^2 dz = \frac{1}{3}\int_0^1 zdz = \frac{1}{6}$ ④ $y = 0$ 時：$F = x^2zj$，$n = -j$ $\therefore F \cdot n = -x^2$ $\oiint_{\Sigma} F \cdot nds = \int_0^1 \int_0^1 -x^2zdxdz$ $= \int_0^1 -\frac{x^2}{3}z\bigg|_0^1 dz = -\frac{1}{3}\int_0^1 zdz = -\frac{1}{6}$ ⑤ $z = 1$ 時：$F = xyi + x^2j + 3yk$，$n = k$ $\therefore F \cdot n = 3y$ $\oiint_{\Sigma} F \cdot nds = \int_0^2 3ydy = \frac{3}{2}y^2\bigg|_0^2 = 6$ ⑥ $z = 0$ 時：$F = xyi$，$n = -k$ $\therefore F \cdot n = 0$ $\oiint_{\Sigma} F \cdot nds = \oiint 0ds = 0$ $\therefore \oiint_{\Sigma} F \cdot nds = 2 + 0 + \frac{1}{6} + \left(-\frac{1}{6}\right) + 6 + 0 = 8$

我們可將上列計算結果歸納成下表

面	n	$F \cdot n$	$\iint F \cdot nds$
$x = 1$	i	y	2
$x = 0$	$-i$	0	0
$y = 2$	j	x^2z	$\frac{1}{6}$
$y = 0$	$-j$	$-x^2z$	$-\frac{1}{6}$
$z = 1$	k	$3y$	6
$z = 0$	$-k$	0	0

例 4 $F = Pi + Qj$ 為一向量場，P, Q 為在平面 S 與其邊界 ∂S 之一階偏導函數均為連續，n 為 ∂S 之對外單位法向量，試用 Green 定理證明：

$$\iint_{C} F \cdot nds = \iint_{S} \nabla \cdot FdA$$

證明 設 c 爲 xy 平面上之一平滑，封閉曲線，沿 c 做反時鐘方向行進，$x = x(s)$，$y = y(s)$ 爲弧長參數化，則

$$T = \frac{dx}{ds}\boldsymbol{i} + \frac{dy}{ds}\boldsymbol{j} \quad , \quad \left(T, \boldsymbol{n} \text{ 爲單位切向量} \atop \text{與單位法向量} \right)$$

$$\boldsymbol{n} = \frac{dy}{ds}\boldsymbol{i} + \frac{dx}{ds}\boldsymbol{j}$$

令 $\boldsymbol{F} = P\boldsymbol{i} + Q\boldsymbol{j}$ 則

$$\oint_c \boldsymbol{F} \cdot \boldsymbol{n}\, ds = \oint_c (P\boldsymbol{i} + Q\boldsymbol{j}) \cdot \left(\frac{dy}{ds}\boldsymbol{i} - \frac{dx}{ds}\boldsymbol{j} \right) ds$$

$$= \oint_c - P\, dx + Q\, dy$$

$$\xrightarrow{\text{Green 定理}} \iint_S \left(\frac{\partial Q}{\partial x} + \frac{\partial P}{\partial y} \right) dA$$

又 div $\boldsymbol{F} = \nabla \cdot \boldsymbol{F} = \frac{\partial P}{\partial x} + \frac{\partial Q}{\partial y}$

$$\therefore \oint_c \boldsymbol{F} \cdot \boldsymbol{n}\, ds = \iint_S div\boldsymbol{F} dA = \iint_S \nabla \cdot \boldsymbol{F} dA \qquad ∎$$

例 5 $\boldsymbol{F} = x\boldsymbol{i} + y\boldsymbol{j} + z\boldsymbol{k}$，$S = \{(x, y, z) : x^2 + y^2 + z^2 = 1\}$，

驗證 $\oiint_S \boldsymbol{F} \cdot \boldsymbol{n}\, ds = \oiiint_V div\boldsymbol{F} dV$

解

提示	解答
$\oiint_S \boldsymbol{F} \cdot \boldsymbol{n}\, ds$	(1) $\iint_S \boldsymbol{F} \cdot \boldsymbol{n}\, ds$，其中 $\boldsymbol{F} = x\boldsymbol{i} + y\boldsymbol{j} + z\boldsymbol{k}$，$\boldsymbol{n} = x\boldsymbol{i} + y\boldsymbol{j} + z\boldsymbol{k}$ $\therefore \iint_S \boldsymbol{F} \cdot \boldsymbol{n}\, ds = \iint_S (x^2 + y^2 + z^2)\, ds = \iint_S ds = 4\pi$ （半徑爲 r 的球之表面積爲 $4\pi r^2$）
$\oiiint_V div\boldsymbol{F} dV$	(2) $\iiint_S div\boldsymbol{F} dV = \iiint_S 3\, dv = 3 \iiint_S dv = 3 \cdot \frac{4}{3}\pi = 4\pi$ （半徑爲 r 的球之體積爲 $\frac{4}{3}\pi r^3$）

$$\therefore \oiint_S \boldsymbol{F} \cdot \boldsymbol{n}\, ds = \oiiint_V div\boldsymbol{F} dV$$

例 6 求 $\oiint_S \boldsymbol{F} \cdot \boldsymbol{n}\, ds$，$\boldsymbol{F} = 3x\boldsymbol{i} + y^2\boldsymbol{j} + 2z^2\boldsymbol{k}$，$S : \{(x, y, z) | x^2 + y^2 + z^2 = a^2, a > 0\}$

解

我們不易直接求算 $\oiint_S \boldsymbol{F} \cdot \boldsymbol{n}\, ds$，因此，

我們由 $\iiint\limits_V divFdV$ 著手：

$$\iiint\limits_V divFdV = \iiint\limits_V (3+2y+4z)dV = 3\iiint\limits_V dV + 2\iiint\limits_V ydV + 4\iiint\limits_V zdV$$

$$= 3 \cdot \frac{4}{3}\pi a^3 + 2 \cdot 0 + 4 \cdot 0 = 4\pi a^3$$

例 6 之演算中我們再度應用奇函數與偶函數之積分性質，y, z 在 $x^2 + y^2 + z^2 = a^2$ 為奇函數

例 7 求 $\iint\limits_\Sigma xdydz + ydzdx + zdxdy$，$\Sigma$ 是由 $x^2 + y^2 = b^2$，與 $z = 0$，$z = c$，$c > 0$ 所界定之區域

解

由散度定理

$$\iint\limits_\Sigma F_1 dydz + F_2 dxdz + F_3 dxdy = \iiint\limits_V \nabla \cdot FdV = \iiint\limits_V \left(\left(\frac{\partial}{\partial x}x\right) + \left(\frac{\partial}{\partial y}y\right) + \left(\frac{\partial}{\partial z}z\right)\right)dv$$

$$= 3\iiint\limits_V dv = 3\,(\pi b^2)c = 3\pi b^2 c$$

（$x^2 + y^2 = b^2$ 與 $z = 0$，$z = c$，$c > 0$ 之圓柱體的積為 $\pi b^2 c$）

Stokes定理

Stokes 定理（Stokes theorem）在某種意義上是面積分和Green 定理之推廣。

【定理 C】　Stokes 定理：設 Σ 是一個光滑或分段平滑的正向曲面，而 C 是光滑或分段光滑的封閉曲線，若 $P(x, y, z)$，$Q(x, y, z)$ 及 $R(x, y, z)$ 在上之一階偏導數為連續，則

$$\iint\limits_\Sigma \left(\frac{\partial R}{\partial y} - \frac{\partial Q}{\partial z}\right)dydz + \left(\frac{\partial P}{\partial z} - \frac{\partial R}{\partial x}\right)dzdx + \left(\frac{\partial Q}{\partial x} - \frac{\partial P}{\partial y}\right)dxdy$$

$$= \oint_C Pdx + Qdy + Rdz$$

為了便於記憶，定理 A 也可寫成下列形式：

$$\iint\limits_\Sigma \begin{vmatrix} dydz & dzdx & dxdy \\ \dfrac{\partial}{\partial x} & \dfrac{\partial}{\partial y} & \dfrac{\partial}{\partial z} \\ P & Q & R \end{vmatrix} = \oint_C Pdx + Qdy + Rdz$$

Stokes 定理亦可用旋度來表現：

若 $\boldsymbol{F}(x, y, z) = P(x, y, z)\boldsymbol{i} + Q(x, y, z)\boldsymbol{j} + R(x, y, z)\boldsymbol{k}$ 則

$$\nabla \times F = \begin{vmatrix} \boldsymbol{i} & \boldsymbol{j} & \boldsymbol{k} \\ \dfrac{\partial}{\partial x} & \dfrac{\partial}{\partial y} & \dfrac{\partial}{\partial z} \\ P & Q & R \end{vmatrix}$$

那麼 Stokes 定理也可寫成定理 C 之形式：

【定理 D】 $\displaystyle\oint_C \boldsymbol{F} \cdot dr = \iint\limits_S (\nabla \times \boldsymbol{F}) \cdot \boldsymbol{n}\,ds$

例 8 用 Stokes 定理求 $\displaystyle\oint_c z^2 e^{x^2} dx + xy^2 dy + \tan^{-1} z\, dz$，$c$ 為 $x^2 + y^2 = 9$，$z = 0$ 圍成之圓。

解

$$\oint_c \underbrace{z^2 e^{x^2}}_{P} dx + \underbrace{xy^2}_{Q} dy + \underbrace{\tan^{-1} z}_{R}\, dz$$

$$= \iint\limits_{\Sigma} \left(\frac{\partial R}{\partial y} - \frac{\partial Q}{\partial z} \right) dy\,dz + \left(\frac{\partial P}{\partial z} - \frac{\partial R}{\partial x} \right) dz\,dx + \left(\frac{\partial Q}{\partial x} - \frac{\partial P}{\partial y} \right) dx\,dy$$

$$= \iint\limits_{\Sigma} y^2 ds = \int_0^{2\pi} \int_0^3 r^3 \sin^2\theta\, dr\, d\theta = \frac{81}{4}\pi$$

（自行驗證之）

例 9 $\boldsymbol{F} = y^3 \boldsymbol{i} - x^3 \boldsymbol{j} + 0\boldsymbol{k}$，$\Sigma : x^2 + y^2 \leq 1$，$z = 0$ 由 Stokes 定理求 $\displaystyle\iint\limits_{\Sigma} (\nabla \times \boldsymbol{F}) \cdot \boldsymbol{n}\,ds$

解

$$\begin{vmatrix} dy\,dz & dx\,dz & dx\,dy \\ \dfrac{\partial}{\partial x} & \dfrac{\partial}{\partial y} & \dfrac{\partial}{\partial z} \\ y^3 & -x^3 & 0 \end{vmatrix} = (-3x^2 - 3y^2)\, dx\,dy$$

$$\therefore \iint\limits_{\Sigma} \nabla \times \boldsymbol{F} \cdot \boldsymbol{n}\,ds = \iint\limits_{\Sigma} (-3x^2 - 3y^2)\, dx\,dy = -3 \iint\limits_{\Sigma} (x^2 + y^2)\, dx\,dy$$

$$= -3 \int_0^{2\pi} \int_0^1 r \cdot r^2 dr d\theta = -\frac{3}{2}\pi$$

練習 7.8

1. 若 $\boldsymbol{F} = (y^2+z^2)^{\frac{1}{2}}\boldsymbol{i} + \sin(x^2+z^2)\boldsymbol{j} + e^{x^2+2y^2}\boldsymbol{k}$，$\Sigma$ 為 $x^2+\dfrac{y^2}{3}+\dfrac{z^2}{4}=1$ 之橢球圍成之區域，n 為 Σ 對外單位法向量，求 $\displaystyle\oiint_s \boldsymbol{F} \cdot \boldsymbol{n} ds$。

2. 若 R 為位置向量（即 $\boldsymbol{R} = x\boldsymbol{i} + y\boldsymbol{j} + z\boldsymbol{k}$），$r = \|\boldsymbol{R}\|$，$n$ 為封閉曲面 Σ 之對外單位法向量。（設原點在曲面 s 之外部），求 $\displaystyle\oiint_\Sigma \dfrac{\boldsymbol{R}}{r^3} \cdot \boldsymbol{n} ds$。

3. 若 $\boldsymbol{F}(x, y, z) = 2x\boldsymbol{i} + y\boldsymbol{j} + 3z\boldsymbol{k}$，$s$ 為 $x=1$，$y=1$，$z=1$ 所圍成之立體表面，$\boldsymbol{n}$ 為 s 對外之單位法向量，求 $\displaystyle\oiint_\Sigma \boldsymbol{F} \cdot \boldsymbol{n} ds$

4. 若 $\boldsymbol{F}(x, y, z) = x\boldsymbol{i} + y\boldsymbol{j} + z\boldsymbol{k}$，$\Sigma$ 為 $x^2 + y^2 + z^2 = 9$ 之球面，n 為 Σ 對外單位法向量，求 $\displaystyle\oiint_\Sigma \boldsymbol{F} \cdot \boldsymbol{n} ds$

5. 求 $\displaystyle\oiint_\Sigma \boldsymbol{F} \cdot \boldsymbol{n} ds$，此處 $\boldsymbol{F} = x\boldsymbol{i} + y\boldsymbol{j} + z\boldsymbol{k}$，$\Sigma$ 為圓柱體 $x^2 + y^2 \leq 4$，$0 \leq z \leq 3$ 之表面，n 為 Σ 對外單位法向量。

6. 若 Σ 為由 $x=1$，$x=-1$，$y=1$，$y=-1$，$z=1$，$z=-1$ 所圍成之正方體，n 為向外單位法向量，求 $\displaystyle\oiint_\Sigma \boldsymbol{F} \cdot \boldsymbol{n} ds$。

(1) $F(x, y, z) = y\boldsymbol{i}$

(2) $F(x, y, z) = x\boldsymbol{i} + y\boldsymbol{j} + z\boldsymbol{k}$

(3) $F(x, y, z) = x^2\boldsymbol{i} + y^2\boldsymbol{j} + z^2\boldsymbol{k}$

第8章
複變數分析

8.1 複數系

任一個**複數**（complex numbers）z 均可寫成 $z = a + bi$ 之形式（在大學複變教材常將 $a + bi$ 寫成 $a + ib$），其中 a，b 為實數，$i = \sqrt{-1}$，在此我們稱 a 為複數 z 之**實部**（real parts），b 為 z 之**虛部**（imaginary parts）。

複數之四則運算

加法：$(a + bi) + (c + di) = (a + c) + (b + d)i$

減法：$(a + bi) - (c + di) = (a - c) + (b - d)i$

乘法：$(a + bi)(c + di) = ac + adi + bci + bdi^2$

$\qquad = ac + adi + bci - bd = (ac - bd) + (ad + bc)i$

除法：$\dfrac{a + bi}{c + di} = \dfrac{a + bi}{c + di} \cdot \dfrac{c - di}{c - di} = \dfrac{(ac + bd) + (bc - ad)i}{c^2 + d^2}$

共軛複數

若 $z = x + yi$，$x, y \in R$，則 z 之絕對值或**模數**（modulus）$|z| = \sqrt{x^2 + y^2}$，z 之**共軛複數**（conjugate complex numbers）$\bar{z}$，定義 $\bar{z} = \overline{x + yi} = x - yi$。

【定理A】 若複數 z，$z = x + yi$，$x, y \in R$，$i = \sqrt{-1}$，其共軛複數 $\bar{z}$，則：

1. $\bar{\bar{z}} = z$

2. $|\bar{z}| = |z| = \sqrt{x^2 + y^2}$

3. $z \cdot \bar{z} = |z|^2$

4. $\overline{z_1 \pm z_2} = \overline{z_1} \pm \overline{z_2}$

5. $\overline{z_1 \cdot z_2} = \overline{z_1} \cdot \overline{z_2}$

6. $\overline{\left(\dfrac{z_1}{z_2}\right)} = \dfrac{\overline{z_1}}{\overline{z_2}}$，$z_2 \neq 0$

7. $Re(z) = \dfrac{z + \bar{z}}{2}$，$Im(z) = \dfrac{z - \bar{z}}{2i}$

例 1 求 $\left|\dfrac{(3 - 4i)^7}{(3 + 4i)^5}\right|$

解

$$\left|\frac{(3 - 4i)^7}{(3 + 4i)^5}\right| = \left|\frac{(3 - 4i)^5}{(3 + 4i)^5} \cdot (3 - 4i)^2\right| = \left|\frac{3 - 4i}{3 + 4i}\right|^5 |3 - 4i|^2 = 1 \, (\sqrt{3^2 + (-4)^2})^2 = 25$$

例 2 z_1, z_2 為二複數，試證 $\mathrm{Re}(z_1\bar{z}_2) = \dfrac{1}{2}(z_1\bar{z}_2 + \bar{z}_1 z_2)$

解

設 $u = z_1\bar{z}_2$，則 $\mathrm{Re}(z_1\bar{z}_2) = \mathrm{Re}(u) = \dfrac{u+\bar{u}}{2} = \dfrac{1}{2}(z_1\bar{z}_2 + \overline{z_1\bar{z}_2}) = \dfrac{1}{2}(z_1\bar{z}_2 + \bar{z}_1 z_2)$

複數平面

對任一複數 $z = x_0 + y_0 i$，$x_0, y_0 \in R$ 而言，都可在直角坐標系統中找到一點 (x_0, y_0) 與之對應，這種圖稱為**阿岡圖**（Argand diagram）或**複數平面**（complex plane）。

例 3 若點 z 滿足 $|z+3| = |z-2|$，求點 z 所成之軌跡

解

令 $z = x + yi$

$|z+3| = |z-2| \Rightarrow |x+yi+3| = |x+yi-2| \Rightarrow |(x+3)+yi| = |(x-2)+yi|$

$\Rightarrow \sqrt{(x+3)^2+y^2} = \sqrt{(x-2)^2+y^2} \Rightarrow (x+3)^2+y^2 = (x-2)^2+y^2$

$\Rightarrow 10x = -5 \quad \therefore x = -\dfrac{1}{2}$

例 4 若點 z 滿足 $|z-i| = (\mathrm{Im}z)-2$，求點 z 所形成之軌跡。

解

令 $z = x + yi$

$|z-i| = (\mathrm{Im}z)-2 \Rightarrow |x+yi-i| = y-2$

$\Rightarrow \sqrt{x^2+(y-1)^2} = (y-2)$

$\Rightarrow x^2+(y-1)^2 = y^2-4y+4$

$\Rightarrow y = \dfrac{1}{2}(3-x^2)$

$\therefore$ 為一拋物線

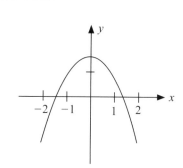

複數之向量

如同向量加法，若 z_1，z_2 之向量表示分別為 $\overrightarrow{OA}$，$\overrightarrow{OC}$，依向量之平行四邊形法則 $\overrightarrow{OD} = z_1 + z_2$，在此 z 有二個角色，一是複數 z，一是向量 z。

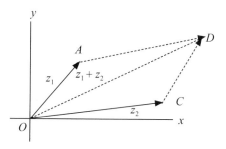

例 5 試證 $|z_1 + z_2| \le |z_1| + |z_2|$

解

$|z_1|$，$|z_2|$，$|z_1 + z_2|$ 代表三角形三個邊，由三角形兩邊和大於第三邊

∴ $|z_1| + |z_2| \geq |z_1 + z_2|$

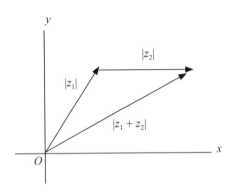

複數之極式

任一複數 $z = x_0 + iy_0$，x_0，$y_0 \in R$ 均可在複數平面上找到一點 P，P 之坐標為 (x_0, y_0)，$\overrightarrow{OP}$ 與 x 軸正向之夾角 ϕ 稱為**幅角**（argument）。任一複數 $z = a + bi$ 均可寫成下列形式：

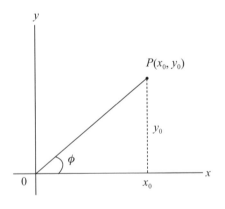

$z = a + bi = \rho(\cos \phi + i \sin \phi)$，$\rho = |z| = \sqrt{a^2 + b^2}$，$\phi = \arg(z) = \tan^{-1} \dfrac{y}{x}$ 為 z 之幅角。上式稱為複數 z 之**極式**（polar form），z 之極式亦有用 $z = \rho \text{cis } \phi$ 表示。

一個複數 $z, z \neq 0$（∵ $z = 0$ 時複角不定義）時 z 之極式為 $z = \rho(\cos\phi + i\sin\phi)$，$\rho = |z|$ 對於 $\theta = \phi + 2k\pi, k \in z$，$z = \rho(\cos\phi + i\sin\phi)$ 都表示同一複數 z，所以複數 z 之幅角有無限多個，為此，我們找一個幅角為代表，故將

規定 $-\pi \leq \theta \leq \pi$ 時之幅角為**主幅角**或副角主值（principal value of argument），複數 z 之主幅角以 $\text{Arg}(z)$ 表之，**$\arg(z) = \text{Arg}(z) + 2k\pi$，$k = 0$, ± 1, ± 2,……**

$\phi = \text{Arg}(z)$，$-\pi < \text{Arg}(z) \leq \pi$ 時

$$\phi = \mathrm{Arg}(z) = \begin{cases} \tan^{-1}\dfrac{y}{x} & , x > 0 \\ \tan^{-1}\dfrac{y}{x} + \pi & , x < 0, y \geq 0 \\ \tan^{-1}\dfrac{y}{x} - \pi & , x < 0, y < 0 \\ \dfrac{\pi}{2} & , x = 0, y > 0 \\ -\dfrac{\pi}{2} & , x = 0, y < 0 \end{cases}$$

練習 8.1A

1. (1) 若 $|z_1| = 1$，求 $\left|\dfrac{z_1 + z_2}{1 + z_1 z_2}\right|$ (2) 若 $|z_1| < 1$，試證 $\left|\dfrac{z_1 + z_2}{1 + z_1 z_2}\right| > 1$

2. 試繪 (1) $\arg(z - i) = \dfrac{\pi}{4}$ (2) $|z + 3| + |z + 1| = 4$ (3) $\left|\dfrac{z - 3}{z + 2}\right| < 1$ 之圖形

3. 在 $|z| \leq 1$ 時求 $|z^n + b|$ 之極值

4. $|z - 1| = 1$ 時，求證 $\arg(z - 1) = 2\arg(z)$ 並利用此結果證 $\arg(z - 1) = \dfrac{2}{3}\arg(z^2 - z)$

5. 證明：$\mathrm{Re}(z_1 z_2) = \mathrm{Re}(z_1)\mathrm{Re}(z_2) - \mathrm{Im}(z_1)\mathrm{Im}(z_2)$

隸莫弗定理及其應用

【定理 A】隸莫弗定理（De Moivre 定理）

設 $z_1 = \rho_1(\cos\phi_1 + i\sin\phi_1)$，$z_2 = \rho_2(\cos\phi_2 + i\sin\phi_2)$ 則

(1) $z_1 z_2 = \rho_1\rho_2(\cos(\phi_1 + \phi_2) + i\sin(\phi_1 + \phi_2))$

(2) $z_1/z_2 = \rho_1/\rho_2(\cos(\phi_1 - \phi_2) + i\sin(\phi_1 - \phi_2))$，$z_2 \neq 0$

證明
(1) $z_1 z_2 = \rho_1(\cos\phi_1 + i\sin\phi_1) \cdot \rho_2(\cos\phi_2 + i\sin\phi_2)$
$= \rho_1\rho_2[\cos\phi_1\cos\phi_2 - \sin\phi_1\sin\phi_2 + i(\sin\phi_1\cos\phi_2 + \cos\phi_1\sin\phi_2)]$
$= \rho_1\rho_2\cos(\phi_1 + \phi_2) + i\sin(\phi_1 + \phi_2)$

(2) 見練習第 5 題。 ∎

【定理 B】 隸莫弗定理

若 $z = \rho(\cos\phi + i\sin\phi)$ 則 $z^n = \rho^n(\cos n\phi + i\sin n\phi)$，$n$ 為正整數

證明 應用數學歸納法
$n = 1$ 時顯然成立；

$n = k$ 時設 $z^k = \rho^k(\cos k\phi + i\sin k\phi)$ 成立

$n = k + 1$ 時設 $z^{k+1} = \rho^k(\cos k\phi + i\sin k\phi) \cdot \rho(\cos\phi + i\sin\phi)$

定理 A $\rho^{k+1}[\cos(k + 1)\phi + i\sin(k + 1)\phi]$ ∎

當 n 爲任意實數時，定理 B 亦成立。

由定理 A 亦可得 $\arg(z_1 z_2) = \arg(z_1) + \arg(z_2)$ 及 $\arg(z_1/z_2) = \arg(z_1) - \arg(z_2)$；
但 $\mathrm{Arg}(z_1 z_2) = \mathrm{Arg}(z_1) + \mathrm{Arg}(z_2)$ 與 $\mathrm{Arg}(z_1/z_2) = \mathrm{Arg}(z_1) - \mathrm{Arg}(z_2)$ 不恆成立。

例 6 若 $z_1 = \sqrt{2}\,(\cos 35° + i\sin 35°)$，$z_2 = \sqrt{3}\,(\cos 25° + i\sin 25°)$ 求 $z_1 \cdot z_2^4$

解

$$z_1 \cdot z_2^4 = [\sqrt{2}\,(\cos 35° + i\sin 35°)] \cdot [\sqrt{3}\,(\cos 25° + i\sin 25°)]^4$$
$$= \sqrt{2}\,(\cos 35° + i\sin 35°) \cdot (\sqrt{3})^4(\cos 4 \cdot 25° + i\sin 4 \cdot 25°)$$
$$= 9\sqrt{2}\,(\cos 35° + i\sin 35°)(\cos 100° + i\sin 100°)$$
$$= 9\sqrt{2}\,(\cos(35° + 100°) + i\sin(35° + 100°))$$
$$= 9\sqrt{2}(\cos 135° + i\sin 135°)$$
$$= 9\sqrt{2}\left(-\frac{\sqrt{2}}{2} + i\frac{\sqrt{2}}{2}\right) = 9(-1 + i)$$

例 7 求 $z = (-1 + i)^{10}$

解

$$-1 + i = \sqrt{2}\left(\frac{-1}{\sqrt{2}} + \frac{i}{\sqrt{2}}\right) = \sqrt{2}\left(\cos\frac{3}{4}\pi + i\sin\frac{3}{4}\pi\right)$$

$$\therefore (-1 + i)^{10} = (\sqrt{2})^{10}\left(\cos\frac{30}{4}\pi + i\sin\frac{30}{4}\pi\right)$$
$$= 32\left(\cos\left(\frac{6}{4}\pi + 6\pi\right) + i\sin\left(\frac{6}{4}\pi + 6\pi\right)\right)$$
$$= 32\left(\cos\frac{3}{2}\pi + i\sin\frac{3}{2}\pi\right) = -32i$$

例 8 求 $(1 + \cos\theta + i\sin\theta)^n$，$n \in z^+$

提示	解答
應用二個基本三角恆等式： $\cos\theta = \cos 2\left(\dfrac{\theta}{2}\right) = 2\cos^2\dfrac{\theta}{2} - 1$ $\sin\theta = \sin 2\left(\dfrac{\theta}{2}\right)$ $\qquad = 2\sin\dfrac{\theta}{2}\cos\dfrac{\theta}{2}$	$(1+\cos\theta+i\sin\theta)^n$ $= \left[1+\left(2\cos^2\dfrac{\theta}{2}-1\right)+i2\sin\dfrac{\theta}{2}\cos\dfrac{\theta}{2}\right]^n$ $= \left[2\left(\cos^2\dfrac{\theta}{2}+i\sin\dfrac{\theta}{2}\cos\dfrac{\theta}{2}\right)\right]^n$ $= 2^n\cos^n\dfrac{\theta}{2}\left(\cos\dfrac{\theta}{2}+i\sin\dfrac{\theta}{2}\right)^n$ $= 2^n\cos^n\dfrac{\theta}{2}\left(\cos\dfrac{n\theta}{2}+i\sin\dfrac{n\theta}{2}\right)$

求方根

若 $\omega^n = z$ 則 ω 為 z 之 n 次方根 n 為正整數，由定理 B，

$$\omega = z^{\frac{1}{n}} = [\rho(\cos\phi+i\sin\phi)]^{\frac{1}{n}},\ 0 < \phi \le 2\pi$$

$$= \rho^{\frac{1}{n}}\left(\cos\frac{\phi+2k\pi}{n}+i\sin\frac{\phi+2k\pi}{n}\right),\ k = 0,1,2\cdots,n-1$$

例 9　解 $z^3 = -1+i$

$$z = -1+i = \sqrt{2}\left(\cos\frac{3}{4}\pi+i\sin\frac{3}{4}\pi\right)$$

$$\therefore z^{\frac{1}{3}} = (-1+i)^{\frac{1}{3}} = \sqrt{2}^{\frac{1}{3}}\left(\cos\frac{\frac{3}{4}\pi+2k\pi}{3}+i\sin\frac{\frac{3}{4}\pi+2k\pi}{3}\right)$$

$$= 2^{\frac{1}{6}}\left(\cos\frac{\frac{3\pi}{4}+2k\pi}{3}+i\sin\frac{\frac{3}{4}\pi+2k\pi}{3}\right),\ k = 0,1,2$$

$$\therefore k = 0\ 時，z^{\frac{1}{3}} = 2^{\frac{1}{6}}\left(\cos\frac{\pi}{4}+i\sin\frac{\pi}{4}\right)$$

$$k = 1\ 時，z^{\frac{1}{3}} = 2^{\frac{1}{6}}\left(\cos\frac{\frac{3\pi}{4}+2\pi}{3}+i\sin\frac{\frac{3}{4}\pi+2\pi}{3}\right)$$

$$= 2^{\frac{1}{6}}\left(\cos\frac{11}{12}\pi+i\sin\frac{11}{12}\pi\right)$$

$$k = 2\ 時，z^{\frac{1}{3}} = 2^{\frac{1}{6}}\left(\cos\frac{\frac{3\pi}{4}+4\pi}{3}+i\sin\frac{\frac{3}{4}\pi+4\pi}{3}\right)$$

$$= 2^{\frac{1}{6}} \left(\cos \frac{19}{12} \pi + i \sin \frac{19}{12} \pi \right)$$

練習 8.1B

1. 求 (1) $\left(\dfrac{1}{2} + \dfrac{\sqrt{3}}{2} i \right)^8$ (2) $(1+i)^5$ (3) $(1+\sqrt{3}i)^{-10}$

2. 求 (1) $z^5 = -32$ (2) $z^5 = 1 + \sqrt{3}i$ 所有 z 值

3. (1) n 為正整數，若 $z + \dfrac{1}{z} = 2\cos\theta$，求 $z^n + \dfrac{1}{z^n}$；(2) 以此結果求若 $z + \dfrac{1}{z} = \sqrt{3}$，求 $z^{120} + \dfrac{1}{z^{120}}$

4. 利用 DeMoivre 定理證明 $\sin 3x = 3\sin x - 4\sin^3 x$ 與 $\cos 3x = 4\cos^3 x - 3\cos x$

5. 試證定理 A(2)

6. (1) 解 $z^4 = -16$ (2) 將 (1) 之結果繪在阿岡圖上

Euler公式：$e^{x+yi} = e^x(\cos y + i \sin y)$

【定理 C】 $e^z = e^{x+yi} = e^x(\cos y + i \sin y)$

證明 $e^z = e^{x+yi} = e^x \cdot e^{yi}$

$$= e^x \left(1 + yi + \frac{(yi)^2}{2!} + \frac{(yi)^3}{3!} + \frac{(yi)^4}{4!} + \frac{(yi)^5}{5!} + \cdots \right)$$

$$= e^x \left[\left(1 - \frac{y^2}{2!} + \frac{y^4}{4!} - \frac{y^6}{6!} + \cdots \right) + i \left(y - \frac{y^3}{3!} + \frac{y^5}{5!} - \cdots \right) \right]$$

$$= e^x(\cos y + i \sin y) \qquad\blacksquare$$

根據定理 C，對任一複數 $z = x + yi$ 之極式 $z = \rho(\cos\phi + i\sin\phi)$，均可寫成 $z = \rho e^{i\phi}$ 之形式，因此，若 $z = \rho e^{i\phi}$ 則 $z^n = \rho^n e^{in\phi}$ 且 $z_1 = \rho_1 e^{i\phi_1}$，$z_2 = \rho_2 e^{i\phi_2}$ 則 $z_1 \cdot z_2 = \rho_1 \rho_2 e^{i(\phi_1 + \phi_2)}$ 及 $\dfrac{z_1}{z_2} = \dfrac{\rho_1}{\rho_2} e^{i(\phi_1 - \phi_2)}$，$z_2 \neq 0$

至此，複數 z 之表示法有三種
1. 代數式：$z = x + yi$
2. 三角極式：$z = \rho(\cos\theta + i\sin\theta)$，$\rho = |x+yi|$，$\theta = \tan^{-1}\dfrac{y}{x}$
3. 指數式：$z = \rho e^{i\theta}$，$\theta = \tan^{-1}\dfrac{y}{x}$，$\rho = \sqrt{x^2+y^2}$

例 10　以 $z = \rho e^{i\phi}$ 表示 $z = -2 - 2\sqrt{3}i$

解

$$\rho = \sqrt{(-2)^2 + (-2\sqrt{3})^2} = 4$$

$$\therefore z = -2 - 2\sqrt{3}i = 4\left(-\frac{1}{2} - \frac{\sqrt{3}}{2}i\right) = 4\left(\cos\frac{4\pi}{3} + i\sin\frac{4\pi}{3}\right) = 4e^{\frac{4}{3}\pi i}$$

例 11　若 $z = e^{it}$，試證 (1) $z^n + \dfrac{1}{z^n} = 2\cos nt$　(2) $z^n - \dfrac{1}{z^n} = 2i\sin nt$

解

$$z^n = e^{int} = \cos nt + i\sin nt \tag{1}$$

$$\therefore z^{-n} = e^{-int} = \cos(-nt) + i\sin(-nt) = \cos nt - i\sin nt \tag{2}$$

由 (1) + (2)　$z^n + \dfrac{1}{z^n} = 2\cos nt$

由 (1) − (2)　$z^n - \dfrac{1}{z^n} = 2i\sin nt$

練習 8.1C

1. 用 $z = e^{i\phi}$ 表示 (1) $\sqrt{3} + i$　(2) $-3i$　(3) $2 - 2\sqrt{3}i$

2. 求 $1 - \cos\phi + i\sin\phi$ 之指數式

3. 求 = 證 (1) $|e^{i\theta}| = 1$　(2) $\overline{e^{i\theta}} = e^{-i\theta}$

4. 求 $\mathscr{L}(\cos wt)$ 與 $\mathscr{L}(\sin wt)$

★5. 求 $\dfrac{\sin\theta}{2} + \dfrac{\sin 2\theta}{2^2} + \dfrac{\sin 3\theta}{2^3} + \cdots$

★6. 若 $|a| < 1$，求證 $1 + a\cos\theta + a^2\cos 2\theta + a^3\cos 3\theta + \cdots = \dfrac{1 - a\cos\theta}{1 - 2a\cos\theta + a^2}$

8.2 複變數函數

複變數函數

若 $z = x + yi$，且 u，v 均為 x，y 之實函數則 $\omega = f(z) = u(x, y) + iv(x, y)$ 稱為複變數函數。

對任意一複數 z 而言，$f(z)$ 可用 $u(x, y) + iv(x, y)$ 表示。

例 1 試用 $u(x, y) + iv(x, y)$ 表示 (1) $\bar{z}^2$，(2) e^{z^2}，(3)$\ln z$

解

(1) $\omega = \bar{z}^2 = \overline{(x+yi)}^2 = (x - yi)^2 = (x^2 - y^2) + (-2xyi)$，

則 $u = x^2 - y^2$，$v = -2xy$

(2) $\omega = e^{z^2} = e^{(x+yi)^2} = e^{(x^2-y^2)+2xyi}$

$\quad\quad = e^{(x^2-y^2)}e^{2xyi} = e^{(x^2-y^2)}(\cos 2xy + i\sin 2xy)$

$\therefore u = e^{(x^2-y^2)}\cos 2xy$ 及 $v = e^{(x^2-y^2)}\sin 2xy$

(3) $\ln z = \ln \rho e^{i\phi} = \ln \rho + i\phi = \ln\sqrt{x^2+y^2} + i\tan^{-1}\dfrac{y}{x}$

$\quad\quad = \dfrac{1}{2}\ln(x^2+y^2) + i\tan^{-1}\dfrac{y}{x}$

$\quad\quad \therefore u = \dfrac{1}{2}\ln(x^2+y^2)$，$v = \tan^{-1}\dfrac{y}{x}$

若已知 $g(x, y) = u(x, y) + iv(x, y)$，則可用 $x = \dfrac{1}{2}(z+\bar{z})$，$y = \dfrac{1}{2i}(z-\bar{z})$ 將 $g(x, y)$ 化成 $\omega = f(z)$ 之形式。

例 2 將 $f(x, y) = (x^2 - y^2) + 2ixy$，表成 $w = f(z)$ 之形式。

解

取 $x = \dfrac{1}{2}(z+\bar{z})$，$y = \dfrac{1}{2i}(z-\bar{z})$

則 $w = f(z) = \left[\dfrac{1}{2}(z+\bar{z})\right]^2 - \left[\dfrac{1}{2i}(z-\bar{z})\right]^2 + 2i\left[\dfrac{1}{2}(z+\bar{z})\right]\left[\dfrac{1}{2i}(z-\bar{z})\right]$

$\quad\quad = \dfrac{1}{4}(z^2 + 2z\bar{z} + \bar{z}^2) + \dfrac{1}{4}(z^2 - 2z\bar{z} + \bar{z}^2) + \dfrac{1}{2}(z^2 - \bar{z}^2) = z^2$

例 3 將 $f(x, y) = \dfrac{x}{x^2 + y^2} + \dfrac{-y}{x^2 + y^2} i$ 表成 $f(z)$ 之形式

解

$$x = \frac{1}{2}(z + \bar{z}) \ , \ y = \frac{1}{2i}(z - \bar{z})$$

則 $w = f(z) = \dfrac{\frac{1}{2}(z + \bar{z})}{\left[\frac{1}{2}(z + \bar{z})\right]^2 + \left[\frac{1}{2i}(z - \bar{z})\right]^2} + \dfrac{-\frac{1}{2i}(z - \bar{z})}{\left[\frac{1}{2}(z + \bar{z})\right]^2 + \left[\frac{1}{2i}(z - \bar{z})\right]^2} i$

$$= \frac{z + \bar{z}}{2z\bar{z}} - \frac{z - \bar{z}}{2z\bar{z}} = \frac{2\bar{z}}{2z\bar{z}} = \frac{1}{z}$$

練習 8.2A

1. 試將下列函數用 $u(x, y) + iv(x, y)$ 表示，u, v 為實函數

   (1) z^3 (2) $\dfrac{z}{1+z}$ (3) $\dfrac{1}{z}$

2. 將 $(x^3 - 3xy^2) + i(3x^2 y - y^3)$ 化成 $f(z)$ 之形式

複數平面之轉換

　　給定一複數 $z = x + iy$ 及一個複變函數 $w = f(z)$，其中 $w = u + iv$，u, v 均為 x, y 之實函數，現在我們要求 $w = f(z)$ 之像是什麼？我們可令 $w = f(z) = u + iv$，利用 x, y 之關係代入 u, v，消去 x, y 而得到一個純然是 u, v 的結果。

例 4 求 $y = 3x - 2$ 透過 $w = f(z) = \bar{z}$ 之轉換後之像為何？

解

$w = f(z) = \bar{z} = \overline{x + iy} = x - iy = u + iv$ (1)

$\therefore x = u \ , \ y = -v$ (2)

代 (2) 入 $y = 3x - 2$ 得 $-v = 3u - 2$ $\therefore 3u + v = 2$ 是為所求

例 5 求複平面之正半平面 $\text{Re}(z) \geq 1$ 透過線性轉換 $w = iz + i$ 後之像。

解

$w = iz + i = i(x + iy) + i = -y + (x + 1)i = u + iv$ 得 $x + 1 = v$ 或 $x = v - 1$，又已知 $\text{Re}(z) = x \geq 1$

$\therefore v - 1 \geq 1$ 即 $v \geq 2$

例 6　求圓 $|z - 1| = 1$ 透過 $w = 3z$ 之線性轉換後之像。

提示	解答
方法一 仿前例作法	方法一 令 $w = 3z = 3(x + iy) = u + iv$ $\therefore u = 3x$，$v = 3y$ $\|z - 1\| = \|x + iy - 1\| = \left\|\left(\dfrac{u}{3} - 1\right) + i\dfrac{v}{3}\right\| = \left\|\dfrac{1}{3}(u + iv) - 1\right\|$ $\qquad\qquad = \left\|\dfrac{1}{3}w - 1\right\| = 1$ 即 $\|w - 3\| = 3$，為一圓。
方法二 直攻法	方法二 $\because w = 3z$　$\therefore z = \dfrac{w}{3}$ $\|z - 1\| = \left\|\dfrac{w}{3} - 1\right\| = 1$　$\therefore \|w - 3\| = 3$

例 7　求水平線 $y = 1$ 透過 $w = z^2$ 之轉換後之像。

解

$$\because z = x + iy$$
$$\therefore z^2 = (x + iy)^2 = \underbrace{(x^2 - y^2)}_{u} + \underbrace{2ixy}_{v}$$

即 $u = x^2 - y^2$，$v = 2xy$

$\quad y = 1 \therefore u = x^2 - 1$，$v = 2x$（即 $x = \dfrac{v}{2}$）

$\therefore u = x^2 - 1 = \left(\dfrac{v}{2}\right)^2 - 1 = \dfrac{v^2}{4} - 1$ 是為所求。

練習 8.2B

1. 求 $xy = 1$，透過 $w = z^2$ 之轉換後之像。

2. $x + y = 1$ 透過 $w = z^2$ 轉換後之像

3. $y = 2x + 3$ 透過 $w = \bar{z}$ 轉換後之像

4. $z = 1 + i$ 透過 $w = z^3$ 轉換後之像

5. $x^2 + y^2 = b^2$，$b > 0$ 透過 $w = \dfrac{1}{z}$ 轉後之像

6. $y = x$ 透過 $w = \dfrac{1}{z}$ 轉換後之像

7. $0 < \arg z < \dfrac{\pi}{4}$ 透過 $w = z^4$ 轉換後之像

複變函數極限

複變函數極限之定義與微積分所述之極限相似：

【定義】　若給定任一個正數 ε，都存在一個 δ，$\delta > 0$，無論何時只要 $0 < |z - z_0| < \delta$ 均能滿足 $|f(x) - \ell| < \varepsilon$，則稱 z 趨近 z_0 時，$f(z)$ 之極限為 ℓ，以 $\lim\limits_{z \to z_0} f(z) = \ell$ 表之。

根據定義，可導出複變函數之極限定理 A：

【定理 A】　若 $\lim\limits_{z \to z_0} f(z) = A$，$\lim\limits_{z \to z_0} g(z) = B$ 則

(1) $\lim\limits_{z \to z_0} (f(z) \pm g(z)) = \lim\limits_{z \to z_0} f(z) \pm \lim\limits_{z \to z_0} g(z) = A \pm B$

(2) $\lim\limits_{z \to z_0} (f(z)g(z)) = \lim\limits_{z \to z_0} f(z) \lim\limits_{z \to z_0} g(z) = AB$

(3) $\lim\limits_{z \to z_0} \dfrac{f(z)}{g(z)} = \dfrac{\lim\limits_{z \to z_0} f(z)}{\lim\limits_{z \to z_0} g(z)} = \dfrac{A}{B}$ ，但 $B \neq 0$

例 8　計算　(a) $\lim\limits_{z \to i} (z^2 + z + 1)$　(b) $\lim\limits_{z \to 1 + i} \dfrac{z^2 - 1}{z - 1}$

解

(a) $\lim\limits_{z \to i} (z^2 + z - 1) = (\lim\limits_{z \to i} z^2) + (\lim\limits_{z \to i} z) + (\lim\limits_{z \to i} (1))$
$$= -1 + i + 1 = i$$

(b) $\lim\limits_{z \to 1 + i} \dfrac{z^2 - 1}{z - 1} = \lim\limits_{z \to 1 + i} (z + 1) = 2 + i$

例 9　求 $\lim\limits_{z \to 0} \dfrac{\bar{z}}{z}$

解

$$\lim\limits_{z \to 0} \dfrac{\bar{z}}{z} = \lim\limits_{\substack{x \to 0 \\ y \to 0}} \dfrac{x - iy}{x + iy}$$

(1) $\lim\limits_{x \to 0} \left(\lim\limits_{y \to 0} \dfrac{x - iy}{x + iy} \right) = \lim\limits_{x \to 0} \dfrac{x}{x} = 1$

(2) $\lim\limits_{y \to 0} \left(\lim\limits_{x \to 0} \dfrac{x - iy}{x + iy} \right) = \lim\limits_{y \to 0} \dfrac{-iy}{iy} = -1$

$$\because \lim_{x\to 0}\left(\lim_{y\to 0}\frac{\bar{z}}{z}\right)\neq\lim_{y\to 0}\left(\lim_{x\to 0}\frac{\bar{z}}{z}\right)\therefore\lim_{z\to 0}\frac{\bar{z}}{z}\ \text{不存在。}$$

【定理 B】　$f(z)=u(x,y)+iv(x,y)$，若 $z_0=x_0+y_0i$ 且 $w_0=u_0+v_0$，則 $\lim\limits_{z\to z_0}f(z)=w_0$ 之充

要條件為 $\lim\limits_{\substack{x\to x_0\\y\to y_0}}u(x,y)=u_0$，$\lim\limits_{\substack{x\to x_0\\y\to y_0}}v(x,y)=v_0$

例10　$\lim\limits_{z=1+i}\left(\dfrac{xy}{x+3y^2}+ixy\right)$

解

$$\lim_{\substack{x\to 1\\y\to 1}}\frac{xy}{x^2+3y^2}=\frac{1}{4}，\lim_{\substack{x\to 1\\y\to 1}}xy=1\quad\therefore\lim_{z\to 1+i}\left(\frac{xy}{x+3y^2}+ixy\right)=\frac{1}{4}+i$$

【定義】　若 $f(z)$ 同時滿足下列三條件則稱 $f(z)$ 在 $z=z_0$ 處為連續。

(1) $\lim\limits_{z\to z_0}f(z)$ 存在

(2) $f(z_0)$ 存在

(3) $\lim\limits_{z\to z_0}f(z)=f(z_0)$

例11　若 $f(z)=\begin{cases}\dfrac{\operatorname{Im}(z)}{|z|}&,z\neq 0\\[2mm]0&,z=0\end{cases}$，問 $f(z)$ 在 $z=0$ 處是否為連續？

解

$z=x+yi,\ x,y\in R$ 則 $f(z)=\dfrac{\operatorname{Im}(z)}{|z|}=\dfrac{y}{\sqrt{x^2+y^2}}$

$$\because \lim_{x\to 0}\left(\lim_{y\to 0}\frac{y}{\sqrt{x^2+y^2}}\right)=0，\lim_{y\to 0}\left(\lim_{x\to 0}\frac{y}{\sqrt{x^2+y^2}}\right)=\lim_{y\to 0}\frac{y}{\sqrt{y^2}}=\lim_{y\to 0}\frac{y}{|y|}，$$

$\lim\limits_{y\to 0^+}\dfrac{y}{|y|}=1，\lim\limits_{y\to 0^-}\dfrac{y}{|y|}=-1，\therefore\lim\limits_{y\to 0}\dfrac{y}{|y|}$不存在

從而 $\lim\limits_{z\to 0}f(z)$不存在，$\therefore f(z)$ 在 $z=0$ 處不連續。

例12　判斷下列函數在何處不連續？

(1) $f_1(z)=\dfrac{z^2}{z+i}$　(2) $f_2(z)=\dfrac{z^2}{z+1}$

提示	解答
找使分母為 0 之所在	(1) $z = -i$ 處 (2) $z = -1$ 處

例13 試判斷 $f(z) = \arg z$ 在原點處是否連續？

提示	解答
看到 $\arg z$ 就想到 $\arg z = \tan^{-1}\dfrac{y}{x}$	$\because z = x + yi$，$\arg z = \tan^{-1}\dfrac{y}{x}$ $\therefore f(z) = \arg z$ 在原點 $(0, 0)$ 處無定義，故不連續。

微分定義與解析性

【定義】 $f(z)$ 之導函數記做 $f'(z)$ 定義為若
$\lim\limits_{\Delta z \to 0} \dfrac{f(z_0 + \Delta z) - f(z_0)}{\Delta z}$ 存在，則稱 $f(z)$ 在 $z = z_0$ 處可微分。

上述定義亦可等價寫成
$$f'(z_0) = \lim_{z \to z_0} \frac{f(z) - f(z_0)}{z - z_0}$$

例14 若 $f(z) = z^2$，用定義求 $f'(z)$。

解
$$f'(z) = \lim_{\Delta z \to 0} \frac{f(z + \Delta z) - f(z)}{\Delta z} = \lim_{\Delta z \to 0} \frac{(z + \Delta z)^2 - z^2}{\Delta z} = \lim_{\Delta z \to 0} \frac{2z\Delta z + (\Delta z)^2}{\Delta z}$$
$$= \lim_{\Delta z \to 0} (2z + \Delta z) = 2z$$

例15 $f(z) = \bar{z}$ 是不是到處可微分？

解
$$\frac{d}{dz} f(z) = \lim_{\Delta z \to 0} \frac{f(z + \Delta z) - f(z)}{\Delta z}, \; z = x + yi, \; x, y \in R,$$
$$\Delta z = \Delta x + i\Delta y$$
$$= \lim_{\Delta z \to 0} \frac{\overline{z + \Delta z} - \bar{z}}{\Delta z} = \lim_{\substack{\Delta x \to 0 \\ \Delta y \to 0}} \frac{\overline{(x + iy) + (\Delta x + i\Delta y)} - \overline{x + iy}}{\Delta x + i\Delta y}$$

$$= \lim_{\substack{\Delta x \to 0 \\ \Delta y \to 0}} \frac{x - iy + \Delta x - i\Delta y - x + iy}{\Delta x + i\Delta y} = \lim_{\substack{\Delta x \to 0 \\ \Delta y \to 0}} \frac{\Delta x - i\Delta y}{\Delta x + i\Delta y}$$

(1) $\displaystyle \lim_{\Delta x \to 0} \left(\lim_{\Delta y \to 0} \frac{\Delta x - i\Delta y}{\Delta x + i\Delta y} \right) = \lim_{\Delta x \to 0} \frac{\Delta x}{\Delta x} = 1$

(2) $\displaystyle \lim_{\Delta y \to 0} \left(\lim_{\Delta x \to 0} \frac{\Delta x - i\Delta y}{\Delta x + i\Delta y} \right) = \lim_{\Delta y \to 0} \frac{-i\Delta y}{i\Delta y} = -1$

$\because (1) \neq (2)$　　$\therefore f'(z)$ 不存在

　　例 15 是一個證明 $f(z)$ 不可微分典型之作法，細心的讀者可發現，它所用之技巧類似偏微分所用的方法。

　　複變數函數亦有與實變數函數相同之微分公式：

【定理 C】　f，g 為二個 z 之可微分複變數函數，則

(1) $(f \pm g)' = f' \pm g'$

(2) $(fg)' = f'g + fg'$

(3) $(kf)' = kf'$，k 為常數

(4) $\left(\dfrac{f}{g} \right)' = \dfrac{gf' - fg'}{g^2}$，但 $g \neq 0$

(5) $\dfrac{d}{dz} f(g) = f'(g)g'$

(6) $\dfrac{d}{dz} z^n = nz^{n-1}$

　　其證明方式大抵與實變函數微分公式相似，故從略。

例16　若 $f(z) = z^2 + 1$，$g(z) = z^3 + iz + 2i$

則　　$\dfrac{d}{dz} (f(z) + g(z)) = f'(z) + g'(z) = 2z + 3z^2 + i$

$\dfrac{d}{dz} (f(z)g(z)) = \dfrac{d}{dz} (z^2 + 1)(z^3 + iz + 2i) = 2z (z^3 + iz + 2i) + (z^2 + 1)(3z^2 + i)$

$\qquad\qquad = 5z^4 + 3(i+1)z^2 + 4iz + i$

【定理 D】 （複變數函數下之 L'Hospital 法則）

$f(z)$，$g(z)$ 在 $z = z_0$ 可微分，

若 $\lim\limits_{z \to z_0} f(z) = \lim\limits_{z \to z_0} g(z) = 0$ 或 ∞

則 $\lim\limits_{z \to z_0} \dfrac{f(z)}{g(z)} = \dfrac{f'(z_0)}{g'(z_0)}$。

例17 求 $\lim\limits_{z \to 1} \dfrac{z^3 - 1}{z^2 - 1}$

解

$$\lim_{z \to 1} \frac{z^3 - 1}{z^2 - 1} = \lim_{z \to 1} \frac{3z^2}{2z} = \frac{3}{2}$$

　　如同微積分：若 $f(z)$ 在 $z = z_0$ 可微分則 $f(z)$ 在 $z = z_0$ 必為連續，反之未必成立。

練習 8.2C

1. $f(z) = \mathrm{lm}(z)$ 在 $z = 0$ 處是不是可微分？

2. $f(z) = \begin{cases} \dfrac{(x^3 - y^3) + i(x^3 + y^3)}{x^2 + y^2} & , z \neq 0 \\ 0 & , z = 0 \end{cases}$ 試問 $f(z)$ 在 $z = 0$ 處是否可微分？

3. $f(z) = \begin{cases} \dfrac{xy^2(x + yi)}{x^2 + y^4} & , z \neq 0 \\ 0 & , z = 0 \end{cases}$ 試問 $f(z)$ 在 $z = 0$ 處是否可微分？

8.3 複變函數之解析性

【定義】 若 $f(z)$ 在點 z_0 與 z_0 之鄰域處處可微分則稱 $f(z)$ 在 z_0 為**解析**（analytic），若在區域 R 中之所有 z 均為解析則稱 $f(z)$ 在 R 中為解析。

由定義我們可確定的是 $f(z)$ 在 R 中為解析則它在 R 中之任一點 $z = z_0$ 必為解析，但 $f(z)$ 在 R 中一點 $z = z_0$ 解析未必在 R 中為解析。

解析函數與歌西─黎曼方程式（Cauchy-Riemann方程式）

Cauchy-Riemann 方程式是複變數分析裡最重要的定理之一。它是判斷複變函數是否解析之最重要工具。

【定理 A】 $\omega = f(z) = u(x, y) + iv(x, y)$，在區域 R 中，$\dfrac{\partial u}{\partial x}$，$\dfrac{\partial u}{\partial y}$，$\dfrac{\partial v}{\partial x}$，$\dfrac{\partial v}{\partial y}$ 均為連續。若且唯若 u，v 滿足 Cauchy-Riemann 方程式

$\dfrac{\partial u}{\partial x} = \dfrac{\partial v}{\partial y}$，$\dfrac{\partial u}{\partial y} = -\dfrac{\partial v}{\partial x}$

則 $f(z)$ 在區域 R 中為解析。

這個定理是說，某個區域 R 內如果 $f(z) = u(x, y) + iv(x, y)$（$\dfrac{\partial u}{\partial x}$，$\dfrac{\partial u}{\partial y}$，$\dfrac{\partial v}{\partial x}$ 及 $\dfrac{\partial v}{\partial y}$ 在區域 R 中均為連續函數）同時滿足 $\dfrac{\partial u}{\partial x} = \dfrac{\partial v}{\partial y}$，$\dfrac{\partial u}{\partial y} = -\dfrac{\partial v}{\partial x}$ 二個條件，那麼 $f(z)$ 在區域 R 中是解析的，如果有任何一個條件不滿足，則 $f(z)$ 在區域 R 中便不解析。反之，若 $f(z)$ 在區域 R 中為解析則在區域 R 中 $\dfrac{\partial u}{\partial x} = \dfrac{\partial v}{\partial y}$，$\dfrac{\partial u}{\partial y} = -\dfrac{\partial v}{\partial x}$ 必然成立。

由定理 A 可得：

【定理 B】 若函數 $f(z)$；$z = u + iv$ 解析則

$f'(z) = \dfrac{\partial u}{\partial x} + i\dfrac{\partial v}{\partial x} = \dfrac{\partial v}{\partial y} - i\dfrac{\partial u}{\partial y}$

Cauchy-Riemann方程式記憶要訣

CR 方程式	二階行列式

例 1 $f(z) = e^x(\cos y - i \sin y)$ 在複平面 z 上是否解析？

解

$u = e^x\cos y$，$v = -e^x\sin y$

$\therefore \dfrac{\partial u}{\partial x} = e^x\cos y$，$\dfrac{\partial v}{\partial y} = - e^x\cos y$，$\dfrac{\partial u}{\partial x} \neq \dfrac{\partial v}{\partial y}$

$\therefore f(z)$ 在平面 z 上不解析

例 2 試證 $f(z) = z\text{Re}(z)$ 僅在 $z = 0$ 時解析，並求 $f'(0)$

解

$f(z) = z\text{Re}(z) = (x + yi)x = x^2 + xyi$

$\dfrac{\partial u}{\partial x} = 2x$，$\dfrac{\partial u}{\partial y} = 0$，$\dfrac{\partial v}{\partial x} = y$，$\dfrac{\partial v}{\partial y} = x$，因此 $f(z)$ 在複平面上不是處處可微

分，只在 $(0, 0)$ 處可微分，而 $f'(0) = \dfrac{\partial u}{\partial x} + i\dfrac{\partial v}{\partial x}\Big|_{(0,0)} = 2x + iy\big|_{(0,0)} = 0$

例 3 $f(z) = x^3 - i(y^3 - 3y)$ 是否在整個複平面上可解析？或僅在某些點上解析？

解

$u = x^3$，$v = 3y - y^3$

$\dfrac{\partial u}{\partial x} = 3x^2$，$\dfrac{\partial u}{\partial y} = 0$，$\dfrac{\partial v}{\partial x} = 0$，$\dfrac{\partial v}{\partial y} = 3 - 3y^2$，它要滿足 Cauchy-Riemann

方程式除 $\dfrac{\partial u}{\partial y} = -\dfrac{\partial v}{\partial x} = 0$ 外還要 $\dfrac{\partial u}{\partial x} = \dfrac{\partial v}{\partial y}$

$\therefore f(z)$ 僅在 $3x^2 = 3 - 3y^2$ 即 $x^2 + y^2 = 1$ 之點上解析。

例 4　判斷 $f(z) = z^2$ 是否解析？若是求 $f'(z)$

解

(1) 設 $z = x + yi$，則 $f(z) = z^2 = (x + yi)^2 = (x^2 - y^2) + 2xyi$

取　$u = x^2 - y^2$，$v = 2xy$

$$\therefore \begin{cases} \dfrac{\partial u}{\partial x} = 2x \quad , \dfrac{\partial v}{\partial y} = 2x , \dfrac{\partial u}{\partial x} = \dfrac{\partial v}{\partial y} \\[3mm] \dfrac{\partial u}{\partial y} = -2y , \dfrac{\partial v}{\partial x} = 2y , \dfrac{\partial u}{\partial y} = -\dfrac{\partial v}{\partial x} \end{cases}$$

$\therefore f(z) = z^2$ 為解析

(2) $f'(z) = 2z$，若由定理 B 則由 (1) 之結果：

$f(z) = (x^2 - y^2) + 2xyi$

$$f'(z) = \frac{\partial u}{\partial x} + i\frac{\partial v}{\partial x} = 2x + 2yi = 2(x + yi) = 2z$$

或 $f'(z) = \dfrac{\partial v}{\partial y} - i\dfrac{\partial u}{\partial y} = 2x - i(-2y) = 2(x + yi) = 2z$

例 5　若 $f(z)$ 在鄰域 D 中為解析函數且若 $\operatorname{Re}(f(z)) = 0$ 試證 $f(z)$ 為常數函數。

解

提示	解答
要證明解析函數 $f(z) = u + iv$ 為常數函數需證明 $$\frac{\partial u}{\partial x} = \frac{\partial u}{\partial y} = 0$$ $$\frac{\partial v}{\partial x} = \frac{\partial v}{\partial y} = 0$$	令 $f(z) = u + iv$ $\because \operatorname{Re}(f(z)) = u = 0$ $\therefore f(z) = iv$ 又 $f(z)$ 為解析，由 Cauchy-Riemann 方程式 $$\begin{cases} \dfrac{\partial u}{\partial x} = \dfrac{\partial v}{\partial y} = 0 \; (\because u = 0 \quad \therefore \dfrac{\partial u}{\partial x} = 0) \\[3mm] \dfrac{\partial u}{\partial y} = -\dfrac{\partial v}{\partial x} = 0 \end{cases}$$ $\dfrac{\partial u}{\partial x} = \dfrac{\partial u}{\partial y} = 0$ 且 $\dfrac{\partial v}{\partial x} = \dfrac{\partial v}{\partial y} = 0$ $\therefore f(z)$ 為常數函數

練習 8.3A

1. (1) $f(z) = \operatorname{Re}(z^2)$ 是否為解析？

(2) $f(z) = (x^3 - 3xy^2) + i(3x^2y - y^3)$ 是否為解析？

(3) $f(z) = e^{\bar{z}}$ 是否為解析？

(4) $f(z) = |z|$ 是否解析？

2. 試證 Cauchy-Reicmann 方程式之極坐標表示為

$$\frac{\partial u}{\partial r} = \frac{1}{r}\frac{\partial v}{\partial \theta} \;,\; \frac{\partial v}{\partial r} = -\frac{1}{r}\frac{\partial u}{\partial \theta}$$

$f(z) = u(x, y) + iv(x, y)$ 在區域 R 中為解析，試證 3～5 題：

3. 若 $\overline{f(z)}$ 在 R 中解析，則 $f(z)$ 為常數

4. 若 $|f(z)|$ 在 R 中解析，則 $f(z)$ 為常數

5. 若 $au + bv = c$，a, b 不全為 0 之常數，則 $f(z)$ 為常數

6. 若 $f(z) = ay^3 + bx^2y + i(x^3 + cxy^2)$ 為解析函數，求 a, b, c

7. 練習 8.2B 之第 2，3 題在 (0, 0) 處是否滿足 Cauchy-Riemann 方程式？

8. 問 $f'(z) = \dfrac{\partial u}{\partial x} + i\dfrac{\partial v}{\partial x}$ 在區域 D 內解析之條件？

9. 若 $f(z)$ 在區域 D 中為解析 $\arg f(z)$ 在區域 D 內為常數，試證 $f(z)$ 在 D 內為常數函數。

解析函數之實部與虛部互導

若 $f(z) = u(x, y) + v(x, y)i$ 為解析之前提下，一旦我們知道了 $f(z)$ 之實部，便能導出 $f(z)$ 之虛部；同樣地，知道了 $f(z)$ 之虛部，也能導出 $f(z)$ 的實部。

例 6 若 $f(z)$ 為解析函數，且已知其實部為 $u(x, y) = e^x\cos y$，求 $f(z)$。

提示	解答
類似第一章正合方程式之解法。	由 Cauchy-Riemann 方程式 $\dfrac{\partial u}{\partial x} = e^x\cos y = \dfrac{\partial v}{\partial y}$ $\therefore v = \displaystyle\int e^x\cos y\, dy = e^x\sin y + F(x)$ (1) $\dfrac{\partial u}{\partial y} = -e^x\sin y = \dfrac{-\partial v}{\partial x}$ $\therefore v = \displaystyle\int e^x\sin y\, dx = e^x\sin y + G(y)$ (2) 由 (1)，(2)，$v = e^x\sin y + c$，$f(z) = e^x\cos y + i(e^x\sin y + c) = e^{x+yi} + c'i = e^z + c'$

例 6 之 v 其實是由 (1), (2) 之不同項合起來再加一常數 c 即得。

例 7 若 $f(z)$ 為解析函數，且已知虛部為 $2xy$，求 $f(z)$。

解

由 Cauchy-Riemann 方程式

$$\begin{cases} \dfrac{\partial u}{\partial x} = \dfrac{\partial v}{\partial y} = \dfrac{\partial}{\partial y}(2xy) = 2x \\[4pt] \therefore u = \int 2x\, dx = x^2 + F(y) \qquad\qquad (1) \\[8pt] \dfrac{\partial u}{\partial y} = \dfrac{-\partial v}{\partial x} = -\dfrac{\partial}{\partial x}(2xy) = -2y \\[4pt] \therefore u = \int -2y\, dy = -y^2 + G(x) \qquad (2) \end{cases}$$

由 (1)，(2)$u = x^2 - y^2 + c$

即 $f(z) = (x^2 - y^2 + c) + (2xy)i = (x^2 + 2xyi - y^2) + c = (x + yi)^2 + c = z^2 + c$

調和函數

【定義】 $\phi(x, y)$ 為二實變數 x, y 之函數，若 $\phi(x, y)$ 滿足 Laplace 方程式 $\phi_{xx} + \phi_{yy} = 0$ 則 $\phi(x, y)$ 為**調和函數**（harmonic function）。

例 8 試證 (1) $u(x, y) = x^2 - y^2$ (2) $f(z) = \bar{z}$ 為調和函數。

解

(1) $u_x = 2x$，$u_{xx} = 2$，$u_y = -2y$，$u_{yy} = -2$

　　$\therefore u_{xx} + u_{yy} = 2 - 2 = 0$，得 $u(x, y)$ 為調和函數

(2) $z = x + yi$；$\bar{z} = x - yi$　$\because u = x, v = -y$

　　$\therefore \dfrac{\partial^2 u}{\partial x^2} + \dfrac{\partial^2 u}{\partial y^2} = 0$ 即 $f(z) = \bar{z}$ 為調和函數。

★例 9 （論例）若 $f(z) = u(x, y) + iv(x, y)$ 在某個鄰域 D 中為解析且若 $u(x, y)$，$v(x, y)$ 在 D 中對 x, y 之二階導函數均為連續（即 $u, v \in C^2$），試證 $u(x, y)$，$v(x, y)$ 均為調和函數。

解

提示	解答
由偏微分知若 $f(x, y) \in C^2$，即 $f(x, y)$ 在 D 中之二階導函數存在連續，則有 $$\dfrac{\partial^2 f}{\partial x \partial y} = \dfrac{\partial^2 f}{\partial y \partial x}$$	$f(z)$ 在 D 中解析，由 Cauchy-Riemann 方程式知 $$\dfrac{\partial u}{\partial x} = \dfrac{\partial v}{\partial y}，\dfrac{\partial u}{\partial y} = -\dfrac{\partial v}{\partial x}$$ 又 $$\begin{cases} \dfrac{\partial u}{\partial x} = \dfrac{\partial v}{\partial y} \Rightarrow \dfrac{\partial^2 u}{\partial x^2} = \dfrac{\partial^2 v}{\partial x \partial y} \qquad (1) \\[8pt] \dfrac{\partial u}{\partial y} = -\dfrac{\partial v}{\partial x} \Rightarrow \dfrac{\partial^2 u}{\partial y^2} = -\dfrac{\partial^2 v}{\partial y \partial x} \qquad (2) \end{cases}$$

提示	解答
	$\because$ $v(x, y)$ 對 x, y 均有連續之二階導數為連續
	$\therefore$ $\dfrac{\partial^2 v}{\partial x \partial y} = \dfrac{\partial^2 v}{\partial y \partial x}$
	(1) + (2) 得 $\dfrac{\partial^2 u}{\partial x^2} + \dfrac{\partial^2 u}{\partial y^2} = 0$，0 即 $u(x, y)$ 為和諧函數，同法可證 $v(x, y)$ 為調和函數。

調和共軛

設 $u(x, y)$ 在某一**開放圓盤**（open disk）為調和則我們可在該圓盤找到一個調和函數 $v(x, y)$，使得 $f(z) = u(x, y) + iv(x, y)$ 為解析則稱 v 為 u 之**調和共軛**（harmonic conjugate）。

例10 試證 (1) $u = e^{-x}(x\sin y - y\cos y)$ 為調和 (2) 試求 v 使得 $f(z) = u + iv$ 解析

提示	解答
	(1) $\dfrac{\partial u}{\partial x} = e^{-x}\sin y - xe^{-x}\sin y + ye^{-x}\cos y$ ；
	$\dfrac{\partial^2 u}{\partial x^2} = -2e^{-x}\sin y + xe^{-x}\sin y - ye^{-x}\cos y$
	$\dfrac{\partial u}{\partial y} = xe^{-x}\cos y + ye^{-x}\sin y - e^{-x}\cos y$ ；
	$\dfrac{\partial^2 u}{\partial y^2} = -xe^{-x}\sin y + 2e^{-x}\sin y + ye^{-x}\cos y$
	$\because$ $\dfrac{\partial^2 u}{\partial x^2} + \dfrac{\partial^2 u}{\partial y^2} = 0$ $\therefore$ $u = e^{-x}(x\sin y - y\cos y)$ 為調和
(2) 即相當求 u 之調和共軛	(2) 為求 $v = ?$ 我們可應用 Cauchy-Riemann 方程式 $\dfrac{\partial u}{\partial x} = \dfrac{\partial v}{\partial y}$，
	然後對 y 積分以求出 v：
	$\dfrac{\partial u}{\partial x} = e^{-x}\sin y - xe^{-x}\sin y + ye^{-x}\cos y = \dfrac{\partial v}{\partial y}$
	上式對 y 積分：
	$v = -e^{-x}\cos y + xe^{-x}\cos y + e^{-x}(y\sin y + \cos y) + h(x)$
	$\quad = xe^{-x}\cos y + e^{-x}y\sin y + h(x)$ (3)
	現在要決定 $h(x) = ?$ 利用 $\dfrac{\partial v}{\partial x} = \dfrac{-\partial u}{\partial y}$
	$\begin{cases} \dfrac{\partial v}{\partial x} = e^{-x}\cos y - xe^{-x}\cos y - e^{-x}y\sin y + h'(x) \\ -\dfrac{\partial u}{\partial y} = -(xe^{x}\cos y + ye^{-x}\sin y - e^{-x}\cos y) \end{cases}$
	$\therefore$ $h'(x) = 0$，$h(x) = c$
	即 $v = xe^{-x}\cos y + e^{-x}y\sin y + c$

練習 8.3B

1. 驗證下列函數為調和，並求解析函數 $f(z) = u + iv$

   (1) $v = \tan^{-1}\dfrac{y}{x}$，$x > 0$　(2) $v = \dfrac{y}{x^2+y^2}$

2. $u = f(ax + by)$，a, b 為異於 0 之常數，若 u 為調和函數，求 u

3. $f(z) = u + iv$，若 u, v 均為調和函數問 $u + iv$ 是否一定解析

$\dfrac{\partial\omega}{\partial z}$ 與 $\dfrac{\partial\omega}{\partial\bar{z}}$

在求 $\dfrac{\partial\omega}{\partial z}$ 與 $\dfrac{\partial\omega}{\partial\bar{z}}$ 時，我們只需把 z，$\bar{z}$ 看成二個不同變數即可，例如：

$\omega = f(z) = z^2 + z\bar{z} + \bar{z}^2$ 則 $\dfrac{\partial\omega}{\partial z} = 2z + \bar{z}$，$\dfrac{\partial^2\omega}{\partial\bar{z}\partial z} = \dfrac{\partial}{\partial\bar{z}}(2z + \bar{z}) = 1$

例11 證：(1) $\dfrac{\partial}{\partial x} = \dfrac{\partial}{\partial z} + \dfrac{\partial}{\partial\bar{z}}$ 及 (2) $\dfrac{\partial}{\partial y} = i\left(\dfrac{\partial}{\partial z} - \dfrac{\partial}{\partial\bar{z}}\right)$

提示	解答
應用偏微分之鏈鎖法則 	設 F 為任何可微分函數，$z = x + yi$，$\bar{z} = x - y_i$ (1) $\dfrac{\partial F}{\partial x} = \dfrac{\partial F}{\partial z}\cdot\dfrac{\partial z}{\partial x} + \dfrac{\partial F}{\partial\bar{z}}\cdot\dfrac{\partial\bar{z}}{\partial x} = \dfrac{\partial F}{\partial z} + \dfrac{\partial F}{\partial\bar{z}}$ 即 $\dfrac{\partial}{\partial x} = \dfrac{\partial}{\partial z} + \dfrac{\partial}{\partial\bar{z}}$
	(2) $\dfrac{\partial F}{\partial y} = \dfrac{\partial F}{\partial z}\cdot\dfrac{\partial z}{\partial y} + \dfrac{\partial F}{\partial\bar{z}}\cdot\dfrac{\partial\bar{z}}{\partial y} = i\left(\dfrac{\partial F}{\partial z} - \dfrac{\partial F}{\partial\bar{z}}\right)$ 即 $\dfrac{\partial}{\partial y} = i\left(\dfrac{\partial}{\partial z} - \dfrac{\partial}{\partial\bar{z}}\right)$

例12 證明：$\nabla = \dfrac{\partial}{\partial x} + i\dfrac{\partial}{\partial y} = 2\dfrac{\partial}{\partial\bar{z}}$ 及 $\overline{\nabla} = \dfrac{\partial}{\partial x} - i\dfrac{\partial}{\partial y} = 2\dfrac{\partial}{\partial z}$

提示	解答
$F \begin{cases} z \begin{cases} x \\ y \end{cases} \\ \bar{z} \begin{cases} x \\ y \end{cases} \end{cases}$	(1) 考慮 ∇F： $\nabla F = \left(\dfrac{\partial}{\partial x} + i \dfrac{\partial}{\partial y} \right) F = \dfrac{\partial}{\partial x} F + i \dfrac{\partial}{\partial y} F$ $= \left(\dfrac{\partial F}{\partial z} \cdot \dfrac{\partial z}{\partial x} + \dfrac{\partial F}{\partial \bar{z}} \cdot \dfrac{\partial \bar{z}}{\partial x} \right) + i \left(\dfrac{\partial F}{\partial z} \cdot \dfrac{\partial z}{\partial y} + \dfrac{\partial F}{\partial \bar{z}} \cdot \dfrac{\partial \bar{z}}{\partial y} \right)$ $= \dfrac{\partial}{\partial z} F + \dfrac{\partial F}{\partial \bar{z}} + i \left(\dfrac{\partial F}{\partial z} \cdot i + \dfrac{\partial F}{\partial \bar{z}} (-i) \right) = 2 \dfrac{\partial F}{\partial \bar{z}}$ $\therefore \nabla = 2 \dfrac{\partial}{\partial \bar{z}}$ (2) 考慮 $\overline{\nabla} F$，仿 (a) 即得。

練習 8.3C

1. 若 $f(z) = u(x, y) + iv(x, y)$ 爲 $z = x + yi$ 之解析函數，$\omega(z, \bar{z}) = u\left(\dfrac{z + \bar{z}}{2}, \dfrac{z - \bar{z}}{2i} \right) + iv\left(\dfrac{z + \bar{z}}{2}, \dfrac{z - \bar{z}}{2i} \right)$ 求 $\dfrac{\partial \omega}{\partial \bar{z}}$

2. 若 $B(z, \bar{z}) = P(x, y) + iQ(x, y)$ 試證：$\dfrac{\partial P}{\partial x} - \dfrac{\partial Q}{\partial y} + i\left(\dfrac{\partial Q}{\partial x} + \dfrac{\partial P}{\partial y} \right) = 2 \dfrac{\partial B}{\partial \bar{z}}$

8.4 基本解析函數

本節主要介紹一些基本的解析函數，包括指數函數、三角函數與對數函數。

指數函數e^z

由 Euler 公式 $e^z = e^{x+iy} = e^x(\cos y + i \sin y)$，由此可發展一些 e^z 的基本性質。

【定理 A】　　1. $e^{z_1+z_2} = e^{z_1} \cdot e^{z_2}$

2. $e^{z_1-z_2} = e^{z_1}/e^{z_2}$

3. $(e^z)^n = e^{nz}$，n 為正整數

證明　只證明 $e^{z_1+z_2} = e^{z_1} \cdot e^{z_2}$ 部分：

$e^{z_1+z_2} = e^{(x_1+iy_1)+(x_2+iy_2)} = e^{(x_1+x_2)+i(y_1+y_2)} = e^{x_1+x_2}(\cos(y_1+y_2) + i\sin(y_1+y_2))$

$e^{z_1} \cdot e^{z_2} = e^{x_1}(\cos y_1 + i\sin y_1) \cdot e^{x_2}(\cos y_2 + i\sin y_2)$

$\qquad = e^{x_1+x_2}(\cos(y_1+y_2) + i\sin(y_1+y_2))$

$\therefore e^{z_1+z_2} = e^{z_1} \cdot e^{z_2}$ ∎

注意的是 $(e^{z_1})^{z_2} = e^{z_1 z_2}$ 不恆成立。

【定理 B】　　1. $|e^z| = e^x$

2. 若且唯若 $e^z = 1$ 則 $z = 2k\pi i$，$k = 0, \pm 1, \pm 2 \cdots\cdots$

3. 若且唯若 $z_1 = z_2$ 則 $z_1 = z_2 + 2k\pi i$，$k = 0, \pm 1, \pm 2 \cdots\cdots$

證明　1. $|e^z| = |e^x(\cos y + i\sin y)| = |e^x||\cos y + i \sin y| = e^x$

2. (1) $e^z = 1 \Rightarrow z = 2k\pi i$：

$\qquad |e^z| = e^x = 1 \therefore x = 0$ 從而 $e^z = e^{iy} = \cos y + i\sin y = 1$

$\qquad$ 得 $\cos y = 1$，$\sin y = 0$　$\therefore y = 2k\pi$

$\qquad$ 即 $z = x + iy = 2k\pi i$

(2) $z = 2k\pi i \Rightarrow e^z = 1$：

$\qquad e^z = e^{2k\pi i} = \cos 2k\pi + i\sin 2k\pi = 1$

3. $e^{z_1} = e^{z_2}$ 之充要條件為 $e^{z_1-z_2} = 1$

$\qquad \therefore z_1 - z_2 = 2k\pi i$，即 $z_1 = z_2 + 2k\pi i$ ∎

上一性質說明了 e^z **為週期 2π 之週期函數**，即 $e^z = e^{z+2k\pi i}$ 這個性質在解指數方程式時很重要。

例 1　求 $e^{3+\frac{\pi}{4}i}$

解

$$e^{3+\frac{\pi}{4}i} = e^3\left(\cos\frac{\pi}{4} + i\sin\frac{\pi}{4}\right) = \frac{\sqrt{2}}{2}e^3(1+i)$$

例 2　試證：不存在一個 z 滿足 $e^z = 0$

解

利用反證法，設存在一個 z 使得 $e^z = 0$，則
$e^z = e^x(\cos y + i\sin y) = 0$，$x,y \in R$，我們有：
$$\begin{cases} e^x\cos y = 0 & (1) \\ e^x\sin y = 0 & (2) \end{cases}$$
由 (1)，(2) 可得 $\cos y = 0$ 且 $\sin y = 0$，但不可能存在一個 $y \in R$ 同時
滿足 $\cos y = 0$ 及 $\sin y = 0$ $\therefore e^z \neq 0$

例 3　證 $e^{\bar{z}} = \overline{e^z}$

解

$$e^{\bar{z}} = e^{x-iy} = e^x\{(\cos(-y) + i\sin(-y))\} = e^x\{\cos y - i\sin y\} = \overline{e^x\{\cos y + i\sin y\}}$$
$$= \overline{e^z}$$

例 4　解 (1) $e^{4z} = 1$　(2) $e^z = \frac{1}{\sqrt{2}}(1+i)$

解

(1) $e^{4z} = 1 = e^{2k\pi i}$　$\therefore 4z = 2k\pi i$ 即 $z = \frac{k\pi}{2}i$，$k = 0, \pm1, \pm2\cdots$

(2) $e^z = \frac{1}{\sqrt{2}}(1+i) = \cos\frac{\pi}{4} + i\sin\frac{\pi}{4} = e^{i\frac{\pi}{4}}$，由定理 B，

$z = i\frac{\pi}{4} + 2k\pi i = \frac{\pi}{4}i(1+8k)$，$k = 0, \pm1, \pm2\cdots$

【定理 C】　$f(z) = e^z$ 為解析且 $\dfrac{d}{dz}e^z = e^z$

證明　(1) $w = e^z = e^{x+yi} = e^x(\cos y + i\sin y)$，$u = e^x\cos y$，$v = e^x\sin y$

$\therefore \dfrac{\partial u}{\partial x} = \dfrac{\partial v}{\partial y} = e^x\cos y$，且 $\dfrac{\partial u}{\partial y} = -\dfrac{\partial v}{\partial x} = e^x\sin y$，$\omega = e^z$ 滿足 Cauchy-
Riemann 方程式，$\therefore f(z) = e^z$ 為解析。

(2) $\dfrac{d}{dz}e^z = \dfrac{\partial u}{\partial x} + i\dfrac{\partial v}{\partial x} = e^x\cos y + ie^x\sin y = e^x(\cos y + i\sin y) = e^z$ ∎

複三角函數

由 Maclaurin 展開式：

$$e^{iz} = 1 + (iz) + \frac{1}{2!}(iz)^2 + \frac{1}{3!}(iz)^3 + \cdots\cdots$$

$$= 1 + iz - \frac{1}{2!}z^2 - \frac{1}{3!}iz^3 + \frac{1}{4!}z^4 + \cdots\cdots$$

$$e^{-iz} = 1 - iz - \frac{1}{2!}z^2 + \frac{1}{3!}iz^3 + \frac{1}{4!}z^4 + \cdots\cdots$$

$$\therefore \frac{1}{2}(e^{iz} + e^{-iz}) = 1 - \frac{1}{2!}z^2 + \frac{1}{4!}z^4 + \cdots\cdots = \cos z，以及$$

$$\frac{1}{2i}(e^{iz} - e^{-iz}) = z - \frac{1}{3!}z^3 + \frac{1}{5!}z^5 - \cdots\cdots = \sin z，所以有以下定義：$$

【定義】 $\sin z = \dfrac{e^{iz} - e^{-iz}}{2i}$, $\cos z = \dfrac{e^{iz} + e^{-iz}}{2}$

有了 $\sin z$，$\cos z$ 後，如同實三角函數，定義：

$$\tan z = \frac{\sin z}{\cos z}，\cot z = \frac{\cos z}{\sin z}，\sec z = \frac{1}{\cos z}，\csc z = \frac{1}{\sin z}$$

讀者要特別注意的是：$\sin z$，$\cos z$ 只保有 $\sin x$，$\cos x$ 部分之性質，換言之，**實三角函數有一些性質在複三角函數中不成立。**

【定理 D】　(1) $\sin z$，$\cos z$ 均為解析

(2) $\dfrac{d}{dz}\sin z = \cos z$，$\dfrac{d}{dz}\cos z = -\sin z$

證明 (1) e^{iz}，e^{-iz} 均為解析，$\therefore \sin z$，$\cos z$ 亦為解析

(2) $\dfrac{d}{dz}\sin z = \dfrac{d}{dz}\left[\dfrac{1}{2i}(e^{iz} - e^{-iz})\right] = \dfrac{1}{2i}(ie^{iz} + ie^{-iz}) = \dfrac{1}{2}(e^{iz} + e^{-iz})$

$\qquad = \cos z$

同法可證 $\dfrac{d}{dz}\cos z = -\sin z$ ∎

例 5 試證 $\cos(z + 2\pi) = \cos z$

解

$$\cos (z + 2\pi) = \frac{e^{i(z+2\pi)} + e^{-i(z+2\pi)}}{2} = \frac{e^{iz}e^{2\pi i} + e^{-iz}e^{-2\pi i}}{2}$$

$$= \frac{e^{iz}(\cos 2\pi + i\sin 2\pi) + e^{-iz}(\cos(-2\pi) + i\sin(-2\pi))}{2} = \frac{e^{iz} + e^{-iz}}{2} = \cos z$$

因此，$\cos z$ 是一個週期為 2π 之週期函數

例 6 求 $\cos (1 + 2i)$

解

$$\cos(1+2i) = \frac{1}{2}(e^{i(1+2i)} + e^{-i(1+2i)}) = \frac{1}{2}(e^{-2} \cdot e^i + e^2 \cdot e^{-i})$$

$$= \frac{1}{2}[e^{-2}(\cos 1 + i\sin 1) + e^2(\cos(-1) + i\sin(-1))]$$

$$= \frac{1}{2}[e^{-2}(\cos 1 + i\sin 1) + e^2(\cos 1 - i\sin 1)]$$

例 7 試證：若且唯若 $z = k\pi$，則 $\sin z = 0$

解

「$\Rightarrow$」$z = k\pi$ 則 $\sin z = 0$：

$$\sin z = \frac{e^{ik\pi} - e^{-ik\pi}}{2i} = \frac{(\cos k\pi + i\sin k\pi) - (\cos(-k\pi) - i\sin(-k\pi))}{2i}$$

$$= \frac{(\cos k\pi + i\sin k\pi) - (\cos k\pi + i\sin k\pi)}{2i} = 0$$

「$\Leftarrow$」$\sin z = 0$ 則 $z = k\pi$：

$$\sin z = \frac{e^{iz} - e^{-iz}}{2i} = 0 \Rightarrow e^{iz} = e^{-iz}$$

$\therefore iz = -iz + 2k\pi i$，從而 $z = k\pi$

由複三角函數之定義，讀者可試證：

$\sin(z + 2\pi) = \sin z$，$\cos (z + 2\pi) = \cos z$

$\sin (-z) = -\sin z$，$\cos (-z) = \cos z$

$\sin (2z) = 2 \sin z \cos z$，$\cos (2z) = \cos^2 z - \sin^2 z$

$\sin (z_1 \pm z_2) = \sin z_1 \cos z_2 \pm \cos z_1 \sin z_2$

$\cos (z_1 \pm z_2) = \cos z_1 \cos z_2 \mp \sin z_1 \sin z_2$

複雙曲函數

我們可仿實雙曲線函數定義複雙曲函數如下：

【定義】 $\cos hz = \dfrac{e^z + e^{-z}}{2}$ $\quad \sin hz = \dfrac{e^z - e^{-z}}{2}$ $\quad \cot hz = \dfrac{\cos hz}{\sin hz}$

$\tan hz = \dfrac{\sin hz}{\cos hz}$ $\quad \sec hz = \dfrac{1}{\cos hz}$ $\quad \csc hz = \dfrac{1}{\sin hz}$

由複雙曲函數定義即可得下列結果：

$$\cos iw = \frac{1}{2}\left(e^{i(iw)} + e^{-i(iw)}\right) = \frac{1}{2}(e^w + e^{-w}) = \cosh w$$

$$\sin iw = \frac{1}{2i}\left(e^{i(iw)} - e^{-i(iw)}\right) = \frac{1}{2i}(e^{-w} - e^w) = \frac{i}{2}(e^w - e^{-w}) = i\sin hw$$

例 8 若 $z = x + yi$ 試證 $\sin z = \sin x \cos hy + i \cos x \sin hy$

提示	解答
$\sinh x = \frac{1}{2}(e^x - e^{-x})$ $\cosh x = \frac{1}{2}(e^x + e^{-x})$ $\frac{d}{dx}\sinh x = \cosh x$ $\frac{d}{dx}\cosh x = \sinh x$	$\sin z = \frac{1}{2i}(e^{iz} - e^{-iz}) = \frac{1}{2i}(e^{i(x+iy)} - e^{-i(x+iy)}) = \frac{1}{2i}(e^{-y+ix} - e^{y-ix})$ $= \frac{1}{2i}[e^{-y}(\cos x + i\sin x) - e^y(\cos x - i\sin x)]$ $= \sin x\left(\frac{e^y + e^{-y}}{2}\right) - \cos x\left(\frac{e^y - e^{-y}}{2i}\right) = \sin x\left(\frac{e^y + e^{-y}}{2}\right) + i\cos x\left(\frac{e^y - e^{-y}}{2}\right)$ $= \sin x \cos hy + i \cos x \sin hy$

例 9 試證 $f(z) = \cos x \cosh y - i\sin x \sinh y$ 為解析，從而求 $f'(z)$

提示	解答
(2) $f'(z) = \frac{\partial u}{\partial x} + i\frac{\partial v}{\partial x}$ 或 $= \frac{\partial v}{\partial y} - i\frac{\partial u}{\partial y}$	(1) ∵ $u(x,y) = \cos x \cosh y$，$v(x,y) = -\sin x \sinh y$ 由 Cauchy-Riemann 方程式 $\frac{\partial u}{\partial x} = -\sin x \cosh y \quad \frac{\partial v}{\partial x} = -\cos x \sinh y$ $\frac{\partial u}{\partial y} = \cos x \sinh y \quad \frac{\partial v}{\partial y} = -\sin x \cosh y$ ∵ $\frac{\partial u}{\partial x} = \frac{\partial v}{\partial y}$，$\frac{\partial v}{\partial x} = -\frac{\partial u}{\partial y}$ ∴ $f(z)$ 為解析 (2) $f'(z) = \frac{\partial u}{\partial x} + i\frac{\partial v}{\partial x} = -\sin x \cosh y - i\cos x \sinh y = -\sin z$（由例 8）

例 10 求證 $\sinh(z_1 + z_2) = \sinh z_1 \cosh z_2 + \cosh z_1 \sinh z_2$

解

$$\sin hz_1 \cos hz_2 + \cos hz_1 \sin hz_2 = \frac{e^{z_1} - e^{-z_1}}{2} \cdot \frac{e^{z_2} + e^{-z_2}}{2} + \frac{e^{z_1} + e^{-z_1}}{2} \frac{e^{z_2} - e^{-z_2}}{2}$$

$$= \frac{e^{z_1+z_2} - e^{-(z_1+z_2)}}{2} = \sin h(z_1 + z_2)$$

對數函數

如同一元實函數，指數函數之反函數稱爲對數函數。我們稱滿足式 $e^{\omega} = z$，$z \neq 0$ 之 ω 爲複數 z 之對數函數，記做 $\omega = \text{Ln } z$。

設 $z = u + vi$，$\because z = |z|e^{i\phi}$，$\phi = \arg(z)$

$\therefore z = \ln|z| + i\phi + 2k\pi i = \ln|z| + (2k\pi + \phi)i$

$u = \ln|z|$，$v = (2k\pi + \phi)i$，$k = 0, \pm 1, \pm 2 \cdots$

因此對任意 $z, z \neq 0$

Ln z = ln $|z|$ + $(2k\pi + \phi)i$，k = 0, ±1, ±2…… (1)

由 (1) 易知 Lnz 是個**一多值函數**（multiple-valued function），$k = 0$ 時稱爲 Ln z 之**主值**（principal value）。

有許多書之作者是用 Log$z$ 相當於本書之 Lnz。基本上，ln+ 非負實數，Ln + 複數或負實數。

例11　求 (1) Ln($-i$)　(2) Ln(-1)　(3) Ln($-3 + 4i$) 及其主值 PV

提示	解答
	(1) Ln$(-i) = \ln|-i| + i\left(\frac{-\pi}{2} + 2k\pi\right) = i\left(\frac{-1}{2}\pi + 2k\pi\right)$， 　　$k = 0, \pm 1, \pm 2...$；$PV = -\frac{\pi}{2}i$
	(2) Ln$(-1) = \ln|-1| + i(\pi + 2k\pi) = i(2k+1)\pi$，$k = 0, \pm 1, \pm 2...$； 　　$PV = i\pi$
(3) $a > 0$，$b > 0$ 時， 　　$\arg(-a + bi)$ 　　$= \pi - \tan^{-1}\frac{b}{a}$	(3) Ln$(-3 + 4i) = \ln|-3 + 4i| + i\left(\pi - \tan^{-1}\frac{4}{3} + 2k\pi\right)$ 　　　　　　　$= \ln 5 + i\left(\pi - \tan^{-1}\frac{4}{3} + 2k\pi\right)$ 　　$k = 0, \pm 1, \pm 2...$；$PV = \ln 5 + i\left(\pi - \tan^{-1}\frac{4}{3}\right)$

【定理 E】　$\dfrac{d}{dz}\text{Ln}z = \dfrac{1}{z}$ 與 $\dfrac{d}{dz}\text{Ln}f(z) = \dfrac{f'(z)}{f(z)}$

證明　(1) 令 $w = \text{Ln}z$ 則 $z = e^w$，$\dfrac{dz}{dw} = e^w = z$　　$\therefore \dfrac{d}{dz}\text{Ln}z = \dfrac{dw}{dz} = \dfrac{1}{dz/dw} = \dfrac{1}{e^w} = \dfrac{1}{z}$

　　(2) 令 $w = \text{Ln}u$，$u = f(z)$ 則 $\dfrac{d}{dz}w = \dfrac{dw}{du} \cdot \dfrac{du}{dz} = \dfrac{1}{u}\dfrac{du}{dz} = \dfrac{f'(z)}{f(z)}$　∎

例12 求證 $\sin^{-1}z = -i\,\text{Ln}(iz + \sqrt{1-z^2})$

解

令 $w = \sin^{-1}z$ $\therefore z = \sin w = \dfrac{e^{iw} - e^{-iw}}{2i}$

化簡可得 $(e^{iw})^2 - 2ize^{iw} - 1 = 0$

解之

$e^{iw} = iz + \sqrt{1-z^2}$

$\therefore w = \dfrac{1}{i}\text{Ln}(iz + \sqrt{1-z^2}) = -i\,\text{Ln}(iz + \sqrt{1-z^2})$

例13 解 $\sin z + i\cos z = 4i$

解

$\sin z + i\cos z = \dfrac{e^{iz} - e^{-iz}}{2i} + i\dfrac{e^{iz} + e^{-iz}}{2} = 4i$

化簡後得 $e^{-iz} = 4$ $\therefore -iz = \text{Ln}4 = \ln 4 + 2k\pi i$

從而 $z = i\ln 4 - 2k\pi$，$k = 0, \pm 1, \pm 2 \cdots\cdots$

例14 解 $\sinh z = 0$ 與 $\sinh z = i$

解

(1) $\sinh z = \dfrac{e^z - e^{-z}}{2} = 0 \Rightarrow e^z - e^{-z} = 0$，即 $e^{2z} = 1$

  $\therefore 2z = \text{Ln}1 = \ln 1 + 2k\pi i = 0 + 2k\pi i$，$k = 0, \pm 1, \pm 2\ldots$ 即 $z = k\pi i$，

$k = 0, \pm 1, \pm 2\ldots$

(2) $\sinh z = \dfrac{e^z - e^{-z}}{2} = i$ $\therefore e^{2z} - 2ie^z - 1 = (e^z - i)^2 = 0$

  得 $e^z = i \Rightarrow z = \dfrac{\pi}{2}i + 2k\pi i = \left(2k + \dfrac{1}{2}\right)\pi i$，$k = 0, \pm 1, \pm 2\ldots$

例15 求證 $\sinh^{-1}z = \text{Ln}(z + \sqrt{1+z^2})$

解

令 $w = \sinh^{-1}z$，則 $z = \sinh w = \dfrac{e^w - e^{-w}}{2}$，則

$e^{2w} - 2ze^w - 1 = 0$ 解之

$e^{iw} = \dfrac{2z \pm \sqrt{(-2z)^2 + 4}}{2} = z \pm \sqrt{1+z^2}$（± 號只取 1 個，因此取 +）

$\therefore e^w = z + \sqrt{1+z^2}$，$w = \text{Ln}(z + \sqrt{1+z^2})$

即 $w = \sinh^{-1}z = \text{Ln}(z + \sqrt{1+z^2})$

z^α

【定義】　設 α 為複數，$z \neq 0$，定義 $z^\alpha = e^{\alpha Lnz} = e^{\alpha(\ln|z| + (2k\pi + arg(z)i))}$

例16　求 (1) $(-2)^i$　(2) i^i　(3) $1^{\sqrt{2}}$

解

(1) $-2 = 2(\cos \pi + i \sin \pi)$

$\therefore (-2)^i = e^{i \, Ln(-2)} = e^{i(\ln 2 + (\pi + 2k\pi)i)} = e^{i \ln 2 - (2k+1)\pi}$，$k = 0, \pm1, \pm2\cdots$

(2) $i = \left(\cos \dfrac{\pi}{2} + i \sin \dfrac{\pi}{2}\right)$　　$\therefore i^i = e^{i \ln i} = e^{\left[\ln 1 + \left(\frac{\pi}{2} + 2k\pi\right)i\right]i} = e^{-\left(2k + \frac{1}{2}\right)\pi}$，

　　　$k = 0, \pm1, \pm2\cdots$

令人驚奇的是 i^i 為一實數。

(3) $1^{\sqrt{2}} = e^{\sqrt{2} \, Ln1} = e^{\sqrt{2}(\ln 1 + (2k\pi + 0)i)}$

　　　$= e^{2\sqrt{2} k\pi i} = \cos(2\sqrt{2}k\pi) + i \sin(2\sqrt{2}k\pi)$，$k = 0, \pm1, \pm2\cdots$

z^n，$n \in Z^+$	單值
z^{-n}，$n \in Z^+$	單值
$z^{\frac{1}{n}}$，$n \in Z^+$	多值
$z^{\frac{m}{n}}$，$n, m \in Z^+$ 且互質	多值
z^n，n 為無理數或虛數	多值

練習 8.4

1. 求 (1) $\dfrac{d}{dz} e^{z^2}$　(2) $\dfrac{d}{dz} e^{3z^2 + 2z + 1}$

2. 解 (1) $e^{-z} = 1$　(2) $e^z = -1$　(3) $e^z = 2i$　(4) $e^z = 1 + \sqrt{3}i$

3. 試證 $\cos hiz = \cos z$

4. 求 (1) 3^i　(2) $(1 + i)^i$　(3) $(-i)^{-i}$　(4) $\ln\left(-\dfrac{1}{2} - \dfrac{\sqrt{3}}{2}i\right)$

5. 解：(1) $\sin z = 0$　(2) $\cos z = 0$　(3) $\sin z + \cos z = 0$

6. $Lnz^2 = 2Lnz$ 是否成立？

7. $f(z) = e^x(x\cos y - y\sin y) + ie^x(y\cos y + x\sin y)$ 在 z 平面上爲解析，並求 $f'(z)$

8. 試導出 (1) $\tan^{-1}z = \dfrac{i}{2} \ln \dfrac{i + z}{i - z}$　(2) $\dfrac{d}{dz}\tan^{-1}z = \dfrac{1}{1 + z^2}$，$z \neq \pm i$

8.5　複變函數之線積分與Cauchy積分定理

若 $f(z) = u(x, y) + iv(x, y)$ 在區域 R 中為連續，曲線 C 屬於區域 R 則 $f(z)$ 沿 C 之線積分為：

$$\int_c f(z)dz = \int_c (u + iv)(dx + idy)$$
$$= \int_c (udx - vdy) + i (vdx + udy)$$

複變函數之線積分保有下列性質：

1. $\int_c kf(z)dz = k\int_c f(z)dz$

2. $\int_c (f_1(z) + f_2(z))dz = \int_c f_1(z)dz + \int_c f_2(z)dz$

3. $\int_{c_1 + c_2} f_1(z)dz = \int_{c_1} f_1(z)dz + \int_{c_2} f_1(z)dz$

例 1　求 $\int_{1+i}^{2+4i} zdz$ ：
(1) 一般定義法
(2) 沿拋物線 $x = t$，$y = t^2$　$1 \leq t \leq 2$

解

(1) $\int_{1+i}^{2+4i} zdz = \dfrac{z^2}{2}\Big|_{1+i}^{2+4i} = \dfrac{1}{2}[(2 + 4i)^2 - (1 + i)^2] = -6 + 7i$

(2) $\int_{1+i}^{2+4i} (x + yi)(dx + idy) = \int_{1+i}^{2+4i}(xdx - ydy) + i\int_{1+i}^{2+4i}(xdy + ydx)$

$= \int_1^2 (tdt - t^2(2tdt)) + i\int_1^2 (t(2t)dt - t^2dt) = \int_1^2 (t - 2t^3)dt + i\int_1^2 3t^2dt$

$= -6 + 7i$

例 2　求 $\int_c z^2dz$，$c：y = x^2, 1 \leq x \leq 2$

解

$\int_c z^2dz = \int_c (x + iy)^2 d(x + iy) = \int_c (x^2 - y^2 + 2ixy)d(x + iy)$

$= \left[\int_c (x^2 - y^2)dx - 2xydy\right] + i\left[\int_c 2xydx + (x^2 - y^2)dy\right]$　　(1)

利用參數法，取 $x = t, y = t^2, 2 \geq t \geq 1$

$(1) = \left[\int_1^2 (t^2 - t^4)dt - 2t(t^2)(2tdt)\right] + i\left[\int_1^2 2t(t^2)dt + (t^2 - t^4)(2tdt)\right]$

$= \int_1^2 (t^2 - 5t^4)dt + i\int_1^2(4t^3 - 2t^5)dt = -\dfrac{86}{3} - 6i$

例 3 求 (1) $\int_c \bar{z}\,dz$，c：為由原點沿直線到 $1+i$

(2) $\int_c \bar{z}\,dz$，c：為由原點沿 $y=x^2$ 到 $1+i$

(3) 求 $\int_i^1 \bar{z}\,dz$，$C：y=(x-1)^2$：由 $(0,1)$ 到 $(1,0)$

解

(1) 取參數方程式 $x=t$，$y=t$，$1>t>0$

$\therefore \int_c \bar{z}\,dz = \int_c \overline{(x+yi)}\,d(x+yi) = \int_c (x-yi)\,d(x+yi) = \int_0^1 (t-ti)\,d(t+ti)$

$= \int_0^1 2t\,dt = 1$

(2) 取參數方程式：$x=t$，$y=t^2$，$1>t>0$

$\int_c \bar{z}\,dz = \int_0^1 (t-t^2i)\,d(t+t^2i) = \int_0^1 (t+2t^3)\,dt + i\int_0^1 t^2\,dt = 1+\frac{1}{3}i$

(3) 取參數方程式：$x=t$，$y=(t-1)^2$，$1\geq t\geq 0$

$\int_c \bar{z}\,dz = \int_0^1 (t-(t-1)^2 i)(dt+2(t-1)i\,dt)$

$= \int_0^1 (t+2(t-1)^3)dt + i\int_0^1 (2t(t-1)-(t-1)^2)dt$

$= \int_0^1 (t+2(t-1)^3)dt + i\int_0^1 (t^2-1)dt = -\frac{2}{3}i$

一個重要之不等式

【定理 A】 $f(z)$ 在路徑 c 為可積分，若 $|f(z)|\leq M$，L 為 c 之長度則
$$\left|\int_c f(z)dz\right| \leq ML$$

例 4 試證 $\left|\int_c \dfrac{e^z}{z^2+1}dz\right| \leq \dfrac{e^2}{3}\cdot 4\pi$：$c：|z|=2$ 之反時鐘方向

解

$|e^z| = |e^{x+iy}| = |e^x(\cos y + i\sin y)| = e^x \leq e^{\sqrt{x^2+y^2}} = e^2$

又 $|z^2+1| \geq |z|^2-1 = 2^2-1 = 3$，$\therefore \dfrac{1}{|z^2+1|} \leq \dfrac{1}{3}$

從而 $|f(z)| = \left|\dfrac{e^z}{z^2+1}\right| \leq \dfrac{e^2}{3} = M$

$\therefore \left|\int_c \dfrac{e^z}{z^2+1}dz\right| \leq \dfrac{e^2}{3}\cdot 4\pi$，$(L=2\pi r = 2\pi\cdot 2 = 4\pi)$

練習 8.5A

1. 計算 $\int_0^{1+i}(x^2+iy)dz$，(1) 沿 $c_1 : y=x$，(2) 沿 $c_2 : y=x^2$

2. 計算 $\int_0^{3+i}z^2dz$，(1) c_1：原點到 $3+i$ 的直線，(2) c_2：由原點沿實軸到 $(3, 0)$ 再垂直向上至 $(3, 1)$

3. 求 $\int_c z dz$ (1) c 由 0 沿直線到 $3+9i$；(2) c 由 0 沿 $y=x^2$ 到 $3+9i$

4. 計算：$\int_c \arg z dz$，$c : z=(1+i)t$，$2 \geq t \geq 1$

5. 計算：$\int_0^{1+i}(x^2+yi)dz$；(1) c_1：沿 $y=x$ 之直線；(2) c_2：$y=x^2$ 之曲線

6. 求 $\oint_c(z^2+3z+1)dz$ 之上限，c：以 $(0, 0)$ 為中心之圓即 $|z|=1$

試證以下不等式

7. $\left|\int_c \dfrac{dz}{z^2-i}\right| \leq \dfrac{3}{4}\pi$：$c : |z|=3$

8. $\left|\int_c e^{\sin z}dz\right| \leq 1$，$z=0$ 到 $z=i$

Cauchy積分定理

> **【定理 B】** 若 c 為簡單之封閉曲線，$f(z)$ 在 c 上或 c 之內部區域為解析，則
> $$\oint_c f(z)=0$$

證明　$\oint_c f(z)dz = \oint_c (u+iv)(dx+idy) = \oint_c (udx-vdy) + i\oint_c (vdx+udy)$

由 Green 定理：

$$\oint_c (udx-vdy) = -\iint_R \left(\frac{\partial v}{\partial x} + \frac{\partial u}{\partial y}\right)dxdy \tag{1}$$

$$\oint_c (vdx+udy) = \iint_R \left(\frac{\partial u}{\partial x} - \frac{\partial v}{\partial y}\right)dxdy \tag{2}$$

但 $f(z)$ 在 c 為解析，由 Riemann-Cauchy 方程式，

$\dfrac{\partial u}{\partial x} = \dfrac{\partial v}{\partial y}$，$\dfrac{\partial v}{\partial x} = -\dfrac{\partial u}{\partial y}$，代入 (1)，(2)，可得 (1) = 0，(2) = 0

$\therefore \oint_c f(z)=0$　∎

由 Cauchy 定理易得下面二個結果

【定理 C】 若 $f(z)$ 在簡單封閉曲線 Γ 及其內部均為解析，P_1, P_2 為曲線上任意二點，則 (1) $\int_{P_1}^{P_2} f(z)dz$ 與連結 P_1 與 P_2 之路徑無關。(2) $\oint_{\Gamma_1} f(z)dz = \oint_{\Gamma_2} f(z)dz$（圖 (2)）

證明 (1) 由 Cauchy 定理：由圖 (1)

$$\int_{P_1AP_2BP_1} f(z)dz = 0，又 \int_{P_1AP_2BP_1} f(z)dz = \int_{P_1AP_2} f(z)dz + \int_{P_2BP_1} f(z)dz = 0$$

$$\therefore \int_{P_1AP_2} f(z)dz = -\int_{P_2BP_1} f(z)dz = \int_{P_1BP_2} f(z)dz，即 \int_{P_1}^{P_2} f(z)dz 與連結 P_1, P_2$$

之路徑無關。

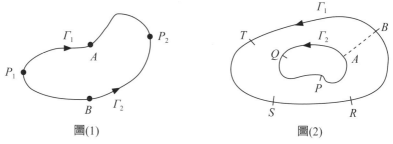

圖(1)　　　　　　　　　　圖(2)

(2) 由圖 (2) 作一連徑（cross cut）AB，由 Cauchy 定理，

$$\int_{AQPABTSRBA} f(z)dz = \int_{AQPA} f(z)dz + \int_{AB} f(z)dz + \int_{BRSTB} f(z)dz + \int_{BA} f(z)dz = 0$$

$$又 \int_{AB} f(z)dz = -\int_{BA} f(z)dz$$

$$\therefore \int_{AQPA} f(z)dz = -\int_{BRSTB} f(z)dz = \int_{BTSRB} f(z)dz$$

$$即 \oint_{\Gamma_1} f(z)dz = \oint_{\Gamma_2} f(z)dz$$ ∎

定理 C 之導出過程是具有啓發性的，對初學者可能不適應，因此，再舉一個例子說明之。

例 5 C_1，C_2 為二簡單曲線，交於 A, B 二點，圍出了 R_1, R_2, R_3 三個區域，$f(z)$ 在 R_1, R_2 與 C_1, C_2 上均為解析，試證
$$\oint_{C_1} f(z)dz = \oint_{C_2} f(z)dz$$

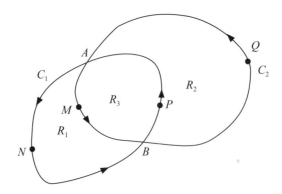

解

$$\oint_{ANBMA} f(z)dz = \int_{ANB} f(z)dz + \int_{BMA} f(z)dz = \int_{ANB} f(z)dz - \int_{AMB} f(z)dz = 0$$

$$\oint_{BQAPB} f(z)dz = \int_{BQA} f(z)dz + \int_{APB} f(z)dz = \int_{BQA} f(z)dz - \int_{BPA} f(z)dz = 0$$

但 $\oint_{C_1} f(z)dz = \int_{ANBPA} f(z)dz = \int_{ANB} f(z)dz + \int_{BPA} f(z)dz$

$$= \int_{AMB} f(z)dz + \int_{BQA} f(z)dz = \int_{AMBQA} f(z)dz = \oint_{C_2} f(z)dz$$

【定理 D】 若 c 為一簡單封閉曲線，$z = a$ 在 c 之內部，則

$$\oint_c \frac{dz}{(z-a)^n} = \begin{cases} 2\pi i & , n = 1 \\ 0 & , n = 2,3,4 \end{cases}$$

提示	證明
1. 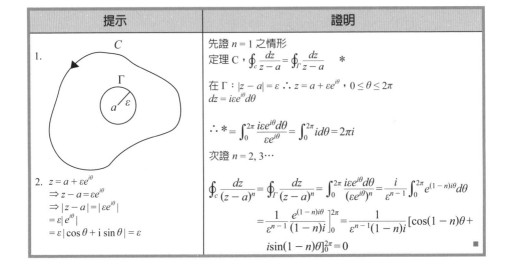 2. $z = a + \varepsilon e^{i\theta}$ $\Rightarrow z - a = \varepsilon e^{i\theta}$ $\Rightarrow \|z - a\| = \|\varepsilon e^{i\theta}\|$ $= \varepsilon\|e^{i\theta}\|$ $= \varepsilon\|\cos\theta + i\sin\theta\| = \varepsilon$	先證 $n = 1$ 之情形 定理 C，$\oint_c \frac{dz}{z-a} = \oint_\Gamma \frac{dz}{z-a}$ * 在 Γ：$\|z - a\| = \varepsilon$ $\therefore z = a + \varepsilon e^{i\theta}$，$0 \le \theta \le 2\pi$ $dz = i\varepsilon e^{i\theta}d\theta$ $\therefore * = \int_0^{2\pi} \frac{i\varepsilon e^{i\theta}d\theta}{\varepsilon e^{i\theta}} = \int_0^{2\pi} id\theta = 2\pi i$ 次證 $n = 2, 3\cdots$ $\oint_c \frac{dz}{(z-a)^n} = \oint_\Gamma \frac{dz}{(z-a)^n} = \int_0^{2\pi} \frac{i\varepsilon e^{i\theta}d\theta}{(\varepsilon e^{i\theta})^n} = \frac{i}{\varepsilon^{n-1}}\int_0^{2\pi} e^{(1-n)i\theta}d\theta$ $= \frac{1}{\varepsilon^{n-1}} \frac{e^{(1-n)i\theta}}{(1-n)i}\Big]_0^{2\pi} = \frac{1}{\varepsilon^{n-1}(1-n)i}[\cos(1-n)\theta + i\sin(1-n)\theta]_0^{2\pi} = 0$ ∎

定理 D 中 $\Gamma：|z-a|=\varepsilon$，取 $z=a+\varepsilon e^{i\theta}$ 是證明的關鍵，此結果經常在證明中會被用到。

【定理 D】　（Morera 定理）$f(z)$ 為連結之簡單連通區域 R，若 $\oint_c f(z)dz=0$ 則 $f(z)$ 在 R 中為解析。

Cauchy積分公式

【定理 E】　c 為一簡單的封閉曲線，$z=a$ 為 c 之內部任一點，若 $f(z)$ 在曲線 c 上或在曲線 c 內部均為解析，則

$$f(a)=\frac{1}{2\pi i}\oint_c \frac{f(z)}{z-a}dz \text{ 及 } f^{(n)}(a)=\frac{n!}{2\pi i}\oint_c \frac{f(z)}{(z-a)^{n+1}}dz$$

我們在應用 Cauchy 積分公式時，不妨改寫成下列形式，以便於應用：

$$\oint_c \frac{f(z)}{z-a}dz=2\pi i f(a)$$

$$\oint_c \frac{f(z)}{(z-a)^n}dz=\frac{2\pi i}{(n-1)!}f^{(n-1)}(a)$$

若 $z=a$ 不在 C 之內部則積分為 0。

例 6　求 (1) $\oint_c \frac{e^z}{z}dz$，$c：|z|=2$　(2) $\oint_c \frac{e^z}{z^2}dz$，$c：|z|=2$

(3) $\oint_c \frac{e^z}{z^3}dz$，$c：|z|=2$

解

$z=0$ 落在 c 之內部：$|z|=2$，$f(z)=e^z$ 在 c 中為解析

(1) $\oint_c \frac{e^z}{z}dz=2\pi i f(0)=2\pi i \cdot e^0=2\pi i$

(2) $\oint_c \frac{e^z}{z^2}dz=\frac{2\pi i}{1!}f'(0)=2\pi i \cdot e^0=2\pi i$

(3) $\oint_c \frac{e^z}{z^3}dz=\frac{2\pi i}{2!}f''(0)=\pi i \cdot e^0=\pi i$

例 7　求 $\oint_c \frac{z^2 e^z}{2z+1}dz$，$c：|z|=2$

解

$$\oint_c \frac{z^2 e^z}{2z+1} dz = \frac{1}{2}\oint_c \frac{z^2 e^z}{z+\frac{1}{2}} dz$$

其中 $f(z) = z^2 e^z$ 在 c 中為解析，同時 $z = -\frac{1}{2}$ 落在 c 的內部

$$\therefore \oint_c \frac{z^2 e^z}{2z+1} dz = \frac{1}{2}\oint_c \frac{z^2 e^z}{z+\frac{1}{2}} dz = \frac{1}{2}(2\pi i)f\left(-\frac{1}{2}\right) = \pi i\left(\frac{1}{4}e^{-\frac{1}{2}}\right) = \frac{1}{4}\pi i e^{-\frac{1}{2}}$$

例 8 　求 $\oint_c \frac{e^{\sin z}}{z^2+1} dz$，$c:|z-1|=1$

提示	解答
被積函數 $f(z) = \dfrac{e^{\sin z}}{z^2+1}$ 有二個奇點 $z = i, -i$： $z = i$ 時 $|z-1| = |i-1| = \sqrt{2} > 1$ $z = -i$ 時 $|z-1| = |-i-1| = \sqrt{2} > 1$ 均在 C 之外部	$\oint_c \dfrac{e^{\sin z}}{z^2+1} dz$ 之二個奇點 $z = \pm i$ 均在 C 之外部 $\therefore \oint_c \dfrac{e^{\sin z}}{z^2+1} dz = 0$

例 9 　求 $\oint_c \dfrac{\cos z}{z\left(z-\frac{\pi}{2}\right)} dz$，$c:|z|=1$

解

提示	解答
方法一 $\because z = \dfrac{\pi}{2}$ 落在 $|z|=1$ 之外 $\therefore \oint_c = \dfrac{\cos z}{z - \frac{\pi}{2}} dz = 0$	$\oint_c \dfrac{\cos z\, dz}{z\left(z-\frac{\pi}{2}\right)} = \oint_c \dfrac{2}{\pi}\left(\dfrac{\cos z}{z-\frac{\pi}{2}} - \dfrac{\cos z}{z}\right) dz$ $= \dfrac{2}{\pi}\left[\oint_c \dfrac{\cos z}{z-\frac{\pi}{2}} dz - \oint_c \dfrac{\cos z}{z} dz\right]$ $\dfrac{2}{\pi}\left[2\pi i \cos\dfrac{\pi}{2} - 2\pi i \cos 0\right] = -4i$
方法二	取 $f(z) = \dfrac{\cos z}{z-\frac{\pi}{2}}$ 則 $\oint_c \dfrac{\cos z}{z\left(z-\frac{\pi}{2}\right)} dz = \oint_c \dfrac{\cos z/\left(z-\frac{\pi}{2}\right)}{z} dz = 2\pi i f(0) = 2\pi i \cdot \dfrac{1}{-\frac{\pi}{2}} = -4i$

例 10 　求 $\oint_c \dfrac{e^z}{z(z-1)} dz$，$c:|z|=2$

解

$$\oint_c \frac{e^z}{z(z-1)} dz = \oint_c e^z\left(\frac{1}{z-1} - \frac{1}{z}\right) dz = \oint_c \frac{e^z}{z-1} dz - \oint_c \frac{e^z}{z} dz \tag{1}$$

$f(z) = e^z$ 在 c 為解析，且 $z=0$，$z=1$ 均落在 c 內部

$$\therefore \oint_c \frac{e^z}{z-1} dz = 2\pi i \cdot f(1) = 2\pi i \cdot e \tag{2}$$

$$\text{及} \oint_c \frac{e^z}{z} dz = 2\pi i \cdot f(0) = 2\pi i \cdot e^0 = 2\pi i \cdot 1 = 2\pi i \tag{3}$$

代 (2),(3) 入 (1) 得 $\quad \oint_c \frac{e^z}{z(z-1)} dz = 2\pi ie - 2\pi i = 2\pi i\,(e-1)$

例12 求 $\oint \frac{e^z + z}{(z-1)^4} dz$，$c$：包括 $z=1$ 之單閉曲線

提示	解答
應用 $\oint_c \frac{f(z)}{(z-a)^{n+1}} dz = \frac{2\pi j}{n!} f^{(n)}(a)$	$f(z) = e^z + z$，$f'(z) = e^z + 1$，$f''(z) = f'''(z) = e^z$ $\therefore \int \frac{e^z + z}{(z-1)^4} dz = \frac{2\pi i}{3!} f'''(1)$ $= \frac{2ni}{6} e = \frac{\pi e}{3} i$

例13 求 $\oint_c \frac{1}{z^2(z+1)(z-1)} dz$，$c$：$|z| = 2$

解

$$\oint_c \frac{dz}{z^2(z+1)(z-1)} = \oint \frac{\frac{1}{(z+1)(z-1)}}{z^2} dz + \oint_c \frac{\frac{1}{z^2(z-1)} dz}{z+1} + \oint_c \frac{\frac{1}{z^2(z+1)} dz}{z-1}$$

$$= 2\pi i f'(0) + 2\pi i \left(\frac{1}{z^2(z-1)}\right)\Big|_{z=-1} + 2\pi i \frac{1}{z^2(z+1)}\Big|_{z=1}$$

$$= 0 + (-\pi i) + \pi i = 0$$

例14 求 $\oint_c \bar{z} dz$　c：$|z| = 1$

提示	解答
$\|z\| = 1 \Rightarrow z\bar{z} = 1$ $\therefore \oint_c \bar{z} dz = \oint_c \frac{1}{z} dz$	$\because \|z\| = 1 \Rightarrow z\bar{z} = 1 \quad \therefore \bar{z} = \frac{1}{z}$ $\therefore \oint_c \bar{z} dz = \oint_c \frac{1}{z} dz$，在此 $f(z) = 1$ 從而 $\oint_c \frac{1}{z} dz = 2\pi i$ 即 $\oint_c \bar{z} dz = 2\pi i$

練習 8.5B

1. 計算

(1) $\oint_c \dfrac{ze^z}{z+1}dz$，$c : |z-1| = 2$

(2) $\oint_c \dfrac{e^z}{z\,(z+1)}dz$，$c : |z-1| = 3$

(3) $\oint_c \dfrac{z^2+3z+1}{z+1}dz$，$c : |z+i| = 1$

(4) $\oint_c \dfrac{e^z}{z^3}dz$，$c : |z| = 2$

(5) $\oint_c \dfrac{z+3}{z^3+2z^2}dz$，$c : |z+2-i| = 2$

(6) $\oint_{|z|=1} \dfrac{f(z)dz}{(z-m)(z-n)}$，$|m| < 1, |n| < 1, m \neq n$

2. $f(z)$ 在區域 R 中為可解析，c 為在 R 中之任一條正方向之簡單封閉曲線，試證
$$\oint_c \frac{f'(z)}{z-z_0}dz = \oint_c \frac{f(z)}{(z-z_0)^2}dz$$

3. $f(z)$ 在簡單連通區域內處處解析，$f(z) \neq 0$，c 為 R 為內之一簡單封閉曲線求 $\oint_c \dfrac{f'(z)}{f(z)}dz$

4. $f(z)$ 在 $|z| < R\,(R > 1)$ 內可解析，$f(0) = a, f'(0) = b$，試求 $\oint_c (z+1)^2 \dfrac{f(z)}{z^2}dz$

★5. 求 $\oint_{|z|=1} \dfrac{e^z}{z}dz$，並由此結果求 $\displaystyle\int_0^\pi e^{\cos\theta}\cos(\sin\theta)d\theta$

幅角原則

若存在一個正整數 n，使得 $\lim\limits_{x \to a}(z-a)^n f(z) = A$，$A$ 為異於 0 之常數則稱 a 為 $f(z)$ 之一個 **n 階極點**（pole of order n）。有了極點便可接著討論**幅角原則**（argument principle）。

【定理 F】　　（幅角原則）c 為簡單閉曲線，$f(z)$ 在 c 上與 c 內部均為解析，設 $f(z)$ 在 c 內部有 n 個零點與 p 個極點，則
$$\frac{1}{2\pi i}\oint_c \frac{f'(z)}{f(z)}dz = n - p，或 \oint_c \frac{f'(z)}{f(z)}dz = (n-p)2\pi i$$

提示	證明
在 c 內部 $g(z), g'(z)$ 為解析 $\Rightarrow \dfrac{g'(z)}{g(z)}$ 解析 $\Rightarrow \oint_c \dfrac{g'(z)}{g(z)}dz = 0$	設 c_1, c_2 為覆蓋 $z = \alpha, z = \beta$ 之二圓 c_1, c_2 無交集（non-overlapping）則 $$\frac{1}{2\pi i}\oint_c \frac{f'(z)}{f(z)}dz$$ $$= \frac{1}{2\pi i}\oint_{c_1}\frac{f'(z)}{f(z)}dz + \frac{1}{2\pi i}\oint_{c_2}\frac{f'(z)}{f(z)}dz$$ (1) $f(z)$ 在 $z = \alpha$ 處有 p 階極點，故可設 $f(z) = \dfrac{g(z)}{(z-\alpha)^p}$，$g(z)$ 不為 0 且在 c_1 及其內部為解析，對 $f(z) = \dfrac{g(z)}{(z-\alpha)^p}$ 二邊取對數並微分得

提示	證明
	$\dfrac{f'(z)}{f(z)} = \dfrac{g'(z)}{g(z)} - \dfrac{p}{(z-\alpha)}$
	$\therefore \dfrac{1}{2\pi i} \oint_{c_1} \dfrac{f'(z)}{f(z)} dz = \dfrac{1}{2\pi i} \oint_{c_1} \dfrac{g'(z)}{g(z)} dz - \dfrac{1}{2\pi i} \oint_{c_1} \dfrac{p}{z-\alpha} dz = 0 - p = -p$
	(2) $f(z)$ 在 $z = \beta$ 處有 n 階零點，故可設 $f(z) = (z-\beta)^n h(z)$，我們對 $f(z)$ 二邊取對數並微分得：
	$\dfrac{f'(z)}{f(z)} = \dfrac{n}{z-\beta} + \dfrac{h'(z)}{h(z)}$
	$\therefore \dfrac{1}{2\pi i} \oint_{c_2} \dfrac{f'(z)}{f(z)} dz = \dfrac{n}{2\pi i} \oint_{c_2} \dfrac{dz}{z-\beta} + \dfrac{1}{2\pi i} \oint_{c_2} \dfrac{h'(z)}{h(z)} dz$
	$\qquad\qquad\qquad\qquad = \dfrac{n}{2\pi i}(2\pi i) + 0 = n + 0 = n$
	綜上，$\dfrac{1}{2\pi i} \oint_c \dfrac{f'(z)}{f(z)} dz = \dfrac{1}{2\pi i} \oint_{c_1} \dfrac{f'(z)}{f(z)} dz + \dfrac{1}{2\pi i} \oint_{c_2} \dfrac{f'(z)}{f(z)} dz = n - p$
	或者 $\oint_c \dfrac{f'(z)}{f(z)} dz = (n-p)2\pi i$

例 15 求 $\displaystyle\oint_{|z|=1} \dfrac{3z^2 + 6z + 2}{z(z+1)(z+2)} dz$

提示	解答
方法一 （定理 F）	(2) $\displaystyle\oint_{|z|=1} \dfrac{3z^2+6z+2}{z(z+1)(z+2)} dz$ 之 $f(z) = z(z+1)(z+2)$ 故 $f(z)$ 有 3 個零點，其中只 $z = 0, -1$ 在 $\lvert z \rvert = 1$ 內，無極點 $n = 2, p = 0$ $\therefore \displaystyle\oint_{\lvert z\rvert=1} \dfrac{3z^2+6z+2}{z(z+1)(z+2)} dz = (n-p)2\pi i = 4\pi i$
方法二 （定理 E）	$\displaystyle\oint_c \dfrac{3z^2+6z+2}{z(z+1)(z+2)} dz = \oint_c \dfrac{\frac{3z^2+6z+2}{(z+1)(z+2)}}{z} dz + \oint_c \dfrac{\frac{3z^2+6z+2}{z(z+2)}}{z+1} dz$ $= 2\pi i \cdot \left.\dfrac{3z^2+6z+2}{(z+1)(z+2)}\right|_{z=0} + 2\pi i \cdot \left.\dfrac{3z^2+6z+2}{z(z+2)}\right|_{z=-1} = 2\pi i + 2\pi i = 4\pi i$

練習 8.5C

1. $P(z) = a_n z^n + a_{n-1} z^{n-1} + \cdots + a_1 z + a_0, a_n \neq 0$，當 R 很大時試證 $\displaystyle\oint_{|z|=R} \dfrac{P'(z)}{P(z)} = 2n\pi i$

2. 求 $\displaystyle\oint_{|z|=3} \dfrac{f'(z)}{f(z)} dz, f(z) = \dfrac{z^2(z-i)^3 e^z}{(z+2)^4(z-6)^5}$

3. 求 (1) $\displaystyle\oint_{|z|=2} \tan z\, dz$　(2) $\displaystyle\oint_{|z|=\frac{3}{2}} \dfrac{z^9}{z^{10}-1} dz$

8.6 羅倫展開式

奇異點

談**羅倫級數**（Laurent's series）前先了解什麼是**奇異點**（singular point）。

函數 $f(z)$ 的奇異點是使 $F(z)$ 處不可解析的點。例如 $f(z) = \dfrac{z}{z+2}$ 則 $z = -2$ 為 $f(z)$ 的奇異點。

若 $f(z)$ 在 $z = a$ 處為一無限多階極點則 $z = a$ 為 $f(z)$ 的**本性奇異點**（essential singularity）。$f(z) = e^{\frac{1}{z}} = 1 + \dfrac{1}{z} + \dfrac{1}{2! \, z^2} + \dfrac{1}{3! \, z^3} + \cdots$ 故 $z = 0$ 為 $f(z)$ 的本性奇異點。

若 $f(z)$ 在區域 c 中除 $z = a$ 外其餘各處均為解析，則稱 $z = a$ 為 $f(z)$ 之**孤立奇異點**（isolated singularity）。例：$f(z) = \dfrac{z^2}{(z-1)^2}$ 之 $z = 1$ 為 $f(z)$ 之**孤立奇異點**。

極點

若我們能找到一個正整數 n 使得 $\lim\limits_{z \to a} (z-a)^n f(z) = A$（常數）$A \neq 0$ 則稱 $z = a$ 為 n **階極點**（pole of order n），換言之，$f(z) = \dfrac{\phi(z)}{(z-a)}$，$\phi(a) \neq 0$ 且 $\phi(z)$ 在包含 $z = a$ 之區域各處均可解析則 $f(z)$ 在 $z = a$ 有一 n 階極點。$n = 1$ 時稱為**簡單極點**（simple pole）。

又奇異點 $z = a$ 之 $\lim\limits_{z \to a} f(z)$ 存在，則稱 $z = a$ 為 $f(z)$ 之**可除去奇異點**（removable singularities），例如 $f(z) = \dfrac{\sin z}{z}$，$\lim\limits_{z \to 0} f(z) = 1$ $\therefore z = 0$ 是 $f(z)$ 之可除去奇異點。

對多值函數如 $\ln z$ 之奇異點稱為**分支點**（branch points）。$f(z) = \ln(z^2 - 3z + 2)$ 之 $z = 1, 2$ 便為 $\ln(z^2 - 3z + 2)$ 之分支點。

例 1 指出下列函數之奇異點性質

(1) $f(z) = \dfrac{z}{(z-1)(z-2)^2(z-3)^3}$　　(2) $g(z) = \dfrac{1}{z^2 + 4}$

解

(1) $f(z)$ 有 3 個奇異點：$z = 1$ 為簡單極點，$z = 2$ 為 2 階極點，$z = 3$ 為 3 階極點。

(2) $g(z) = \dfrac{1}{(z+2i)(z-2i)}$　　$\therefore z = \pm 2i$ 均為簡單極點

泰勒級數

$f(z)$ 在圓心爲 $z = a$ 之圓上及其內部是解析，則對圓內所有點 z，$f(z)$ 之**泰勒級數**（Taylor series）爲

$$f(z) = f(a) + f'(a)(z-a) + \frac{f''(a)}{2!}(z-a)^2 + \frac{f'''(a)}{3!}(z-a)^3 + \cdots\cdots$$

一些實函數之級數展開結果，亦重現在複函數中：

1. $e^z = 1 + z + \frac{1}{2!}z^2 + \frac{1}{3!}z^3 + \cdots\cdots$ \hspace{2cm} $|z| < \infty$

2. $\sin z = z - \frac{1}{3!}z^3 + \frac{1}{5!}z^5 - \cdots\cdots$ \hspace{2cm} $|z| < \infty$

3. $\cos z = 1 - \frac{1}{2!}z^2 + \frac{1}{4!}z^4 - \cdots\cdots$ \hspace{2cm} $|z| < \infty$

4. $\frac{1}{1-z} = 1 + z + z^2 + z^3 + \cdots\cdots$ \hspace{2cm} $|z| < 1$

5. $\ln(1+z) = z - \frac{z^2}{2} + \frac{z^2}{3} - \frac{z^2}{4} + \cdots\cdots$ \hspace{2cm} $|z| < 1$

6. $(1+z)^p = 1 + pz + \frac{p(p-1)}{2!}z^2 + \frac{p(p-1)(p-2)}{3!}z^3 + \cdots\cdots$ \hspace{0.5cm} $|z| < 1$

一些實函數級數展開式的方法在複函數中亦常用之。

例 2　求 $f(z) = z^2\cos\dfrac{1}{z}$ 在 $z = 0$ 之級數，並指出奇異點之性質（名稱）。

解

$$\cos z = 1 - \frac{1}{2!}z^2 + \frac{1}{4!}z^4 - \frac{1}{6!}z^6 + \cdots\cdots$$

$$f(z) = z^2\cos\frac{1}{z} = z^2\left(1 - \frac{1}{2!\,z^2} + \frac{1}{4!\,z^4} - \frac{1}{6!\,z^6} - \cdots\right)$$

$$= z^2 - \frac{1}{2!} + \frac{1}{4!\,z^2} - \frac{1}{6!\,z^4} + \cdots\cdots$$

$\therefore z = 0$ 爲本性奇異點。

例 3　求 $f(z) = \dfrac{\sin z}{z - \pi}$ 在 $z = \pi$ 之級數，並指出奇異點之性質（名稱）

解

$$f(z) = \frac{\sin z}{z - \pi} \xrightarrow{u = z - \pi} \frac{\sin(u+\pi)}{u} = -\frac{\sin u}{u}$$

$$= -\frac{1}{u}\left(u - \frac{1}{3!}u^3 + \frac{1}{5!}u^5 - \cdots\right) = -1 + \frac{1}{3!}u^2 - \frac{1}{5!}u^4 + \cdots\cdots$$

$$= -1 + \frac{1}{3!}(z-\pi)^2 - \frac{1}{5!}(z-\pi)^4 + \cdots\cdots$$

$\because \lim\limits_{z \to \pi}(z-\pi)\dfrac{\sin z}{z-\pi} = 0$ \hspace{0.5cm} $\therefore z = \pi$ 爲可除去奇異點。

例 4 (1) $f(z) = \dfrac{1}{z(z+2)^2}$ 在 $z = 0$ 之級數　(2) $z = -2$ 時又若何？

(3) 指出奇異點之性質（名稱）。

解

(1) $f(z) = \dfrac{1}{z(z+2)^2} = \dfrac{1}{4z\left(1+\dfrac{z}{2}\right)^2}$

$= \dfrac{1}{4z}\left(1 - 2\left(\dfrac{z}{2}\right) + \dfrac{(-2)(-3)}{2!}\left(\dfrac{z}{2}\right)^2 + \dfrac{(-2)(-3)(-4)}{3!}\left(\dfrac{z}{2}\right)^3 + \cdots\right)$

$= \dfrac{1}{4z}\left(1 - z + \dfrac{3}{4}z^2 - \dfrac{1}{2}z^3 + \cdots\right) = \dfrac{1}{4z} - \dfrac{1}{4} + \dfrac{3}{16}z - \dfrac{1}{8}z^2 + \cdots\cdots$

(2) $f(z) = \dfrac{1}{z(z+2)^2} \xrightarrow{z+2=u} \dfrac{1}{(u-2)u^2} = -\dfrac{1}{2u^2}\dfrac{1}{1-\dfrac{u}{2}}$

$= -\dfrac{1}{2u^2}\left(1 + \dfrac{u}{2} + \dfrac{u^2}{4} + \dfrac{u^3}{8} + \cdots\right) = -\dfrac{1}{2u^2} - \dfrac{1}{4u} - \dfrac{1}{8} - \dfrac{u}{16} + \cdots$

$= -\dfrac{1}{2(z+2)^2} - \dfrac{1}{4(z+2)} - \dfrac{1}{8} - \dfrac{1}{16}(z+2) + \cdots$

(3) $\displaystyle\lim_{z \to 0} z \cdot \dfrac{1}{z(z+2)^2} = \dfrac{1}{4}$ 　 $\therefore z = 0$ 爲一階極點

又 $\displaystyle\lim_{z \to -2}(z+2)^2 \cdot \dfrac{1}{z(z+2)^2} = -\dfrac{1}{2}$

$\therefore z = -2$ 爲 2 階極點。

$f(z)$ 之 **m 階零點** $\Leftrightarrow \dfrac{1}{f(z)}$ 之 **m 階極點**，在一些複雜之複函數 $f(z)$ 之極點及其階數在判斷上極爲方便。

例 5 p 爲正整數求 $z = 0$ 是 $f(z) = \dfrac{1}{(\sin z + \sinh z - 2z)^p}$ 之極點階數。

解

提示	解答
$f(z)$ 之 m 階零點 $\Leftrightarrow \dfrac{1}{f(z)}$ 之 m 階極點	$\sin z + \sinh z - 2z = \left(z - \dfrac{1}{3!}z^3 + \dfrac{1}{5!}z^5 - \cdots\right) + \left(z + \dfrac{1}{3!}z^3 + \dfrac{1}{5!}z^5 + \cdots\right) - 2z$ $\quad = z^5\left(\dfrac{2}{5!} + \dfrac{2}{9!}z^4 + \cdots\right)$ $\therefore z = 0$ 爲 $\sin z + \sinh z - 2z = 0$ 之 5 階零點 $\Rightarrow \dfrac{1}{(\sin z + \sinh z - 2z)}$ 之 5 階極點 $\Rightarrow \dfrac{1}{(\sin z + \sinh z - 2z)^p}$ 之 5p 階極點

【定理 A】 若 $z = a$ 分別是 $f(z)$ 之 m 階零點，$g(z)$ 之 n 階零點，則 $z = a$ 是 $f(z)g(z)$ 之 $m + n$ 階零點，$m > n$ 時 $z = a$ 為 $\dfrac{g(z)}{f(z)}$ 之 $n - m$ 階極點

證明見練習題 4。

練習 8.6A

1. 求下列複函數 $f(z)$ 在指定點是否爲極點，若是求其之階數

(1) $f(z) = \dfrac{z^2 + 1}{z\sin z}$，$z = 0$ (2) $f(z) = \dfrac{e^{iz}}{(z-1)^3(z+1)^2}$，$z = 1, -1$

(3) $f(z) = \dfrac{\cot z}{z^3}$，$z = 0$ (4) $f(z) = \dfrac{e^{iz}}{(z^2+1)^2}$，$z = i$

2. 試指出下列函數之奇異點之性質

(1) $f(z) = \dfrac{\sin z}{z^3}$ (2) $f(z) = \dfrac{1}{(2\cos z - 2 + z^2)^4}$

(3) $f(z) = e^{\frac{1}{z-1}}$ (4) $f(z) = \dfrac{\sin\sqrt{z}}{\sqrt{z}}$

3. 求 $f(z) = \dfrac{z^{2n}}{1 + z^n}$，$n$ 爲整數之任一極點之階數

4. 若 $z = a$ 分別爲 $f(z), g(z)$ 之 p 階及 q 階極點 $p \neq q$，求

(1) $f(z)g(z)$ (2) $\dfrac{g(z)}{f(z)}$ 在 $z = a$ 處之極點階數？

羅倫級數

若函數 $f(z)$ 在 $z = a$ 有一 n 階極點，且在圓心爲 a 之圓 c 所圍區域內（包括圓周，即 $|z - a| \leq r$，但 a 除外）之所有點均爲解析，則爲 $f(z)$ 之羅倫級數。

$$f(z) = \cdots + \frac{a_{-n}}{(z-a)^n} + \frac{a_{-(n-1)}}{(z-a)^{n-1}} + \cdots + \frac{a_{-1}}{z-a} + a_0 + a_1(z-a) + a_2(z-a)^2 + \cdots\cdots$$

羅倫級數中之 a_{-1} 非常重要，它是 $f(z)$ 在極點 $z = a$ 之留數（residue），我們將在下節討論。留數在複數積分中扮演極其關鍵之角色。

複函數 $f(z)$ 羅倫級數之求法大致可歸納以下：

1. $|z| < 1$ 時，$f(z)$ 利用 $\dfrac{1}{1-z} = \sum\limits_{n=0}^{\infty} z^n$ 表示。

2. $|z| > k$ 時 $\left|\dfrac{k}{z}\right| < 1$，利用 $\zeta = \dfrac{k}{z}$ 行變數變換來求 $f(z)$。

例 6 求 $f(z) = \dfrac{1}{z-2}$，$|z-1| > 1$ 之羅倫級數。

解

$|z-1| > 1 \quad \therefore \left|\dfrac{1}{z-1}\right| < 1$

因此

$$f(z) = \frac{1}{z-2} = \frac{1}{(z-1)-1} = \frac{1}{z-1} \cdot \frac{1}{1 - \dfrac{1}{z-1}}$$

$$= \frac{1}{z-1}\left(1 + \frac{1}{z-1} + \frac{1}{(z-1)^2} + \frac{1}{(z-1)^3} + \cdots\right)$$

$$= \frac{1}{z-1} + \frac{1}{(z-1)^2} + \frac{1}{(z-1)^3} + \frac{1}{(z-1)^4} + \cdots$$

在上例中，若 $|z-1| < 1$，則

$$f(z) = \frac{1}{z-2} = -\frac{1}{2-z} = -\frac{1}{(1-z)+1} =$$
$$-\left(1 - (1-z) + (1-z)^2 - (1-z)^3 + \cdots\right)$$
$$= -1 + (1-z) - (1-z)^2 + (1-z)^3 - \cdots$$

例 7 $f(z) = \dfrac{1}{z^2+1}$ 求 $|z| > 1$ 之羅倫級數。

解

$|z| > 1$ 時 $\left|\dfrac{1}{z}\right| < 1$，從而 $\left|\dfrac{1}{z^2}\right| < 1$

$$\therefore f(z) = \frac{1}{z^2+1} = \frac{1}{z^2} \cdot \frac{1}{1 + \dfrac{1}{z^2}} = \frac{1}{z^2}\left(1 - \frac{1}{z^2} + \frac{1}{z^4} - \frac{1}{z^6} + \cdots\right)$$

$$= \frac{1}{z^2} - \frac{1}{z^4} + \frac{1}{z^6} - \frac{1}{z^8} + \cdots$$

我們再看下列較複雜的例子：

例 8 $f(z) = \dfrac{1}{(z+1)(z+3)}$，試依 (1) $1 < |z| < 3$　(2) $|z| < 1$ 分別求 $f(z)$ 之羅倫級數

解

$$f(z) = \frac{1}{(z+1)(z+3)} = \frac{1}{2}\left(\frac{1}{z+1} - \frac{1}{z+3}\right)$$

(1) $1 < |z| < 3$ 時

依① $|z| > 1$ 即 $|\frac{1}{z}| < 1$，及② $|z| < 3$ 即 $|\frac{z}{3}| < 1$ 分別展開：

$$f(z) = \frac{1}{2} \frac{1}{z+1} - \frac{1}{2} \frac{1}{z+3} = \frac{1}{2z} \frac{1}{1+\frac{1}{z}} - \frac{1}{2} \cdot \frac{1}{3} \frac{1}{1+\frac{z}{3}}$$

$$= \frac{1}{2z} \left(1 - \frac{1}{z} + \frac{1}{z^2} - \frac{1}{z^3} + \cdots \right) - \frac{1}{6} \left(1 - \frac{z}{3} + \frac{z^2}{9} - \frac{z^3}{27} + \cdots \right)$$

(2) $|z| < 1$

$$f(z) = \frac{1}{2} \frac{1}{1+z} - \frac{1}{2} \frac{1}{3+z} = \frac{1}{2} \frac{1}{1+z} - \frac{1}{6} \frac{1}{1+\frac{z}{3}}$$

$$= \frac{1}{2} (1 - z + z^2 - z^3 + \cdots) - \frac{1}{6} \left(1 - \frac{z}{3} + \frac{z^2}{9} - \frac{z^3}{27} + \cdots \right)$$

就級數之形式看來，泰勒級數只含常數與正次方項，但羅倫級數還包括了負次方項。此外，

(1) 在 $z = z_0$ 之鄰域為解析時，$f(z)$ 才有泰勒級數，此時 $f(z)$ 之泰勒展開式與羅倫展開式相同。

(2) 當 $z = z_0$ 為奇點或**圓環**（annulus）如 $a < |z - z_0| < b$ 或空心圓盤如 $|z - z_0| > b$ 均不能有泰勒展開式，而必須用羅倫級數（展開式）。

練習 8.6B

1. $f(z) = \dfrac{1}{z-3}$ 分別求 (1) $|z| < 3$ 與 (2) $|z| > 3$ 之羅倫級數

2. $f(z) = \dfrac{z-2}{z^2 - 4z + 3}$，求 $1 < |z| < 3$ 之羅倫級數

3. $f(z) = \dfrac{z}{(z+1)(z-2)}$，求 (1)$|z| < 1$，(2) $2 > |z| > 1$，(3) $|z| > 2$ 之羅倫級數

4. $f(z) = \dfrac{1}{z-1}$，分別求 $|z| < 1$ 與 $|z| > 1$ 之羅倫級數。

8.7 留數定理

【定義】 若 $f(z)$ 在 $r < |z - a| < R$ 可解析，則 $f(z)$ 有羅倫級數

$$f(z) = \sum_{n=-\infty}^{\infty} a_n (z-a)^n = \cdots + \frac{a_{-2}}{(z-a)^2} + \frac{a_{-1}}{z-a} + a_0 + a_1(z-a) + a_2(z-a)^2 + \cdots,$$

定義 a_{-1} 為 $f(z)$ 在 $z = a$ 之**留數**（residue），記做 a_{-1} 或 Res(a)。

例 1 求 $f(z) = z^2 \sin\dfrac{1}{z}$ 在 $z = 0$ 處之留數

提示	解答
$\sin z = z - \dfrac{1}{3!}z^3 + \dfrac{1}{5!}z^5 \cdots$ $\Rightarrow \sin\dfrac{1}{z} = \dfrac{1}{z} - \dfrac{1}{3!}\left(\dfrac{1}{z}\right)^3 +$ $\dfrac{1}{5!}\left(\dfrac{1}{z}\right)^5 \cdots$	$f(z) = z^2 \sin\dfrac{1}{z}$ $= z^2\left(\dfrac{1}{z} - \dfrac{1}{3!}\left(\dfrac{1}{z}\right)^3 + \dfrac{1}{5!}\left(\dfrac{1}{z}\right)^5 \cdots\right)$ $= z - \dfrac{1}{6}\dfrac{1}{z} + \dfrac{1}{120}\dfrac{1}{z^2}\cdots\cdots$ $\therefore \text{Res}(0) = -\dfrac{1}{6}$

【定理 A】 1. 若 $z = a$ 為 $f(z)$ 之簡單極點，則 $f(z)$ 在 $z = a$ 之留數
$$a_{-1} \text{ 或 } \text{Res}(a) = \lim_{z \to a}(z-a)f(z)$$
2. 若 $z = a$ 為 $f(z)$ 之 k 階極點，則 $f(z)$ 在 $z = a$ 之留數
$$a_{-1} \text{ 或 } \text{Res}(a) = \lim_{z \to a}\frac{1}{(k-1)!}\frac{d^{k-1}}{dz^{k-1}}\{(z-a)^k f(z)\}$$

證明

(a) 若 $f(z)$ 在 a 處有一簡單極點，則羅倫級數為：
$$f(z) = \frac{a_{-1}}{z-a} + a_0 + a_1(z-a) + a_2(z-a)^2 + \cdots$$
$\therefore f(z)$ 在 $z = a$ 之留數為
$$\lim_{z \to a}(z-a)f(z) = \lim_{z \to a}[a_{-1} + a_0(z-a) + a_1(z-a)^2 + a_2(z-a)^3 + \cdots]$$
$$= a_{-1} = \text{Res}(a)$$
(b) 若 $f(z)$ 在 $z = a$ 處有 k 階極點，則羅倫級數為：
$$f(z) = \frac{a_{-k}}{(z-a)^k} + \frac{a_{-k+1}}{(z-a)^{k-1}} + \cdots + \frac{a_{-1}}{z-a} + a_0 + a_1(z-a)$$

$$+ a_2 (z - a)^2 + \cdots$$

$\therefore f(z)$ 在 $z = a$ 之留數為

$$(z - a)^k f(z) = a_{-k} + a_{-k+1} (z - a) + \cdots + a_{-1} (z - a)^{k-1} + a_0 (z - a)^k + \cdots$$

及 $\dfrac{d^{k-1}}{dz^{k-1}}[(z - a)^k f(z)] = (k - 1)! a_{-1} + k! a_0 (z - a) +$

$(k + 1)! a_1 (z - a)^2 + \cdots$

$$\therefore \lim_{z \to a} \frac{d^{k-1}}{dz^{k-1}}[(z - a)^k f(z)] = (k - 1)! a_{-1} = (k - 1)! \operatorname{Res}(a)$$

即　$\operatorname{Res}(a) = \dfrac{1}{(k - 1)!} \lim_{z \to a} \dfrac{d^{k-1}}{dz^{k-1}}[(z - a)^k f(z)]$ ∎

例 2 求 $f(z)$ 在下列指定點之留數。

(1) $f(z) = \dfrac{2z - 1}{z^2 + 3z}$，$z = -3$　　　(3) $f(z) = \dfrac{\sin z}{(z - 1)^2}$，$z = 1$

(2) $f(z) = \dfrac{z}{z^2 + 1}$，$z = i$　　　(4) $f(z) = \dfrac{1 - \cos z}{z^3}$，$z = 0$

解

(1) $\operatorname{Res}(-3) = \lim_{z \to -3}(z + 3) \cdot \dfrac{2z - 1}{z^2 + 3z} = \lim_{z \to -3} \dfrac{2z - 1}{z} = \dfrac{7}{3}$

(2) $\operatorname{Res}(i) = \lim_{z \to i}(z - i) \dfrac{z}{z^2 + 1} = \lim_{z \to i}(z - i) \dfrac{z}{(z + i)(z - i)}$

　　　$= \lim_{z \to i} \dfrac{i}{z + i} = \dfrac{1}{2}$

(3) $\operatorname{Res}(1) = \dfrac{1}{(2 - 1)!} \lim_{z \to 1} \dfrac{d}{dz}\left[(z - 1)^2 \cdot \dfrac{\sin z}{(z - 1)^2}\right]$

　　　$= \lim_{z \to 1} \dfrac{d}{dz}(\sin z) = \lim_{z \to 1} \cos z = \cos 1$

(4) $\operatorname{Res}(0) = \dfrac{1}{(3 - 1)!} \lim_{z \to 0} \dfrac{d^2}{dz^2}\left(z^3 \cdot \dfrac{1 - \cos z}{z^3}\right)$

　　　$= \dfrac{1}{2} \lim_{z \to 0} \dfrac{d^2}{dz^2}(1 - \cos z) = \dfrac{1}{2} \cos 0 = \dfrac{1}{2}$

例 3 求 $f(z) = \dfrac{z}{(z - 1)(z^2 + 1)}$ 極點之留數

解

由觀察，$z = 1$，$\pm i$ 均為 $f(z)$ 之簡單極點：

$\therefore \operatorname{Res}(1) = \lim_{z \to 1}(z - 1) \cdot \dfrac{z}{(z - 1)(z^2 + 1)} = \lim_{z \to 1} \dfrac{z}{z^2 + 1} = \dfrac{1}{2}$

$$\text{Res}\,(i) = \lim_{z \to i}\,(z-i)\,\cdot\,\frac{z}{(z-1)(z^2+1)}$$

$$= \lim_{z \to i}\,(z-i)\,\cdot\,\frac{z}{(z-1)(z+i)(z-i)}$$

$$= \lim_{z \to i}\frac{z}{(z-1)(z+i)} = \frac{i}{2i(i-1)} = \frac{-1-i}{4}$$

$$\text{Res}\,(-i) = \lim_{z \to -i}\,(z+i)\,\cdot\,\frac{z}{(z-1)(z^2+1)}$$

$$= \lim_{z \to -i}\,(z+i)\,\cdot\,\frac{z}{(z-1)(z+i)(z-i)}$$

$$= \lim_{z \to -i}\frac{z}{(z-1)(z-i)} = \frac{-1+i}{4}$$

例 4　求 $f(z) = \dfrac{1}{z^3(z+1)}$ 極點之留數

解

由觀察，知 $f(z)$ 有二個極點 $z = 0$（3 階），$z = -1$（單階）

$$\therefore \text{Res}(0) = \lim_{z \to 0}\frac{1}{2!}\,\cdot\,\frac{d^2}{dz^2}\left\{z^3\,\cdot\,\frac{1}{z^3(z+1)}\right\} = \frac{1}{2}\lim_{z \to 0}\frac{d^2}{dz^2}\,\frac{1}{1+z}$$

$$= \frac{1}{2}\lim_{z \to 0}\frac{d}{dz}\,(-(1+z)^{-2}) = \lim_{z \to 0}(1+z)^{-3} = 1$$

$$\text{Res}\,(-1) = \lim_{z \to -1}\,(z+1)\,\cdot\,\frac{1}{z^3(z+1)} = \lim_{z \to -1}\frac{1}{z^3} = -1$$

例 5　求 $f(z) = \dfrac{1}{1-e^z}$ 在 $z = 0$ 之留數

解

提示	解答
先用長除法再依留數定義。 $$\begin{array}{r} \frac{-1}{z} + \frac{1}{2} \\ \hline \end{array}$$ $-z - \dfrac{z^2}{2} - \dfrac{z^3}{6}\cdots \overline{\smash{\big)}\,1}$ $\qquad\quad 1 + \dfrac{z}{2} + \dfrac{z^2}{6}\cdots$ $\qquad\quad \overline{\quad -\dfrac{z}{2} - \dfrac{z^2}{6}\cdots}$ $\qquad\qquad -\dfrac{z}{2} - \dfrac{z^2}{4}$ $\qquad\qquad \overline{\qquad \dfrac{z^2}{12} + \cdots}$	$f(z) = \dfrac{1}{1-e^z} = \dfrac{1}{1 - \left(1 + z + \dfrac{z^2}{2!} + \dfrac{z^3}{3!} + \cdots\right)}$ $= \dfrac{1}{-z - \dfrac{z^2}{2} - \dfrac{z^3}{6} - \cdots}$ $= -1\left(\dfrac{1}{z}\right) + \dfrac{1}{2} - \dfrac{z}{12} + \cdots$ ，$0 < |z| < \infty$ $\qquad\quad \underset{a_{-1}}{\uparrow}$ $\therefore \text{Res}(0) = -1$

例 6 求 $f(z) = \dfrac{1}{z - \sin z}$ 在 $z = 0$ 處之留數

解

提示	解答
$\dfrac{z^3}{6} - \dfrac{z^5}{120} + \dfrac{z^7}{5040} \cdots \sqrt{\begin{array}{l} \dfrac{6}{z^3} + \dfrac{6}{20z} \cdots \\ \hline 1 \\ 1 - \dfrac{z^2}{20} + \dfrac{z^4}{840} \cdots \\ \hline \dfrac{z^2}{20} - \dfrac{z^4}{840} \cdots \\ \dfrac{z^2}{20} - \dfrac{z^4}{400} \cdots \\ \hline \dfrac{11}{8400} z^4 \cdots \end{array}}$	$f(z) = \dfrac{1}{z - \sin z} = \dfrac{1}{z - \left(z - \dfrac{z^3}{3!} + \dfrac{z^5}{5!}\right)}$ $= \dfrac{1}{\dfrac{z^3}{6} - \dfrac{z^5}{120} - \cdots}$ $= \dfrac{6}{z^3} + \dfrac{6}{20}\dfrac{1}{z} + \cdots$ $\qquad\qquad\uparrow$ $\qquad\qquad a_{-1}$ $\therefore \operatorname{Res}(0) = \dfrac{6}{20} = \dfrac{3}{10}$

例 7 求 (1) $f(z) = \dfrac{1}{z\sin z}$　(2) $f(z) = \dfrac{z}{\cos z}$ 在所有奇異點之留數。

解

(1) $\because g(z) = z\sin z = z\left(z - \dfrac{z^3}{3!} + \dfrac{z^5}{5!} - \cdots\right) = z^2\left(1 - \dfrac{z^2}{3!} + \dfrac{z^4}{5!} - \cdots\right)$，故 $f(z)$

是 $z = 0$ 為二階零點，$z = k\pi$，$k = \pm 1, \pm 2 \cdots$ 為一階零點，即 $f(z)$

是以 $z = 0$ 為二階極點，又 $z = k\pi$，$k = \pm 1, \pm 2 \cdots$ 為一階極點

$\therefore \operatorname{Res}(0) = \lim\limits_{z \to 0} \dfrac{d}{dz}\left(z^2 \cdot \dfrac{1}{z\sin z}\right) = \lim\limits_{z \to 0} \dfrac{\sin z - z\cos z}{\sin^2 z}$

$\overset{\text{L'Hospital}}{=\!=\!=\!=} \lim\limits_{z \to 0} \dfrac{\cos z - \cos z + z\sin z}{2\sin z\cos z} = \lim\limits_{z \to 0} \dfrac{z}{2\cos z} = 0$

$\operatorname{Res}(k\pi) = \lim\limits_{z \to 0}(z - k\pi) \cdot \dfrac{1}{z\sin z}$

$\overset{\text{L'Hospital}}{=\!=\!=\!=} \lim\limits_{z \to k\pi} \dfrac{1}{\sin z + z\cos z} = \dfrac{(-1)^k}{k\pi}$，$k = \pm 1, \pm 2 \cdots$

或 $\operatorname{Res}(k\pi) = \operatorname{Res}\left(\dfrac{\frac{1}{z}}{\sin z}; k\pi\right) = \dfrac{\frac{1}{z}}{\cos z}\bigg|_{k\pi} = \dfrac{(-1)^k}{k\pi}$，$k = \pm 1, \pm 2 \cdots$

(2) $f(z) = \dfrac{z}{\cos z}$ 有一階極點 $z = k\pi + \dfrac{\pi}{2} = \left(k + \dfrac{1}{2}\right)\pi$，$k = 0, \pm 1, \pm 2 \cdots$

$\therefore \operatorname{Res}\left(\left(k + \dfrac{1}{2}\right)\pi\right) = \dfrac{z}{-\sin z}\bigg]_{\left(k+\frac{1}{2}\right)\pi} = (-1)^{k+1}\left(k + \dfrac{1}{2}\right)\pi$，$k = 0, \pm 1, \pm 2 \cdots$

例 **8** 求 $f(z) = \cot z$，$z = \pi$ 之留數

提示	解答
方法一	$z = \pi$ 為 $\cot z = \dfrac{\cos z}{\sin z}$ 之單階極點 $\therefore \operatorname{Res}(\pi) = \lim\limits_{z \to \pi} (z - \pi) \cot z = \lim\limits_{z \to \pi} (z - \pi) \dfrac{\cos z}{\sin z}$ $= \lim\limits_{z \to \pi} \dfrac{z - \pi}{\sin z} \cdot \lim\limits_{z \to \pi} \cos z = \lim\limits_{z \to \pi} \dfrac{1}{\cos z} \cdot (-1)$ $= (-1)(-1) = 1$
方法二	$\cot z = \dfrac{\cos z}{\sin z}$，又 $\dfrac{d}{dz} \sin z = \cos z$ $\therefore \operatorname{Res}(\pi) = \dfrac{\cos z}{(\sin z)'}\Big|_{z=\pi} = \dfrac{\cos z}{\cos z}\Big|_{z=\pi} = 1$

【定理 B】 $f(z) = \dfrac{Q(z)}{P(z)}$，若 $P(z)$ 和 $Q(z)$ 在 $z = a$ 處均為解析，且 $Q(z_0) \neq 0$，$P(z_0) = 0$，$P'(z_0) \neq 0$ 則 $z = z_0$ 為 $f(z)$ 之一階極點，且 $\operatorname{Res}(z_0) = \dfrac{Q(z_0)}{P'(z_0)}$

證明　(1) $P(z_0) = 0$, $P'(z_0) \neq 0$ $\therefore z = z_0$ 為 $P(z)$ 惟一之零點，又 $Q(z_0) \neq 0$
　　　　$\therefore z = z_0$ 為 $f(z)$ 之一階極點。
　　　(2) 若 $z = z_0$ 為 $f(z)$ 之一階極點，則由定理 A
$$\operatorname{Res}(z_0) = \lim_{z \to z_0}(z - z_0)f(z) = \lim_{z \to z_0} \frac{Q(z)}{\dfrac{P(z)}{z - z_0}} = \lim_{z \to z_0} \frac{Q(z)}{\dfrac{P(z) - P(z_0)}{z - z_0}} = \frac{Q(z_0)}{P'(z_0)} \qquad \blacksquare$$

$\operatorname{Res}(f(z), \infty)$

　$\operatorname{Res}(f(z), \infty)$ 可由一個途徑解出：一是級數展開式 $\operatorname{Res}(\infty) = -\left(\dfrac{1}{z} \text{ 之係數}\right)$，若無 $\dfrac{1}{z}$ 項則留數為 0，一是用變數變換 $\operatorname{Res}(f(z), \infty) = -\operatorname{Res}\left(\dfrac{1}{z^2} f\left(\dfrac{1}{z}\right), 0\right)$。

例 **9** 求下列函數在 ∞ 處之留數
　　(1) $f(z) = \dfrac{z}{2 + z^2}$　(2) $f(z) = z^3 \cos \dfrac{2i}{z}$　(3) $f(z) = \dfrac{2z}{1 + z^2}$

解
　　(1) $f(z) = \dfrac{1}{z} \dfrac{1}{1 + \dfrac{2}{z^2}} = \dfrac{1}{z}\left(1 - \dfrac{2}{z^2} + \cdots\right) = \dfrac{1}{z} - \dfrac{2}{z^3} + \cdots$，$\dfrac{1}{z}$ 之係數為 1

　　　$\therefore \operatorname{Res}(\infty) = -\left(\dfrac{1}{z} \text{ 之係數}\right) = -1$

(2) $f(z) = z^3 \cos \dfrac{2i}{z} = z^3 \left(1 - \dfrac{1}{2!}\left(\dfrac{2i}{z}\right)^2 + \dfrac{1}{4!}\left(\dfrac{2i}{z}\right)^4 + \cdots \right)$

$\dfrac{1}{z}$ 之係數為 $\dfrac{2^4}{4!} = \dfrac{2}{3}$ $\quad \therefore \text{Res}(\infty) = -\dfrac{2}{3}$

(3) $\text{Res}\left(\dfrac{2z}{1+z^2}, \infty\right) = -\text{Res}\left(\dfrac{2\left(\frac{1}{z}\right)}{1+\left(\frac{1}{z}\right)^2} \cdot \dfrac{1}{z^2}, 0 \right)$

$= -\text{Res}\left(\dfrac{2}{z(1+z^2)}, 0 \right) = -\lim_{z\to 0} z \cdot \dfrac{2}{z(1+z^2)} = -2$

練習 8.7A

1. 求下列各題在奇異點之留數：

(1) $f(z) = \dfrac{e^z}{(z-1)(z+3)^2}$ (2) $f(z) = \dfrac{1}{z(z+2)^3}$ (3) $f(z) = \dfrac{\cos z}{z}$ (4) $f(z) = \dfrac{e^{zt}}{(z-2)^3}$

2. 求下列函數在 ∞ 處之留數

(1) $f(z) = e^{\frac{1}{z^2}}$ (2) $f(z) = \cos z + \sin z$

3. 求下列函數在所有奇異點之留數

(1) $f(z) = \tan hz$ (2) $f(z) = \dfrac{1}{(z^2-(z+b)z+ab)^n}$

4. 若 $f(z) = a_0 + a_1 z + a_2 z^2 + \cdots + a_n z^k + \cdots$ 求 $\text{Res}\left(\dfrac{f(z)}{z^k}, 0\right)$

5. $f(z)$ 為可解析函數 $z=a$ 為 $f(z)$ 之 m 階零點，求 $\text{Res}\left(\dfrac{f'(z)}{f(z)}, a\right)$

6. 若 $z=a$ 為 $f(z)$ 之 m 階零點，試證 $z=a$ 為 $f'(z)$ 之 $m-1$ 階零點。

留數在求反拉氏轉換之應用

若 $F(s) = \mathcal{L}(f(t))$ 則 $L^{-1}(F(s))$ 為

$$f(t) = \begin{cases} \dfrac{1}{2\pi i} \displaystyle\int_{r-i\infty}^{r+i\infty} e^{st}F(s)\,dx, & t>0 \\ 0 & , t<0 \end{cases}$$

上述結果稱為拉氏轉換之**反演積分**（complex inversion integral）也稱為 **Bromwich 積分公式**（Bromwich's integral formula），由 Bromwich 積分公式可證出：

【定理 C】　若 $F(s) = \mathcal{L}(f(t))$，則 $f(t) = \sum\limits_{k=1}^{n} \text{Res}(F(z)e^{zt}, z_k)$, $t > 0$

　　本書只討論有限個奇異之反拉氏轉換，至於無限個奇異點函數之的反拉氏轉換如 $L^{-1}\left(\dfrac{\cosh x\sqrt{s}}{s\cosh\sqrt{s}}\right)$，$1 > s > 0$ 之情況則請參考更進一步的書籍。

例10　求 (1) $L^{-1}\left(\dfrac{s^2+1}{s^3+6s^2+11s+6}\right)$　　(2) $L^{-1}\left(\dfrac{1}{(s^2+a^2)^2}\right)$

解

　(1) $\because \dfrac{s^2+1}{s^3+6s^2+11s+6} = \dfrac{s^2+1}{(s+1)(s+2)(s+3)}$，

　　　考慮 $f(z) = \dfrac{(z^2+1)e^{zt}}{(z+1)(z+2)(z+3)}$；

　　　$f(z)$ 有 3 個極點 $z = -1, -2, -3$

　　　$L^{-1}\left(\dfrac{(s^2+1)e^{zt}}{(s+1)(s+2)(s+3)}\right)$

　　　$= \text{Res}(f(z), -1) + \text{Res}(f(z), -2) + \text{Res}(f(z), -3)$

　　　$= \lim\limits_{z\to-1}(z+1) \cdot \dfrac{(z^2+1)e^{zt}}{(z+1)(z+2)(z+3)} + \lim\limits_{z\to-2}(z+2) \cdot \dfrac{(z^2+1)e^{zt}}{(z+1)(z+2)(z+3)}$

　　　　$+ \lim\limits_{z\to-3}(z+3) \cdot \dfrac{(z^2+1)e^{zt}}{(z+1)(z+2)(z+3)}$

　　　$= e^{-t} - 5e^{-2t} + 5e^{-3t}$

　　　$\therefore L^{-1}\left(\dfrac{s^2+1}{s^3+6s^2+11s+6}\right) = e^{-5} - 5e^{-2t} + 5e^{-3t}$

　(2) 考慮 $f(z) = \dfrac{e^{zt}}{(z^2+a^2)^2}$，$f(z)$ 有極點 $z = ai$（二階），與 $z = -ai$（二階）

　　　$\therefore L^{-1}\left(\dfrac{1}{(s^2+a^2)^2}\right) = \text{Res}(f(z), ai) + \text{Res}(f(z), -ai)$

　　　$= \lim\limits_{z\to-ai}\dfrac{d}{dz}(z+ai)^2 \cdot \dfrac{e^{zt}}{(z+ai)^2(z-ai)^2} + \lim\limits_{z\to ai}\dfrac{d}{dz}(z-ai)^2 \cdot \dfrac{e^{zt}}{(z+ai)^2(z-ai)^2}$

　　　$= \dfrac{te^{-ait}}{-4a^2} - \dfrac{e^{-ait}}{4a^3 i} - \dfrac{te^{ait}}{4a^2} + \dfrac{e^{ait}}{4a^3 i} = \dfrac{-t}{2a^2}\left(\dfrac{e^{-ait}+e^{ait}}{2}\right) + \dfrac{1}{2a^3}\left(\dfrac{a^{ati}-e^{-ati}}{2i}\right)$

　　　$= \dfrac{\sin at - at\cos at}{2a^3}$

例11　試解 $y''' + y' = e^{at}$，$y(0) = y'(0) = y''(0) = 0$

提示	解答
	對 $y''' + y' = e^{at}$ 兩邊取拉氏轉換： $\because y(0) = y'(0) = y'''(0) = 0$ $\therefore s^3 Y(s) + s Y(s) = \dfrac{1}{s-a}$ $\Rightarrow Y(s) = \dfrac{1}{(s^3+s)(s-a)} = \dfrac{1}{s(s-a)(s^2+1)}$ 考慮 $f(z) = \dfrac{e^{zt}}{z(z-a)(z^2+1)}$ $\therefore y = L^{-1}(Y(s)) = \operatorname{Res}(f(z),0) + \operatorname{Res}(f(z),a) + \operatorname{Res}(f(z),i) + \operatorname{Res}(f(z),-i)$ $= \lim_{z\to 0} z \cdot \dfrac{e^{zt}}{z(z-a)(z^2+1)} + \lim_{z\to a}(z-a) \cdot \dfrac{e^{zt}}{z(z-a)(z^2+1)}$ $\quad + \lim_{z\to i}(z-i) \cdot \dfrac{e^{zt}}{z(z-a)(z^2+1)} + \lim_{z\to -i}(z+i) \cdot \dfrac{e^{zt}}{z(z-a)(z^2+1)}$ $= -\dfrac{1}{a} + \dfrac{e^{at}}{a(a^2+1)} + \dfrac{1}{2}\dfrac{a+i}{a^2+1}e^{it} + \dfrac{1}{2}\dfrac{(a-i)e^{-it}}{a^2+1}$ $= -\dfrac{1}{a} + \dfrac{e^{at}}{a(a^2+1)} + \dfrac{a}{a^2+1}\left(\dfrac{e^{it}+e^{-it}}{2}\right) + \dfrac{i}{a^2+1}\left(\dfrac{e^{it}-e^{-it}}{2}\right)$ $= -\dfrac{1}{a} + \dfrac{e^{at}}{a(a^2+1)} + \dfrac{a}{a^2+1}\cos t - \dfrac{1}{a^2+1}\left(\dfrac{e^{it}-e^{-it}}{2i}\right)$
$\dfrac{e^{it}-e^{-it}}{2i} = \sin t$	$= -\dfrac{1}{a} + \dfrac{e^{at}}{a(a^2+1)} + \dfrac{1}{a^2+1}(a\cos t - \sin t)$

練習 8.7B

1. 用留數法求下列反拉氏轉換

(1) $L^{-1}\left(\dfrac{s+1}{s(s-a)(s-b)}\right)$　　　　(2) $L^{-1}\left(\dfrac{1}{(s^2+a^2)s}\right)$

(3) $L^{-1}\left(\dfrac{1}{s^4-a^4}\right)$　　　　(4) $L^{-1}\left(\dfrac{s}{(s^2+a^2)(s^2+b^2)}\right)$，$a^2 \neq b^2$

2. 用留數法求下列反拉氏轉換

(1) $L^{-1}\dfrac{1}{s^3(s^2+a^2)}$　　(2) $L^{-1}\left(\dfrac{s^2}{(s^2-a^2)^2}\right)$

3. 解

(1) $y''' - 3y'' + 3y' - y = 6e^s$，$y(0) = y'(0) = y''(0) = y'''(0) = 0$

(2) $y^{(4)} + 2y'' + y = 0$，$y(0) = y'(0) = y''(0) = 0$，$y'''(0) = 1$

留數積分

【定理 C】　留數定理（residue theorem）：
若 $f(z)$ 在簡單曲線 c 及其內部區域，除了 c 內之極點 $z = z_1$，z_2，$\cdots$，z_n 外均解析，則 $\oint_c f(z)\,dz = 2\pi i\,(\operatorname{Res}(z_1) + \operatorname{Res}(z_2) + \cdots + \operatorname{Res}(z_n))$（路徑 c 為反時鐘方向）

例12 根據下列不同曲線 c，分別計算 $\oint_c \dfrac{z^2-1}{z^2+1}dz$

(1) $|z-1|=1$ (2) $|z-i|=1$ (3) $|z|=2$

解

$f(z)=\dfrac{z^2-1}{z^2+1}$ 有兩個極點 i 與 $-i$

$\text{Res}\,(i)=\lim\limits_{z\to i}(z-i)\dfrac{z^2-1}{z^2+1}=\lim\limits_{z\to i}\dfrac{z^2-1}{z+i}=\dfrac{-2}{2i}=i$

$\text{Res}\,(-i)=\lim\limits_{z\to -i}(z+i)\dfrac{z^2-1}{z^2+1}=\lim\limits_{z\to -i}\dfrac{z^2-1}{z-i}=\dfrac{-2}{-2i}=-i$

(1) $c：|z-1|=1：z=i,\ -i$ 均落在 c 之外 $\therefore \oint_c\dfrac{z^2-1}{z^2+1}dz=0$

(2) $c：|z-i|=1：$ 只有 $z=i$ 落在 c 內

     $\therefore \oint_c\dfrac{z^2-1}{z^2+1}dz=2\pi i\,\text{Res}\,(i)=2\pi i\cdot i=-2\pi$

(3) $c：|z|=2：z=\pm i$ 均落在 c 內

     $\therefore \oint_c\dfrac{z^2-1}{z^2+1}dz=2\pi i(\text{Res}\,(i)+\text{Res}\,(-i))=2\pi i\,(i-i)=0$

例13 求 $\oint_c\dfrac{dz}{z^2(z-1)}$，$c$ 之閉曲線圖如右圖：

解

$\because \ \text{Res}(0)=\dfrac{1}{1!}\lim\limits_{z\to 0}\dfrac{d}{dz}z^2\cdot\dfrac{1}{z^2(z-1)}=\lim\limits_{z\to 0}\dfrac{-1}{(z-1)^2}=-1$

     $\text{Res}(1)=\lim\limits_{z\to 1}(z-1)\cdot\dfrac{1}{z^2(z-1)}=\lim\limits_{z\to 1}\dfrac{1}{z^2}=1$

$\therefore \ \oint_c\dfrac{dz}{z^2(z-1)}=2\pi i\{\text{Res}\,(0)+\text{Res}\,(1)\}=2\pi i\,(-1+1)=0$

例14 求 (1) $\oint_c\dfrac{dz}{z^2}：c：$ 任意不通過原點的曲線

     (2) $\oint_c\dfrac{\bar z}{z}dz：c：|z|=2$

提示	解答
(1) 就 $z = 0$ 在 C 之內部與外部二種情況討論	(1) ① $z = 0$ 在 C 之外部時 由 Cauchy 定理 $\oint_c \frac{1}{z^2} dz = 0$ ② $z = 0$ 在 C 內部時：取 $h(z) = 1$ $\oint_c \cdot \frac{h(z)}{z^2} dz = \frac{2\pi i}{(2-1)!} h'(0) = 2\pi i \cdot 0 = 0$ 綜上 $\oint \frac{1}{z^2} dz = 0$
(2) $\frac{\bar{z}}{z} = \frac{z\bar{z}}{z^2} = \frac{\lvert z \rvert^2}{z^2}$	(2) $\oint_c \frac{\bar{z}}{z} dz = \oint_c \frac{z \cdot \bar{z}}{z \cdot z} dz = \oint_c \frac{\lvert z \rvert}{z^2} dz = \oint \frac{1}{z^2} dz = 0$

練習 8.7C

1. 求 (1) $\oint_{\lvert z \rvert = 5} \frac{\cos z}{z^2 - 9} dz$　(3) $\oint_{\lvert z \rvert = 2} \frac{dz}{z^2 + z + 1}$　(2) $\oint_{\lvert z \rvert = 3} \frac{e^z}{z(z-2)^3} dz$　(3) $\oint_{\lvert z \rvert = 2\pi} \tan z \, dz$

2. 求 (1) $\oint_{\lvert z \rvert = 1} e^{\frac{1}{z}} dz$　(2) $\oint_{\lvert z \rvert = 1} z^{n-1} e^{\frac{1}{z}} dz$

3. 分別用 Cauchy 積分定理與留數定理求下列各小題之 $\oint_{\Gamma} \frac{1}{z^2 + 1} dz$

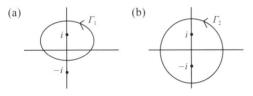

(a)　　　　　　　　　　(b)

8.8　留數定理在實函數定積分上應用

　　應用留數定理計算某些型態之實函數定積分時首先要選擇適當之 $f(z)$ 及適當之路徑 c。

【定義】　f 在 $(-\infty, \infty)$ 中為連續，則 f 在 $(-\infty, \infty)$ 之 **Cauchy 主值**（Cauchy principal value，以 PV 表示）

$$\text{PV} \int_{-\infty}^{\infty} f(x)dx \equiv \lim_{R \to \infty} \int_{-R}^{R} f(x)dx$$

　　若瑕積分 $\int_{-\infty}^{\infty} f(x)dx$ 存在則它必等於其主值。

　　我們將以例題說明如何應用留數定理選擇適當路徑計算一些特殊實函數之瑕積分。

【定理 A】　$z = Re^{i\theta}$，若 $|f(z)| \leq \dfrac{M}{R^k}$，$k>1$，

M 為常數，Γ 為半徑是 R 之上半

圓（如右圖）。則有

(1) $\displaystyle\lim_{R \to \infty} \int_{\Gamma} f(z)\,dz = 0$

(2) $\displaystyle\lim_{R \to \infty} \int_{\Gamma} e^{imz} f(z)\,dz = 0$

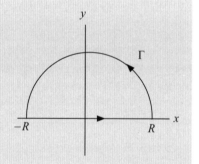

　　由定理 A 我們可得到定理 B：

【定理 B】　若 $P(x)$，$Q(x)$ 分別是 n 次與 m 次之 x 的多項式，$m-n \geq 2$，且對所有之實數 $P(x) \neq 0$，則 $\displaystyle\int_{-\infty}^{\infty} \dfrac{Q(x)}{P(x)}dx = 2\pi i \times$ 所有 $\left(\dfrac{Q(x)}{P(x)}\right)$ 在上半平面留數之和）

例 1　求 $\displaystyle\int_{-\infty}^{\infty} \dfrac{dx}{(x^2 + 1)^2}$

解

$f(z) = \dfrac{1}{(z^2 + 1)^2} = \dfrac{1}{(z + i)^2(z - i)^2}$ 有兩個極點 $z = \pm i$，其中僅 $z = i$（二階）

位在上半平面

$$\text{Res}(i) = \lim_{z \to i} \frac{d}{dz}\left[(z-i)^2 \cdot \frac{1}{(z+i)^2(z-i)^2}\right] = \lim_{z \to i} \frac{-2}{(z+i)^3} = \frac{1}{4i}$$

$$\therefore \int_{-\infty}^{\infty} \frac{dx}{(x^2+1)^2} = 2\pi i\left(\frac{1}{4i}\right) = \frac{\pi}{2}$$

例 2 求 $\int_{-\infty}^{\infty} \frac{x^2}{(x^2+1)(x^2+4)} dx$

提示	解答
	$f(z) = \frac{z^2}{(z^2+1)(z^2+4)} = \frac{z^2}{(z+i)(z-i)(z+2i)(z-2i)}$ ，有四個極點，其中 $z = i$, $2i$ 在上半平面 $\text{Res}(i) = \lim_{z \to i}(z-i)\cdot\frac{z^2}{(z+i)(z-i)(z+2i)(z-2i)} = \frac{i}{6}$ $\text{Res}(2i) = \lim_{z \to 2i}(z-2i)\frac{z^2}{(z+i)(z-i)(z+2i)(z-2i)} = \frac{-i}{3}$ $\therefore \int_{-\infty}^{\infty} \frac{x^2 dx}{(x^2+1)(x^2+4)} = 2\pi i(\text{Res}(i) + \text{Res}(2i)) = \frac{\pi}{3}$

例 3 求 $\int_{-\infty}^{\infty} \frac{dx}{1+x^4}$

解

$f(z) = \frac{1}{1+z^4}$ ，$1 + z^4 = 0$ 時得 $z_1 = e^{\pi i/4}$, $z_2 = e^{3\pi i/4}$,

$z_3 = e^{5\pi i/4}$, $z_4 = e^{7\pi i/4}$

為 4 個極點，其中 $z_1 = e^{\pi i/4}$, $z_2 = e^{3\pi i/4}$ 在上半平面

$\text{Res}(z_1) = \lim_{z \to z_1}(z-z_1)\cdot\frac{1}{1+z^4} = \lim_{z \to z_1}\frac{1}{4z^3} = \frac{1}{4}e^{-3\pi i/4}$

$\text{Res}(z_2) = \lim_{z \to z_2}(z-z_2)\cdot\frac{1}{1+z^4} = \lim_{z \to z_2}\frac{1}{4z^3} = \frac{1}{4}e^{-9\pi i/4}$

$\therefore \int_{-\infty}^{\infty}\frac{dx}{1+x^4} = 2\pi i(\text{Res}(z_1)+\text{Res}(z_2)) = 2\pi i\left(\frac{1}{4}e^{-\frac{3\pi}{4}} + \frac{1}{4}e^{-9\pi i/4}\right)$

$= \frac{2\pi i}{4}\left[\left(-\frac{\sqrt{2}}{2} - \frac{\sqrt{2}}{2}i\right) + \left(\frac{\sqrt{2}}{2} - \frac{\sqrt{2}}{2}i\right)\right] = \frac{\sqrt{2}}{2}\pi$

【定理 C】 $F(x)$ 是 x 之有理函數，則
$$\int_{-\infty}^{\infty} F(x) \begin{Bmatrix} \cos mx \\ \sin mx \end{Bmatrix} dx = \oint_c F(z)e^{imz} dz = \begin{cases} \text{Re}[2\pi i F(z)e^{imz} \text{之留數和}] \\ \text{Im}[2\pi i F(z)e^{imz} \text{之留數和}] \end{cases}$$

例 4 求 $\int_{-\infty}^{\infty} \dfrac{\cos mx}{x^2 + a^2} dx$

解

$$\int_{-\infty}^{\infty} \frac{\cos mx}{x^2 + a^2} dx = \text{Re}\left\{ \int_{-\infty}^{\infty} \frac{e^{imz}}{z^2 + a^2} dz \right\}, m > 0, a > 0$$

$f(z) = \dfrac{e^{imz}}{z^2 + a^2} = \dfrac{e^{imz}}{(z + ai)(z - ai)}$ ，有二個極點 $z = ai$ 及 $z = -ai$，其中 $z = ai$ 在上半平面：

$$\text{Res}(ai) = \lim_{Z \to ai} (z - ai) \cdot \frac{e^{imz}}{(z + ai)(z - ai)} = \frac{e^{im(ai)}}{2ai} = \frac{e^{-am}}{2ai}$$

$$\therefore \int_{-\infty}^{\infty} \frac{\cos mx}{x^2 + a^2} dx = \text{Re}\{2\pi i(\text{Res}(ai))\}$$

$$= \text{Re}\left\{ 2\pi i \cdot \frac{e^{-am}}{2ai} \right\} = \frac{\pi}{a} e^{-am}$$

例 5 求 $\int_{-\infty}^{\infty} \dfrac{x\sin x}{1 + x^2} dx$

解

考慮 $f(z) = \dfrac{ze^{iz}}{1 + z^2}$ ，有二點極點 $z = i$ 及 $z = -i$

其中僅 $z = i$ 在上半平面：

$$\text{Res}(i) = \lim_{z \to i} \cdot \frac{ze^{iz}}{1 + z^2} = \lim_{z \to i} \frac{ze^{iz}}{z + i} = \frac{1}{2} e^{-1}$$

$$\therefore \int_{-\infty}^{\infty} \frac{x\sin x}{1 + x^2} dx = \text{Im}\{2\pi i(\text{Res}(i))\} = \text{Im}\left\{ \frac{\pi}{e} i \right\} = \frac{\pi}{e}$$

$$I = \int_0^{2\pi} f(\cos, \sin \theta) d\theta$$

在計算 $\int_0^{2\pi} f(\cos\theta, \sin\theta)d\theta$ 時，我們可藉 $z = e^{i\theta}$ 將它轉化成解析函數在閉曲線上積分，如此可用留數定理計算出所求之積分。

取 $z = e^{i\theta}$，則 $z = e^{i\theta} = \cos\theta + i\sin\theta$ $\therefore$ $0 \le \theta \le 2\pi$ 時按逆時針方向繞單位圓一週，便形成一閉曲線。

$$\cos\theta = \frac{e^{i\theta} + e^{-i\theta}}{2} = \frac{z + \dfrac{1}{z}}{2} \qquad \sin\theta = \frac{e^{i\theta} - e^{-i\theta}}{2i} = \frac{z - \dfrac{1}{z}}{2i}$$

又 $z = e^{i\theta}$ ， $\dfrac{dz}{d\theta} = ie^{i\theta} = iz$

$\therefore I = \int_0^{2\pi} f(\cos\theta, \sin\theta)d\theta$

$\quad = \int_{|z|=1} f\left(\dfrac{z+\dfrac{1}{z}}{2}, \dfrac{z-\dfrac{1}{z}}{2i}\right)\dfrac{dz}{iz}$

$I = 2\pi i\left(\text{所有 } f\left(\dfrac{z+\dfrac{1}{z}}{2}, \dfrac{z-\dfrac{1}{z}}{2i}\right)\dfrac{1}{iz} \text{ 之留數和}\right)$

例6 求 $\int_0^{\pi} \dfrac{d\theta}{3 + 2\cos\theta}$

解

取 $z = e^{i\theta}$ 則 $\cos\theta = \dfrac{1}{2}\left(z+\dfrac{1}{z}\right)$ ， $d\theta = \dfrac{dz}{iz}$

$\int_0^{\pi} \dfrac{d\theta}{3+2\cos\theta} = \dfrac{1}{2}\int_0^{2\pi} \dfrac{d\theta}{3+2\cos\theta} = \dfrac{1}{2}\int_{|z|=1} \dfrac{1}{3+2\cdot\dfrac{1}{2}\left(z+\dfrac{1}{z}\right)}\dfrac{dz}{iz}$

$\qquad = \dfrac{1}{2i}\int_{|z|=1}\dfrac{dz}{z^2+3z+1} = \dfrac{1}{2i}\int_{|z|=1}\dfrac{dz}{(z-p)(z-q)}$ (1)

$\left(p = \dfrac{-3+\sqrt{5}}{2}, q = \dfrac{-3-\sqrt{5}}{2}\right)$ (但 $q = \dfrac{-3-\sqrt{5}}{2}$ 落在 $|z|=1$ 外部)

$\therefore (1) = 2\pi i(\operatorname{Res}(p))$

又 $\operatorname{Res}(p) = \lim_{z\to p}(z-p)\cdot\dfrac{1}{(z-p)(z-q)} = \dfrac{1}{p-q} = \dfrac{1}{\sqrt{5}}$

$\therefore (1) = \dfrac{1}{2i}\left(2\pi i\dfrac{1}{\sqrt{5}}\right) = \dfrac{\sqrt{5}}{5}\pi$

例7 求 $\int_0^{2\pi} \dfrac{\sin^2\theta}{a+b\cos\theta}d\theta$ ， $a > b > 0$

提示	解答
令 $z = e^{i\theta}$ 則 $d\theta = \dfrac{dz}{iz}$ ($\operatorname{Ln}z = i\theta$ $\therefore \dfrac{1}{z}dz = id\theta$ $\Rightarrow d\theta = \dfrac{1}{iz}dz$) $\sin\theta \triangleq \dfrac{e^{i\theta}-e^{-i\theta}}{2i}$ $= \dfrac{e^{2i\theta}-1}{2ie^{iz}} = \dfrac{z^2-1}{2zi}$ $\cos\theta \triangleq \dfrac{e^{i\theta}+e^{-i\theta}}{2} = \dfrac{e^{2i\theta}+1}{2e^{i\theta}} = \dfrac{z^2+1}{2z}$	令 $z = e^{i\theta}$ 則 $\sin\theta = \dfrac{z^2-1}{2zi}$ $\cos\theta = \dfrac{z^2+1}{2z}$ ， $d\theta = \dfrac{dz}{iz}$ 則 $\int_0^{2\pi}\dfrac{\sin^2\theta}{a+b\cos\theta}d\theta$ $= \oint_{|z|=1}\dfrac{\left(\dfrac{z^2-1}{2zi}\right)^2}{a+b\left(\dfrac{z^2+1}{2z}\right)}\cdot\dfrac{dz}{iz}$ $= \dfrac{i}{2}\oint_{|z|=1}\dfrac{(z^2-1)^2}{z^2(bz^2+2az+b)}dz$

提示	解答
	$h(z) = \dfrac{(z^2-1)^2}{z^2(bz^2+2az+b)}$ 在 $|z|=1$

$$h(z) = \frac{(z^2-1)^2}{z^2(bz^2+2az+b)} \text{ 在 } |z|=1$$

有極點 0（二階）及 $\dfrac{-a+\sqrt{a^2-b^2}}{b} = z_0$

(1) $\text{Res}(0) = \dfrac{1}{(2-1)!} \lim_{z\to 0} \dfrac{d}{dz}\left(z^2 \cdot \dfrac{(z^2-1)^2}{z^2(bz^2+2az+b)}\right)$

$= \lim_{z\to 0} \dfrac{(bz+2az+b)2\cdot 2z(z^2-1) - (z^2-1)^2(2bz+2a)}{(bz+2az+b)^2} = \dfrac{-2a}{b^2}$

(2) $\text{Res}(z_0) = \lim_{z\to z_0}(z-z_0)\cdot \dfrac{(z^2-1)^2}{z^2(z-z_0)(z-z_1)}$

$\left(z_1 = \dfrac{-a-\sqrt{a^2-b^2}}{b}\right)$

$= \lim_{z\to z_0}\dfrac{(z^2-1)^2}{z^2(z-z_1)} = \dfrac{(z_0^2-1)^2}{z_0^2(z_0-z_1)}$

$= \dfrac{(2\sqrt{a^2-b^2}(\sqrt{a^2-b^2}-a))^2}{b^4} \Big/ \left(\dfrac{-a+\sqrt{a^2-b^2}}{6}\right)^2 \cdot \dfrac{-2a}{6}$

$= \dfrac{2\sqrt{a^2-b^2}}{b^2}$

$\therefore \int_0^{2\pi}\dfrac{\sin^2\theta d\theta}{a+b\sin\theta} = \dfrac{i}{2}\,2\pi i(\text{Res}(0)+\text{Res}(z_0))$

$= \dfrac{2\pi}{b^2}(a-\sqrt{a^2-b^2})$

練習 8.8

1. $\displaystyle\int_{-\infty}^{\infty}\dfrac{dx}{(x^2+1)(x^2+9)}$

2. $\displaystyle\int_{-\infty}^{\infty}\dfrac{dx}{x^2+2x+2}$

3. $\displaystyle\int_{-\infty}^{\infty}\dfrac{x^2}{(x^2+1)^2}dx$

4. $\displaystyle\int_{-\infty}^{\infty}\dfrac{dx}{x^2+x+1}$

5. $\displaystyle\int_{-\infty}^{\infty}\dfrac{dx}{x^4+10x^2+9}$

6. $\displaystyle\int_{-\infty}^{\infty}\dfrac{\cos x}{x^2+9}dx$

7. $\displaystyle\int_0^{\infty}\dfrac{\cos x}{(x^2+1)^2}dx$

8. 求 $\displaystyle\int_0^{2\pi}\dfrac{d\theta}{2+\cos\theta}$

9. 求 $\displaystyle\int_{-\infty}^{\infty}\dfrac{\cos(x-1)}{x^2+1}dx$

解　答

練習 1.1A

1. 3 階 1 次　　2. 3 階 1 次　　3. 3 階 2 次

練習 1.1B

1. $y(0) = 1 \therefore a = 1$，$y'(x) = be^{3x} + 3(a + bx)e^{3x}|_{x=0, a=1} = 2$　$\therefore b = -1$
   得 $y = (1 - x)e^{3x}$

2. $y''' = 0 \therefore y'' = c_1$，又 $y''(0) = a \therefore y'' = a$，$y' = \int a\,dx = ax + c_2$

   $y'(0) = a \therefore c_2 = a$，即 $y' = ax + a$，$y = \int (ax + a)dx = \frac{a}{2}x^2 + ax + c_3$

   $y(0) = a \therefore c_3 = a$，即 $y = \frac{a}{2}x^2 + ax + a$

3. $M(x, y)dx + N(x, y)dy = 0$ 可改寫成 $M(x, y) + N(x, y)\frac{dy}{dx} = 0$

   又 $u(x, y) = c$，二邊取全微分

   $u_x dx + u_y dy = 0$，即 $\frac{dy}{dx} = -\frac{u_x}{u_y}$代入 $M(x, y) + N(x, y)\frac{dy}{dx} = 0$

   得 $M(x, y) + N(x, y)(-\frac{u_x}{u_y}) = 0$

   即 $M(x, y)u_y = N(x, y)u_x$

4. (1) $\frac{y'}{y} = a$，$y' = ay$，$y'' = ay' = a(ay) = a^2y$

   $\therefore yy'' - (y')^2 = y(a^2y) - (ay)^2 = 0$

   (2) $y' = \alpha\beta e^{\beta x}$，$y'' = \alpha\beta^2 e^{\beta x}$

   $\therefore yy'' - (y')^2 = \alpha e^{\beta x}(\alpha\beta^2 e^{\beta x}) - (\alpha\beta e^{\beta x})^2 = 0$

5. 令 $Y(x) = c_1y_1(x) + c_2y_2(x)$，代入 $y' + p(x)y$ 得：

   $Y'(x) + p(x)Y(x) = (c_1y_1'(x) + c_2y_2'(x)) + p(x)(c_1y_1(x) + c_2y_2(x))$

   $= c_1(y_1'(x) + p(x)y_1(x)) + c_2(y_2'(x) + p(x)y_2(x))$

   $= c_1q_1(x) + c_2q_2(x)$

練習 1.1C

1. (1) $y' + a = 0 \therefore a = -y'$ 代入 $y + ax = 0$ 得 $y - xy' = 0$

   (2) $y' = a$ 代入 $y = ax + a^2$ 得 $y = xy' + (y')^2$

   (3) 先對 x 微分得 $2(x - a) + 2(y - a)y' = 0$　$\therefore y' = -\frac{x-a}{y-a}$，從而

   $a = \frac{x + yy'}{1 + y'}$　$\therefore x - a = x - \frac{x + yy'}{1 + y'} = \frac{(x-y)y'}{1 + y'}$，$y - a = \frac{-(x-y)}{1 + y'}$

   代入 $(x - a)^2 + (y - a)^2 = a^2$ 得：

$$\left(\frac{(x-y)y'}{1+y'}\right)^2 + \left(-\frac{(x-y)}{1+y'}\right)^2 = \left(\frac{x+yy'}{1+y'}\right)^2$$

$$(x-y)^2 (1+(y')^2) = (x+yy')^2$$

2. $\because 2yy' = 4$，$\Rightarrow 2y\left(-\frac{1}{y'}\right) = 4$，$y = -2y' = -\frac{2dy}{dx}$

$\therefore ydx = -2dy$，即 $dx = -\frac{2}{y}dy$ 解之 $x = -2\ln y + c = \ln y^{-2} + c$

$\Rightarrow y^{-2} = ke^x$，即 $e^x y^2 = k$

3. 設法線 N 與 x 軸交點坐標為 $(u, 0)$，現求 x, y 與 u 之關係：

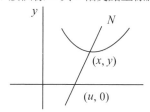

N 之斜率 $= \frac{-1}{y'} = \frac{-y}{u-x}$ $\quad \therefore u = x + yy'$

$u = e^x$ $\quad \therefore e^x = d\left(\frac{x^2}{2}\right) + d\left(\frac{y^2}{2}\right)$，得

$x^2 + y^2 = 2e^x + c$

練習 1.2

1. (1) $x(1-y)y' + ay = 0 \Rightarrow x(1-y)\frac{dy}{dx} + ay = 0$ $\quad \therefore x(1-y)dy + aydx = 0$

$\frac{1-y}{y}dy + \frac{a}{x}dx = 0$ $\quad \therefore \ln y - y + a\ln x = c$

(2) $e^{x-y} + e^{x+y}\frac{dy}{dx} = 0$，$\frac{e^x}{e^y}dx + e^x \cdot e^y dy = 0 \Rightarrow dx + e^{2y}dy = 0$

$\therefore x + \frac{1}{2}e^{2y} = c$

(3) $\frac{d}{dx}y + a^2y^2 = b^2$ $\quad \therefore dy = (b^2 - a^2y^2)dx \Rightarrow \frac{dy}{b^2 - a^2y^2} = dx$

$x = \int \frac{dy}{b^2 - a^2y^2} = \int \frac{dy}{(b-ay)(b+ay)} = \frac{1}{2b}\int\left(\frac{1}{b-ay} + \frac{1}{b+ay}\right)dy$

$= \frac{1}{2b}\left[-\frac{1}{a}\ln(b-ay) + \frac{1}{a}\ln(b+ay)\right] = \frac{1}{2ab}\ln\left|\frac{b+ay}{b-ay}\right| + c$

2. (1) $\frac{dx}{1+x^2} + \frac{dy}{1+y^2} = d\tan^{-1}x + d\tan^{-1}y = 0$ $\quad \therefore \tan^{-1}y + \tan^{-1}x = c$

(2) 由 (1) 之結果

$\tan(\tan^{-1}y + \tan^{-1}x) = \tan c \Rightarrow \frac{\tan(\tan^{-1}y) + \tan(\tan^{-1}x)}{1 - \tan\tan^{-1}y \cdot \tan\tan^{-1}x} = \tan c$

即 $\frac{y+x}{1-yx} = c$ 或 $y = c(1-xy) - x$，即某甲之答案亦正確

3. (1) $(x^3+1)\cos y \dfrac{dy}{dx} + x^2 \sin y = 0$，$(x^3+1)\cos y\, dy + x^2 \sin y\, dx = 0$

   $\dfrac{\cos y}{\sin y} dy + \dfrac{x^2}{x^3+1} dx = 0$，$d\ln\sin y + \dfrac{1}{3} d\ln(x^3+1) = 0$

   $\therefore \ln\sin y + \dfrac{1}{3}\ln(x^3+1) = c'$，又 $y(0) = \dfrac{\pi}{2} \therefore c' = 0$

   得 $\sin y\left((x^3+1)^{\frac{1}{3}}\right) = 0$

   (2) $\dfrac{1}{y} dy - \dfrac{\ln x}{x} dx = d\ln y - d\dfrac{1}{2}(\ln x)^2 = 0 \Rightarrow \ln y = \dfrac{1}{2}(\ln x)^2 + c$

   $y(1) = 2$ 得 $c = \ln 2$ $\therefore \ln y = \dfrac{1}{2}(\ln x)^2 + \ln 2$

4. $y = xv$ 則 $y' = v + xv'$，代入 $y''f(x) + g\left(\dfrac{y}{x}\right)(y - xy') = 0$

   得：$(xv)^n f(v) + g(v)(xv - xv - x^2 v') = 0$

   $\therefore x^n f(x)v^n dx - x^2 g(v) dv = 0$

練習 1.3A

1. (1) $y' = \dfrac{x+2y}{2x-y} = \dfrac{1+\dfrac{2y}{x}}{2-\dfrac{y}{x}}$，取 $y = ux$，$y' = u'x + u$，則原方程式變為

   $u'x + u = \dfrac{1+2u}{2-u}$ $\therefore x\dfrac{du}{dx} = \dfrac{1+u^2}{2-u}$ $\dfrac{dx}{x} + \dfrac{u-2}{1+u^2} du = 0$

   解之 $\ln x + \dfrac{1}{2}\ln(1+u^2) - 2\tan^{-1} u = c$；$\dfrac{1}{2}\ln(x^2+y^2) - 2\tan^{-1}\left(\dfrac{y}{x}\right) = c$

   即 $\sqrt{x^2+y^2} = k \exp\left(2\tan^{-1}\dfrac{y}{x}\right)$

   (2) $y' = \dfrac{x-y}{x+y} = \dfrac{1-\dfrac{y}{x}}{1+\dfrac{y}{x}}$，取 $y = ux$，$y' = u'x + u$ 則原方程式變為

   $u'x + u = \dfrac{1-u}{1+u}$；$x\dfrac{du}{dx} = \dfrac{1-u}{1+u} - u = \dfrac{-(u^2+2u-1)}{1+u}$

   $\dfrac{dx}{x} + \dfrac{u+1}{u^2+2u-1} du = 0$

   解之 $\ln x + \dfrac{1}{2}\ln(u^2+2u-1) = c''$ 或 $2\ln x + \ln(u^2+2u-1) = c'$

   $\therefore \ln x^2\left(\left(\dfrac{y}{x}\right)^2 + 2\left(\dfrac{y}{x}\right) - 1\right) = c'$

   $y^2 + 2xy - x^2 = c$

(3) $\left(x+y\cos\dfrac{y}{x}\right)=x\cos\dfrac{y}{x}\dfrac{dy}{dx}$，二邊同除 x 得：

$\left(1+\dfrac{y}{x}\cos\dfrac{y}{x}\right)=\cos\dfrac{y}{x}\dfrac{dy}{dx}$，令 $y=ux$，$y'=u'x+u$ 則

$(1+u\cos u)=\cos u(u'x+u)$

$\therefore(\cos u)x\dfrac{du}{dx}=1$　解之 $\sin u=\ln x+c$

或 $\sin\dfrac{y}{x}=\ln x+c$

(4) $y'-\dfrac{y}{x}=\sqrt{\dfrac{y}{x}}$，令 $y=ux$，$y'=u'x+u$

$\therefore(u'x+u)-u=\sqrt{u}$

$x\dfrac{du}{dx}=\sqrt{u}$，即 $\dfrac{dx}{x}-\dfrac{du}{\sqrt{u}}=0$，解之

$\ln x-2\sqrt{u}=c$，或 $\ln x-2\sqrt{\dfrac{y}{x}}=c$

(5) $y'=\dfrac{x^2+y^2}{xy}=\dfrac{1+\left(\dfrac{y}{x}\right)^2}{\left(\dfrac{y}{x}\right)}\xrightarrow{u=\frac{y}{x}}u'x+u=\dfrac{1+u^2}{u}=\dfrac{1}{u}+u$

$\therefore u'x=\dfrac{1}{u}$，$\dfrac{du}{dx}x=\dfrac{1}{u}$，$u\,du=\dfrac{dx}{x}$ 解之 $\dfrac{u^2}{2}=\ln x+c'$

$\left(\dfrac{y}{x}\right)^2=\ln x^2+c$ 或 $y^2=x^2(\ln(x^2+c))$

2. (1) $\begin{vmatrix}2&1\\4&2\end{vmatrix}=0$，取 $u=2x+y$，$u'=2+y'$

$\therefore$ 原方程式變為 $u'-2=\dfrac{u+1}{2u-3}$　$\therefore u'=\dfrac{5u-5}{2u-3}$

$\dfrac{2u-3}{5u-5}du=dx$ 或 $\dfrac{2u-3}{u-1}du=5dx$

解之 $2u-\ln(u-1)=5x+c$，代 $u=2x+y$ 入左式得

$2(2x+y)-\ln(2x+y-1)=5x+c$

$2y-x=c+\ln(2x+y-1)$

(2) $\begin{vmatrix}-1&1\\1&1\end{vmatrix}\neq0$，取 $x=u+h$，$y=v+k$

$y'=\dfrac{(v+k)-(u+h)+1}{(v+k)+(u+h)+5}=\dfrac{(v-u)-(k-h+1)}{(v+k)+(k+h+5)}$

令 $\begin{cases}k-h+1=0\\k+h+5=0\end{cases}$　$\therefore k=-3$，$h=-2$，$\dfrac{dv}{du}=\dfrac{dy}{dx}$，

$$\therefore \frac{dv}{du} = \frac{v-u}{v+u}，令 v = \lambda u，v' = \lambda'u + \lambda \text{ 代入 } \frac{dv}{du} = \frac{v-u}{v+u}$$

$$\lambda'u + \lambda = \frac{\lambda-1}{\lambda+1} \quad \therefore \lambda'u = \frac{\lambda-1}{\lambda+1} - \lambda = \frac{-\lambda^2-1}{\lambda+1}$$

$$u\frac{d\lambda}{du} = -\frac{\lambda^2+1}{\lambda+1} \Rightarrow \frac{du}{u} + \frac{\lambda+1}{\lambda^2+1}d\lambda = 0 \text{ 解之}$$

$$\ln u + \frac{1}{2}\ln(\lambda^2+1) + \tan^{-1}\lambda = c，\lambda = \frac{v}{u} = \frac{y+3}{x+2}$$

$$2\ln(x+2) + \ln\left(\left(\frac{y+3}{x+2}\right)^2 + 1\right) + 2\tan^{-1}\frac{y+3}{x+2} = c$$

$$\text{或 } \ln((x+2)^2 + (y+3)^2) + 2\tan^{-1}\frac{y+3}{x+2} = c$$

練習 1.3B

1. (1) 取 $u = xy$，則 $y = \dfrac{u}{x}$ 及 $dy = \dfrac{xdu - udx}{x^2}$ 代入原方程式，得：

$$\frac{u}{x}(1+u)dx + x(1+u+u^2)\frac{xdu-udx}{x^2} = 0$$

$$\therefore u(1+u)dx + (1+u+u^2)(xdu - udx)$$
$$= -u^3dx + x(1+u+u^2)du = 0$$

$$\frac{1+u+u^2}{u^3}du - \frac{dx}{x} = 0$$

$$\frac{-1}{2}u^{-2} - \frac{1}{u} + \ln u - \ln x = c，即 -1 - 2u + 2u^2\ln\frac{u}{x} = c'u^2$$

$$\therefore -1 - 2xy + 2x^2y^2\ln y = cx^2y^2$$

(2) 原方程式可寫成 $y(1-xy)dx - x(1+xy)dy = 0$

取 $u = xy$，$y = \dfrac{u}{x}$，$dy = \dfrac{xdu-udx}{x^2}$ 代入上式：

$$\frac{u}{x}(1-u)dx - x(1+u) \cdot \frac{xdu-udx}{x^2} = 0，化簡得：$$

$$2udx - x(1+u)du = 0$$

$$\therefore \frac{2dx}{x} - \frac{1+u}{u}du，解之 \ln x^2 - \ln u - u = c$$

$$\therefore \ln x^2 - \ln xy - xy = c 即 x = kye^{xy}$$

(3) 取 $u = xy$，$y = \dfrac{u}{x}$，$dy = \dfrac{xdu-udx}{x^2}$ 代入原方程式：

$$\frac{u}{x}(1+u+u^2)dx + x(1-u+u^2) \cdot \frac{xdu-udx}{x^2} = 0，化簡得：$$

$$\frac{2dx}{x} + \frac{1-u+u^2}{u^2}du = 0$$

$$\therefore \ln x^2 - \frac{1}{u} - \ln u + u = c$$

代 $u = xy$ 入上式，有 $xy + \ln\left(\dfrac{x}{y}\right) = \dfrac{1}{xy} + c$

2. (1) 令 $u = x + y$ 則 $u' = 1 + y'$，代入 $y' = \dfrac{1}{(x+y)^2}$ 得 $u' = \dfrac{1}{u^2} + 1 = \dfrac{1+u^2}{u^2}$

$\therefore \dfrac{u^2}{1+u^2}\,du = dx$，$\dfrac{u^2+1-1}{1+u^2}\,du = \left(1 - \dfrac{1}{1+u^2}\right)du = dx$ 解之

$u - \tan^{-1}u = x + c \Rightarrow x + y - \tan^{-1}(x+y) = x + c$

$\therefore y - \tan^{-1}(x+y) = c$

(2) 取 $u = x + y$ 則 $u' = 1 + y'$ 代入 $xy' + x + \sin(x+y) = 0$ 得

$x(u'-1) + x + \sin u = x\dfrac{du}{dx} + \sin u = 0 \quad \therefore \dfrac{dx}{x} + \dfrac{du}{\sin u} = 0$ 得

$\ln x + \ln|\csc u - \cot u| = c'$

$\Rightarrow \ln x + \ln\left|\dfrac{1}{\sin u} - \dfrac{\cos u}{\sin u}\right| = c' \Rightarrow \ln x + \ln\left|\dfrac{1-\cos u}{\sin u}\right| = c'$

$\Rightarrow \ln x + \ln\left|\dfrac{1 - \left(1 - 2\sin^2\dfrac{u}{2}\right)}{2\sin\dfrac{u}{2}\cdot\cos\dfrac{u}{2}}\right| = c' \Rightarrow \ln x + \ln\tan\dfrac{u}{2} = c' \Rightarrow \ln x - \ln\cot\dfrac{x+y}{2} = c'$

$\therefore \cot\dfrac{x+y}{2} = cx$

3. (1) $f(x, y)$ 為 n 階齊次函數 $f(\lambda x, \lambda y) = \lambda^n f(x, y)$ 二邊同時對 λ 微分得

$x\dfrac{\partial f}{\partial x} + y\dfrac{\partial f}{\partial y} = n\lambda^{n-1}f$，取 $\lambda = 1$ 得 $x\dfrac{\partial f}{\partial x} + y\dfrac{\partial f}{\partial y} = nf$，即 $xf_x + yf_y = nf$

(2) 設 M, N 均為 n 階齊次函數，則

$$x\dfrac{\partial}{\partial x}M + y\dfrac{\partial}{\partial y}M = nM \tag{1}$$

$$x\dfrac{\partial}{\partial x}N + y\dfrac{\partial}{\partial y}N = nN \tag{2}$$

$\dfrac{(1)}{(2)}$: $\dfrac{x\dfrac{\partial}{\partial x}M + y\dfrac{\partial}{\partial y}M}{x\dfrac{\partial}{\partial x}N + y\dfrac{\partial}{\partial y}N} \xrightarrow{\text{定理 A}} \dfrac{nM}{nN} = \dfrac{M}{N}$

4. $(y - xy^2)dx - (x + x^2y)dy$

$= y(1 - xy)dx - x(1 + xy)dy = 0$ *

取 $xy = u$，$y = \dfrac{u}{x}$ 則 $dy = \dfrac{xdu - udx}{x^2}$

代上述結果入 *

$\dfrac{u}{x}(1 - u)dx - x(1 + u)\cdot\dfrac{(xdu - udx)}{x^2} = 0$

代簡可得：

$\dfrac{2}{x}dx - \dfrac{1+u}{u}du = 0$

$\therefore \ln x^2 - \ln u - u = c$

$\quad \ln x^2 - \ln xy - xy = c$

即 $\ln\dfrac{x}{y} = xy + c$ 或 $x = kye^{xy}$

5. 對 $\int_0^x (2y(w) + \sqrt{w^2 + y^2(w)})dw = xy(x)$ 二邊求導函數

$2y(x) + \sqrt{x^2 + y^2(x)} = y(x) + xy'(x)$，即 $2y + \sqrt{x^2 + y^2} = y + xy'$

$\therefore y + \sqrt{x^2 + y^2} = xy'$

令 $u = \dfrac{y}{x}$ 代入上式得：$ux + \sqrt{x^2 + (ux)^2} = x(u'x + u)$

$\dfrac{du}{\sqrt{1+u^2}} = \dfrac{dx}{x}$

$\ln|u + \sqrt{1+u^2}| = \ln x + c' = \ln cx$

$\therefore u + \sqrt{1+u^2} = cx \quad \therefore \dfrac{y}{x} + \sqrt{1 + \left(\dfrac{y}{x}\right)^2} = cx \quad$ 即 $y + \sqrt{x^2 + y^2} = cx^2$

又 $y(1) = 0$，得 $c = 1 \quad \therefore y + \sqrt{x^2 + y^2} = x^2$

練習 1.4

1. (1) $2xydx + (x^2 + y^2)dy = 0$ 為正合，$(2xydx + x^2dy) + y^2dy = d(x^2y) + y^2dy = dx^2y + d\dfrac{y^3}{3} = 0$

$\therefore x^2y + \dfrac{1}{3}y^3 = c$

(2) $\dfrac{y}{x}dx + (y^3 + \ln x)dy = \left(\dfrac{y}{x}dx + \ln x\right)dy + y^3dy = d(\ln x \cdot y) + d\dfrac{y^4}{4}$

$\therefore y\ln x + \dfrac{y^4}{4} = c$

(3) $(x\sqrt{x^2 + y^2} + y)dx + (y\sqrt{x^2 + y^2} + x)dy$

$= (x\sqrt{x^2 + y^2} + y\sqrt{x^2 + y^2}) + (ydx + xdy)$

$= d\dfrac{1}{3}(x^2 + y^2)^{\frac{3}{2}} + d(xy) = 0 \quad \therefore (\sqrt{x^2 + y^2})^3 + 3xy = c$

(4) $(4x^3y^3dx + 3x^4y^2dy) + (2xydx + x^2dy)$

$= d(x^4y^3) + d(x^2y) = 0 \quad \therefore x^4y^3 + x^2y = c$

練習 1.5A

1. (1) 原式可寫成 $dy + (e^x \sec y - \tan y)dx = 0$

$e^{-ax} \cos y \, (dy + (e^x \sec y - \tan y)dx) = 0$

即 $e^{-ax} \cos y dy + (e^{(-a+1)x} - e^{-ax} \sin y)dx = 0$ 為正合，則

$$\frac{\partial}{\partial x} e^{-ax} \cos y = -ae^{-ax} \cos y$$

$$\frac{\partial}{\partial y} (e^{(-a+1)x} - e^{-ax} \sin y) = -e^{-ax} \cos y$$

$\therefore \dfrac{\partial}{\partial x} (e^{-ax} \cos y) = \dfrac{\partial}{\partial y} (e^{(-a+1)x} - e^{-ax} \sin y) \Rightarrow -ae^{-ax} \cos y = -e^{-ax} \cos y$

$\therefore$ 取 $a = 1$ 時方程式為正合。

(2) $e^{-x} \cos y \, (dy + (e^x \sec y - \tan y)dx)$

$\quad = e^{-x} \cos y dy + (1 - e^{-x} \sin y)dx$

$\quad = dx + (e^{-x} \cos y dy - e^{-x} \sin y dx) = dx + d(e^{-x} \sin y) = 0$

$\therefore x + e^{-x} \sin y = c$ 或 $y = \sin^{-1}(e^x (c - x))$

2. 以 $\dfrac{1}{M^2 + N^2}$ 乘 $M(x, y)dx + N(x, y)dy = 0$ 之二邊得

$$\frac{M}{M^2 + N^2} dx + \frac{N}{M^2 + N^2} dy = 0 ,$$

$$\frac{\partial}{\partial y} \frac{M}{M^2 + N^2} = \frac{(M^2 + N^2)\dfrac{\partial M}{\partial y} - M\left(2M\dfrac{\partial M}{\partial y} + 2N\dfrac{\partial N}{\partial y}\right)}{(M^2 + N^2)^2}$$

$$= \frac{(M^2 + N^2)\left(-\dfrac{\partial N}{\partial x}\right) - M\left(-2M\dfrac{\partial N}{\partial x} + 2N\dfrac{\partial M}{\partial x}\right)}{(M^2 + N^2)^2}$$

$$= \frac{(M^2 - N^2)\dfrac{\partial N}{\partial x} - 2MN\dfrac{\partial M}{\partial x}}{(M^2 + N^2)^2}$$

同法

$$\frac{\partial}{\partial x} \frac{N}{M^2 + N^2} = \frac{(M^2 + N^2)\dfrac{\partial N}{\partial x} - N\left(2M\dfrac{\partial M}{\partial x} + 2N\dfrac{\partial N}{\partial x}\right)}{(M^2 + N^2)^2}$$

$$= \frac{(M^2 - N^2)\dfrac{\partial N}{\partial x} - 2MN\dfrac{\partial M}{\partial x}}{(M^2 + N^2)^2}$$

$\therefore \dfrac{\partial}{\partial y} \dfrac{M}{M^2 + N^2} = \dfrac{\partial}{\partial x} \dfrac{N}{M^2 + N^2}$ $\quad \therefore \dfrac{1}{M^2 + N^2}$ 為 IF

3. $\dfrac{1}{g_1(y)f_2(x)}$

4. $\dfrac{1}{x^2} f\left(\dfrac{y}{x}\right) (xdy - ydx) = 0$，則

$M(x, y) = -\dfrac{y}{x^2} f\left(\dfrac{y}{x}\right)$，$N(x, y) = \dfrac{1}{x^2} f\left(\dfrac{y}{x}\right) \cdot x = \dfrac{1}{x} f\left(\dfrac{y}{x}\right)$

$$M_y = -\frac{1}{x^2}f\left(\frac{y}{x}\right) - \frac{y}{x^2}\left(\frac{1}{x}\right)f'\left(\frac{y}{x}\right) = -\frac{1}{x^2}f\left(\frac{y}{x}\right) - \frac{y}{x^3}f'\left(\frac{y}{x}\right)$$

$$N_x = -\frac{1}{x^2}f\left(\frac{y}{x}\right) + \frac{1}{x}\left(-\frac{y}{x^2}\right)f'\left(\frac{y}{x}\right) = -\frac{1}{x^2}f\left(\frac{y}{x}\right) - \frac{y}{x^3}f'\left(\frac{y}{x}\right)$$

$$\therefore M_y = M_x \quad \therefore \frac{1}{x^2}f\left(\frac{y}{x}\right) \text{是 } xdy - ydx = 0 \text{ 之一個積分因子。}$$

練習 1.5B

1. (1) $\dfrac{x^2dx + y^2dy}{x^3+y^3} = dx \Rightarrow \dfrac{\frac{1}{3}d(x^3+y^3)}{x^3+y^3} = dx \quad \therefore \frac{1}{3}\ln(x^3+y^3) = x+c$ 或 $x^3+y^3 = ke^{3x}$

　(2) $(y - x^2)dy + 2xydx = 0 \Rightarrow \dfrac{ydy - (x^2dy - 2xydx)}{y^2} = \dfrac{dy}{y} + \dfrac{2xydx - x^2dy}{y^2}$

　　 $\Rightarrow d\ln y + d\left(\dfrac{x^2}{y}\right) = 0 \quad \therefore \ln y + \dfrac{x^2}{y} = c$

　　 即 $y\ln y + x^2 = cy$

　(3) $(xdx + ydy) + (ydx - xdy) = 0$

　　 $\dfrac{(xdx + ydy) + (ydx - xdy)}{x^2+y^2} = \dfrac{1}{2}\dfrac{d(x^2+y^2)}{x^2+y^2} + \dfrac{\frac{ydx - xdy}{y^2}}{1+\left(\frac{x}{y}\right)^2} = \dfrac{1}{2}\ln(x^2+y^2) + \tan^{-1}\dfrac{x}{y} = c$

　　 或 $x^2 + y^2 = ke^{-2\tan^{-1}\frac{x}{y}}$

　(4) 原方程式二邊乘以 x

　　 $x[(2y - x)dx + xdy] = 0 \Rightarrow d(x^2y) - d\left(\dfrac{x^3}{3}\right) = 0$

　　 $\therefore x^2y - \dfrac{x^3}{3} = c$

2. (1) $\dfrac{xdy - ydx}{x^2} = \dfrac{\ln x}{x^2}dx \quad \therefore d\left(\dfrac{y}{x}\right) = d\left(-\dfrac{\ln x}{x} - \dfrac{1}{x}\right)$

　　 $\therefore y = -\ln x - 1 + cx$，即 $y + \ln x + 1 = cx$

　(2) 原方程式二邊同乘 x

　　 $(2xy - 5x^4)dx + x^2dy = d(x^2y) - d(x^5) = 0 \quad \therefore x^2y - x^5 = c$

3. (1) 二邊同除 x^2：

　　 $\dfrac{xdy - (y + x^2e^x)dx}{x^2} = \dfrac{(xdy - ydx) - x^2e^xdx}{x^2} = d\left(\dfrac{y}{x}\right) - de^x = 0$

　　 $\therefore \dfrac{y}{x} - e^x = c$

　(2) 原方程式可改寫成 $ye^{xy}dx + xe^{xy}dy = \sin ydy$

　　 $\therefore e^{xy}(ydx + xdy) = -d\cos y$

　　 $e^{xy}dxy = -d\cos y$，即 $de^{xy} = -d\cos y$

$$\therefore e^{xy} = -\cos y + c$$

(3) 原方程式可寫成 $x^3\dfrac{dy}{dx} + y^3 = x^2y$，即

$$x^3dy + (y^3 - x^2y)dx = 0$$

$x^2(xdy - ydx) + y^3dx = 0$，二邊同除 y^2 得 $x^2\left(\dfrac{xdy - ydx}{y^2}\right) + ydx = 0$，

二邊再同除 xy 得 $\dfrac{x}{y}d\left(\dfrac{-x}{y}\right) + \dfrac{1}{x}dx = 0$

$$\therefore -d\dfrac{1}{2}\left(\dfrac{x}{y}\right)^2 + d\ln x = 0 \Rightarrow -\dfrac{1}{2}\left(\dfrac{x}{y}\right)^2 + \ln x = c$$

練習 1.5C

1. (1) $M(x, y) = x^2 + y^2 + x$，$N(x, y) = xy$

$M_y - N_x = 2y - y = y$ $\dfrac{M_y - N_x}{N} = \dfrac{1}{x}$ $\therefore IF = e^{\int \frac{1}{x}dx} = x$

$x((x^2 + y^2 + x)dx + xydy) = (x^3 + xy^2 + x^2)dx + x^2ydy = 0$

$\therefore (x^3 + x^2)dx + \dfrac{1}{2}d\,(x^2y^2) = 0$，解之

$$\dfrac{x^4}{4} + \dfrac{x^3}{3} + \dfrac{x^2y^2}{2} = c' \text{ 或 } 3x^4 + 4x^3 + 6x^2y^2 = c$$

(2) $M(x, y) = x^2 + y^2$，$N(x, y) = xy$

$M_y - N_x = y$，$\dfrac{M_y - N_x}{N} = \dfrac{y}{xy} = \dfrac{1}{x}$ $\therefore IF = e^{\int \frac{1}{x}dx} = x$

$x((x^2 + y^2)dx + xydy) = 0$

$x^3dx + \dfrac{1}{2}d(x^2y^2) = 0$ $\therefore x^4 + 2x^2y^2 = c$

(3) $M(x, y) = x - y^2$，$N(x, y) = 2xy$

$\dfrac{M_y - N_x}{N} = \dfrac{-2y - 2y}{2xy} = -\dfrac{2}{x}$ $\therefore IF = e^{\int \frac{-2}{x}dy} = \dfrac{1}{x^2}$

$\dfrac{((x - y^2)dx + 2xydy)}{x^2} = \dfrac{dx}{x} + d\dfrac{y^2}{x} = 0$

$\therefore \ln x + \dfrac{y^2}{x} = c$ 即 $y^2 + x\ln x = cx$

(4) $M(x, y) = 2y + 3xy^2$，$N(x, y) = x + 2x^2y$

$\dfrac{M_y - N_x}{N} = \dfrac{(2 + 6xy) - (1 + 4xy)}{x + 2x^2y} = \dfrac{1 + 2xy}{x(1 + 2xy)} = \dfrac{1}{x}$

$\therefore IF = e^{\int \frac{1}{x}dx} = x$

$x((2y + 3xy^2)dx + (x + 2x^2y)dy) = (2xy + 3x^2y^2)dx + (x^2 + 2x^3y)dy$

$= (2xydx + x^2dy) + (3x^2y^2dx + 2x^3ydy) = d(x^2y) + d(x^3y^2) = 0$ $\therefore x^2y + x^3y^2 = c$

2. $M = y^4 + 2y$，$N = xy^3 + 2y^4 - 4x$

$$\frac{\partial M}{\partial y} - \frac{\partial N}{\partial x} = (4y^3 + 2) - (y^3 - 4) = 3y^3 + 6$$

$$\frac{\frac{\partial M}{\partial y} - \frac{\partial N}{\partial x}}{M} = \frac{3y^3 + 6}{y^4 + 2y} = \frac{3}{y} = \phi(y)$$

$$\therefore IF = e^{-\int \phi(y)dy} = e^{-\int \frac{3}{y}dy} = \frac{1}{y^3}$$

$$\Rightarrow \frac{1}{y^3}[(y^4 + 2y)dx + (xy^3 + 2y^4 - 4x)dy] = \frac{(y^4 + 2y)}{y^3}dx + \frac{xy^3 - 4x + 2y^4}{y^3}dy = 0 \ \text{為正合}$$

取 $u(x, y) = \int^x \frac{y^4 + 2y}{y^3}dx + \rho(y) = yx + \frac{2x}{y^2} + \rho(y)$

$$\frac{\partial}{\partial y}u(x, y) = x - \frac{4x}{y^3} + \rho'(y) = \frac{xy^3 - 4x + 2y^4}{y^3} = x - \frac{4x}{y^3} + 2y$$

$$\therefore \rho'(y) = 2y，即 \rho(y) = y^2$$

得解 $u(x, y) = xy + \frac{2x}{y^2} + y^2 = c$

練習 1.5D

1. $x^m y^n((3xy - x^2)dx + x^2 dy) = (3x^{m+1}y^{n+1} - x^{m+2}y^n)dx + x^{m+2}y^n dy = 0$

   $M = 3x^{m+1}y^{n+1} - x^{m+2}y^n$

   $N = x^{m+2}y^n$

   $$\frac{\partial M}{\partial y} = \frac{\partial N}{\partial x} \Rightarrow 3(n+1)x^{m+1}y^n - nx^{m+2}y^{n-1} = (m+2)x^{m+1}y^n$$

   比較二邊係數 $n = 0, m = 1$

   即 $IF = x$

   $$x((3xy - x^2)dx + x^2 dy) = (3x^2 y - x^3)dx + x^3 dy = d(x^3 y) - d\left(\frac{1}{4}x^4\right) = 0$$

   $$\therefore x^3 y - \frac{1}{4}x^4 = c$$

2. $x^m y^n(ydx + (x^3 y - x)dy) = x^m y^{n+1}dx + (x^{m+3}y^{n+1} - x^{m+1}y^n)dy = 0$

   $M = x^m y^{n+1}，N = x^{m+3}y^{n+1} - x^{m+1}y^n$

   $$\frac{\partial M}{\partial y} = (n+1)x^m y^n，\frac{\partial N}{\partial x} = (m+3)x^{m+2}y^{n+1} - (m+1)x^m y^n$$

   由 $\frac{\partial M}{\partial y} = \frac{\partial N}{\partial x}$，比較二邊係數 $\begin{cases} m + 3 = 0 \\ n + 1 = -m - 1 \end{cases}$ 得 $m = -3, n = 1$

   $IF = \frac{y}{x^3}，\frac{y}{x^3}(ydx + (x^3 y - x)dy) = 0$ 即 $\frac{y^2}{x^3}dx + \frac{y(x^3 y - x)}{x^3}dy = 0$

   $$u(x, y) = \int^x \frac{y^2}{x^3}dx + \rho(y) = -\frac{y^2}{2x^2} + \rho(y)$$

   $$\frac{\partial}{\partial y}u(x, y) = -\frac{y}{x^2} + \rho'(y) = y^2 - \frac{y}{x^2}$$

   $$\therefore \rho'(y) = y^2 \Rightarrow \rho(y) = \frac{y^3}{3}$$

   $$\therefore u(x, y) = -\frac{y^2}{2x^2} + \frac{y^3}{3} = c$$

練習 1.6A

1. (1) $IF = e^{\int 2x dx} = e^{x^2}$，$e^{x^2}(y' + 2xy) = e^{x^2} \cdot e^{-x^2} \cos x = \cos x \Rightarrow (ye^{x^2})' = \cos x$

$\therefore ye^{x^2} = \sin x + c$ 或 $y = e^{-x^2}(\sin x + c)$

(2) $IF = e^{\int \tan x dx} = e^{-\ln \cos x} = \sec x \Rightarrow \sec x(y' + \tan xy) = \sec x \cdot e^x \cos x = e^x$

即 $(y \sec x)' = e^x$ 得 $y \sec x = e^x + c$ 或 $y = \cos x(e^x + c)$

(3) $IF = e^{\int \frac{2}{x+1} dx} = e^{2\ln(x+1)} = (x+1)^2$

$(x+1)^2\left(y' + \frac{2}{x+1}y\right) = (x+1)^2 \cdot (x+1)^{-\frac{5}{2}} \Rightarrow ((x+1)^2 y)' = (x+1)^{\frac{-1}{2}}$

$\therefore (x+1)^2 y = 2\sqrt{x+1} + c$

(4) $y' + \frac{1}{x \ln x}y = \frac{1 + \ln x}{\ln x}$；$IF = e^{\int \frac{dx}{x \ln x}} = \ln x$

$\ln x\left(y' + \frac{1}{x \ln x}y\right) = \ln x \cdot \frac{1 + \ln x}{\ln x} = 1 + \ln x \Rightarrow (y \ln x)' = 1 + \ln x$

$\therefore y \ln x = x \ln x + c$

2. (1) $y^{-2}y' - \frac{3x}{y} = x$，令 $u = y^{-1}$ 則 $\frac{du}{dx} = -y^{-2}\frac{dy}{dx}$

$\therefore$ 原方程式變為 $-u' - 3ux = x$；$u' + 3ux = -x$

$IF = e^{\int 3x dx} = e^{\frac{3}{2}x^2}$ $e^{\frac{3}{2}x^2}(u' + 3ux) = -xe^{\frac{3}{2}x^2}$

$\therefore (ue^{\frac{3}{2}x^2})' = -xe^{\frac{3}{2}x^2} + c$；$ue^{\frac{3}{2}x^2} = -\frac{1}{3}e^{\frac{3}{2}x^2} + c$，得 $\left(1 + \frac{3}{y}\right)e^{\frac{3}{2}x^2} = c$

(2) $y' + \frac{1}{x}y = \frac{y^2}{x^2}$，$y^{-2}y' + \frac{1}{x}y^{-1} = \frac{1}{x^2}$，令 $u = y^{-1}$ 則

$\frac{du}{dx} = -y^{-2}y'$ $\therefore -u' + \frac{1}{x}u = \frac{1}{x^2}$，$u' - \frac{1}{x}u = \frac{-1}{x^2}$

$IF = e^{-\int \frac{1}{x} dx} = \frac{1}{x}$；$\frac{1}{x}\left(u' - \frac{1}{x}u\right) = \frac{1}{x} \cdot \frac{-1}{x^2} = \frac{-1}{x^3}$，從而

$\left(\frac{u}{x}\right)' = \frac{-1}{x^3}$，$\frac{u}{x} = \frac{1}{2}x^{-2} + c'$，$\frac{1}{xy} = \frac{1}{2x^2} + c'$，或 $y = \frac{2x}{1 + cx^2}$

(3) $3xy' - y = -x^2y^4$，$y^{-4}y' - \frac{1}{3x}y^{-3} = -\frac{x}{3}$

取 $u = y^{-3}$，$u' = -3y^{-4}y'$ 代入 $y^{-4}y' - \frac{1}{3x}y^{-3} = -\frac{x}{3}$ 得

$\frac{-1}{3}u' - \frac{1}{3x}u = -\frac{x}{3}$；即 $u' + \frac{1}{x}u = x$ $IF = e^{\int \frac{dx}{x}} = x$

$x\left(u' + \frac{1}{x}u\right) = x \cdot x = x^2$，$(xu)' = x^2$

$\therefore xu = \frac{x^3}{3} + c$，又 $u = \frac{1}{y^3}$ 得 $\frac{1}{y^3} = \frac{x^2}{3} + \frac{c}{x}$

(4) $y^{-2}y' + \frac{1}{y} = \cos x - \sin x$，取 $u = y^{-1}$，$u' = -y^{-2}y'$

代入 $y^{-2}y' + \dfrac{1}{y} = \cos x - \sin x$ 得 $-u' + u = \cos x - \sin x$，即 $u' - u = \sin x - \cos x$

$IF = e^{-\int dx} = e^{-x}$；$e^{-x}(u' - u) = e^{-x}(\sin x - \cos x)$；$(e^{-x}u)' = e^{-x}(\sin x - \cos x)$

$\because (e^{-x}u)' = e^{-x}(\sin x - \cos x)$

$\therefore e^{-x}u = \int e^{-x}(\sin x - \cos x)dx = \int e^{-x}\sin x\,dx - \int e^{-x}\cos x\,dx$

$\qquad = \dfrac{1}{2}e^{-x}(-\sin x - \cos x) - \dfrac{e^{-x}}{2}(-\cos x + \sin x)$

$\qquad = -e^{-x}\sin x + c$

得 $\dfrac{1}{y} = ce^x - \sin x$

提示：

$\displaystyle\int e^{ax}\cos bx = \dfrac{e^{ax}}{a^2 + b^2}(a\cos bx + b\sin bx) + c$

$\displaystyle\int e^{ax}\sin bx = \dfrac{e^{ax}}{a^2 + b^2}(a\sin bx - b\cos bx) + c$

---

3. (1) $(1 + y^2)dx = (\tan^{-1}y - x)dy$

$\quad \dfrac{dx}{dy} + \dfrac{x}{1+y^2} = \dfrac{\tan^{-1}y}{1+y^2}$；$IF = e^{\int \frac{1}{1+y^2}dy} = e^{\tan^{-1}y}$

$\quad e^{\tan^{-1}y}\left(\dfrac{dx}{dy} + \dfrac{1}{1+y^2}\right) = \dfrac{\tan^{-1}y}{1+y^2}e^{\tan^{-1}y}$ $\quad \therefore (x\,e^{\tan^{-1}y})' = \dfrac{\tan^{-1}y}{1+y^2}e^{\tan^{-1}y}$ *

$\quad x\,e^{\tan^{-1}y} = (\tan^{-1}y - 1)e^{\tan^{-1}y} + c$

$\quad \therefore x = \tan^{-1}y - 1 + ce^{-\tan^{-1}y}$

$\quad$ 註：*之積分

$\qquad\quad \displaystyle\int \dfrac{\tan^{-1}y}{1+y^2}e^{\tan^{-1}y}\,dy = \int \tan^{-1}y\,e^{\tan^{-1}y}\,d\tan^{-1}y \xlongequal{u = \tan^{-1}y}$

$\qquad\quad \displaystyle\int u\,e^u du = ue^u - e^u + c = (u - 1)e^u + c$

$\qquad\quad \therefore \displaystyle\int \dfrac{\tan^{-1}y}{1+y^2}e^{\tan^{-1}y}\,dy = (e^{\tan^{-1}y} - 1)e^{\tan^{-1}y} + c$

(2) $2(\ln y - x) = y\dfrac{dx}{dy}$

$\quad y\dfrac{dx}{dy} + 2x = 2\ln y$ 或 $\dfrac{dx}{dy} + \dfrac{2x}{y} = \dfrac{2\ln y}{y}$；$IF = e^{\int \frac{2}{y}dy} = y^2$

$\quad y^2\left(\dfrac{dx}{dy} + \dfrac{2x}{y}\right) = 2y^2\left(\dfrac{\ln y}{y}\right) = 2y\ln y$ $\quad \therefore (xy^2)' = 2y\ln y$

$\quad xy^2 = y^2\ln y - \dfrac{y^2}{2} + c$

$\quad$ 或 $x = \ln y - \dfrac{1}{2} + cy^{-2}$

註：$\int y\ln y dy = \int \ln y d\frac{y^2}{2} = \frac{y^2}{2}\ln y - \int \frac{y^2}{2}d\ln y = \frac{y^2}{2}\ln y - \int \frac{y}{2}dy = \frac{y^2}{2}\ln y - \frac{y^2}{4} + c$

4. (1) 取 $u = \phi(y)$ 則 $\dfrac{du}{dx} = \phi'(y)y'$

$\therefore \phi'(y)\dfrac{dy}{dx} + p(x)\phi(y) = q(x)$，可轉換成 $\dfrac{du}{dx} + p(x)u = q(x)$

此為一階線性微分方程式

(2) $e^y(y'+1) = x \Rightarrow e^y y' + e^y = x$，取 $u = e^y$，$\dfrac{du}{dx} = e^y y'$

$\therefore \dfrac{du}{dx} + u = x$，$p(x) = 1$，$\therefore IF = e^{\int dx} = e^x$

$e^x\left(\dfrac{du}{dx} + u\right) = xe^x \Rightarrow (e^x u)' = xe^x \quad \therefore e^x u = (x-1)e^x + c$

得 $e^y = (x-1) + ce^{-x}$

5. $y' + p(x)y = q(x)y^n \Rightarrow y^{-n}y' + p(x)y^{-n+1} = q(x)$ \hfill (1)

取 $u = y^{-n+1}i$ 則 $(1-n)y^{-n}y' = u'$ 代入 (1)：$\dfrac{1}{1-n}u' + p(x)u = q(x)$

即 $u' + (n-1)p(x)u = (1-n)q(x)$

6. $n = 0$ 時 Bernoulli 方程式即為一階線性微分方程式，$n = 1$ 時，可用分離變數法。

練習 1.6B

1. (1) $y_1 = x$ 為一個解，取 $y = x + \dfrac{1}{u}$，代入原方程式

$\therefore \left(1 - \dfrac{u'}{u^2}\right) = \left(x + \dfrac{1}{u}\right)^2 - x\left(x + \dfrac{1}{u}\right) + 1 \quad \therefore u' + ux = -1$

$IF = e^{\int x dx} = e^{\frac{x^2}{2}}$：$\left(e^{\frac{x^2}{2}}u\right)' = -e^{\frac{x^2}{2}}$

$\therefore e^{\frac{x^2}{2}}u = -\int e^{\frac{x^2}{2}}dx + c$

又 $\dfrac{1}{u} = e^{\frac{-x^2}{2}} / \left(\left(c - \int e^{\frac{x^2}{2}}dx\right)\right) \quad \therefore y = x + \dfrac{e^{-\frac{x^2}{2}}}{c - \int e^{\frac{x^2}{2}dx}}$

(2) $y_1 = 2x$ 為一個解，取 $y = 2x + \dfrac{1}{u}$，代入原方程式

$\left(2 - \dfrac{u'}{u^2}\right) = 2 - 2x\left(2x + \dfrac{1}{u}\right) + \left(2x + \dfrac{1}{u}\right)^2$，化簡可得

$u' + 2xu = -1$：$IF = e^{\int 2x dx} = e^{x^2}$：$(e^{x^2}u)' = -e^{x^2}$

$e^{x^2}u = -\int e^{x^2}dx + c$，$\dfrac{1}{u} = \dfrac{1}{(-\int e^{x^2}dx + c)e^{-x^2}}$

$\therefore y = 2x + \dfrac{e^{x^2}}{(-\int e^{x^2}dx + c)}$

(3) $y_1 = 2x$ 為一個解，取 $y = 2x + \dfrac{1}{u}$，代入原方程式：

$2 - \dfrac{u'}{u^2} = (y - 2x)^2 + 2 = \dfrac{1}{u^2} + 2$，得 $u' = -1$，解之 $u = -x + c$

$\therefore y = 2x + \dfrac{1}{c - x}$

(4) $y = x$ 為一個解，取 $y = x + \dfrac{1}{u}$ 代入原方程式：

$\left(x + \dfrac{1}{u}\right)' = \left(x + \dfrac{1}{u} - x\right)^2 + 1 = \dfrac{1}{u^2} + 1$，即 $1 - \dfrac{u'}{u^2} = \dfrac{1}{u^2} + 1$

$\therefore u' = -1 \Rightarrow u = -x + c$，得 $y = x + \dfrac{1}{c - x}$

2. 設 $y = y_1(x)$ 為 $y' = p(x)y^2 + q(x)y + r(x)$ 之一個解，$u(x)$ 為 x 之函數令 $y = y_1 + \dfrac{1}{u}$ 代入 $y' = p(x)y^2 + q(x)y + r(x)$：

$\left(y_1 + \dfrac{1}{u}\right)' = p\left(y_1 + \dfrac{1}{u}\right)^2 + q\left(y_1 + \dfrac{1}{u}\right) + r$

$y'_1 - \dfrac{u'}{u^2} = p\left(y_1^2 + \dfrac{2}{u}y_1 + \dfrac{1}{u^2}\right) + q\left(y_1 + \dfrac{1}{u}\right) + r$

$\qquad = (py_1^2 + qy_1 + r) + \left(\dfrac{2p}{u}y_1 + \dfrac{p}{u^2} + \dfrac{q}{u}\right)$

$\therefore \dfrac{-u'}{u^2} = \dfrac{2p}{u}y_1 + \dfrac{p}{u^2} + \dfrac{q}{u}$，兩邊同乘 u^2

$u' = -(2py_1 + q)u - p$

移項得 $u' + (2py_1 + q)u = -p$，此為一階線性微分方程式。

練習 2.1A

1. $L(D)(x \sin x) = (xD^2 + x^2D - 1)(x \sin x) = xD^2(x \sin x) + x^2D(x \sin x) - x \sin x$
   $= xD(\sin x + x \cos x) + x^2(\sin x + x \cos x) - x \sin x$
   $= x(\cos x + \cos x - x \sin x) + x^2(\sin x + x\cos x) - x \sin x$
   $= 2x \cos x + x^3 \cos x - x\sin x$

3. $(D + 2)(D + 1)y = (D + 2)[(D + 1)y] = (D + 2)(Dy + y) = D(Dy + y) + 2(Dy + y)$
   $= D^2y + 3Dy + 2y$
   $(D + 1)(D + 2)y = (D + 1)[(D + 2)y] = (D + 1)(Dy + 2y)$
   $= D(Dy + 2y) + (Dy + 2y) = D^2y + 2Dy + Dy + 2y = D^2 + 3Dy + 2y$
   $\therefore (D + 2)(D + 1)y = (D + 1)(D + 2)y$

4. $\dfrac{1}{1 + D}(1 + x) = (1 - D)(1 + x) = 1 + x - D(1 + x) = 1 + x - 1 = x$

練習 2.1B

1. (1) 代 $y = e^{-x}$ 入 $y'' + Py' + Qy = 0$ 得 $e^{-x} - Pe^{-x} + Qe^{-x} = e^{-x}(1 - P + Q) = 0$

$\therefore 1 - P + Q = 0$

(2) 代 $y = e^{ax}$ 入 $y'' + Py' + Qy = 0$ 得 $a^2 e^{ax} + Pae^{ax} + Qe^{ax} = e^{ax}(a^2 + aP + Q) = 0$

$\therefore a^2 + aP + Q = 0$

2. 代 $y = \alpha y_1 + (1 - \alpha)y_2$ 入 $y'' + Py' + Qy = R(x)$：$(\alpha y_1 + (1 - \alpha)y_2)'' + P(\alpha y_1 + (1 - \alpha)y_2)'$

$+ Q(\alpha y_1 + (1 - \alpha)y_2) = \alpha(y_1'' + Py_1' + Qy_1) + (1 - \alpha)(y_2'' + Py_2' + Qy_2) =$

$\alpha R + (1 - \alpha)R = R$

3. $y''' + ay'' + by' = 0 \Rightarrow (y')'' + a(y')' + by' = 0$

即 y' 為 $y''' + ay'' + by' = 0$ 之一個解。

練習 2.2A

1. (1) $W = \begin{vmatrix} x & \tan x \\ 1 & \sec^2 x \end{vmatrix} = x\sec^2 x - \tan x$，在 $x = \pi$ 時 $W \neq 0$ $\therefore \{x, \tan x\}$ 為線性獨立。

(2) $W(x^2 + x + 1, x + 1) = \begin{vmatrix} x^2 + x + 1 & x + 1 \\ 2x + 1 & 1 \end{vmatrix} = -x^2 - 2x$，當 x 為異於 $0, 2$ 之實數時 $W \neq 0$

$\therefore \{x^2 + x + 1, x + 1\}$ 為線性獨立。

2. $\dfrac{y_2}{y_1} = \begin{cases} \dfrac{x^2|x|}{x^3} = \dfrac{x^2 \cdot x}{x^3} = 1, & x > 0 \\ \dfrac{x^2|x|}{x^3} = \dfrac{x^2(-x)}{x^3} = -1, & x < 0 \end{cases}$

即 $\dfrac{y_2}{y_1}$ 不為常數 $\therefore \{y_1, y_2\}$ 為線性獨立。

練習 2.2B

1. (1) 由視察法易得 $y = x$ 是其中一個解 $\therefore$ 另一個線性獨立 解 y_2 為

$$y_2 = y_1 \int \frac{e^{-\int p(x)dx}}{y_1^2} dx = x \int \frac{e^{-\int \frac{-2x}{x^2}dx}}{x^2} dx = x \int \frac{x^2}{x^2} dx = x^2$$

(2) 由疊合原理知 $y = c_1 x + c_2 x^2$ 為 $x^2 y'' - 2xy' + 2y = 0$ 之通解

2. (1) 由視察法 $y_1 = x$ 之一個解 $\therefore$ 另一個線性獨立解 y_2 為

$$y_2 = y_1 \int \frac{e^{-\int p(x)dx}}{y_1^2} dx = x \int \frac{e^{-\int \frac{-x}{x-1}dx}}{x^2} dx = x \int \frac{e^{\int \frac{x-1+1}{x-1}dx}}{x^2} dx$$

$$= x \int \frac{e^x(x - 1)}{x^2} dx = x \left(\int \frac{d}{dx} \frac{e^x}{x} \right)$$

$$= x \cdot \frac{e^x}{x} = e^x$$

(2) $(x - 1)y'' - xy' + y = 0$ 之通解為 $y = c_1 x + c_2 e^x$

3. $y_2 = xu$，則 $y_2' = u + xu'$，$y_2'' = 2u' + xu''$ 代入 $x^2y'' - 2xy' + 2y = 0$：$x^2(2u' + xu'') - 2x(u + xu') + 2xu = 0$ 化簡得 $x^3u'' = 0$，取 $u' = 1$，$u = x$　$\therefore y_2 = y_1u = x \cdot x = x^2$

練習 2.3

1. (1) $m^2 + 4m + 4 = (m + 2)^2 = 0$　$\therefore m = -2$（重根）
    $y = (c_1 + c_2x)e^{-2x}$
   (2) $m^2 + 4m + 13 = 0$ 有共軛複根 $m = -2 \pm 3i$
    $\therefore y = e^{-2x}(c_1 \cos 3x + c_2 \sin 3x)$
   (3) $m^2 + 4 = 0$ 有共軛複數根 $m = \pm 2i$
    $\therefore y = c_1\cos 2x + c_2\sin 2x$
   (4) $m^2 + 2m = 0$ 有二個根 $m = 0, -2$
    $\therefore y = c_1e^{0x} + c_2e^{-2x} = c_1 + c_2e^{-2x}$

2. (1) $m^4 - 2m^3 + 5m^2 = m^2(m^2 - 2m + 5) = 0$ 有 2 個根 0（重根）及 $1 \pm 2i$
    $\therefore y = (c_1 + c_2x)e^{0x} + e^x(c_3 \cos 2x + c_4 \sin 2x) \Rightarrow y = c_1 + c_2x + e^x(c_3 \cos 2x + c_4 \sin 2x)$
   (2) $m^3 + 3m^2 + 3m + 1 = (m + 1)^3 = 0$，$m = -1$（三重根）
    $\therefore y = (c_1 + c_2x + c_3x^2)e^{-x}$
   (3) $m^6 + 9m^4 + 24m^2 + 16 = (m^2 + 4)^2(m^2 + 1) = 0$，$m = \pm 2i$（重根），$m = \pm i$
    $\therefore y = c_1 \cos x + c_2 \sin x + ((c_3 + c_4x)\cos 2x + (c_5 + c_6x)\sin 2x)$
   (4) $(m^2 - 4m + 13)^2 = 0$ 之根為 $2 \pm 3i$（重根）
    $\therefore y = e^{2x}((c_1 + c_2x)\cos 3x + (c_3 + c_4x)\sin 3x)$

3. (1) $m = 2$，3（重根），4（三重根）
    $\therefore y = c_1e^{2x} + (c_2 + c_3x)e^{3x} + (c_4 + c_5x + c_6x^2)e^{4x}$
   (2) $m = 2, 3, \pm 2i$（重根）
    $\therefore y = c_1e^{2x} + c_2e^{3x} + (c_3 + c_4x + c_5x^2)\cos 2x + (c_6 + c_7x + c_8x^2)\sin 2x$
   (3) $m^4 - 2m^3 + 5m^2 = m^2(m^2 - 2m + 5) = 0$，$m = 0$（重根），$1 \pm 2i$
    $\therefore y = (c_1 + c_2x)e^{0x} + e^x(c_3 \cos 2x + c_4 \sin 2x)$
    $= c_1 + c_2x + e^x(c_3 \cos 2x + c_4 \sin 2x)$

練習 2.4

y_n：$m^2 - 2m - 3 = 0$ 之二個根為 $-1, 3$　$\therefore y_h = Ae^{-x} + Be^{3x}$
(1) y_p：設 $y_p = c_1x + c_2$
    $y_p'' - 2y_p - 3y_p = -3c_1x - 2c_1 - 3c_2 = 3x + 1$
    $\therefore c_1 = -1$，$c_2 = \dfrac{1}{3}$，$y_p = -x + \dfrac{1}{3}$
    $y = Ae^{-x} + Be^{3x} - x + \dfrac{1}{3}$

(ii) y_p：設 $y_p = Ae^{-3x}$
    $y_p'' - 2y_p' - 3y_p = 9Ae^{-3x} + 6Ae^{-3x} - 3Ae^{-3x} = 12Ae^{-3x} = 6e^{-3x}$

$$\therefore A = \frac{1}{2} \,,\, y_p = \frac{1}{2}e^{-3x}$$

$$y = Ae^{-x} + Be^{3x} + \frac{1}{2}e^{-3x}$$

(2) $y_h : m^2 - 2m = 0 \quad \therefore m = 0, 2 \,,\, y_h = A + Be^{2x}$

$y_p :$ 設 $y_p = Ae^x \sin x + Be^x \cos x$ 則 $y_p' = (A - B)e^x \sin x + (A + B)e^x \cos x$

$y_p'' = -2Be^x \sin x + 2Ae^x \cos x$

$\therefore y_p'' - 2y_p' = -2Ae^x \sin x - 2Be^x \cos x = e^x \sin x \quad \therefore A = \frac{-1}{2} \,,\, B = 0$

$$y_p = \frac{-1}{2}e^x \sin x$$

$$y = A + Be^{2x} - \frac{1}{2}e^x \sin x$$

(3) $y_h : m^2 + 1 = 0 \,,\, m = \pm i \,,\, y_h = A \cos x + B \sin x$

$y_p :$ 若 $a = 1$ 設 $y_p = x(A \cos x + B \sin x)$,

$\therefore y_p'' + y_p = -2A \sin x + B \cos x = \sin x \quad \therefore A = -\frac{1}{2} \,,\, B = 0 \,,\, y_p = -\frac{x}{2}\cos x$

$$y = A \cos x + B \sin x - \frac{1}{2}x \cos x$$

若 $a \neq 1$ 時設 $y_p = A \cos ax + B \sin ax \,,\, y_p' = -Aa \sin ax + aB \cos ax$

$y_p'' = -Aa^2 \cos ax - Ba^2 \sin ax \,,\, \therefore y_p'' + y_p = A(1 - a^2)\cos ax + B(1 - a^2)\sin ax$

$= \sin ax \quad \therefore A = 0 \,,\, B = \frac{1}{1 - a^2}$ 即 $y_p = \frac{1}{1 - a^2}\sin ax$

$\therefore y = A \cos ax + B \sin ax + \frac{1}{1 - a^2}\sin ax \,,\, a \neq 1$

(4) $y_h = m^2 + 2 = 0 \,,\, m = \pm\sqrt{2}\,i \,,\, y_h = A \cos \sqrt{2}x + B \sin \sqrt{2}x$

$y_p :$ 設 $y_p = c_1 e^x + c_2 \,,\, y'' = c_1 e^x$, 代入 $y'' + 2y = 3c_1 e^x + 2c_2 = e^x + 2$

$\Rightarrow c_1 = \frac{1}{3} \,,\, c_2 = 1 \,,\,$ 即 $y_p = 3e^x + 1$

$\therefore y = A \cos \sqrt{2}x + B \sin \sqrt{2}x + \frac{1}{3}e^x + 1$

練習 2.5

1. (1) 特徵方程式 $m^2 + 3m + 2 = (m + 1)(m + 2) = 0 \,,\, m = -1, -2$

$\therefore y_1 = k_1 e^{-x} \,,\, y_2 = k_2 e^{-2x}$

令 $y = A(x)e^{-x} + B(x)e^{-2x}$, 則

$$\begin{cases} A'(x)e^{-x} + B'(x)e^{-2x} = 0 & (1) \\ -A'(x)e^{-x} - 2B'(x)e^{-2x} = \frac{1}{1 + e^x} & (2) \end{cases}$$

$(1) + (2)$

$$B'(x)e^{-2x} = -\frac{1}{1+e^x} \text{ , } B'(x) = \frac{-e^{2x}}{1+e^x} \Rightarrow B(x) = -\int \frac{e^{2x}dx}{1+e^x} = -\int \left(e^x - \frac{e^x}{1+e^x}\right)dx$$

$$= -e^x + \ln(1+e^x) + c_1$$

$(1) \times 2 + (2)$：$A'(x)e^{-x} = \frac{1}{1+e^x}$，$A'(x) = \frac{e^x}{1+e^x} \Rightarrow A(x) = \int \frac{e^x \, dx}{1+e^x} = \ln(1+e^x) + c_2$

$\therefore y = A(x)e^{-x} + B(x)e^{-2x} = (\ln(1+e^x) + c_2)e^{-x} + (-e^x + \ln(1+e^x) + c_1)e^{-2x}$

$\qquad = c_1e^{-2x} + c_2e^{-x} + (e^{-x} + e^{-2x})\ln(1+e^x) - e^x = c_1e^{-2x} + c_2'e^{-x} + (e^{-x} + e^{-2x})\ln(1+e^x)$

(2) 特徵方程式 $m^2 - m - 2 = (m-2)(m+1) = 0$　$\therefore m = -1, 2$

$\therefore y_1 = k_1e^{-x}, y_2 = k_2e^{2x}$

設 $y = A(x)e^{-x} + B(x)e^{2x}$

$$\begin{cases} A'(x)e^{-x} + B'(x)e^{2x} = 0 & (1) \\ -A'(x)e^{-x} + 2B'(x)e^{2x} = e^x & (2) \end{cases}$$

$(1) + (2)$：$3B'(x)e^{2x} = e^x$，$B'(x) = \frac{1}{3}e^{-x}$　$\therefore B(x) = -\frac{1}{3}e^{-x} + c_1$

$(1) \times (2) - (2)$：$3A'(x)e^{-x} = -e^x$，$\therefore A'(x) = -\frac{1}{3}e^{2x}$　$\therefore A(x) = -\frac{1}{6}e^{2x} + c_2$

$$y = A(x)e^{-x} + B(x)e^{2x} = \left(\frac{-1}{6}e^{2x} + c_2\right)e^{-x} + \left(-\frac{1}{3}e^{-x} + c_1\right)e^{2x}$$

$$= c_1e^{2x} + c_2e^{-x} - \frac{1}{2}e^x$$

2. (1) 特徵方程式 $m^3 = 0$，有三個重根 0，$\therefore y_1 = k_1, y_2 = k_2x, y_3 = k_3x^2$

　　$y = A(x)1 + B(x)x + C(x)x^2$

$$\begin{cases} A'(x) \cdot 1 + B'(x) \, x + C'(x)x^2 = 0 & (1) \\ A'(x) \cdot 0 + B'(x) \cdot 1 + C'(x)2x = 0 & (2) \\ A'(x) \cdot 0 + B'(x) \cdot 0 + C'(x) \cdot 2 = 0 & (3) \end{cases}$$

由 $(3)C'(x) = 0$　$\therefore C(x) = c_3$

代 $C(x) = c_3$ 入 (2)，$B'(x) = 0$，$\therefore B(x) = c_2$

代 $B(x) = c_2$，$c(x) = c^3$ 入 (1)，得 $A'(x) = 0$　$\therefore A(x) = c_1$

即 $y = c_1x^2 + c_2x + c_3$

(2) 特徵方程式 $m^3 + m = m(m^2 + 1) = 0$　$\therefore y_1 = k_1, y_2 = k_2\cos x, y_3 = k_3\sin x$

　　設 $y = A(x) + B(x)\cos x + C(x)\sin x$

$$\begin{cases} A'(x) + B'(x)\cos x + C'(x)\sin x = 0 & (1) \\ A'(x) \cdot 0 - B'(x)\sin x + C'(x)\cos x = 0 & (2) \\ A'(x) \cdot 0 - B'(x)\cos x - C'(x)\sin x = \sec x & (3) \end{cases}$$

令 $W = \begin{vmatrix} 1 & \cos x & \sin x \\ 0 & -\sin x & \cos x \\ 0 & -\cos x & -\sin x \end{vmatrix} = 1$

$$A'(x) = \frac{1}{W} \begin{vmatrix} 0 & \cos x & \sin x \\ 0 & -\sin x & \cos x \\ \sec x & -\cos x & -\sin x \end{vmatrix} = \sec x \begin{vmatrix} \cos x & \sin x \\ -\sin x & \cos x \end{vmatrix} = \sec x$$

$$\therefore A(x) = \int \sec x \, dx = \ln|\sec x + \tan x| + c_1$$

$$B'(x) = \frac{1}{W} \begin{vmatrix} 1 & 0 & \sin x \\ 0 & 0 & \cos x \\ 0 & \sec x & -\sin x \end{vmatrix} = -\sec x \cos x = -1$$

$$\therefore B(x) = \int -1 \, dx = -x + c_2$$

$$C'(x) = \frac{1}{W} \begin{vmatrix} 1 & \cos x & 0 \\ 0 & -\sin x & 0 \\ 0 & -\cos x & \sec x \end{vmatrix} = \begin{vmatrix} -\sin x & 0 \\ -\cos x & \sec x \end{vmatrix} = -\tan x$$

$$\therefore C(x) = \int -\tan x \, dx = \ln|\cos x| + c_3$$

$$y = \ln|\sec x + \tan x| + c_1 + (-x + c_2)\cos x + (\ln|\cos x| + c_3)\sin x$$

$$= \ln|\sec x + \tan x| - x\cos x + c_2 \cos x + c_3 \sin x + \sin x \ln|\cos x| + c_1$$

練習 2.6A

1. (1) y_h：$m^2 - 4m + 4 = (m - 2)^2 = 0$，$m = 2$（重根）　$\therefore y_h = (c_1 + c_2 x)e^{2x}$

$$y_p：y_p = \frac{1}{(D-2)^2} \frac{e^{2x}}{x^2} = e^{2x} \frac{1}{D^2} \frac{1}{x^2} = e^{2x} \iint \left(\frac{1}{x^2}\right)(dx)^2$$

$$= e^{2x} \int \frac{-1}{x} \, dx = (-\ln x)e^{2x} = -e^{2x}\ln x$$

$$\therefore y = y_h + y_p = (c_1 + c_2 x)e^{2x} - e^{2x}\ln x$$

(2) y_h：$y_h = (c_1 + c_2 x)e^{2x}$（由 (1)）

$$y_p：y_p = \frac{1}{(D-2)^2} x(x^2+1)e^{2x} = e^{2x} \frac{1}{((D-2)+2)^2} x(x^2+1)$$

$$= e^{2x} \frac{1}{D^2} x(x^2+1) = e^{2x} \iint x(x^2+1)(dx)^2$$

$$= e^{2x} \int \left(\frac{1}{4}x^4 + \frac{1}{2}x^2\right) dx = e^{2x}\left(\frac{1}{20}x^5 + \frac{1}{6}x^3\right)$$

$$\therefore y = y_h + y_p = e^{2x}\left[(c_1 + c_2 x) + \frac{1}{20}x^5 + \frac{1}{6}x^3\right]$$

(3) y_h：$y_h = c_1 e^x + (c_2 + c_3 x)e^{2x}$

$$y_p：y_p = \frac{1}{(D-1)(D-2)^2} e^{2x} = e^x \int e^{(-1+2)x} \int e^{(-2+2)x} \int e^{-2x} e^{2x} (dx)^3$$

$$= e^x \int e^x \int x(dx)^2 = e^x \int \frac{x^2}{2} e^x \, dx$$

$$= e^x\left(\frac{x^2}{2} - x + 1\right)e^x = \frac{1}{2}(x^2 - 2x + 2)e^{2x}$$

$$\therefore \; y = y_h + y_p = c_1 e^x + (c_2 + c_3 x)\, e^{2x} + \frac{1}{2}\, (x^2 - 2x + 2)\, e^{2x}$$

$$= c_1 e^x + c_2' e^{2x} + c_3' x e^{2x} + \frac{1}{2} x^2 e^{2x}$$

(4) $m^2 - 3m + 2 = (m-1)(m-2) = 0$，$m = 1, 2$

$$y_h = c_1 e^{2x} + c_2 e^x$$

$$y_p = \frac{1}{(D-1)(D-2)} e^x = e^x \int e^{(2-1)x} \int e^{-2x} e^x \, (dx)^2$$

$$= e^x \int e^x \, (-e^{-x}) dx = -x e^x$$

$$\therefore \; y = y_h + y_p = c_1 e^{2x} + c_2 e^x - x e^x$$

2. (1) y_h : $m^3 - m^2 - m + 1 = (m-1)^2(m+1) = 0 \quad \therefore \; m = 1$（重根），$-1$

$$y_h = (c_1 + c_2 x) e^x + c_3 e^{-x}$$

$$y_p : \frac{1}{(D-1)^2(D+1)} \, (e^{2x}+1)^2 = \frac{1}{(D-1)^2(D+1)} \, (e^{4x} + 2 e^{2x} + 1)$$

$$= \frac{1}{(D-1)^2(D+1)} e^{4x} + 2 \frac{1}{(D-1)^2(D+1)} e^{2x} + \frac{1}{(D-1)^2(D+1)} e^{0x}$$

$$= \frac{1}{45} e^{4x} + \frac{2}{3} e^{2x} + 1$$

$$\therefore \; y = y_h + y_p = (c_1 + c_2 x) e^x + c_3 e^{-x} + \frac{1}{45} e^{4x} + \frac{2}{3} e^{2x} + 1$$

(2) $m^2 - 2m + 1 = (m-1)^2 \quad \therefore \; m = 1$（重根），$y_h = (c_1 + c_2 x) e^x$

$$y_p : y_p = \frac{1}{(D-1)^2} e^x \ln x = e^x \int e^{0x} \int e^{-x} e^x \ln x \, (dx)^2 = e^x \int \, (x \ln x - x) \, dx$$

$$= e^x \left(\frac{x^2}{2} \ln x - \frac{3x^2}{4} \right)$$

$$\therefore \; y = y_h + y_p = \left(c_1 + c_2 x + \frac{x^2}{2} \ln x - \frac{3}{4} x^2 \right) e^x$$

3. (1) 利用數學歸納法

$n = 1$ 時：$D(e^{px}T(x)) = p e^{px}T(x) + e^{px}DT(x) = e^{px}(p + D)T(x)$

$n = k$ 時：設 $D^k(e^{px}T(x)) = e^{px}(p + D)^k T(x)$ 成立。

$n = k + 1$ 時：$D^{k+1}(e^{px}T(x)) = D(D^k(e^{px}T(x))) = D(e^{px}(p + D)^k T(x))$

$$= p e^{px}(p + D)^k T(x) + e^{px}(p + D)^k DT(x)$$

$$= e^{px}(p + D)^{k+1} T(x)$$

由數學歸納法知 $D^n(e^{px}T(x)) = e^{px}(D + p)^n T(x)$ 對所有正整數 n 均成立。

$$\therefore \; L(D)(e^{px}T(x)) = a_0 D^n(e^{px}T(x)) + a_1 D^{n-1}(e^{px}T(x))$$

$$+ \cdots + a_n D^o(e^{px}T(x))$$

$$= a_0 e^{px}(p + D)^n T(x) + a_1 e^{px}(p + D)^{n-1} T(x) + \cdots + a_n e^{px}\mathrm{T}(x)$$

$$= e^{px}(a_0(p + D)^n + a_1(p + D)^{n-1} + \cdots + a_n)T(x)$$

$$= e^{px}L(D + p)T(x) \qquad \qquad ①$$

(2) 令 $\dfrac{1}{L(D)}\,(e^{px}T(x))=y$ 則 $L(D)y=e^{px}T(x)$

$\therefore L(D)y=L(D)\,(e^{px}\,(ye^{-px}))\xrightarrow{(1)之結果}e^{px}L\,(D+p)\,ye^{-px}$

由① $L(D)y=e^{px}T(x)\Rightarrow e^{px}L(D+p)ye^{-px}T(x)=e^{px}T(x)$ $\quad\therefore L(D+p)ye^{-px}=T(x)$

$\Rightarrow y=e^{px}\dfrac{1}{L(D+P)}T(x)$，即 $\dfrac{1}{L(D)}\,(e^{px}T(x))=e^{px}\dfrac{1}{L(D+P)}T(x)$

練習 2.6B

1. (1) $\dfrac{1}{1+D}\cos x=\dfrac{1-D}{1-D^2}\cos x=\dfrac{1-D}{1-(-(1)^2)}\cos x=\dfrac12(1-D)\cos x=\dfrac12(\cos x+\sin x)$

(2) $\dfrac{1}{1+D^3}\cos x=\dfrac{1}{(1-D)(1+D+D^2)}\cos x=\dfrac{1}{(1-D)(1+D+(-(1)^2))}\cos x$

$\qquad=\dfrac{1}{(1-D)D}\cos x=\dfrac{1}{D-(-(1)^2)}\cos x=\dfrac{1}{D+1}\cos x$

$\qquad=\dfrac{1-D}{1-D^2}(\cos x)=\dfrac{1-D}{1-(-(1)^2)}\cos x=\dfrac12(1-D)\cos x=\dfrac12(\cos x+\sin x)$

(3) $\dfrac{1}{D^3+3D^2+3D+1}e^{-x}\sin x=\dfrac{1}{(D+1)^3}e^{-x}\sin x=e^{-x}\dfrac{1}{[(D+1)-1]^3}\sin x$

$=e^{-x}\dfrac{1}{D^3}\sin x=e^{-x}\iiint\sin x\,(dx)^3=e^{-x}\iint-\cos x\,(dx)^2=e^{-x}\int-\sin x\,dx$

$=e^{-x}\cos x$

(4) $y=\dfrac{1}{D^2-4D+3}e^x\cos 2x=e^x\dfrac{1}{(D+1)^2-4(D+1)+3}\cos 2x$

$\qquad=e^x\dfrac{1}{D^2-2D}\cos 2x=e^x\dfrac{1}{-2^2-2D}\cos 2x=-\dfrac12 e^x\dfrac{1}{D+2}\cos 2x$

$\qquad=-\dfrac12 e^x\dfrac{D-2}{D^2-4}\cos 2x=-\dfrac12 e^x\dfrac{D-2}{-2^2-4}\cos 2x=\dfrac{1}{16}e^x(D-2)\cos 2x$

$\qquad=\dfrac{1}{16}e^x(-2\sin 2x-2\cos 2x)=-\dfrac18 e^x(\sin 2x+\cos 2x)$

2. (1) y_h：特徵方程式 $m^2-2m-1=0$，$m=1\pm\sqrt2$，則 $y_h=c_1e^{px}+c_2e^{qx}$，$p=1+\sqrt2$，

$\quad q=1-\sqrt2$

$\quad y_p$：$y_p=\dfrac{1}{D^2-2D-1}e^x\cos x=e^x\dfrac{1}{(D+1)^2-2(D+1)-1}\cos x$

$\qquad=e^x\dfrac{1}{D^2-2}\cos x=e^x\dfrac{1}{-1^2-2}\cos x=-\dfrac13 e^x\cos x$

$\quad\therefore y=y_h+y_p=c_1e^{px}+c_2e^{qx}-\dfrac13 e^x\cos x$，$p=1+\sqrt2$，$q=1-\sqrt2$

(2) y_h：特徵方程式 $m^2-2m=m(m-2)=0$，$m=0,2$

$\quad\therefore y_h=c_1+c_2e^{2x}$

$$y_p: y_p = \frac{1}{D^2 - 2D} e^x \sin x = e^x \frac{1}{(D+1)^2 - 2(D+1)} \sin x = e^x \frac{1}{D^2 - 1} \sin x$$

$$= e^x \frac{1}{(-1)^2 - 1} \sin x = -\frac{1}{2} e^x \sin x$$

$$\therefore y = y_h + y_p = c_1 + c_2 e^{2x} - \frac{1}{2} e^x \sin x$$

3. $D^2(x\sin ax) = 2a\cos ax - a^2 x\sin ax$

$$\therefore (D^2 + a^2)\left(\frac{1}{2a} x\sin ax\right) = \frac{1}{2a}(2a\cos ax - a^2 x\sin ax + a^2 x\sin ax) = \cos ax ，$$

得：$\dfrac{1}{D^2 + a^2}\cos ax = \dfrac{1}{2a} x\sin ax$

練習 2.7

1. $\because e^x = \alpha x + \beta$，$z = \ln(\alpha x + \beta)$ $\therefore \dfrac{dz}{dx} = \dfrac{\alpha}{(\alpha x + \beta)}$

$$\frac{dy}{dx} = \frac{dy}{dz} \cdot \frac{dz}{dx} = \frac{dy}{dz} \cdot \frac{\alpha}{(\alpha x + \beta)} \Rightarrow (\alpha x + \beta) y' = \alpha \frac{dy}{dz} = \alpha D_z$$

$$\therefore (\alpha x + \beta)^2 y'' = \alpha^2 D_z(D_z - 1)$$

2. (1) 令 $x = e^t$ 則原方程式變爲 $[D_t(D_t - 1) - D_t - 3]y = 0$ 即

$[D_t^2 - 2D_t - 3]y = 0$，特徵方程式 $m^2 - 2m - 3 = (m-3)(m+1) = 0$

$\therefore m = 3, -1$，得 $y = c_1 e^{3t} + c_2 e^{-t} = c_1 x^3 + \dfrac{c_2}{x}$

(2) 令 $x = e^t$ 則方程式變爲 $[D_t(D_t - 1) - 5D_t + 13]y = 0$，

即 $[D_t^2 - 6D_t + 13]y = 0$，特徵方程式 $m^2 - 6m + 13 = 0$ $\therefore m = 3 \pm 2i$

$\therefore y = e^{3t}(c_1 \cos 2t + c_2 \sin 2t) = x^3 (c_1 \cos 2\ln x + c_2 \sin 2\ln x)$

(3) 原方程式相當於 $x^2 \dfrac{dy^2}{dx^2} - 4x\dfrac{dy}{dx} + 4y = x^3$

取 $x = e^t$ 則，上述方程式變爲 $[D_t(D_t - 1) - 4D_t + 4]y = e^{3t}$ 即 $[D_t^2 - 5D_t + 4]y = e^{3t}$

① 求$(D_t^2 - 5D_t + 4)y = 0$之 y_h：$(D_t^2 - 5D_t + 4)y = 0$ 之特徵方程式爲 $m^2 - 5m + 4 = 0$，

$m = 1$，4 是爲二根 $\therefore y_h = c_1 e^t + c_2 e^{4t} = c_1 x + c_2 x^4$

② 求$[D_t^2 - 5D_t + 4]y = e^{3t}$之 y_p：$y_p = \dfrac{1}{D_t^2 - 5D_t + 4} e^{3t} = -\dfrac{1}{2} e^{3t} = -\dfrac{1}{2} x^3$

$\therefore y = y_h + y_p = c_1 x + c_2 x^4 - \dfrac{1}{2} x^3$

(4) ①取 $x = e^t$ 則原方程式變爲

$[D_t(D_t - 1) - 2D_t + 2]y = [D_t^2 - 3D_t + 2]y = e^{3t + e^t}$

$\therefore$特徵方程式 $m^2 - 3m + 2 = (m-1)(m-2) = 0$

得 $y_h = c_1 e^t + c_2 e^{2t} = c_1 x + c_2 x^2$

$y_p = \dfrac{1}{(D-1)(D-2)} y = e^t \int e^t \int e^{-2t} \cdot e^{3t + e^t} (dt)^2 = e^t \int e^t [\int e^t \cdot e^{e^t} dt] dt$

$$= e^t \int e^t e^{e^t} dt = e^t \cdot e^{e^t} = xe^x \quad \therefore y = y_h + y_p = c_1 x + c_2 x^2 + xe^x$$

②取 $x = e^t$ 則原方程式變爲 $(D_t^2 - 3D_t + 2)y = te^t \quad \therefore y_h = c_1 x + c_2 x^2$ （由①）

$$y_p = \frac{1}{(D-1)(D-2)} te^t = e^t \int \int e^{-2t} \cdot te^t \, (dt)^2$$

$$= e^t \int e^t \left(\int te^{-t} dt \right) dt = e^t \int e^t (-te^{-t} - e^{-t}) dt$$

$$= e^t \int (-t - 1) dt = \left(-\frac{t^2}{2} - t \right) e^t = -x \left(\frac{1}{2} (\ln x)^2 + \ln x \right)$$

$$\therefore y = y_h + y_p = c_1 x + c_2 x^2 - \frac{x}{2} (\ln x)^2 - x \ln x$$

3. 令 $x + 2 = e^z$ 則原方程式變爲：

$$\{D(D-1) - D + 1\}y = (D-1)^2 y = 2(e^z - 2) + 3 = 2e^z - 1$$

(1) $y_h = c_1 e^z + c_2 z e^z = c_1(x+2) + c_2(x+2)\ln(x+2)$

(2) $y_p = \dfrac{1}{(D-1)^2}(2e^z - 1) = z^2 e^z - 1 = (x+2)\ln^2 |x+2| - 1$

$$\therefore y = y_h + y_p = c_1(x+2) + c_2(x+2)\ln|x+2| + (x+2)\ln^2|x+2| - 1$$

練習 2.8A

1. (1) $y = \iiint \ln x \, (dx)^3 = \iint (x \ln x - x + c_1)(dx)^2$

$$= \int \left(\frac{1}{2} x^2 \ln x - \frac{3}{4} x^2 + c_1 x + c_2 \right) dx$$

$$= \frac{1}{6} x^3 \ln x - \frac{11}{36} x^3 + \frac{c_1}{2} x^2 + c_2 x + c_3$$

$$= \frac{1}{6} x^3 \ln x - \frac{11}{36} x^3 + c_1' x^2 + c_2 x + c_3$$

(2) $y = \iint \dfrac{1}{1+x^2} (dx)^2 = \int (\tan^{-1} x + c_1) dx = x \tan^{-1} x - \int \dfrac{x}{1+x^2} dx + c_1 x + c_2$

$$= x \tan^{-1} x + c_1 x + c_2 - \frac{1}{2} \ln (1 + x^2)$$

(3) 取 $y' = p$ 則

$$(1+x^2)p' = 2xp \Rightarrow (1+x^2)\frac{dp}{dx} = 2xp$$

$$\therefore \frac{2x \, dx}{1+x^2} = \frac{dp}{p} \quad \therefore \ln p = \ln(1+x^2) + c_1 \Rightarrow p = c'(1+x^2) \Rightarrow y' = c'(1+x^2)$$

又 $y'(0) = 3 \quad \therefore y' = 3(1+x^2) \Rightarrow y = 3x + x^3 + c_2$

$y(0) = 1 \quad \therefore c_2 = 1$，即 $y = x^3 + 3x + 1$

(4) 令 $y'' = u$ 則原式變爲 $xu' - 2u = 0$；$u' - \dfrac{2}{x}u = 0$ 取 $IF = e^{-\int \frac{2}{x} dx} = \dfrac{1}{x^2}$

$$\frac{1}{x^2} u' - \frac{2}{x^3} u = 0 \text{ 即 } \left(\frac{u}{x^2} \right)' = 0 \quad \therefore u = c_1 x^2 \Rightarrow y = \iint (c_1 x^2)(dx)^2 = \int \left(\frac{c_1 x^3}{3} + c_2 \right) dx = \frac{c_1 x^4}{12} + c_2 x + c_3$$

即 $y = c_1' x^4 + c_2 x + c_3$

(5) 令 $y'=p$ 則原方程式變爲 $(1+x^2)p'+p^2+1=0$，$(1+x^2)\dfrac{dp}{dx}+(1+p^2)=0$

$\therefore \dfrac{dp}{1+p^2}+\dfrac{dx}{1+x^2}=0$　解之 $\tan^{-1}p+\tan^{-1}x=c$

應用反三角恒等式$\tan^{-1}x+\tan^{-1}y=\dfrac{x+y}{1-xy}$，$\dfrac{p+x}{1-px}=c_1 \Rightarrow p=\dfrac{c_1-x}{1+c_1x}$，即$y'=\dfrac{c_1-x}{1+c_1x}$，

$y'(0)=1$，得 $c_1=1$，$\because y'=\dfrac{1-x}{1+x}$

$\therefore y=\int \dfrac{1-x}{1+x}dx=\int \left(\dfrac{2}{1+x}-1\right)dx=2\ln(1+x)-x+c_2$，又 $y(0)=0$

$\therefore c_2=0$ 故 $y=2\ln(1+x)-x$

2. (1) $\because y=e^z$　$\therefore y'=e^zz'$，$y''=e^zz'\cdot z'+e^zz''=e^z\left(z''+(z')^2\right)$ 代入原方程式：

$e^z\cdot e^z\left(z''+(z')^2\right)-(e^zz')^2-6xe^{2z}=e^{2z}\left(z''+(z')^2-(z')^2-6x\right)=0$

$\therefore z''-6x=0 \Rightarrow z'=3x^2+c_1$，$z=x^3+c_1x+c_2$

又 $y=e^z$　$\therefore y=e^{x^3+c_1x+c_2}$

(2) 取 $z=yy'$，則 $z'=(y')^2+yy''$，代入原方程式得：$xz'+3z=2x^3$，即 $z'+\dfrac{3}{x}z=2x^2$

取 $IF=e^{\int \frac{3}{x}dx}=x^3$　$\therefore (x^3z)'=2x^5 \Rightarrow x^3z=\dfrac{1}{3}x^6+c$　$z=\dfrac{1}{3}x^3+c_1x^{-3}$

$\Rightarrow yy'=\dfrac{1}{3}x^3+c_1x^{-3} \Rightarrow \dfrac{1}{2}(y^2)'=\dfrac{1}{3}x^3+c_1x^{-3}$

$\therefore \dfrac{1}{2}y^2=\dfrac{1}{12}x^4-\dfrac{1}{2}c_1x^{-2}+c_2$

即 $y^2=\dfrac{1}{6}x^4-c_1x^{-2}+2c_2=\dfrac{1}{6}x^4-c'x_1^{-2}+c_2''$

3. (1) 令 $y'=p$ 則方程式變爲 $p'=1+p^2$，$\dfrac{dp}{dx}=1+p^2$，$\dfrac{dp}{1+p^2}=dx$

$\therefore \tan^{-1}p=x+c_1$，$p=\tan(x+c_1) \Rightarrow y=-\ln\cos(x+c_1)+c_2$

(2) $yy''+(y')^2+1=(yy')'+1=0$　$\therefore yy'+x=c_1 \Rightarrow \dfrac{1}{2}y^2=c_1x-\dfrac{1}{2}x^2+c_2$

$\therefore y^2=-x^2+2c_1x+2c_2=-x^2+c'_1x+c_2'$

(3) $yy''-(y')^2=6xy^2$　$\therefore \dfrac{yy''-(y')^2}{y^2}=6x \Rightarrow \left(\dfrac{y'}{y}\right)'=6x$，$\dfrac{y'}{y}=3x^2+c_1$

$\therefore \ln|y|=x^3+c_1x+c_2$　當 $y=0$ 亦爲原方程式之解

(4) $e^yy''+e^y(y')^2=2$　取 $e^yy'=z$，則 $z'=e^y(y')^2+e^yy''$

$\therefore z'=2$，$z=2x+c_1$

$e^yy'=2x+c_1 \Rightarrow (e^y)'=2x+c_1$　$\therefore e^y=x^2+c_1x+c_2$

4. 令 $y'=p$ 則原方程式爲

$p^3-(x+y)p+xyp=p[p^2-(x+y)+xy]$

$\qquad\qquad\qquad = p(p-x)(p-y)=0$

① $p=0, y'=0$　$\therefore y=c \Rightarrow y-c=0$

② $p - x = 0$ 即 $y' - x = 0$

$\therefore y = \dfrac{x^2}{2} + c \Rightarrow y - \dfrac{x^2}{2} - c = 0$

③ $p - y = 0$, $\dfrac{d}{dx} y - y = 0$, $\dfrac{dy}{y} = dx$

$\therefore \ln y = x + c'$，即 $y = ce^x \Rightarrow y - ce^x = 0$

由①，②，③

$$(y - c)\left(y - \dfrac{x^2}{2} - c\right)(y - ce^x) = 0$$

練習 2.8B

1. (1) 通解 $y = cx - \ln c$

　　奇解：在 $y = cx - \ln c$ 對 c 行偏微分得 $0 = x - \dfrac{1}{c}$

　　代 $c = \dfrac{1}{x}$ 入 $y = cx - \ln c$ 得奇解 $y = 1 + \ln x$

　(2) 原式相當 $y = -px + 2\ln p$

　　通解 $y = -cx + 2\ln c$，對 c 行偏微分得 $-x + \dfrac{2}{c} = 0$

　　$c = \dfrac{2}{x}$，代入 $y = -cx + 2\ln c$

　　得奇解 $y = -\dfrac{2}{x} \cdot x + 2\ln \dfrac{2}{x}$ 或 $x^2 e^{y+2} = 4$

練習 2.9

以下各題之判斷爲正合的部分均略之。

1.

$$(x^2 + 1)y'' \quad + \quad 4xy' \quad + \quad 2y \quad = \cos x$$

$$((x^2 + 1)y')' = \dfrac{(x^2 + 1)y'' \quad + \quad 2xy'}{}$$

$$ 2xy' \quad + \quad 2y$$

$$(2xy)' = \dfrac{2xy' \quad + \quad 2y}{}$$

$\therefore (x^2 + 1)y'' + 4xy' + 2y$

　　$= ((x^2 + 1)y' + 2xy)' = \cos x$

$(x^2 + 1)y' + 2xy = \sin x + c_1$，$y' + \dfrac{2x}{x^2 + 1} y = \dfrac{\sin x + c_1}{x^2 + 1}$

$IF = e^{\int \frac{2x}{x^2+1} dx} = (x^2 + 1)$；$\therefore ((x^2 + 1)y)' = (\sin x + c_1)$ 即 $(x^2 + 1)y = -\cos x + c_1 x + c_2$

2.

$$(x - 1)y'' + (x + 1)y' + y = 2x$$

$$((x - 1)y')' = \dfrac{(x - 1)y'' + \quad\quad y'}{}$$

$$ xy' + y$$

$$(xy)' \dfrac{xy' + y}{}$$

$\therefore ((x - 1)y' + xy)' = 2x \Rightarrow (x - 1)y' + xy = x^2 + c_1$

$$y' + \frac{x}{x-1}y = \frac{x^2 + c_1}{x-1}$$

取 $IF = e^{\int \frac{x}{x-1}dx} = e^{\int \left(\frac{x-1}{x-1} + \frac{1}{x-1}\right)dx} = e^{x + \ln(x-1)} = (x-1)e^x$

$$\therefore ((x-1)e^x y)' = (x-1)e^x \cdot \frac{x^2 + c_1}{x-1} = (x^2 + c_1)e^x$$

$$(x-1)e^x y = \int (x^2 + c_1)e^x \, dx = (x^2 - 2x + 2 + c_1)e^x + c_2$$

3.
$$x^2 yy'' \quad + \quad x^2(y')^2 \quad + \quad 4xyy' \quad + \quad y^2 \quad = 6x$$
$$(x^2 yy')' = \underline{x^2 yy'' \quad + \quad x^2(y')^2 \quad + \quad 2xyy'}$$
$$\qquad\qquad\qquad\qquad\qquad\qquad\qquad 2xyy' + y^2$$
$$(xy^2)' = \qquad\qquad\qquad\qquad\qquad \underline{\underline{2xyy' + y^2}}$$

$\therefore (x^2 yy' + xy^2)' = 6x$; $x^2 yy' + xy^2 = 3x^2 + c_1$

$\Rightarrow \left(\frac{1}{2}x^2 y^2\right)' = 3x^2 + c_1$，即 $x^2 y^2 = 2x^3 + c'_1 x + c_2$

練習 3.1

1. 均爲常點

2. $y'' - \frac{1}{x^3}y' + \frac{1}{x^2}y = 0$　$\because (x-0)\left(-\frac{1}{x^3}\right) = -\frac{1}{x^2}$ 在 $x = 0$ 處不解析

　$\therefore x = 0$ 爲不規則奇點，其餘各點爲規則奇點

3. $y'' + \frac{x}{x^2+1}y' + \frac{y}{x^2+1} = 0$ 之各點均爲常點

4. $y'' + \frac{x}{x^2-1}y' + \frac{y}{x^2-1} = 0$　$\because$ ① $(x-1) \cdot \frac{x}{x^2-1} = \frac{x}{x+1}$ 且

　$(x-1)^2 \cdot \frac{1}{x^2-1} = \frac{x-1}{x+1}$ 在 $x = 1$ 處爲解析　$\therefore x = 1$ 處爲規則奇點

　② $(x+1) \cdot \frac{x}{x^2-1} = \frac{x}{x-1}$ 與 $(x+1)^2 \cdot \frac{x}{x^2-1} = \frac{x(x+1)}{x-1}$ 在 $x = -1$ 處均爲解析

　$\therefore x = -1$ 處爲規則奇點。除 $x = \pm 1$ 外均爲常點。

練習 3.2

1. $y = \sum\limits_{n=0}^{\infty} a_n x^n$ 則

$$y' - y + x = \sum_{n=1}^{\infty} na_n x^{n-1} - \sum_{n=0}^{\infty} a_n x^n + x = \sum_{n=0}^{\infty} (n+1)a_{n+1} x^n - \sum_{n=0}^{\infty} a_n x^n + x$$

$$= \sum_{n=0}^{\infty} [(n+1)a_{n+1} - a_n]x^n + x = (a_1 - a_0) + (2a_2 - a_1 + 1)x + \sum_{n=2}^{\infty} [(n+1)a_{n+1} - a_n]x^n$$

因此 RR：$a_{n+1} = \frac{1}{n+1}a_n$，$n = 2, 3 \cdots\cdots$

$$a_1 - a_0 = 0 \quad \therefore a_1 = a_0 \quad a_2 = \frac{a_1 - 1}{2} = \frac{a_0 - 1}{2!}$$

$$\therefore y = \sum_{n=0}^{\infty} a_n x^n = a_0 + a_0 x + \frac{a_0 - 1}{2!} x^2 + \frac{a_0 - 1}{3!} x^3 + \cdots = a_0 \left(1 + x + \frac{x^2}{2!} + \frac{x^3}{3!} + \cdots \right) - \left(\frac{x^2}{2!} + \frac{x^3}{3!} + \cdots \right)$$

$$= a_0 e^x - (e^x - 1 - x) = (a_0 - 1)e^x + 1 + x = ce^x + 1 + x$$

2. $y = \sum\limits_{n=0}^{\infty} a_n x^n \quad \therefore y' - y - 1 = \sum\limits_{n=1}^{\infty} n a_n x^{n-1} - \sum\limits_{n=0}^{\infty} a_n x^n - 1$

$$= \sum_{n=0}^{\infty} (n+1)a_{n+1} x^n - \sum_{n=0}^{\infty} a_n x^n - 1 = \sum_{n=0}^{\infty} [(n+1)a_{n+1} - a_n]x^n - 1$$

$$= (a_1 - a_0) + (2a_2 - a_1)x + \sum_{n=2}^{\infty} [(n+1)a_{n+1} - a_n]x^n - 1$$

RR：$a_{n+1} = \dfrac{1}{n+1} a_n$，$n = 2, 3 \cdots\cdots$ $a_1 = 1 + a_0$ $a_2 = \dfrac{a_1}{2} = \dfrac{1 + a_0}{2}$, $a_3 = \dfrac{1}{3} a_2 = \dfrac{1 + a_0}{3!} - \cdots$

$$\therefore y = \sum_{n=0}^{\infty} a_n x^n = a_0 + (1 + a_0)x + \frac{(1 + a_0)}{2!}x^2 + \frac{(1 + a_0)}{3!}x^3 + \cdots\cdots$$

$$= a_0 \left(1 + x + \frac{x^2}{2!} + \cdots \right) + \left(x + \frac{x^2}{2!} + \frac{1}{3!}x^3 + \cdots \right) = a_0 e^x + (e^x - 1) = ce^x - 1$$

3. $y = \sum\limits_{n=0}^{\infty} a_n x^n$; $y' = \sum\limits_{n=1}^{\infty} n a_n x^{n-1}$; $y'' = \sum\limits_{n=2}^{\infty} n(n-1)a_n x^{n-2}$

$$\therefore y'' + y = \sum_{n=2}^{\infty} n(n-1)a_n x^{n-2} + \sum_{n=0}^{\infty} a_n x^n = \sum_{n=0}^{\infty} (n+2)(n+1)a_{n+2} x^n + (a_0 + a_1 x) + \sum_{n=2}^{\infty} a_n x^n$$

$$= 2a_2 + 6a_3 x + (a_0 + a_1 x) + \sum_{n=2}^{\infty} [(n+2)(n+1)a_{n+2} + a_n]x^n = 0$$

RR：$a_{n+2} = \dfrac{-1}{(n+2)(n+1)} a_n$ 又 $2a_2 + a_0 = 0$ $\therefore a_2 = -\dfrac{a_0}{2!}$，$6a_3 + a_1 = 0$

$$\therefore a_3 = -\frac{a_1}{6} = -\frac{a_1}{3!}$$

$$a_4 = \frac{-1}{4 \cdot 3} a_2 = \frac{1}{4!} a_0 \quad a_5 = \frac{-1}{5 \cdot 4} a_3 = \frac{1}{5!} a_1 \quad a_6 = -\frac{1}{6 \cdot 5} a_4 = \frac{-1}{6!} a_0$$

……

$$\therefore y = \sum_{n=0}^{\infty} a_n x^n = a_0 \left(1 - \frac{x^2}{2!} + \frac{x^4}{4!} - \frac{x^6}{6!} + \cdots \right) + a_1 \left(x - \frac{x^3}{3!} + \frac{x^5}{5!} - \frac{x^7}{7!} + \cdots \right)$$

$$= a_0 \cos x + a_1 \sin x$$

4. 令 $y = \sum\limits_{n=0}^{\infty} a_n x^n$，$y' = \sum\limits_{n=1}^{\infty} n a_n x^{n-1}$，$y'' = \sum\limits_{n=2}^{\infty} n(n-1)a_n x^{n-2}$

$$\therefore y'' + xy' - 2y = \sum_{n=2}^{\infty} n(n-1)a_n x^{n-2} + \sum_{n=1}^{\infty} n a_n x^n - 2 \sum_{n=0}^{\infty} a_n x^n$$

$$= 2a_2 + \sum_{n=3}^{\infty} n(n-1)a_n x^{n-2} + \sum_{n=1}^{\infty} n a_n x^n - 2 \left(\sum_{n=1}^{\infty} a_n x^n + a_0 \right)$$

$$= 2(a_2 - a_0) + \sum_{n=3}^{\infty} n(n-1)a_n x^{n-2} + \sum_{n=3}^{\infty} (n-2)a_{n-2} x^{n-2} - 2 \sum_{n=3}^{\infty} a_{n-2} x^{n-2}$$

$$= 2(a_2 - a_0) + \sum_{n=3}^{\infty} [n(n-1)a_n + (n-4)a_{n-2}]x^{n-2} = 0$$

$$\therefore a_2 = a_0 \text{,} \quad a_n = \frac{-(n-4)}{n(n-1)}a_{n-2} \text{,} \quad n = 3, 4, 5 \cdots$$

$(1) a_2 = a_0 \text{,} \quad a_4 = 0 \text{,} \quad a_6 = 0 \cdots \quad (2) a_3 = \frac{1}{3 \cdot 2}a_1 \text{,} \quad (3) a_5 = \frac{-1}{5 \cdot 4}a_3 = -\frac{1}{5 \cdot 4 \cdot 3 \cdot 2}a_1$

$(4) a_7 = \frac{-3}{7 \cdot 6}a_5 = \frac{-3}{7 \cdot 6}\frac{-1}{5 \cdot 4 \cdot 3 \cdot 2}a_1 = \frac{3}{7 \cdot 6 \cdot 5 \cdot 4 \cdot 3 \cdot 2}a_1$

$\cdots\cdots\cdots\cdots$

$$\therefore y = a_0 + a_1 x + a_0 x^2 - \frac{1}{3!}a_1 x^3 - \frac{1}{5!}a_1 x^5 + \frac{3}{7!}x^7 \cdots$$

$$= a_0(1 + x^2) + a_1\left(x + \frac{1}{3!}x^3 - \frac{1}{5!}x^5 + \frac{3}{7!}x^7 \cdots\right)$$

練習 3.3

1. 令 $y = x^r \sum_{n=0}^{\infty} a_n x^n = \sum_{n=0}^{\infty} a_n x^{n+r}$ $y' = \sum_{n=0}^{\infty} a_n(n+r)x^{n+r-1}$ $y'' = \sum_{n=0}^{\infty} a_n(n+r)(n+r-1)x^{n+r-2}$

代入原方程式：

$4x^2 y'' - 3y$

$= 4x^2 \sum_{n=0}^{\infty} a_n(n+r)(n+r-1)x^{n+r-2} - 3\sum_{n=0}^{\infty} a_n x^{n+r} = \sum_{n=0}^{\infty} 4a_n(n+r)(n+r-1)x^{n+r} - 3a_n x^{n+r}$

$= \sum_{n=0}^{\infty} [4(n+r)(n+r-1)a_n - 3a_n]x^{n+r}$

$= (4r(r-1) - 3)a_0 + \sum_{n=1}^{\infty} [4(n+r)(n+r-1)a_n - 3a_n]x^{n+r}$ ，取 $a_0 = 1$

指標方程式 $4r(r-1) - 3 = 0$ $\therefore r = -\frac{1}{2}, \frac{3}{2}$

$(1) r = -\frac{1}{2}$ ： $n = 1$ 時 $[4(n+r)(n+r-1)a_1 - 3a_1] = \left[4\left(1 - \frac{1}{2}\right)\left(1 - \frac{1}{2} - 1\right) - 3\right]a_1 = 0$

   $\therefore a_1 = 0$ ，同理 $a_2 = a_3 = \cdots = 0$

$(2) r = \frac{3}{2}$ ： 時 $[4(n+r)(n+r-1) - 3]a_1 = \left[4\left(1 + \frac{3}{2}\right)\left(1 + \frac{3}{2} - 1\right) - 3\right]a_1 = 0$

   $\therefore a_1 = 0$ ，同理 $a_2 = a_3 = \cdots = 0$

   $\therefore y(x) = c_1 x^{-\frac{1}{2}} + c_2 x^{\frac{3}{2}}$

2. 取 $y = x^r \sum_{n=0}^{\infty} a_n x^n = \sum_{n=0}^{\infty} a_n x^{n+r}$

   $y' = \sum_{n=0}^{\infty} a_n(n+r)x^{n+r-1}$, $y'' = \sum_{n=0}^{\infty} a_n(n+r)(n+r-1)x^{n+r-2}$

   $\therefore xy'' + y' - y$

   $= x\sum_{n=0}^{\infty} a_n(n+r)(n+r-1)x^{n+r-2} + \sum_{n=0}^{\infty} a_n(n+r)x^{n+r-1} - \sum_{n=0}^{\infty} a_n x^{n+r}$

$$= \sum_{n=0}^{\infty} a_n((n+r)(n+r-1)+(n+r))x^{n+r-1} - \sum_{n=0}^{\infty} a_n x^{n+r}$$

$$= \sum_{n=0}^{\infty} a_n (n+r)^2 x^{n+r-1} - \sum_{n=0}^{\infty} a_n x^{n+r}$$

$$= a_0 r^2 x^{r-1} + \sum_{n=1}^{\infty} a_n (n+r)^2 x^{n+r-1} - \sum_{n=1}^{\infty} a_{n-1} x^{n+r-1}$$

$$= a_0 r^2 x^{r-1} + \sum_{n=1}^{\infty} (a_n (n+r)^2 - a_{n-1})x^{n+r-1}$$

∴指標方程式 $r^2 = 0$ ∴ $r = 0$

由 $a_n = \dfrac{1}{(n+r)^2} a_{n-1}$ 可得

$$a_1 = \frac{1}{(1+r)^2} a_0 \text{，} a_2 = \frac{1}{(2+r)^2} a_1 = \frac{1}{(r+2)^2(r+1)^2} a_0 \text{，} a_3 = \frac{1}{(3+r)^2} a_2 = \frac{1}{(r+1)^2(r+2)^2(r+3)^2} a_0$$

$$\therefore y_1(x) = x^r \left(1 + \frac{x}{(1+r)^2} + \frac{x^2}{(r+2)^2(r+1)^2} + \frac{x^3}{(r+1)^2(r+2)^2(r+3)^2} + \cdots \right)$$

$$\frac{\partial}{\partial r} y_1 = x^r \ln x \left(1 + \frac{x}{(1+r)^2} + \frac{x^2}{(r+2)^2(r+1)^2} + \frac{x^3}{(r+3)^2(r+2)^2(r+1)^2} + \cdots \right)$$

$$+ x^r \left(\frac{-2x}{(1+r)^3} - \frac{2(2r+3)}{(r+2)^3(r+1)^3} x^2 \cdots \right)$$

$$\therefore y = c_1 y_1 \Big|_{r=0} + c_2 \frac{\partial}{\partial r} y_1 \Big|_{r=0}$$

$$= c_1 \left(1 + x + \frac{x^2}{4} + \frac{x^3}{36} + \cdots \right) + c_2 \left(\ln x \left(1 + x + \frac{x^2}{4} + \frac{x^3}{36} + \cdots \right) + \left(-2x - \frac{3}{4}x^2 + \cdots \right)\right)$$

$$= (c_1 + c_2 \ln x)\left(1 + x + \frac{x^2}{4} - \frac{x^3}{36} + \cdots \right) + c_2 \left(-2x - \frac{3}{4}x^2 + \cdots \right)$$

3. 取 $y = x^r \sum_{n=0}^{\infty} a_n x^n = \sum_{n=0}^{\infty} a_n x^{n+r}$

$$y' = \sum_{n=0}^{\infty} a_n (n+r)x^{n+r-1} \text{，} y'' = \sum_{n=0}^{\infty} a_n (n+r)(n+r-1)x^{n+r-2}$$

$$\therefore xy'' + y' - xy$$

$$= x \sum_{n=0}^{\infty} a_n (n+r)(n+r-1)x^{n+r-2} + \sum_{n=0}^{\infty} a_n (n+r)x^{n+r-1} - x \sum_{n=0}^{\infty} a_n x^{n+r}$$

$$= \sum_{n=0}^{\infty} a_n (n+r)(n+r-1)x^{n+r-1} + \sum_{n=0}^{\infty} a_n (n+r)x^{n+r-1} - \sum_{n=0}^{\infty} a_n x^{n+r+1}$$

$$= \sum_{n=0}^{\infty} a_n [(n+r)(n+r-1) + (n+r)]x^{n+r-1} - \sum_{n=0}^{\infty} a_n x^{n+r+1}$$

$$= a_0 r^2 x^{r-1} + a_1 (r+1)^2 x^r + \sum_{n=2}^{\infty} a_n (n+r)^2 x^{n+r-1} - \sum_{n=2}^{\infty} a_{n-2} x^{n+r-1}$$

$$= a_0 r^2 x^{r-1} + a_1 (r+1)^2 x^r + \sum_{n=2}^{\infty} (((n+r)^2 a_n - a_{n-2})x^{n+r-1} = 0$$

∴指標方程式 $r^2 = 0$ 得 $r = 0$（重根）

又遞迴關係 $a_n = \dfrac{1}{(n+1)^2} a_{n-2}$，$n \geq 2$，$a_0 \neq 0$，顯然 $a_1 = 0$ 從而 $a_3 = a_5 = \cdots = a_{2k+1} = 0$

$$a_2 = \frac{1}{(2+r)^2} a_0 \text{，} a_4 = \frac{1}{(4+r)^2} a_2 = \frac{1}{(4+r)^2 (2+r)^2} \cdots$$

$$\therefore y_1 = x^r \left(1 + \frac{x^2}{(2+r)^2} + \frac{x^4}{(2+r)^2(4+r)^2} + \cdots \right)$$

$$\frac{\partial y_1}{\partial r} = x^r \ln x \left(1 + \frac{x^2}{(2+r)^2} + \frac{x^4}{(2+r)^2(4+r)^2} + \cdots \right) + x^r \left(\frac{-2x^2}{(2+r)^3} + \frac{-2(2r+6)x^4}{(2+r)^3(4+r)^3} + \cdots \right)$$

$$\therefore y = c_1 y_1 \Big|_{r=0} + c_2 \frac{\partial y_1}{\partial r} \Big|_{r=0} = c_1 \left(1 + \frac{x^2}{4} + \frac{x^4}{64} + \cdots \right) +$$

$$c_2 \ln x \left(1 + \frac{x^2}{4} + \frac{x^4}{64} + \cdots \right) + c_2 \left(\frac{-x^2}{4} - \frac{3}{128} x^4 + \cdots \right)$$

$$= (c_1 + c_2 \ln x)\left(1 + \frac{x^2}{4} + \frac{x^4}{64} + \cdots \right) + c_2 \left(-\frac{x^2}{4} - \frac{3}{128} x^4 + \cdots \right)$$

練習 3.4A

1. $4x^2 y'' + 4xy' + (4x^2 - 3)y = 0$ 相當於 $x^2 y'' + xy' + \left(x^2 - \dfrac{3}{4} \right)y = 0$

   $$\therefore y = c_1 J_{\frac{\sqrt{3}}{2}}(x) + c_2 J_{-\frac{\sqrt{3}}{2}}(x)$$

2. 令 $z = \lambda x$，由例 3 則 $\dfrac{dy}{dx} = \lambda \dfrac{dy}{dz}$　$\dfrac{d^2 y}{dx^2} = \lambda^2 \dfrac{d^2 y}{dz^2}$

   代上述結果入原方程式：

   $$x^2 y'' + xy' + (\lambda^2 x^2 - 16)y = \left(\frac{z}{\lambda} \right)^2 \cdot \lambda^2 \frac{d^2 y}{dz^2} + \left(\frac{z}{\lambda} \right)\lambda \frac{dy}{dz} + (z^2 - 16)y = z^2 \frac{d^2 y}{dz^2} + z \frac{dy}{dz} + (z^2 - 16)y = 0$$

   $$\therefore y = c_1 J_4(z) + c_2 Y_4(z) = c_1 J_4(\lambda x) + c_2 Y_4(\lambda x)$$

3. 原方程式相當 $x^2 y'' + xy' + k^2 x^2 y = 0$

   取 $z = kx$：$y' = k\dfrac{dy}{dz}$　$y'' = k^2 \dfrac{d^2 z}{dz^2}$
   代以上結果入原方程式：

   $$\left(\frac{z}{k} \right)^2 \cdot k^2 \frac{d^2 y}{dz^2} + \frac{z}{k}\left(k\frac{dy}{dz} \right) + (z^2 - 0)y = z^2 \frac{d^2 y}{dz^2} + z \frac{dy}{dz} + (z^2 - 0)y = 0$$

   $$\therefore y = c_1 J_0(z) + c_2 Y_0(z) = c_1 J_0(kx) + c_2 Y_0(kx)$$

4. 令 $z = \lambda x$，$y' = \lambda\dfrac{dy}{dz}$，$y'' = \lambda^2 \dfrac{d^2 y}{dz^2}$ 代入 $x' y'' + xy' + (\lambda^2 x^2 - k^2)y = 0$ 得

   $$\left(\frac{z}{\lambda} \right) \cdot \lambda^2 \frac{dy^2}{dz^2} + \left(\frac{z}{\lambda} \right) \cdot \lambda \frac{dy}{dz} + (z^2 - k^2)y = z^2 \frac{d^2 y}{dz^2} + z \frac{dy}{dz} + (z^2 - k^2)y = 0$$

   (1) k 不為整數

   $$y = c_1 J_k(z) + c_2 J_{-k}(z) = c_1 J_k(\lambda x) + c_2 J_{-k}(\lambda x)$$

(2) k 爲整數

$$y = c_1 J_k(z) + c_2 Y_k(z) = c_1 J_k(\lambda x) + c_2 Y_k(\lambda x)$$

練習 3.4B

1. $J_k(x) = \left(\dfrac{x}{2}\right)^k \left\{ \dfrac{1}{k!} - \dfrac{1}{1!(k+1)!}\left(\dfrac{x}{2}\right)^2 + \dfrac{1}{2!(k+2)!}\left(\dfrac{x}{2}\right)^4 - \dfrac{1}{3!(k+3)!}\left(\dfrac{x}{2}\right)^6 + \cdots \right\}$

得 $J_0(2) = 1 - \dfrac{1}{1!\,1!} + \dfrac{1}{2!\,2!} - \dfrac{1}{3!\,3!} + \cdots = a$

$J_1(2) = 1 - \dfrac{1}{1!\,2!} + \dfrac{1}{2!\,3!} - \dfrac{1}{3!\,4!} + \cdots = b$

$J_2(2) = \dfrac{1}{2!} - \dfrac{1}{1!\,3!} + \dfrac{1}{2!\,4!} - \dfrac{1}{3!\,5!} + \cdots$

$\therefore b - a = \left(1 - \dfrac{1}{1!\,2!} + \dfrac{1}{2!\,3!} - \dfrac{1}{3!\,4!} + \cdots\right) - \left(1 - \dfrac{1}{1!\,1!} + \dfrac{1}{2!\,2!} - \dfrac{1}{3!\,3!} + \cdots\right)$

$= \left(\dfrac{1}{1!}\left(\dfrac{1}{1!} - \dfrac{1}{2!}\right) - \dfrac{1}{2!}\left(\dfrac{1}{2!} - \dfrac{1}{3!}\right) + \cdots + (-1)^{n+1}\left(\dfrac{1}{n!}\left(\dfrac{1}{n!} - \dfrac{1}{(n+1)!}\right)\right)\right)$

$= \sum\limits_{n=1}^{\infty} (-1)^{n+1} \dfrac{1}{n!}\left(\dfrac{n}{(n+1)!}\right) = \sum\limits_{n=1}^{\infty} (-1)^{n+1} \dfrac{1}{(n-1)!(n+1)!}$

$= \dfrac{1}{0!\,2!} - \dfrac{1}{1!\,3!} + \dfrac{1}{2!\,4!} - \cdots = \dfrac{1}{2!} - \dfrac{1}{1!\,3!} + \dfrac{1}{2!\,4!} - \cdots$

$= J_2(2)$

2. $\int J_3(x)dx = \int J_1(x)dx - 2J_2(x) + c = -J_0(x) - 2J_2(x) + c$ （參考例 4 的提示）

3. $\int_2^3 x^{-2} J_3(x)\,dx = -x^{-2}J_2(x)\Big]_1^3 = -\left(\dfrac{1}{9}J_2(3) - J_2(1)\right) = d - \dfrac{1}{9}c$

練習 4.1A

1. $\Gamma(x+1) = \int_0^\infty t^x e^{-t}dt = \int_0^\infty t^x d(-e^{-t}) = \underbrace{-t^x e^{-t}]_0^\infty}_{0} + \int_0^\infty e^{-t}dt^x = x\int_0^\infty t^{x-1}e^{-t}\,dt$

$= x\Gamma(x)$

2. $\int_0^\infty x^m e^{-nx}\,dx \xupto{y=nx} \int_0^\infty \left(\dfrac{y}{n}\right)^m e^{-y}\cdot\dfrac{1}{n}\,dy = \int_0^\infty \dfrac{1}{n^{m+1}}y^m e^{-y}dy = \dfrac{\Gamma(m+1)}{n^{m+1}}$

3. (1) $\int_0^\infty x^2 e^{-x}\,dx = 2! = 2$ (2) 發散 (3) $\int_0^\infty x^2 e^{-2x}\,dx = \dfrac{2!}{2^3} = \dfrac{1}{4}$

(4) $\int_0^\infty x^2 e^{-3x}\,dx = \dfrac{2!}{3^3} = \dfrac{2}{27}$ (5) $\int_0^\infty x^3 e^{-2x}\,dx = \dfrac{3!}{2^4} = \dfrac{3}{8}$

練習 4.1B

1. (1) $\int_0^\infty e^{-x^3}dx \xrightarrow{y=x^3} \int_0^\infty \frac{1}{3}y^{-\frac{2}{3}}e^{-y}dy = \frac{1}{3}\Gamma\left(\frac{1}{3}\right)$

(2) $\int_0^{\frac{\pi}{2}} \sin^2 x \cos^5 x dx = \dfrac{\Gamma\left(\dfrac{3}{2}\right)\Gamma\left(\dfrac{6}{2}\right)}{2\Gamma\left(\dfrac{9}{2}\right)} = \dfrac{\dfrac{1}{2}\sqrt{\pi} \cdot 2}{2 \cdot \dfrac{7}{2} \cdot \dfrac{5}{2} \cdot \dfrac{3}{2} \cdot \dfrac{1}{2}\sqrt{\pi}} = \dfrac{8}{105}$

(3) $\int_0^{\frac{\pi}{2}} \sin^6 x dx = \dfrac{5 \cdot 3 \cdot 1}{6 \cdot 4 \cdot 2}\dfrac{\pi}{2} = \dfrac{5}{32}\pi$

(4) $\int_0^{\frac{\pi}{2}} \sin^7 x dx = \dfrac{6 \cdot 4 \cdot 2}{7 \cdot 5 \cdot 3 \cdot 1} = \dfrac{16}{35}$

2. $\int_0^{\frac{\pi}{2}} \sin^{2m-1}x\cos^{2n-1}x dx \xrightarrow[dy=2\sin x\cos x dx]{y=\sin^2 x} \frac{1}{2}\int_0^1 y^m (1-y)^n dy$

即 $\dfrac{1}{2}\int_0^1 x^m (1-x)^n dx$

練習 4.2

1. $\mathcal{L}(c_1 f_1(t) + c_2 f_2(t)) = \int_0^\infty (c_1 f_1(t) + c_2 f_2(t))e^{-st}dt$

$\qquad\qquad = c_1\int_0^\infty f_1(t)e^{-st}dt + c_2\int_0^\infty f_2(t)e^{-st}dt = c_1 F_1(s) + c_2 F_2(s)$

2. $\mathcal{L}(f(at)) = \int_0^\infty f(at)e^{-st}dt \xrightarrow{y=at} \int_0^\infty f(y)e^{-s\left(\frac{y}{a}\right)}\frac{1}{a}dy$

$\qquad\qquad = \frac{1}{a}\int_0^\infty f(y)e^{-\left(\frac{s}{a}\right)y}dy = \frac{1}{a}F\left(\frac{s}{a}\right)$

3. (1) $\mathcal{L}(\cos 2t) = \dfrac{2}{s^2+4}$

(2) $\mathcal{L}(3t+5) = \dfrac{3}{s^2} + \dfrac{5}{s}$

(3) $\mathcal{L}(t^2 - e^t) = \mathcal{L}(t^2) - \mathcal{L}(e^t) = \dfrac{2}{s^3} - \dfrac{1}{s-1}$

(4) $\mathcal{L}((t^2-1)^2) = \mathcal{L}(t^4 - 2t^2 + 1) = \dfrac{24}{s^5} - \dfrac{4}{s^3} + \dfrac{1}{s}$

(5) $\mathcal{L}(\sin t \cos t) = \mathcal{L}\left(\dfrac{1}{2}\sin 2t\right) = \dfrac{1}{2}\dfrac{2}{s^2+4} = \dfrac{1}{s^2+4}$

4. $\mathcal{L}(te^{at}) = \int_0^\infty t e^{at} e^{-st} dt = \int_0^\infty t e^{-(s-a)t} dt = \dfrac{1}{(s-a)^2}$

5. $\mathcal{L}(\cos\sqrt{3}t) = \dfrac{s}{s^2+3} = \int_0^\infty (\cos\sqrt{3}t) e^{-st}dt$ 取 $s = 1$ 得 $\int_0^\infty e^{-t}\cos\sqrt{3}t\, dt = \dfrac{1}{4}$

6. (1) $|f(t)| = |t^3 \sin t| \le t^3 = e^{\ln t^3} = e^{3\ln t} \le e^{3t}$，取 $M = 1$，$\alpha = 3$ 即可。

(2) $\because \lim_{t\to\infty} \dfrac{|e^{t^3}|}{e^{at}} = \lim_{t\to\infty} e^{t^3 - at} = \lim_{t\to\infty} e^{t(t^2 - \alpha)}$；當 $t > \sqrt{\alpha}$ 時極限趨向 ∞

$\therefore f(t) = e^{t^3}$ 不為指數階。

練習 4.3A

1. (1) $\mathcal{L}(e^{bt}) = \dfrac{1}{s-b}$ $\quad \therefore \mathcal{L}(t^n e^{bt}) = (-1)^n \dfrac{d^n}{ds^n} \dfrac{1}{s-b} = (-1)^n \cdot (-1)^n \dfrac{\Gamma(n+1)}{(s-b)^{n+1}}$

$\qquad\qquad = \dfrac{\Gamma(n+1)}{(s-b)^{n+1}}$ 或 $\mathcal{L}(t^n) = \dfrac{\Gamma(n+1)}{s^{n+1}} \therefore \mathcal{L}(t^n e^{bt}) = \dfrac{\Gamma(n+1)}{(s-b)^{n+1}}$

(2) $\mathcal{L}(\cos bt) = \dfrac{s}{s^2+b^2}$ $\quad \therefore \mathcal{L}(e^{at}\cos bt) = \dfrac{s-a}{(s-a)^2+b^2}$

(3) $\mathcal{L}(\sin at) = \dfrac{a}{s^2+a^2}$ $\quad \therefore \mathcal{L}(t\sin at) = (-1)\dfrac{d}{ds}\dfrac{a}{s^2+a^2} = \dfrac{2as}{(s^2+a^2)^2}$

(4) $\mathcal{L}(\cosh at) = \dfrac{s}{s^2-a^2}$ $\quad \therefore \mathcal{L}(t\cosh at) = (-1)\dfrac{d}{ds}\dfrac{s}{s^2-a^2} = \dfrac{s^2+a^2}{(s^2-a^2)^2}$

(5) $\mathcal{L}\left(\dfrac{be^{bt}-ae^{at}}{b-a}\right) = \dfrac{b}{b-a}\mathcal{L}(e^{bt}) - \dfrac{a}{b-a}\mathcal{L}(e^{at}) = \dfrac{b}{b-a}\cdot\dfrac{1}{s-b} - \dfrac{a}{b-a}\cdot\dfrac{1}{s-a}$

$\qquad\qquad = \dfrac{b(s-a)-a(s-b)}{(b-a)(s-a)(s-b)} = \dfrac{s}{(s-a)(s-b)}$

(6) $\mathcal{L}(e^{-bt}-e^{-at}) = \dfrac{1}{s+b} - \dfrac{1}{s+a}$

$\quad \therefore \mathcal{L}\left(\dfrac{e^{-bt}-e^{-at}}{t}\right) = \int_s^\infty \dfrac{d\lambda}{\lambda+b} - \int_s^\infty \dfrac{d\lambda}{\lambda+a} = \ln\dfrac{\lambda+b}{\lambda+a}\Big|_s^\infty = \ln\left|\dfrac{s+a}{s+b}\right|$

2. (1) $\mathcal{L}(J_0(bt)) = \dfrac{1}{\sqrt{b^2+s^2}}$ $\quad \therefore \mathcal{L}(e^{-at}J_0(bt)) = \dfrac{1}{\sqrt{b^2+(s+a)^2}} = \dfrac{1}{\sqrt{a^2+b^2+2as+s^2}}$

(2) $\mathcal{L}(tJ_0(t)) = -\dfrac{d}{ds}\cdot\dfrac{1}{\sqrt{1+s^2}} = \dfrac{s}{(s^2+1)^{3/2}}$

(3) $\therefore \mathcal{L}(J_0(t)e^{-t}) = \dfrac{1}{\sqrt{1+(1+s)^2}} = \dfrac{1}{\sqrt{2+2s+s^2}} \Rightarrow \mathcal{L}(tJ_0(t)e^{-t}) = (-1)\dfrac{d}{ds}\dfrac{1}{\sqrt{2+2s+s^2}}$

$\qquad\qquad = \dfrac{s+1}{\sqrt{(2+2s+s^2)^3}}$

(4) 在 (3) $\mathcal{L}(J_0(t)e^{-t}) = \int_0^\infty J_0(t)e^{-t}e^{-st}\,dt = \dfrac{s+1}{\sqrt{(2+2s+s^2)^3}}$，取 $s=0$ 得 $\int_0^\infty J_0(t)e^{-t} = \dfrac{1}{\sqrt{2}}$

3. $\mathcal{L}(\sin bt) = \dfrac{b}{s^2+b^2}$，$\mathcal{L}(e^{-at}\sin bt) = \dfrac{b}{(s+a)^2+b^2}$

$\quad \therefore \mathcal{L}(te^{-at}\sin bt) = \dfrac{-d}{ds}\dfrac{b}{(s+a)^2+b^2} = \dfrac{2b(s+a)}{((s+a)^2+b^2)^2}$

4. (1) 考慮 $\mathcal{L}(te^{-3t}\sin t)$：

$\quad \mathcal{L}(\sin t) = \dfrac{1}{s^2+1}$，$\mathcal{L}(e^{-3t}\sin t) = \dfrac{1}{(s+3)^2+1}$

$\quad \mathcal{L}(te^{-3t}\sin t) = -\dfrac{d}{ds}\dfrac{1}{(s+3)^2+1} = \dfrac{2(s+3)}{((s+3)^2+1)^2}$

即 $\int_0^\infty te^{-3t}\sin t\, e^{-st}dt=\dfrac{2(s+3)}{((s+3)^2+1)^2}$，取 $s=0$ 得 $\int_0^\infty te^{-3t}\sin t\, dt=\dfrac{6}{100}=\dfrac{3}{50}$

(2) 考慮 $\mathscr{L}\left(\dfrac{e^{-at}-e^{-bt}}{t}\right)$：

$\mathscr{L}(e^{-at}-e^{-bt})=\dfrac{1}{s+a}-\dfrac{1}{s+b}$

$\therefore \mathscr{L}\left(\dfrac{e^{-at}-e^{-bt}}{t}\right)=\int_s^\infty\left(\dfrac{1}{s+a}-\dfrac{1}{s+b}\right)ds=\ln\dfrac{s+a}{s+b}\Big]_s^\infty$

$\qquad\qquad\qquad=\ln\dfrac{s+b}{s+a}=\int_0^\infty\dfrac{e^{-at}-e^{-bt}}{t}e^{-st}dt$，取 $s=0$，得

$\int_0^\infty\dfrac{e^{-at}-e^{-bt}}{t}dt=\ln\dfrac{b}{a}$

(3) 考慮 $\mathscr{L}\left(\dfrac{e^{-at}\cos bt-e^{-mt}\cos nt}{t}\right)$：

$\mathscr{L}(\cos bt)=\dfrac{s}{s^2+b^2}$，$\mathscr{L}(e^{-at}\cos bt)=\dfrac{s+a}{(s+a)^2+b^2}$

同法：$\mathscr{L}(e^{-mt}\cos nt)=\dfrac{s+m}{(s+m)^2+n^2}$

$\therefore \mathscr{L}\left(\dfrac{e^{-at}\cos bt-e^{-mt}\cos nt}{t}\right)=\int_s^\infty\left(\dfrac{s+a}{(s+a)^2+b^2}-\dfrac{s+m}{(s+m)^2+n^2}\right)ds$

$\qquad\qquad=\dfrac{1}{2}\ln\left|\dfrac{(s+a)^2+b^2}{(s+m)^2+n^2}\right|\Big]_s^\infty=\dfrac{1}{2}\ln\left|\dfrac{(s+m)^2+n^2}{(s+a)^2+b^2}\right|$

$\Rightarrow \int_s^\infty\dfrac{e^{-at}\cos bt-e^{-mt}\cos nt}{t}e^{-st}dt=\dfrac{1}{2}\ln\left|\dfrac{(s+m)^2+n^2}{(s+a)^2+b^2}\right|$

取 $s=0$

$\int_0^\infty\dfrac{e^{-at}\cos bt-e^{-mt}\cos nt}{t}dt=\dfrac{1}{2}\ln\dfrac{m^2+n^2}{a^2+b^2}$

(4) 考慮 $\mathscr{L}\left(\dfrac{\cos at-\cos bt}{t}\right)$：

$\mathscr{L}(\cos at-\cos bt)=\dfrac{s}{s^2+a^2}-\dfrac{s}{s^2+b^2}$

$\therefore \mathscr{L}\left(\dfrac{\cos at-\cos bt}{t}\right)=\int_s^\infty\left(\dfrac{s}{s^2+a^2}-\dfrac{s}{s^2+b^2}\right)ds=\dfrac{1}{2}\ln\left|\dfrac{s^2+a^2}{s^2+b^2}\right|$

即 $\mathscr{L}\left(\dfrac{\cos at-\cos bt}{t}\right)=\int_0^\infty e^{-st}\dfrac{\cos at-\cos bt}{t}dt=\dfrac{1}{2}\ln\left|\dfrac{s^2+a^2}{s^2+b^2}\right|$

取 $s=0$ 得

$\int_0^\infty\dfrac{\cos at-\cos bt}{t}dt=\ln\dfrac{a}{b}$

5. $\int_0^\infty \frac{\sin^2 t}{t^2} dt = \int_0^\infty \sin^2 t \, d\left(-\frac{1}{t}\right) = -\frac{\sin^2 t}{t}\Big]_0^\infty + \int_0^\infty \frac{1}{t} d\sin^2 t$

$= \int_0^\infty \frac{\sin 2t}{t} dt$，現考慮 $\mathscr{L}\left(\frac{\sin 2t}{t}\right)$：

$\mathscr{L}(\sin 2t) = \frac{2}{s^2+4}$ $\quad \therefore \mathscr{L}\left(\frac{\sin 2t}{t}\right) = \int_s^\infty \frac{2}{s^2+4} ds$

$= \tan^{-1}\frac{s}{2}\Big]_s^\infty = \frac{\pi}{2} - \tan^{-1}\frac{s}{2}$

即 $\int_0^\infty \frac{\sin 2t}{t} e^{-st} dt = \frac{\pi}{2} - \tan^{-1}\frac{s}{2}$

取 $s=0$ 得 $\int_0^\infty \frac{\sin 2t}{t} dt = \frac{\pi}{2}$ $\quad$ 即 $\int_0^\infty \frac{\sin^2 t}{t^2} dt = \frac{\pi}{2}$

5. 提示
$-\frac{\sin^2 t}{t}\Big]_0^\infty = 0$ (1) $1 \geq \sin^2 t \geq 0$ $\quad \therefore \frac{1}{t} \geq \frac{\sin^2 t}{t} \geq 0$ $\quad \lim_{t\to\infty} \frac{1}{t} = 0$ 由夾擊定理 $\quad \lim_{t\to\infty} \frac{\sin^2 t}{t} = 0$ (2) $\lim_{t\to 0} \frac{\sin^2 t}{t} = \lim_{t\to 0} \frac{\sin t}{t} \lim_{t\to 0} \sin t$ $\quad = 1 \cdot 0 = 0$

練習 4.3B

1. $p = 3$：$\mathscr{L}(f(t)) = \frac{1}{1-e^{-3\pi s}}\left(\int_0^1 1 \, e^{-st} dt + \int_1^3 0 \, e^{-st} dt\right)$

$= \frac{1}{1-e^{-3\pi s}} \cdot \frac{1}{s}(1 - e^{-s})$

2. (1) 此相當於 $f(t) = \begin{cases} t & , 1 > t > 0 \\ 2-t & , 2 > t > 1 \end{cases}$，$f(t+2) = f(t)$，$t > 0$ 求 $\mathscr{L}(f(t))$：

$\mathscr{L}(f(t)) = \frac{1}{1-e^{-2s}}\left[\int_0^1 t e^{-st} dt + \int_1^2 (2-t) e^{-st} dt\right]$

但 $[\quad] = \left(-\frac{t}{s} - \frac{1}{s^2}\right)e^{-st}\Big]_0^1 + \left(-\frac{2-t}{s} + \frac{1}{s^2}\right)e^{-st}\Big]_1^2$

$= \frac{1}{s^2} - \left(\frac{1}{s} + \frac{1}{s^2}\right)e^{-s} + \frac{1}{s^2}e^{-2s} - \left(\frac{1}{s^2} - \frac{1}{s}\right)e^{-s} = \frac{1}{s^2}(e^{-s}+1)^2$

$\therefore \mathscr{L}(f(t)) = \frac{1}{1-e^{-2s}}\left(\frac{1}{s^2}(e^{-s}+1)^2\right) = \frac{1}{s^2}\frac{1-e^{-s}}{1+e^{-s}} = \frac{1}{s^2}\frac{e^{\frac{s}{2}} - e^{-\frac{s}{2}}}{e^{\frac{s}{2}} + e^{\frac{s}{2}}} = \frac{1}{s^2}\tanh\frac{s}{2}$

(2) $f(t) = [u(t-0) - u(t-1)] + 2[u(t-1) - u(t-2)] + 3[u(t-2) - u(t-3)]$

$= u(t-0) + u(t-1) + u(t-2) + \cdots$

$\therefore \mathscr{L}(f(t)) = \mathscr{L}(u(t-0) + u(t-1) + u(t-2) + \cdots)$

$= \frac{1}{s}e^{-0s} + \frac{1}{s}e^{-s} + \frac{1}{s}e^{-2s} + \cdots = \frac{1}{s}[1 + e^{-s} + e^{-2s} + \cdots] = \frac{1}{s}\frac{1}{1-e^{-s}}$

3. $\mathscr{L}(f(t)) = \frac{1}{1-e^{-s}}\int_0^1 t e^{-st} dt = \frac{1}{1-e^{-s}}\left[-\frac{t}{s}e^{-st} - \frac{1}{s^2}e^{-st}\right]\Big|_0^1$

$= \frac{1}{1-e^{-s}}\left(-\frac{1}{s}e^{-s} - \frac{1}{s^2}e^{-s} + \frac{1}{s^2}\right) = \frac{1 - se^{-s} - e^{-s}}{s^2(1-e^{-s})}$

4. 首先繪出 $f(t)$ 之圖形

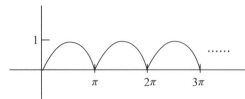

$f(t) = |\sin t|$ 為週期是 π 之
週期函數（如左圖）

$$\therefore \mathscr{L}(f(t)) = \frac{1}{1-e^{-\pi s}}\int_0^\pi \sin t\, e^{-st}\,dt = \frac{1}{1-e^{-\pi s}}\frac{e^{-st}}{s^2+1}(s\cdot\sin t - \cos t)\Big]_0^\pi = \frac{1+e^{-\pi s}}{(s^2+1)(1-e^{-\pi s})}$$

5. (1) $f(x) = g(t)(u(t) - u(t-a)) + h(t)u(t-a)$
$\qquad = g(t)u(t) + (h(t) - g(t)u(t-a))$
$\qquad = g(t) + (h(t) - g(t))u(t-a)$

$\quad$ (2) $f(t) = f_1(t)(u(t) - u(t-a_1)) + f_2(t)(u(t-a_1) - u(t-a_2)) + f_3(t)u((t-a_2))$
$\qquad = f_1(t)u(t) + (f_2(t) - f_1(t))u(t-a_1) + (f_3(t) - f_2(t))u(t-a_2)$

6. $\mathscr{L}(g(t)u(t-a)) = e^{-as}\mathscr{L}(g(t+a))$（定理 J(3)）

$\quad \therefore \mathscr{L}(tg(t)u(t-a)) = -\dfrac{d}{ds}(e^{-as}\mathscr{L}(g(t+a)))$

7. $\mathscr{L}(e^t u(t) - \sin t \cdot u(t)) = \mathscr{L}(e^t - \sin t) = \dfrac{1}{s+1} - \dfrac{1}{s^2+1}$

8. (1) $\mathscr{L}(u(t-c)) = \displaystyle\int_c^\infty e^{-st}\,dt = \dfrac{1}{s}e^{-cs}$

$\quad$ (2) $\mathscr{L}(f(t)u(t-a)) = \displaystyle\int_0^a 0 f(t)e^{-st}\,dt + \int_a^\infty f(t)e^{-st}\,dt \xlongequal{y=t-a} \int_0^\infty f(y+a)e^{-s(a+y)}\,dy$

$\qquad = e^{-as}\displaystyle\int_0^\infty f(y+a)e^{-sy}\,dy \quad$ 即 $\mathscr{L}(f(t)u(t-a)) = e^{-as}\mathscr{L}(f(t+a))$

練習 4.3C

1. 令 $f(t) = \displaystyle\int_t^\infty \frac{\cos u}{u}\,du$ 則 $f'(t) = -\dfrac{\cos t}{t}$，$tf'(t) = -\cos t$ $\quad \therefore \mathscr{L}(tf'(t)) = \mathscr{L}(-\cos t)$

$\quad \therefore \Rightarrow \dfrac{-d}{ds}(sF(s) - f(0)) = \dfrac{-s}{s^2+1}$，即 $\dfrac{d}{ds}(sF(s)) = \dfrac{s}{s^2+1}$

$\quad \Rightarrow sF(s) = \displaystyle\int \frac{s}{s^2+1}\,ds = \frac{1}{2}\ln(1+s^2) + c$，由終值定理，$\displaystyle\lim_{s\to 0} sF(s) = \lim_{t\to\infty} f(t) = 0$，

$\quad$ 即 $c = 0$ $\quad \therefore F(s) = \dfrac{1}{2s}\ln(1+s^2)$

2. (1) $\mathscr{L}\left(\dfrac{2}{\sqrt{\pi}}\displaystyle\int_0^{\sqrt{t}} e^{-u^2}\,du\right) = \dfrac{2}{\sqrt{\pi}}\mathscr{L}\left(\int_0^{\sqrt{t}} e^{-u^2}\,du\right) = \dfrac{2}{\sqrt{\pi}}\mathscr{L}\left(\int_0^{\sqrt{t}}\left(1 - u^2 + \frac{u^4}{2!} - \frac{u^6}{3!} + \cdots\right)du\right)$

$\quad = \dfrac{2}{\sqrt{\pi}}\mathscr{L}\left(t^{\frac{1}{2}} - \dfrac{t^{\frac{3}{2}}}{3} + \dfrac{t^{\frac{5}{2}}}{5\cdot 2!} - \dfrac{t^{\frac{7}{2}}}{7\cdot 3!} + \cdots\right) = \dfrac{2}{\sqrt{\pi}}\left(\dfrac{\Gamma\left(\frac{3}{2}\right)}{s^{3/2}} - \dfrac{\Gamma\left(\frac{5}{2}\right)}{3s^{5/2}} + \dfrac{\Gamma\left(\frac{7}{2}\right)}{5\cdot 2!\, s^{7/2}} - \dfrac{\Gamma\left(\frac{9}{2}\right)}{7\cdot 3!\, s^{9/2}} + \cdots\right)$

$$= \frac{1}{s^{\frac{3}{2}}} - \frac{1}{2}\left(\frac{1}{s^{5/2}}\right) + \frac{1 \cdot 3}{2 \cdot 4}\left(\frac{1}{s^{7/2}}\right) - \frac{1 \cdot 3 \cdot 5}{2 \cdot 4 \cdot 6}\left(\frac{1}{s^{9/2}}\right) + \cdots$$

$$= \frac{1}{s^{\frac{3}{2}}}\left(1 - \frac{1}{2}\frac{1}{3}\left(\frac{1}{s}\right) + \frac{1 \cdot 3}{2 \cdot 4}\left(\frac{1}{s}\right)^2 - \frac{1 \cdot 3 \cdot 5}{2 \cdot 4 \cdot 6}\left(\frac{1}{s}\right)^3 + \cdots\right)$$

$$= \frac{1}{s^{\frac{3}{2}}}\left(1 + \frac{1}{s}\right)^{-\frac{1}{2}} = \frac{1}{s\sqrt{s+1}}$$

(2) 由 (1) $\mathscr{L}(\mathrm{erf}\sqrt{t}) = \dfrac{1}{s\sqrt{s+1}}$

$\therefore \mathscr{L}\left(\int_0^t \mathrm{erf}\sqrt{t}\,du\right) = \dfrac{1}{s}\mathscr{L}(\mathrm{erf}\sqrt{t}) = \dfrac{1}{s^2\sqrt{s+1}}$

(3) $\mathscr{L}(\mathrm{erf}\sqrt{t}) = \dfrac{1}{s\sqrt{s+1}}$ $\quad \therefore \mathscr{L}(e^{bt}\,\mathrm{erf}\sqrt{t}) = \dfrac{1}{(s-b)\sqrt{s-b+1}}$

練習 4.4A

1. (1) $\mathscr{L}^{-1}\left(\dfrac{s}{s+2}\right) = \mathscr{L}^{-1}\left(\dfrac{s+2-2}{s+2}\right) = \mathscr{L}^{-1}\left(1 - \dfrac{2}{s+2}\right) = \mathscr{L}^{-1}(1) - 2\mathscr{L}^{-1}\left(\dfrac{1}{s+2}\right) = \delta(t) - 2e^{-2t}$

(2) $\mathscr{L}^{-1}\left(\dfrac{1-e^{-3s}}{s^2}\right) = \mathscr{L}^{-1}\left(\dfrac{1}{s^2}\right) - \mathscr{L}^{-1}\left(\dfrac{e^{-3s}}{s^2}\right) = t - (t-3)\,u\,(t-3)$

$\left(\because \mathscr{L}^{-1}\left(\dfrac{1}{s^2}\right) = t \quad \therefore \mathscr{L}^{-1}\left(\dfrac{e^{-3s}}{s^2}\right) = (t-3)u(t-3)\right)$

(3) $\mathscr{L}^{-1}\left(\dfrac{1+e^{-2s}}{s^2}\right) = \mathscr{L}^{-1}\left(\dfrac{1}{s^2}\right) + \mathscr{L}^{-1}\left(\dfrac{e^{-2s}}{s^2}\right) = t + (t-2)u\,(t-2)$

(4) $\mathscr{L}^{-1}\left(\dfrac{1}{s(s+a)(s+b)}\right) = \mathscr{L}^{-1}\left(\dfrac{1}{ab}\dfrac{1}{s} + \dfrac{1}{a(a-b)}\dfrac{1}{s+a} - \dfrac{1}{b(a-b)}\cdot\dfrac{1}{s+b}\right)$

$$= \frac{1}{ab}\mathscr{L}^{-1}\left(\frac{1}{s}\right) + \frac{1}{a(a-b)}\mathscr{L}^{-1}\left(\frac{1}{s+a}\right) - \frac{1}{b(a-b)}\mathscr{L}^{-1}\left(\frac{1}{s+b}\right)$$

$$= \frac{1}{ab} + \frac{1}{a(a-b)}e^{-at} - \frac{1}{b(a-b)}e^{-bt}$$

(5) $\mathscr{L}^{-1}\left(\dfrac{s+1}{s^2+2s+2}\right) = \mathscr{L}^{-1}\left(\dfrac{s+1}{(s+1)^2+1}\right) = e^{-t}\mathscr{L}^{-1}\left(\dfrac{s}{s^2+1}\right) = e^{-t}\cos t$

(6) $\mathscr{L}^{-1}\left(\dfrac{1}{s^2+a^2}\right) = \dfrac{1}{a}\sin at$

$\therefore \mathscr{L}^{-1}\left(\dfrac{1}{s(s^2+a^2)}\right) = \int_0^t \dfrac{1}{a}\sin au\,du = \dfrac{-1}{a^2}\cos au\Big]_0^t = \dfrac{1}{a^2}(1-\cos at)$

(7) $\mathscr{L}^{-1}\left(\dfrac{(s+b)\sin c + a\cos c}{(s+b)^2+a^2}\right) = e^{-bt}\mathscr{L}^{-1}\left(\dfrac{s\sin c + a\cos c}{s^2+a^2}\right)$

$= e^{-bt}\left[\sin c\,\mathscr{L}^{-1}\left(\dfrac{s}{s^2+a^2}\right) + \cos c\,\mathscr{L}^{-1}\left(\dfrac{a}{s^2+a^2}\right)\right] = e^{-bt}[\sin c\cos at + \cos c\sin at] = e^{-bt}\sin(at+c)$

(8) $\mathcal{L}^{-1}\left(\dfrac{s^2}{s^2+1}\right)=\mathcal{L}^{-1}\left(\dfrac{s^2+1-1}{s^2+1}\right)=\mathcal{L}^{-1}\left(1-\dfrac{1}{s^2+1}\right)=\delta(t)-\sin t$

(9) $\mathcal{L}^{-1}\left(\dfrac{e^{-(s+1)}}{s+1}\right)=e^{-t}\mathcal{L}^{-1}\left(\dfrac{e^{-s}}{s}\right)=e^{-t}u(t-1)$

(10) $\mathcal{L}^{-1}\left(e^{-2s}\right)=\delta\,(t-2)$

練習 4.4B

1. (1) $\mathcal{L}^{-1}\left(\dfrac{s^2}{(s^2+a^2)^2}\right)=\mathcal{L}^{-1}\left(\dfrac{s}{s^2+a^2}\cdot\dfrac{s}{s^2+a^2}\right)=\cos at * \cos at=\int_0^t \cos a\tau \cos a\,(t-\tau)\,d\tau$

$\qquad =\dfrac{1}{2}\int_0^t (\cos at+\cos(2a\tau-at))\,d\tau=\dfrac{1}{2}\left(t\cos at+\dfrac{1}{a}\sin at\right)$

(2) $\mathcal{L}^{-1}\left(\dfrac{1}{\sqrt{s}\cdot(s-1)}\right)=\mathcal{L}^{-1}\left(\dfrac{1}{\sqrt{s}}\cdot\dfrac{1}{(s-1)}\right)=\dfrac{1}{\sqrt{s}} * \dfrac{1}{(s-1)}$ ①

$\quad \mathcal{L}^{-1}\left(\dfrac{1}{\sqrt{s}}\right)=\dfrac{1}{\sqrt{\pi}}\dfrac{1}{\sqrt{t}}$, $\mathcal{L}^{-1}\left(\dfrac{1}{s-1}\right)=e^t$

$\quad \therefore ① = \int_0^t \dfrac{1}{\sqrt{\pi}\sqrt{\tau}}e^{(t-\tau)}\,d\tau=\dfrac{1}{\sqrt{\pi}}e^t\int_0^t \dfrac{1}{\sqrt{\tau}}e^{-\tau}\,d\tau$

$\qquad =\dfrac{1}{\sqrt{\pi}}e^t\int_0^t \dfrac{1}{\sqrt{\tau}}e^{-\tau}\,d\tau\xrightarrow{\sqrt{\tau}=y}\dfrac{1}{\sqrt{\pi}}e^t\int_0^{\sqrt{t}}\dfrac{1}{y}e^{-y^2}\cdot 2y\,dy=\dfrac{2}{\sqrt{\pi}}e^t\int_0^{\sqrt{t}}e^{-y^2}\,dy$

(3) $\mathcal{L}^{-1}\left(\dfrac{s}{(s^2-a^2)^2}\right)=\mathcal{L}^{-1}\left(\dfrac{1}{s^2-a^2}\cdot\dfrac{s}{s^2-a^2}\right)=\sinh at * \cosh at=\int_0^t \sinh a\tau\cdot\cosh a\,(t-\tau)\,d\tau$

$\qquad =\int_0^t \dfrac{e^{a\tau}-e^{-a\tau}}{2}\cdot\dfrac{e^{a(t-\tau)}-e^{-a(t-\tau)}}{2}\,d\tau$

$\qquad =\dfrac{1}{4}\int_0^t (a^{at}+a^{-at+2a\tau}-a^{-at-2a\tau}-a^{-at})\,d\tau$

$\qquad =\dfrac{t}{4}(a^{at}-a^{-at})+\dfrac{1}{4}\int_0^t (a^{-at+2a\tau}-a^{-at-2a\tau})\,d\tau$

$\qquad =\dfrac{t}{2}\sinh at+\dfrac{1}{4}\left(e^{-at}\cdot\dfrac{1}{2a}2^{2a\tau}\Big|_0^t+\dfrac{1}{4}\dfrac{1}{2a}e^{at}e^{2a\tau}\Big|_0^t\right)$

$\qquad =\dfrac{t}{2}\sinh at+\dfrac{1}{8a}(a^{at}-a^{-at})+\dfrac{1}{8a}(a^{-at}-a^{at})=\dfrac{t}{2}\sinh at$

(4) $\mathcal{L}^{-1}\left(\dfrac{s}{(s^2+1)(s^2+4)}\right)=\mathcal{L}^{-1}\left(\dfrac{1}{s^2+1}\cdot\dfrac{s}{s^2+4}\right)$

$\qquad =\sin t * \cos 2t=\int_0^t \sin\,(t-\tau)\cos 2\tau\,d\tau$

$\qquad =\dfrac{1}{2}\int_0^t \sin\,(t+\tau)+\sin\,(t-3\tau)\,d\tau$

$\qquad =\dfrac{1}{2}\left[-\cos(t+\tau)\big]_0^t+\dfrac{1}{3}\cos\,(t-3\tau)\big]_0^t\right]$

$$= \frac{1}{2}\left[-\cos 2t + \cos t + \frac{1}{3}\cos 2t - \frac{1}{3}\cos t \right]$$

$$= \frac{1}{3}(\cos t - \cos 2t)$$

2. $f * g = \int_0^t f(\tau)g(t-\tau)\,d\tau \xrightarrow{x=t-\tau} \int_t^0 f(t-x)g(x)(-dx) = \int_0^t g(x)f(t-x)\,dx = g * f$

3. 取 $g(t) = 1$ 則 $\int_0^t f(t)dt = \int_0^t f(t)g(t)dt$

$\therefore \mathcal{L}\left(\int_0^t f(t)dt\right) = \mathcal{L}\left(\int_0^t f(t)g(t)dt\right) = \mathcal{L}(f(t) * g(t)) = \mathcal{L}(f(t))\,\mathcal{L}(g(t)) = F(s) \cdot \dfrac{1}{s} = \dfrac{F(s)}{s}$

4. $f * (g+h) = \int_0^t f(\tau)(g+h)(t-\tau)d\tau = \int_0^t (f(\tau)g(t-\tau) + f(\tau)h(t-\tau))d\tau = f*g + f*h$

5. $e^{at}(f*g) = e^{at}\int_0^t f(\tau)g(t-\tau)d\tau = \int_0^t e^{ax}f(x)e^{a(t-x)}g(t-x)d\tau = e^{at}f(t) * e^{at}g(t)$

練習 4.5A

1. $\mathcal{L}(y'' + 2y' + y) = \mathcal{L}(e^{-2t})$

$\mathcal{L}(y'') + 2\mathcal{L}(y') + \mathcal{L}(y) = \dfrac{1}{s+2} \Rightarrow [s^2\mathcal{L}(y) - sy(0) - y'(0)] + 2[s\mathcal{L}(y) - y(0)] + \mathcal{L}(y)$

$$= (s^2\mathcal{L}(y) + s - 1) + 2(s\mathcal{L}(y) + 1) + \mathcal{L}(y) = (s^2 + 2s + 1)\mathcal{L}(y) + s + 1$$

$$= \frac{1}{s+2}$$

$\mathcal{L}(y) = \dfrac{1}{(s+1)^2(s+2)} - \dfrac{1}{s+1}$

$\therefore y = \mathcal{L}^{-1}\left(\dfrac{1}{(s+1)^2(s+2)}\right) - \mathcal{L}^{-1}\left(\dfrac{1}{s+1}\right) = \mathcal{L}^{-1}\left(-\dfrac{1}{s+1} + \dfrac{1}{(s+1)^2} + \dfrac{1}{s+2}\right) - e^{-t}$

$= -e^{-t} + te^{-t} + e^{-2t} - e^{-t} = (-2+t)e^{-t} + e^{-2t}$

2. $\mathcal{L}(y'' + 4y' + 3y) = (s^2\mathcal{L}(y) - sy(0) - y'(0)) + 4(s\mathcal{L}(y) - y(0)) + 3\mathcal{L}(y)$

$$= (s^2\mathcal{L}(y) - 2) + 4s\mathcal{L}(y) + 3\mathcal{L}(y) = (s^2 + 4s + 3)\mathcal{L}(y) - 2 = \mathcal{L}(e^t) = \frac{1}{s-1}$$

$(s^2 + 4s + 3)\mathcal{L}(y) = \dfrac{1}{s-1} + 2 = \dfrac{2s-1}{s-1}$

$\mathcal{L}(y) = \dfrac{2s-1}{(s+1)(s+3)(s-1)}$

$\therefore y = \mathcal{L}^{-1}\left(\dfrac{2s-1}{(s+1)(s+3)(s-1)}\right) = \mathcal{L}^{-1}\left(\dfrac{\frac{3}{4}}{s+1} + \dfrac{\frac{-7}{8}}{s+3} + \dfrac{\frac{1}{8}}{s-1}\right) = \dfrac{3}{4}e^{-t} - \dfrac{7}{8}e^{-3t} + \dfrac{1}{8}e^t$

3. $\mathcal{L}(y'' + y) = (s^2\mathcal{L}(y) - sy(0) - y'(0)) + \mathcal{L}(y) = s^2\mathcal{L}(y) - 2 + \mathcal{L}(y) = (s^2 + 1)\mathcal{L}(y) - 2$

$$= \mathcal{L}(t) = \frac{1}{s^2}$$

$\therefore \mathcal{L}(y) = \dfrac{1+2s^2}{s^2(1+s^2)} = \dfrac{1}{s^2} + \dfrac{1}{1+s^2} \Rightarrow y = \mathcal{L}^{-1}\left(\dfrac{1}{s^2} + \dfrac{1}{1+s^2}\right) = t + \sin t$

4. $\mathcal{L}(y'' - 2y' - 3y) = (s^2\mathcal{L}(y) - sy(0) - y'(0)) - 2(s\mathcal{L}(y) - y(0)) - 3\mathcal{L}(y)$

$$= (s^2\mathcal{L}(y) - s - 6) - 2(s\mathcal{L}(y) - 1) - 3\mathcal{L}(y) = (s^2 - 2s - 3)\mathcal{L}(y) - s - 4 = 0$$

$$\therefore \mathscr{L}(y) = \frac{s+4}{(s-3)(s+1)}$$

$$y = \mathscr{L}^{-1}\left(\frac{s+4}{(s-3)(s+1)}\right) = \mathscr{L}^{-1}\left(\frac{\frac{7}{4}}{s-3} + \frac{-\frac{3}{4}}{s+1}\right) = \frac{7}{4}e^{3t} - \frac{3}{4}e^{-t}$$

練習 4.5B

1. 原方程式相當於 $y(t) * \cos t = y'(t)$

$$\therefore \mathscr{L}(y(t)) \cdot \frac{s}{1+s^2} = s\mathscr{L}(y(t)) - 1 \; ; \; \left(\frac{s}{1+s^2} - s\right)\mathscr{L}(y(t)) = -1 \Rightarrow \mathscr{L}(y(t)) = \frac{1}{s^3} + \frac{1}{s}$$

$$\therefore y(t) = \mathscr{L}^{-1}\left(\frac{1}{s^3} + \frac{1}{s}\right) = \frac{t^2}{2} + 1$$

2. 原方程式相當於 $1 - 2\sin t = y(t) + e^{2t} * y(t)$

$$\mathscr{L}(1 - 2\sin t) = \mathscr{L}(y(t)) + \mathscr{L}(e^{2t})\mathscr{L}(y(t)) = \mathscr{L}(y(t)) + \frac{1}{s-2}\mathscr{L}(y(t))$$

$$\frac{1}{s} - \frac{2}{1+s^2} = \mathscr{L}(y(t)) + \frac{1}{s-2}\mathscr{L}(y(t))$$

$$\therefore \frac{s-1}{s-2}\mathscr{L}(y(t)) = \frac{1}{s} - \frac{2}{1+s^2} = \frac{(s-1)^2}{s(1+s^2)}$$

$$即 \mathscr{L}(y(t)) = \frac{(s-1)(s-2)}{s(1+s^2)} = \frac{2}{s} - \frac{s}{s^2+1} - \frac{3}{s^2+1}$$

$$\therefore y(t) = 2 - \cos t - 3\sin t$$

3. 原方程式相當於 $J_0(t) * y(t) = \sin t$

$$\mathscr{L}(J_0(t) * y(t)) = \mathscr{L}(\sin t)$$

$$\Rightarrow \mathscr{L}(J_0(t))\mathscr{L}(y(t)) = \frac{1}{1+s^2} \, , \; 即 \frac{1}{\sqrt{1+s^2}}\mathscr{L}(y(t)) = \frac{1}{1+s^2}$$

$$\therefore \mathscr{L}(y(t)) = \frac{1}{\sqrt{1+s^2}} \, , \; 得 y(t) = J_0(t)$$

練習 5.1A

1. $f(x)$ 為偶函數，$L = 3$

$$a_0 = \frac{1}{L}\int_{-L}^{L} f(x)dx = \frac{1}{3}\int_{-3}^{3}(1 - |x|)dx = \frac{2}{3}\int_{0}^{3}(1 - x)dx = \frac{2}{3}\left(x - \frac{x^2}{2}\right)\Big|_0^3 = -1$$

$$a_n = \frac{1}{L}\int_{-L}^{L} f(x)\cos\frac{n\pi x}{L}dx = \frac{1}{3}\int_{-3}^{3}(1 - |x|)\cos\frac{n\pi x}{3}dx = \frac{2}{3}\int_{0}^{3}(1 - x)\cos\frac{n\pi x}{3}dx$$

$$= \frac{2}{3}\left((1 - x)\frac{3}{n\pi}\sin\frac{n\pi x}{3} - \frac{9}{(n\pi)^2}\cos\frac{n\pi x}{3}\right)\Big|_0^3$$

$$= \frac{-6}{(n\pi)^2}\cos n\pi + \frac{6}{(n\pi)^2}$$

$$= \begin{cases} \dfrac{12}{(n\pi)^2} \cdots\cdots n \text{ 為奇數} \\ 0 \cdots\cdots n \text{ 為偶數} \end{cases}$$

$$\therefore f(x) = \frac{a_0}{2} + \sum_{n=1}^{\infty} a_n \cos\frac{n\pi x}{L} = -\frac{1}{2} + \frac{12}{\pi^2}\left(\sum_{n=0}^{\infty}\frac{1}{n^2}\cos\left(\frac{n\pi x}{3}\right)\right)$$

$$= -\frac{1}{2} + \frac{12}{\pi^2}\left(\cos\left(\frac{\pi x}{3}\right) + \frac{1}{9}\cos\left(\frac{3\pi x}{3}\right) + \frac{1}{25}\cos\left(\frac{5\pi x}{3}\right) + \cdots\right)$$

2. $f(x)$ 為偶函數，$L=1$

$$a_0 = \frac{1}{L}\int_{-L}^{L} f(x)dx = \int_{-1}^{1}(1-x^2)dx = 2\int_{0}^{1}(1-x^2)dx = \frac{4}{3}$$

$$a_n = \frac{1}{L}\int_{-L}^{L} f(x)\cos\frac{n\pi x}{L}dx = \int_{-L}^{L}(1-x^2)\cos n\pi x dx = 2\int_{0}^{1}(1-x^2)\cos n\pi x dx$$

$$= 2\left[\frac{1-x^2}{n\pi}\sin n\pi x - \frac{2x}{(n\pi)^2}\cos n\pi x + \frac{2}{(n\pi)^3}\sin n\pi x\right]_{0}^{1} = -\frac{4}{(n\pi)^2}\cos n\pi$$

$$= \begin{cases} -\dfrac{4}{(n\pi)^2}, & n \text{ 為偶數} \\ \dfrac{4}{(n\pi)^2}, & n \text{ 為奇數} \end{cases}$$

$$\therefore f(x) = \frac{a_0}{2} + \sum_{n=1}^{\infty} a_n \cos\frac{n\pi x}{L}$$

$$= \frac{2}{3} + \frac{4}{\pi^2}\left(\cos\pi x - \frac{1}{4}\cos 2\pi x + \frac{1}{9}\cos 3\pi x + \cdots\cdots\right)$$

3. $L=\pi$

$$a_0 = \frac{1}{\pi}\int_{-\pi}^{\pi} f(x)dx = \frac{1}{\pi}\int_{0}^{\pi}\pi dx = \pi$$

$$a_n = \frac{1}{\pi}\int_{-L}^{L} f(x)\cos\frac{n\pi x}{L}dx = \frac{1}{\pi}\int_{0}^{\pi}\pi\cos nx dx = \frac{1}{n}\sin nx\Big]_{0}^{\pi} = 0$$

$$b_n = \frac{1}{\pi}\int_{-L}^{L} f(x)\sin\frac{n\pi x}{L}dx = \frac{1}{\pi}\int_{0}^{\pi}\pi\sin nx dx = -\frac{1}{n}\cos nx\Big]_{0}^{\pi} = -\frac{1}{n}(\cos n\pi - 1)$$

$$= \begin{cases} 0 & n \text{ 為偶數} \\ \dfrac{2}{n} & n \text{ 為奇數} \end{cases}$$

$$\therefore f(x) = \frac{a_0}{2} + \sum_{n=1}^{\infty} a_n\cos\left(\frac{n\pi x}{L}\right) + \sum_{n=0}^{\infty} b_n\sin\left(\frac{n\pi x}{L}\right) = \frac{\pi}{2} + \sum_{n=1}^{\infty}\frac{2}{n}\sin nx$$

$$= \frac{\pi}{2} + 2\left(\sin x + \frac{1}{3}\sin 3x + \frac{1}{5}\sin 5x + \cdots\right)$$

4. $f(x)$ 為偶函數，$L=\pi$

$$a_0 = \frac{1}{L}\int_{-L}^{L} f(x)dx = \frac{1}{\pi}\int_{-\pi}^{\pi}|\sin x|dx = \frac{2}{\pi}\int_{0}^{\pi}\sin x dx = -\frac{2}{\pi}\cos x\Big]_{0}^{\pi} = \frac{4}{\pi}$$

$$a_n = \frac{1}{L} \int_{-L}^{L} f(x) \cos \frac{n\pi x}{L} dx = \frac{1}{\pi} \int_{-\pi}^{\pi} |\sin x| \cos nx \, dx = \frac{2}{\pi} \int_{0}^{\pi} \sin x \cos nx \, dx$$

$$= \frac{1}{\pi} \int_{0}^{\pi} \sin(n+1)x + \sin(1-n)x \, dx = \frac{1}{\pi} \int_{0}^{\pi} [\sin(n+1)x - \sin(n-1)x] dx$$

$$= \frac{1}{\pi} \left[-\frac{1}{n+1} \cos(n+1)x + \frac{1}{n-1} \cos(n-1)x \right]_{0}^{\pi}$$

$$= \frac{1}{\pi} \left[-\frac{1}{n+1} \cos(n+1)\pi + \frac{1}{n-1} \cos(n-1)\pi + \frac{1}{n+1} - \frac{1}{n-1} \right]$$

$$= \begin{cases} 0 & n \text{ 為奇數} \\ \frac{1}{\pi}\left(\frac{2}{n+1} - \frac{2}{n-1}\right) = \frac{-4}{\pi(n+1)(n-1)}, & n \text{ 為偶數} \end{cases}$$

$$\therefore f(x) = \frac{a_0}{2} + \sum_{n=1}^{\infty} a_n \cos \frac{n\pi x}{L} = \frac{2}{3} + \sum_{n=1}^{\infty} a_n \cos nx$$

$$= \frac{2}{\pi} - \frac{4}{\pi}\left(\frac{1}{3 \times 1} \cos 2x + \frac{1}{5 \times 3} \cos 4x + \frac{1}{7 \times 5} \cos 6x + \cdots\right)$$

5. $L = \pi$

$$a_0 = \frac{1}{L} \int_{-L}^{L} f(x) dx = \frac{1}{\pi} \int_{\frac{\pi}{2}}^{\frac{\pi}{2}} dx = 1$$

$$a_n = \frac{1}{L} \int_{-L}^{L} f(x) \cos \frac{n\pi x}{L} dx = \frac{1}{\pi} \int_{-\frac{\pi}{2}}^{\frac{\pi}{2}} 1 \cos nx \, dx = \frac{2}{\pi} \int_{0}^{\frac{\pi}{2}} \cos nx \, dx = \frac{2}{\pi n} \sin nx \Big|_{0}^{\frac{\pi}{2}}$$

$$= \frac{2}{n\pi} \sin \frac{n\pi}{2}$$

$$= \begin{cases} \frac{2}{n\pi}, & n = 1, 5, 9, \cdots \\ -\frac{2}{n\pi}, & n = 3, 7, 11, \cdots \\ 0, & n = \text{偶數} \end{cases}$$

$$b_n = \frac{1}{L} \int_{-L}^{L} f(x) \sin \frac{n\pi x}{L} dx = \frac{1}{\pi} \int_{\frac{\pi}{2}}^{\frac{\pi}{2}} \sin nx \, dx = 0$$

$$\therefore f(x) = \frac{a_0}{2} + \sum_{n=1}^{\infty} a_n \cos \frac{n\pi x}{L} = \frac{1}{2} + \frac{2}{\pi}\left(\cos x - \frac{1}{3} \cos 3x + \frac{1}{5} \cos 5x \cdots \cdots\right)$$

6. (1) $L = \pi$，$f(x)$ 為偶函數

$$a_0 = \frac{1}{L} \int_{-L}^{L} f(x) dx = \frac{1}{\pi} \int_{-\pi}^{\pi} |x| \, dx = \frac{2}{\pi} \int_{0}^{\pi} x \, dx = \pi$$

$$a_n = \frac{1}{L} \int_{-L}^{L} f(x) \cos \frac{n\pi x}{L} dx = \frac{1}{\pi} \int_{-\pi}^{\pi} |x| \cos nx \, dx = \frac{2}{\pi} \int_{0}^{\pi} x \cos nx \, dx = \frac{2}{\pi}\left(\frac{x}{n} \sin nx + \frac{1}{n^2} \cos nx\right)\Big|_{0}^{\pi}$$

$$= \frac{2}{n^2 \pi}(\cos n\pi - 1)$$

$$= \begin{cases} \dfrac{-4}{n^2\pi} & , n \text{ 爲奇數} \\ 0 & , n \text{ 爲偶數} \end{cases}$$

$$\therefore f(x) = \frac{a_0}{2} + \sum_{n=1}^{\infty} a_n \cos\frac{n\pi x}{L} = \frac{\pi}{2} - \frac{4}{\pi}\left(\cos x + \frac{1}{9}\cos 3x + \frac{1}{25}\cos 5x + \cdots\right)$$

(2) 取 $x=0$，則 $0 = \dfrac{\pi}{2} - \dfrac{4}{\pi}\left(1 + \dfrac{1}{3^2} + \dfrac{1}{5^2} + \dfrac{1}{7^2} + \cdots\right)$ $\therefore 1 + \dfrac{1}{3^2} + \dfrac{1}{5^2} + \cdots = \dfrac{\pi^2}{8}$

7. (1) $L=1$

$$a_0 = \frac{1}{L}\int_{-L}^{L} f(x)dx = \int_0^1 x\,dx = \frac{1}{2}$$

$$a_n = \frac{1}{L}\int_{-L}^{L} f(x)\cos\frac{n\pi x}{L}dx = \int_0^1 x\cos n\pi x\,dx = \frac{x}{n\pi}\sin n\pi x + \frac{1}{(n\pi)^2}\cos n\pi x \Big]_0^1 = \frac{1}{n^2\pi^2}(\cos n\pi - 1)$$

$$= \begin{cases} \dfrac{-2}{n^2\pi^2} & , n \text{ 爲奇數} \\ 0 & , n \text{ 爲偶數} \end{cases}$$

$$b_n = \frac{1}{L}\int_{-L}^{L} f(x)\sin\frac{n\pi x}{L}dx = \int_0^1 x\sin n\pi x\,dx = -\frac{x}{n\pi}\cos n\pi x + \frac{1}{(n\pi)^2}\sin n\pi x \Big]_0^1$$

$$= \frac{1}{n\pi}(-\cos n\pi)$$

$$= \begin{cases} \dfrac{1}{n\pi} & , n \text{ 爲奇數} \\ -\dfrac{1}{n\pi} & , n \text{ 爲偶數} \end{cases}$$

$$\therefore f(x) = \frac{a_0}{2} + \sum_{n=1}^{\infty} a_n\cos\frac{n\pi x}{L} + \sum_{n=1}^{\infty} b_n\sin\frac{n\pi x}{L}$$

$$= \frac{1}{4} - \frac{2}{\pi^2}\left(\cos\pi x + \frac{1}{9}\cos 3\pi x + \frac{1}{25}\cos 5\pi x + \cdots\right)$$

$$+ \frac{1}{\pi}\left(\sin\pi x - \frac{1}{2}\sin 2\pi x + \frac{1}{3}\sin 3\pi x \cdots\right)$$

(2) 取 $x=0$

$$0 = \frac{1}{4} - \frac{2}{\pi^2}\left(1 + \frac{1}{9} + \frac{1}{25} + \cdots\right)$$

$$\therefore 1 + \frac{1}{9} + \frac{1}{25} + \cdots = \frac{\pi^2}{8}$$

8. (1) $L=\pi$

$$a_0 = \frac{1}{L}\int_{-L}^{L} f(x)dx = \frac{1}{\pi}\int_0^\pi \sin x\,dx = -\frac{1}{\pi}\cos x \Big]_0^\pi = \frac{2}{\pi}$$

$$a_n = \frac{1}{L}\int_{-L}^{L} f(x)\cos\frac{n\pi x}{L}dx = \frac{1}{\pi}\int_0^\pi \sin x\cos nx\,dx = \frac{1}{\pi}\frac{1}{2}\int_0^\pi(\sin(n+1)x - \sin(n-1)x)dx$$

（參見第 4 題）

$$= \begin{cases} 0 & \text{, } n \text{ 為奇數} \\ \dfrac{1}{\pi}\left(\dfrac{1}{n+1}-\dfrac{1}{n-1}\right)=\dfrac{-2}{\pi(n+1)(n-1)} & \text{, } n \text{ 為偶數} \end{cases}$$

$$b_n = \frac{1}{L}\int_{-L}^{L} f(x)\sin\frac{n\pi x}{L}dx = \frac{1}{\pi}\int_0^{\pi}\sin x \sin nx\, dx = \frac{1}{\pi 2}\int_0^{\pi}[\cos(n-1)x - \cos(n+1)x)]dx$$

$$= \frac{1}{2\pi}\left[\frac{\sin(n-1)x}{n-1} - \frac{\sin(n+1)x}{n+1}\right]\Big|_0^{\pi} = 0, \, n \ne 1$$

$$b_1 = \frac{1}{\pi}\int_0^{\pi}\sin^2 x\, dx = \frac{1}{\pi}\left[\frac{x}{2} - \frac{\sin 2x}{4}\right]\Big|_0^{\pi} = \frac{1}{2}$$

$$\therefore f(x) = \frac{a_0}{2} + \sum_{n=1}^{\infty} a_n\cos\frac{n\pi x}{L} + \sum_{n=1}^{\infty} b_n\sin\frac{n\pi x}{L} = \frac{1}{\pi} - \frac{2}{\pi}\left(\frac{\cos 2x}{1\times 3} + \frac{\cos 4x}{3\times 5} + \frac{\cos 6x}{5\times 7} + \cdots\right) + \frac{1}{2}\sin x$$

(2) 取 $x = 0$

$$\frac{1}{\pi} - \frac{2}{\pi}\left(\frac{1}{1\times 3} + \frac{1}{3\times 5} + \frac{1}{5\times 7} + \cdots\right) = 0 \quad \therefore \frac{1}{1\times 3} + \frac{1}{3\times 5} + \frac{1}{5\times 7} + \cdots = \frac{1}{2}$$

(3) 取 $x = \pi/2$

$$\frac{1}{\pi} - \frac{2}{\pi}\left(\frac{-1}{1\times 3} + \frac{1}{3\times 5} - \frac{1}{5\times 7} + \frac{1}{7\times 9} + \cdots\right) + \frac{1}{2} = 1$$

$$\therefore \frac{1}{1\times 3} - \frac{1}{3\times 5} + \frac{1}{5\times 7} - \frac{1}{7\times 9} + \cdots = \frac{\pi}{4} - \frac{1}{2}$$

練習 5.1B

1. $L = 1$

$$b_n = \frac{2}{L}\int_0^L f(x)\sin\frac{n\pi x}{L}dx = 2\int_0^1 \sin n\pi x\, dx = \frac{-2}{n\pi}\cos n\pi x\Big|_0^1$$

$$= \begin{cases} \dfrac{4}{n\pi} & \text{, } n \text{ 為奇數} \\ 0 & \text{, } n \text{ 為偶數} \end{cases}$$

$$\therefore f(x) = \frac{4}{\pi}\left(\sin \pi x + \frac{1}{3}\sin 3\pi x + \frac{1}{5}\sin 5\pi x + \cdots\right)$$

2. $L = 1$

$$b_n = \frac{2}{L}\int_0^L f(x)\sin\frac{n\pi x}{L}dx = 2\int_0^1 (x - x^2)\sin n\pi x\, dx = 2\left[\frac{x-x^2}{-n\pi}\cos n\pi x + \frac{1-2x}{(n\pi)^2}\sin n\pi x - \frac{2}{(n\pi)^3}\cos n\pi x\right]$$

$$= 2\left[\frac{-2}{(n\pi)^3}\cos n\pi + \frac{2}{(n\pi)^3}\right] = \frac{4}{(n\pi)^3}(1 - \cos n\pi)$$

$$= \begin{cases} \dfrac{8}{(n\pi)^3} & \text{, } n \text{ 為奇數} \\ 0 & \text{, } n \text{ 為偶數} \end{cases}$$

$$\therefore f(x) = \frac{8}{\pi^3}\left(\sin \pi x + \frac{1}{3^3}\sin 3\pi x + \frac{1}{5^3}\sin 5\pi x + \cdots\right)$$

3. $a_n = 0$，$L = 2$

$$b_n = \frac{2}{2}\int_0^L x \sin\frac{n\pi x}{2}dx = \frac{-2x}{n\pi}\cos\frac{n\pi x}{2} + \frac{4}{n^2\pi^2}\sin\frac{n\pi x}{2}\Big|_0^2 = \frac{-4}{n\pi}\cos n\pi，n = 1, 2, \cdots$$

$$\therefore f(x) = \sum_{n=1}^{\infty}\frac{-4}{n\pi}\cos n\pi \sin\frac{n\pi x}{2} = \frac{4}{\pi}\left(\sin\frac{\pi x}{2} - \frac{1}{2}\sin\frac{2\pi x}{2} + \frac{1}{3}\sin\frac{3\pi x}{2} - \cdots\right)$$

練習 5.2A

1. $f(t) = \int_0^{\infty}(A(\omega)\cos\omega t + B(\omega)\sin\omega t)dt$

$$A(\omega) = \frac{1}{\pi}\int_{-\infty}^{\infty}f(t)\cos\omega t\,dt = \frac{1}{\pi}\int_0^{\infty}e^{-t}\sin 2t\cos\omega t\,dt = \frac{1}{\pi}\int_0^{\infty}e^{-t}\left(\frac{\sin(2t+\omega t)+\sin(2t-\omega t)}{2}\right)dt$$

$$= \frac{1}{2\pi}\left(\frac{2+\omega}{(2+\omega)^2+s^2} + \frac{2-\omega}{(2-\omega)^2+s^2}\right)\Big|_{s=1} = \frac{1}{2\pi}\left(\frac{2+\omega}{(2+\omega)^2+1} + \frac{2-\omega}{(2-\omega)^2+1}\right) = \frac{2}{\pi}\left(\frac{5-\omega^2}{25-6\omega^2+\omega^4}\right)$$

$$B(\omega) = \frac{1}{\pi}\int_{-\infty}^{\infty}f(t)\sin\omega t\,dt = \frac{1}{\pi}\int_0^{\infty}e^{-t}\sin 2t\sin\omega t\,dt = \frac{1}{2\pi}\int_0^{\infty}e^{-t}(-\cos(2+\omega)t+\cos(2-\omega)t)dt$$

$$= \frac{1}{2\pi}\left(\frac{-s}{(2+\omega)^2+s^2} + \frac{s}{(2-\omega)^2+s^2}\right)\Big|_{s=1} = \frac{1}{2\pi}\left(\frac{-1}{(2+\omega)^2+1} + \frac{1}{(2-\omega)^2+1}\right) = \frac{2}{\pi}\left(\frac{2\omega}{25-6\omega^2+\omega^4}\right)$$

$$\therefore f(t) = \frac{2}{\pi}\int_0^{\infty}\frac{(5-\omega^2)\cos\omega t + 2\omega\sin\omega t}{25-6\omega^2+\omega^4}d\omega$$

2. (1)$f(t)$ 為奇函數　$\therefore f(t) = \int_0^{\infty}B(\omega)\sin\omega t\,dt$

$$B(\omega) = \frac{2}{\pi}\int_0^{\infty}\sin t\sin\omega t\,dt = \frac{2}{\pi}\int_0^{\infty}\left(\frac{-\cos(1+\omega)t+\cos(1-\omega)t}{2}\right)dt = \frac{1}{\pi}\left(-\frac{\sin(1+\omega)t}{1+\omega} + \frac{\sin(1-\omega)t}{1-\omega}\right)\Big|_0^{\pi}$$

$$= \frac{1}{\pi}\left(-\frac{\sin t\cos\omega t+\cos t\sin\omega t}{1+\omega} + \frac{\sin t\cos\omega t-\cos t\sin\omega t}{1-\omega}\right)\Big|_0^{\pi} = \frac{1}{\pi}\left(\frac{\sin\omega\pi}{1+\omega} + \frac{\sin\omega\pi}{1-\omega}\right) = \frac{2}{\pi}\frac{\sin\omega\pi}{1-\omega^2}$$

得 $f(t) = \int_0^{\infty}\frac{2\sin\omega\pi\sin\omega t}{\pi(1-\omega^2)}d\omega$

(2)$\int_0^{\infty}\frac{\sin\omega\pi\sin\omega t}{1-\omega^2}d\omega = \begin{cases}\frac{\pi}{2}\sin t & , |t| \leq \pi \\ 0 & , |t| > \pi\end{cases}$

3. $A(w) = \frac{1}{\pi}\int_0^{\infty}e^{-\beta t}\cos wt\,dt = \frac{1}{\pi}\frac{\beta}{\beta^2+w^2}$

$B(w) = \frac{1}{\pi}\int_0^{\infty}e^{-\beta t}\sin wt\,dt = \frac{1}{\pi}\frac{s}{\beta^2+w^2}$

$\therefore f(t) = \int_0^{\infty}A(w)\cos wt + B(w)\sin wt\,dw = \frac{1}{\pi}\int_0^{\infty}\frac{\beta\cos\omega t+\omega\sin\omega t}{\beta^2+\omega^2}d\omega$

$(1)\, t < 0$ 時：$\dfrac{1}{\pi}\displaystyle\int_0^\infty \dfrac{\beta \cos \omega t + \omega \sin \omega t}{\beta^2 + \omega^2}\, d\omega = 0$

$(2)\, t = 0$ 時：$f(t) = \dfrac{1}{\pi}\displaystyle\int_0^\infty \dfrac{\beta \cos \omega t + \omega \sin \omega t}{\beta^2 + \omega^2}\, d\omega = \dfrac{1}{2}(f(0^+) + f(0^-)) = \dfrac{1}{2} + 0 = \dfrac{1}{2}$

$(3)\, t > 0$ 時：$\dfrac{1}{\pi}\displaystyle\int_0^\infty \dfrac{\beta \cos \omega t + \omega \sin \omega t}{\beta^2 + \omega^2}\, d\omega = e^{-\beta t}$

$\therefore \displaystyle\int_0^\infty \dfrac{\beta \cos \omega t + \omega \sin \omega t}{\beta^2 + \omega^2}\, d\omega = \begin{cases} 0 & ,\ t < 0 \\[2mm] \dfrac{\pi}{2} & ,\ t = 0 \\[2mm] \pi e^{-\beta t} & ,\ t > 0 \end{cases}$

練習 5.2B

1. $F_c(w) = \displaystyle\int_0^\infty f(x)\cos \omega t\, dt = \int_0^1 (-\cos \omega t)\, dt + \int_1^2 \cos \omega t\, dt = -\dfrac{2}{\omega}\sin \omega + \dfrac{1}{\omega}\sin 2\omega$

2. $F_c(w) = \displaystyle\int_0^\infty f(t)\cos \omega t\, dt = \int_0^\infty e^{-at}\cos \omega t\, dt = \dfrac{a}{\omega^2 + a^2}$

3. $\mathcal{F}(f(t)) = \displaystyle\int_{-\infty}^\infty f(t)\, e^{-i\omega t}\, dt = \int_0^b A e^{-i\omega t}\, dt = \dfrac{A}{-i\omega}\, e^{-i\omega t}\Big]_0^b = \dfrac{A}{i\omega}(1 - e^{-i\omega b})$

4. $(1)\, \mathcal{F}(\alpha f(t) \pm \beta g(t)) = \displaystyle\int_{-\infty}^\infty (\alpha f(t) \pm \beta g(t))\, e^{-i\omega t}\, dt = \alpha \int_{-\infty}^\infty f(t)\, e^{-i\omega t}\, dt + \beta \int_{-\infty}^\infty g(t)\, e^{-i\omega t}\, dt = \alpha F(\omega) + \beta$

   $(2)\, \mathcal{F}^{-1}(\alpha F(\omega) \pm \beta G(\omega)) = \dfrac{1}{2\pi}\displaystyle\int_{-\infty}^\infty (\alpha F(\omega) \pm \beta G(\omega))\, e^{i\omega t}\, dt$

   $= \dfrac{\alpha}{2\pi}\displaystyle\int_{-\infty}^\infty F(\omega)\, e^{i\omega t}\, dt \pm \dfrac{\beta}{2\pi}\int_{-\infty}^\infty G(\omega)\, e^{i\omega t}\, dt = \alpha f(t) \pm \beta g(t)$

5. $f(t) = \dfrac{2}{\pi}\displaystyle\int_0^\infty F_s(\omega)\sin \omega t\, d\omega = \dfrac{2}{\pi}\int_0^1 \sin \omega t\, d\omega = \dfrac{2}{\pi}\dfrac{-\cos \omega t}{t}\Big]_0^1 = \dfrac{2(1 - \cos t)}{\pi t}$

6. $f(t)$ 之傅氏正弦轉換

   $F_s(w) = \displaystyle\int_0^\infty f(t)\sin \omega t\, dt = \int_0^\infty e^{-t}\sin \omega t\, dt = \dfrac{\omega}{1 + \omega^2}$

   $\therefore f(t) = \dfrac{2}{\pi}\displaystyle\int_0^\infty F_s(\omega)\sin \omega t\, d\omega = \dfrac{2}{\pi}\int_0^\infty \dfrac{\omega}{1 + \omega^2}\sin \omega t\, d\omega = e^{-t}$

   即 $\displaystyle\int_0^\infty \dfrac{\omega}{1 + \omega^2}\sin \omega t\, d\omega = \dfrac{\pi}{2}e^{-t}$，$t > 0$　　亦即 $\displaystyle\int_0^\infty \dfrac{t}{1 + t^2}\sin \omega t\, dt = \dfrac{\pi}{2}e^{-\omega}$，$\omega > 0$

練習 5.2C

1. $F_s(\omega) = \displaystyle\int_0^\infty f(t)\sin \omega t\, dt = \int_0^1 \sin \omega t\, dt = \dfrac{1 - \cos \omega}{\omega}$

   $\displaystyle\int_0^\infty (F_s(\omega))^2\, d\omega = \int_0^\infty \left(\dfrac{1 - \cos \omega}{\omega}\right)^2 d\omega = \dfrac{\pi}{2}\int_0^1 f^2(t)\, dt = \dfrac{\pi}{2}\int_0^1 1\, dt = \dfrac{\pi}{2}$

   $\therefore \displaystyle\int_0^\infty \left(\dfrac{1 - \cos \omega}{\omega}\right)^2 d\omega = \dfrac{\pi}{2}$

即 $\int_0^\infty \left(\dfrac{1-\cos x}{x}\right)^2 dx = \dfrac{\pi}{2}$

2. (1) 傅立葉餘弦轉換：

$F_c(\omega) = \int_0^\infty e^{-u}\cos\omega u\, du = \dfrac{1}{1+\omega^2}$

(2) 由傅立葉積分的 Parseval 等式 $\dfrac{\pi}{2}\int_0^\infty (f(t))^2 dt = \int_0^\infty F(\omega)^2 d\omega$：

$\int_0^\infty F^2(\omega)d\omega = \int_0^\infty \dfrac{d\omega}{(1+\omega^2)^2} = \dfrac{\pi}{2}\int_0^\infty f^2(t)dt = \dfrac{\pi}{2}\int_0^\infty e^{-2t}dt = \dfrac{\pi}{4}$

即 $\int_0^\infty \dfrac{dx}{(1+x^2)^2} = \dfrac{\pi}{4}$

練習 5.3A

1. (1) $\mathcal{F}(\sin t\cos t) = \mathcal{F}\left(\dfrac{1}{2}\sin 2t\right) = \dfrac{1}{2}\pi i\,(\delta(\omega+2) - \delta(\omega-2))$

(2) $\mathcal{F}(3\cos 2t) = 3\mathcal{F}(\cos 2t) = 3\pi(\delta(\omega+2) + \delta(\omega-2))$

2. $\mathcal{F}(f(t)\cos\omega_0 t) = \mathcal{F}\left(f(t)\dfrac{e^{i\omega_0 t} + e^{-i\omega_0 t}}{2}\right) = \dfrac{1}{2}\mathcal{F}(f(t)e^{i\omega_0 t}) + \dfrac{1}{2}\mathcal{F}(f(t)e^{-i\omega_0 t})$

$= \dfrac{1}{2}(F(\omega+\omega_0) + F(\omega-\omega_0))$

3. $\mathcal{F}(f(t)\cos^2\omega_0 t) = \mathcal{F}\left(f(t)\cdot\dfrac{1+\cos 2\omega_0 t}{2}\right) = \dfrac{1}{2}\mathcal{F}(f(t)) + \mathcal{F}(f(t)\cos 2\omega_0 t)$

$= \dfrac{1}{2}F(\omega) + \dfrac{1}{4}(F(\omega+2\omega_0) + F(\omega-2\omega_0))$

4. (1) $\mathcal{F}\left(\sin\left(5t+\dfrac{\pi}{3}\right)\right) = \mathcal{F}\left(\sin 5t\cos\dfrac{\pi}{3} + \cos 5t\sin\dfrac{\pi}{3}\right) = \dfrac{1}{2}\mathcal{F}(\sin 5t) + \dfrac{\sqrt{3}}{2}\mathcal{F}(\cos 5t)$

$= \dfrac{1}{2}\pi i\,(\delta(\omega+5) - \delta(\omega-5)) + \dfrac{\sqrt{3}}{2}\pi\,(\delta(\omega+5) + \delta(\omega-5))$

或 $\dfrac{\pi}{2}(\sqrt{3}+i)\delta(\omega+5) + \dfrac{\pi}{2}(\sqrt{3}-i)\delta(\omega-5)$

(2) $\mathcal{F}(\sin^3 t) = \mathcal{F}\left(\dfrac{3\sin t - \sin 3t}{4}\right) = \dfrac{3\pi i}{4}(\delta(\omega+1) - \delta(\omega-1)) - \dfrac{\pi i}{4}(\delta(\omega+3) - \delta(\omega-3))$

(3) 取 $g(t) = \begin{cases} e^{-at} & , t\geq 0 \\ 0 & , t<0 \end{cases}$

$\therefore f(t) = g(t)\sin bt$

又 $\mathcal{F}(g(t)) = \int_0^\infty e^{-at}e^{-i\omega t}dt = \int_0^\infty e^{-(a+i\omega)t}dt = \dfrac{1}{a+i\omega} = F(\omega)$

$\therefore \mathcal{F}(g(t)\sin bt) = \dfrac{1}{2}(F(\omega-b) - F(\omega+b)) = \dfrac{1}{2}\left(\dfrac{1}{a+i(\omega-b)} - \dfrac{1}{a+i(\omega+b)}\right) = \dfrac{b}{b^2+(a+i\omega)^2}$

5. $\mathcal{F}(tf(t)) = -\frac{1}{i} \mathcal{F}'(f(t)) = i\mathcal{F}'(f(t)) = iF'(\omega)$

  $\therefore \mathcal{F}((t-2)f(t)) = iF'(w) - 2F(w)$

6. (1) $\mathcal{F}(e^{-bt^2}) = \int_{-\infty}^{\infty} e^{-bt^2} e^{-i\omega t} dt = \int_{0}^{\infty} e^{-b\left(t^2 + \frac{i\omega}{b}t + \left(\frac{i\omega}{2b}\right)^2\right) - b\left(\frac{i\omega}{2b}\right)^2} dt = e^{-\frac{\omega^2}{4b}} \int_{0}^{\infty} e^{-b\left(t + \frac{i\omega}{2b}\right)^2} dt$

   $\xrightarrow[\left(dt = \frac{1}{2\sqrt{x}\sqrt{b}}dx\right)]{x = b\left(t + \frac{i\omega}{2b}\right)^2} e^{-\frac{\omega^2}{4b}} \int_{0}^{\infty} e^{-x} \cdot \frac{1}{2\sqrt{x}\sqrt{b}} dx = e^{-\frac{\omega^2}{4b}} \int_{0}^{\infty} \frac{1}{\sqrt{b}} x^{-\frac{1}{2}} e^{-x} dx = e^{-\frac{\omega^2}{4b}} \frac{1}{\sqrt{b}} \Gamma\left(\frac{1}{2}\right)$

   $= e^{-\frac{\omega^2}{4b}} \sqrt{\frac{\pi}{b}}$

   (2) 在 (1) 解取 $b = 1$ 則 $\mathcal{F}(e^{-t^2}) = \sqrt{\pi} e^{-\frac{\omega^2}{4}}$

   $\because \lim_{t \to \infty} e^{-t^2} = 0$ 取 $f(t) = e^{-t^2}$

   $\therefore \mathcal{F}(te^{-t^2}) = \mathcal{F}\left(-\frac{1}{2}f'(t)\right) \xrightarrow{\text{定理 D}} -\frac{i\omega}{2} \mathcal{F}(e^{-t^2}) = \frac{\sqrt{\pi}}{2i} \omega e^{-\frac{\omega^2}{4}}$

7. $\mathcal{F}\left(\sin\left(2t + \frac{\pi}{3}\right)\right) = \mathcal{F}\left(\sin 2t \cos\frac{\pi}{3} + \cos 2t \cdot \sin\frac{\pi}{3}\right) = \mathcal{F}\left(\frac{1}{2}\sin 2t + \frac{\sqrt{3}}{2}\cos 2t\right)$

   $= \frac{\pi i}{2}(\delta(\omega + 2) - \delta(\omega - 2)) + \frac{\sqrt{3}}{2}\pi(\delta(\omega + 2) + \delta(\omega - 2))$

8. (1) $a > 0$ 時 $\mathcal{F}(f(t)) = \int_{-\infty}^{\infty} f(at)e^{-i\omega t} dt$

   $\xrightarrow{x = at} \int_{-\infty}^{\infty} f(x)e^{-i\omega\left(\frac{x}{a}\right)} \cdot d \cdot \frac{x}{a} = \frac{1}{a}\int_{-\infty}^{\infty} f(x)e^{-i\left(\frac{\omega}{a}\right)x} dx = \frac{1}{a}F\left(\frac{\omega}{a}\right)$

   (2) $a < 0$ 時同法可證 $\mathcal{F}(f(at)) = \frac{1}{-a}F\left(\frac{\omega}{a}\right)$

   $\therefore \mathcal{F}(f(at)) = \frac{1}{|a|}F\left(\frac{\omega}{a}\right)$, $a \neq 0$

練習 5.3B

1. $\mathcal{F}(f(t) * f(t)) = \int_{-\infty}^{\infty} (f(t) * f(t))e^{-i\omega t}dt = \int_{-\infty}^{\infty}\left[\int_{-\infty}^{\infty} f(\tau)f(t - \tau) d\tau\right]e^{-i\omega t}dt$

   $= \int_{-\infty}^{\infty}\left[\int_{-\infty}^{\infty} f(\tau)e^{-i\omega\tau}\right]\left[\int_{-\infty}^{\infty} f(t - \tau)e^{-i\omega(t - \tau)} dt\right]d\tau$

   $= \int_{-\infty}^{\infty} f(\tau)e^{-i\omega\tau} d\tau \int_{-\infty}^{\infty} f(t - \tau)e^{-i\omega(t - \tau)} dt = F(\omega) \cdot F(\omega) = F^2(\omega)$

   （註：$\int_{-\infty}^{\infty} f(t - \tau)e^{-i\omega(t - z)}dt \xrightarrow{y = t - \tau} \int_{-\infty}^{\infty} f(y)e^{-i\omega y}dy = F(\omega)$）

2. (1) $\mathcal{F}^{-1}\left(\dfrac{1}{2\pi}F(\omega)*G(\omega)\right)=\dfrac{1}{(2\pi)^2}\int_{-\infty}^{\infty}(F(\omega)*G(\omega))\,e^{i\omega t}\,d\omega=\dfrac{1}{(2\pi)^2}\int_{-\infty}^{\infty}\left[\int_{-\infty}^{\infty}F(\tau)\,G(\omega-\tau)\,d\tau\right]e^{i\omega t}\,d\omega$

$$=\dfrac{1}{(2\pi)^2}\int_{-\infty}^{\infty}F(\tau)\,e^{i\tau t}\left[\int_{-\infty}^{\infty}G(\omega-\tau)\,e^{i(\omega-\tau)t}\,d\omega\right]d\tau$$

$$=\dfrac{1}{2\pi}\int_{-\infty}^{\infty}F(\tau)\,e^{i\tau t}\underbrace{\left[\dfrac{1}{2\pi}\int_{-\infty}^{\infty}G(x)\,e^{ixt}\,dx\right]}_{g(t)}d\tau=\dfrac{1}{2\pi}\int_{-\infty}^{\infty}F(\tau)\,e^{i\tau t}\,g(t)\,d\tau$$

$$=g(t)\dfrac{1}{2\pi}\int_{-\infty}^{\infty}F(\tau)\,e^{i\tau t}\,d\tau=g(t)\cdot f(t)=f(t)g(t)$$

$\therefore\ \mathcal{F}(f(t)\,g(t))=\dfrac{1}{2\pi}F(\omega)*G(\omega)$

(2) 取 $g(t)=f(t)$ 即得。

3. (1) $\dfrac{d}{dt}(f(t)*g(t))=\dfrac{d}{dt}\int_{-\infty}^{\infty}f(\tau)\,g(t-\tau)\,d\tau=\int_{-\infty}^{\infty}f(\tau)\left(\dfrac{d}{dt}g(t-\tau)\right)d\tau=f(t)*\dfrac{d}{dt}g(t)$

(2) $\int_{-\infty}^{\infty}f(\tau)\,g(t-\tau)\,d\tau=\int_{-\infty}^{\infty}f(t-\tau)\,g(\tau)\,d\tau$

$\Rightarrow\dfrac{d}{dt}(f(t)*g(t))=\int_{-\infty}^{\infty}\dfrac{d}{dt}f(t-\tau)\,g(\tau)\,d\tau=\dfrac{d}{dt}f(t)*g(t)$

$\therefore\ \dfrac{d}{dt}(f(t)*g(t))=\dfrac{d}{dt}f(t)*g(t)=f(t)*\dfrac{d}{dt}g(t)$

4. 設 $Y(\omega)=\mathcal{F}(y(t))$，$F(\omega)=\mathcal{F}(f(t))$，則原方程式變為 $(i\omega)^2Y(\omega)-Y(\omega)=-F(\omega)$

$\therefore\ Y(\omega)=\dfrac{1}{1+\omega^2}F(\omega)$

$y(t)=\mathcal{F}^{-1}\left(\dfrac{1}{1+\omega^2}F(\omega)\right)=\dfrac{1}{2}e^{-|t|}*f(t)=\dfrac{1}{2}\int_{-\infty}^{\infty}e^{-|t-\tau|}f(\tau)d\tau$

5. $\because\displaystyle\int_{0}^{\infty}f(\omega)\sin\omega t\,d\omega=h(t)$，$h(t)=\begin{cases}\dfrac{\pi}{2}\sin\omega\,,\ 0<t\le\pi\\[2mm]0\quad,\ t>\pi\end{cases}$

$\therefore\ f(t)=\dfrac{2}{\pi}\int_{0}^{\pi}\dfrac{\pi}{2}\sin\omega\,\sin\omega t\,d\omega$

$$=-\int_{0}^{\pi}\dfrac{1}{2}(\cos(t+1)\omega-\cos(1-t)\omega)d\omega$$

$$=-\dfrac{1}{2}\left\{\left[\dfrac{\sin(\omega+1)t}{\omega+1}\right]_{0}^{\pi}-\left[\dfrac{\sin(1-\omega)t}{1-\omega}\right]_{0}^{\pi}\right\}$$

$$=-\dfrac{1}{2}\left[\dfrac{\sin(t+1)\pi}{1+t}-\dfrac{\sin(1-t)\pi}{1-t}\right]$$

$$=\dfrac{1}{2}\left(\dfrac{\sin(1-t)\pi}{1-t}-\dfrac{\sin(1+t)\pi}{1+t}\right)$$

$$=\dfrac{1}{2}\left(\dfrac{(1+t)\sin(1-t)\pi-(1-t)\sin(1+t)\pi}{1-t^2}\right)$$

$$=\dfrac{1}{2}\dfrac{\sin(1-t)\pi-\sin(1+t)\pi+t(\sin(1-t)\pi+\sin(1+t)\pi)}{1-t^2}$$

$$= \frac{1}{2} \frac{2\cos\pi\sin(-t\pi) + t2\sin\pi\cos(-t\pi)}{1 - t^2}$$

$$= \frac{\sin\pi t}{1 - t^2}$$

6. $\mathcal{F}(f(t)*g(t)) = \int_{-\infty}^{\infty} (f(t)*g(t)) e^{-i\omega t} dt$

$$= \int_{-\infty}^{\infty} \left[\int_{-\infty}^{\infty} f(\tau)g(t-\tau)d\tau \right] e^{-i\omega t} dt$$

$$= \int_{-\infty}^{\infty} F(\tau)e^{-i\omega\tau} \left[\int_{-\infty}^{\infty} g(t-\tau) e^{-i\omega(t-\tau)} dt \right] d\tau$$

$$= \int_{-\infty}^{\infty} F(\tau)e^{-i\omega\tau}d\tau \cdot \int_{-\infty}^{\infty} g(t-\tau)e^{-i\omega(t-\tau)}d\tau$$

$$= \int_{-\infty}^{\infty} F(\tau)e^{-i\omega\tau} d\tau \cdot \int_{-\infty}^{\infty} g(\omega-\tau)e^{-i\omega(t-\tau)}d\tau$$

$$= F(\omega)G(\omega)$$

練習 6.1A

1. 如 $A = \begin{bmatrix} 1 & 0 \\ 0 & 0 \end{bmatrix}$

2. $A = \begin{bmatrix} a_{11} & a_{12} & \cdots & a_{1n} \\ a_{21} & a_{22} & \cdots & a_{2n} \\ \cdots & \cdots & \cdots & \cdots \\ a_{n1} & a_{n2} & \cdots & a_{nn} \end{bmatrix}$，則 $A^T = \begin{bmatrix} a_{11} & a_{21} & \cdots & a_{n1} \\ a_{12} & a_{22} & \cdots & a_{n2} \\ \cdots & \cdots & \cdots & \cdots \\ a_{1n} & a_{2n} & \cdots & a_{nn} \end{bmatrix}$ $\therefore (A^T)^T = \begin{bmatrix} a_{11} & a_{12} & \cdots & a_{1n} \\ a_{21} & a_{22} & \cdots & a_{2n} \\ \cdots & \cdots & \cdots & \cdots \\ a_{n1} & a_{n2} & \cdots & a_{nn} \end{bmatrix} = A$

3. (1), (2) 顯然成立，(3) 取 $A = \begin{bmatrix} 0 & 1 \\ 0 & 0 \end{bmatrix}$, $B = \begin{bmatrix} 0 & 0 \\ 0 & 1 \end{bmatrix}$ 做反例。

4. $A = [a_{ij}]_{n \times n}$, $B = [b_{ij}]_{n \times n}$

(1) $\text{tr}(A + B) = \sum_{i=1}^{n} (a_{ii} + b_{ii}) = \sum_{i=1}^{n} a_{ii} + \sum_{i=1}^{n} b_{ii} = \text{tr}(A) + \text{tr}(B)$

(2) $\because A$ 與 A^T 之主對角線相等 $\therefore \text{tr}(A) = \text{tr}(A^T)$

(3) $\text{tr}(AB) = \sum_{i=1}^{n}\sum_{k=1}^{n} a_{ik} b_{ki} = \sum_{i=1}^{n}\sum_{k=1}^{n} b_{ki} a_{ik} = \text{tr}(BA)$

(4) 由 (2)，$\text{tr}(AB) = \text{tr}[(AB)^T] = \text{tr}(B^T A^T) = \text{tr}(B^T A) = \text{tr}(AB^T)$

(5) $\text{tr}(AB) = \text{tr}(B^T A^T) = \text{tr}(-BA) = \text{tr}(-AB)$ $\therefore 2\text{tr}(AB) = 0$ 即 $\text{tr}(AB) = 0$

練習 6.1B

1. (1) $\begin{vmatrix} 1 & 1 & 1 & 1 \\ 1 & x & 0 & 0 \\ 1 & 0 & y & 0 \\ 1 & 0 & 0 & z \end{vmatrix} = - \begin{vmatrix} 1 & 1 & 1 \\ x & 0 & 0 \\ 0 & y & 0 \end{vmatrix} - z \begin{vmatrix} 1 & 1 & 1 \\ 1 & x & 0 \\ 1 & 0 & y \end{vmatrix} = y \begin{vmatrix} 1 & 1 \\ x & 0 \end{vmatrix} - z \left(\begin{vmatrix} 1 & 1 \\ x & 0 \end{vmatrix} + y \begin{vmatrix} 1 & 1 \\ 1 & x \end{vmatrix} \right)$

$$= xy - z[(-x) + y(x-1)] = xy + xz + xy - xyz$$

(2)
$$\begin{vmatrix} x & 0 & 0 & y \\ 0 & a & b & 0 \\ 0 & c & d & 0 \\ z & 0 & 0 & w \end{vmatrix} = x\begin{vmatrix} a & b & 0 \\ c & d & 0 \\ 0 & 0 & w \end{vmatrix} - y\begin{vmatrix} 0 & a & b \\ 0 & c & d \\ z & 0 & 0 \end{vmatrix} = xw\begin{vmatrix} a & b \\ c & d \end{vmatrix} - yz\begin{vmatrix} a & b \\ c & d \end{vmatrix} = (xw - yz)(ad - bc)$$

(3)
$$\begin{vmatrix} 0 & 0 & 0 & 1 \\ 1 & 0 & 0 & 0 \\ 0 & 1 & 0 & 0 \\ 0 & 0 & 1 & 0 \end{vmatrix} = (-1)^{1+4}\begin{vmatrix} 1 & 0 & 0 \\ 0 & 1 & 0 \\ 0 & 0 & 1 \end{vmatrix} = -1$$

(4)
$$\begin{vmatrix} 1+x & 1 & 1 & 1 \\ 1 & 1-x & 1 & 1 \\ 1 & 1 & 1+y & 1 \\ 1 & 1 & 1 & 1-y \end{vmatrix} = \begin{vmatrix} x & 1 & 1 & 1 \\ x & 1-x & 1 & 1 \\ 0 & 1 & 1+y & 1 \\ 0 & 1 & 1 & 1-y \end{vmatrix}$$

$$= x\begin{vmatrix} 1 & 1 & 1 & 1 \\ 1 & 1-x & 1 & 1 \\ 0 & 1 & 1+y & 1 \\ 0 & 1 & 1 & 1-y \end{vmatrix} = x\begin{vmatrix} 1-x & 1 & 1 \\ 1 & 1+y & 1 \\ 1 & 1 & 1-y \end{vmatrix} - x\begin{vmatrix} 1 & 1 & 1 \\ 1 & 1+y & 1 \\ 1 & 1 & 1-y \end{vmatrix}$$

$$= x\begin{vmatrix} -x & 1 & 1 \\ 0 & 1+y & 1 \\ 0 & 1 & 1-y \end{vmatrix} = -x^2\begin{vmatrix} 1+y & 1 \\ 1 & 1-y \end{vmatrix} = x^2 y^2$$

2.
$$\begin{vmatrix} x-1 & 3 & -3 \\ -3 & x+5 & -3 \\ -6 & 6 & x+4 \end{vmatrix} = (x+2)\begin{vmatrix} 1 & 3 & -3 \\ 0 & x+2 & 0 \\ 0 & 6 & x+4 \end{vmatrix}$$

$$= (x+2)\begin{vmatrix} x+2 & 0 \\ 6 & x+4 \end{vmatrix} = (x+2)^2(x+4) = 0 \quad \therefore x = -2 \text{ 或 } -4$$

3. (a)
$$\begin{vmatrix} ax+by & ay+bz & az+bx \\ ay+bz & az+bx & ax+by \\ az+bx & ax+by & ay+bz \end{vmatrix} = \begin{vmatrix} ax & ay+bz & az+bx \\ ay & az+bx & ax+by \\ az & ax+by & ay+bz \end{vmatrix} + \begin{vmatrix} by & ay+bz & az+bx \\ bz & az+bx & ax+by \\ bx & ax+by & ay+bz \end{vmatrix}$$

$$= a\begin{vmatrix} x & ay+bz & az \\ y & az+bx & ax \\ z & ax+by & ay \end{vmatrix} + b\begin{vmatrix} y & bz & az+bx \\ z & bx & ax+by \\ x & by & ay+bz \end{vmatrix} = a^2\begin{vmatrix} x & ay+bz & z \\ y & az+bx & x \\ z & ax+by & y \end{vmatrix} + b^2\begin{vmatrix} y & z & az+bx \\ z & x & ax+by \\ x & y & ay+bz \end{vmatrix}$$

$$= a^2\begin{vmatrix} x & ay & z \\ y & az & x \\ z & ax & y \end{vmatrix} + b^2\begin{vmatrix} y & z & bx \\ z & x & by \\ x & y & bz \end{vmatrix} = a^3\begin{vmatrix} x & y & z \\ y & z & x \\ z & x & y \end{vmatrix} + b^3\begin{vmatrix} y & z & x \\ z & x & y \\ x & y & z \end{vmatrix}$$

$$= a^3 \begin{vmatrix} x & y & z \\ y & z & x \\ z & x & y \end{vmatrix} + b^3 \begin{vmatrix} x & y & z \\ y & z & x \\ z & x & y \end{vmatrix} = (a^3 + b^3) \begin{vmatrix} x & y & z \\ y & z & x \\ z & x & y \end{vmatrix}$$

(b) $\begin{vmatrix} bcd & a & a^2 & a^3 \\ acd & b & b^2 & b^3 \\ abd & c & c^2 & c^3 \\ abc & d & d^2 & d^3 \end{vmatrix} = \dfrac{1}{abcd} \begin{vmatrix} abcd & a^2 & a^3 & a^4 \\ abcd & b^2 & b^3 & b^4 \\ acbd & c^2 & c^3 & c^4 \\ abcd & d^2 & d^3 & d^4 \end{vmatrix} = \begin{vmatrix} 1 & a^2 & a^3 & a^4 \\ 1 & b^2 & b^3 & b^4 \\ 1 & c^2 & c^3 & c^4 \\ 1 & d^2 & d^3 & d^4 \end{vmatrix}$

4. (1) $|A^T A| = |A^T||A| = |A|^2 = |I| = 1$ ∴ $|A| = \pm 1$，$|A| \neq 0$ 故 A 為可逆

(2) $|I + A| = |A^T A + A| = |A(A^T + I)| = |A||(A^T + I)^T|$

∵ $= |A||A + I|$ 但 $|A| < 0$ ∴ $|A| = -1$

$\Rightarrow |I + A| = -|A + I|$ 得 $|A + I| = 0$

5. 設 $A = \begin{bmatrix} a & b \\ c & 1-a \end{bmatrix}$，$|A| = a(1-a) - bc = 0$，即 $a(1-a) = bc$

∴ $A^2 = \begin{bmatrix} a & b \\ c & 1-a \end{bmatrix}\begin{bmatrix} a & b \\ c & 1-a \end{bmatrix} = \begin{bmatrix} a^2 + bc & b \\ c & bc + (1-a)^2 \end{bmatrix}$

$= \begin{bmatrix} a & b \\ c & 1-a \end{bmatrix} = A$

6. 不存在一個二階方陣四次方之對應之行列式 $|A|^4 = \begin{vmatrix} 0 & 1 \\ 1 & 0 \end{vmatrix} = -1$

7. 第 1 行 ×$(-a)$ + 第 2 行 ×b + 第 3 行 ×$(-c)$ 加入第 1 行：

$\begin{vmatrix} 0 & c & b & l \\ -c & 0 & a & m \\ -b & -a & 0 & n \\ -l & -m & -n & 0 \end{vmatrix} = \dfrac{1}{abc} \begin{vmatrix} 0 & bc & -bc & l \\ ac & 0 & -ac & m \\ ab & -ab & 0 & n \\ la & -bm & cn & 0 \end{vmatrix}$

第 1 行 + 第 2 行 + 第 3 行到第 1 行：

$= \dfrac{1}{abc} \begin{vmatrix} 0 & bc & -bc & l \\ 0 & 0 & -ac & m \\ 0 & -ab & 0 & n \\ al - bm + cn & -bm & cn & 0 \end{vmatrix}$

$= \dfrac{(al - bm + cn)}{-abc} \begin{vmatrix} bc & -bc & l \\ 0 & -ac & m \\ -ab & 0 & n \end{vmatrix}$

$= \dfrac{(al - bm + cn)}{-abc}\left[bc \begin{vmatrix} -ac & m \\ 0 & n \end{vmatrix} - ab \begin{vmatrix} -bc & l \\ -ac & m \end{vmatrix} \right]$

$= \dfrac{(al - bm + cn)}{-abc}[bc(-acn) - ab(-bcm + acl)]$

$= (al - bm + cn)^2$

練習 6.2A

1. $\begin{bmatrix} 3 & 2 & -1 & | & 1 \\ 2 & 3 & 1 & | & 9 \\ 5 & 4 & -1 & | & 5 \end{bmatrix} \rightarrow \begin{bmatrix} 1 & \frac{2}{3} & -\frac{1}{3} & | & \frac{1}{3} \\ 2 & 3 & 1 & | & 9 \\ 5 & 4 & -1 & | & 5 \end{bmatrix} \rightarrow \begin{bmatrix} 1 & \frac{2}{3} & -\frac{1}{3} & | & \frac{1}{3} \\ 0 & \frac{5}{3} & \frac{5}{3} & | & \frac{25}{3} \\ 0 & \frac{2}{3} & \frac{2}{3} & | & \frac{10}{3} \end{bmatrix}$

$\rightarrow \begin{bmatrix} 1 & \frac{2}{3} & -\frac{1}{3} & | & \frac{1}{3} \\ 0 & 1 & 1 & | & 5 \\ 0 & \frac{2}{3} & \frac{2}{3} & | & \frac{10}{3} \end{bmatrix} \rightarrow \begin{bmatrix} 1 & 0 & -1 & | & -3 \\ 0 & 1 & 1 & | & 5 \\ 0 & 0 & 0 & | & 0 \end{bmatrix}$

$\therefore$ 令 $z = t$，則 $y = 5 - t$，$x = -3 + t$，$t \in R$

2. $\begin{bmatrix} 1 & 3 & 2 & | & 10 \\ 1 & -2 & -1 & | & -6 \end{bmatrix} \rightarrow \begin{bmatrix} 1 & 3 & 2 & | & 10 \\ 0 & 5 & 3 & | & 16 \end{bmatrix} \rightarrow \begin{bmatrix} 1 & 3 & 2 & | & 10 \\ 0 & 1 & \frac{3}{5} & | & \frac{16}{5} \end{bmatrix}$

$\rightarrow \begin{bmatrix} 1 & 0 & \frac{1}{5} & | & \frac{2}{5} \\ 0 & 1 & \frac{3}{5} & | & \frac{16}{5} \end{bmatrix}$　$\therefore$ 取 $z = t$ 則 $y = \frac{1}{5}(16 - 3t)$，$x = \frac{1}{5}(2 - t)$，$t \in R$

3. $\begin{bmatrix} 3 & 4 & 2 & | & 4 \\ 1 & 1 & 1 & | & 3 \\ 4 & 5 & 3 & | & 7 \end{bmatrix} \rightarrow \begin{bmatrix} 1 & 1 & 1 & | & 3 \\ 3 & 4 & 2 & | & 4 \\ 4 & 5 & 3 & | & 7 \end{bmatrix} \rightarrow \begin{bmatrix} 1 & 1 & 1 & | & 3 \\ 0 & 1 & -1 & | & -5 \\ 0 & 1 & -1 & | & -5 \end{bmatrix} \rightarrow \begin{bmatrix} 1 & 0 & 2 & | & 8 \\ 0 & 1 & -1 & | & -5 \\ 0 & 0 & 0 & | & 0 \end{bmatrix}$

取 $x_3 = t$，取 $x_2 = -5 + t$，$x_1 = 8 - 2t$，$t \in R$

4. $\begin{bmatrix} 1 & 2 & 1 & | & 0 \\ 1 & 8 & 5 & | & 4 \\ 1 & 2 & 3+a & | & 3 \end{bmatrix} \rightarrow \begin{bmatrix} 1 & 2 & 1 & | & 0 \\ 0 & 6 & 4 & | & 4 \\ 0 & 0 & 2+a & | & 3 \end{bmatrix}$

$\therefore$ 方程組有無限多組解之條件為 $2 + a \neq 0$ 即 $a \neq -2$

5. $\begin{bmatrix} 1 & 2 & 1 & | & 0 \\ 1 & 5 & 4 & | & 0 \\ 1 & 5 & \beta+2 & | & 0 \end{bmatrix} \rightarrow \begin{bmatrix} 1 & 2 & 1 & | & 0 \\ 0 & 3 & 3 & | & 0 \\ 0 & 3 & \beta+1 & | & 0 \end{bmatrix} \rightarrow \begin{bmatrix} 1 & 2 & 1 & | & 0 \\ 0 & 1 & 1 & | & 0 \\ 0 & 3 & \beta+1 & | & 0 \end{bmatrix} \rightarrow \begin{bmatrix} 1 & 2 & 1 & | & 0 \\ 0 & 1 & 1 & | & 0 \\ 0 & 0 & \beta-2 & | & 0 \end{bmatrix}$

$\therefore$ 方程組有解之條件為 $\beta = 2$

6. $Ay = A(\lambda y_1 + (1 - \lambda)y_2) = \lambda A y_1 + (1 - \lambda)A y_2 = \lambda b + (1 - b) = b$

$\therefore y = \lambda y_1 + (1 - \lambda)y_2$ 亦為 $Ax = b$ 之一個解。

練習 6.2B

1. $\begin{bmatrix} 1 & 1 & 1 & 1 & 0 & 0 \\ 0 & 1 & 1 & 0 & 1 & 0 \\ 0 & 0 & 1 & 0 & 0 & 1 \end{bmatrix} \rightarrow \begin{bmatrix} 1 & 0 & 0 & 1 & -1 & -1 \\ 0 & 1 & 1 & 0 & 1 & 0 \\ 0 & 0 & 1 & 0 & 0 & 1 \end{bmatrix} \rightarrow \begin{bmatrix} 1 & 0 & 0 & 1 & -1 & -1 \\ 0 & 1 & 0 & 0 & 1 & -1 \\ 0 & 0 & 1 & 0 & 0 & 1 \end{bmatrix}$

$\therefore A^{-1} = \begin{bmatrix} 1 & -1 & -1 \\ 0 & 1 & -1 \\ 0 & 0 & 1 \end{bmatrix}$

$\therefore Ax = b$，$A = \begin{bmatrix} 1 & 1 & 1 \\ 0 & 1 & 1 \\ 0 & 0 & 1 \end{bmatrix}$，$b = \begin{bmatrix} a \\ b \\ c \end{bmatrix}$ 之解爲

$x = A^{-1}b = \begin{bmatrix} 1 & -1 & -1 \\ 0 & 1 & -1 \\ 0 & 0 & 1 \end{bmatrix} \begin{bmatrix} a \\ b \\ c \end{bmatrix} = \begin{bmatrix} a-b-c \\ b-c \\ c \end{bmatrix}$

即 $x = a - b - c$，$y = b - c$，$z = c$

2. $\begin{bmatrix} 1 & 0 & -3 & 1 & 0 & 0 \\ 2 & 1 & 1 & 0 & 1 & 0 \\ -1 & 2 & 1 & 0 & 0 & 1 \end{bmatrix} \rightarrow \begin{bmatrix} 1 & 0 & -3 & 1 & 0 & 0 \\ 0 & 1 & 7 & -2 & 1 & 0 \\ 0 & 2 & -2 & 1 & 0 & 1 \end{bmatrix} \rightarrow \begin{bmatrix} 1 & 0 & -3 & 1 & 0 & 0 \\ 0 & 1 & 7 & -2 & 1 & 0 \\ 0 & 0 & 16 & -5 & 2 & -1 \end{bmatrix}$

$\rightarrow \begin{bmatrix} 1 & 0 & -3 & 1 & 0 & 0 \\ 0 & 1 & 7 & -2 & 1 & 0 \\ 0 & 0 & 1 & \frac{-5}{16} & \frac{2}{16} & \frac{-1}{16} \end{bmatrix} \rightarrow \begin{bmatrix} 1 & 0 & 0 & \frac{1}{16} & \frac{6}{16} & \frac{-3}{16} \\ 0 & 1 & 0 & \frac{3}{16} & \frac{2}{16} & \frac{7}{16} \\ 0 & 0 & 1 & \frac{-5}{16} & \frac{2}{16} & \frac{-1}{6} \end{bmatrix}$

$\therefore A^{-1} = \frac{1}{16} \begin{bmatrix} 1 & 6 & -3 \\ 3 & 2 & 7 \\ -5 & 2 & -1 \end{bmatrix}$

原方程式可寫成矩陣形式：

$A = \begin{bmatrix} 1 & 0 & -3 \\ 2 & 1 & 1 \\ -1 & 2 & 1 \end{bmatrix}$，$b = \begin{bmatrix} 6 \\ 5 \\ -4 \end{bmatrix}$；$Ax = b$ $\therefore x = A^{-1}b = \frac{1}{16} \begin{bmatrix} 1 & 6 & -3 \\ 3 & 2 & 7 \\ -5 & 2 & -1 \end{bmatrix} \begin{bmatrix} 6 \\ 5 \\ -4 \end{bmatrix} = \begin{bmatrix} 3 \\ 0 \\ -1 \end{bmatrix}$

$\therefore x = 3, y = 0, z = -1$

練習 6.2C

1. (1) $\Delta = \begin{vmatrix} 1 & -2 & 1 \\ 2 & 3 & -4 \\ 0 & 1 & 1 \end{vmatrix} = 13$，$\therefore x = \frac{1}{\Delta} \begin{vmatrix} 2 & -2 & 1 \\ -2 & 3 & -4 \\ 1 & 1 & 1 \end{vmatrix} = 1$

$$y = \frac{1}{\Delta} \begin{vmatrix} 1 & 2 & 1 \\ 2 & -2 & -4 \\ 0 & 1 & 1 \end{vmatrix} = 0 \,,\, z = \frac{1}{\Delta} \begin{vmatrix} 1 & -2 & 2 \\ 2 & 3 & -2 \\ 0 & 1 & 1 \end{vmatrix} = 1$$

$$(2)\, \Delta = \begin{vmatrix} 1 & a & a^2 \\ 1 & b & b^2 \\ 1 & c & c^2 \end{vmatrix} = (c-b)(c-a)(b-a)$$

$$x = \frac{1}{\Delta} \begin{vmatrix} a^3 & a & a^2 \\ b^3 & b & b^2 \\ c^3 & c & c^2 \end{vmatrix} = \frac{abc}{\Delta} \begin{vmatrix} a^2 & 1 & a \\ b^2 & 1 & b \\ c^2 & 1 & c \end{vmatrix} = \frac{abc}{\Delta} \begin{vmatrix} 1 & a & a^2 \\ 1 & b & b^2 \\ 1 & c & c^2 \end{vmatrix}$$

$$= \frac{abc}{\Delta}(c-b)(c-a)(b-a) = abc$$

$$y = \frac{1}{\Delta} \begin{vmatrix} 1 & a^3 & a^2 \\ 1 & b^3 & b^2 \\ 1 & c^3 & c^2 \end{vmatrix} = \frac{1}{\Delta} \begin{vmatrix} 1 & a^3 & a^2 \\ 0 & a^3-b^3 & a^2-b^2 \\ 0 & a^3-c^3 & a^2-c^2 \end{vmatrix} = \frac{1}{\Delta} \begin{vmatrix} a^3-b^3 & a^2-b^2 \\ a^3-c^3 & a^2-c^2 \end{vmatrix}$$

$$= \frac{1}{\Delta}(a-b)(a-c) \begin{vmatrix} a^2+ab+b^2 & a+b \\ a^2+ac+c^2 & a+c \end{vmatrix} = \frac{1}{\Delta}(a-b)(a-c)(b-c) \begin{vmatrix} b^2+ab+a^2 & b+a \\ a+b+c & 1 \end{vmatrix}$$

$$= \frac{(a-b)(a-c)(b-c)}{(c-b)(c-a)(b-a)} \cdot (ab+ac+bc) = ab+ac+bc$$

$$z = \frac{1}{\Delta} \begin{vmatrix} 1 & a & a^3 \\ 1 & b & b^3 \\ 1 & c & c^3 \end{vmatrix} = \frac{1}{\Delta} \begin{vmatrix} 1 & a & a^3 \\ 0 & a-b & a^3-b^3 \\ 0 & a-c & a^3-c^3 \end{vmatrix} = \frac{1}{\Delta} \begin{vmatrix} a-b & a^3-b^3 \\ a-c & a^3-c^3 \end{vmatrix}$$

$$= \frac{(a-b)(a-c)}{(c-b)(c-a)(b-a)} \begin{vmatrix} 1 & a^2+ab+b^2 \\ 1 & a^2+ac+c^2 \end{vmatrix} = \frac{(a-b)(a-c)(c-b)(a+b+c)}{(c-b)(c-a)(b-a)} = a+b+c$$

2. A 爲非奇異陣 $\therefore$ 由定理 A，$A^{-1}\mathrm{adj}(A^{-1}) = |A^{-1}| I . \therefore \mathrm{adj}(A^{-1}) = A/|A|$ (1)

又 $A^{-1} = \frac{1}{|A|}\mathrm{adj}(A) \Rightarrow (A^{-1})^{-1} = \left(\frac{1}{|A|}\mathrm{adj}(A)\right)^{-1}$ 即 $A = |A|(\mathrm{adj}(A))^{-1}$ 得 $(\mathrm{adj}(A))^{-1} = \frac{A}{|A|}$ (2)

比較 (1)(2)，得 $\mathrm{adj}(A^{-1}) = (\mathrm{adj}(A))^{-1}$

3. $A \cdot \mathrm{adj}(A) = |A| I$，$\therefore |A \cdot \mathrm{adj}(A)| = ||A| I| = |A|^n$

$\Rightarrow |A||\mathrm{adj}(A)| = |A|^n$ 即 $|\mathrm{adj}(A)| = |A|^{n-1}$；它說明了，若 A 爲非奇異陣則 $\mathrm{adj}(A)$ 亦非奇異陣。

練習 6.2D

1. (1) $\begin{bmatrix} 1 & 2 & -1 & 3 \\ 3 & 4 & 0 & -1 \\ 5 & 8 & -2 & 5 \end{bmatrix} \to \begin{bmatrix} 1 & 2 & -1 & 3 \\ 0 & 2 & -3 & 10 \\ 0 & 2 & -3 & 10 \end{bmatrix} \to \begin{bmatrix} 1 & 2 & -1 & 3 \\ 0 & 2 & -3 & 10 \\ 0 & 0 & 0 & 0 \end{bmatrix}$ $\therefore r = 2$

(2) $\begin{bmatrix} 1 & -1 & 3 & -3 \\ -5 & 2 & -5 & 4 \\ -3 & -4 & 7 & -2 \\ 3 & -7 & 15 & -9 \end{bmatrix} \rightarrow \begin{bmatrix} 1 & -1 & 3 & -3 \\ 0 & -3 & 10 & -11 \\ 0 & -7 & 16 & -11 \\ 0 & -4 & 6 & 0 \end{bmatrix} \rightarrow \begin{bmatrix} 1 & -1 & 3 & -3 \\ 0 & -3 & 10 & -11 \\ 0 & -4 & 6 & 0 \\ 0 & -4 & 6 & 0 \end{bmatrix}$

$\rightarrow \begin{bmatrix} 1 & -1 & 3 & -3 \\ 0 & -3 & 10 & -11 \\ 0 & -4 & 6 & 0 \\ 0 & 0 & 0 & 0 \end{bmatrix}$ $\therefore r = 3$

(3) $\begin{bmatrix} 3 & 6 & -2 & 6 \\ 2 & 4 & -3 & 0 \\ 3 & 6 & -2 & 5 \end{bmatrix} \rightarrow \begin{bmatrix} 3 & 6 & -2 & -6 \\ 0 & 0 & -\frac{5}{3} & -4 \\ 0 & 0 & 0 & 1 \end{bmatrix}$ $\therefore r = 3$

(4) $\begin{bmatrix} 1 & -1 & 0 & 0 \\ 0 & 1 & 0 & 0 \\ 0 & 0 & 1 & 0 \\ 0 & 0 & -1 & 1 \end{bmatrix} \rightarrow \begin{bmatrix} 1 & -1 & 0 & 0 \\ 0 & 1 & 0 & 0 \\ 0 & 0 & 1 & 0 \\ 0 & 0 & 0 & 1 \end{bmatrix}$ $\therefore r = 4$

2. $\begin{bmatrix} 1-k & 1 & 0 \\ 1 & 1-k & 0 \\ 0 & 0 & 1 \end{bmatrix} \rightarrow \begin{bmatrix} 1 & 1-k & 0 \\ 1-k & 1 & 0 \\ 0 & 0 & 1 \end{bmatrix} \rightarrow \begin{bmatrix} 1 & 1-k & 0 \\ 0 & -k(k-2) & 0 \\ 0 & 0 & 1 \end{bmatrix}$

$\therefore k \neq 0, 2$ 時 rank$(A) = 3$

$k = 0$ 或 2 時 rank$(A) = 2$

3. rank$\left(\begin{bmatrix} 1 & 2 & 4 & 3 \\ 2 & -1 & 1 & 1 \\ -4 & 7 & 5 & 4 \end{bmatrix}\right) = 3 \neq$ rank$\left(\begin{bmatrix} 1 & 2 & 4 \\ 2 & -1 & 1 \\ -4 & 7 & 5 \end{bmatrix}\right) = 2$ $\therefore$ 無解

練習 6.2E

1. $\begin{cases} (D-3)x + 2y = 0 & (1) \\ -2x + (D+2)y = 0 & (2) \end{cases}$, $x = \dfrac{\begin{vmatrix} 0 & 2 \\ 0 & D+2 \end{vmatrix}}{\begin{vmatrix} D-3 & 2 \\ -2 & D+2 \end{vmatrix}} = \dfrac{0}{(D-2)(D+1)}$

$(D-2)(D+1)x = 0$ $\therefore x = c_1 e^{2t} + c_2 e^{-t}$

由 (1)，$\dfrac{dx}{dt} = 3x - 2y$

$\therefore y = \dfrac{1}{2}\left(3x - \dfrac{dx}{dt}\right) = \dfrac{1}{2}(3(c_1 e^{2t} + c_2 e^{-t})) - (2c_1 e^{2t} - c_2 e^{-t}) = \dfrac{1}{2}c_1 e^{2t} + 2c_2 e^{-t}$

2. $\begin{cases} (D+1)x - 3y = 0 & (1) \\ -2x + (D-2)y = 0 & (2) \end{cases}$ $x = \dfrac{\begin{vmatrix} 0 & -3 \\ 0 & D-2 \end{vmatrix}}{\begin{vmatrix} D+1 & -3 \\ -2 & D-2 \end{vmatrix}} = \dfrac{0}{(D+4)(D-1)}$

$\therefore (D+4)(D-1)x = 0$

得 $x = c_1 e^{-4t} + c_2 e^t$ (3)

代 (3) 入 (1)

$y = \dfrac{1}{3}(D+1)x = \dfrac{1}{3}(D+1)(c_1 e^{-4t} + c_2 e^t) = -c_1 e^{-4t} + \dfrac{2}{3} c_2 e^t$

3. $\begin{cases} (D+2)x + 2y = 0 & (1) \\ -x + (D+5)y = 0 & (2) \end{cases}$ $x = \dfrac{\begin{vmatrix} D+2 & 0 \\ -1 & 0 \end{vmatrix}}{\begin{vmatrix} D+2 & 2 \\ -1 & D+5 \end{vmatrix}} = \dfrac{0}{(D+3)(D+4)}$

$\therefore (D+3)(D+4)x = 0$ 得 $y = c_1 e^{-4t} + c_2 e^{-3t}$ (3)

代 (3) 入 (2)：

$x = (D+5)y = (D+5)(c_1 e^{-4t} + c_2 e^{-3t}) = c_1 e^{-4t} + 2c_2 e^{-3t}$

4. 原方程組可寫成 $\begin{cases} Dx + y = 0 \\ -x + Dy = 0 \end{cases}$ $\therefore x = \dfrac{\begin{vmatrix} 0 & 1 \\ 0 & D \end{vmatrix}}{\begin{vmatrix} D & 1 \\ -1 & D \end{vmatrix}} = \dfrac{0}{D^2+1}$ $(D^2+1)x = 0$

$\therefore x = c_1 \cos t + c_2 \sin t$ (3)

代 (3) 入 $\dfrac{d}{dt}x = -y$

得 $y = -\dfrac{d}{dt}x = -\dfrac{d}{dt}(c_1 \cos t + c_2 \sin t) = c_1 \sin t - c_2 \cos t$

$\because x(0) = 1$，$y(0) = 0$ $\therefore x(0) = c_1 = 1$，$y(0) = -c_2 = 0$

即 $c_2 = 0$

得 $x = \cos t$，$y = \sin t$

練習 6.3

1. (1) 特徵方程式 $\lambda^2 - 3\lambda - 10 = (\lambda - 5)(\lambda + 2) = 0$ $\therefore \lambda = 5, -2$

$\lambda = 5$：

$(A - 5I)x = \begin{pmatrix} -1 & 2 \\ 3 & -6 \end{pmatrix}\begin{pmatrix} x_1 \\ x_2 \end{pmatrix} = \begin{pmatrix} 0 \\ 0 \end{pmatrix}$

$\begin{bmatrix} -1 & 2 & | & 0 \\ 3 & -6 & | & 0 \end{bmatrix} \to \begin{bmatrix} 1 & -2 & | & 0 \\ 3 & -6 & | & 0 \end{bmatrix} \to \begin{bmatrix} 1 & -2 & | & 0 \\ 0 & 0 & | & 0 \end{bmatrix}$

$\therefore x_2 = t$，$x_1 = 2t$ 取 $x = c_1 \begin{pmatrix} 2 \\ 1 \end{pmatrix}$

$\lambda = -2$：

$$(A+2I)x = \begin{pmatrix} 6 & 2 \\ 3 & 1 \end{pmatrix} \begin{pmatrix} x_1 \\ x_2 \end{pmatrix} = \begin{pmatrix} 0 \\ 0 \end{pmatrix}$$

$$\begin{bmatrix} 6 & 2 & | & 0 \\ 3 & 1 & | & 0 \end{bmatrix} \rightarrow \begin{bmatrix} 6 & 2 & | & 0 \\ 0 & 0 & | & 0 \end{bmatrix} \quad \therefore x_1 = t \text{，} x_1 = -3t \quad 取 x = c_2 \begin{pmatrix} 1 \\ -3 \end{pmatrix}$$

(2) 特徵方程式 $\lambda^2 - 100 = (\lambda + 10)(\lambda - 10) = 0 \quad \therefore \lambda = 10, -10$

$\lambda = 10$ 時：

$$(A - 10I)x = 0 \Rightarrow \begin{pmatrix} -4 & 8 & | & 0 \\ 8 & -16 & | & 0 \end{pmatrix} \rightarrow \begin{pmatrix} -4 & 8 & | & 0 \\ 0 & 0 & | & 0 \end{pmatrix} \text{，} x_1 = 2t \text{，} x_2 = t \text{，}$$

取 $x = c_1 \begin{pmatrix} 2 \\ 1 \end{pmatrix}$

$$\lambda = -10 \text{ 時} (A + 10I)x = 0 \Rightarrow \begin{pmatrix} 16 & 8 & | & 0 \\ 8 & 4 & | & 0 \end{pmatrix} \rightarrow \begin{pmatrix} 16 & 8 & | & 0 \\ 0 & 0 & | & 0 \end{pmatrix} \text{，} x_1 = t \text{，} x_2 = -2t \text{，}$$

取 $x = c_2 \begin{pmatrix} 1 \\ -2 \end{pmatrix}$

2. (1)(a) 特徵方程式

$$\lambda^3 - 2\lambda^2 + \left(\begin{vmatrix} 1 & 1 \\ -1 & 2 \end{vmatrix} + \begin{vmatrix} 2 & 1 \\ 1 & -1 \end{vmatrix} + \begin{vmatrix} 1 & -2 \\ 0 & -1 \end{vmatrix} \right) \lambda - \begin{vmatrix} 1 & 1 & -2 \\ -1 & 2 & 1 \\ 0 & 1 & -1 \end{vmatrix}$$

$$= \lambda^3 - 2\lambda^2 - \lambda + 2 = (\lambda + 1)(\lambda - 1)(\lambda - 2) = 0$$

$\lambda = -1$ 時 $(A + I)x = \mathbf{0}$

$$\Rightarrow \begin{bmatrix} 2 & 1 & -2 & | & 0 \\ -1 & 3 & 1 & | & 0 \\ 0 & 1 & 0 & | & 0 \end{bmatrix} \rightarrow \begin{bmatrix} 1 & -3 & -1 & | & 0 \\ 2 & 1 & -2 & | & 0 \\ 0 & 1 & 0 & | & 0 \end{bmatrix} \rightarrow \begin{bmatrix} 1 & -3 & -1 & | & 0 \\ 0 & 7 & 0 & | & 0 \\ 0 & 1 & 0 & | & 0 \end{bmatrix}$$

$$\rightarrow \begin{bmatrix} 1 & -3 & 1 & | & 0 \\ 0 & 1 & 0 & | & 0 \\ 0 & 7 & 0 & | & 0 \end{bmatrix} \rightarrow \begin{bmatrix} 1 & -3 & -1 & | & 0 \\ 0 & 1 & 0 & | & 0 \\ 0 & 0 & 0 & | & 0 \end{bmatrix} \rightarrow \begin{bmatrix} 1 & 0 & 1 & | & 0 \\ 0 & 1 & 0 & | & 0 \\ 0 & 0 & 0 & | & 0 \end{bmatrix} \quad x_3 = t \text{，} x_2 = 0 \text{，} x_1 = -t$$

取 $x = c_1 \begin{pmatrix} -1 \\ 0 \\ 1 \end{pmatrix}$

$\lambda = 1$ 時：$(A - I)x = \mathbf{0}$

$$\Rightarrow \begin{bmatrix} 0 & 1 & -2 & | & 0 \\ -1 & 1 & 1 & | & 0 \\ 0 & 1 & -2 & | & 0 \end{bmatrix} \rightarrow \begin{bmatrix} 1 & -1 & -1 & | & 0 \\ 0 & 1 & -2 & | & 0 \\ 0 & 1 & -2 & | & 0 \end{bmatrix} \rightarrow \begin{bmatrix} 1 & -1 & -1 & | & 0 \\ 0 & 1 & -2 & | & 0 \\ 0 & 0 & 0 & | & 0 \end{bmatrix} \rightarrow \begin{bmatrix} 1 & 0 & -3 & | & 0 \\ 0 & 1 & -2 & | & 0 \\ 0 & 0 & 0 & | & 0 \end{bmatrix}$$

$$x_3 = t，x_2 = 2t，x_1 = 3t；取\ x = c_2 \begin{pmatrix} 3 \\ 2 \\ 1 \end{pmatrix}$$

$\lambda = 2：(A - 2I)x = \mathbf{0}$

$$\Rightarrow \begin{bmatrix} -1 & 1 & -2 & | & 0 \\ -1 & 0 & 1 & | & 0 \\ 0 & 1 & -3 & | & 0 \end{bmatrix} \to \begin{bmatrix} 1 & -1 & 2 & | & 0 \\ -1 & 0 & 1 & | & 0 \\ 0 & 1 & -3 & | & 0 \end{bmatrix} \to \begin{bmatrix} 1 & -1 & 2 & | & 0 \\ 0 & -1 & 3 & | & 0 \\ 0 & 1 & -3 & | & 0 \end{bmatrix} \to \begin{bmatrix} 1 & 0 & -1 & | & 0 \\ 0 & 1 & -3 & | & 0 \\ 0 & 0 & 0 & | & 0 \end{bmatrix}$$

$$x_3 = t，x_2 = 3t，x_1 = t；取\ x = c_3 \begin{pmatrix} 1 \\ 3 \\ 1 \end{pmatrix}$$

(b) $A^3 - 2A^2 - A + 2I = \mathbf{0}$ $\quad \therefore A^3 - 2A^2 = A - 2I = \begin{bmatrix} -1 & 1 & -2 \\ -1 & 0 & 1 \\ 0 & 1 & -3 \end{bmatrix}$

(2) (a) 特徵方程式：

$$\lambda^3 - \lambda^2 + \left(\begin{vmatrix} 1 & 0 \\ 0 & 0 \end{vmatrix} + \begin{vmatrix} 1 & 0 \\ 0 & 0 \end{vmatrix} + \begin{vmatrix} 0 & 1 \\ 1 & 0 \end{vmatrix} \right) \lambda - \begin{vmatrix} 1 & 0 & 0 \\ 0 & 0 & 1 \\ 0 & 1 & 0 \end{vmatrix} = \lambda^3 - \lambda^2 - \lambda + 1 = \lambda^2(\lambda - 1) - (\lambda - 1)$$

$= (\lambda - 1)^2(\lambda + 1)$

$\lambda = -1$ 時：$(A + I)x = \mathbf{0}$

$$\Rightarrow \begin{bmatrix} 2 & 0 & 0 & | & 0 \\ 0 & 1 & 1 & | & 0 \\ 0 & 1 & 1 & | & 0 \end{bmatrix} \to \begin{bmatrix} 1 & 0 & 0 & | & 0 \\ 0 & 1 & 1 & | & 0 \\ 0 & 1 & 1 & | & 0 \end{bmatrix} \to \begin{bmatrix} 1 & 0 & 0 & | & 0 \\ 0 & 1 & 1 & | & 0 \\ 0 & 0 & 0 & | & 0 \end{bmatrix}$$

$$取\ x_3 = t，x_2 = -t，x_1 = 0，x = c_1 \begin{pmatrix} 0 \\ -1 \\ 1 \end{pmatrix}$$

$\lambda = 1$ 時：$(A - I)x = \mathbf{0}$

$$\Rightarrow \begin{bmatrix} 0 & 0 & 0 & | & 0 \\ 0 & -1 & 1 & | & 0 \\ 0 & 1 & -1 & | & 0 \end{bmatrix} \to \begin{bmatrix} 0 & 0 & 0 & | & 0 \\ 0 & 1 & -1 & | & 0 \\ 0 & 1 & -1 & | & 0 \end{bmatrix} \to \begin{bmatrix} 0 & 0 & 0 & | & 0 \\ 0 & 1 & -1 & | & 0 \\ 0 & 0 & 0 & | & 0 \end{bmatrix}$$

$$x_3 = t，x_2 = t，x_1 = s \quad 取\ x = c_2 \begin{pmatrix} 1 \\ 0 \\ 0 \end{pmatrix} + c_3 \begin{pmatrix} 0 \\ 1 \\ 1 \end{pmatrix}$$

(b) $A^3 - A^2 - A + 2I = (A^3 - A^2 - A + I) + I = \mathbf{O} + I = I$

(3) (a) 特徵方程式

$\lambda^3 - 8\lambda^2 + 20\lambda - 16 = (\lambda - 2)^2(\lambda - 4) = 0 \quad \therefore \lambda = 2, 2, 4$

$\lambda = 2$ 時：$(A - 2I)x = \mathbf{0}$

$$\Rightarrow \begin{bmatrix} 1 & 0 & 1 & | & 0 \\ 0 & 0 & 0 & | & 0 \\ 1 & 0 & 1 & | & 0 \end{bmatrix} \rightarrow \begin{bmatrix} 1 & 0 & 1 & | & 0 \\ 0 & 0 & 0 & | & 0 \\ 0 & 0 & 0 & | & 0 \end{bmatrix}$$

$\therefore$ 取 $x_3 = -t$，$x_2 = s$，$x_1 = t$

取 $x = c_1 \begin{bmatrix} 1 \\ 0 \\ -1 \end{bmatrix} + c_3 \begin{bmatrix} 0 \\ 1 \\ 0 \end{bmatrix}$

$\lambda = 4$ 時：$(A - 4I)x = 0$

$$\Rightarrow \begin{bmatrix} -1 & 0 & 1 & | & 0 \\ 0 & -2 & 0 & | & 0 \\ 1 & 0 & -1 & | & 0 \end{bmatrix} \rightarrow \begin{bmatrix} -1 & 0 & 1 & | & 0 \\ 0 & -2 & 0 & | & 0 \\ 0 & 0 & 0 & | & 0 \end{bmatrix}$$

$x_3 = t$，$x_1 = t$，$x_2 = 0$，

取 $x = c_3 \begin{pmatrix} 1 \\ 0 \\ 1 \end{pmatrix}$

(b) $\because A^3 - 8A^2 + 21A - 16I = (A^3 - 8A^2 + 20A - 16I) + A = A$

3. (1) A 為非奇異陣，A 之特特徵值均異於 0，設 λ 為 A 之一特徵值則

$Ax = \lambda x$　$\therefore A^{-1}Ax = A^{-1}\lambda x = \lambda A^{-1}x \Rightarrow A^{-1}x = \dfrac{1}{\lambda}x$，$\lambda$ 與 $\dfrac{1}{\lambda}$ 之特徵向量均為 x

(2) $|\lambda I - A| = |(\lambda I - A)^T| = |\lambda I - A^T|$ $\therefore A$ 與 A^T 有相同之特徵方程式，A 與 A^T 之特徵值必相同。

(3) $A^T A = I$　$\therefore |A^T||A| = 1 \Rightarrow |A|^2 = 1$　$\therefore |A| = \pm 1$，即 A 不為奇異陣。

(4) A 為直交陣，λ 為 A 之任一特徵值，則 λ 為 A^T 之特徵值，$\dfrac{1}{\lambda}$ 為 A^{-1} 之特徵值

$\therefore$ 直交陣 A 滿足 $A^T = A^{-1} \Rightarrow \lambda = \dfrac{1}{\lambda}$　$\therefore \lambda = \pm 1$

4. A 之特徵方程式為 $\lambda^n - n\lambda^{n-1} = \lambda^{n-1}(\lambda - n) = 0$

$\therefore$ 特徵值 $\lambda = 0$（$n - 1$ 個重根），$\lambda = n$

(1) $\lambda = n$ 時，$(A - nI)x = 0$

$$\begin{bmatrix} 1-n & 1 & \cdots & 1 & | & 0 \\ 1 & 1-n & \cdots & 1 & | & 0 \\ 1 & 1 & \cdots & 1 & | & 0 \\ \vdots & \vdots & & \vdots & | & \vdots \\ 1 & 1 & \cdots & 1-n & | & 0 \end{bmatrix} \text{ 取 } x = c_1 \begin{bmatrix} 1 \\ 1 \\ 1 \\ \vdots \\ 1 \end{bmatrix}$$

(2) $\lambda = 0$ 時，$(A - 0I)x = 0$，即 $Ax = 0$

$$\begin{bmatrix} 1 & 1 & \cdots & 1 & 0 \\ 1 & 1 & \cdots & 1 & 0 \\ \vdots & \vdots & & \vdots & \vdots \\ 1 & 1 & \cdots & 1 & 0 \end{bmatrix} \rightarrow \begin{bmatrix} 1 & 1 & \cdots & 1 & 0 \\ 0 & 0 & \cdots & 0 & 0 \\ \vdots & \vdots & & \vdots & \vdots \\ 0 & 0 & \cdots & 0 & 0 \end{bmatrix}$$

$$\therefore \text{取 } x = c_2 \begin{bmatrix} -1 \\ 0 \\ \vdots \\ 0 \\ 1 \end{bmatrix} + c_3 \begin{bmatrix} -1 \\ 0 \\ \vdots \\ 1 \\ 0 \end{bmatrix} + c_n \begin{bmatrix} -1 \\ 1 \\ 0 \\ \vdots \\ 0 \end{bmatrix}$$

5. 設 λ 為 AB 之特徵值則 $ABx = \lambda x$，令 $y = Bx$ 則 $Ay = ABx = \lambda x$ $\therefore BAy = \lambda Bx = \lambda y$，即 λ 亦為 BA 之特徵值。

練習 6.4A

1. (1)特徵方程式 $\lambda^2 = 0$ $\therefore \lambda = 0$ 重根又 rank $(A - \lambda I) = $ rank $(A) = 1 \neq 2 - 2 = 0$
$\therefore$ 不可被對角化
(2)特徵方程式 $\lambda^2 - 2\lambda + 1 = (\lambda - 1)^2 = 0$ $\therefore \lambda = 1$ 重根，又 rank$(A - I) = 1 \neq 2 - 2 = 0$ $\therefore$ 不可被對角化
(3)特徵方程式 $\lambda^3 - 3\lambda^2 = \lambda^2(\lambda - 3) = 0$ $\therefore \lambda = 3, \lambda = 0$（重根）

$$\text{rank}(A - 0I) = \text{rank}\left(\begin{bmatrix} 1 & 1 & 1 \\ 1 & 1 & 1 \\ 1 & 1 & 1 \end{bmatrix}\right) = \text{rank}\left(\begin{bmatrix} 1 & 1 & 1 \\ 0 & 0 & 0 \\ 0 & 0 & 0 \end{bmatrix}\right) = 1 = n - c = 3 - 2$$

$$\text{rank}(A - 3I) = \text{rank}\left(\begin{bmatrix} -2 & 1 & 1 \\ 1 & -2 & 1 \\ 1 & 1 & -2 \end{bmatrix}\right) = \text{rank}\left(\begin{bmatrix} -2 & 1 & 1 \\ 1 & -2 & 1 \\ 0 & 0 & 0 \end{bmatrix}\right) = 2 = n - c = 3 - 1$$

$\therefore A$ 可被對角化

2. (1)A 之特徵方程式為 $\lambda^3 - 6\lambda^2 + 9\lambda - 4 = (\lambda - 1)^2(\lambda - 4) = 0$
$\therefore \lambda = 1$（重根），$\lambda = 4$

$$\lambda = 1 \text{ 時 rank } (A - I) = \text{rank}\left(\begin{bmatrix} 1 & 1 & 1 \\ 1 & 1 & 1 \\ 1 & 1 & 1 \end{bmatrix}\right) = 1 = 3 - 2$$

$$\lambda = 4 \text{ 時 rank } (A - 4I) = \text{rank}\left(\begin{bmatrix} -2 & 1 & 1 \\ 1 & -2 & 1 \\ 1 & 1 & -2 \end{bmatrix}\right) = \text{rank}\left(\begin{bmatrix} -2 & 1 & 1 \\ 1 & -2 & 1 \\ 0 & 0 & 0 \end{bmatrix}\right) = 2 = 3 - 1$$

$\therefore A$ 可被對角化

(2) (i) $\lambda = 1$ 時 $(A - I)x = 0$：$\begin{bmatrix} 1 & 1 & 1 & | & 0 \\ 1 & 1 & 1 & | & 0 \\ 1 & 1 & 1 & | & 0 \end{bmatrix} \rightarrow \begin{bmatrix} 1 & 1 & 1 & | & 0 \\ 0 & 0 & 0 & | & 0 \\ 0 & 0 & 0 & | & 0 \end{bmatrix}$

$\therefore$ 取 $x_1 = \begin{bmatrix} 1 \\ 0 \\ -1 \end{bmatrix}$，$x_2 = \begin{bmatrix} 1 \\ -2 \\ 1 \end{bmatrix}$

$\lambda = 4$ 時 $(A - 4I)x = 0$：$\begin{bmatrix} -2 & 1 & 1 & | & 0 \\ 1 & -2 & 1 & | & 0 \\ 1 & 1 & -2 & | & 0 \end{bmatrix} \rightarrow \begin{bmatrix} 0 & 0 & 0 & | & 0 \\ 1 & -2 & 1 & | & 0 \\ 1 & 1 & -2 & | & 0 \end{bmatrix}$

$\rightarrow \begin{bmatrix} 0 & 0 & 0 & | & 0 \\ 1 & -2 & 1 & | & 0 \\ 0 & 3 & -3 & | & 0 \end{bmatrix} \rightarrow \begin{bmatrix} 0 & 0 & 0 & | & 0 \\ 1 & -2 & 1 & | & 0 \\ 0 & 1 & -1 & | & 0 \end{bmatrix}$，取 $x_3 = \begin{bmatrix} 1 \\ 1 \\ 1 \end{bmatrix}$

$\therefore S = \begin{bmatrix} 1 & 1 & 1 \\ 0 & -2 & 1 \\ -1 & 1 & 1 \end{bmatrix}$

3. (1) A 之特徵方程式 $\lambda^3 - 3\lambda^2 + 2\lambda = \lambda(\lambda - 1)(\lambda - 2) = 0$，$\lambda = 0, 1, 2$ 為三相異根，故可被對角化

(2) $\lambda = 0$ 時：$(A - 0I)x = 0 \Rightarrow Ax = 0$：

$\begin{bmatrix} 1 & 0 & -1 & | & 0 \\ 0 & 1 & 0 & | & 0 \\ -1 & 0 & 1 & | & 0 \end{bmatrix} \rightarrow \begin{bmatrix} 1 & 0 & -1 & | & 0 \\ 0 & 1 & 0 & | & 0 \\ 0 & 0 & 0 & | & 0 \end{bmatrix}$，取 $v_1 = \begin{bmatrix} 1 \\ 0 \\ 1 \end{bmatrix}$

$\lambda = 1$ 時：$(A - I)x = 0$：$\begin{bmatrix} 0 & 0 & -1 & | & 0 \\ 0 & 0 & 0 & | & 0 \\ -1 & 0 & 0 & | & 0 \end{bmatrix}$，取 $v_2 = \begin{bmatrix} 0 \\ 1 \\ 0 \end{bmatrix}$

$\lambda = 2$ 時：$(A - 2I)x = 0$：

$\begin{bmatrix} -1 & 0 & -1 & | & 0 \\ 0 & -1 & 0 & | & 0 \\ -1 & 0 & -1 & | & 0 \end{bmatrix} \rightarrow \begin{bmatrix} 1 & 0 & 1 & | & 0 \\ 0 & 1 & 0 & | & 0 \\ 0 & 0 & 0 & | & 0 \end{bmatrix}$，取 $v_3 = \begin{bmatrix} 1 \\ 0 \\ -1 \end{bmatrix}$

$\therefore S = \begin{bmatrix} 1 & 0 & 1 \\ 0 & 1 & 0 \\ 1 & 0 & -1 \end{bmatrix}$

4. $\because A$ 可被對角化 $\therefore$ 存在一個非奇異陣 S，使得 $SAS^{-1} = \Lambda$，又 $A^2 = (S\Lambda S^{-1})(S\Lambda S^{-1}) = S\Lambda(S^{-1}S)\Lambda S^{-1} = S\Lambda^2 S^{-1}$

Λ^2 為對角陣且主對角上之元素均為 A^2 之特徵值　$\therefore A^2$ 亦可對角化

5. A 之特徵方程式為 $\lambda^2 - (a + d)\lambda + (ad - bc) = 0$

$$\lambda = \frac{1}{2}\left[(a+d) \pm \sqrt{(a+d)^2 - 4(ad-bc)}\right]$$

$\therefore A$ 能被對角化之條件為 $(a+d)^2 - 4(ad-bc) > 0$ 或 $(a-d)^2 + 4bc = 0$

6. (1) 利用反證法：若 $A \neq 0$ 則 A 必存在一個元素不為 0，則 $\operatorname{rank}(A) \neq 0$，但此與題給條件 $\operatorname{rank}(A) = 0$ 矛盾 $\therefore A = \mathbf{0}$

(2) A 為 n 階方陣，其特徵方程式為 $(\lambda - a)^n = 0$，故有 n 個重根 $\lambda = a$。又被對角化，則 A 必需滿足 $\operatorname{rank}(A - aI) = n - c = n - n = 0$

$A - aI = 0 \Rightarrow A = aI$

7. 依題意 $S = \begin{bmatrix} 1 & 2 \\ 2 & -1 \end{bmatrix}$，$\Lambda = \begin{bmatrix} 1 & 0 \\ 0 & 2 \end{bmatrix}$

$$\therefore A^k = \begin{bmatrix} 1 & 2 \\ 2 & -1 \end{bmatrix}\begin{bmatrix} 1 & 0 \\ 0 & 2 \end{bmatrix}^k\begin{bmatrix} 1 & 2 \\ 2 & -1 \end{bmatrix}^{-1}$$

$$= \begin{bmatrix} 1 & 2 \\ 2 & -1 \end{bmatrix}\begin{bmatrix} 1 & 0 \\ 0 & 2^k \end{bmatrix}\frac{-1}{5}\begin{bmatrix} -1 & -2 \\ -2 & 1 \end{bmatrix} = \frac{1}{5}\begin{bmatrix} 1+2^{k+2} & 2-2^{k+1} \\ 2-2^{k+1} & 4+2^k \end{bmatrix}$$

練習 6.4B

1. A 之特徵方程式 $\lambda^2 = 0$，$\lambda = 0$（重根）但 $\operatorname{rank}(A - 0I) = 1 \neq 2 - 2$

$\therefore A$ 不可對角化

$A^2 = \begin{bmatrix} 0 & 0 \\ 0 & 0 \end{bmatrix}$ $\therefore e^A = I + A = \begin{bmatrix} 1 & 0 \\ 0 & 1 \end{bmatrix} + \begin{bmatrix} 0 & 1 \\ 0 & 0 \end{bmatrix} = \begin{bmatrix} 1 & 1 \\ 0 & 1 \end{bmatrix}$ 及 $(e^A)^{-1} = \frac{1}{1}\begin{bmatrix} 1 & -1 \\ 0 & 1 \end{bmatrix} = \begin{bmatrix} 1 & -1 \\ 0 & 1 \end{bmatrix}$

2. A 之特徵方程式 $\lambda^2 - 3\lambda + 2 = (\lambda - 1)(\lambda - 2) = 0$，$\lambda = 1, 2$

$\lambda = 1$ 時：$(A - I)x = 0$：$\begin{bmatrix} -1 & -2 & \big| & 0 \\ 1 & 2 & \big| & 0 \end{bmatrix} \rightarrow \begin{bmatrix} 1 & 2 & \big| & 0 \\ 0 & 0 & \big| & 0 \end{bmatrix}$ 取 $x_1 = \begin{bmatrix} 2 \\ -1 \end{bmatrix}$

$\lambda = 2$ 時：$(A - 2I)x = 0$：$\begin{bmatrix} -2 & -2 & \big| & 0 \\ 1 & 1 & \big| & 0 \end{bmatrix} \rightarrow \begin{bmatrix} 1 & 1 & \big| & 0 \\ 1 & 1 & \big| & 0 \end{bmatrix} \rightarrow \begin{bmatrix} 1 & 1 & \big| & 0 \\ 0 & 0 & \big| & 0 \end{bmatrix}$ 取 $x_2 = \begin{bmatrix} 1 \\ -1 \end{bmatrix}$

$\therefore S = \begin{bmatrix} 2 & 1 \\ -1 & -1 \end{bmatrix}$

(1) $A^n = S\Lambda^n S^{-1} = \begin{bmatrix} 2 & 1 \\ -1 & -1 \end{bmatrix}\begin{bmatrix} 1 & 0 \\ 0 & 2^n \end{bmatrix}\left(-\begin{bmatrix} -1 & -1 \\ 1 & 2 \end{bmatrix}\right)$

$$= \begin{bmatrix} 2 & 1 \\ -1 & -1 \end{bmatrix}\begin{bmatrix} 1 & 0 \\ 0 & 2^n \end{bmatrix}\begin{bmatrix} 1 & 1 \\ -1 & -2 \end{bmatrix} = \begin{bmatrix} -2+2^n & 2-2^{n+1} \\ -1+2^n & -1+2^{n+1} \end{bmatrix}$$

(2) $e^A = Se^{\Lambda t}S^{-1} = \begin{bmatrix} 2 & 1 \\ -1 & -1 \end{bmatrix}\begin{bmatrix} e & 0 \\ 0 & e^2 \end{bmatrix}\begin{bmatrix} 2 & 1 \\ -1 & -1 \end{bmatrix}^{-1} = \begin{bmatrix} 2 & 1 \\ -1 & -1 \end{bmatrix}\begin{bmatrix} e & 0 \\ 0 & e^2 \end{bmatrix}\begin{bmatrix} 1 & 1 \\ -1 & -2 \end{bmatrix}$

$$= \begin{bmatrix} 2e-e^2 & 2e-2e^2 \\ -e+e^2 & -e+2e^2 \end{bmatrix}$$

3. (1) 應用定理 E

$$e^{At}=\mathcal{L}^{-1}((sI-A)^{-1})=\mathcal{L}^{-1}\left(\begin{bmatrix} s-a & -b \\ b & s-a \end{bmatrix}^{-1}\right)=\mathcal{L}^{-1}\left(\frac{1}{(s-a)^2+b^2}\begin{bmatrix} s-a & b \\ -b & s-a \end{bmatrix}\right)$$

$$=\begin{bmatrix} \mathcal{L}^{-1}\left(\frac{s-a}{(s-a)^2+b^2}\right) & \mathcal{L}^{-1}\left(\frac{b}{(s-a)^2+b^2}\right) \\ \mathcal{L}^{-1}\left(\frac{-b}{(s-a)^2+b^2}\right) & \mathcal{L}^{-1}\left(\frac{s-a}{(s-a)^2+b^2}\right) \end{bmatrix}$$

$$\mathcal{L}^{-1}\left(\frac{s-a}{(s-a)^2+b^2}\right)=e^{at}\mathcal{L}^{-1}\left(\frac{s}{s^2+b^2}\right)=e^{at}\cos bt$$

$$\mathcal{L}^{-1}\left(\frac{b}{(s-a)^2+b^2}\right)=e^{at}\mathcal{L}^{-1}\left(\frac{b}{s^2+b^2}\right)=e^{at}\sin bt$$

$$\therefore e^{At}=\begin{bmatrix} e^{at}\cos bt & e^{at}\sin bt \\ -e^{at}\sin bt & e^{at}\cos bt \end{bmatrix}$$

(2) $Y(t)=e^{At}Y_0=\begin{bmatrix} e^{at}\cos bt & e^{at}\sin bt \\ -e^{at}\sin bt & e^{at}\cos bt \end{bmatrix}\begin{bmatrix} 1 \\ -1 \end{bmatrix}=\begin{bmatrix} e^{at}(\cos bt-\sin bt) \\ -e^{at}(\cos bt+\sin bt) \end{bmatrix}$

4. 原聯立方程組相當於

$$Y'=AY，A=\begin{bmatrix} 0 & -2 \\ 1 & 3 \end{bmatrix}，Y_0=\begin{pmatrix} 1 \\ -3 \end{pmatrix}$$

$$e^{At}=\mathcal{L}^{-1}((sI-A)^{-1})=\mathcal{L}^{-1}\left(\begin{bmatrix} s & 2 \\ -1 & s-3 \end{bmatrix}^{-1}\right)=\mathcal{L}^{-1}\left(\begin{bmatrix} \frac{s-3}{s^2-3s+2} & \frac{-2}{s^2-3s+2} \\ \frac{1}{s^2-3s+2} & \frac{s}{s^2-3s+2} \end{bmatrix}\right)$$

$$=\begin{bmatrix} \mathcal{L}^{-1}\left(\frac{s-3}{s^2-3s+2}\right) & \mathcal{L}^{-1}\left(\frac{2}{s^2-3s+2}\right) \\ \mathcal{L}^{-1}\left(\frac{1}{s^2-3s+2}\right) & \mathcal{L}^{-1}\left(\frac{s}{s^2-3s+2}\right) \end{bmatrix}=\begin{bmatrix} \mathcal{L}^{-1}\left(\frac{2}{s-1}-\frac{1}{s-2}\right) & -2\mathcal{L}^{-1}\left(\frac{-1}{s-1}+\frac{1}{s-2}\right) \\ \mathcal{L}^{-1}\left(\frac{-1}{s-1}+\frac{1}{s-2}\right) & \mathcal{L}^{-1}\left(\frac{-1}{s-1}+\frac{2}{s-2}\right) \end{bmatrix}$$

$$=\begin{bmatrix} 2e^t-e^{2t} & 2(e^t-e^{2t}) \\ -e^t+e^{2t} & -e^t+2e^{2t} \end{bmatrix}$$

$$\therefore Y(t)=e^{At}Y_0=\begin{bmatrix} 2e^t-e^{2t} & 2e^t-2e^{2t} \\ -e^t+e^{2t} & -e^t+2e^{2t} \end{bmatrix}\begin{pmatrix} 1 \\ -3 \end{pmatrix}=\begin{pmatrix} -4e^t+5e^{2t} \\ 2e^t-5e^{2t} \end{pmatrix}$$

5. $e^{At}=\mathcal{L}^{-1}((sI-A)^{-1})=\mathcal{L}^{-1}\left(\begin{bmatrix} s-1 & 0 \\ 0 & s-2 \end{bmatrix}^{-1}\right)$

$$=\mathcal{L}^{-1}\left(\frac{1}{(s-1)(s-2)}\begin{bmatrix} s-2 & 0 \\ 0 & s-1 \end{bmatrix}\right)=\mathcal{L}^{-1}\left(\begin{bmatrix} \frac{1}{s-1} & 0 \\ 0 & \frac{1}{s-2} \end{bmatrix}\right)$$

$$=\begin{bmatrix} \mathcal{L}^{-1}\left(\frac{1}{s-1}\right) & 0 \\ 0 & \mathcal{L}^{-1}\left(\frac{1}{s-2}\right) \end{bmatrix}=\begin{bmatrix} e^t & 0 \\ 0 & e^{2t} \end{bmatrix}$$

練習 6.6

1. (1) $q_1 = X^T \begin{bmatrix} 2 & 2 & -2 \\ 2 & 5 & -4 \\ -2 & -4 & 5 \end{bmatrix} X$ $\quad \because a_{11} = 2$，$\begin{vmatrix} a_{11} & a_{12} \\ a_{21} & a_{22} \end{vmatrix} = \begin{vmatrix} 2 & 2 \\ 2 & 5 \end{vmatrix} = 6$，$\begin{vmatrix} 2 & 2 & -2 \\ 2 & 5 & -4 \\ -2 & -4 & 5 \end{vmatrix} = 10$

$\therefore q_1$ 為正定

(2) $q_2 = X^T \begin{bmatrix} 1 & 0 & 0 \\ 0 & 1 & 1 \\ 0 & 1 & 1 \end{bmatrix} X$；$a_{11} = 1$，$\begin{vmatrix} a_{11} & a_{12} \\ a_{21} & a_{22} \end{vmatrix} = \begin{vmatrix} 1 & 0 \\ 0 & 1 \end{vmatrix} = 1$，$\begin{vmatrix} 1 & 0 & 0 \\ 0 & 1 & 1 \\ 0 & 1 & 1 \end{vmatrix} = 0$

$\therefore q_2$ 為半正定

(3) $q_3 = X^T \begin{bmatrix} \sqrt{2} & \frac{1}{2} & 0 \\ \frac{1}{2} & \sqrt{3} & \frac{1}{2} \\ 0 & \frac{1}{2} & 0 \end{bmatrix} X$；$a_{11} = \sqrt{2}$，$\begin{vmatrix} a_{11} & a_{12} \\ a_{21} & a_{22} \end{vmatrix} = \begin{vmatrix} \sqrt{2} & \frac{1}{2} \\ \frac{1}{2} & \sqrt{3} \end{vmatrix} = \sqrt{6} - \frac{1}{4} > 0$，

但 $\begin{vmatrix} \sqrt{2} & \frac{1}{2} & 0 \\ \frac{1}{2} & \sqrt{3} & \frac{1}{2} \\ 0 & \frac{1}{2} & 0 \end{vmatrix} = -\frac{1}{2} \begin{vmatrix} \sqrt{2} & 0 \\ \frac{1}{2} & \frac{1}{2} \end{vmatrix} = -\frac{\sqrt{2}}{4} < 0$ $\quad \therefore q_3$ 為不定

(4) $q_4 = X^T \begin{bmatrix} 1 & \frac{1}{2} & \frac{1}{2} \\ \frac{1}{2} & 1 & -\frac{1}{2} \\ \frac{1}{2} & -\frac{1}{2} & 1 \end{bmatrix} X$；$a_{11} = 1$，$\begin{vmatrix} a_{11} & a_{12} \\ a_{21} & a_{22} \end{vmatrix} = \begin{vmatrix} 1 & \frac{1}{2} \\ \frac{1}{2} & 1 \end{vmatrix} = \frac{3}{4}$

$\begin{vmatrix} 1 & \frac{1}{2} & \frac{1}{2} \\ \frac{1}{2} & 1 & -\frac{1}{2} \\ \frac{1}{2} & -\frac{1}{2} & 1 \end{vmatrix} = 0$ $\quad \therefore q_4$ 為半正定

(5) $q_5 = (x+y)^2 + (x+z)^2 + (y+z)^2 = 2x^2 + 2y^2 + 2z^2 + 2xy + 2xz + 2yz$

$q_5 = X^T \begin{bmatrix} 2 & 1 & 1 \\ 1 & 2 & 1 \\ 1 & 1 & 2 \end{bmatrix} X$，$a_{11} = 2$，$\begin{vmatrix} a_{11} & a_{12} \\ a_{21} & a_{22} \end{vmatrix} = \begin{vmatrix} 2 & 1 \\ 1 & 2 \end{vmatrix} = 3$，

$\begin{vmatrix} 2 & 1 & 1 \\ 1 & 2 & 1 \\ 1 & 1 & 2 \end{vmatrix} = 4$ $\quad \therefore q_5$ 為正定

2. $\begin{vmatrix} a & 1 & 1 \\ 1 & a & 1 \\ 1 & 1 & a \end{vmatrix}$ 正定之條件為 $a > 0$, $\begin{vmatrix} a & 1 \\ 1 & a \end{vmatrix} = a^2 - 1 > 0$;

$\begin{vmatrix} a & 1 & 1 \\ 1 & a & 1 \\ 1 & 1 & a \end{vmatrix} = (2+a) \begin{vmatrix} 1 & 1 & 1 \\ 1 & a & 1 \\ 1 & 1 & a \end{vmatrix} = (a+2) \begin{vmatrix} 1 & 1 & 1 \\ 0 & a-1 & 0 \\ 0 & 0 & a-1 \end{vmatrix} = (a+2)(a-1)^2$

要同時滿足 $a > 0$, $a^2 > 1$, $(a+2)(a-1)^2 > 0$ (即 $a+2 > 0$) 必須 $a > 1$

3. $q = X^T \begin{bmatrix} a & b \\ b & c \end{bmatrix} X$

$\therefore$ (1)q 為正定之條件為 $a > 0$ 且 $\begin{vmatrix} a & b \\ b & c \end{vmatrix} = ac - b^2 > 0$

(2)q 為負定之條件為 $a < 0$ 且 $ac - b^2 < 0$

4. $\because A$ 為半正定，$\therefore A$ 之特徵值 λ_i 均 ≥ 0 ，$\therefore A^2$ 之所有特徵值 $\lambda_i^2 \geq 0 \Rightarrow A^2$ 為半正定。

練習 7.1A

1.

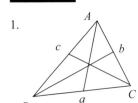

$\vec{Aa} = \frac{1}{2}(\vec{AB} + \vec{AC})$, $\vec{Bb} = \frac{1}{2}(\vec{BA} + \vec{BC})$, $\vec{Cc} = \frac{1}{2}(\vec{CA} + \vec{CB})$

$\therefore \vec{Aa} + \vec{Bb} + \vec{Cc} = 0$

2. 由例 1. $\vec{OC} = \vec{OA} + \vec{AC} = \vec{OA} + \beta\vec{CB} = \vec{OA} + \beta(\vec{OB} - \vec{OC})$

$(1+\beta)\vec{OC} = \vec{OA} + \beta\vec{CB}$, $\therefore \vec{OC} = \frac{1}{1+\beta}(\vec{OA} + \beta\vec{OB})$

3.

$\vec{BA} + \vec{AM} = -\vec{AB} + \frac{1}{2}\vec{AC} = \vec{BM}$ (1)

$\vec{DC} + \vec{CM} = -\vec{CD} - \frac{1}{2}\vec{AC} = \vec{DM}$ (2)

由 (1) + (2) 得：$\vec{AB} + \vec{CD} = -(\vec{BM} + \vec{DM}) = \vec{MB} + \vec{MD} = 2\vec{MN}$

4. (1)$\|A\| = \sqrt{1^2 + (-2)^2 + 3^2} = \sqrt{14}$

(2)$\|A - B\| = \|[1, -3, -2]\| = \sqrt{1^2 + (-3)^2 + (-2)^2} = \sqrt{14}$

(3) $\|2A - C\| = \|[0, -4, 2]\| = \sqrt{0^2 + (-4)^2 + 2^2} = 2\sqrt{5}$

5. $\overrightarrow{AB} + \overrightarrow{BC} + \overrightarrow{CD} + \overrightarrow{DE} + \overrightarrow{EF} + \overrightarrow{FA} = \overrightarrow{AA} = \mathbf{0}$

練習 7.1B

1. $\triangle PQR$ 的面積 $= \dfrac{1}{2} \| \overrightarrow{PQ} \times \overrightarrow{PR} \| = \dfrac{1}{2} \|(j+k) \times (-2i-j-k)\|$

又 $(j+k) \times (-2i-j-k)$

$= \begin{vmatrix} i & i & k \\ 0 & 1 & 1 \\ -2 & -1 & -1 \end{vmatrix} = -2j+2k$ $\therefore \triangle PQR$ 的面積 $= \dfrac{1}{2} \| -2j+2k \| = \sqrt{2}$

2. (1) $\begin{vmatrix} i & j & k \\ 1 & -2 & 0 \\ 3 & 0 & -1 \end{vmatrix} = 2i+j+6k$

(2) $\begin{vmatrix} i & j & k \\ 1 & -3 & 1 \\ 2 & 1 & -3 \end{vmatrix} = 8i+5j+7k$

3. $\|C\| = \|-A-B\| = \|A+B\| = 7 \Rightarrow (A+B) \cdot (A+B) = A \cdot A + A \cdot B + B \cdot A + B \cdot B$

$= 9 + 2A \cdot B + 25 = 34 + 2A \cdot B = 49$ $\therefore A \cdot B = \dfrac{15}{2}$

$\theta = \cos^{-1} \dfrac{A \cdot B}{\|A\|\|B\|} = \cos^{-1} \dfrac{\frac{1}{2}(15)}{3 \cdot 5} = \cos^{-1} \dfrac{1}{2} = 60°$

4. $(A-B) \times (A+B) = A \times (A+B) - B \times (A+B) = A \times A + A \times B - B \times A - B \times B$

$= A \times B + A \times B = 2A \times B$

5. (1) 用定理 C

$A \times B = \begin{vmatrix} i & j & k \\ 1 & 1 & -1 \\ 0 & 3 & -1 \end{vmatrix} = 2i+j+3k$ $\therefore (A \times B) \times C = \begin{vmatrix} i & j & k \\ 2 & 1 & 3 \\ 1 & 0 & 2 \end{vmatrix} = 2i-j-k$

(2) 用定理 I

$(A \times B) \times C = (A \cdot C)B - (B \cdot C)A = [(i+j-k) \cdot (i+2k)](3j-k) - [(3j-k) \cdot$

$(i+2k)](i+j-k) = (-3j+k) + 2(i+j-k) = 2i-j-k$

6. $\because A \times B = A \times C$ $\therefore A \times (A \times B) = A \times (A \times C) \Rightarrow -(A \times B) \times A = -(A \times C) \times A$

從而 $(A \cdot A)B - (A \cdot B)A = (A \cdot A)C - (A \cdot C)A$

又 $A \cdot B = A \cdot C$，可得 $(A \cdot A)B = (A \cdot A)C$，$\because A \neq 0$ $\therefore B = C$

7.

在本題只要證出 $\overrightarrow{PA} \cdot \overrightarrow{PB} = 0$ 即可。

$$\overrightarrow{PA} = \overrightarrow{PO} + \overrightarrow{OA} = \overrightarrow{PO} - \frac{1}{2}\overrightarrow{AB}$$

$$\overrightarrow{PB} = \overrightarrow{PO} + \overrightarrow{OB} = \overrightarrow{PO} + \frac{1}{2}\overrightarrow{AB}$$

$$\therefore \overrightarrow{PA} \cdot \overrightarrow{PB} = \left(\overrightarrow{PO} - \frac{1}{2}\overrightarrow{AB}\right) \cdot \left(\overrightarrow{PO} + \frac{1}{2}\overrightarrow{AB}\right)$$

$$= \overrightarrow{PO} \cdot \overrightarrow{PO} + \frac{1}{2}\overrightarrow{PO} \cdot \overrightarrow{AB} - \frac{1}{2}\overrightarrow{AB} \cdot \overrightarrow{PO} - \frac{1}{4}\overrightarrow{AB} \cdot \overrightarrow{AB}$$

$$= \|\overrightarrow{PO}\|^2 - \frac{1}{4}\|\overrightarrow{AB}\|^2 = 0$$

$(\because \|\overrightarrow{PO}\| = \frac{1}{2}\|\overrightarrow{AB}\|)$ 由幾何學知 $\angle APB$ 為直角。)

8. $A \times (B \times C) + B \times (C \times A) + C \times (A \times B)$

$\quad = (A \cdot C)B - (A \cdot B)C + (B \cdot A)C - (B \cdot C)A + (C \cdot B)A - (C \cdot A)B = 0$

練習 7.2

1. (1) $|r(0)| = |[0, 1, 0]| = 1$

(2) $\dfrac{d}{dt}r(t) = [\cos t, -\sin t, 2t]$

(3) $\left\|\dfrac{d}{dt}r(t)\right\| = |[\cos t, -\sin t, 2t]| = \sqrt{1 + 4t^2}$

(4) $\dfrac{d^2}{dt^2}r(t) = [-\sin t, -\cos t, 2]$ $\quad \therefore \left\|\dfrac{d^2}{dt^2}r(t)\right\| = \sqrt{5}$

(5) $r'(t) \times r''(t)\Big|_{t=0} = \begin{vmatrix} i & i & k \\ \cos t & -\sin t & 2t \\ -\sin t & -\cos t & 2 \end{vmatrix}_{t=0} = \begin{vmatrix} i & i & k \\ 1 & 0 & 0 \\ 0 & -1 & 2 \end{vmatrix} = -2j - k$

2. $A \times B = \begin{vmatrix} i & i & k \\ x^2yz & -2xz^3 & xz^2 \\ 2z & y & -x^2 \end{vmatrix} = (2x^3z^3 - xyz^2)i - (-x^4yz - 2xz^3)j + (x^2y^2z + 4xz^4)k$

$\dfrac{\partial^2}{\partial x \partial y}(A \times B)\Big]_{(1, 0, 2)} = \dfrac{\partial}{\partial x}\Big[(-xz^2)i + (x^4z)j + (2x^2yz)k\Big]_{(1, 0, 2)} = -z^2i + 4x^3zj + 4xyzk\Big]_{(1, 0, -2)} = -4i - 8j$

3. $\phi A = xy^2z(xz)i - xy^2z(xy^2)j + (xy^2z)yz^2k = x^2y^2z^2i - x^2y^4zj + xy^3z^3k$

$\therefore \dfrac{\partial^3}{\partial x^2 \partial z}\phi A\Big]_{(2, -1, 1)} = \dfrac{\partial^2}{\partial x^2}\Big[(2x^2y^2zi - x^2y^4j + 3xy^3z^2k)\Big]_{(2, -1, 1)}$

$= \dfrac{\partial}{\partial x}(4xy^2zi - 2xy^4j + 3y^3z^2k)\Big]_{(2, -1, 1)} = 4y^2zi - 2y^4j\Big]_{(2, -1, 1)} = 4i - 2j$

4. (1) $\int_0^1 r(t)dt = \int_0^1 \sin t\,dt\,i + \int_0^1 \cos t\,dt\,j + \int_0^1 t^2dt\,k$

$= -\cos t\Big]_0^1 i + \sin t\Big]_0^1 j + \dfrac{t^3}{3}\Big]_0^1 k = (1 - \cos 1)i + (\sin 1)j + \dfrac{1}{3}k$

(2) $r'(t) \times r''(t) = [-2\sin t + 2t\cos t, -2\cos t - 2t \sin t, -1]$

$\therefore \int_0^1 r'(t) \times r''(t)dt = \left[\int_0^1 (-2\sin t + 2t\cos t)dt\,i - 2\int_0^1 (\cos t + t\sin t)dt\,j + \int_0^1 (-1)dt\,k \right.$

$= \left[2\cos t + 2\,(t\sin t + \cos t) \right]\Big|_0^1 i - 2\,(\sin t - t\cos t + \sin t)]\Big|_0^1 j - t\Big|_0^1 k$

$= (4\cos 1 + 2\sin 1 - 4)i + (-4\sin 1 + 2\cos 1)j - k$

5. 取 $A = A_1(t)i + A_2(t)j + A_3(t)k$；$B = B_1(t)i + B_2(t)j + B_3(t)k$

則 $\dfrac{d}{dt}(A \times B) = \dfrac{d}{dt}\begin{vmatrix} i & j & k \\ A_1(t) & A_2(t) & A_3(t) \\ B_1(t) & B_2(t) & B_3(t) \end{vmatrix}$

$= \begin{vmatrix} i & j & k \\ A_1'(t) & A_2'(t) & A_3'(t) \\ B_1(t) & B_2(t) & B_3(t) \end{vmatrix} + \begin{vmatrix} i & j & k \\ A_1(t) & A_2(t) & A_3(t) \\ B_1'(t) & B_2'(t) & B_3'(t) \end{vmatrix}$

$= \left(\dfrac{d}{dt}A\right) \times B + A \times \left(\dfrac{d}{dt}B\right)$

6. $\dfrac{d}{dt}(r'(t) \times r''(t)) = r''(t) \times r''(t) + r'(t) \times r'''(t) = r'(t) \times r'''(t)$

練習 7.3A

1. 由定理 7.2B

(1) $T(t) \cdot N(t) = T(t) \cdot \dfrac{T'(t)}{\|T(t)\|} = 0$

(2) $r'(t) \cdot N(t) = \|r'(t)\|T(t) \cdot N(t) = 0$

(3) $T(t) \cdot r''(t) = \dfrac{r'(t)}{\|r'(t)\|} \cdot (r''(t)) = 0$（定理 7.2B）

2. $r'(t) = (-a\sin t, a\cos t, b)$

$\therefore T(t) = \dfrac{r'(t)}{\|r'(t)\|} = \dfrac{1}{\sqrt{a^2+b^2}}(-a\sin t\,i + a\cos t\,j + bk)$

$N(t) = \dfrac{T'(t)}{\|T'(t)\|}$ 又 $T'(t) = \dfrac{1}{\sqrt{a^2+b^2}}(-a\cos t\,i - a\sin t\,j)$；$\|T'(t)\| = \dfrac{a}{\sqrt{a^2+b^2}}$

$\therefore N(t) = \dfrac{T'(t)}{\|T'(t)\|} = -(\cos t\,i + \sin t\,j)$

$B(t) = T(t) \times N(t)$

$= \begin{vmatrix} i & j & k \\ \dfrac{-a\sin t}{\sqrt{a^2+b^2}} & \dfrac{a\cos t}{\sqrt{a^2+b^2}} & \dfrac{b}{\sqrt{a^2+b^2}} \\ -\cos t & -\sin t & 0 \end{vmatrix} = \dfrac{b\sin t}{\sqrt{a^2+b^2}}i - \dfrac{b\cos t}{\sqrt{a^2+b^2}}j + \dfrac{a}{\sqrt{a^2+b^2}}k$

3. $N \times B = -B \times N = -(T \times N) \times N = (N \times T) \times N = (N \cdot N)T - (N \cdot T)N = 1 \cdot T - 0 \cdot N = T$

4. **B**, **T**, **N** 均為單位向量

$$B = T \times N = \frac{r'}{\|r'\|} \times \frac{r''}{\|r''\|} = \frac{r' \times r''}{\|r'\|\|r''\|} \quad 又 \ \|r' \times r''\| = \|r'\|\|r''\|\sin\theta = \|r'\|\|r''\| \quad \therefore B = \frac{r' \times r}{\|r' \times r''\|}$$

練習 7.3B

1. (1) $r'(t) = -3\sin ti + 3\cos tj + 4k$

$$\therefore T(t) = \frac{1}{\|r'(t)\|}r'(t) = \frac{1}{5}(-3\sin ti + 3\cos tj + 4k)$$

$$T'(t) = -\frac{3}{5}\cos ti - \frac{3}{5}\sin tj$$

$$\therefore k = \frac{\|T'(t)\|}{\|r'(t)\|} = \frac{\frac{3}{5}}{5} = \frac{3}{25} \Rightarrow \rho = \frac{25}{3}$$

(2) 應用定理 F，$r(t) = ti + t^2j + t^3k$

$$r' \times r'' = \begin{vmatrix} i & j & k \\ 1 & 2t & 3t^2 \\ 0 & 2 & 6t \end{vmatrix} = 6t^2i - 6tj + 2k$$

$$\therefore k = \frac{\|r' \times r''\|}{\|r'\|^3}\bigg|_{t=0} = \frac{\sqrt{36t^4 + 36t^2 + 4}}{\sqrt{1 + 4t^2 + 9t^4}}\bigg|_{t=0} = 2 \Rightarrow \rho = \frac{1}{2}$$

(3) $r'(t) = e^ti - e^{-t}j + \sqrt{2}k$

$$T(t) = \frac{r'(t)}{|r'(t)|} = \frac{e^ti - e^{-t}j + \sqrt{2}k}{\sqrt{e^{2t} + e^{-2t} + 2}} = \frac{e^ti - e^{-t}j + \sqrt{2}k}{e^t + e^{-t}}$$

$$= \frac{e^t}{e^t + e^{-t}}i - \frac{e^{-t}}{e^t + e^{-t}}j + \frac{\sqrt{2}}{e^t + e^{-t}}k$$

$$\therefore T'(t) = \frac{2}{(e^t + e^{-t})^2}i + \frac{2}{(e^t + e^{-t})^2}j - \frac{\sqrt{2}(e^t - e^{-t})}{(e^x + e^{-x})^2}k$$

$$k = \frac{\|T'(t)\|}{\|r'(t)\|} = \frac{1}{\sqrt{e^{2t} + e^{-2t} + 2}}\left[\sqrt{\left(\frac{2}{(e^t + e^{-t})^2}\right)^2 + \left(\frac{2}{(e^t + e^{-t})^2}\right)^2 + \left(-\frac{\sqrt{2}(e^t - e^{-t})}{(e^t + e^{-t})^2}\right)^2}\right]$$

$$= \frac{\sqrt{2}}{(e^t + e^{-t})^2} \Rightarrow \rho = \frac{(e^t + e^{-t})^2}{\sqrt{2}}$$

2. $\because B = T \times N \Rightarrow \|T \times N\| = \|T\|\|N\|\sin\theta$，又 $\|T\| = \|N\| = 1$，且 $T \perp N$

$\therefore \sin\theta = 1$ 得 $\|B\| = \|T \times N\| = 1$

練習 7.3C

1. $r' = [-a\sin t, a\cos t, b]$　$r'' = [-a\cos t, -a\sin t, 0]$　$r''' = [a\sin t, -a\cos t, 0]$

$$\Rightarrow (r' \times r'') \cdot r''' = \begin{vmatrix} -a\sin t & a\cos t & b \\ -a\cos t & -a\sin t & 0 \\ a\sin t & -a\cos t & 0 \end{vmatrix} = ba^2$$

$$r' \times r'' = \begin{vmatrix} i & j & k \\ -a\cos t & -a\sin t & b \\ a\sin t & -a\cos t & 0 \end{vmatrix} = ab\cos t\,i + ab\sin t\,j + a^2 k$$

$$\therefore \tau = \frac{(r' \times r'') \cdot r'''}{\|r' \times r''\|^2} = \frac{ba^2}{(\sqrt{a^2 b^2 + a^4})^2} = \frac{b}{a^2 + b^2}$$

2 $r' = [1, 2t, 3t^2]$ $r'' = [0, 2, 6t]$ $r''' = [0, 0, 6]$

$$\therefore (r' \times r'') \cdot r''' = \begin{vmatrix} 1 & 2t & 3t^2 \\ 0 & 2 & 6t \\ 0 & 0 & 6 \end{vmatrix} = 12$$

$$r' \times r'' = \begin{vmatrix} i & j & k \\ 1 & 2t & 3t^2 \\ 0 & 2 & 6t \end{vmatrix} = 6t^2 i - 6tj + 2k$$

$$\therefore 在 \ t = 0 \ 時 \ \tau = \frac{(r' \times r'') \cdot r'''}{\|r' \times r''\|^2}\bigg]_{t=0} = \frac{12}{(6t^2)^2 + (-6t)^2 + 2^2}\bigg]_{t=0} = 3$$

練習 7.3D

1. (1) $B \times N = -N \times B = -N \times (T \times N) = -(N \cdot N)T + (N \cdot T)N = -T$

   (2) $\delta \times N = (\tau T + kB) \times N = \tau T \times N + kB \times N = \tau B + (-kT) = \dfrac{dN}{ds}$（Frenet 公式）

2. $\delta \times B = (\tau T + kB) \times B = \tau T \times B + k(B \times B) = -\tau N$

3. (1) $\dfrac{dr}{dt} = \dfrac{dr}{ds}\dfrac{ds}{dt} = \dfrac{ds}{dt}\dfrac{dr}{ds} = \dfrac{ds}{dt}\,(T)$ (2) $\dfrac{d^2 r}{dt^2} = \dfrac{d^2 s}{dt^2}T + \dfrac{ds}{dt}\dfrac{dT}{dt}$

練習 7.4A

1. (1) $\nabla F(-1, 2, 3) = (4xy + 3z)i + (2x^2 + z^2)j + (2yz + 3x)k\big]_{(-1, 2, 3)} = i + 11j + 9k$

   (2) $\nabla F = (1 + y)i + (x - 1)j + 2zk$

2. $\nabla\left(\dfrac{f}{g}\right) = \dfrac{\partial}{\partial x}\dfrac{f}{g}i + \dfrac{\partial}{\partial y}\dfrac{f}{g}j + \dfrac{\partial}{\partial z}\dfrac{f}{g}k$

$$= \frac{g\dfrac{\partial}{\partial x}f - f\dfrac{\partial}{\partial x}g}{g^2}i + \frac{g\dfrac{\partial}{\partial y}f - f\dfrac{\partial}{\partial y}g}{g^2}j + \frac{g\dfrac{\partial}{\partial z}f - f\dfrac{\partial}{\partial z}g}{g^2}k$$

$$= \frac{g}{g^2}\left[\frac{\partial}{\partial x}fi + \frac{\partial}{\partial y}fj + \frac{\partial}{\partial z}fk\right] - \frac{f}{g^2}\left[\frac{\partial}{\partial x}gi + \frac{\partial}{\partial y}gj + \frac{\partial}{\partial z}gk\right]$$

$$= \frac{g\nabla f - f\nabla g}{g^2}$$

3. (1) $r = \sqrt{x^2 + y^2 + z^2}$

$$\therefore \nabla r = \nabla\left(\sqrt{x^2+y^2+z^2}\right) = \frac{x}{\sqrt{x^2+y^2+z^2}}\boldsymbol{i} + \frac{y}{\sqrt{x^2+y^2+z^2}}\boldsymbol{j} + \frac{z}{\sqrt{x^2+y^2+z^2}}\boldsymbol{k} = \frac{x\boldsymbol{i}+y\boldsymbol{j}+z\boldsymbol{k}}{\sqrt{x^2+y^2+z^2}} = \frac{\boldsymbol{R}}{r}$$

(2) $\nabla f(r) = f'(r)\nabla r = f'(r)\dfrac{\boldsymbol{R}}{r}$

(3) $\nabla \ln r = \dfrac{1}{r}\nabla r = \dfrac{1}{r} \cdot \dfrac{\boldsymbol{R}}{r} = \dfrac{\boldsymbol{R}}{r^2}$

(4) $\nabla\dfrac{1}{r} = \dfrac{\nabla r}{r^2} = \dfrac{\dfrac{\boldsymbol{R}}{r}}{r^2} = \dfrac{\boldsymbol{R}}{r^3}$

(5) $\nabla^2 r^n = \nabla^2 (x^2+y^2+z^2)^{\frac{n}{2}}$

$$= \frac{\partial^2}{\partial x^2}(x^2+y^2+z^2)^{\frac{n}{2}} + \frac{\partial^2}{\partial y^2}(x^2+y^2+z^2)^{\frac{n}{2}} + \frac{\partial^2}{\partial z^2}(x^2+y^2+z^2)^{\frac{n}{2}}$$

$$\frac{\partial^2}{\partial x^2}(x^2+y^2+z^2)^{\frac{n}{2}} = \frac{\partial}{\partial x}\left(\frac{n}{2} \cdot 2x(x^2+y^2+z^2)^{\frac{n}{2}-1}\right)$$

$$= n(x^2+y^2+z^2)^{\frac{n}{2}-1} + nx\left(\frac{n}{2}-1\right)2x\underbrace{(x^2+y^2+z^2)^{\frac{n}{2}-2}}_{r^2}$$

$$= nr^{n-2} + n(n-2)x^2 r^{n-4} \qquad (1)$$

在 (1) 之 x 分別用 y，z 取代得：$\dfrac{\partial^2}{\partial y^2}(x^2+y^2+z^2)^{\frac{n}{2}} = nr^{n-2} + n(n-2)y^2 r^{n-4}$ \qquad (2)

與 $\dfrac{\partial^2}{\partial z^2}(x^2+y^2+z^2)^{\frac{n}{2}} = nr^{n-2} + n(n-2)z^2 r^{n-4}$ \qquad (3)

$$\therefore \nabla^2 r^n = (1)+(2)+(3) = 3nr^{n-2} + n(n-2)(x^2+y^2+z^2)r^{n-4}$$
$$= n(n+1)r^{n-2}$$

4. 令 $\boldsymbol{A} = [a, b, c]$，$\boldsymbol{R} = [x, y, z]$ 則 $\boldsymbol{A} \cdot \boldsymbol{R} = ax + by + cz$

$$\therefore \nabla(\boldsymbol{A} \cdot \boldsymbol{R}) = \nabla(ax + by + cz) = [a, b, c] = \boldsymbol{A}$$

5. $\nabla^2 f(r) = \nabla^2 f\left(\sqrt{x^2+y^2+z^2}\right)$

$$= \frac{\partial^2}{\partial x^2}f\left(\sqrt{x^2+y^2+z^2}\right) + \frac{\partial^2}{\partial y^2}f\left(\sqrt{x^2+y^2+z^2}\right) + \frac{\partial^2}{\partial z^2}f\left(\sqrt{x^2+y^2+z^2}\right) \qquad *$$

又 $\dfrac{\partial^2}{\partial x^2}f\left(\sqrt{x^2+y^2+z^2}\right) = \dfrac{\partial}{\partial x}\left(\dfrac{\partial}{\partial x}f\left(\sqrt{x^2+y^2+z^2}\right)\right)$

$$= \frac{\partial}{\partial x}\left(f'\left(\sqrt{x^2+y^2+z^2}\right) \cdot \frac{x}{\sqrt{x^2+y^2+z^2}}\right)$$

$$= f''\left(\sqrt{x^2+y^2+z^2}\right)\frac{x^2}{x^2+y^2+z^2} + f'\left(\sqrt{x^2+y^2+z^2}\right) \cdot \frac{y^2+z^2}{\left(\sqrt{x^2+y^2+z^2}\right)^3}$$

$$= f''(r)\frac{x^2}{r^2} + f'(r) \cdot \frac{y^2+z^2}{r^3}$$

同法可得 $\dfrac{\partial^2}{\partial y^2} f\left(\sqrt{x^2+y^2+z^2}\right) = f''(r)\dfrac{y^2}{r^2} + f'(r) \cdot \dfrac{x^2+z^2}{r^3}$,

$\dfrac{\partial^2}{\partial z^2} f\left(\sqrt{x^2+y^2+z^2}\right) = f''(r)\dfrac{z^2}{r^2} + f'(r) \cdot \dfrac{x^2+y^2}{r^3}$

代上述結果入 ＊

$\therefore \nabla^2 f(r) = f''(r) + \dfrac{2f'(r)}{r}$

練習 7.4B

1. (1) $a = [2, 1, -2]$　　$\therefore u = \dfrac{a}{\|a\|} = \dfrac{1}{3}[2, 1, -2] = \left[\dfrac{2}{3}, \dfrac{1}{3}, -\dfrac{2}{3}\right]$

$\nabla f = \left[\dfrac{\partial}{\partial x}f, \dfrac{\partial}{\partial y}f, \dfrac{\partial}{\partial z}f\right] = [2x, 2y+z, y]$

$\therefore$ 方向導數 $D_u(P) = u \cdot \nabla f\big|_p = \left[\dfrac{2}{3}, \dfrac{1}{3}, -\dfrac{2}{3}\right] \cdot [2x, 2y+z, y]_{(1, 0, -1)}$

$= \dfrac{4}{3} - \dfrac{1}{3} + 0 = 1$，它表示 f 在 $(1, 0, -1)$ 沿 $a = 2i + j - 2k$ 方向之切線斜率為 1。

(2) $|\nabla f(P)|_{(1, 0, -1)} = \sqrt{(2x)^2 + (2y+z)^2 + y^2}\big|_{(1, 0, -1)} = \sqrt{5}$

$\therefore$ 最大方向導數為 $|\nabla f(P)|_{(1, 0, -1)} = \sqrt{5}$

最小方向導數為 $-|\nabla f(P)|_{(1, 0, -1)} = -\sqrt{5}$

2. $f(x, y) = c$ 上任一點 (x_0, y_0) 處之法線斜率

$\dfrac{-1}{\dfrac{dy}{dx}} = \dfrac{-1}{\left(-\dfrac{F_x}{F_y}\right)} = \dfrac{F_y}{F_x}$

$\therefore \nabla f(x_0, y_0) = F_x(x_0, y_0)i + F_y(x_0, y_0)j$ 即為 $f(x, y) = c$ 在點 (x_0, y_0) 之法向量。

3. 考慮 $f(x, y, z) = \dfrac{z}{c} - \dfrac{x^2}{a^2} - \dfrac{y^2}{b^2} = 0$，則

$\nabla f(x_0, y_0, z_0) = -\dfrac{2x}{a^2}i - \dfrac{2y}{b^2}j + \dfrac{1}{c}k\Big|_{(x_0, y_0, z_0)} = -\dfrac{2x_0}{a^2}i - \dfrac{2y_0}{b^2}j + \dfrac{1}{c}k$

$\therefore$ 切面方程式：$-\dfrac{2x_0}{a^2}(x - x_0) - \dfrac{2y_0}{b^2}(y - y_0) + \dfrac{1}{c}(z - z_0) = 0$ 或

$\dfrac{2x_0}{a^2}(x - x_0) + \dfrac{2y_0}{b^2}(y - y_0) - \dfrac{1}{c}(z - z_0) = 0$

法線方程式為：

$\dfrac{x - x_0}{-\dfrac{2x_0}{a^2}} = \dfrac{y - y_0}{-\dfrac{2y_0}{b^2}} = \dfrac{z - z_0}{\dfrac{1}{c}} = 0$

4. 考慮 $f(x, y, z) = \sqrt{x} + \sqrt{y} + \sqrt{z} - \sqrt{a}$

$$\nabla f(x, y, z) = \left[\frac{1}{2\sqrt{x}}, \frac{1}{2\sqrt{y}}, \frac{1}{2\sqrt{z}}\right]$$

設 $P(x_0, y_0, z_0)$ 為 $f(x, y, z)$ 上任一點則過 P 點之切線平面方程式

$$\frac{1}{2\sqrt{x_0}}(x - x_0) + \frac{1}{2\sqrt{y_0}}(y - y_0) + \frac{1}{2\sqrt{z_0}}(z - z_0) = 0$$

$$= \frac{x}{2\sqrt{x_0}} + \frac{y}{2\sqrt{y_0}} + \frac{z}{2\sqrt{z_0}} = \frac{1}{2}(\sqrt{x_0}, \sqrt{y_0}, \sqrt{z_0})$$

當 $y = z = 0$ x 截距 $x = \sqrt{x_0}(\sqrt{x_0} + \sqrt{y_0} + \sqrt{z_0})$

同法 $x = y = 0$ z 截距 $z = \sqrt{z_0}(\sqrt{x_0} + \sqrt{y_0} + \sqrt{z_0})$

$x = z = 0$ y 截距 $y = \sqrt{y_0}(\sqrt{x_0} + \sqrt{y_0} + \sqrt{z_0})$

三式加總得截距和為 $(\sqrt{x_0} + \sqrt{y_0} + \sqrt{z_0})^2 = a$

5. 令 $f(x, y, z) = x^2 + y^2 - 4z^2 - 4$

則 $\nabla f|_{(2, -2, 1)} = [2x, 2y, -8z]|_{(2, -2, 1)} = [4, -4, -8]$

$\nabla f|_{(2, -2, 1)} \cdot [x - 2, y + 2, z - 1] = [4, -4, -8] \cdot [x - 2, y + 2, z - 1]$

$= 4(x - 2) - 4(y + 2) - 8(z - 1) = 0$

(1) 切面方程式為 $4x - 4y - 8z = 8$ 或 $x - y - 2z = 2$

(2) 法線方程式：$\dfrac{x - 2}{4} = \dfrac{y + 2}{-4} = \dfrac{z - 1}{-8}$ 或 $x - 2 = -(y + z) = \dfrac{z - 1}{-2}$

練習 7.4C

1. 設 $A = [a, b, c]$，$R = [x, y, z]$ $\therefore R - A = [x - a, y - b, z - c]$

(1) $\nabla \cdot (R - A) = \left[\dfrac{\partial}{\partial x}, \dfrac{\partial}{\partial y}, \dfrac{\partial}{\partial z}\right] \cdot [x - a, y - b, z - c] = 1 + 1 + 1 = 3$

(2) $\nabla \times (R - A) = \begin{vmatrix} i & j & k \\ \dfrac{\partial}{\partial x} & \dfrac{\partial}{\partial y} & \dfrac{\partial}{\partial z} \\ x - a & y - b & z - c \end{vmatrix} = 0$

2. (1) $\nabla \cdot F\Big|_{(1, -1, -1)} = \left[\dfrac{\partial}{\partial x}, \dfrac{\partial}{\partial y}, \dfrac{\partial}{\partial z}\right] \cdot [x^2, xy, yz]\Big|_{(1, -1, -1)} = 2x + x + y\Big]_{(1, -1, -1)} = 2$

(2) $\nabla \times F\Big|_{(1, -1, -1)} = \begin{vmatrix} i & j & k \\ \dfrac{\partial}{\partial x} & \dfrac{\partial}{\partial y} & \dfrac{\partial}{\partial z} \\ x^2 & xy & yz \end{vmatrix}_{(1, -1, -1)} = [z, 0, y]_{(1, -1, -1)} = -i - k$

3. $\nabla f \times \nabla g = \begin{vmatrix} i & j & k \\ \dfrac{\partial}{\partial x}f & \dfrac{\partial}{\partial y}f & \dfrac{\partial}{\partial z}f \\ \dfrac{\partial}{\partial x}g & \dfrac{\partial}{\partial y}g & \dfrac{\partial}{\partial z}g \end{vmatrix}$

$\qquad = \left[\dfrac{\partial}{\partial y}f\dfrac{\partial}{\partial z}g - \dfrac{\partial}{\partial z}f\dfrac{\partial}{\partial y}g, \; -\left(\dfrac{\partial}{\partial x}f\dfrac{\partial}{\partial z}g - \dfrac{\partial}{\partial z}f\dfrac{\partial}{\partial x}g\right), \; \dfrac{\partial}{\partial x}f\dfrac{\partial}{\partial y}g - \dfrac{\partial}{\partial y}f\dfrac{\partial}{\partial z}g \right]$

$\therefore \nabla \cdot (\nabla f \times \nabla g) = \left[\dfrac{\partial}{\partial x}, \dfrac{\partial}{\partial y}, \dfrac{\partial}{\partial z} \right] \cdot \left[\dfrac{\partial}{\partial y}f\dfrac{\partial}{\partial z}g - \dfrac{\partial}{\partial z}f\dfrac{\partial}{\partial y}g, \right.$

$\qquad\qquad \left. -\dfrac{\partial}{\partial x}f\dfrac{\partial}{\partial z}g + \dfrac{\partial}{\partial z}f\dfrac{\partial}{\partial x}g, \; \dfrac{\partial}{\partial x}f\dfrac{\partial}{\partial y}g - \dfrac{\partial}{\partial y}f\dfrac{\partial}{\partial z}g \right]$

$\qquad = \dfrac{\partial}{\partial x}\left[\dfrac{\partial}{\partial y}f\dfrac{\partial}{\partial z}g - \dfrac{\partial}{\partial z}f\dfrac{\partial}{\partial y}g \right] + \dfrac{\partial}{\partial y}\left[-\dfrac{\partial}{\partial x}f\dfrac{\partial}{\partial z}g + \dfrac{\partial}{\partial z}f\dfrac{\partial}{\partial x}g \right]$

$\qquad\quad + \dfrac{\partial}{\partial z}\left[\dfrac{\partial}{\partial x}f\dfrac{\partial}{\partial y}g - \dfrac{\partial}{\partial y}f\dfrac{\partial}{\partial z}g \right]$

$\qquad = \dfrac{\partial^2}{\partial x\partial y}f\dfrac{\partial}{\partial z}g + \dfrac{\partial}{\partial y}f\dfrac{\partial^2}{\partial x\partial z}g - \dfrac{\partial^2}{\partial x\partial z}f\dfrac{\partial}{\partial y}g$

$\qquad\quad - \dfrac{\partial}{\partial z}f\dfrac{\partial^2}{\partial x\partial y}g - \dfrac{\partial^2}{\partial y\partial x}f\dfrac{\partial}{\partial z}g - \dfrac{\partial}{\partial x}f\dfrac{\partial^2}{\partial y\partial z}g$

$\qquad\quad + \dfrac{\partial^2}{\partial y\partial z}f\dfrac{\partial}{\partial x}g + \dfrac{\partial}{\partial z}f\dfrac{\partial^2}{\partial y\partial x}g + \dfrac{\partial^2}{\partial z\partial x}f\dfrac{\partial}{\partial y}g$

$\qquad\quad + \dfrac{\partial}{\partial x}f\dfrac{\partial^2}{\partial z\partial y}g - \dfrac{\partial^2}{\partial z\partial y}f\dfrac{\partial}{\partial x}g - \dfrac{\partial}{\partial y}f\dfrac{\partial^2}{\partial z\partial x}g = 0$

4. 取 $R = xi + yj + zk$ 　 $r^2R = (x^2 + y^2 + z^2)xi + (x^2 + y^2 + z^2)yj + (x^2 + y^2 + z^2)zk$

$\qquad \therefore \nabla \times (r^2R) = \begin{vmatrix} i & j & k \\ \dfrac{\partial}{\partial x} & \dfrac{\partial}{\partial y} & \dfrac{\partial}{\partial z} \\ x(x^2+y^2+z^2) & y(x^2+y^2+z^2) & z(x^2+y^2+z^2) \end{vmatrix}$

$\qquad\qquad = (2yz - 2yz)i - (2xz - 2xz)j + (2xy - 2xy)k = \mathbf{0}$

5. 設 $e = ai + bj + ck$，$r = xi + yj + zk$ 則

$\quad (1)\,(e \cdot R)e = (ax + by + cz)e = [(ax + by + cz)a, (ax + by + cz)b, (ax + by + cz)c]$

$\qquad \therefore \mathrm{div}((e \cdot R)e) = \dfrac{\partial}{\partial x}(ax + by + cz)a + \dfrac{\partial}{\partial y}(ax + by + cz)b + \dfrac{\partial}{\partial z}(ax + by + cz)c$

$\qquad\qquad = a^2 + b^2 + c^2 = |e|^2 = 1$

$\quad (2)\,\mathrm{rot}((e \cdot R)e) = \begin{vmatrix} i & j & k \\ \dfrac{\partial}{\partial x} & \dfrac{\partial}{\partial y} & \dfrac{\partial}{\partial z} \\ a(ax+by+cz) & b(ax+by+cz) & c(ax+by+cz) \end{vmatrix} = \mathbf{0}$

(3) $(e \times R) \times e = (e \cdot e)R - (e \cdot R)e = R - (e \cdot R)e = [x, y, z] - (ax + by + cz)[a, b, c]$

$\qquad = [x - a(ax + by + cz), y - b(ax + by + cz), z - c(ax + by + cz)]$

$\therefore \text{div}[(e \times R) \times e]$

$$= \frac{\partial}{\partial x}[x - a(ax + by + cz)] + \frac{\partial}{\partial y}[y - b(ax + by + cz)] + \frac{\partial}{\partial z}[z - c(ax + by + cz)]$$

$$= 1 - a^2 + 1 - b^2 + 1 - c^2 = 3 - |e|^2 = 2$$

(4) 由 (3)

$$\text{rot}((R \times r) \times e) = \begin{vmatrix} i & j & k \\ \dfrac{\partial}{\partial x} & \dfrac{\partial}{\partial y} & \dfrac{\partial}{\partial z} \\ x - a(ax + by + cz) & y - b(ax + by + cz) & z - c(ax + by + cz) \end{vmatrix} = \mathbf{0}$$

6. 應用 $A \times (B \times C) = (A \cdot C)B - (A \cdot B)C$ 則

$\nabla \times (\nabla \times A) = (\nabla \cdot A)\nabla - (\nabla \cdot \nabla)A = \nabla(\nabla \cdot A) - \nabla^2 A$

7. $\nabla \cdot (\nabla \times F) = \nabla \cdot \begin{vmatrix} i & j & k \\ \dfrac{\partial}{\partial x} & \dfrac{\partial}{\partial y} & \dfrac{\partial}{\partial z} \\ F_1 & F_2 & F_3 \end{vmatrix} = \left(i\dfrac{\partial}{\partial x} + j\dfrac{\partial}{\partial y} + k\dfrac{\partial}{\partial z} \right) \cdot \begin{vmatrix} i & j & k \\ \dfrac{\partial}{\partial x} & \dfrac{\partial}{\partial y} & \dfrac{\partial}{\partial z} \\ F_1 & F_2 & F_3 \end{vmatrix}$

$= \left(i\dfrac{\partial}{\partial x} + j\dfrac{\partial}{\partial y} + k\dfrac{\partial}{\partial z} \right) \cdot \left[\left(\dfrac{\partial}{\partial y}F_3 - \dfrac{\partial}{\partial z}F_2 \right)i - \left(\dfrac{\partial}{\partial x}F_3 - \dfrac{\partial}{\partial z}F_1 \right)j + \left(\dfrac{\partial}{\partial x}F_2 - \dfrac{\partial}{\partial y}F_1 \right)k \right]$

$= \dfrac{\partial}{\partial x}\left[\left(\dfrac{\partial}{\partial y}F_3 - \dfrac{\partial}{\partial z}F_2 \right) - \dfrac{\partial}{\partial y}\left[\left(\dfrac{\partial}{\partial x}F_3 - \dfrac{\partial}{\partial z}F_1 \right) \right] + \dfrac{\partial}{\partial z}\left[\left(\dfrac{\partial}{\partial x}F_2 - \dfrac{\partial}{\partial y}F_1 \right) \right]$

$= \dfrac{\partial^2}{\partial x \partial y}F_3 - \dfrac{\partial^2}{\partial x \partial z}F_2 - \dfrac{\partial^2}{\partial y \partial x}F_3 + \dfrac{\partial^2}{\partial y \partial z}F_1 + \dfrac{\partial^2}{\partial z \partial x}F_2 - \dfrac{\partial^2}{\partial z \partial y}F_1 = 0$

練習 7.5A

1. 取 $x = \cos\theta$，$y = \sin\theta$，$\theta : 0 \to \dfrac{\pi}{2}$ 則

$\displaystyle \int_c xy\,dx + (x^2 + y^2)\,dy$

$= \displaystyle \int_0^{\frac{\pi}{2}} \cos\theta \sin\theta\,(-\sin\theta)d\theta + \cos\theta\,d\theta$

$= \displaystyle \int_0^{\frac{\pi}{2}} \cos^3\theta\,d\theta = \dfrac{2}{1 \cdot 3} = \dfrac{2}{3}$ （Wallis 公式）

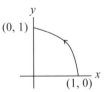

2. $\displaystyle \int_c 2xy\,dx + (x^2 + y^2)dy = \int_0^{\frac{\pi}{2}} 2\cos\theta \sin\theta\,(-\sin\theta) + \cos\theta\,d\theta = \int_0^{\frac{\pi}{2}} \cos^3\theta\,d\theta - \int_0^{\frac{\pi}{2}} \cos\theta \sin^2\theta\,d\theta$

$\qquad = \dfrac{2}{3} - \displaystyle \int_0^{\frac{\pi}{2}} \sin^2\theta\,d\sin\theta = \dfrac{2}{3} - \dfrac{1}{3}\sin^3\theta \Big]_0^{\frac{\pi}{2}} = \dfrac{1}{3}$

3. $\displaystyle \int_c A \cdot dr = \int_0^1 \left[F(x(t), y(t), z(t)) \cdot \dfrac{dr}{dt} \right]dt = \int_0^1 [3t^2 + 6t^2, -14t^2 t^3, 20t \cdot t^6] \cdot [1, 2t, 3t^2]dt$

$\qquad = \displaystyle \int_0^1 (9t^2 - 28t^6 + 60t^9)\,dt = 3t^3 - 4t^7 + 6t^{10} \Big]_0^1 = 5$

4. $\int_c (x^2 - y)\,dx + (y^2 + x)\,dy = \int_0^1 (t^2 - (t^2 + 1))\,dt + ((t^2 + 1)^2 + t)2t\,dt$

$$= \int_0^1 (-1 + 2t(t^2 + 1)^2 + 2t^2)dt = -t + \frac{1}{3}(t^2 + 1)^3 + \frac{2}{3}t^3 \Big]_0^1 = 2$$

5. $\int_{(1,\,1)}^{(2,\,2)} \left(e^x \ln y - \frac{e^y}{x} \right)dx + \left(\frac{e^x}{y} - e^y \ln x \right)dy = \int_{(1,\,1)}^{(2,\,2)} d(e^x \ln y - e^y \ln x) = e^x \ln y - e^y \ln x \Big|_{(1,\,1)}^{(2,\,2)} = 0$

6. $\int_c (x^2 + y^2 + z^2)ds = \int_0^{2\pi} (\cos^2 t + \sin^2 t + t^2)\sqrt{(-\sin t)^2 + (\cos t)^2 + 1}\,dt$

$$= \sqrt{2} \int_0^{2\pi} (1 + t^2)\,dt = \sqrt{2}\left(t + \frac{t^3}{3}\right)\Big]_0^{2\pi} = \sqrt{2}\left(2\pi + \frac{8\pi^3}{3}\right) = 2\sqrt{2}\pi\left(1 + \frac{4\pi^2}{3}\right)$$

7. 取 $x = t$，$y = t^2$，$z = 0$，$2 \geq t \geq 0$

$\therefore \int_c \boldsymbol{F} \cdot d\boldsymbol{r} = \int_0^2 [2t^3, 0, 0] \cdot [dt, 2tdt, 0] = \int_0^2 2t^3 dt = 8$

8. 取 $x = a\cos t$，$y = b\sin t$，$2\pi \geq t \geq 0$

$A(s) = \frac{1}{2} \int_c x\,dy - y\,dx = \frac{1}{2} \int_0^{2\pi} a\cos t \cdot b\cos t - b\sin t\,(-a\sin t)dt$

$\qquad = \frac{1}{2} \int_0^{2\pi} ab\,dt = \pi ab$

9. 取 $\begin{cases} x = t \\ y = \dfrac{y_2 - y_1}{x_2 - x_1}(t - x_1) + y_1, \ t_2 \geq t \geq t_1 \end{cases}$

則 $\int x\,dy - y\,dx = \int_{x_1}^{x_2} \left[t\left(\dfrac{y_2 - y_1}{x_2 - x_1} \right) - \left(\dfrac{y_2 - y_1}{x_2 - x_1}(t - x_1) + y_1 \right) \right]dt = \int_{x_1}^{x_2} \left[x_1\left(\dfrac{y_2 - y_1}{x_2 - x_1} \right) - y_1 \right]dt$

$$= x_1(y_2 - y_1) - y_1(x_2 - x_1) = x_1 y_2 - x_2 y_1 = \begin{vmatrix} x_1 & x_2 \\ y_1 & y_2 \end{vmatrix}$$

10. (1) $c_1 : x = t$，$y = 0$，$1 \geq t \geq 0$，$\therefore \int_{c_1} y\,dx - x\,dy = 0$

(2) $c_2 : x = 1$，$y = t$，$1 \geq t \geq 0$，$\therefore \int_{c_2} y\,dx - x\,dy = \int_0^1 (-1)dt = -1$

同法 $\int_{c_3} y\,dx - x\,dy = -\int_1^2 dt = -1$，$\int_{c_4} y\,dx - x\,dy = 0$

$\therefore \oint y\,dx - x\,dy = \int_{c_1} y\,dx - x\,dy + \int_{c_2} y\,dx - x\,dy + \int_{c_3} y\,dx - x\,dy + \int_{c_4} y\,dx - x\,dy = -2$

11. (1) $\int_{\overline{AB}} y\,dx + z\,dy + x\,dz$

$\overline{AB}$ 之參數方程式

$\begin{cases} x = 1 + t \\ y = 2t \quad : t : 0 \to 1 \\ z = 3t \end{cases}$

$\therefore \int_{\overline{AB}} y\,dx + z\,dy + x\,dz = \int_0^1 [2t + 3t \cdot 2 + (1 + t) \cdot 3]dt = \int_0^1 (11t + 3)dt = \frac{17}{2}$

(2) $\int_{\overline{BC}} y\,dx + z\,dy + x\,dz$：

$\overline{BC}$ 之參數方程式

$\begin{cases} x = t+1 \\ y = 2 \\ z = 3t \end{cases}$ ：t：$1 \to 0$

$\int_{\overline{BC}} y\,dx + z\,dy + x\,dz = \int_0^1 ((2+3t \cdot 0 + (t+1)_3))dt = \int_0^1 (5+3t)dt = -\dfrac{13}{2}$

$\therefore \int_c y\,dx + z\,dy + x\,dz = \dfrac{17}{2} - \dfrac{13}{2} = 2$

練習 7.6

1. $\begin{vmatrix} \dfrac{\partial}{\partial x} & \dfrac{\partial}{\partial y} \\ P & Q \end{vmatrix} = \begin{vmatrix} \dfrac{\partial}{\partial x} & \dfrac{\partial}{\partial y} \\ 6xy^2 - y^3 & 6x^2y - 3xy^2 \end{vmatrix} = (12xy - 3y^2) - (12xy - 3y^2) = 0$

   $\therefore \oint_c (6xy^2 - y^3)\,dx + (6x^2y - 3xy^2)\,dy = 0$

2. $\begin{vmatrix} \dfrac{\partial}{\partial x} & \dfrac{\partial}{\partial y} \\ y\tan^2 x & \tan x \end{vmatrix} = \sec^2 x - \tan^2 x = 1$

   $\therefore \oint_c y\tan^2 x\,dx + \tan x\,dy = \iint_R dR = 4\pi$，（$R$ 為 $(x+2)^2 + (y-1)^2 = 4$ 圍成區域）

3. $\begin{vmatrix} \dfrac{\partial}{\partial x} & \dfrac{\partial}{\partial y} \\ \dfrac{-y}{x^2+y^2} & \dfrac{x}{x^2+y^2} \end{vmatrix} = \dfrac{\partial}{\partial x}\left(\dfrac{x}{x^2+y^2}\right) - \dfrac{\partial}{\partial y}\left(\dfrac{-y}{x^2+y^2}\right) = \dfrac{(x^2+y^2) - 2x^2}{(x^2+y^2)^2} - \dfrac{(x^2+y^2)(-1) - (-y)2y}{(x^2+y^2)^2}$

   $= \dfrac{y^2 - x^2 - 2y^2 + x^2 + y^2}{(x^2+y^2)^2} = 0$

   $\therefore \oint_c \dfrac{-y\,dx + x\,dy}{x^2+y^2} = 0$

4. $\begin{vmatrix} \dfrac{\partial}{\partial x} & \dfrac{\partial}{\partial y} \\ xy - x^2 & x^2y \end{vmatrix} = 2xy - x$

   $\therefore \oint_c (xy - x^2)\,dx + x^2y\,dy = \int_0^1 \int_0^x (2xy - x)\,dy\,dx$

   $= \int_0^1 (xy^2 - xy)\Big|_0^x dx = \int_0^1 (x^3 - x^2)\,dx$

   $= \dfrac{x^4}{4} - \dfrac{x^3}{3}\Big]_0^1 = -\dfrac{1}{12}$

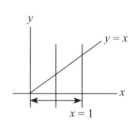

5. $\begin{vmatrix} \dfrac{\partial}{\partial x} & \dfrac{\partial}{\partial y} \\ x^3 - x^2y & xy^2 \end{vmatrix} = y^2 + x^2$

$$\therefore \oint_c (x^3 - x^2 y)\,dx + xy^2\,dy = \iint_R (y^2 + x^2)\,dx\,dy \qquad\qquad *$$

取 $x = r\cos\theta$，$y = r\sin\theta$ 則 $2\pi \ge \theta \ge 0$，$3 \ge r \ge 1$，$|J| = r$

$$* = 4\int_0^{\frac{\pi}{2}} \int_1^3 r\,(r^2\sin^2\theta + r^2\cos^2\theta)\,dr\,d\theta = 4\int_0^{\frac{\pi}{2}} \frac{r^4}{4}\Big]_1^3 = 40\pi$$

6. $\begin{vmatrix} \dfrac{\partial}{\partial x} & \dfrac{\partial}{\partial y} \\ x^2 y\cos x + 2xy\sin x - y^2 e^x & x^2\sin x - 2ye^x \end{vmatrix} = 0$

$\therefore \oint_c (x^2 y\cos x + 2xy\sin x - y^2 e^x)\,dx + (x^2\sin x - 2ye^x)\,dy = 0$

7. (1) $\begin{vmatrix} \dfrac{\partial}{\partial x} & \dfrac{\partial}{\partial y} \\ xe^{x^2+y^2} & ye^{x^2+y^2} \end{vmatrix} = 2xye^{x^2+y^2} - 2xye^{x^2+y^2} = 0$ $\therefore \oint_c xe^{x^2+y^2}dx + ye^{x^2+y^2}dy = \iint_R 0\,dxdy = 0$

(2) $\begin{vmatrix} \dfrac{\partial}{\partial x} & \dfrac{\partial}{\partial y} \\ e^x\sin y & e^x\cos y \end{vmatrix} = e^x\cos y - e^x\cos y = 0$ $\therefore \oint_c e^x\sin y\,dx + e^x\cos y\,dy = \iint_R 0\,dxdy = 0$

8. $\int_{(0,0)}^{(1,1)} \dfrac{dx+dy}{1+(x+y)^2} = \int_{(0,0)}^{(1,1)} d\tan^{-1}(x+y) = \tan^{-1}(x+y)\Big]_{(0,0)}^{(1,1)} = \tan^{-1}2$

9. (1) $C: \dfrac{(x-2)^2}{2} + \dfrac{y^2}{3} = 1$，$\because \dfrac{\partial P}{\partial y}$，$\dfrac{\partial Q}{\partial x}$ 在 C 為連續

$\therefore \oint_c \dfrac{xdy - ydx}{x^2+y^2} \xlongequal{\text{Green 定理}} \iint_{\frac{(x-2)^2}{2}+\frac{y^2}{3}\le 1} \begin{vmatrix} \dfrac{\partial}{\partial x} & \dfrac{\partial}{\partial y} \\ \dfrac{x}{x^2+y^2} & \dfrac{-y}{x^2+y^2} \end{vmatrix} dxdy$

$$= \iint_{\frac{(x-2)^2}{2}+\frac{y^2}{3}\le 1} \left(\dfrac{-2xy}{(x^2+y^2)^2} - \dfrac{-2xy}{(x^2+y^2)^2}\right)dxdy = 0$$

(2) $C: \dfrac{x^2}{2} + \dfrac{y^2}{3} = 1$

$\because \dfrac{\partial P}{\partial y}$，$\dfrac{\partial Q}{\partial x}$ 在 $(0,0)$ 處不連續

$\therefore C_1: x^2 + y^2 = \varepsilon^2$，$\varepsilon$ 為很小之數，並設為逆時鐘方向，則 $\dfrac{\partial P}{\partial y}$，$\dfrac{\partial Q}{\partial x}$ 在 C_1 內為

連續：$\oint_c \dfrac{xdy-ydx}{x^2+y^2} = \oint_{c_1} \dfrac{xdy-ydx}{\varepsilon^2} = \dfrac{1}{\varepsilon^2}\oint_c xdy - ydx = \dfrac{1}{\varepsilon^2}(2\pi\varepsilon^2) = 2\pi$（$\because \oint xdy - ydx$

為小圓之面積之 2 倍）

10. $\int_{(1,0)}^{(2,\pi)} (y - e^x\cos y)dx + (x + e^x\sin y)dy = \int_{(1,0)}^{(2,\pi)} (ydx + xdy) + (-e^x\cos y\,dx + e^x\sin y\,dy)$

$$= \int_{(1,0)}^{(2,\pi)} d(xy - e^x\cos y) = (xy - e^x\cos y)\Big]_{(1,0)}^{(2,\pi)} = 2\pi + e^2 + e$$

練習 7.7

1. $\displaystyle\iint_\Sigma xyz\,ds = \iint_R xy\sqrt{1+\left(\frac{\partial z}{\partial x}\right)^2+\left(\frac{\partial z}{\partial y}\right)^2}\,dxdy = \iint_R xy\sqrt{1+\left(\frac{x}{\sqrt{x^2+y^2}}\right)^2+\left(\frac{y}{\sqrt{x^2+y^2}}\right)^2}\,dxdy$

   $\displaystyle = \sqrt{2}\iint_R xy\,dxdy = 0$（$\because f(x)=x$ 對 Σ 而言為對稱 y 軸之奇函數，$g(y)=y$ 也一樣）

2. $\displaystyle\iint_\Sigma y^2 ds = \iint_R y^2\sqrt{1+\left(\frac{\partial z}{\partial x}\right)^2+\left(\frac{\partial z}{\partial y}\right)^2}\,dxdy = \iint_R y^2\sqrt{1+1+0}\,dxdy$

   $\displaystyle = \sqrt{2}\int_0^2\int_0^4 y^2\,dxdy = \frac{128\sqrt{2}}{3}$

3. $z=\sqrt{9-x^2-y^2}$，$x^2+y^2\le 9$

   $\displaystyle\therefore \iint_\Sigma ds = \iint_R \sqrt{1+\left(\frac{\partial z}{\partial x}\right)^2+\left(\frac{\partial z}{\partial y}\right)^2}\,dxdy = \iint_R \sqrt{1+\left(-\frac{x}{\sqrt{9-x^2-y^2}}\right)^2+\left(-\frac{y}{\sqrt{9-x^2-y^2}}\right)^2}\,dxdy$

   $\displaystyle = \iint_R \frac{3}{\sqrt{9-x^2-y^2}}\,dxdy$

   $\displaystyle \xrightarrow[3\ge r\ge 0,\,2\pi\ge\theta\ge 0]{x=r\cos\theta,\,y=r\sin\theta} \int_0^{2\pi}\int_0^3 \frac{3r}{\sqrt{9-r^2}}\,drd\theta = 18\pi$

4. $\displaystyle\iint_\Sigma (x^2+y^2)z\,ds = \iint_R (x^2+y^2)z\cdot\sqrt{1+\left(\frac{\partial z}{\partial x}\right)^2+\left(\frac{\partial z}{\partial y}\right)^2}\,dxdy$

   $\displaystyle = \iint_R (x^2+y^2)z\sqrt{1+\left(\frac{x}{\sqrt{4-x^2-y^2}}\right)^2+\left(\frac{y}{\sqrt{4-x^2-y^2}}\right)^2}\,dydx$

   $\displaystyle = \iint_R (x^2+y^2)z\sqrt{\frac{4}{4-x^2-y^2}}\,dydx = \iint_R (x^2+y^2)z\cdot\frac{2}{z}\,dydx$

   $\displaystyle \xrightarrow[3\ge r\ge 0,\,2\pi\ge\theta\ge 0]{x=r\cos\theta,\,y=r\sin\theta} 2\int_0^{2\pi}\int_0^{\sqrt{3}} r\cdot r^2\,drd\theta = 9\pi$

5. $\displaystyle\iint_\Sigma xz\,ds$，$z=1-x-y$

   $\displaystyle\therefore \iint_R x(1-x-y)\sqrt{1+\left(\frac{\partial z}{\partial x}\right)^2+\left(\frac{\partial z}{\partial y}\right)^2}\,dy = \iint_R x(1-x-y)\sqrt{1+(-1)^2+(-1)^2}\,dy$

   $\displaystyle = \sqrt{3}\int_0^1\int_0^{1-x} x(1-x-y)\,dydx$

   $\displaystyle = \sqrt{3}\int_0^1\left(\frac{x}{2}-x^2+\frac{x^3}{2}\right)dx = \frac{\sqrt{3}}{24}$

6. $z=\sqrt{x^2+y^2}$

   $\displaystyle\therefore \iint_\Sigma y^2z^2 ds = \iint_R y^2(x^2+y^2)\sqrt{1+\left(\frac{\partial z}{\partial x}\right)^2+\left(\frac{\partial z}{\partial y}\right)^2}\,dydx = \sqrt{2}\iint_R y^2(x^2+y^2)\,dydx$

   R 為 $x^2+y^2=1$ 與 $x^2+y^2=4$ 之環區

   $\displaystyle\iint_\Sigma y^2z^2 ds = \sqrt{2}\int_0^{2\pi}\int_1^2 r(r\sin\theta)^2 r^2\,drd\theta = \sqrt{2}\int_0^{2\pi}\int_1^2 r^5\sin^2\theta\,drd\theta = \frac{21}{\sqrt{2}}\int_0^{2\pi}\sin^2\theta\,d\theta$

   $\displaystyle = \frac{21}{\sqrt{2}}\left[\frac{\theta}{2}-\frac{1}{4}\sin 2\theta\right]_0^{2\pi} = \frac{21}{\sqrt{2}}\pi$

7. $z = \sqrt{a^2 - x^2 - y^2}$

$$\iint\limits_{\Sigma} ds = \iint\limits_{R} \sqrt{1 + \left(\frac{\partial z}{\partial x}\right)^2 + \left(\frac{\partial z}{\partial y}\right)^2}\, dxdy$$

$$\therefore \frac{\partial z}{\partial x} = \frac{-x}{\sqrt{a^2 - x^2 - y^2}} \ , \ \frac{\partial z}{\partial y} = \frac{-y}{\sqrt{a^2 - x^2 - y^2}}$$

$$\therefore \iint\limits_{\Sigma} ds = \int_0^{2\pi} \int_0^a \frac{a}{\sqrt{a^2 - r^2}}\, rdrd\theta = \int_0^{2\pi} -a\sqrt{a^2 - r^2}\Big]_0^a d\theta = 2\pi a^2$$

練習 7.8

1. $\nabla \cdot \boldsymbol{F} = \frac{\partial}{\partial x}(y^2 + z^2)^{\frac{1}{2}} + \frac{\partial}{\partial y}\sin(x^2 + z^2) + \frac{\partial}{\partial z}e^{x^2 + 2y^2} = 0$

$$\therefore \iint\limits_{\Sigma} \boldsymbol{F} \cdot \boldsymbol{n}\, ds = \iiint\limits_{V} \nabla \cdot \boldsymbol{F}dV = \iiint\limits_{V} 0dV = 0$$

2. $\dfrac{\boldsymbol{R}}{r^3} = \dfrac{x}{(\sqrt{x^2 + y^2 + z^2})^3}\boldsymbol{i} + \dfrac{y}{(\sqrt{x^2 + y^2 + z^2})^3}\boldsymbol{j} + \dfrac{z}{(\sqrt{x^2 + y^2 + z^2})^3}\boldsymbol{k}$

$$\nabla \cdot \frac{\boldsymbol{R}}{r^3} = \frac{\partial}{\partial x}\frac{x}{(\sqrt{x^2 + y^2 + z^2})^3} + \frac{\partial}{\partial y}\frac{y}{(\sqrt{x^2 + y^2 + z^2})^3} + \frac{\partial}{\partial z}\frac{z}{(\sqrt{x^2 + y^2 + z^2})^3} = 0$$

$$\therefore \iint\limits_{\Sigma} \boldsymbol{F} \cdot \boldsymbol{n}\, ds = \iiint\limits_{V} \nabla \cdot \frac{\boldsymbol{R}}{r^3}dV = \iiint\limits_{V} 0dV = 0$$

3. $\nabla \cdot \boldsymbol{F} = \frac{\partial}{\partial x}(2x) + \frac{\partial}{\partial y}y + \frac{\partial}{\partial z}(3z) = 6$ $\therefore \oiint\limits_{\Sigma} \boldsymbol{F} \cdot \boldsymbol{n}ds = \iiint\limits_{V} \nabla \cdot \boldsymbol{F}dV = 6\iiint\limits_{V} dV = 6$

（註：$x = 1$，$y = 1$，$z = 1$ 圍成立體體積 $= 1$）

4. $\nabla \cdot \boldsymbol{F} = \frac{\partial}{\partial x}x + \frac{\partial}{\partial y}y + \frac{\partial}{\partial z}z = 3$

$$\therefore \oiint\limits_{\Sigma} \boldsymbol{F} \cdot \boldsymbol{n}\, ds = \iiint\limits_{V} \nabla \cdot \boldsymbol{F}dV = 3\iiint\limits_{V} dV = 3 \cdot \frac{4}{3}\pi 3^3 = 108\pi$$

5. $\nabla \cdot \boldsymbol{F} = \frac{\partial}{\partial x}x + \frac{\partial}{\partial y}y + \frac{\partial}{\partial z}z = 3$

$$\therefore \oiint\limits_{\Sigma} \boldsymbol{F} \cdot \boldsymbol{n}\, ds = \iiint\limits_{V} \nabla \cdot \boldsymbol{F}dV = 3\,(4\pi) \cdot 3 = 36\pi \ \text{（圓柱體體積爲底面積 × 高）}$$

6. (1) $\nabla \cdot \boldsymbol{F} = 0$ $\therefore \oiint\limits_{\Sigma} \boldsymbol{F} \cdot \boldsymbol{n}\, ds = \iiint\limits_{V} 0dV = 0$

(2) $\nabla \cdot \boldsymbol{F} = 3$ $\therefore \oiint\limits_{\Sigma} \boldsymbol{F} \cdot \boldsymbol{n}\, ds = 3\iiint\limits_{V} dV = 3 \times 8 = 24$

(3) $\nabla \cdot \boldsymbol{F} = 2x + 2y + 2z$ $\therefore \oiint\limits_{\Sigma} \boldsymbol{F} \cdot \boldsymbol{n}\, ds = \int_{-1}^{1}\int_{-1}^{1}\int_{-1}^{1}(2x + 2y + 2z)dxdydz = 0$

練習 8.1A

1. (1) $\left|\dfrac{z+z_2}{1+z_1\overline{z_2}}\right|=\left|\dfrac{z_1+z_2}{z_1\overline{z_1}+z_1\overline{z_2}}\right|=\left|\dfrac{z_1+z_2}{z_1(\overline{z_1}+\overline{z_2})}\right|=\dfrac{1}{|z_1|}\dfrac{|z_1+z_2|}{|z_1+z_2|}=\dfrac{1}{|z_1|}=1$

(2) $|z_1|<1$ 時由 (1) $\left|\dfrac{z_1+z_2}{1+z_1\overline{z_2}}\right|=\dfrac{1}{|z_1|}>1$

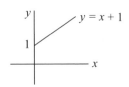

2. (1) $\arg(z-i)=\arg((x+yi)-i)=\arg(x+(y-1)i)=\dfrac{\pi}{4}$

$\dfrac{y-1}{x}=\tan\dfrac{\pi}{4}=1$，$y=1+x$，$x>0$

(2) $|z+3|+|z+1|=4\Rightarrow\sqrt{(x+3)^2+y^2}=4-\sqrt{(x+1)^2+y^2}$

化簡得 $3x^2+12x+4y^2=0$ 即 $3(x+2)^2+4y^2=12\Rightarrow\dfrac{(x+2)^2}{4}+\dfrac{y^2}{3}=1$ 爲一橢圓。

(3) $|z-3|<|z+2|\Rightarrow|x+yi-3|<|x+yi+2|\Rightarrow\sqrt{(x-3)^2+y^2}<\sqrt{(x+2)^2+y^2}$

$\therefore x>\dfrac{1}{2}$

3. $|z^n+b|\le|z^n|+|b|\le1+|b|$ 　$\therefore|z^n+b|$ 之極大值爲 $1+|b|$

4. (1) $|z-1|=|x+yi-1|=1$ 　$\therefore\sqrt{(x-1)^2+y^2}=1$，即 $(x-1)^2+y^2=1$

$\arg(z-1)=\arg(x+yi-1)=\tan^{-1}\dfrac{y}{x-1}$

應用 $\tan^{-1}A+\tan^{-1}B=\tan^{-1}\dfrac{A+B}{1-AB}$：

$2\arg z=2\tan^{-1}\dfrac{y}{x}=\tan^{-1}\dfrac{\dfrac{2y}{x}}{1-\left(\dfrac{y}{x}\right)^2}=\tan^{-1}\dfrac{2xy}{x^2-y^2}=\tan^{-1}\dfrac{2xy}{x^2-(1-(x-1)^2)}$

$=\tan^{-1}\dfrac{2xy}{2x(x-1)}=\tan^{-1}\dfrac{y}{x-1}=\arg(z-1)$

(2) $\dfrac{2}{3}\arg(z^2-z)=\dfrac{2}{3}(\arg(z-1)+\arg(z))=\dfrac{2}{3}(\arg(z-1)+\dfrac{1}{2}\arg(z-1))=\arg(z-1)$

5. $z_1=x_1+y_1i$，$z_2=x_2+y_2i$ 則 $Re(z_1z_2)=x_1x_2-y_1y_2=Re(z_1)Re(z_2)-\text{Im}(z_1)\text{Im}(z_2)$

練習 8.1B

1. (1) $\left(\dfrac{1}{2}+\dfrac{\sqrt{3}}{2}i\right)^8=\left(\cos\dfrac{\pi}{3}+i\sin\dfrac{\pi}{3}\right)^8=\cos\dfrac{8\pi}{3}+i\sin\dfrac{8\pi}{3}=-\dfrac{1}{2}+\dfrac{\sqrt{3}}{2}i$

(2) $(1+i)^5=\left[\sqrt{2}\left(\cos\dfrac{\pi}{4}+i\sin\dfrac{\pi}{4}\right)\right]^5=2^{\frac{5}{2}}\left(\cos\dfrac{5}{4}\pi+i\sin\dfrac{5}{4}\pi\right)=2^{\frac{5}{2}}\left(\dfrac{-1}{\sqrt{2}}+\dfrac{-i}{\sqrt{2}}\right)=-4(1+i)$

(3) $(1+\sqrt{3}i)^{-10}=\left[\sqrt{2}\left(\cos\dfrac{\pi}{3}+i\sin\dfrac{\pi}{3}\right)\right]^{-10}=2^{-5}\left(\cos\dfrac{-10}{3}\pi+i\sin\dfrac{-10}{3}\pi\right)=2^{-5}\left(\cos\dfrac{2\pi}{3}+i\sin\dfrac{2\pi}{3}\right)$

$=2^{-5}\left(-\dfrac{1}{2}+\dfrac{\sqrt{3}}{2}i\right)=2^{-6}(-1+\sqrt{3}i)$

2. (1) $z^5 = 32(\cos\pi + i\sin\pi) \Rightarrow z = \sqrt[5]{32}\left(\cos\dfrac{\pi + 2k\pi}{5} + i\sin\dfrac{\pi + 2k\pi}{5}\right) = 2\left(\cos\dfrac{(2k+1)\pi}{5} + i\sin\dfrac{(2k+1)\pi}{5}\right)$

    $k = 0, 1, 2, 4$

  (2) $z^5 = 1 + 3i = 2\left(\cos\dfrac{\pi}{3} + i\sin\dfrac{\pi}{3}\right)$

$$\therefore z = \sqrt[5]{2}\left(\cos\dfrac{\dfrac{\pi}{3} + 2k\pi}{5} + i\sin\dfrac{\dfrac{\pi}{3} + 2k\pi}{5}\right) = \sqrt[5]{2}\left(\cos\dfrac{(6k+1)\pi}{15} + i\sin\dfrac{(6k+1)\pi}{15}\right),$$

    $k = 0, 1, 2, 3, 4$

3. (1) $z + \dfrac{1}{z} = 2\cos\theta$ $\therefore z^2 - 2\cos\theta z + 1 = 0$ 解之 $z = \cos\theta \pm i\sin\theta$

    (i) $z = \cos\theta + i\sin\theta$ 時 $\dfrac{1}{z} = \cos\theta - i\sin\theta = \cos(-\theta) + i\sin(-\theta)$

$$\therefore z^n + \dfrac{1}{z^n} = (\cos n\theta + i\sin n\theta) + (\cos(-n\theta) + i\sin(-n\theta)) = 2\cos n\theta$$

    (ii) $z = \cos\theta - i\sin\theta$ 時 $\dfrac{1}{z} = \cos\theta + i\sin\theta$，則 $z^n + \dfrac{1}{z^n} = 2\cos n\theta$

$$\therefore z^n + \dfrac{1}{z^n} = 2\cos n\theta$$

  (2) $z + \dfrac{1}{z} = \sqrt{3} = 2 \cdot \dfrac{\sqrt{3}}{2} = 2\cos\dfrac{\pi}{6}$ $\therefore z^{120} + \dfrac{1}{z^{120}} = 2\cos\dfrac{120}{6}\pi = 2$

4. $(\cos x + i\sin x)^3 = \cos^3 x + 3\cos^2 x(i\sin x) + 3\cos x(i\sin x)^2 + (i\sin x)^3$

                $= \cos^3 x - 3\cos x\sin^2 x + i(3\cos^2 x\sin x - \sin^3 x)$

  又 $(\cos x + i\sin x)^3 = \cos 3x + i\sin 3x$

  $\therefore$ (1) $\cos 3x = \cos^3 x - 3\cos x\sin^2 x = \cos^3 x - 3\cos x(1 - \cos^2 x)$

              $= 4\cos^3 x - 3\cos x$

    (2) $\sin 3x = 3\cos^2 x\sin x - \sin^3 x = 3(1 - \sin^2 x)\sin x - \sin^3 x$

             $= 3\sin x - 4\sin^3 x$

5. $\dfrac{z_1}{z_2} = \dfrac{\rho_1(\cos\phi_1 + i\sin\phi_1)}{\rho_2(\cos\phi_2 + i\sin\phi_2)} = \dfrac{\rho_1(\cos\phi_1 + i\sin\phi_1)}{\rho_2(\cos\phi_2 + i\sin\phi_2)}\dfrac{(\cos\phi_2 - i\sin\phi_2)}{(\cos\phi_2 - i\sin\phi_2)}$

   $= \dfrac{\rho_1}{\rho_2}\left((\cos\phi_1 + i\sin\phi_1)(\cos(-\phi_2) + i\sin(-\phi_2))\right)$

   $= \dfrac{\rho_1}{\rho_2}\left(\cos(\phi_1 - \phi_2) + i\sin(\phi_1 - \phi_2)\right)$

6. $z^4 = -16 = 16(-1 + 0i) = 16(\cos\pi + i\sin\pi)$

  $\therefore z = 2\left(\cos\dfrac{\pi + 2k\pi}{4} + i\sin\dfrac{\pi + 2k\pi}{4}\right)$

    $= 2\left(\cos\dfrac{(2k+1)\pi}{4} + i\sin\dfrac{(2k+1)\pi}{4}\right)$，$k = 0, 1, 2, 3$

$k = 0$ 時，$z = 2\left(\cos\dfrac{\pi}{4} + i\sin\dfrac{\pi}{4}\right) = \sqrt{2} + \sqrt{2}i$

$k = 1$ 時，$z = 2\left(\cos\dfrac{3\pi}{4} + i\sin\dfrac{3\pi}{4}\right) = -\sqrt{2} + \sqrt{2}i$

$k = 2$ 時，$z = 2\left(\cos\dfrac{5\pi}{4} + i\sin\dfrac{5\pi}{4}\right) = -\sqrt{2} - \sqrt{2}i$

$k = 3$ 時，$z = 2\left(\cos\dfrac{7\pi}{4} + i\sin\dfrac{7\pi}{4}\right) = \sqrt{2} - \sqrt{2}i$

如果將上面四個根描繪下來，將會發現它們都落在以 $r = 2$ 為半徑之圓內接正方形的四個頂點上。

練習 8.1C

1. (1) $\sqrt{3} + i = 2\left(\cos\dfrac{\pi}{6} + i\sin\dfrac{\pi}{6}\right) = 2e^{\frac{\pi}{6}i}$

   (2) $-3i = 3\left(\cos\dfrac{3\pi}{2} + i\sin\dfrac{3\pi}{2}\right) = 3e^{\frac{3}{2}i}$

   (3) $2 - 2\sqrt{3}i = 4\left(\cos\dfrac{5\pi}{3} + i\sin\dfrac{5\pi}{3}\right) = 4e^{\frac{5\pi}{3}i}$

2. $z = 1 - \cos\phi + i\sin\phi$

   $\therefore |z| = \sqrt{(1-\cos\phi)^2 + \sin^2\phi} = \sqrt{2 - 2\cos\phi} = \sqrt{2\left(1 - \left(1 - 2\sin^2\dfrac{\phi}{2}\right)\right)} = 2\sin\dfrac{\phi}{2}$

   又 $\arg(z) = \tan^{-1}\dfrac{\sin\phi}{1-\cos\phi} = \tan^{-1}\dfrac{2\sin\dfrac{\phi}{2}\cos\dfrac{\phi}{2}}{1 - \left(1 - 2\sin^2\dfrac{\phi}{2}\right)} = \tan^{-1}\cot\dfrac{\phi}{2}$

   $\qquad = \tan^{-1}\left(\tan\left(\dfrac{\pi}{2} - \dfrac{\phi}{2}\right)\right) = \dfrac{\pi - \phi}{2}$

   $\therefore 1 - \cos\phi + i\sin\phi = 2\sin\dfrac{\phi}{2}e^{i\frac{\pi-\phi}{2}}$

3. (1) $|e^{i\theta}| = |\cos\theta + i\sin\theta| = 1$

   $\overline{e^{i\theta}} = \overline{\cos\theta + i\sin\theta} = \cos\theta - i\sin\theta = \cos(-\theta) + i\sin(-\theta) = e^{i(-\theta)} = e^{-i\theta}$

4. $\because \mathcal{L}(e^{iwt}) = \dfrac{1}{s - iw} = \dfrac{s + wi}{s^2 + w^2}$

   $\therefore \mathcal{L}(\cos wt) = Re\{\mathcal{L}(e^{iwt})\} = \dfrac{s}{s^2 + w^2}$ 及 $\mathcal{L}(\sin wt) = Im\{\mathcal{L}(e^{iwt})\} = \dfrac{w}{s^2 + w^2}$

5. $\left|\dfrac{e^{i\theta}}{2}\right| = \left|\dfrac{1}{2}(\cos\theta + i\sin\theta)\right| = \dfrac{1}{2} < 1$

   $\therefore \dfrac{\sin\theta}{2} + \dfrac{\sin 2\theta}{2^2} + \dfrac{\sin 3\theta}{2^3} + \cdots = Im\left(\sum_{n=1}^{\infty}\dfrac{(e^{i\theta})^n}{2^n}\right) = \left(\sum_{n=1}^{\infty}\left(\dfrac{e^{i\theta}}{2}\right)^n\right)$

$$= Im\left(\frac{\dfrac{e^{i\theta}}{2}}{1 - \dfrac{e^{i\theta}}{2}}\right) = Im\left(\frac{e^{i\theta}}{2 - e^{i\theta}}\right) = Im\left(\frac{\cos\theta + \sin\theta}{2 - \cos\theta - i\sin\theta}\right)$$

$$= Im\left(\frac{(\cos\theta + i\sin\theta)(2 - \cos\theta + i\sin\theta)}{(2 - \cos\theta - i\sin\theta)(2 - \cos\theta + i\sin\theta)}\right)$$

$$= Im\left(\frac{\cos\theta(2 - \cos\theta) - \sin^2\theta + i(\sin\theta\cos\theta + \sin\theta(2 - \cos\theta))}{5 - 4\cos\theta}\right)$$

$$= \frac{2\sin\theta}{5 - 4\cos\theta}$$

6. $1 + a\cos\theta + a^2\cos2\theta + \cdots\cdots$

$$= Re(1 + ae^{i\theta} + a^2e^{2i\theta} + \cdots\cdots) = Re\left(\frac{1}{1 - ae^{i\theta}}\right) = Re\left(\frac{1}{1 - a\left(\cos\theta + i\sin\theta\right)}\right)$$

$$= Re\left(\frac{1 - a\cos\theta + ia\sin\theta}{(1 - a\cos\theta - ia\sin\theta)(1 - a\cos\theta + ia\sin\theta)}\right)$$

$$= Re\left(\frac{1 - a\cos\theta + ia\sin\theta}{1 - 2a\cos\theta + a^2}\right) = \frac{1 - a\cos\theta}{1 - 2a\cos\theta + a^2}$$

練習 8.2A

1. (1) $z^3 = (x + yi)^3 = x^3 + 3x^2yi - 3xy^2 - y^3i = (x^3 - 3xy^2) + (3x^2y - y^3)i$

   $\therefore u = x^3 - 3xy^2$，$v = 3xy^2 - y^3$

   (2) $\dfrac{z}{1 + z} = \dfrac{x + yi}{1 + x + yi} = \dfrac{(x + yi)(1 + x - yi)}{(1 + x + yi)(1 + x - yi)} = \dfrac{(x(1 + x) + y^2) + ((1 + x)y - xy)i}{(1 + x)^2 + y^2}$

   $$= \dfrac{x^2 + x + y^2 + yi}{(1 + x)^2 + y^2}$$

   $\therefore u = \dfrac{x^2 + x + y^2}{(1 + x)^2 + y^2}$，$v = \dfrac{y}{(1 + x)^2 + y^2}$

   (3) $\dfrac{1}{z} = \dfrac{1}{x + yi} = \dfrac{x - yi}{x^2 + y^2}$　　$\therefore u = \dfrac{x}{x^2 + y^2}$，$v = \dfrac{-y}{x^2 + y^2}$

2. $x = \dfrac{1}{2}(z + \bar{z})$，$y = \dfrac{1}{2i}(z - \bar{z})$

   $\therefore (x^3 - 3xy^2) + i(3x^2y - y^3)$

   $$= \left(\left(\frac{z + \bar{z}}{2}\right)^3 - 3\left(\frac{z + \bar{z}}{2}\right)\left(\frac{z - \bar{z}}{2i}\right)^2\right) + i\left(3\left(\frac{z + \bar{z}}{2}\right)^2\left(\frac{z - \bar{z}}{2i}\right) - \left(\frac{z - \bar{z}}{2i}\right)^3\right)$$

   $$= \frac{1}{8}[(z + \bar{z})^3 + 3(z + \bar{z})(z - \bar{z})^2 + 3(z + \bar{z})^2(z - \bar{z}) + (z - \bar{z})^3]$$

   $$= \frac{1}{8}[(z + \bar{z}) + (z - \bar{z})]^3 = z^3$$

練習 8.2B

1. $w = (x + yi)^2 = x^2 - y^2 + 2xyi$ $\quad \therefore v = 2xy = 2$，$u \in R$

2. $w = (x + yi)^2 = x^2 - y^2 + 2xyi$ $\quad \therefore u = x^2 - y^2$，$v = 2xy$，又 $y = 1 - x$

   $\therefore u = x^2 - y^2 = x^2 - (1 - x)^2 = 2x - 1$，$v = 2x(1 - x) = 2x - 2x^2$

   $\Rightarrow u^2 = 4x^2 - 4x + 1$ $\quad \therefore u^2 = -2v + 1$，即 $u^2 + 2v = 1$

3. $w = \bar{z} = x - yi$，$u = x$，$v = -y$ $\quad \therefore -v = 2u + 3$，或 $v = -2u - 3$

4. $w = z^3 = (1 + i)^3 = -2 + 2i$

5. $w = \dfrac{1}{z} = \dfrac{1}{x + yi} = \dfrac{x}{x^2 + y^2} - \dfrac{y}{x^2 + y^2}i$，$u = \dfrac{x}{x^2 + y^2}$，$v = \dfrac{-y}{x^2 + y^2}$

   則 $u^2 + v^2 = \dfrac{x^2}{(x^2 + y^2)^2} + \dfrac{(-y)^2}{(x^2 + y^2)^2} = \dfrac{1}{x^2 + y^2} = \dfrac{1}{b^2}$

6. $w = \dfrac{1}{z} = \dfrac{1}{x + yi} = \dfrac{x}{x^2 + y^2} - \dfrac{yi}{x^2 + y^2}$；$u = \dfrac{x}{x^2 + y^2}$，$v = \dfrac{-y}{x^2 + y^2}$ $\quad \therefore$ 在 w 平面上之像 $u = -v$

7. $0 < \arg z < \pi/4$

   $w = z^4$，則 $0 < \arg w = \arg z^4 = 4\arg z < 4 \cdot \dfrac{\pi}{4} = \pi$

   $\therefore w$ 平面上之像為 w 上半平面。

練習 8.2C

1. $\dfrac{d}{dz} I_m(z) = \lim_{z \to 0} \dfrac{I_m(z + \Delta z) - I_m z}{\Delta z}$，$z = x + yi$ $\quad \therefore \Delta z = \Delta x + i\Delta y$

   $= \lim_{\substack{\Delta x \to 0 \\ \Delta y \to 0}} \dfrac{I_m[(x + \Delta x) + i(y + \Delta y)] - I_m(x + yi)}{\Delta x + i\Delta y} = \lim_{\substack{\Delta x \to 0 \\ \Delta y \to 0}} \dfrac{\Delta y}{\Delta x + i\Delta y}$

   (i) $\lim_{\Delta x \to 0} \left(\lim_{\Delta y \to 0} \dfrac{\Delta y}{\Delta x + i\Delta y} \right) = 0$ (ii) $\lim_{\Delta y \to 0} \left(\lim_{\Delta x \to 0} \dfrac{\Delta y}{\Delta x + i\Delta y} \right) = \dfrac{1}{i}$，(i) $\neq$ (ii)

   $\therefore f(z) = I_m(z)$ 在 $z = 0$ 處不可微分

2. $\lim_{z \to 0} \dfrac{f(z) - f(0)}{z - 0} = \lim_{\substack{x \to 0 \\ y \to 0}} \dfrac{x^3 - y^3 + i(x^3 + y^3)}{(x + yi)(x^2 + y^2)}$

   取 $y = mx$ 代入上式：

   $\lim_{x \to 0} \dfrac{x^3 - (mx)^3 + i(x^3 + (mx)^3)}{(x + mxi)(x^2 + m^2x^2)} = \dfrac{1 - m^3 + i(1 + m^3)}{(1 + mi)(1 + m^2)}$

   上述極限會隨 m 不同而有不同結果，故 $\lim_{z \to 0} \dfrac{f(z) - f(0)}{z - 0}$ 不存在。

   即 $f(z)$ 在 $z = 0$ 處不可微分

3. $\lim_{z \to 0} \dfrac{f(z) - f(0)}{z - 0} = \lim_{\substack{x \to 0 \\ y \to 0}} \dfrac{xy^2(x + yi)}{(x + yi)(x^2 + y^4)}$

$$= \lim_{\substack{x \to 0 \\ y \to 0}} \frac{xy^2}{x^2 + y^4} \quad \xrightarrow{my^2 = x} \quad \lim_{y \to 0} \frac{my^2 \cdot y^2}{(my^2)^2 + y^4} = \lim_{y \to 0} \frac{m}{1 + m^2}$$

上述極限隨 m 不同而有不同之結果，故 $\lim_{z \to 0} \dfrac{f(z) - f(0)}{z - 0}$ 不存在，即 $f(z)$ 在 $z = 0$ 處不可微分。

練習 8.3A

1. (1) $f(z) = \mathrm{Re}\,(z^2) = \mathrm{Re}((x + yi))^2 = x^2 - y^2$

 $u = x^2 - y^2$，$v = 0$

 $\therefore \dfrac{\partial u}{\partial x} = 2x \neq \dfrac{\partial v}{\partial y}$　$\therefore$ 不為解析

 (1) $u = x^3 - 3xy^2$，$v = 3x^2 y - y^3$；$\dfrac{\partial u}{\partial x} = 3x^2 - 3y^2$，$\dfrac{\partial v}{\partial y} = 3x^2 - 3y^2$；$\dfrac{\partial u}{\partial y} = -6xy$，

 $\dfrac{\partial v}{\partial x} = 6xy$　$\therefore \dfrac{\partial u}{\partial x} = \dfrac{\partial v}{\partial y}$，$\dfrac{\partial u}{\partial y} = -\dfrac{\partial v}{\partial x}$　$\therefore$ 解析

 (3) $e^{\bar{z}} = e^{x - yi} = e^x(\cos y - i\sin y)$，$u = e^x \cos y$，$v = -e^x \sin y$

 $\dfrac{\partial u}{\partial x} = e^x \cos y$，$\dfrac{\partial v}{\partial y} = -e^x \cos y$

 $\therefore \dfrac{\partial u}{\partial y} \neq -\dfrac{\partial v}{\partial x}$　$\therefore$ 不為解析

 (4) $f(z) = |z| = |x + yi| = x^2 + y^2$：$u = x^2 + y^2$，$v = 0$：$\dfrac{\partial u}{\partial x} = 2x$，$\dfrac{\partial v}{\partial y} = 0$

 $\therefore \dfrac{\partial u}{\partial x} \neq \dfrac{\partial v}{\partial y}$　$\therefore$ 不為解析

2. 取 $x = r\cos\theta$，$y = r\sin\theta$ 則

 $$\frac{\partial u}{\partial r} = \frac{\partial u}{\partial x} \cdot \frac{\partial x}{\partial r} + \frac{\partial u}{\partial y} \cdot \frac{\partial y}{\partial r} = \cos\theta \frac{\partial u}{\partial x} + \sin\theta \frac{\partial u}{\partial y} \tag{1}$$

 $$\frac{\partial u}{\partial \theta} = \frac{\partial u}{\partial x} \cdot \frac{\partial x}{\partial \theta} + \frac{\partial u}{\partial y} \cdot \frac{\partial y}{\partial \theta} = -r\sin\theta \frac{\partial u}{\partial x} + r\cos\theta \frac{\partial u}{\partial y} \tag{2}$$

 $$\frac{\partial v}{\partial r} = \frac{\partial v}{\partial x} \cdot \frac{\partial x}{\partial r} + \frac{\partial v}{\partial y} \cdot \frac{\partial y}{\partial r} = \cos\theta \frac{\partial v}{\partial x} + \sin\theta \frac{\partial v}{\partial y} \tag{3}$$

 $$\frac{\partial v}{\partial \theta} = \frac{\partial v}{\partial x} \cdot \frac{\partial x}{\partial \theta} + \frac{\partial v}{\partial y} \cdot \frac{\partial y}{\partial \theta} = -r\sin\theta \frac{\partial v}{\partial x} + r\cos\theta \frac{\partial v}{\partial y} \tag{4}$$

 由 $\begin{cases} \dfrac{\partial u}{\partial x} = \dfrac{\partial v}{\partial y} \\ \dfrac{\partial u}{\partial y} = -\dfrac{\partial v}{\partial x} \end{cases}$ 及比較 (1)，(4) 我們有 $\dfrac{\partial u}{\partial r} = \dfrac{1}{r} \dfrac{\partial v}{\partial \theta}$，

 同理比較 (3)，(4) 我們有 $\dfrac{\partial v}{\partial r} = -\dfrac{1}{r} \dfrac{\partial u}{\partial \theta}$

3. $\overline{f(z)} = u - iv$ 在 D 中解析，由 Cauchy-Riemann 方程式，$f(z) = u + iv$ 解析則有

$$\frac{\partial u}{\partial x} = \frac{\partial v}{\partial y} \ , \ \frac{\partial u}{\partial y} = -\frac{\partial v}{\partial x} \tag{1}$$

$\overline{f(z)}$ 解析則有：$\dfrac{\partial u}{\partial x} = -\dfrac{\partial v}{\partial y} \ , \ \dfrac{\partial u}{\partial y} = -\left(\dfrac{-\partial v}{\partial x}\right) = \dfrac{\partial v}{\partial x}$ $\qquad$ (2)

由 (1)，(2) 可知 $\dfrac{\partial v}{\partial y} = -\dfrac{\partial v}{\partial y}$ $\quad \therefore \dfrac{\partial v}{\partial y} = 0$ 同法 $\dfrac{-\partial v}{\partial x} = \dfrac{\partial v}{\partial x} = 0$

從而 $\dfrac{\partial u}{\partial x} = \dfrac{\partial v}{\partial y} = \dfrac{\partial u}{\partial y} = \dfrac{\partial v}{\partial x} = 0 \Rightarrow du = dv = 0 \ \therefore u, v$ 在 D 中均爲常數函數

即 $f(z)$ 亦爲常數函數

4. $|f(z)| = \overline{f(z)} \cdot f(z) = $ 常數函數，在上題我們已證出 $\overline{f(z)}$ 爲常數函數 $\therefore f(z)$ 亦爲常數函數

5. $\because au + bv = c$

$$\begin{cases} a\dfrac{\partial u}{\partial x} + b\dfrac{\partial v}{\partial x} = 0 \\ a\dfrac{\partial u}{\partial y} + b\dfrac{\partial v}{\partial y} = 0 \end{cases}$$ 利用 $\dfrac{\partial u}{\partial x} = \dfrac{\partial v}{\partial y} \ , \ \dfrac{\partial u}{\partial y} = -\dfrac{\partial v}{\partial x}$，得：

$$\begin{cases} a\dfrac{\partial u}{\partial x} - b\dfrac{\partial u}{\partial y} = 0 \\ b\dfrac{\partial u}{\partial x} + a\dfrac{\partial u}{\partial y} = 0 \end{cases}$$ $\therefore (a^2 + b^2)\dfrac{\partial u}{\partial x} = 0$，但 a, b 不全爲 0，即 $a^2 + b^2 \neq 0$

$\therefore \dfrac{\partial u}{\partial x} = 0$，從而 $\dfrac{\partial u}{\partial y} = 0$

得 u 爲常數函數，同法可證 v 常數函數，因此 $z = u + iv$ 爲一常數函數

6. $u(x, y) = ay^3 + bx^2y$，$v(x, y) = x^3 + cxy^2$

$\because f(z)$ 爲解析

$$\therefore \begin{cases} \dfrac{\partial u}{\partial x} = 2bxy = \dfrac{\partial v}{\partial y} = 2cxy \\ \dfrac{\partial v}{\partial x} = 3x^2 + cy^2 = \dfrac{-\partial u}{\partial y} = -(3ay^2 + bx^2) \end{cases} \begin{matrix} (1) \\ (2) \end{matrix}$$

由 (1)，$b = c$，由 (2)$b = -3$，$\therefore c = -3$，$a = 1$

7. (1) $u(x, y) = \begin{cases} \dfrac{x^3 - y^3}{x^2 + y^2} \ , \ (x, y) \neq (0, 0) \\ 0 \qquad , \ (x, y) = (0, 0) \end{cases}$ ，$v(x, y) = \begin{cases} \dfrac{x^3 + y^3}{x^2 + y^2} \ , \ (x, y) \neq (0, 0) \\ 0 \qquad , \ (x, y) = (0, 0) \end{cases}$ 則

$u_x(0, 0) = \lim\limits_{x \to 0} \dfrac{u(x, 0) - u(0, 0)}{x - 0} = \lim\limits_{x \to 0} \dfrac{x^3}{x^3} = 1$ ；$u_y(0, 0) = \lim\limits_{y \to 0} \dfrac{u(0, y) - u(0, 0)}{y - 0} = \lim\limits_{y \to 0} \dfrac{-y^3}{y^3} = -1$

$v_x(0, 0) = \lim\limits_{x \to 0} \dfrac{v(x, 0) - v(0, 0)}{x - 0} = \lim\limits_{x \to 0} \dfrac{x^3}{x^3} = 1$ ；$v_y(0, 0) = \lim\limits_{y \to 0} \dfrac{v(0, y) - v(0, 0)}{y - 0} = \lim\limits_{y \to 0} \dfrac{y^3}{y^3} = 1$

$\because u_x(0, 0) = v_y(0, 0)$，$u_y(0, 0) = -v_x(0, 0)$

$\therefore$ Cauchy-Riemann 方程式在 $(0, 0)$ 成立

(2) $f(z) = \begin{cases} \dfrac{x^2y^2 + xy^3i}{x^2+y^2}, & (x, y) \neq (0, 0) \\ 0, & (x, y) = (0,0) \end{cases}$

$u(x, y) = \begin{cases} \dfrac{x^2y^2}{x^2+y^2}, & (x, y) \neq (0, 0) \\ 0, & (x, y) = (0,0) \end{cases}$ 及 $v(x, y) = \begin{cases} \dfrac{xy^3}{x^2+y^2}, & (x, y) \neq (0, 0) \\ 0, & (x, y) = (0,0) \end{cases}$

$u_x(0, 0) = \lim_{x \to 0} \dfrac{u(x, 0) - u(0, 0)}{x - 0} = \lim_{x \to 0} \dfrac{0}{x} = 0$

$u_y(0, 0) = \lim_{y \to 0} \dfrac{u(0, y) - u(0, 0)}{y - 0} = \lim_{y \to 0} \dfrac{0}{y} = 0$

$v_x(0, 0) = \lim_{x \to 0} \dfrac{v(x, 0) - v(0, 0)}{x - 0} = \lim_{x \to 0} \dfrac{0}{x} = 0$

$v_y(0, 0) = \lim_{y \to 0} \dfrac{v(0, y) - v(0, 0)}{y - 0} = \lim_{y \to 0} \dfrac{0}{y} = 0$

$\because u_x(0, 0) = v_y(0, 0)$，$u_y(0, 0) = -v_x(0, 0)$

$\therefore$ Cauchy-Riemann 方程式在 (0, 0) 成立。

8. 令 $h(x, y) = \dfrac{\partial u}{\partial x}$，$k(x, y) = \dfrac{\partial v}{\partial x}$，則依 Cauchy-Riemann 方程式

$\dfrac{\partial h}{\partial x} = \dfrac{\partial k}{\partial y}$，$\dfrac{\partial k}{\partial x} = -\dfrac{\partial h}{\partial y}$　$\therefore \dfrac{\partial^2 h}{\partial x^2} = \dfrac{\partial^2 v}{\partial x \partial y}$，$\dfrac{\partial^2 v}{\partial x^2} = -\dfrac{\partial^2 u}{\partial x \partial y}$

9. $f(z) = u + vi$，$\arg f(z) = c'$，則 $\dfrac{v}{u} = \tan c' = c$，即 $v = cu$

$\therefore f(z) = u + icu$

$\because f(z) = u + icu$ 為解析，由 C-R 方程式

$\dfrac{\partial u}{\partial x} = \dfrac{\partial v}{\partial y} \Rightarrow \dfrac{\partial u}{\partial} = \dfrac{\partial cu}{\partial y} = c\dfrac{\partial u}{\partial y} = -\overline{\partial x}$

$\therefore f(z) = u + icu$

又 $f(z) = u + iv$ 為解析 $\Rightarrow f(z) = u + icu$ 為解析

由 C-R 方程式

$\dfrac{\partial u}{\partial x} = \dfrac{\partial v}{\partial y}$，$\dfrac{\partial u}{\partial y} = -\dfrac{\partial v}{\partial x} \Rightarrow \dfrac{\partial u}{\partial x} = c\dfrac{\partial u}{\partial y}$，$\dfrac{\partial u}{\partial y} = -c\dfrac{\partial u}{\partial x}$

$\Rightarrow \dfrac{\partial u}{\partial x} = \dfrac{\partial u}{\partial y} = \dfrac{\partial(cu)}{\partial y} = c\dfrac{\partial u}{\partial y} = -c\dfrac{\partial(cu)}{\partial x} = -c^2 \dfrac{\partial u}{\partial x}$

$\therefore (1 + c^2)\dfrac{\partial u}{\partial y} = 0$，即 $\dfrac{\partial u}{\partial y} = 0$

同法 $\dfrac{\partial u}{\partial x} = 0$　$\therefore u$ 為常數函數，$v = cu$

$\therefore v$ 亦為常數函數

$\therefore f(z) = u + vi$ 為常數。

練習 8.3B

1. (1) $\dfrac{\partial v}{\partial y} = \dfrac{x}{x^2+y^2}$, $\dfrac{\partial v}{\partial x} = \dfrac{-y}{x^2+y^2}$

   ∵ $f(z) = u + iv$ 爲解析，由 Cauchy-Riemann 方程式

   $\dfrac{\partial u}{\partial x} = \dfrac{\partial v}{\partial y} = \dfrac{x}{x^2+y^2}$，對 x 積分

   $u = \displaystyle\int \dfrac{x}{x^2+y^2}\,dx = \dfrac{1}{2}\ln(x^2+y^2) + h(y)$

   $\dfrac{\partial u}{\partial y} = \dfrac{y}{x^2+y^2} + h'(y) = -\dfrac{\partial v}{\partial x} = \dfrac{y}{x^2+y^2}$ ∴ $h'(y) = 0$，即 $h(y) = c$

   得 $u = \dfrac{1}{2}\ln(x^2+y^2) + c$

   ∴ $f(z) = \dfrac{1}{2}\ln(x^2+y^2) + c + i\tan^{-1}\dfrac{y}{x} = \ln|z| + i\arg(z) + c$，$x > 0$

   (2) $\dfrac{\partial v}{\partial y} = \dfrac{x^2-y^2}{(x^2+y^2)^2}$, $\dfrac{\partial v}{\partial x} = \dfrac{-2xy}{(x^2+y^2)^2}$

   ∵ $f(z) = u + iv$ 爲解析，由 Cauchy-Riemann 方程式

   $\dfrac{\partial u}{\partial y} = \dfrac{-\partial v}{\partial x} = \dfrac{2xy}{(x^2+y^2)^2}$，對 y 積分

   ∴ $u = \displaystyle\int \dfrac{2xy}{(x^2+y^2)^2}\,dy = x\int \dfrac{d(x^2+y^2)}{(x^2+y^2)^2} = -\dfrac{x}{x^2+y^2} + h(y)$

   $\dfrac{\partial u}{\partial y} = \dfrac{2xy}{(x^2+y^2)^2} + h'(y) = -\dfrac{\partial v}{\partial x} = \dfrac{2xy}{(x^2+y^2)^2}$

   ∴ $h'(y) = 0$，$h(y) = c$

   $f(z) = -\dfrac{x}{x^2+y^2} + c + i\dfrac{y}{x^2+y^2}$

2. $\dfrac{\partial u}{\partial x} = af'(ax+by)$，$\dfrac{\partial^2 u}{\partial x^2} = a^2 f''(ax+by)$

   同法 $\dfrac{\partial^2 u}{\partial y^2} = b^2 f''(ax+by)$

   ∵ u 爲調和函數

   ∴ $\dfrac{\partial^2 u}{\partial x^2} + \dfrac{\partial^2 u}{\partial y^2} = (a^2+b^2)f''(ax+by) = 0$

   又 a, b 爲異於 0 之常數 ∴ $a^2 + b^2 \neq 0$，得 $f''(ax+by) = 0$

   $\Rightarrow f'(ax+by) = c \Rightarrow f(ax+by) = c(ax+by) + c'$

3. 不一定，例如 $u = x^2 - y^2$，$v = \dfrac{y}{x^2+y^2}$ 均爲調和函數，但 $u + v$ 不可解析（讀者自行 驗證之）

練習 8.3D

1. $\dfrac{\partial \omega}{\partial \bar{z}} = \dfrac{\partial u}{\partial x}\dfrac{\partial x}{\partial \bar{z}} + \dfrac{\partial u}{\partial y}\dfrac{\partial y}{\partial \bar{z}} + i\left(\dfrac{\partial v}{\partial x}\dfrac{\partial x}{\partial \bar{z}} + \dfrac{\partial v}{\partial y}\dfrac{\partial y}{\partial \bar{z}}\right) = \dfrac{1}{2}\left(\dfrac{\partial u}{\partial x} - \dfrac{\partial v}{\partial y}\right) - \dfrac{1}{2}\left(\dfrac{\partial v}{\partial x} + \dfrac{\partial u}{\partial y}\right)$,

   又 $f(z) = u + iv$ 為解析

   $\therefore \dfrac{\partial u}{\partial x} = \dfrac{\partial v}{\partial y}$, $\dfrac{\partial u}{\partial y} = \dfrac{\partial v}{\partial x}$

   $\therefore \dfrac{\partial \omega}{\partial \bar{z}} = 0$

2. 由例 12，$\nabla B = \left(\dfrac{\partial}{\partial x} + i\dfrac{\partial}{\partial y}\right)(P + iQ) = \dfrac{\partial P}{\partial x} - \dfrac{\partial Q}{\partial y} + i\left(\dfrac{\partial Q}{\partial x} + \dfrac{\partial P}{\partial y}\right) = 2\dfrac{\partial B}{\partial \bar{z}}$

練習 8.4

1. (1) $\dfrac{d}{dz}e^{z^2} = 2ze^{z^2}$，(2) $\dfrac{d}{dz}e^{(3z^2+2z+1)} = (6z+2)e^{3z^2+2z+1}$

2. (1) $e^{-z} = 1 = \cos 0 + i\sin 0 = e^{0i}$ $\quad \therefore z = 2k\pi i$，$k = 0, \pm 1, \pm 2\cdots$

   (2) $e^z = -1 = \cos\pi + i\sin\pi = e^{\pi i}$ $\quad \therefore z = i\pi + 2k\pi i = (2k+1)\pi i$

   (3) $e^z = 2i = 2\left(\cos\dfrac{\pi}{2} + i\sin\dfrac{\pi}{2}\right) = 2e^{i\left(\frac{\pi}{2}+2k\pi\right)}$ $\quad \therefore z = \ln 2 + i\left(\dfrac{\pi}{2} + 2k\pi\right)$，$k = 0, \pm 1, \pm 2\cdots$

   (4) $z = \ln(1 + i\sqrt{3}) = \ln|1 + i\sqrt{3}| + \left(\dfrac{\pi}{3} + 2k\pi\right)i = \ln 2 + \left(\dfrac{1}{3} + 2k\right)\pi i$，$k = 0, \pm 1, \pm 2\cdots$

3. $\cosh iz = \dfrac{e^{iz} + e^{-iz}}{2} = \cos z$

4. (1) $3^i = e^{i\ln 3} = e^{i(\ln 3 + 2k\pi i)} = e^{i\ln 3} \cdot e^{-2k\pi} = e^{-2k\pi}(\cos\ln 3 + i\sin\ln 3)$，$k = 0, \pm 1, \pm 2\cdots$

   (2) $(1+i)^i = e^{i\ln(1+i)} = e^{i\left(\ln\sqrt{2} + i\left(\frac{\pi}{4}+2k\pi\right)\right)} = e^{i\ln\sqrt{2} - \left(\frac{\pi}{4}+2k\pi\right)} = e^{-\left(\frac{\pi}{4}+2k\pi\right)}(\cos(\ln\sqrt{2}) + i\sin(\ln\sqrt{2}))$，
   $k = 0, \pm 1, \pm 2\cdots$

   (3) $(-i)^{-i} = e^{-i\ln(-i)} = e^{-i\left(\ln 1 + i\left(2k\pi + \frac{3}{2}\pi\right)\right)} = e^{2k\pi + \frac{3}{2}\pi}$，$k = 0, \pm 1, \pm 2\cdots$

   (4) $\left(-\dfrac{1}{2} - \dfrac{\sqrt{3}}{2}i\right) = \cos\dfrac{4}{3}\pi + i\sin\dfrac{4}{3}\pi$

   $\therefore \ln\left(-\dfrac{1}{2} - \dfrac{\sqrt{3}}{2}i\right) = \ln\left|-\dfrac{1}{2} - \dfrac{\sqrt{3}}{2}i\right| + \left(\dfrac{4}{3}\pi + 2k\pi\right)i = \left(\dfrac{4}{3}\pi + 2k\pi\right)i$，$k = 0, \pm 1, \pm 2\cdots$

5. (1) $\sin z = 0 \Rightarrow \dfrac{1}{2i}(e^{iz} - e^{-iz}) = 0$ $\quad \therefore e^{2iz} = 1$

   由 $e^{2iz} = 1$ 得 $2iz = \ln 1 + i(0 + 2k\pi) = 2k\pi i$

   $\therefore \sin z = 0$ 之解為 $z = k\pi$ $\quad k = 0, \pm 1, \pm 2\cdots$

   (2) $\cos z = \sin\left(\dfrac{\pi}{2} - z\right) = 0$，$\quad \therefore z = k\pi + \dfrac{\pi}{2}$，$k = 0, \pm 1, \pm 2\cdots$

   (3) $\sin z + \cos z = \sqrt{2}\sin\left(\dfrac{\pi}{4} + z\right) = 0$ $\quad \therefore z = k\pi - \dfrac{\pi}{4}$，$k = 0, \pm 1, \pm 2\cdots$

6. 令 $z = re^{i\theta}$，$r = |z|$，$\theta = \arg z$，則

$$Lnz^2 = Ln(re^{i\theta})^2 = lnr^2 e^{2i\theta} = lnr^2 + i(2\theta + 2k\pi)，k = 0, \pm1, \pm2\cdots$$

$$2Lnz = 2\ Ln(re^{i\theta}) = 2(lnr + i(\theta + 2k\pi)) = lnr^2 + i(2\theta + 4k\pi)，$$

$$k = 0, \pm1, \pm2\cdots，因此\ L_nz^2 \neq 2L_nz$$

7. (1) $f(z) = e^x x\cos y - e^x y\sin y + i(e^x x\sin y + ie^x y\cos y)$

$u = e^x x\cos y - e^x y\sin y，v = e^x y\cos y + e^x x\sin y$

$u_x = e^x x\cos y + e^x \cos y - e^x y\sin y；u_y = -e^x x\sin y - e^x \sin y - e^x y\cos y$

$v_x = e^x y\cos y + e^x x\sin y + e^x \sin y；v_y = e^x \cos y - e^x y\sin y + e^x x\cos y$

$\because u_x = v_y，u_y = -v_x \therefore f(z)$ 為可解析

(2) $f'(z) = \dfrac{\partial u}{\partial x} + i\dfrac{\partial v}{\partial x} = (e^x x\cos y + e^x \cos y - e^x y\sin y) + i\ (e^x y\cos y + e^x x\sin y + e^x \sin y)$

8. (1) 令 $w = \tan^{-1}z$ 則 $z = \tan w = \dfrac{\sin w}{\cos w} = \dfrac{\dfrac{1}{2i}(e^{iw} - e^{-iw})}{\dfrac{1}{2}(e^{iw} + e^{-iw})} = \dfrac{1}{i}\dfrac{e^{2iw} - 1}{e^{2iw} + 1}$

化簡得 $e^{2iw} = \dfrac{-z+i}{z+i} \Rightarrow w = \dfrac{1}{2i}Ln\dfrac{-z+i}{z+i} = \dfrac{i}{2}\ln\dfrac{i+z}{i-z}$

(2) $\dfrac{d}{dz}\tan^{-1}z = \dfrac{d}{dz}\left(\dfrac{i}{2}Ln\dfrac{i+z}{i-z}\right) = \dfrac{i}{2}\left(\dfrac{1}{i+z} + \dfrac{1}{i-z}\right) = \dfrac{1}{1+z^2}，z = \pm i$

練習 8.5A

1. (1) 取參數式 $\begin{cases} x=t \\ y=t \end{cases}$，$1 \geq t \geq 0$ 則 $z = x + iy = t + it$，$1 \geq t \geq 0$，$dz = (1+i)dt$

$\therefore \displaystyle\int_0^{1+i}(x^2 + iy)dz = \int_0^1 (t^2 + it)(1+i)dt = (1+i)[\int_0^1 t^2 dt + i\int_0^1 t\,dt] = -\dfrac{1}{6} + \dfrac{5}{6}i$

(2) 取參數式 $\begin{cases} x=t \\ y=t^2 \end{cases}$，$1 \geq t \geq 0$，$dz = dt + 2it\,dt = (1 + 2it)dt$

$\therefore \displaystyle\int_0^{1+i}(x^2 + iy)dt = \int_0^1 (t^2 + it^2)(1 + 2it)dt = (1+i)[\int_0^1 t^2 dt + 2i\int_0^1 t^3\,dt] = -\dfrac{1}{6} + \dfrac{5}{6}i$

2. (1) 設參數式 $z = (3+i)t$，$1 \geq t \geq 0$，則 $dz = (3+i)dt$

$\therefore \displaystyle\int_0^{3+i}z^2 dz = \int_0^1 [(3+i)t]^2 \cdot (3+i)dt = 6 + \dfrac{26}{3}i$

(2)

設參數式：C_1：$z = 3t$，$1 \geq t \geq 0$，$dz = 3dt$

C_2：$z = 3 + ti$，$1 \geq t \geq 0$，$dz = i\,dt$

$\therefore \displaystyle\int_0^{3+i}z^2 dz = \int_{C_1} z^2 dz + \int_{C_2} z^2 dz = \int_0^1 (3t)^2 \cdot 3dt + \int_0^1 (3 + ti)^2 i\,dt$

$= 6 + \dfrac{26}{3}i$

3. (1) 設參數式：$x = t，y = 3t，3 \geq t \geq 0$

$\therefore \displaystyle\int_C z\,dz = \int_C (x + yi)(dx + idy) = \int_C (t + 3ti)(dt + i3dt) = (1 + 3i)^2 \int_0^3 t\,dt = -36 + 27i$

(2) 設參數式：$x = t，y = t^2，3 \geq t \geq 0$

$$\therefore \int_C z\,dz = \int_C (x+yi)(dx+idy) = \int_C (t+t^2 i)(dt+2it\,dt)$$

$$= \int_0^3 (t - 2t^3)dt + i\int_0^3 3t^2 dt = -36 + 27i$$

4. $z = (1+i)t = t + it$ $\therefore \arg z = \dfrac{t}{t} = 1$ $\therefore z = \dfrac{\pi}{4}$

$$\int_C \arg z\,dz = \int_1^2 \frac{\pi}{4}(dt+idt) = \frac{\pi}{4}(1+i)$$

5. (1) 設參數式 $x = t$，$y = t$，$1 \geq t \geq 0$，則

$$\int_0^{1+i} (x^2+iy)dz = \int_0^1 [(t^2+it)d(t+it) = (1+i)\left[\int_0^1 t^2 dt + i\int_0^1 t\,dt\right] = -\frac{1}{6} + \frac{5}{6}i$$

(2) 設參數式 $x = t$，$y = t^2$，$1 \geq t \geq 0$，則 $z = t + it^2$，$0 \leq t \leq 1$，$dz = (1+2t)dt$

$$\therefore \int_c (x^2+iy)dz = \int_0^1 (t^2+it^2)(1+2it)dt = (1+i)\left(\int_0^1 t^2 dt + 2i\int_0^1 t^3 dt\right) = -\frac{1}{6} + \frac{5}{6}i$$

6. $|z^2 + 3z + 1| \leq |z|^2 + 3|z| + 1 \leq 5$ （$\because |z| = 1$）

$$\therefore \left|\oint_c (z^2+3z+1)dz\right| \leq 5 \cdot 2\pi = 10\pi$$

7. $|z^2 - i| \geq |z|^2 - 1$ 即 $\left|\dfrac{1}{z^2-i}\right| \leq \dfrac{1}{|z^2|-1} = \dfrac{1}{8}$，即 $M = \dfrac{1}{8}$

$$\therefore \left|\int_c \frac{dz}{z^2-i}\right| = \frac{1}{8} \cdot 6\pi = \frac{3}{4}\pi$$

8. 利用不等式 $|z_1 - z_2| \leq |z_1| + |z_2|$

$$|\sin z| = \left|\frac{e^{iz} - e^{-iz}}{2i}\right| \leq \frac{1}{|2i|}(|e^{iz}| + |e^{-iz}|) = \frac{1}{2}(|e^{i(x+yi)}| + |e^{-i(x+yi)}|)$$

$$= \frac{1}{2}(|e^{-y}(\cos x + i\sin x)| + |e^y(\cos x - i\sin x)|) = \frac{1}{2}(e^{-y} + e^y) \leq \sqrt{e^{-y} \cdot e^y} = 1$$

$$\therefore \left|\int_c e^{\sin z}dz\right| \leq 1 \cdot L = 1 \quad (z = 0 \text{ 到 } z = i \text{ 之路徑長為 } 1)$$

練習 8.5B

1. (1) $\oint_c \dfrac{ze^z}{z+1}dz$ 中 $f(z) = ze^z$ 在 C 中為解析，$z = -1$ 落在 C 之內部

$$\therefore \oint_c \frac{ze^z}{z+1}dz = -2\pi i/e$$

(2) $\oint_c \dfrac{e^z dz}{z(z+1)} = \oint_c e^z\left(\frac{1}{z} - \frac{1}{z+1}\right)dz = \oint_c \frac{e^z}{z}dz - \oint_c \frac{e^z}{z+1}dz = 2\pi i - 2\pi i e^{-1} = 2\pi i(1 - e^{-1})$

(3) $\oint_c \dfrac{z^2+3z+1}{z+1}dz = 0$ （$\because z = -1$ 落在 C 外部）

(4) $\oint_c \dfrac{e^z}{z^3}dz = \dfrac{2\pi i}{2!} e^0 = \pi i$

(5) $\oint_c \dfrac{z+3}{z^3+2z^2}dz = \oint_c \dfrac{\frac{z+3}{z^2}}{z+2}dz = \dfrac{\pi i}{2}$

$$(6) \oint_c \frac{f(z)}{(z-m)(z-n)}dz = \frac{1}{m-n}\left[\oint_c \left(\frac{f(z)}{z-m} - \frac{f(z)}{z-n}\right)dz\right] = 2\pi i\left[\frac{1}{m-n}(f(m)-f(n))\right]$$

2. $\because f(z)$ 在 D 中為解析

   $\therefore f'(z)$ 在 D 中亦解析，由 *Cauchy* 積分公式

$$\begin{cases} \oint_c \dfrac{f'(z)}{z-z_0}dz = \begin{cases} 2\pi i f'(z_0)，z_0 \in c \\ 0 \qquad，z_0 \notin c \end{cases} \\ \oint_c \dfrac{f(z)}{(z-z_0)^2}dz = \begin{cases} 2\pi i f'(z_0)，z_0 \in c \\ 0 \qquad，z_0 \notin c \end{cases} \end{cases} \Rightarrow \oint_c \frac{f'(z)}{z-z_0}dz = \oint_c \frac{f(z)dz}{(z-z_0)^2}$$

3. $f(z)$ 在 R 內解析，那麼 $f'(z)$，$\dfrac{1}{f(z)}$（$\because f(z) \neq 0$）在 R 內均為解析

   $\therefore h(z) = \dfrac{f'(z)}{f(z)}$ 在 R 內解析，因此 $\oint_c \dfrac{f'(z)}{f(z)} = 0$

4. $\because h(z) = (z+1)^2 f(z)$ 為解析　$\therefore$ 由第 2 題

$$\oint_c \frac{(z+1)^2 f(z)}{z^2}dz \oint_c \frac{2(z+1)f(z) + (z+1)^2 f'(z)}{z}dz = 2\pi i(2f(0) + f'(0)) = 2\pi i(2a+b)$$

5. (1) $z = 0$ 在 c 之內部，$|z| = 1$，$f(z) = e^z$ 在 c 中為解析　$\therefore \oint_c \dfrac{e^z}{z}dz = 2\pi i$

   (2) 由 (1)，$\because |z| = 1$，可令 $z = e^{i\theta}$

$$\therefore 2\pi i = \oint_c \frac{e^z}{z}dz = \int_{-\pi}^{\pi} \frac{e^{(cos\theta + isin\theta)}}{e^{i\theta}}ie^{i\theta}d\theta = i\int_{-\pi}^{\pi} e^{cos\theta} \cdot e^{isin\theta}d\theta$$

$$= i\left(\int_{-\pi}^{\pi} e^{cos\theta}(cos(sin\theta))d\theta + i\underbrace{\int_{-\pi}^{\pi} e^{cos\theta}sin(sin\theta)\,d\theta}_{\text{奇函數}}\right)$$

$$\therefore 2\pi = 2\int_0^{\pi} e^{cos\theta}cos(sin\theta)d\theta，\text{即} \int_0^{\pi} e^{cos\theta}cos(sin\theta)d\theta = \pi$$

練習 8.5C

1. 根據代數基本定理，$P(z) = 0$ 有 n 個根，零點數 $n = n$，極點數 $p = 0$

   $\therefore \oint_C \dfrac{P'(z)}{P(z)}dz = (n-p)\,2\pi i = 2n\pi i$

2. $f(z)$ 在 $|z| = 3$ 內之零點有 $z = 0$（二階），$z = i$（三階）

   $\therefore n = 5$，另極點 $z = -2$（四階），即 $p = 4$

$$\oint_{|z|=3} \frac{f'(z)}{f(z)}dz = (n-p)\,2\pi i = 2\pi i$$

3. (1) $\tan z = \dfrac{\sin z}{\cos z} = \dfrac{-(\cos z)'}{\cos z}$

    又 $f(z) = \cos z$ 在 $|z| = 2$ 有 2 個零點（在 $z = \pm\dfrac{\pi}{2}$），無極點

    $\therefore \oint_{|z|=2} \tan z\,dz = -\int_{|z|=2} \dfrac{-\sin z}{\cos z}dz = -(n-p)\,2\pi i = -4\pi i$

(2) $\displaystyle\oint_{|z|=\frac{3}{2}} \frac{z^9}{z^{10}-1}\,dz = \oint_{|z|=\frac{3}{2}} \frac{\frac{1}{10}(z^{10}-1)'}{z^{10}-1}\,dz$

$f(z)=z^{10}-1=0$ 有 10 個零點，0 個極點

$\therefore \displaystyle\oint_{|z|=\frac{3}{2}} \frac{z^9}{z^{10}-1}\,dz = \frac{1}{10}\oint_{|z|=\frac{3}{2}} \frac{(z^{10}-1)'}{z^{10}-1}\,dz = \frac{1}{10}(10-0)2\pi i = 2\pi i$

練習 8.6A

1. (1) $\displaystyle\lim_{z\to 0} z^2\Big(\frac{z^2+1}{z\sin z}\Big) = \lim_{z\to 0}\frac{z(z^2+1)}{\sin z}=1$　$\therefore z=0$ 爲二階極點

   (2) $\displaystyle\lim_{z\to 1}(z-1)^3\cdot\frac{e^{iz}}{(z-1)^3(z+1)^2}=\frac{1}{4}e^i$　$\therefore z=1$ 爲三階極點

   $\displaystyle\lim_{z\to -1}(z+1)^2\cdot\frac{e^{iz}}{(z-1)^3(z+1)^2}=-\frac{1}{8}e^{-i}$　$\therefore z=-1$ 爲二階極點

   (3) $\displaystyle\lim_{z\to 0} z^4\cdot\frac{\cot z}{z^3}=\lim_{z\to 0} z\cdot\frac{\cos z}{\sin z}=1$　$\therefore z=0$ 爲四階極點

   (4) $\displaystyle\lim_{z\to i}(z-i)^2\frac{e^{iz}}{(z^2+1)^2}=\frac{-1}{4}e^{-1}$　$\therefore z=i$ 爲二階極點

2. (1) $\because \displaystyle\lim_{z\to 0} z^2\cdot\frac{\sin z}{z^3}=1$

   $\therefore f(z)=\frac{1}{z^3}\sin z$ 在 $z=0$ 有 2 階極點

   (2) 考慮 $\displaystyle\frac{1}{g(z)}=2\cos z-2+z^2$ 之零點

   $\displaystyle\frac{1}{g(z)}=2\cos z-2+z^2=2\Big(1-\frac{z^2}{2!}+\frac{z^4}{4!}-\frac{z^6}{6!}+\cdots\Big)-2+z^2=z^4\Big(\frac{1}{12}-\frac{z^2}{720}+\cdots\Big)$ 有 4 階

   零點，從而 $g(z)$ 在 $z=0$ 有 4 階極點。

   或 $\displaystyle\lim_{z\to 0} z^4\frac{1}{2\cos z-2+z^2}=\lim_{z\to 0}\frac{4z^3}{-2\sin z+2z}=\lim_{z\to 0}\frac{6z^2}{-\cos z+1}=\lim_{z\to 0}\frac{12z}{\sin z}=12$

   $\therefore g(z)$ 在 $z=0$ 有 4 階極點。

   $\Rightarrow f(z)=\displaystyle\frac{1}{(2\cos z-2+z^2)^4}$ 在 $z=0$ 有 16 階極點

   (3) $z=1$ 爲 $e^{\frac{1}{z-1}}$ 之奇異點，又

   $e^{\frac{1}{z-1}} \overset{y=\frac{1}{z-1}}{=\!=\!=\!=} 1+y+\frac{1}{2!}y^2+\cdots = 1+\frac{1}{z-1}+\frac{1}{2!}\frac{1}{(z-1)^2}+\cdots$

   $\therefore z=1$ 爲本性奇異點

(4) $\lim\limits_{z\to 0}\dfrac{\sin\sqrt{z}}{\sqrt{z}}\overset{y=\sqrt{z}}{=\!=\!=}\lim\limits_{y\to 0}\dfrac{\sin y}{y}=1$ $\therefore z=0$ 是可除去奇異點。

3. $z^n+1=0$ 得 $z=e^{\frac{(2k+1)\pi}{n}}$，$k=0,1,2,\cdots,n-1$，

$\therefore z=e^{\frac{1}{n}(2k+1)\pi}$，$k=0,1,2,\cdots,(n-1)$ 為 $f(z)=\dfrac{z^{2n}}{z^n+1}$ 之一階極點。根據代數基本定

理 $z^n+1=0$ 恰有 n 個根，而 $z=e^{\frac{1}{n}(2k+1)\pi}$，$k=0,1,2\cdots(n-1)$ 剛好是 n 個根，且

不能重複，故任一極點均為一階

4. 設 $f(z)=\dfrac{\phi_1(z)}{(z-a)^p}$，$g(z)=\dfrac{\phi_2(z)}{(z-a)^q}$，$\phi_1(z),\phi_2(z)$ 在 $x=a$ 處為解析。

$\therefore f(z)\cdot g(z)=\dfrac{\phi_1(z)\phi_2(z)}{(z-a)^{p+q}}$ 得 $z=a$ 是 $f(z)\cdot g(z)$ 之 $p+q$ 階極點。

$q>p$ 時 $\dfrac{g(z)}{f(z)}=\dfrac{\phi_2(z)/\phi_1(z)}{(z-a)^{q-p}}$，即 $z=a$ 是 $g(z)/f(z)$ 之 $q-p$ 階極點。

練習 8.6B

1. (1) $f(z)=\dfrac{1}{z-3}=-\dfrac{1}{3}\dfrac{1}{1-\frac{z}{3}}=-\dfrac{1}{3}\left(1+\dfrac{z}{3}+\dfrac{z^2}{9}+\dfrac{z^3}{27}+\cdots\right)=-\dfrac{1}{3}-\dfrac{z}{9}-\dfrac{z^2}{27}\cdots$

(2) $\left|\dfrac{3}{z}\right|<1$

$\therefore f(z)=\dfrac{1}{z}\dfrac{1}{1-\frac{3}{z}}=\dfrac{1}{z}\left(1+\dfrac{3}{z}+\dfrac{9}{z^2}+\dfrac{27}{z^3}+\cdots\right)=\dfrac{1}{z}+\dfrac{3}{z^2}+\dfrac{9}{z^3}+\dfrac{27}{z^4}+\cdots$

2. $f(z)=\dfrac{1}{z^2+4z+3}=\dfrac{1}{2}\left(\dfrac{1}{z+1}\right)-\dfrac{1}{2}\left(\dfrac{1}{z+3}\right)$

① $|z|>1$ 時，$\left|\dfrac{1}{z}\right|<1$

$\therefore \dfrac{1}{2(z+1)}=\dfrac{1}{2z}\dfrac{1}{1+\frac{1}{z}}=\dfrac{1}{2z}\left(1-\dfrac{1}{z}+\dfrac{1}{z^2}-\dfrac{1}{z^3}+\cdots\right)$

② $3>|z|$ 時 $\left|\dfrac{z}{3}\right|<1$

$\therefore \dfrac{1}{2(z+3)}=\dfrac{1}{6\left(1+\frac{z}{3}\right)}=\dfrac{1}{6}\left(1-\dfrac{z}{3}+\dfrac{z^2}{9}-\dfrac{z^3}{27}+\cdots\right)$

從而 $3>|z|>1$ 時

$f(z)=\cdots-\dfrac{1}{2z^4}+\dfrac{1}{2z^3}-\dfrac{1}{2z^2}+\dfrac{1}{2z}-\dfrac{1}{6}+\dfrac{1}{18}z-\dfrac{1}{54}z^2+\dfrac{1}{162}z^3-\cdots$

3. $f(z) = \dfrac{z}{(z+1)(z-2)} = \dfrac{\frac{1}{3}}{z+1} + \dfrac{\frac{2}{3}}{z-2}$

(1) $|z| < 1$

$$f(z) = \frac{1}{3}\frac{1}{1+z} + \frac{2}{3}\frac{1}{2-z} = \frac{1}{3}\frac{1}{1+z} + \frac{1}{3}\frac{1}{1-\frac{z}{2}}$$

$$= \frac{1}{3}(1 - z + z^2 - z^3 + \cdots) + \frac{1}{3}\left(1 + \frac{z}{2} + \frac{z^2}{4} + \frac{z^3}{8} + \cdots\right)$$

$$= \frac{2}{3} - \frac{1}{6}z + \frac{5}{12}z^2 - \frac{7}{24}z^3 + \cdots$$

(2) $1 < |z| < 2$：$\left|\dfrac{1}{z}\right| < 1$，$\left|\dfrac{z}{2}\right| < 1$

$$f(z) = \frac{1}{3}\frac{1}{1+z} + \frac{2}{3}\frac{1}{2-z} = \frac{1}{3z}\frac{1}{1+\frac{1}{z}} + \frac{1}{3}\frac{1}{1-\frac{z}{2}}$$

$$= \frac{1}{3z}\left(1 - \frac{1}{z} + \frac{1}{z^2} - \frac{1}{z^3} + \cdots\right) + \frac{1}{3}\left(1 + \frac{z}{2} + \frac{z^2}{4} + \frac{z^3}{8} + \cdots\right)$$

(3) $|z| > 2$：$\left|\dfrac{2}{z}\right| < 1$，

$$f(z) = \frac{1}{3}\frac{1}{1+z} + \frac{2}{3}\frac{1}{z-2} = \frac{1}{3z}\frac{1}{1+\frac{1}{z}} + \frac{2}{3z}\frac{1}{1-\frac{2}{z}}$$

$$= \frac{1}{3z}\left(1 - \frac{1}{z} + \frac{1}{z^2} - \cdots\right) + \frac{2}{3z}\left(1 + \frac{2}{z} + \frac{4}{z^2} + \frac{8}{z^3} + \cdots\right)$$

4. (1) $|z| < 1$：

$$f(z) = \frac{1}{z-1} = -\frac{1}{1-z} = -(1 + z + z^2 + \cdots)$$

$$= -1 - z - z^2 - \cdots$$

(2) $|z| > 1$，即 $\left|\dfrac{1}{z}\right| < 1$

$$f(z) = \frac{1}{z-1} = \frac{1}{z} \cdot \frac{1}{1-\frac{1}{z}} = \frac{1}{z}\left(1 + \frac{1}{z} + \frac{1}{z^2} + \frac{1}{z^3} + \cdots\right)$$

$$= \frac{1}{z} + \frac{1}{z^2} + \frac{1}{z^3} + \frac{1}{z^4} + \cdots$$

練習 8.7A

1. (1) $\text{Res}(1) = \lim\limits_{z \to 1}(z-1) \cdot \dfrac{e^z}{(z-1)(z+3)^2} = \dfrac{e}{16}$

$\text{Res}(-3) = \lim\limits_{z \to -3}\dfrac{d}{dz}\left[(z+3)^2 \cdot \dfrac{e^z}{(z-1)(z+3)^2}\right] = \lim\limits_{z \to -3}\dfrac{d}{dz}\dfrac{e^z}{z-1} = \lim\limits_{z \to -3}\dfrac{(z-1)e^z - e^z}{(z-1)^2} = \dfrac{-5e^{-3}}{16}$

(2) $\operatorname{Res}(0) = \lim\limits_{z \to 0} z \cdot \dfrac{1}{z(z+2)^3} = \dfrac{1}{8}$

$\quad$ $\operatorname{Res}(-2) = \dfrac{1}{2} \lim\limits_{z \to -2} \dfrac{d^2}{dz^2} \left[(z+2)^3 \cdot \dfrac{1}{z(z+2)^3} \right] = \dfrac{1}{2} \lim\limits_{z \to -2} \dfrac{d^2}{dz^2} \dfrac{1}{z} = \dfrac{1}{2} \lim\limits_{z \to -2} \left(\dfrac{2}{z^3} \right) = -\dfrac{1}{8}$

(3) $\dfrac{1}{z} \cos z = \dfrac{1}{z} \left(1 - \dfrac{1}{2!} z^2 + \dfrac{z^4}{4!} - \cdots \right) = \dfrac{1}{z} - \dfrac{1}{2} z + \dfrac{1}{24} z^3 - \cdots$ $\quad \therefore \operatorname{Res}(0) = 1$

(4) $\operatorname{Res}(2) = \dfrac{1}{2} \lim\limits_{z \to 2} \dfrac{d^2}{dz^2} \left[(z-2)^3 \cdot \dfrac{e^{zt}}{(z-2)^3} \right] = \dfrac{1}{2} \lim\limits_{z \to 2} \dfrac{d^2}{dz^2} e^{zt} = \dfrac{1}{2} \lim\limits_{z \to 2} t^2 e^{zt} = \dfrac{1}{2} t^2 e^{2t}$

2. (1) $f(z) = e^{\frac{1}{z^2}} = 1 + \dfrac{1}{z^2} + \dfrac{1}{2!} \left(\dfrac{1}{z^2} \right)^2 + \cdots$ 無 $\dfrac{1}{z}$ 項 $\quad \therefore \operatorname{Res}(\infty) = 0$

$\quad$ (2) $f(z) = \cos z + \sin z = \left(1 - \dfrac{1}{2!} z^2 + \dfrac{1}{4!} z^4 + \cdots \right) + \left(z - \dfrac{1}{3!} z^3 + \dfrac{1}{5!} z^5 + \cdots \right)$ 無 $\dfrac{1}{z}$ 項

$\quad \therefore \operatorname{Res}(\infty) = 0$

3. (1) $f(z) = \tanh z = \dfrac{\sinh z}{\cosh z}$，$z_k = \left(k + \dfrac{1}{2} \right) \pi i$，$k = 0, \pm 1, \pm 2, \cdots$ 爲一階極點

$\quad$ 由定理 B，$\operatorname{Res}\left(\left(k + \dfrac{1}{2} \right) \pi i \right) = \dfrac{\sinh z}{(\cosh z)'} \Big|_{z = \left(k + \frac{1}{2} \right) \pi i} = 1$，$k = 0, \pm 1, \pm 2, \cdots$

$\quad$ (2) $f(z) = \dfrac{1}{(z^2 - (a+b)z + ab)^n} = \dfrac{1}{(z-a)^n (z-b)^n}$

$\quad \therefore \operatorname{Res}(a) = \dfrac{1}{(n-1)!} \lim\limits_{z \to a} \dfrac{d^{n-1}}{dz^{n-1}} (z-a)^n \cdot \dfrac{1}{(z-a)^n (z-b)^n}$

$\quad \quad = \dfrac{1}{(n-1)!} \lim\limits_{z \to a} \dfrac{d^{n-1}}{dz^{n-1}} (z-b)^{-n} = \dfrac{(-1)^{n-1} n(n+1) \cdots (2n-2)}{(n-1)!(a-b)^{2n-1}}$

$\quad$ 同理可得

$\quad \operatorname{Res}(b) = \dfrac{(-1)^{n-1} n(n+1) \cdots (2n-2)}{(n-1)!(b-a)^{2n-1}}$

4. $\dfrac{f(z)}{z^k} = \dfrac{1}{z^k} (a_0 + a_1 z + a_2 z^2 + \cdots + a_{k-1} z^{k-1} + a_k z^k + \cdots)$ 之 z^{-1} 係數爲 a_{k-1}

$\quad \therefore \operatorname{Res}\left(\dfrac{f(z)}{z^k}, 0 \right) = a_{k-1}$

5. $z = a$ 爲 $f(z)$ 之 m 階零點，因此，我們可設 $f(z) = (z-a)^m Q(x)$，$Q(a) \neq 0$

$\quad$ 又 $f'(z)$ 爲 $m-1$ 階零點。$\therefore z = a$ $\dfrac{f(z)}{f'(z)}$ 之一階零點 $\Rightarrow z = a$ 爲 $\dfrac{f'(z)}{f(z)}$ 之一階極點

$\quad \operatorname{Res}\left(\dfrac{f'(z)}{f(z)}, a \right) = \lim\limits_{z \to a} (z-a) \cdot \dfrac{m(z-a)^{m-1} Q(z) + (z-a)^m Q'(z)}{(z-a)^m Q(z)}$

$\quad \quad = \lim\limits_{z \to a} \dfrac{m(z-a)^m Q(z) + (z-a)^{m+1} Q'(z)}{(z-a)^m Q(z)} = m$

6. 設 $z = a$ 爲 $f(z)$ 之 m 階零點則 $f(z) = (z-a)^m Q(z)$，$Q(z)$ 在 $z = a$ 爲解析且 $Q(z) \neq 0$，

$\quad \therefore f'(z) = m(z-a)^{m-1} Q(z) + (z-a)^m Q'(z) = (z-a)^{m-1} (mQ(z) + (z-a)Q'(z))$

又 $z = a$ 時 $mQ(z) + (z-a)Q'(z) \neq 0$ $\therefore z = a$ 爲 $f'(z)$ 之 $m - 1$ 個零點。

練習 8.7B

1. (1) 考慮 $f(z) = \dfrac{(z+1)e^{zt}}{z(z-a)(z-b)}$

$$\mathcal{L}^{-1}\left(\frac{s+1}{s(s-a)(s-b)}\right) = \text{Res}\,(f(z), 0) + \text{Res}\,(f(z), a) + \text{Res}\,(f(z), b)$$

$$= \lim_{z\to 0} z \cdot \frac{(z+1)e^{zt}}{z(z-a)(z-b)} + \lim_{z\to a} (z-a)\frac{(z+1)e^{zt}}{z(z-a)(z-b)} + \lim_{z\to b} (z-b)\frac{(z+1)e^{zt}}{z(z-a)(z-b)}$$

$$= \frac{1}{ab} + \frac{(a+1)e^{at}}{a(a-b)} + \frac{(b+1)e^{bt}}{b(b-a)}$$

(2) 考慮 $f(z) = \dfrac{e^{zt}}{(z^2+a^2)z}$

$$\mathcal{L}^{-1}\left(\frac{1}{(s^2+a^2)s}\right) = \text{Res}\,(f(z), 0) + \text{Res}\,(f(z), ai) + \text{Res}\,(f(z), -ai)$$

$$= \lim_{z\to 0} z \cdot \frac{e^{zt}}{(z^2+a^2)z} + \lim_{z\to ai} (z-ai) \cdot \frac{e^{zt}}{(z^2+a^2)z} + \lim_{z\to -ai} (z+ai) \cdot \frac{e^{zt}}{(z^2+a^2)z}$$

$$= \frac{1}{a^2} + \lim_{z\to ai}\frac{e^{zt}}{(z+ai)z} + \lim_{z\to -ai}\frac{e^{zt}}{(z-ai)z} = \frac{1}{a^2} - \frac{e^{ait}}{2a^2} - \frac{e^{-ait}}{2a^2} = \frac{1}{a^2}\left(1 - \frac{e^{ait}-e^{-ait}}{2}\right) = \frac{1}{a^2}(1 - \cos at)$$

(3) 考慮 $f(z) = \dfrac{e^{zt}}{z^4-a^4} = \dfrac{e^{zt}}{(z+ai)(z-ai)(z+a)(z-a)}$

$$\therefore \mathcal{L}^{-1}\left(\frac{1}{s^4-a^4}\right) = \text{Res}\,(f(z), -ai) + \text{Res}\,(f(z), ai) + \text{Res}\,(f(z), -a) + \text{Res}\,(f(z), a)$$

$$= \lim_{z\to -ai} (z+ai)\frac{e^{zt}}{(z+ai)(z-ai)(z+a)(z-a)} + \lim_{z\to ai} (z-ai)\frac{e^{zt}}{(z+ai)(z-ai)(z+a)(z-a)}$$

$$+ \lim_{z\to -a} (z+a)\frac{e^{zt}}{(z+ai)(z-ai)(z+a)(z-a)} + \lim_{z\to a} (z-a)\frac{e^{zt}}{(z+ai)(z-ai)(z+a)(z-a)}$$

$$= \frac{e^{-ait}}{4a^3 i} - \frac{e^{ait}}{4a^3 i} - \frac{e^{-at}}{4a^3} + \frac{e^{at}}{4a^3} = \frac{1}{2a^3}\left(\frac{e^{at}+e^{-at}}{2}\right) - \frac{1}{2a^3 i}\left(\frac{e^{-ait}-e^{-ait}}{2}\right)$$

$$= \frac{1}{2a^3}(\sinh at - \sin at)$$

(4) 考慮 $f(z) = \dfrac{ze^{zt}}{(z^2+a^2)(z^2+b^2)}$

$$\therefore \mathcal{L}^{-1}\left(\frac{s}{(z^2+a^2)(z^2+b^2)}\right)$$

$$= \text{Res}\,(f(z), ai) + \text{Res}\,(f(z), -ai) + \text{Res}\,(f(z), bi) + \text{Res}\,(f(z), -bi)$$

$$= \lim_{z\to ai} (z-ai)\frac{ze^{zt}}{(z+ai)(z-ai)(z+bi)(z-bi)} + \lim_{z\to -ai} (z+ai)\frac{ze^{zt}}{(z+ai)(z-ai)(z+bi)(z-bi)}$$

$$+ \lim_{z\to bi} (z-bi)\frac{ze^{zt}}{(z+ai)(z-ai)(z+bi)(z-bi)} + \lim_{z\to -ai} (z+bi)\frac{ze^{zt}}{(z+ai)(z-ai)(z+bi)(z-bi)}$$

$$= \frac{e^{ait}}{2(b^2-a^2)} + \frac{e^{-ait}}{2(b^2-a^2)} - \frac{e^{bit}}{2(b^2-a^2)} - \frac{e^{-bit}}{2(b^2-a^2)} = \frac{1}{b^2-a^2}\left[\frac{1}{2}\left(e^{ait}+e^{-ait}\right) - \frac{1}{2}\left(e^{bit}+e^{-bit}\right)\right]$$

$$= \frac{1}{b^2-a^2}(\cos at - \cos bt)$$

2. (1) 考慮 $f(z) = \dfrac{e^{zt}}{z^3(z^2+a^2)}$

$$\therefore \mathcal{L}^{-1}\left(\frac{1}{s^3(z^2+a^2)}\right) = \text{Res}\,(f(z),\,0) + \text{Res}\,(f(z),\,ai) + \text{Res}\,(f(z),\,-ai)$$

$$= \lim_{z\to 0}\frac{1}{2!}\frac{d^2}{dz^2}\left(z^3 \cdot \frac{e^{3t}}{z^3(z^2+a^2)}\right) + \lim_{z\to ai}(z-ai)\cdot\frac{e^{zt}}{z^3(z^2+a^2)} + \lim_{z\to -ai}(z+ai)\cdot\frac{e^{zt}}{z^3(z^2+a^2)}$$

$$= \frac{t^2}{2a^2} - \frac{1}{a^4} + \left(\frac{e^{ait}}{2a^4} + \frac{e^{-ait}}{2a^4}\right) = \frac{t^2}{2a^2} - \frac{1}{a^4}\left(1 - \frac{e^{ait+e^{-ait}}}{2}\right) = \frac{t^2}{2a^2} - \frac{1}{a^4}(1 - \cos at)$$

(2) 考慮 $f(z) = \dfrac{z^2 e^{zt}}{(z^2-a^2)^2}$

$$\therefore \mathcal{L}^{-1}\left(\frac{s^2}{(s^2-a^2)^2}\right) = \text{Res}\,(f(z),\,a) + \text{Res}\,(f(z),\,-a)$$

$$= \lim_{z\to a}\frac{1}{2!}\frac{d}{dz}\,(z-a)^2\cdot\frac{z^2 e^{zt}}{(z-a)^2(z+a)^2} + \lim_{z\to -a}\frac{d}{dz}\,(z+a)^2\cdot\frac{z^2 e^{zt}}{(z-a)^2(z+a)^2}$$

$$= \left(\frac{1}{4a}e^{at} + \frac{t}{4}e^{at}\right) + \left(\frac{-1}{2a}e^{-at} + \frac{t}{4}e^{-at} + \frac{1}{4a}e^{-at}\right) = \frac{1}{2a}\left(\frac{1}{2}(e^{at}-e^{-at})\right) + \frac{t}{2}\left(\frac{e^{at}+e^{-at}}{2}\right)$$

$$= \frac{1}{2a}\sinh at + \frac{t}{2}\cosh at$$

3. (1) 對原方程式兩邊同取拉氏轉換：

$$s^3 Y(s) - 3s^2 Y(s) + 3s Y(s) - Y(s) = \frac{6}{s-1}$$

$$\therefore Y(s) = \frac{6}{(s-1)^4}\text{，考慮 } f(z) = \frac{6e^{zt}}{(z-1)^4}$$

$$y(t) = \mathcal{L}^{-1}\left(\frac{6}{(s-1)^4}\right) = \text{Res}\,(f(z),\,1)$$

$$= \lim_{z\to 1}\frac{1}{3!}\frac{d^3}{dz^3}\,(z-1)^4\cdot\frac{6e^{zt}}{(z-1)^4} = t^3 e^t$$

(2) 對原方程式兩邊同取拉氏轉換

$$(s^4 Y(s) - s) + 2s^2 Y(s) + Y(s) = 0$$

$$\therefore Y(s) = \frac{s}{(s^2+1)^2}\text{，考慮 } f(z) = \frac{z e^{zt}}{(z^2+1)^2}$$

$$Y(t) = \mathcal{L}^{-1}\left(\frac{s}{(s^2+1)^2}\right) = \text{Res}\,(f(z),\,i) + \text{Res}\,(f(z),\,-i)$$

$$= \lim_{z\to i}\frac{d}{dz}\,(z-i)^2\cdot\frac{z e^{zt}}{(z+i)^2(z-i)^2} + \lim_{z\to -i}\frac{d}{dz}\,(z+i)^2\cdot\frac{z e^{zt}}{(z-i)^2(z+i)^2}$$

$$= -\frac{i}{4}te^{it} + \frac{i}{4}te^{-it} = \frac{t}{2}\left(\frac{e^{it}+e^{-it}}{2i}\right) = \frac{t}{2}\sin t$$

練習 8.7C

1. (1) $f(z) = \dfrac{\cos z}{z^2-4}$ 有二個極點 $z = \pm 2$ 均在 $C : |z| = 5$ 內

$\text{Res}(2) = \lim_{z \to 2}(z-2) \cdot \dfrac{\cos z}{z^2-4} = \dfrac{1}{4}\cos 2$

$\text{Res}(-2) = \lim_{z \to -2}(z+2) \cdot \dfrac{\cos z}{z^2-4} = -\dfrac{1}{4}\cos(-2) = -\dfrac{1}{4}\cos 2$

$\therefore \displaystyle\int_{|z|=5}\dfrac{\cos z}{z^2-4} dz = 2\pi i(\text{Res}(2)+\text{Res}(-2)) = 0$

(2) $f(z) = \dfrac{e^z}{z(z-2)^3}$ 有二個極點 $z = 0$（一階），2（三階），均在 $C : |z| = 3$ 內

$\text{Res}(0) = \lim_{z \to 0} z \cdot \dfrac{e^z}{z(z-2)^3} = -\dfrac{1}{8}$

$\text{Res}(2) = \dfrac{1}{2!}\lim_{z \to 2}\dfrac{d^2}{dz^2}(z-2)^3 \cdot \dfrac{e^z}{z(z-2)^3} = \dfrac{e^2}{8}$

$\therefore \displaystyle\int_{|z|=3}\dfrac{e^z}{z(z-2)^3}dz = 2\pi i(\text{Res}(0)+\text{Res}(2)) = \dfrac{1}{4}(e^2-1)\pi i$

(3) $f(z) = \dfrac{1}{z^2+z+1}$ 有二個簡單極點 $z = p = \dfrac{-1+\sqrt{3}i}{2}$，$z = q = \dfrac{-1-\sqrt{3}i}{2}$ 均在 $C : |z| = 3$ 內

$\text{Res}(p) = \lim_{z \to p}(z-p) \cdot \dfrac{1}{(z-p)(z-q)} = \dfrac{1}{p-q}$

$\text{Res}(q) = \lim_{z \to q}(z-q) \cdot \dfrac{1}{(z-p)(z-q)} = \dfrac{1}{q-p}$

$\therefore \displaystyle\int_{|z|=3}\dfrac{1}{z^2+z+1}dz = 2\pi i(\text{Res}(p)+\text{Res}(q)) = 0$

(4) $f(z) = \tan z$ 在 $|z| = 2\pi$ 內有四個極點 $z = \pm\dfrac{\pi}{2}$，$z = \pm\dfrac{3\pi}{2}$

$\text{Res}\left(\dfrac{\pi}{2}\right) = \lim_{z \to \frac{\pi}{2}}\left(z-\dfrac{\pi}{2}\right)\tan z = \lim_{z \to \frac{\pi}{2}}\dfrac{\left(z-\frac{\pi}{2}\right)\sin z}{\cos z} = -1$

$\text{Res}\left(\dfrac{3\pi}{2}\right) = \lim_{z \to \frac{3\pi}{2}}\left(z-\dfrac{3\pi}{2}\right)\tan z = \lim_{z \to \frac{3\pi}{2}}\dfrac{\left(z-\frac{3\pi}{2}\right)\sin z}{\cos z} = -1$

同法 $\text{Res}\left(-\dfrac{\pi}{2}\right) = \text{Res}\left(-\dfrac{3\pi}{2}\right) = -1$

$\therefore \displaystyle\oint_{|z|=2\pi}\tan z\, dz = 2\pi i\left(\text{Res}\left(-\dfrac{\pi}{2}\right)+\text{Res}\left(-\dfrac{3}{2}\pi\right)+\text{Res}\left(\dfrac{\pi}{2}\right)+\text{Res}\left(\dfrac{3\pi}{2}\right)\right) = -8\pi i$

2. (1) $z = 0$ 為 $f(z) = e^{\frac{1}{z}}$ 之本性奇異點，$e^{\frac{1}{z}} = 1 + \dfrac{1}{z} = 1 + \dfrac{1}{z} + \dfrac{1}{2!}\dfrac{1}{z^2} + \cdots$

$\therefore \text{Res}(0) = 1$（$\because a_{-1} = 1$）

$\displaystyle\oint_{|z|=1}e^{\frac{1}{z}}dz = 2\pi i(\text{Res}(0)) = 2\pi i$

(2) $z = 0$ 為 $f(z) = z^{n-1}e^{\frac{1}{z}}$ 之本性奇異點

$$f(z) = z^{n-1}e^z = z^{n-1}\left(1 + \frac{1}{z} + \frac{1}{2!\,z^2} + \cdots + \frac{1}{n!\,z^n} + \cdots\right)$$

得 $\text{Res}(0) = \dfrac{1}{n!}$

$$\therefore \oint_{|z|=1} z^{n-1}e^{\frac{1}{z}}\,dz = 2\pi i(\text{Res}(0)) = \frac{2\pi}{n!}i$$

3.

提示	解答
方法一：用 Cauchy 積分定理 方法二：用留數定理	(a) $\oint_{\Gamma_1}\dfrac{1}{z^2+1}dz = \int_{\Gamma_1}\dfrac{1}{2i}\left(\dfrac{1}{z-i} - \dfrac{1}{z+i}\right)dz$ $\qquad = \dfrac{1}{2i}\int_{\Gamma_1}\dfrac{1}{z-i}dz - \dfrac{1}{2i}\int_{\Gamma_1}\dfrac{1}{z+i}dz$ $\qquad = \dfrac{1}{2i}\cdot 2\pi i - \dfrac{1}{2i}\cdot 0 = \pi$ $\oint_{\Gamma_1}\dfrac{dz}{z^2+1} = 2\pi i\,\text{Res}\,(i)$ $\qquad = 2\pi i\cdot\lim\limits_{z\to i}(z-i)\cdot\dfrac{1}{z^2+1} = 2\pi i\cdot\dfrac{1}{2i} = \pi$
方法一：用 Cauchy 積分定理 方法二：用留數定理	(b) $\oint_{\Gamma_2}\dfrac{dz}{z^2+1} = \dfrac{1}{2i}\int_{\Gamma_2}\dfrac{1}{z-i}dz - \dfrac{1}{2i}\int_{\Gamma_2}\dfrac{1}{z+i}dz$ $\qquad = \dfrac{1}{2i}\cdot 2\pi i - \dfrac{1}{2i}\cdot(2\pi i) = 0$ $\oint_{\Gamma_2}\dfrac{1}{z^2+1}dz = 2\pi i(\text{Res}\,(i) + \text{Res}\,(-i))$ $\text{Res}\,(i) = \lim\limits_{z\to i}(z-i)\dfrac{1}{z^2+1} = \lim\limits_{z\to i}\dfrac{1}{z+i} = \dfrac{1}{2i}$ $\text{Res}\,(-i) = \lim\limits_{z\to -i}(z+i)\dfrac{1}{z^2+1} = \lim\limits_{z\to -i}\dfrac{1}{z-i} = -\dfrac{1}{2i}$ $\therefore \int_{\Gamma_2}\dfrac{1}{z^2+1}dz = 2\pi i(\text{Res}\,(i) + \text{Res}\,(-i))$ $\qquad = 2\pi i\left(\dfrac{1}{2i} - \dfrac{1}{2i}\right) = 0$

練習 8.8

1. $f(z) = \dfrac{1}{(z^2+1)(z^2+9)}$ 有 4 個極點 $z = \pm i$，$z = \pm 3i$，僅 $z = i$，$z = 3i$ 在上半平面

$$\text{Res}\,(i) = \lim_{z\to i}(z-i)\cdot\frac{1}{(z^2+1)(z^2+9)} = \lim_{z\to i}\frac{1}{(z+1)(z^2+9)} = \frac{1}{16i}$$

$$\text{Res}\,(3i) = \lim_{z\to 3i}(z-3i)\cdot\frac{1}{(z^2+1)(z^2+9)} = \lim_{z\to 3i}\frac{1}{(z^2+1)(z+3i)} = \frac{-1}{48i}$$

$$\therefore \int_{-\infty}^{\infty}\frac{dx}{(x^2+1)(x^2+9)} = 2\pi i\,(\text{Res}\,(i) + \text{Res}\,(3i)) = 2\pi i\left(\frac{1}{16i} - \frac{1}{48i}\right) = \frac{\pi}{12}$$

2. $f(z) = \dfrac{1}{z^2+2z+2}$ 有二個極點 $z = -1 \pm i$，僅 $z = -1 + i$ 在上半平面

$$\text{Res}(-1+i) = \lim_{z \to (-1+i)} (z - (-1+i)) \frac{1}{z^2 + 2z + 2} = \lim_{z \to (-1+i)} \frac{1}{z - (-1-i)} = \frac{1}{2i}$$

$$\therefore \int_{-\infty}^{\infty} \frac{dx}{x^2 + 2x + 2} = 2\pi i \text{Res}(-1+i) = 2\pi i \cdot \frac{1}{2i} = \pi$$

3. $f(z) = \dfrac{z^2}{(z^2+1)^2}$，有 4 個極點 $z = \pm i$（二階），但僅 $z = i$ 在上半平面

$$\text{Res}(i) = \lim_{z \to i} \frac{d}{dz} (z-i)^2 \cdot \frac{z^2}{(z-i)^2(z+i)^2} = \lim_{z \to i} \frac{d}{dz} \frac{z^2}{(z+i)^2}$$

$$= \lim_{z \to i} \frac{(z+i)^2 2z - z^2 \cdot 2(z+i)}{(z+i)^4} = \lim_{z \to i} \frac{2iz(z+i)}{(z+i)^4} = -\frac{i}{4}$$

$$\therefore \int_{-\infty}^{\infty} \frac{x^2}{(x^2+1)^2} dx = 2\pi i \text{Res}(i) = 2\pi i \left(-\frac{i}{4}\right) = \frac{\pi}{2}$$

4. $f(z) = \dfrac{1}{z^2 + z + 1} = \dfrac{1}{(z-p)(z-q)}$

$z = \dfrac{-1 \pm \sqrt{3}i}{2}$，令 $p = \dfrac{-1+\sqrt{3}i}{2}$，$q = \dfrac{-1-\sqrt{3}i}{2}$，僅 $x = p$ 在上半平面。

$$\text{Res}(p) = \lim_{z \to p} (z-p) \cdot \frac{1}{(z-p)(z-q)} = \frac{1}{p-q} = \frac{1}{\sqrt{3}i}$$

$$\therefore \int_{-\infty}^{\infty} \frac{dx}{x^2 + x + 1} = 2\pi i \text{Res}(p) = 2\pi i \cdot \frac{1}{\sqrt{3}i} = \frac{2\pi}{\sqrt{3}}$$

5. $f(z) = \dfrac{1}{z^4 + 10z^2 + 9} = \dfrac{1}{(z+3i)(z-3i)(z+i)(z-i)}$

有四個極點 $z = -3i, 3i, -i, i$ 其中僅 $z = 3i$, i 在上半平面

$$\text{Res}(3i) = \lim_{z \to 3i} (z - 3i) \frac{1}{(z+3i)(z-3i)(z+i)(z-i)} = \frac{-1}{48}i$$

$$\text{Res}(i) = \lim_{z \to 3i} (z - i) \frac{1}{(z+3i)(z-3i)(z+i)(z-i)} = \frac{1}{16}i$$

$$\therefore \int_{-\infty}^{\infty} \frac{dx}{x^4 + 10x^2 + 9} = 2\pi i (\text{Res}(3i) + \text{Res}(i)) = 2\pi i \left(-\frac{1}{48i} + \frac{1}{16i}\right) = \frac{\pi}{12}$$

6. $f(z) = \dfrac{e^{iz}}{z^2 + 9}$，有二個極點 $z = \pm 3i$，其中 $z = 3i$ 在上半平面

$$\text{Res}(3i) = \lim_{z \to 3i} (z - 3i) \frac{e^{iz}}{(z+3i)(z-3i)} = \frac{e^{-3}}{6i}$$

$$\therefore \int_{-\infty}^{\infty} \frac{\cos x}{x^2 + 9} dx = 2\pi i \text{Res}(3i) = 2\pi i \cdot \frac{1}{e^3 6i}$$

7. $\displaystyle\int_0^{\infty} \frac{\cos x}{(x^2+1)^2} dx = \frac{1}{2} \int_{-\infty}^{\infty} \frac{\cos x}{(x^2+1)^2} dx$

$f(z) = \dfrac{e^{iz}}{(z^2+1)^2}$ 有 4 個極點 $z = \pm i$（二階），其中 $z = i$ 在上半平面

$$\text{Res}(i) = \lim_{z \to i} \frac{d}{dz} (z-i)^2 \cdot \frac{e^{iz}}{(z+i)^2(z-i)^2} = \lim_{z \to i} \frac{d}{dz} \left(\frac{e^{iz}}{(z+i)^2}\right)$$

$$= \lim_{z \to i} \frac{(z+i)^2 ie^{iz} - e^{iz}2(z+i)}{(z+i)^4} = \lim_{z \to i} \frac{(z+i)ie^{iz} - 2e^{iz}}{(z+i)^3}$$

$$= \frac{-2e^{-1} - 2e^{-1}}{(2i)^3} = \frac{1}{2ie}$$

$$\therefore \int_{-\infty}^{\infty} \frac{\cos x}{(x^2+1)^2}dx = 2\pi i \text{Res}(i) = 2\pi i \cdot \frac{1}{2ie} = \frac{\pi}{e}$$

從而 $\int_0^{\infty} \frac{\cos x dx}{(x^2+1)^2} = \frac{\pi}{2e}$

8. 取 $z = e^{i\theta}$，則 $\cos\theta = \frac{1}{2}\left(z + \frac{1}{z}\right)$，$d\theta = \frac{dz}{iz}$，則

$$\int_0^{2\pi} \frac{d\theta}{2+\cos\theta} = \int_{|z|=1} \frac{1}{2 + \frac{1}{2}\left(z + \frac{1}{2}\right)} \frac{dz}{iz} = \int_{|z|=1} \frac{2dz}{i(z^2+4z+1)}$$

$$= \frac{2}{i} \int_{|z|=1} \frac{dz}{z^2+4z+1} = \frac{2}{i} \int_{|z|=1} \frac{dz}{(z-p)(z-q)'}$$

$p = -2+\sqrt{3}$，$q = -2-\sqrt{3}$，其中 $z = p$ 在 $|z| = 1$ 內

$$\text{Res}(p) = \lim_{z \to p}(z-p) \cdot \frac{1}{(z-p)(z-q)} = \frac{1}{p-q} = \frac{1}{2\sqrt{3}}$$

$$\therefore \int_0^{2\pi} \frac{d\theta}{2+\cos\theta} = \frac{2}{i} \cdot 2\pi i \text{Res}(p) = \frac{2}{i} \cdot 2\pi i \cdot \frac{1}{2\sqrt{3}} = \frac{2\sqrt{3}}{3}\pi$$

9. $\int_{-\infty}^{\infty} \frac{\cos(x-1)}{x^2+1}dx$

$$= \int_{-\infty}^{\infty} \frac{\cos x \cos 1 - \sin x \sin 1}{x^2+1}dx$$

$$= \cos 1 \int_{-\infty}^{\infty} \frac{\cos x}{x^2+1}dx - \sin 1 \int_{-\infty}^{\infty} \frac{\sin x}{x^2+1}dx\cdots\cdots\cdots(1)$$

① $\int_{-\infty}^{\infty} \frac{\cos x}{x^2+1} = \text{Re}\left[\int_{-\infty}^{\infty} \frac{e^{iz}}{z^2+1}dz\right]$

$f(z) = \frac{e^{iz}}{z^2+1} = \frac{e^{iz}}{(z+i)(z-i)}$ 有二個極點 $z = i$

與 $z = -i$，其中 $z = i$ 在上半平面$\cdots\cdots\cdots\cdots(2)$

$$\therefore \int_{-\infty}^{\infty} \frac{e^{iz}}{z^2+1}dz = Re\{2\pi i \, Res(i)\}$$

$$= Re\left\{2\pi i \lim_{z \to i}(z-i) \cdot \frac{e^{iz}}{z^2+1}\right\}$$

$$= Re\left\{2\pi i \lim_{z \to i} \frac{e^{iz}}{z+i}\right\}$$

$$= Re\left\{2\pi i \cdot \frac{e^{-1}}{2i}\right\} = \pi e$$

② $\int_{-\infty}^{\infty} \frac{\sin x}{x^2+1}dx = \lim\left\{\int_{-\infty}^{\infty} \frac{e^{iz}}{z^2+1} = dz\right\}$

由 (2) 可得

$$\int_{-\infty}^{\infty} \frac{e^{iz}}{z^2+1} \, dz = \lim \{2\pi i \, Res(i)\}$$

$$= \lim \left\{ 2\pi i \lim_{z \to i} (z-i) \frac{e^{iz}}{z^2+1} \right\}$$

$$= \lim \left\{ 2\pi i \cdot \frac{e^{-1}}{2i} \right\} = \lim \left\{ \frac{\pi}{e} \right\} = 0$$

$$\therefore \int_{-\infty}^{\infty} \frac{\cos(x-1)}{x^2+1} \, dx = \cos 1 \left(\frac{\pi}{e} \right) + \sin 1(0)$$

$$= \frac{\pi}{e} \cos 1$$

國家圖書館出版品預行編目資料

圖解工程數學／黃勤業著. －－二版.－－
臺北市：五南圖書出版股份有限公司,
2024.05
面；　公分
ISBN 978-626-393-219-7（平裝）

1.CST: 工程數學

440.11　　　　　　　　113003956

5Q43

圖解工程數學

作　　　者 ― 黃勤業（305.2）

發 行 人 ― 楊榮川

總 經 理 ― 楊士清

總 編 輯 ― 楊秀麗

副總編輯 ― 王正華

責任編輯 ― 張維文

封面設計 ― 封怡彤

出 版 者 ― 五南圖書出版股份有限公司

地　　　址：106台北市大安區和平東路二段339號4樓

電　　　話：(02)2705-5066　　傳　　真：(02)2706-6100

網　　　址：https://www.wunan.com.tw

電子郵件：wunan@wunan.com.tw

劃撥帳號：01068953

戶　　　名：五南圖書出版股份有限公司

法律顧問　林勝安律師

出版日期　2020年12月初版一刷
　　　　　2024年 5 月二版一刷

定　　價　新臺幣580元

經典永恆・名著常在

五十週年的獻禮 —— 經典名著文庫

五南，五十年了，半個世紀，人生旅程的一大半，走過來了。

思索著，邁向百年的未來歷程，能為知識界、文化學術界作些什麼？

在速食文化的生態下，有什麼值得讓人雋永品味的？

歷代經典・當今名著，經過時間的洗禮，千錘百鍊，流傳至今，光芒耀人；

不僅使我們能領悟前人的智慧，同時也增深加廣我們思考的深度與視野。

我們決心投入巨資，有計畫的系統梳選，成立「經典名著文庫」，

希望收入古今中外思想性的、充滿睿智與獨見的經典、名著。

這是一項理想性的、永續性的巨大出版工程。

不在意讀者的眾寡，只考慮它的學術價值，力求完整展現先哲思想的軌跡；

為知識界開啟一片智慧之窗，營造一座百花綻放的世界文明公園，

任君遨遊、取菁吸蜜、嘉惠學子！